Windows Server 2016

网络操作系统
企业应用案例详解

杨 云 徐培镟 杨昊龙／著

清华大学出版社

北京

内 容 简 介

本书以 Windows Server 2016 网络操作系统为平台,采用教、学、做相结合的模式,着眼于实践应用,以企业真实案例为基础,全面系统地介绍了网络操作系统在企业中的应用。全书共分七部分(含 28 个项目),包括:安装 Windows Server 2016 及搭建实训环境,配置与管理 AD DS,配置与管理文件系统,使用与管理组策略,管理与维护 AD DS,配置与管理应用服务器,证书服务与安全管理等。

本书结构合理,所涉及知识较全面且实例丰富,语言通俗易懂。本书采用"项目导向、任务驱动"的方式,注重知识的实用性和可操作性,强调职业技能训练。本书提供技能点和实训项目的录像,可以通过书中二维码访问。

本书是培养网络工程师必备的学习资料,适用于 Windows Server 2016 初级和中级用户、网络系统管理工程师、网络系统运维工程师、高等学校的学生、社会培训人员等。

本书封面贴有清华大学出版社防伪标签,无标签者不得销售。

版权所有,侵权必究。举报:010-62782989,beiqinquan@tup.tsinghua.edu.cn。

图书在版编目(CIP)数据

Windows Server 2016 网络操作系统企业应用案例详解/杨云,徐培镟,杨昊龙著. —北京:清华大学出版社,2021.9

　　ISBN 978-7-302-57363-0

Ⅰ.①W… Ⅱ.①杨… ②徐… ③杨… Ⅲ.①Windows NT 操作系统-网络服务器 Ⅳ.①TP316.86

中国版本图书馆 CIP 数据核字(2021)第 018195 号

责任编辑:张龙卿
封面设计:徐日强
责任校对:赵琳爽
责任印制:杨　艳

出版发行:清华大学出版社
　　　　　网　　　址:http://www.tup.com.cn,http://www.wqbook.com
　　　　　地　　　址:北京清华大学学研大厦 A 座　　　　　　**邮　　编:**100084
　　　　　社 总 机:010-62770175　　　　　　　　　　　　　　**邮　　购:**010-62786544
　　　　　投稿与读者服务:010-62776969,c-service@tup.tsinghua.edu.cn
　　　　　质量反馈:010-62772015,zhiliang@tup.tsinghua.edu.cn
　　　　　课件下载:http://www.tup.com.cn,010-83470410
印 装 者:三河市天利华印刷装订有限公司
经　　销:全国新华书店
开　　本:185mm×260mm　　　　**印　　张:**48.25　　　**字　　数:**1170 千字
版　　次:2021 年 9 月第 1 版　　　　　　　　　　　　　**印　　次:**2021 年 9 月第 1 次印刷
定　　价:149.00 元

产品编号:088726-01

前　言

一、编写背景

Windows Server 网络操作系统的配置与管理是网络系统管理工程师、网络系统运维工程师的典型工作任务,是计算机网络技术高技能人才必须具备的核心技能。

本书的项目来自实际的企业应用案例,通过每一个工作任务的训练,可以使读者快速掌握 Windows Server 网络操作系统的操作技能;通过举一反三地应用,可以帮助读者快速地将 Windows Server 2016 相关的知识和技能与自身工作实际相结合。

二、本书特点

本书共包含 28 个项目,最大的特色是面向实际应用,其具体特点如下。

(1) 细致的项目设计和详尽的网络拓扑图。

(2) 完善的虚拟化教学环境。

(3) 提供大量企业真实案例,适用性、实践性强。

(4) 涵盖 Windows Server 企业应用的各个方面。

(5) 通过网站资源和精彩的项目实录视频打造立体化解决方案。

三、主要内容

全书共分以下七部分。

第一部分的主要内容包括认识网络操作系统,安装与规划 Windows Server 2016,安装与配置 Hyper-V 服务器,利用 VMWare Workstation 构建网络环境等。

第二部分的主要内容包括部署与管理 Active Directory 域服务,建立域树和域林,管理用户帐户和组等。

第三部分的主要内容包括管理文件系统与共享资源,配置与管理基本磁盘和动态磁盘,配置远程桌面连接,配置与管理分布式文件系统等。

第四部分的主要内容包括使用组策略管理用户工作环境,利用组策略部署软件与限制软件的运行、管理组策略等。

第五部分的主要内容包括配置活动目录的对象和信任,配置 Active Directory 域服务站点和复制,管理操作主机,维护 AD DS,在 AD DS 中发布资源等。

第六部的主要内容包括配置与管理打印服务器,配置与管理 DNS 服务器,配置与管理 DHCP 服务器,配置与管理 Web 服务器、配置与管理 FTP 服务器等。

第七部分的主要内容包括配置与管理 VPN 服务器,配置与管理 NAT 服务器,配置与管理证书服务器等。

四、本书适合的读者

本书适用于 Windows Server 2016 初、中级用户，以及网络系统管理工程师、网络系统运维工程师、高等学校学生、社会培训人员等。

五、其他

本书除了署名作者以外，王瑞、张晖、王春身、杨翠玲、王世存、杨秀玲也参加了相关章节的编写。

作 者

2021 年 3 月于泉城

目　录

第三部分 配置与管理文件系统

第四部分　使用与管理组策略

第六部分　配置与管理应用服务器

第一部分

安装 Windows Server 2016
及搭建实训环境

第 1 章
认识网络操作系统

项目背景

　　某高校组建了学校的校园网,购进了满足相应需要的服务器。但如何选择一种既安全又易于管理的网络操作系统呢?

　　经过实践证明,在校园网的建设中,推荐微软最新版的网络操作系统 Windows Server 2016 作为服务器的首选操作系统。Windows Server 2016 网络操作系统是 X64 位网络操作系统,自带 Hyper-V,而 Hyper-V 技术先进,能够满足客户的各种需求。因此,Windows Server 2016 网络操作系统是中小企业信息化建设的首选服务器操作系统。

　　从企业需求出发,本书以 Windows Server 2016 网络操作系统为主线进行讲解。

项目目标

- 了解网络操作系统的概念
- 掌握网络操作系统的功能与特性
- 了解典型的网络操作系统
- 掌握网络操作系统的选用原则

1.1　网络操作系统概述

　　操作系统(operating system,OS)是计算机系统中负责提供应用程序运行环境以及用户操作环境的系统软件,同时也是计算机系统的核心与基石。它的职责包括对硬件的直接监管、对各种计算机资源(如内存、处理器时间等)的管理以及提供诸如作业管理之类的面向应用程序的服务等。

　　网络操作系统(network operating system,NOS)除了能实现单机操作系统的全部功能外,还具备管理网络中的共享资源,实现用户通信以及方便用户使用网络等功能,是网络的心脏和灵魂。所以,网络操作系统可以理解为网络用户与计算机网络之间的接口,是计算机网络中管理一台或多台主机的软硬件资源,支持网络通信,提供网络服务的程序集合。

　　通常,计算机的操作系统上会安装很多网络软件,包括网络协议软件、通信软件等。网络协议软件主要是指物理层和链路层的一些接口约定,网络通信软件用于管理各计算机之

1-1 认识网络操作系统

间的信息传输。

计算机网络依据 ISO(国际标准化组织)的 OSI(开放式系统互联)参考模型可以分成 7 个层次,用户的数据首先按应用类别打包成应用层的协议数据,接着该协议数据包根据需要和协议组合成表示层的协议数据包,然后被打包为会话层、传输层、网络层的协议数据包,再封装成数据链路层的帧,并在发送端最终形成物理层的比特流,最后通过物理传输媒介进行传输。至此,整个网络数据通信工作只完成了 1/3。在目的地,和发送端相似的是,需将经过网络传输的比特流逆向解释成协议数据包,逐层向上传递解释为各层对应原协议数据单元,最终还原成网络用户所需的并能够为最终网络用户所理解的数据。而在这些数据抵达目的地之前,它们还需在网络中进行多次的封装和解封装。

可想而知,一个网络用户若要处理如此复杂的细节问题,所谓的计算机网络也大概只能待在实验室里,根本不可能像现在这样无处不在。为了方便用户,使网络用户真正用得上网络,计算机需要一个能够提供直观、简单,并且屏蔽了所有通信处理细节具有抽象功能的环境,这就是所说的网络操作系统。

1.2　认识网络操作系统的功能与特性

操作系统通常提供处理器管理、存储器管理、设备管理、文件系统管理等功能,以及为方便用户使用操作系统而向用户提供的用户接口。网络操作系统除了提供上述资源管理功能和用户接口外,还提供网络环境下的通信、网络资源管理、网络应用等特定功能。它能够协调网络中各种设备的动作,向客户提供尽量多的网络资源,包括文件和打印机、传真机等外围设备,并确保网络中数据和设备的安全性。

1.2.1　网络操作系统的功能

1. 共享资源管理

网络操作系统能够对网络中的共享资源(硬件和软件)实施有效的管理,协调用户对共享资源的使用,并保证共享数据的安全性和一致性。

2. 网络通信

网络通信是网络应具备的最基本的功能,其任务是在源主机和目标主机之间实现无差错的数据传输。为此,网络操作系统采用标准的网络通信协议完成以下主要功能。

- 建立和拆除通信链路:为通信双方建立暂时性的通信链路。
- 传输控制:对数据传输过程进行必要的控制。
- 差错控制:对传输过程中的数据进行差错检测和纠正。
- 流量控制:控制传输过程中的数据流量。
- 路由选择:为所传输的数据选择一条适当的传输路径。

3. 网络服务

网络操作系统在前两个功能的基础上为用户提供多种有效的网络服务,例如,电子邮件服务、文件传输、存取和管理服务(WWW、FTP)、共享硬盘服务和共享打印服务等。

4. 网络管理

网络管理最主要的任务是安全管理,一般通过存取控制来确保存取数据的安全性,以及通过容错技术来保证系统发生故障时数据能够安全恢复。此外,网络操作系统还能对网络性能进行监视,并对使用情况进行统计,以便为提高网络性能、进行网络维护和计费等提供必要的信息。

5. 互操作能力

在客户/服务器模式的局域网环境下的互操作,是指连接在服务器上的多种客户机不仅能与服务器通信,还能以透明的方式访问服务器上的文件系统;在互联网络环境下的互操作,是指不同网络间的客户机不仅能通信,而且能以透明的方式访问其他网络的文件服务器。

1.2.2　网络操作系统的特性

1. 客户/服务器模式

客户/服务器(client/server,C/S)模式是近年来流行的网络应用模式,它把应用划分为客户端和服务器端。客户端把服务请求提交给服务器端;服务器端负责处理请求,并把处理结果返回至客户端。例如,Web 服务、大型数据库服务等都是典型的客户/服务器模式。

基于标准浏览器访问数据库时,往往还需要 Web 服务器,用于运行 ASP 或 Java 应用,通常称为三层模式,也称为 B/S(browser/server 或 Web/server)模式。它是客户/服务器模式的特例,只是客户端基于标准浏览器,而无须安装特殊软件。

2. 32 位操作系统

32 位操作系统采用 32 位内核进行系统调度和内存管理,支持 32 位设备驱动器,使得操作系统和设备间的通信更为迅速。随着 64 位处理器的诞生,许多厂家已推出了支持 64 位处理器的网络操作系统。

3. 抢先式多任务

网络操作系统一般采用微内核类型结构设计。微内核始终保持对系统的控制,并给应用程序分配时间段使其运行。在指定的时间结束时,微内核抢先运行进程并将控制移交给下一个进程。以微内核为基础,可以引入大量的特征和服务,如集成安全子系统,抽象的虚拟化硬件接口,多协议网络支持,以及集成化的图形界面管理工具等。

4. 支持多种文件系统

有些网络操作系统还支持多文件系统,且具有良好的兼容性,以实现对系统升级的平滑过渡,例如 Windows Server 2016 支持 FAT、HPFS 及 NTFS 文件系统。NTFS 是 Windows Server 2016 默认的文件系统,它支持文件的多属性连接以及长文件名到短文件名的自动映射,使得 Windows Server 2016 支持大容量的硬盘空间,增加了安全性,便于管理。

5. Internet 支持

今天,Internet 已经成为网络的一个总称,网络的范围性(局域网/广域网)与专用性越来越模糊,专用网络与 Internet 网络标准日趋统一。因此,各品牌网络操作系统都集成了许多标准化应用,如 Web 服务、FTP 服务、网络管理服务等,甚至包括 E-mail 服务。各种类型的网络几乎都连接到了 Internet 上,对内对外均按 Internet 标准提供服务。

6. 并行性

有的网络操作系统支持群集系统,可以实现在网络的每个节点为用户建立虚拟处理器,各节点机作业并行执行。一个用户的作业被分配到不同节点机上，网络操作系统管理这些节点机协作完成用户的作业。

7. 开放性

随着 Internet 的产生与发展，不同结构、不同操作系统的网络需要实现互联，因此，网络操作系统必须支持标准化的通信协议（如 TCP/IP、NetBEUI 等）和应用协议（如 HTTP、SMTP、SNMP 等），支持与多种客户端操作系统平台的连接。只有保证系统的开放性和标准性，使系统具有良好的兼容性、迁移性、可升级性、可维护性等，才能保证厂家在激烈的市场竞争中生存，并最大限度地保障用户的投资。

8. 可移植性和伸缩性

目前，网络操作系统一般都支持广泛的硬件产品，不仅支持 Intel 系列处理器，而且可运行在 RISC 芯片（如 DEC Alpha、MIPS R4400、Motorola PowerPC 等）上。网络操作系统往往还支持多处理器技术，如支持对称多处理技术 SMP，支持处理器个数为 1～32 个，或者更多，这使得系统具有很好的伸缩性。

9. 高可靠性

网络操作系统是运行在网络核心设备（如服务器）上的管理网络并提供服务的关键软件。它必须具有高可靠性，能够保证系统 365 天、24 小时不间断地工作。如果由于某些原因（如访问过载）而总是导致系统的崩溃或服务停止，用户是无法忍受的，因此，网络操作系统必须具有良好的稳定性。

10. 安全性

为了保证系统和系统资源的安全性、可用性，网络操作系统往往集成用户权限管理、资源管理等功能。例如，为每种资源定义自己的存取控制表（access control list，ACL），定义各个用户对某个资源的存取权限，且使用用户标识 SID 唯一区别用户。

11. 容错性

网络操作系统能提供多级系统容错能力，包括日志式的容错特征列表、可恢复文件系统、磁盘镜像、磁盘扇区备用以及对不间断电源（UPS）的支持。强大的容错性是系统可靠运行（可靠性）的保障。

12. 图形化界面（GUI）

目前，网络操作系统的研发者非常注重系统的图形界面开发，良好的图形界面可以为用户提供直观、美观、便捷的操作接口。

1.3 认识典型的网络操作系统

网络操作系统是用于网络管理的核心软件，目前得到广泛应用的网络操作系统有 UNIX、Linux、NetWare、Windows Server 2012、Windows Server 2016 等。下面分别介绍这些网络操作系统的特点与应用。

1.3.1 UNIX

UNIX 操作系统是一个通用并有交互功能的分时系统，最早版本是由美国电报电话公司(AT&T)贝尔实验室的 K.Thompson 和 M.Ritchie 共同研制的,目的是在贝尔实验室内创造一种进行程序设计研究和开发的良好环境。

1969—1970 年,K.Thompson 首先在 PDP-7 机器上实现了 UNIX 系统。最初的 UNIX 版本是用汇编语言写的,不久,K.Thompson 用一种较高级的 B 语言重写了该系统。1973 年,M.Ritchie 又用 C 语言对 UNIX 进行了重写。目前使用较多的是 1992 年发布的 UNIX SVR 4.2 版本。

UNIX 是为多用户环境设计的,即所谓的多用户操作系统,其内建 TCP/IP 支持,该协议已经成为互联网通信的事实标准。UNIX 发展历史悠久,具有分时操作、稳定、健壮、安全等优秀的特性,适用于几乎所有的大型机、中型机、小型机,也可用于工作组级服务器。在中国,一些特殊行业,尤其是拥有大型机、中型机、小型机的企业,一直使用 UNIX 操作系统。

1.3.2　Linux

Linux 是一种在 PC 上执行的、类似 UNIX 的操作系统。1991 年,第一个 Linux 版本由芬兰赫尔辛基大学的年轻学生 Linus B.Torvalds 发表,它是一个完全免费的操作系统。在遵守自由软件联盟协议下,用户可以自由地获取程序及其源代码,并能自由地使用它们,包括修改和复制等。Linux 提供了一个稳定、完整、多用户、多任务和多进程的运行环境。Linux 是网络时代的产物,在互联网上经过了众多技术人员的测试和除错,并不断被扩充。

Linux 具有如下特点。

- 完全遵循 POSLX 标准,并扩展支持所有 AT&T 和 BSD UNIX 特性的网络操作系统。
- 真正的多任务、多用户系统,内置网络支持,能与 NetWare、Windows Server、OS/2、UNIX 等无缝连接,网络效能在各种 UNIX 测试评比中速度最快,同时支持 FAT16、FAT32、NTFS、Ext2FS、ISO 9600 等多种文件系统。
- 可运行于多种硬件平台,包括 Alpha、Sun Sparc、Power/PC、MIPS 等处理器,对各种新型外围硬件,可以从分布于全球的众多程序员那里迅速得到支持。
- 对硬件要求较低,可在较低档的机器上获得很好的性能。特别值得一提的是 Linux 出色的稳定性,其持续不间断地运行,时间一般以“年”为单位计算。
- 有广泛的应用程序支持。
- Linux 是具有设备独立性的操作系统。由于用户可以免费得到 Linux 的内核源代码,因此,可以通过修改内核源代码以适应新增加的外围设备。
- Linux 采取了许多安全技术措施,包括对读、写进行权限控制、带保护的子系统、审计跟踪、核心授权等,这为网络多用户环境中的用户提供了必要的安全保障,使用户可以放心使用网络资源。
- Linux 是一种可移植的操作系统,能够在微型计算机到大型计算机的任何环境和任何平台上运行。

1.4　Windows Server 2016 特性

Windows Server 2016 是微软于 2016 年 10 月 13 日正式发布的最新服务器操作系统。是基于 Windows 10 1607(LTSB)内核所开发,它在整体的设计风格与功能上更加靠近

Windows 10 操作系统。在消费领域,微软为 Windows 10 进行了大力宣传,在企业级领域,微软凭借 Windows Server 2016 的众多关键特性也吸引了很多用户的注意。

1. Nano Server

毫无疑问,在 Windows Server 上最大的改变就是 Nano Server 了。Nano Server 是一个精简的 Windows Server 版本。Nano Server 将减少 93% 的 VHD(virtual hard disk,虚拟硬盘)的大小,减少 92% 的系统公告,并且减少 80% 的系统重启。Nano Server 的目标是运行在 Hyper-V 及其集群之上,扩展文件服务器(scale-out file servers,SOFSs)和云服务应用。

2. Windows Server 容器和 Hyper-V 容器

Windows Server 2016 另一个比较大的改变是提供了对容器的支持。容器作为最新的热点技术在于它们可能会取代虚拟化的核心技术。容器允许你的应用从底层的操作系统中隔离,从而改善应用程序的部署和可用性。Windows Server 2016 将会提供两种原生的容器类型:Windows Server 容器和 Hyper-V 容器。Windows Server 容器将应用程序相互隔离,但同时运行在 Windows Server 2016 的系统中。Hyper-V 容器通过运行在 Hyper-V 里的容器提供增强的隔离性。

3. Docker 的支持

Docker 是一个开源的,用于创建、运行和管理容器的引擎。Docker 容器起初是创建于 Linux,但是 Windows Server 2016 服务器为 Docker 引擎提供了内置支持。在 Windows Server 2016 中,你能够使用 Docker 去管理 Windows Server 和 Hyper-V 容器。

4. 滚动升级的 Hyper-V 和存储集群

Windows Server 2016 中一个比较新的改变是对 Hyper-V 集群的滚动升级。滚动升级的新功能允许为运行 Windows Server 2012 R2 而添加一个新的 Windows Server 2016 节点与节点 hyper-V 集群。集群将会继续运行在 Windows Server 2012 R2 中功能级别中,直到所有的集群节点都升级到 Windows Server 2016。集群混合水平节点管理将会在 Windows Server 2016 和 Windows 10 中完成。新 VM(virtual machine,虚拟机)的混合集群将兼容 Windows Server 2012 R2 的特性集。

5. 热添加和删除虚拟内存和网络适配器

Windows Server 2016 Hyper-V 中另外一个新的功能是在虚拟机运行的过程中允许进行动态的添加和删除虚拟内存和网络适配器。在以前的版本中,在 VM 保持运行状态下,只能使用动态内存去改变最大和最小的 RAM 设置。但 Windows Server 2016 能够让你在 VM 运行的情况下改变分配的内存,即使 VM 正在使用的是静态内存也不受影响。另外,你可以在 VM 运行的状态下添加和删除网络适配器。

6. 嵌套的虚拟化

Windows Server 2016 嵌套的虚拟化对培训和实验室场景将会是一个很好的补充。在新的特性之下,你不再局限于在物理机上运行 Hyper-V。嵌套的虚拟化能够让你在 Hyper-V 里面再运行 Hyper-V 虚拟机。

7. IP 地址管理

Windows Server 2016 有一个 IP 地址管理功能,其作用在于发现、监控、审计和管理在企业网络上使用的 IP 地址空间。通过 IPAM(IP address management,IP 地址管理)功能对 DHCP 和 DNS 进行管理和监控。IPAM 功能包括:

* 自定义 IP 地址空间的显示、报告和管理。
* 审核服务器配置更改和跟踪 IP 地址的使用。
* DHCP 和 DNS 的监控和管理。
* 完整支持 IPv4 和 IPv6。

8. Active Directory

相对于 Windows Server 2008 R2 来说,Windows Server 2016 的 Active Directory 已经有了一系列的变化。Active Directory 安装向导已经出现在服务器管理器中,并且增加了 Active Directory 的回收站。在同一个域中,密码策略可以更好地加以区分。Windows Server 2016 中的 Active Directory 已经出现了虚拟化技术。虚拟化的服务器可以安全地进行克隆。简化 Windows Server 2016 的域级别完全可以在服务器管理器中进行。Active Directory 联合服务已经集成到系统中,并且声称已经加入了 Kerberos 令牌。可以使用 Windows PowerShell 命令的“PowerShell 历史记录查看器”查看 Active Directory 操作。

9. 存储

Windows Server 2016 发布之后,一些存储相关的功能和特性也随之更新,很多都是与 Hyper-V 安装相关的,很多功能可以为存储经理人减少预算并提高效率,可能会涉及重复数据删除、iSCSI、存储池及其他功能。

利用重复数据删除功能可以通过在卷中存储单一版本文档来节约磁盘空间,这使得存储更加高效,尤其在使用 Hyper-V 实现虚拟化之后。

ReFS(resilient file system,弹性文件系统)可以使逻辑卷扩展性更强。它与 storage spaces 相结合,能提供更好的可用性,并且即使在数据损坏的情况下也不会宕机。

利用 storage spaces,可以为集群工业标准的硬盘建立存储池,然后在这些存储池中创造存储“空间”,以此实现存储虚拟化。

Windows Server 2016 通过支持 SMB(server message block) 3.0,可以在 Fibre Channel 和 iSCSI 之间进行选择。可以加速支持应用工作流,而不仅是客户端连接,这样 Windows Server 2016 本身也成为一个独立客户端,可以支持 Hyper-V、SQL Server 和 Exchange。

通过 iSCSI Target 服务器,可以面向所有的 Windows Server 用户,而不仅是 OEM 用户。之前普通的 Windows 管理员不能使用 iSCSI Target,而现在他们已经可以去下载更新,可以管理 iSCSI 阵列。

利用 ODX(offloaded data transfer,卸载数据传输)功能,可以从虚拟机服务器卸载存储相关任务并转到存储阵列上。当存储用户复制一个文件时,转换会非常快,因为阵列无须做任何工作,只需通过操作系统发送数据。

1.5 网络操作系统的选用原则

网络操作系统对于网络的应用、性能有着至关重要的影响。选择一个合适的网络操作系统,既能实现网络建设的目标,又能省钱、省力提高系统的效率。

网络操作系统的选择要从网络应用出发,分析到底需要所设计的网络提供什么服务,然后分析各种操作系统所提供这些服务的性能与特点,最后确定使用何种网络操作系统。网络操作系统的选择遵循以下一般原则。

1. 标准化

网络操作系统的设计、提供的服务应符合国际标准,尽量减少使用企业专用标准,这有利于系统的升级和应用的迁移,最大限度地保护用户投资。采用符合国际标准开发的网络操作系统,可以保证异构网络的兼容性,即在一个网络中存在多个操作系统时,能够充分实现资源的共享和服务的互容。

2. 可靠性

网络操作系统是保护网络核心服务器正常运行,提供关键任务服务的软件系统。它应具有健壮、可靠、容错性高等特点,能提供 365 天、24 小时全天服务。因此,需选择技术先进、产品成熟、应用广泛的网络操作系统,以保证其具有良好的可靠性。

微软公司的网络操作系统一般只用在中低档服务器中,因为其在稳定性和可靠性方面比 UNIX 要逊色很多,而 UNIX 主要用于大、中、小型机上,其特点是稳定性及可靠性高。

3. 安全性

网络环境更加利于病毒的传播和黑客的攻击。为保证网络操作系统不易受到侵扰,应选择健壮的,并能提供各种级别的安全管理(如用户管理、文件权限管理、审核管理等)的网络操作系统。

各个网络操作系统都自带安全服务,例如,UNIX、Linux 网络操作系统提供了用户帐户、文件系统权限和系统日志文件等;NetWare 则提供了 4 级的安全系统,即登录安全、权限安全、属性安全和服务安全;而 Windows Server 2016 及以前版本提供了用户帐户管理、文件系统权限、Registry 保护、审核、性能监视等基本安全机制。

从网络安全性来看,Novell NetWare 网络操作系统的安全保护机制较为完善和科学,UNIX 的安全性也是有口皆碑的,Windows Server 2008/2012 则存在安全漏洞,主要包括服务器/工作站安全漏洞和网络浏览器安全漏洞两部分,当然微软公司也在不断推出补丁来逐步解决这个问题。微软底层软件对用户的可访问性,一方面使在其上开发高性能的应用成为可能,另一方面也为非法入侵访问打开了方便之门。

4. 网络应用服务的支持

网络操作系统应能提供全面的网络应用服务,例如 Web 服务、FTP 服务、DNS 服务等,并能良好地支持第三方应用系统,从而保证提供完整的网络应用。

5. 易用性

用户应选择易管理、易操作的网络操作系统,提高管理效率,降低管理复杂性。

现在有些用户对新技术十分敏感和好奇,在网络建设过程中,往往忽略实际应用要求,盲目追求新产品、新技术。计算机技术发展日新月异,十年以后,计算机、网络技术会发展成什么样,谁都无法预测。面对今天越来越热的网络市场,不要盲目追求新技术、新产品,一定要从自己的实际需要出发,建立一套既能真正适合当前实际应用需要,又能便于今后易于系统升级的网络。

在实际的网络建设中,用户在选择网络操作系统时还应考虑以下因素。

首先要考虑的是成本因素。成本因素是选择网络操作系统的一个主要因素。如果用户拥有雄厚的财力和强大的技术支持,当然可以选择安全性更高的网络操作系统。但如果不具备这些条件,就应从实际出发,根据现有的财力、技术维护力量选择经济适用的系统。同时,考虑到成本因素,选择网络操作系统时,也要和现有的网络硬件环境相结合,在财力有限的情况下,尽量不购买需要花费更大人力和财力进行硬件升级的操作系统。

在软件的购买成本上,免费的 Linux 当然更有优势;NetWare 由于适应性较差,仅能在 Intel 等少数几种处理器硬件系统上运行,对硬件的要求较高,可能会引起很大的硬件扩充费用。但对于一个网络来说,购买网络操作系统的费用只是整个成本的一小部分,网络管理的大部分费用是技术维护的费用,人员费用在保证一个网络操作系统正常运行的花费中占到 70%。所以网络操作系统越容易管理和配置,则其运行成本越低。一般来说,Windows Server 2016 及以前版本比较简单易用,适合技术维护力量较薄弱的网络环境;而 UNIX 由于其命令比较难懂,易用性则稍差些。

其次要考虑网络操作系统的可集成性因素。可集成性就是操作系统对硬件及软件的容纳能力,因为平台无关性对操作系统来说非常重要。一般在构建网络时,很多用户具有不同的硬件及软件环境,而网络操作系统作为这些不同环境集成的管理者,应该尽可能多地管理各种软硬件资料。例如,NetWare 硬件适应性较差,所以其可集成性就比较差;UNIX 系统一般都是针对自己的专用服务器和工作站进行优化,其兼容性也较差;而 Linux 对 CPU 的支持比 Windows Server 2016 及以前版本要好得多。

可扩展性是选择网络操作系统时要考虑的另外一个因素。可扩展性就是对现有系统的扩充能力。当用户的应用需求增大时,网络处理能力也要随之增加、扩展,这样可以保证用户早期的投资不浪费,也为用户网络以后的发展打好基础。对于 SMP(symmetric multi-processing,对称多处理)的支持表明,系统可以在有多个处理器的系统中运行,这是拓展现有网络能力所必需的。

当然,购买时最重要的还是要和自己的网络环境结合起来。如中小型企业在网站建设中,多选用 Windows Server 2016 及以前版本;做网站的服务器和邮件服务器时多选用 Linux;而在工业控制、生产企业、证券系统的环境中,多选用 Novell NetWare;在安全性要求很高的情况下,如金融、银行、军事及大型企业网络上,则推荐选用 UNIX。

总之,选择操作系统时要充分考虑其自身的可靠性、易用性、安全性及网络应用的需要。

1.6 习题

1. 填空题

(1) 操作系统是_____与计算机之间的接口,网络操作系统可以理解为_____与计算机网络之间的接口。

（2）网络通信是网络最基本的功能，其任务是在_____和_____之间实现无差错的数据传输。

（3）Web 服务、大型数据库服务等都是典型的_____模式。

（4）基于微软 NT 技术构建的操作系统现在已经发展了 6 代：_____、_____、_____、_____、_____、_____。

2. 简答题

（1）网络操作系统有哪些基本的功能与特性？

（2）常用的网络操作系统有哪些？各自的特点是什么？

（3）选择网络操作系统构建计算机网络环境应考虑哪些问题？

1.7　实训项目　熟练使用 VMware

1. 实训目的

- 熟练使用 VMware。
- 掌握 VMware 的详细配置与管理方法。
- 掌握使用 VMware 安装 Windows Server 2016 网络操作系统的方法。

2. 项目环境

公司新购进一台服务器，硬盘空间为 500GB。已经安装了 Windows 10 操作系统，计算机名为 client1。Windows Server 2016 的镜像文件已保存在硬盘上。

3. 项目要求

实训项目要求如下。

在 Windows 10 操作系统上安装 VMware 12，并在 VMware 中安装虚拟机 WIN2016-1，其操作系统为 Windows Server 2016 数据中心版，服务器的硬盘空间约为 500GB。

第 2 章
安装与规划 Windows Server 2016

项目背景

　　高校组建了学校的校园网,需要架设一台具有 Web、FTP、DNS、DHCP 等功能的服务器来为校园网用户提供服务,现需要选择一种既安全又易于管理的网络操作系统。

　　在完成该项目之前,需要做几件事情。首先,应当选定网络中计算机的组织方式;其次,根据 Microsoft 系统的组织确定每台计算机应当安装的版本;再次,要对安装方式、安装磁盘的文件系统格式、安装启动方式等进行选择;最后,才能开始系统的安装过程。

项目目标

- 了解不同版本的 Windows Server 2016 系统的安装要求
- 了解 Windows Server 2016 的安装方式
- 掌握安装 Windows Server 2016 的方法
- 掌握配置 Windows Server 2016 的方法
- 掌握添加与管理角色的方法
- 使用 Microsoft Azure 云建立虚拟机

2.1　项目基础知识

Windows Server 2016 是整体的设计风格与功能上更加接近 Windows 10。

2.1.1　Windows Server 2016 版本

Windows Server 2016 有 4 个版本,即 Windows Server 2016 Essentials edition(精华版)、Windows Server 2016 Standard edition(标准版)、Windows Server 2016 Datacenter edition(数据中心版)和 Microsoft Hyper-V Server 2016。

1. Windows Server 2016 Essentials edition

Windows Server 2016 Essentials edition 是专为小型企业而设计的。它对应于 Windows Server 早期版本中的 Windows Small Business Server。此版本最多可支持 25 个用户和 50 台设备。它支持两个处理器内核和高达 64GB 的随机存取存储器(random access memory,RAM)。但它不支持 Windows Server 2016 的许多功能,包括虚拟化等。

2. Windows Server 2016 Standard edition

Windows Server 2016 Standard edition 是为具有很少或没有虚拟化的物理服务器环境设计的,它提供了 Windows Server 2016 操作系统可用的许多角色和功能。此版本最多支持 64 个插槽和最多 4TB 的 RAM。它包括最多两个虚拟机的许可证,并且支持 Nano 服务器安装。

3. Windows Server 2016 Datacenter edition

Windows Server 2016 Datacenter edition 专为高度虚拟化的基础架构而设计,包括私有云和混合云环境。它提供 Windows Server 2016 操作系统可用的所有角色和功能。此版本最多支持 64 个插槽,最多 640 个处理器内核和最多 4TB 的 RAM。它为在相同硬件上运行的虚拟机提供了无限基于虚拟机许可证。它还包括新功能,如储存空间直通和存储副本,以及新的受防护的虚拟机和软件定义的数据中心场景所需的功能。

4. Microsoft Hyper-V Server 2016

Microsoft Hyper-V Server 2016 作为运行虚拟机的独立虚拟化服务器,包括 Windows Server 2016 中虚拟化的所有新功能。主机操作系统没有许可成本,但每个虚拟机必须单独获得许可。此版本最多支持 64 个插槽和最多 4TB 的 RAM,它支持加入域。除了有限的文件服务功能,它不支持其他 Windows Server 2016 角色。此版本没有 GUI,但有一个显示配置任务菜单的用户界面。

2.1.2 Windows Server 2016 的最低安装需求

支持 Windows Server 2016 的服务器,也支持 Windows Server 2016。它的最低配置要求如下。

- 中央处理器:最少 1.4GHz 的 64 位处理器;支持 NX 或 DEP;支持 CMPXCHG16B、LAHF/SAHF 与 PrefetchW;支持 SLAT(EPT 或 NPT)。
- RAM:(包含桌面体验的服务器)最少需 2GB。
- 硬盘:最少 32GB 硬盘空间。不支持已经淘汰的 IDE 硬盘(PATA 硬盘)。

2.1.3 安装选项

2-1 安装与规划 Windows Server 2016

Windows Server 2016 提供以下三种安装选项。

(1) 包含桌面体验的服务器。它会安装标准的图形用户界面,并支持所有的服务与工具。由于包含图形用户界面(graphical user interface,GUI),因此用户可以通过友好的图形化接口与管理工具来管理服务器。这是我们通常选择的选项。

(2) Server Core。安装完成后的环境没有窗口管理接口,因此只能使用命令提示符(command prompt)、Windows PowerShell 或通过远程计算机来管理此台服务器。有些服务在 Server Core 模式下并不被支持,除非有图形化接口或特殊服务的使用需求,否则这是微软建议的安装选项。

(3) Nano Server。类似 Server Core,但明显较小,只支持 64 位应用程序与工具。它没有本地登录功能,只能通过远程管理来访问此服务器,已针对私有云和数据中心进行了优化。比起其他选项,它占用的磁盘空间更小、配置速度更快,而且所需的更新和重新启动次数更少。

2.1.4　Windows Server 2016 的安装方式

Windows Server 2016 有多种安装方式,分别适用于不同的环境,选择合适的安装方式可以提高工作效率。除全新安装外,还有升级安装、远程安装及服务器核心安装。

1. 全新安装

请利用包含 Windows Server 2016 的 U 盘来启动计算机,并执行 U 盘中的安装程序。若磁盘内已经有旧版 Windows 系统,也可以先启动此系统,然后插入 U 盘来执行其中的安装程序;也可以直接执行 Windows Server 2016 ISO 文件内的安装程序。

2. 升级安装

Windows Server 2016 的任何版本都不能在 32 位机器上进行安装或升级。遗留的 32 位服务器要想运行 Windows Server 2016,当前服务器必须升级到 64 位系统。

在开始升级 Windows Server 2016 之前,要确保断开一切 USB 或串口设备,Windows Server 2016 安装程序会发现并识别它们,在检测过程中会发现 UPS 系统等此类问题。可以安装传统监控,然后再连接 USB 或串口设备。

3. 软件升级的限制

Windows Server 2016 的升级过程也存在一些软件限制。例如,不能从一种语言升级到另一种语言,Windows Server 2016 不能从零售版本升级到调试版本,不能从 Windows Server 2016 预发布版本直接升级。在这些情况下,你需要将原版本卸载干净再进行安装。从一个服务器核心升级到 GUI 安装模式是不允许的,反过来同样不可行。但是一旦安装了 Windows Server 2016,就可以在各模式之间自由切换了。

4. 通过 Windows 部署服务远程安装

如果网络中已经配置了 Windows 部署服务,则通过网络远程安装也是一种不错的选择。但需要注意的是,采取这种安装方式必须确保计算机网卡具有预启动执行环境(preboot execute environment,PXE)芯片,支持远程启动功能。否则,就需要使用 rbfg.exe 程序生成启动 U 盘来启动计算机进行远程安装。

在利用 PXE 功能启动计算机的过程中,根据提示信息按引导键(一般为 F12 键),会显示当前计算机所使用的网卡的版本等信息,并提示用户按 F12 键,启动网络服务引导。

5. 服务器核心安装

服务器核心是从 Windows Server 2008 开始新推出的功能,如图 2-1 所示。确切地说,Windows Server 2016 服务器核心是微软公司革命性的功能部件,是不具备图形界面的纯命令行服务器操作系统,只安装了部分应用和功能,因此会更加安全和可靠,同时降低了管理的复杂度。

通过磁盘阵列(redundant arrays of independent disks,RAID)卡实现磁盘冗余是大多数服务器常用的存储方案,既可提高数据存储的安全性,又可提高网络传输速度。带有 RAID 卡的服务器在安装和重新安装操作系统之前,往往需要配置 RAID。不同品牌和型号服务器的配置方法略有不同,应注意查看服务器使用手册。对于品牌服务器而言,也可以使

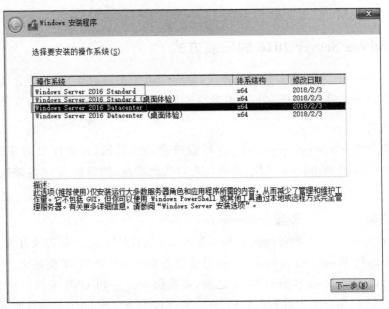

图 2-1　可选择非桌面体验版(服务器核心版)

用随机提供的安装向导光盘引导服务器,这样,将会自动加载 RAID 卡和其他设备的驱动程序,并提供相应的 RAID 配置界面。

> 在安装 Windows Server 2016 时,必须在"您想将 Windows 安装在何处"对话框中单击"加载驱动程序"超链接,打开图 2-2 所示的"加载驱动程序"对话框,为该 RAID 卡安装驱动程序。另外,RAID 卡的设置应当在操作系统安装之前进行。如果重新设置 RAID,将删除所有硬盘中的全部内容。

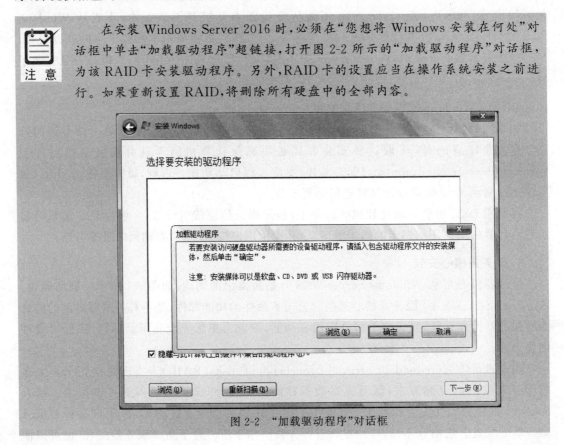

图 2-2　"加载驱动程序"对话框

2.2　项目设计及准备

2-2 安装与配置 VM 虚拟机

2.2.1　项目设计

在为学校选择网络操作系统时,首先推荐 Windows Server 2016 操作系统。而在安装 Windows Server 2016 操作系统时,根据教学环境不同,可为教与学分别设计不同的安装形式。

1. 在 VMware 中安装 Windows Server 2016

① 在物理主机上安装了 Windows 10,计算机名为 client1。

② 安装 Windows Server 2016 用的 DVD-ROM 或镜像已准备好。

③ 硬盘大小为 60GB。要求 Windows Server 2016 的安装分区大小为 55GB,文件系统格式为 NTFS,计算机名为 WIN2016-1,管理员密码为 P@ssw0rd1,服务器的 IP 地址为 192.168.10.1,子网掩码为 255.255.255.0,DNS 服务器 IP 地址为 192.168.10.1,默认网关为 192.168.10.254,属于工作组 COMP。

④ 要求配置桌面环境、关闭防火墙,放行 ping 命令。

⑤ 该网络拓扑图如图 2-3 所示。

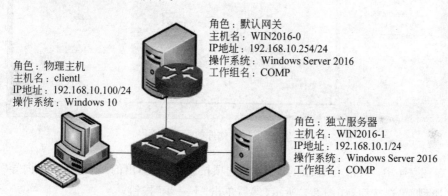

角色:默认网关
主机名:WIN2016-0
IP地址:192.168.10.254/24
操作系统:Windows Server 2016
工作组名:COMP

角色:物理主机
主机名:client1
IP地址:192.168.10.100/24
操作系统:Windows 10

角色:独立服务器
主机名:WIN2016-1
IP地址:192.168.10.1/24
操作系统:Windows Server 2016
工作组名:COMP

图 2-3　安装 Windows Server 2016 拓扑图

2. 使用 Hyper-V 安装 Windows Server 2016

有关 Hyper-V 的内容会在第 3 章作详细介绍。

2.2.2　项目准备

① 满足硬件要求的计算机 1 台。

② Windows Server 2016 相应版本的安装光盘或镜像文件。

③ 用纸张记录安装文件的产品密匙(安装序列号)。规划启动盘的大小。

④ 在可能的情况下,在运行安装程序前用磁盘扫描程序扫描所有硬盘,检查硬盘错误并进行修复。否则安装程序运行时,如检查到有硬盘错误会很麻烦。

⑤ 如果想在安装过程中格式化 C 盘或 D 盘(建议安装过程中格式化用于安装 Windows Server 2016 系统的分区),需要备份 C 盘或 D 盘有用的数据。

⑥ 导出电子邮件帐户和通信簿:将 C:\Documents and Settings\Administrator(或自己的

用户名)中的"收藏夹"目录复制到其他盘,以备份收藏夹。全新安装不存在⑤和⑥的问题。

2.3　项目实施

Windows Server 2016 操作系统有多种安装方式。下面讲解如何安装与配置 Windows Server 2016。

为了方便教学,下面的安装操作使用 VMware 虚拟机来完成。

任务 2-1　安装配置 VM 虚拟机

① 成功安装 VMware Workstation 15.5 后的界面如图 2-4 所示。

图 2-4　虚拟机软件的管理界面

② 在图 2-4 中,单击"创建新的虚拟机"选项按钮,并在弹出的"新建虚拟机向导"对话框中选中"典型"单选按钮,如图 2-5 所示,然后单击"下一步"按钮。

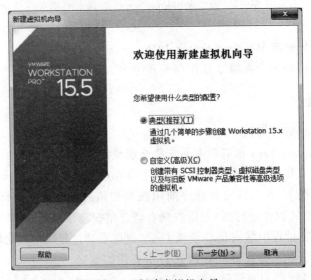

图 2-5　新建虚拟机向导

③ 在对话框中选中"稍后安装操作系统"单选按钮,如图 2-6 所示,然后单击"下一步"按钮。

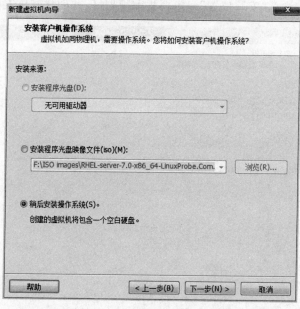

图 2-6　选择虚拟机的安装来源

　　　　　　请一定选择"稍后安装操作系统"选项。如果选择"安装程序光盘镜像文件"
安装来源,并把下载好的 Windows Server 2016 系统的镜像选中,虚拟机会通过
默认的安装策略为你部署最精简的系统,而不会再向你询问安装设置的选项。

④ 在如图 2-7 所示对话框中,将客户机操作系统的类型选择为 Microsoft Windows,版本为 Windows Server 2016,然后单击"下一步"按钮。

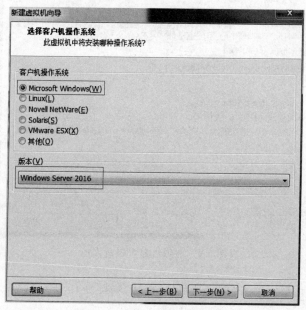

图 2-7　选择客户机的操作系统

⑤ 在接下来的对话框中填写"虚拟机名称"字段,并在选择安装位置之后单击"下一步"按钮,如图 2-8 所示。注意"安装位置"一定要提前规划好,并创建好供安装的文件夹。

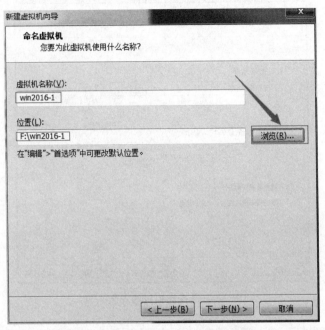

图 2-8　命名虚拟机及设置安装路径

⑥ 在弹出的对话框中将虚拟机系统的"最大磁盘大小"设置为 60.0GB(默认值)。为了后期工作方便,建议设置硬盘大小为 200GB,如图 2-9 所示,然后单击"下一步"按钮。

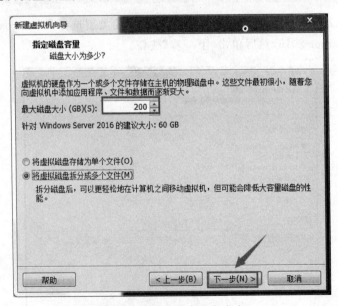

图 2-9　虚拟机最大磁盘大小

⑦ 在弹出的对话框中单击"自定义硬件"按钮,如图 2-10 所示。

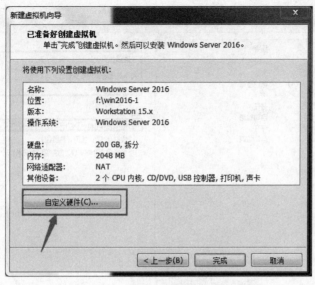

图 2-10 虚拟机的配置界面

⑧ 在随后出现的如图 2-11 所示对话框中，建议将虚拟机系统内存的可用量设置为 2GB，最低不应低于 1GB。根据宿主机的性能设置 CPU 处理器的数量以及每个处理器的核心数量（不能超过主机的处理器的核心数），并开启虚拟化功能，如图 2-12 所示。注意，"虚拟化 CPU 性能计数器"一般不要选择，很多计算机不支持。

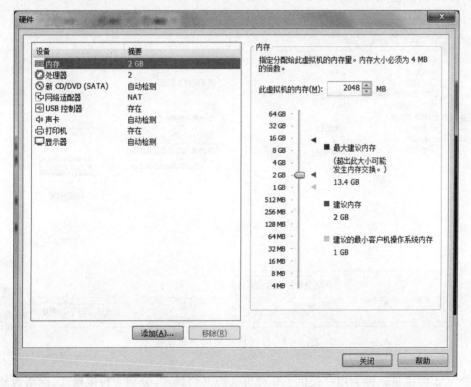

图 2-11 设置虚拟机的内存量

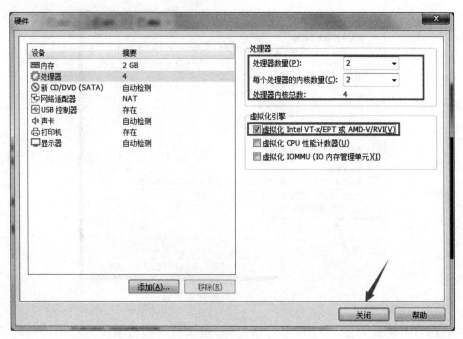

图 2-12 设置虚拟机的处理器参数

⑨ 对于光驱设备,此时应在"使用 ISO 镜像文件"下拉列表框中选择下载好的 Windows Server 2016 系统镜像文件,如图 2-13 所示。

图 2-13 设置虚拟机的光驱设备

⑩ VM 虚拟机软件为用户提供了 3 种可选的网络模式,分别为桥接模式、网络地址转换 (network address translation,NAT)模式与仅主机模式。由于本例宿主机是通过路由器自

动获取 IP 地址等信息连接互联网的,所以,为了使虚拟机也能上网应选择"桥接模式",如图 2-14 所示(选择何种网络连接模式很重要,在实训前一定要规划好! 请读者注意后面每个项目中涉及的网络连接方式)。

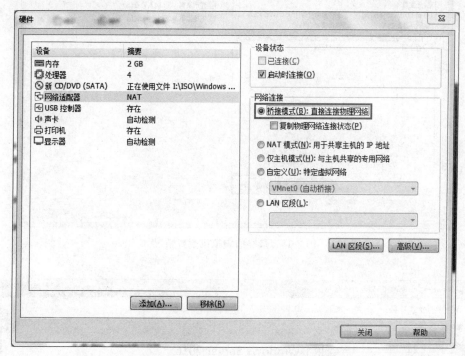

图 2-14　设置虚拟机的网络适配器

- 桥接模式:相当于在物理主机与虚拟机网卡之间架设了一座桥梁,从而可以通过物理主机的网卡访问外网。
- NAT 模式:让 VM 虚拟机的网络服务发挥路由器的作用,使得通过虚拟机软件模拟的主机可以通过物理主机访问外网,在真机中 NAT 虚拟机网卡对应的物理网卡是 VMnet8。
- 仅主机模式:仅让虚拟机内的主机与物理主机通信,不能访问外网,在真机中仅主机模式模拟网卡对应的物理网卡是 VMnet1。

⑪ 把 USB 控制器、声卡、打印机设备等不需要的设备全部移除,如图 2-15 所示。移除声卡后可以避免在输入错误后发出提示声音,确保自己在今后实验中思绪不被打扰,然后单击"关闭"按钮。

⑫ 返回"新建虚拟机向导"对话框后,单击"完成"按钮。虚拟机的安装和配置顺利完成。当看到如图 2-16 所示的界面时,就说明虚拟机已经被配置成功了。

任务 2-2　认识固件类型: UEFI

如图 2-17 所示,单击选中"选项"选项卡并选择"高级"选项,可以看到在固件类型上,默认选择 UEFI。那么 UEFI 到底是什么呢? 它比传统的固件基本输入输出系统(basic input output system,BIOS)有什么优点呢?

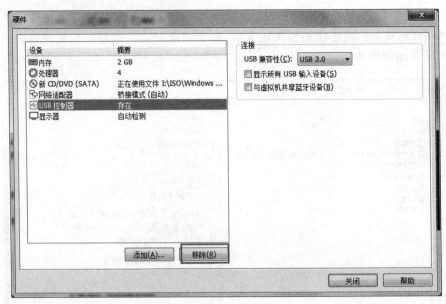

图 2-15　最终的虚拟机配置情况

图 2-16　虚拟机配置成功的界面

　　统一可扩展固件接口(unified extensible firmware interface,UEFI)规范定义并提供了固件和 OS 之间的软件接口。UEFI 取代 BIOS,增强了可扩展固件接口(extensible firmware interface,EFI)并为操作系统和启动时应用程序和服务提供了操作环境。

　　了解 UEFI 之前,不得不从 BIOS 说起。BIOS 主要负责开机时检测硬件工作和引导操作系统启动。而 UEFI 则是用于操作系统自动从预启动的操作环境加载到一种操作系统上,从而节省开机时间,如图 2-18 所示。

图 2-17　选择固件类型：UEFI

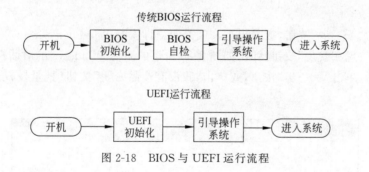

图 2-18　BIOS 与 UEFI 运行流程

　　UEFI 启动是一种新的主板引导项，它被看作 BIOS 的继任者。UEFI 最主要的特点是图形界面，更有利于用户对象图形化的操作选择。

　　如今很多新产品的计算机都支持 UEFI 启动模式，甚至有的计算机已抛弃 BIOS 而仅支持 UEFI 启动。不难看出，UEFI 启动模式正在取代传统的 BIOS 启动。

任务 2-3　安装 Windows Server 2016

　　安装系统时，计算机的 CPU 需要支持虚拟化技术（virtualization technology，VT）。虚拟化技术是指让单台计算机能够分隔出多个独立资源区，并让每个资源区按照需要模拟出系统的一项技术，其本质就是通过中间层实现计算机资源的管理和再分配，让系统资源的利用率最大化。其实只要计算机不是五六年前买的，价格不低于 4000 元，它的 CPU 就肯定会支持 VT 的。如果开启虚拟机后依然提示"CPU 不支持 VT 技术"等报错信息，请重启计算机并进入 BIOS 中把 VT 虚拟化功能开启即可。

　　使用 Windows Server 2016 的引导光盘进行安装是最简单的安装方式。在安装过程中，需要用户干预的地方不多，只需掌握几个关键点即可顺利完成安装。需要注意的是，如果当前服务器没有安装 SCSI 设备或者 RAID 卡，则可以略过相应步骤。

2-3 安装
Windows
Server 2016

STEP 1　启动安装过程以后，显示如图 2-19 所示的"Windows 安装程序"对话框，首先需要选择安装语言及输入法设置。

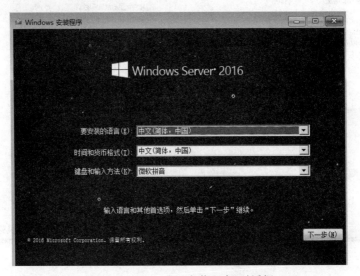

图 2-19　"Windows 安装程序"对话框

STEP 2　单击"下一步"按钮，接着出现询问是否立即安装 Windows Server 2016 的对话框。单击"现在安装"按钮，弹出如图 2-20 所示的激活 Windows 的对话框，输入产品密钥后，单击"下一步"按钮，或单击"我没有产品密钥"按钮（批量授权或评估版免此步骤）。

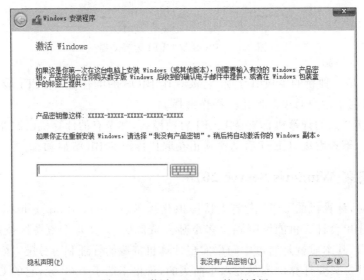

图 2-20　激活 Windows 的对话框

STEP 3　接下来弹出如图 2-21 所示的选择要安装的操作系统对话框。"操作系统"列表框
中列出了可以安装的操作系统。这里选择"Windows Server 2016 Datacenter(桌
面体验)",安装 Windows Server 2016 数据中心版,也可以选择安装标准版。

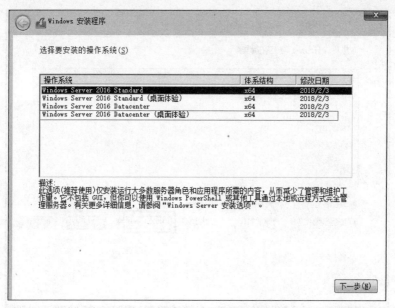

图 2-21　"选择要安装的操作系统"对话框

STEP 4　单击"下一步"按钮,选择 "我接受许可条款"选项,接受许可协议。单击"下一步"按
钮,弹出如图 2-22 所示的"安装 Windows"对话框,选择想进行何种类型的安装。其
中"升级"用于从当前 Windows Server 版本升级到 Windows Server 2016,如果当前计
算机没有安装操作系统,则该项不可用;选择"自定义(高级)"则进行全新安装。

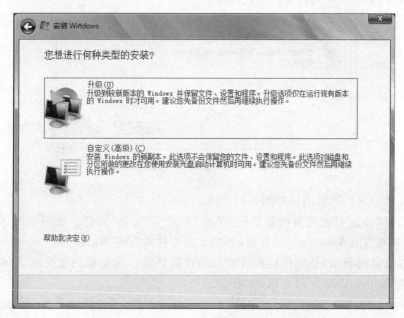

图 2-22　"您想进行何种类型的安装?"对话框

STEP 5 单击"自定义(高级)"按钮,弹出如图 2-23 所示的"Windows 安装程序"对话框,选择 Windows 安装位置,显示当前计算机硬盘上的分区信息。如果服务器安装有多块硬盘,则会依次显示为磁盘 0、磁盘 1、磁盘 2……

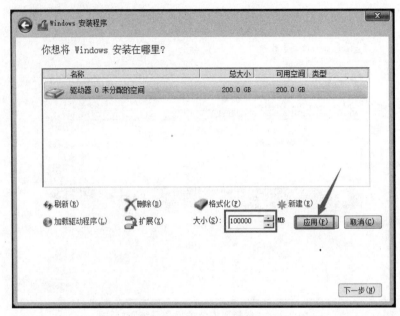

图 2-23 "您想将 Windows 安装在哪里?"对话框

STEP 6 对硬盘进行分区。单击"新建"按钮,在"大小"文本框中输入分区大小,如 100000MB,如图 2-23 所示。单击"应用"按钮,弹出如图 2-24 所示的自动创建额外分区的提示。单击"确定"按钮,完成系统分区(第 1 个分区)和主分区(第 2 个分区)的建立。其他分区照此操作。

图 2-24 创建额外分区的提示信息

STEP 7 完成分区后的对话框如图 2-25 所示。

STEP 8 选择"分区 4"来安装操作系统,单击"下一步"按钮,则显示如图 2-26 所示的提示"正在安装 Windows"的界面,开始复制文件并安装 Windows。

STEP 9 在安装过程中,系统会根据需要自动重新启动。在安装完成之前,会要求用户设置 Administrator 的密码,如图 2-27 所示。

对于帐户密码,Windows Server 2016 的要求非常严格,无论管理员帐户还是普通帐户,都要求必须设置强密码。除必须满足"至少 6 个字符"和"不包含 Administrator 或 admin"

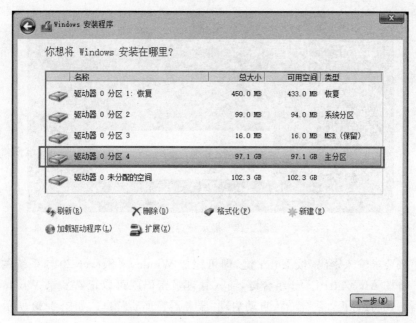

图 2-25　完成分区后的对话框

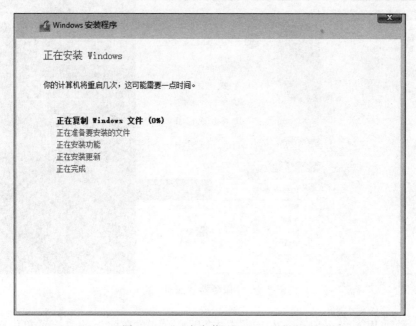

图 2-26　"正在安装 Windows"界面

的要求外,还至少满足以下 4 个条件中的 2 个。

- 包含大写字母(A、B、C 等)。
- 包含小写字母(a、b、c 等)。
- 包含数字(0、1、2 等)。
- 包含非字母数字字符(♯、&、~等)。

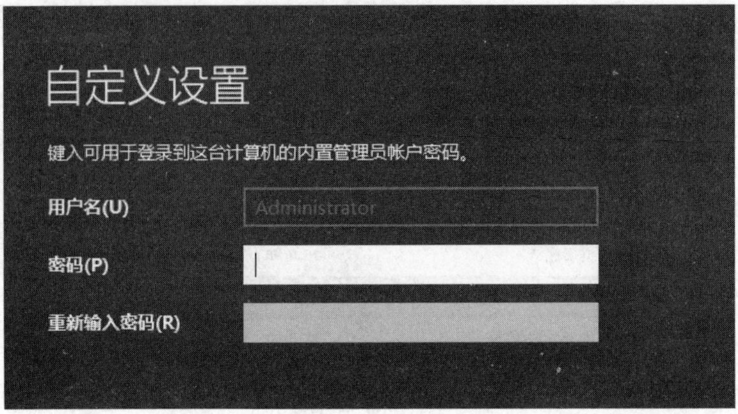

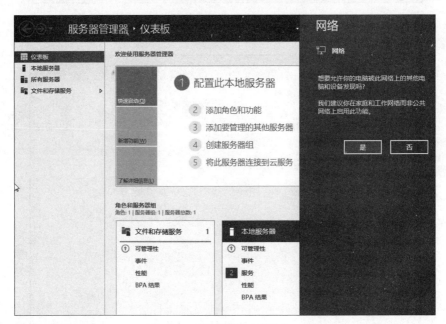

图 2-27　提示设置密码

STEP 10　按要求输入密码，按 Enter 键，即可完成 Windows Server 2016 系统的安装。接着按 Alt＋Ctrl＋Del 组合键，输入管理员密码就可以正常登录 Windows Server 2016 系统了。系统默认自动启动"服务器管理器"窗口，如图 2-28 所示。

图 2-28　"服务器管理器"窗口

STEP 11　激活 Windows Server 2016。右击"开始"菜单，在弹出的快捷菜单中选择"控制面板"→"系统和安全"→"系统"命令，打开如图 2-29 所示的"系统"窗口。右下角显示 Windows 激活的状况，可以在此激活 Windows Server 2016 网络操作系统或更改产品密钥。激活有助于验证 Windows 的副本是否为正版，以及在多台计算机上使用的 Windows 数量是否已超过 Microsoft 软件许可条款所允许的数量。激活的最终目的在于防止软件伪造。如果不激活，可以试用 60 天。

图 2-29　"系统"窗口

STEP 12 选择 VM 中的"虚拟机"→"安装 VMware Tools"命令,然后在计算机资源管理器中双击"DVD 驱动器(D:)VMware Tools",按照向导完成驱动程序的安装后,自动重启计算机。

STEP 13 以管理员身份登录计算机 WIN2016-1,选择 VM 中的"虚拟机"→"快照"→"拍摄快照"命令,制作计算机安装成功的初始快照,以备后面实训后恢复系统到初始状态。至此,Windows Server 2016 安装完成,现在就可以使用了。

任务 2-4　配置 Windows Server 2016

在安装完成后,应先设置一些基本配置,如计算机名、IP 地址、配置自动更新等,这些均可在"服务器管理器"窗口中完成。

1. 更改计算机名

Windows Server 2016 系统在安装过程中不需要设置计算机名,而是使用由系统随机配置的计算机名。但系统配置的计算机名不仅冗长,而且不便于记忆。因此,为了更好地标识和识别服务器,应将其更改为易记或有一定意义的名称。

2-4 配置
Windows
Server
2016(一)

STEP 1 右击"开始"菜单,在弹出的快捷菜单中依次选择"控制面板"→"系统安全"→"管理工具"→"服务器管理器"命令;或者直接单击左下角的"服务器管理器"按钮，打开"服务器管理器"窗口,再单击左窗格中的"本地服务器"按钮,如图 2-30 所示。

STEP 2 直接单击"计算机"和"工作组"后面的名称,对计算机名和工作组名进行修改即可。先单击计算机名称,出现修改计算机名的对话框,如图 2-31 所示。

图 2-30 "服务器管理器——本地服务器"窗口

图 2-31 "系统属性"对话框

STEP 3 单击"更改"按钮,显示图 2-32 所示的"计算机名/域更改"对话框。在"计算机名"文本框中输入新的名称,如 WIN2016-1。在"工作组"文本框中可以更改计算机所处的工作组。

STEP 4 单击"确定"按钮,显示"欢迎加入 COMP 工作组"的提示对话框,如图 2-33 所示。单击"确定"按钮,显示"重新启动计算机"对话框,提示必须重新启动计算机才能应用更改,如图 2-34 所示。

STEP 5 单击"确定"按钮,回到"系统属性"对话框,再单击"关闭"按钮,关闭"系统属性"对话框。接着出现对话框,提示必须重新启动计算机以应用更改。

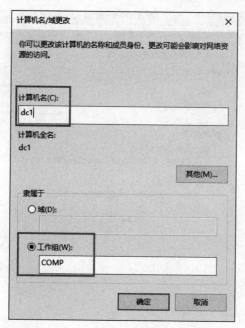

图 2-32 "计算机名/域更改"对话框

图 2-33 "欢迎加入 COMP 工作组"提示对话框

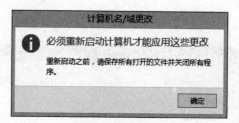

图 2-34 "重新启动计算机"提示对话框

STEP 6 单击"立即重新启动"按钮,即可重新启动计算机,并应用新的计算机名。若选择 "稍后重新启动",则不会立即重新启动计算机。

2. 配置网络

配置好网络是提供各种网络服务的前提。Windows Server 2016 安装完成以后,默认为 自动获取 IP 地址,自动从网络中的 DHCP 服务器获得 IP 地址。不过,由于 Windows Server 2016 用于为网络提供服务,所以通常需要设置静态 IP 地址。另外,还可以配置网络 发现、文件共享等功能,实现与网络的正常通信。

(1) 配置 TCP/IP

STEP 1 右击桌面右下角任务托盘区域的网络连接图标,在弹出的快捷菜单中选择"网络 和共享中心"命令,打开如图 2-35 所示的"网络和共享中心"窗口。

STEP 2 单击 Ethernet0 按钮,打开"Ethernet0 状态"对话框,如图 2-36 所示。

STEP 3 单击"属性"按钮,弹出如图 2-37 所示的"Ethernet0 属性"对话框。Windows Server 2016 中包含 IPv6 和 IPv4 两个版本的 Internet 协议,并且默认都已启用。

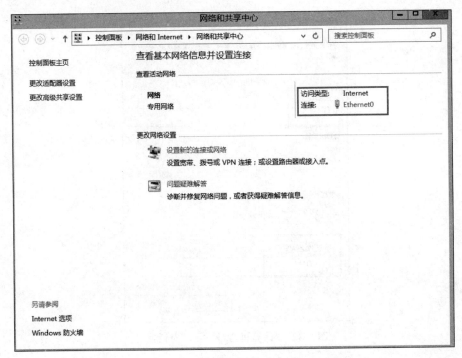

图 2-35 "网络和共享中心"窗口

图 2-36 "Ethernet0 状态"对话框

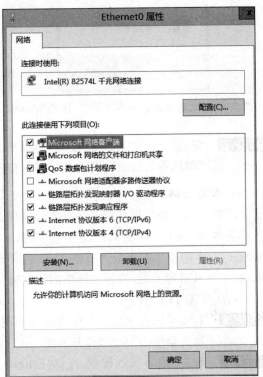

图 2-37 "Ethernet0 属性"对话框

STEP 4　在"此连接使用下列项目"选项框中选中"Internet 协议版本 4（TCP/IPv4）"选项，单击"属性"按钮，弹出如图 2-38 所示的"Internet 协议版本 4（TCP/ IPv4）属性"对话框。选中"使用下面的 IP 地址"单选按钮，分别输入为该服务器分配的 IP 地址、子网掩码、默认网关和 DNS 服务器。如果要通过 DHCP 服务器获取 IP 地址，则保留默认的"自动获得 IP 地址"选项。

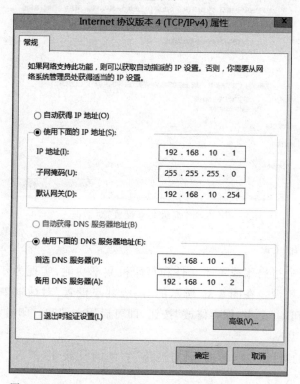

图 2-38　"Internet 协议版本 4（TCP/IPv4）属性"对话框

STEP 5　单击"确定"按钮，保存所做的修改。

（2）启用网络发现

2-5　配置 Windows Server 2016（二）

Windows Server 2016 的"网络发现"功能用来控制局域网中计算机和设备的发现与隐藏。如果启用"网络发现"功能，则可以显示当前局域网中发现的计算机，也就是"网络邻居"功能，同时，其他计算机也可发现当前计算机。如果禁用"网络发现"功能，则既不能发现其他计算机，也不能被发现。不过，关闭"网络发现"功能时，其他计算机仍可以通过搜索计算机名、IP 地址的方式访问到该计算机，但不会显示在其他用户的"网络邻居"中。

为了便于计算机之间的互相访问，可以启用此功能。在图 2-35 所示的"网络和共享中心"窗口，单击"更改高级共享设置"按钮，弹出如图 2-39 所示的"高级共享设置"对话框，选中"启用网络发现"单选按钮，并单击"保存修改"按钮即可。

提示　　如果重启后仍无法启用网络共享，这时请保证运行了 Function Discovery Resource Publication、UPnP Device Host 和 SSDP Discovery 三个服务。注意按顺序手动启动这三个服务后，将其都改为自动启动。

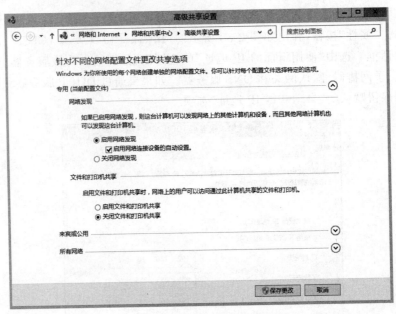

图 2-39 "高级共享设置"对话框

（3）文件和打印机共享

网络管理员可以通过启用或关闭文件和打印机共享功能，实现为其他用户提供服务或访问其他计算机共享资源。在图 2-39 所示的"高级共享设置"对话框中，选中"启用文件和打印机共享"单选按钮，并单击"保存修改"按钮，即可启用文件和打印机共享功能。

（4）密码保护的共享

在图 2-39 所示的对话框中，单击"所有网络"右侧的 ⌄ 按钮，展开"所有网络"的高级共享设置，如图 2-40 所示。

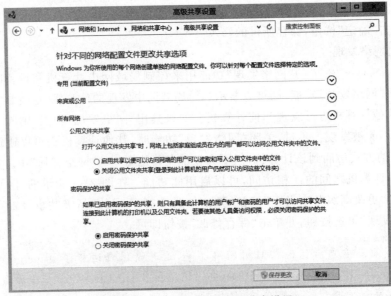

图 2-40 "所有网络"的高级共享设置

可以启用"共享以便可以访问网络的用户可以读取和写入公用文件夹中的文件"功能。

如果启用"密码保护共享"功能,则其他用户必须使用当前计算机上有效的用户帐户和密码才可以访问共享资源。Windows Server 2016 默认启用该功能。

3. 配置虚拟内存

在 Windows 中,如果内存不够,系统会把内存中暂时不用的一些数据写到磁盘上,以腾出内存空间给别的应用程序使用;当系统需要这些数据时,再重新把数据从磁盘读回内存中。用来临时存放内存数据的磁盘空间称为虚拟内存。建议将虚拟内存的大小设为实际内存的 1.5 倍,虚拟内存太小会导致系统没有足够的内存运行程序,特别是当实际的内存不大时。下面是设置虚拟内存的具体步骤。

STEP 1　右击"开始"菜单,在弹出的快捷菜单中选择"控制面板"→"系统和安全"→"系统"→"高级系统设置"命令,打开"系统属性"对话框,再单击并选中"高级"选项卡,如图 2-41 所示。

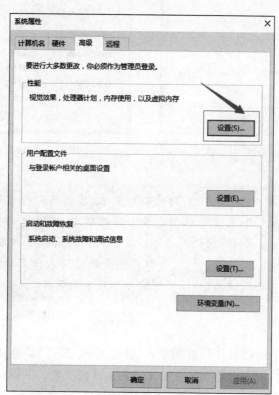

图 2-41　"系统属性"对话框

STEP 2　单击"设置"按钮,打开"性能选项"对话框,再单击并选中"高级"选项卡,如图 2-42 所示。

STEP 3　单击"更改"按钮,打开"虚拟内存"对话框,如图 2-43 所示,取消选中"自动管理所有驱动器的分页文件大小"复选按钮。选择"自定义大小"单选按钮,并设置初始大小为 4000MB,最大值为 6000MB,然后单击"设置"按钮。最后单击"确定"按钮并重启计算机,即可完成虚拟内存的设置。

图 2-42　"性能选项"对话框

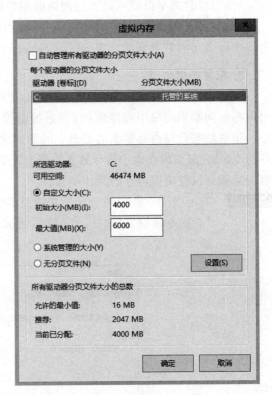

图 2-43　"虚拟内存"对话框

注意

　　虚拟内存可以分布在不同的驱动器中,总的虚拟内存等于各个驱动器上的虚拟内存之和。如果计算机上有多个物理磁盘,建议把虚拟内存放在不同的磁盘上,以增加虚拟内存的读写性能。虚拟内存的大小可以自定义,即管理员手动指定,或者由系统自行决定。页面文件所使用的文件名是根目录下的 pagefile.sys,不要轻易删除该文件,否则可能会导致系统崩溃。

4. 设置显示属性

在"外观"对话框中可以对计算机的显示、任务栏和"开始"菜单、轻松访问中心、文件夹选项和字体进行设置。前面已经介绍了对文件夹选项的设置。下面介绍设置显示属性的具体步骤。

右击"开始"菜单,在弹出的快捷菜单中依次选择"控制面板"→"外观和个性化"→"显示"命令,打开"显示"对话框,如图 2-44 所示。在对话框中,可以更改显示器设置、校准颜色以及调整 ClearType 文本。

5. 配置防火墙,放行 ping 命令

Windows Server 2016 安装后,默认自动启用防火墙,而且 ping 命令默认被阻止,ICMP包无法穿越防火墙。为了后面实训的要求及实际需要,应该设置防火墙,允许 ping 命令通过。若要放行 ping 命令,有以下两种方法。

2-6 配置
Windows
Server
2016(三)

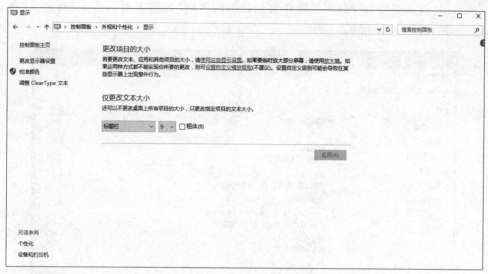

图 2-44　"显示"对话框

一是在防火墙设置中新建一条允许 ICMPv4 协议通过的规则，并启用；二是在防火墙设置中，在"入站规则"中启用"文件和打印共享（ICMPv4-In）"（默认不启用）的预定义规则。下面介绍第 1 种方法的具体步骤。

STEP 1　右击"开始"菜单，在弹出的快捷菜单中依次选择"控制面板"→"系统和安全"→"Windows 防火墙"→"高级设置"命令。在打开的"高级安全 Windows 防火墙"窗口中，单击左侧窗格中目录树中的"入站规则"选项按钮，如图 2-45 所示（第 2 种方法在此入站规则中设置即可，请读者自己思考）。

图 2-45　"高级安全 Windows 防火墙"窗口

STEP 2　在右窗格中单击"操作"列表的"新建规则"选项，出现"新建入站规则向导"对话框的"规则类型"页面,可以选择要创建的防火墙"规则类型",选中"自定义"单选按钮,如图 2-46 所示。

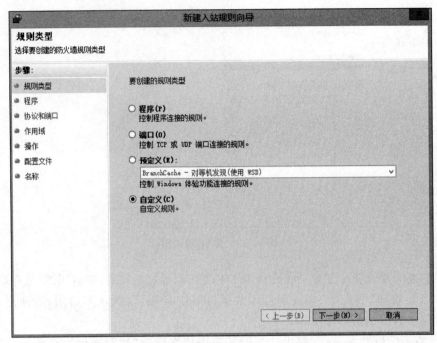

图 2-46 "新建入站规则向导"对话框的"规则类型"页面

STEP 3 单击"步骤"列表的"协议和端口"选项,如图 2-47 所示。在"协议类型"下拉列表框中选择"ICMPv4"选项。

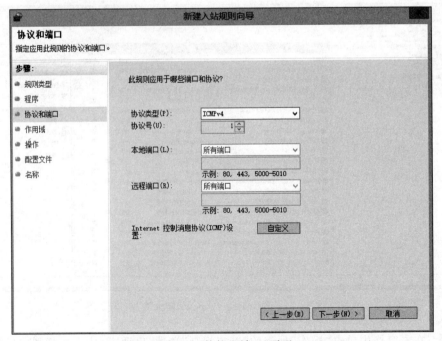

图 2-47 "协议和端口"页面

STEP 4　单击"下一步"按钮,在出现的页面中选择应用于哪些本地 IP 地址和哪些远程 IP
地址。可以选"任何 IP 地址"。

STEP 5　单击"下一步"按钮,选择是否允许连接,选择"允许连接"选项。

STEP 6　单击"下一步"按钮,选择何时应用本规则。

STEP 7　单击"下一步"按钮,输入本规则的名称,如 ICMPv4 协议规则。单击"完成"按钮,
使新规则生效。

6. 查看系统信息

系统信息包括硬件资源、组件和软件环境等内容。右击"开始"菜单,在弹出的快捷菜单
中依次选择"控制面板"→"系统安全"→"管理工具"→"系统信息"命令,显示图 2-48 所示的
"系统信息"窗口。

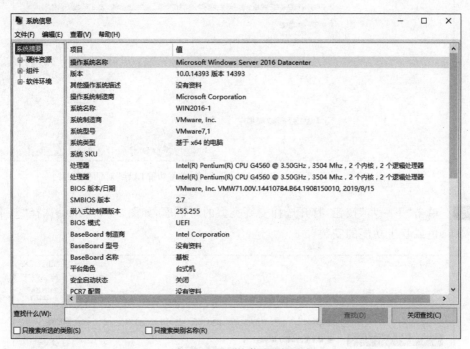

图 2-48　"系统信息"窗口

任务 2-5　添加角色和功能

Windows Server 2016 的一个亮点就是组件化,所有角色、功能甚至用户帐户都可以在
"服务器管理器"中进行管理。

Windows Server 2016 的网络服务虽然多,但默认不会安装任何组件,只是一个提供用
户登录的独立的网络服务器,用户需要根据自己的实际需要选择安装相关的网络服务。下
面以添加 Web 服务器(IIS)为例介绍添加角色和功能的方法,后续章节会结合具体实例进行
详细介绍。

STEP 1　右击"开始"菜单,在弹出的快捷菜单中依次选择"控制面板"→"系统安全"→"管
理工具"→"服务器管理器"命令,或者直接单击左下角的"服务器管理器"按钮,打
开"服务器管理器"窗口,选中左侧的"仪表板"选项,再单击"添加角色和功能"超

链接启动"添加角色和功能向导"。显示如图 2-49 所示"添加角色和功能向导"对话框,提示此向导可以完成的工作以及操作之前需注意的相关事项。

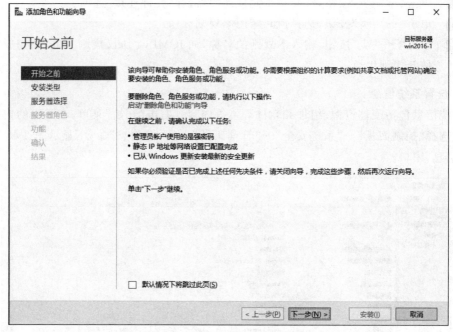

图 2-49　提示开始之前信息的"添加角色和功能向导"对话框

STEP 2　单击"下一步"按钮,打开选择安装类型的对话框,如图 2-50 所示。选择"基本于角色或基于功能的安装"。

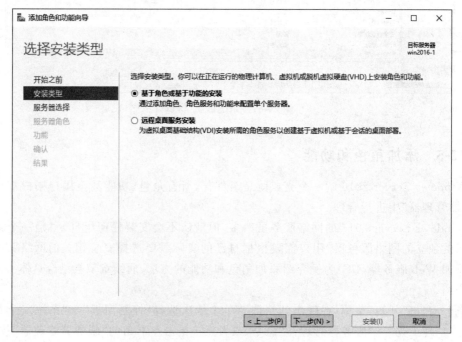

图 2-50　选择安装类型的对话框

STEP 3　单击"下一步"按钮,打开可进行服务器选择的对话框,如图 2-51 所示,选择默认选项。

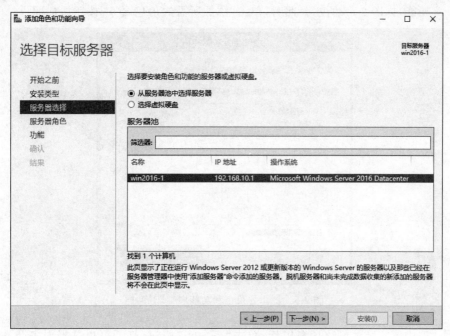

图 2-51　进行服务器选择的对话框

STEP 4　继续单击"下一步"按钮,打开如图 2-52 所示的选择服务器角色的对话框,显示了所有可以安装的服务角色。如果角色前面的复选框没有被选中,则表示该网络服务尚未安装;如果已选中,说明已经安装。在列表框中选择拟安装的网络服务即可。本例选择 Web 服务器(IIS)。

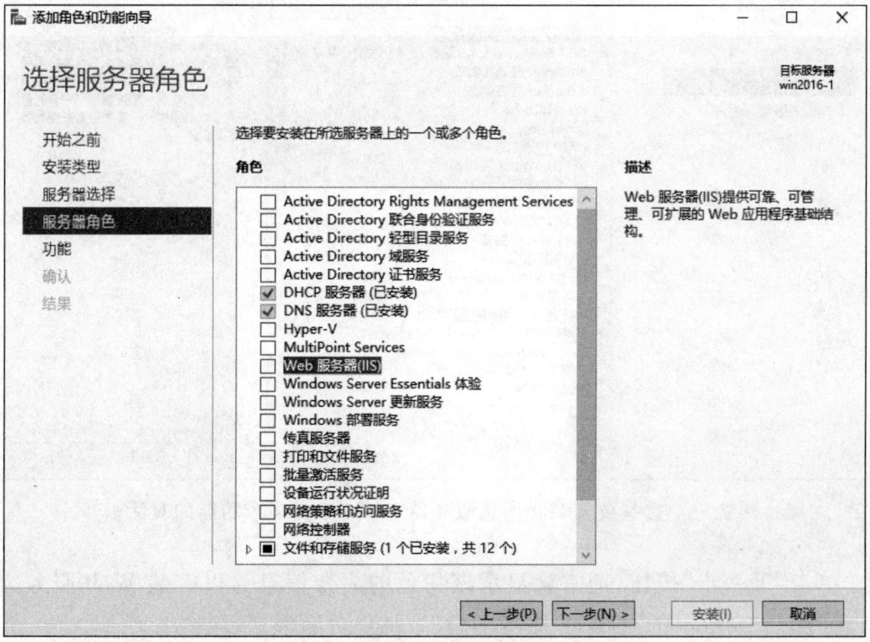

图 2-52　选择服务器角色的对话框

STEP 5 由于一种网络服务往往需要多种功能配合使用，因此，有些角色还需要添加其他功能，如图 2-53 所示。此时，单击"添加所需的角色服务"按钮添加即可。

图 2-53 "添加角色和功能向导"对话框

STEP 6 选中要安装的网络服务以后，单击"下一步"按钮，打开可以选择要安装在所选服务器上的一个或多个功能的对话框，如图 2-54 所示。

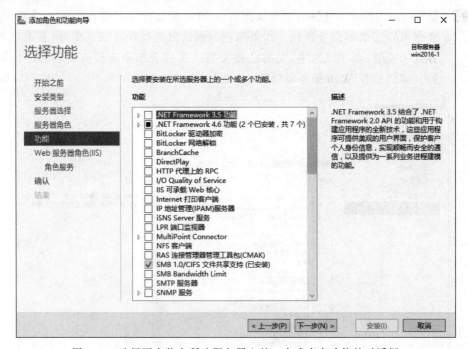

图 2-54 选择要安装在所选服务器上的一个或多个功能的对话框

STEP 7 单击"下一步"按钮，通常会显示该角色的简介信息。以安装 Web 服务为例，显示如图 2-55 所示的对 Web 服务器(IIS)简介对话框。

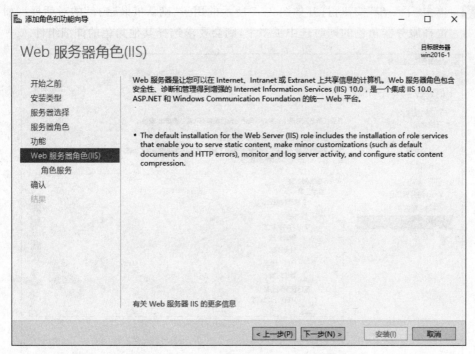

图 2-55　对 Web 服务器(IIS)简介的对话框

STEP 8　单击"下一步"按钮,显示可选择角色服务的对话框,可以为该角色选择相应的组件,如图 2-56 所示。

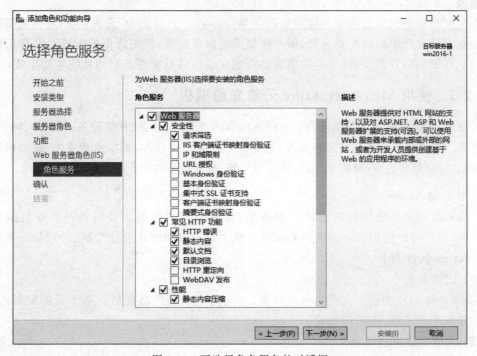

图 2-56　可选择角色服务的对话框

STEP 9　单击"下一步"按钮,打开如图 2-57 所示的用于"确认安装选择"的对话框。如果在选择服务器角色的同时选中了多个,则会要求选择其他角色的详细组件。

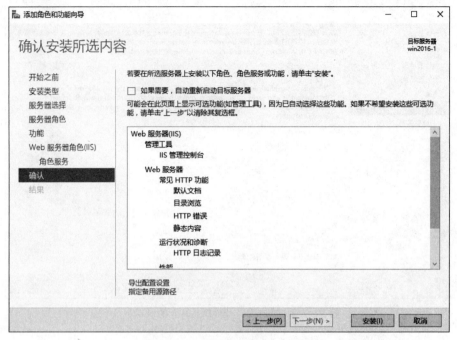

图 2-57　确认安装选择的对话框

STEP 10　单击"安装"按钮即可开始安装。

部分网络服务安装过程中可能需要提供 Windows Server 2016 安装光盘,有些网络服务可能会在安装过程中调用配置向导,做一些简单的服务配置,但更详细的配置通常都借助于安装完成后的网络管理实现(有些网络服务安装完成以后需要重新启动系统才能生效)。

任务 2-6　使用 Microsoft Azure 云建立虚拟机

传统上,企业将各项服务搭建在企业内部机房内,例如服务器、存储设备、数据库、网络、软件服务等。然而随着云计算越来越普及,企业为了降低硬件成本,减少电费支出,减少机房空间的使用,提高管理效率,减轻 IT 人员的管理负担,越来越多的企业业务逐渐转向云端。

1. 什么是 Azure

Azure 是一个不断扩展的云计算服务集合,它可以帮助组织应对各种商业挑战。在 Azure 中,用户可以使用首选的工具和框架在庞大的全球网络上自由生成、管理和部署应用程序。Azure 特性如下。

(1) 面向未来

Microsoft 的持续创新支持当前的开发,也支持未来的产品愿景。基于云的最新进展,包括去年发布的 1000 多项新功能。

(2) 无缝操作混合环境

本地、云和边缘,无论位于何处,Azure 都可以满足各种需求。使用专为混合云设计的工具和服务,集成和管理企业环境。

（3）根据自己的需求生成

通过 Azure 对开放源代码的承诺，以及对所有语言和框架的支持，可以根据需求生成内容并在所需位置进行部署。

（4）信任云

从一开始就获得安全保障，由专家团队提供支持并积极遵守法规，合规性表现行业领先，深受企业、政府和初创企业信赖。

（5）Azure 是安全的

安全性是云行业的先决条件，而 Azure 实现安全性、符合性以及隐私性的前瞻式和主动式方法是独具特色的。在建立和持续满足安全性和隐私要求方面，Microsoft 是行业的引领者。

云计算最基本的项目之一就是虚拟机。下面主要介绍如何在 Microsoft Azure 云上面建立 Windows Server 2016 的虚拟机。

2. 申请免费使用帐户

若需要申请 Microsoft Azure 帐户，则可以申请一个试用 30 天的订阅帐户。试用 30 天的订阅帐户有 1326 元的免费额度。以一台双核 CPU、4GBRAM、20GB 硬盘的虚拟机来说，1 小时收费 1.10 元，1 个月才 792 元，因此 1326 元绰绰有余。免费额度用完或试用期限到期时，除非继续订阅，否则不会收费。若要查看虚拟机的详细收费，可以访问以下成本估算网站：https://azure.microsoft.com/zh-CN/pricing/calculator/。查看和申请免费帐户步骤如下。

STEP 1　依次选择"产品"选项卡中的"计算"→"虚拟机"选项，打开如图 2-58 所示的界面。单击右侧虚拟机的"查看"按钮。

图 2-58　成本估算网站

STEP 2 打开所需的虚拟机,可以进行"区域""操作系统""类型""层"和"计费选项"等各内容的设置,如图 2-59 所示。(图中的规格与金额仅供参考,随时可能会有变动)

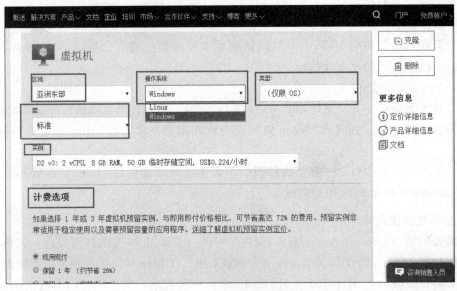

图 2-59　虚拟机成本选项

STEP 3 若要申请免费帐户,则可访问网址 https://azure.microsoft.com/zh-CN/free/,然后单击图中的"免费开始使用"按钮(需要准备信用卡),如图 2-60 所示。

图 2-60　申请免费帐户

STEP 4 若没有帐户需要先创建一个,如图 2-61 所示,请单击"创建一个"按钮,打开用于创建帐户的对话框。

STEP 5 输入帐户名称,比如:68433059@qq.com,如图 2-62 所示,单击"下一步"按钮,打开设置帐户密码的对话框。

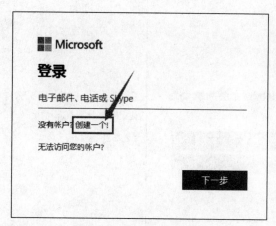

图 2-61　登录对话框

图 2-62　创建帐户

STEP 6　如图 2-63 所示,输入帐户密码,然后单击"下一步"按钮。

STEP 7　如图 2-64 所示,输入用户邮箱收到的验证码,然后单击"下一步"按钮,打开需要验证电子邮件的对话框。

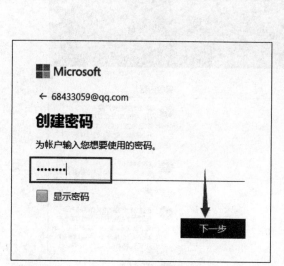

图 2-63　创建密码

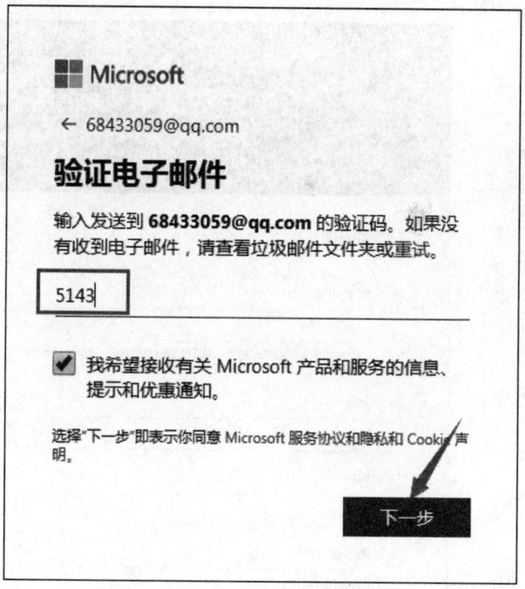

图 2-64　验证电子邮件

STEP 8　如图 2-65 所示,输入验证字符,然后单击"下一步"按钮,打开需要填写用户身份信息的对话框。

STEP 9　如图 2-66 所示,填写用户身份信息,然后单击"下一步"按钮,打开进行身份验证的对话框。

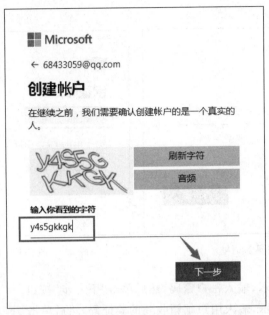

图 2-65　验证字符

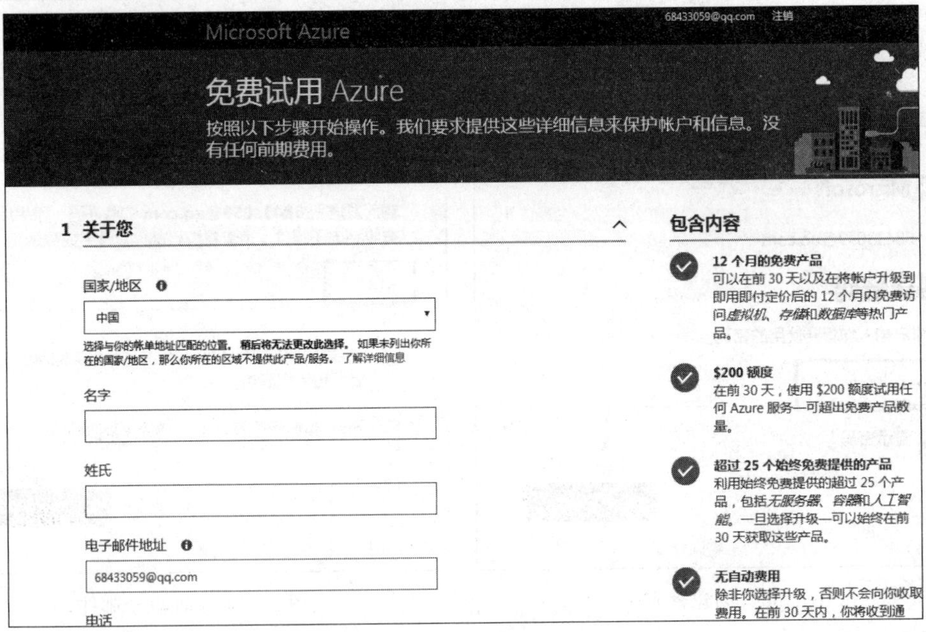

图 2-66　用户身份信息

STEP 10　如图 2-67 所示,填写电话号码,单击"发短信给我"按钮,将收到的短信输入验证码文本框,然后单击"验证"按钮进行身份验证。

STEP 11　接着填写本人的信用卡号,然后单击"下一步"按钮,如图 2-68 所示,选择接受协议,然后单击"注册"按钮。注册成功。

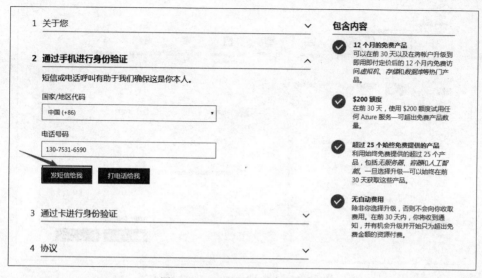

图 2-67　通过用户验证身份信息

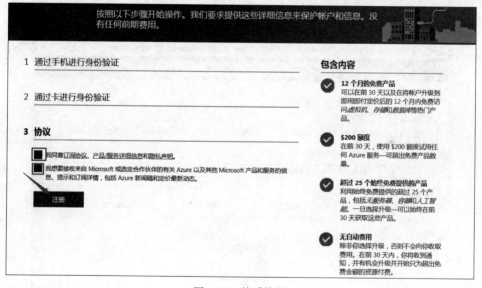

图 2-68　接受协议

3. 建立虚拟机

完成帐户申请后，就可以开始使用 Microsoft Azure 云资源了，我们也将开始建立虚拟机。

STEP 1　打开浏览器，在地址栏处输入 http://portal.azure.com/，登录 Microsoft Azure，如图 2-69 所示，单击左上方的"虚拟机"按钮。

STEP 2　如图 2-70 所示，单击"＋添加"按钮建立虚拟机。

STEP 3　在如图 2-71 所示的创建虚拟机页面中输入以下相关数据后单击"下一步：磁盘＞"按钮。

- 订阅：选择"免费试用"。
- 资源组：单击"新建"按钮，建立新资源组 Server 2016。

图 2-69 登录 Microsoft Azure 网站

图 2-70 添加虚拟机

- 名称：为此虚拟机命名，例如 WIN2016-2。
- 区域：东亚。
- 镜像：Windows Server 2016 Datacenter。
- 用户名称与密码请自定义，其中密码需至少 12 个字，且至少要包含 A～Z、a～z、0～9、非字母字符（例如"！、$、#、%"）4 组字符中的 3 组。

STEP 4 接下来在如图 2-72 所示的创建虚拟机页面中选择 VM 磁盘类型。若要选择月租费较低廉的，请选择 HDD。若选择 SSD，则可供选择的虚拟机月租费都是较高的。然后单击"下一步：网络＞"按钮。

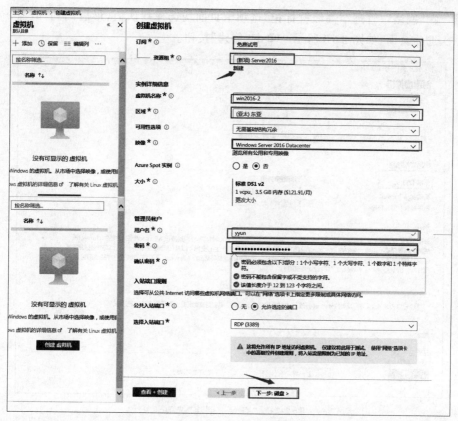

图 2-71　创建虚拟机的基本设置

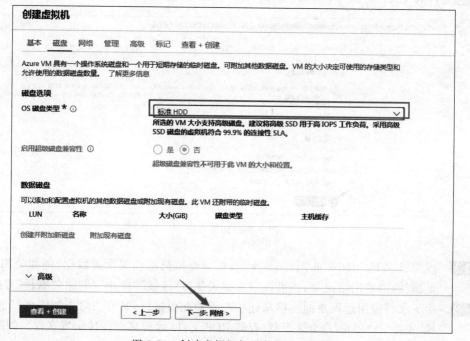

图 2-72　创建虚拟机与磁盘相关的设置

STEP 5 在"网络""管理""高级""标记"选项卡页面均选择默认值,最后回到"查看＋创建"选项页面,如图 2-73 所示。单击"创建"按钮。

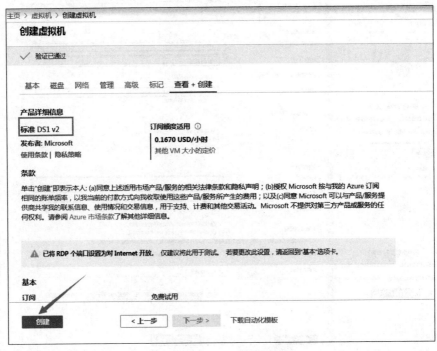

图 2-73 "查看＋创建"选项卡

STEP 6 部署完成,如图 2-74 所示。单击"转向资源"按钮,返回到虚拟机 WIN2016-2 页面。

图 2-74 部署完成

STEP 7 虚拟机 WIN2016-2 如图 2-75 所示,可知虚拟机的相关配置数据,例如公用 IP 地址、资源的使用情况等,还可以对虚拟机执行"连接""停止""删除""刷新"等操作。

STEP 8 接下来将使用远程桌面连接来连接与管理此虚拟机,其方法可先如图 2-75 所示选择"连接"→"RDP"命令来下载、存储 RDP 文件(远程桌面连接配置文件),如图 2-76 所示通过开启所下载 RDP 文件的方式来连接已建立的位于 Microsoft Azure 云的 Windows Server 2016 虚拟机。

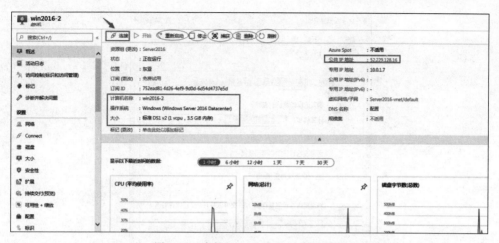

图 2-75　虚拟机 WIN2016-2 资源概述

图 2-76　下载 RDP 文件连接虚拟机

STEP 9　也可以通过执行 mstsc.exe 程序的方式来连接此虚拟机(其中 IP 地址请使用图 2-75 中的公共 IP 地址:52.229.128.16),下面就是使用这种方法来连接虚拟机的。在宿主机中输入并运行命令:mstsc.exe,打开如图 2-77 所示的"远程连接"界面。

STEP 10　单击并选中"本地资源"选项卡,然后单击"详细信息"按钮,打开"远程桌面连接"对话框,展开"驱动器"折叠项,选中"教材(D:)"复选框,如图 2-78 所示。单击"确定"按钮,这样,在远程连接的主机里就可以访问本地资源 D 盘了。

STEP 11　单击两次"连接"按钮,打开如图 2-79 所示的"Windows 安全"对话框,输入前面如图 2-62 所示设定的用户名称和密码,单击"确定"按钮。

STEP 12　接下来单击"是(Y)"按钮,如图 2-80 所示为连接到位于 Azure 的 Windows Server 2016 虚拟机的界面。

4. 将英文版 Windows Server 2016 中文化

在 Microsoft Azure 云中所建立的 Windows Server 2016 虚拟机是英文版,需要通过安装中文语言包的方式来将它中文化。

图 2-77 远程桌面连接

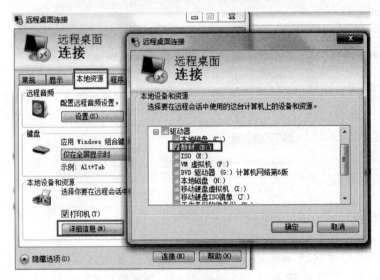

图 2-78 设置本地资源

图 2-79 输入用户凭据

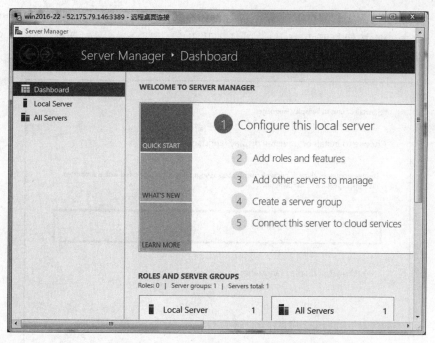

图 2-80　Windows Server 2016 虚拟机界面

STEP 1 在 Windows 10 宿主机上通过互联网查找、下载 Windows Server 2016 中文语言包，保存到 D 盘中（只有 D 盘可供远程虚拟机访问）。然后将该 Windows Server 2016 中文语言包文件复制到虚拟机中的 Temporary Storage(D)中，如图 2-81 所示。

　　本例中，这个 D 盘在虚拟机中的名字是"D on PC-20180710FIFC"。D 盘在虚拟机中的映射会因环境不同稍有差异，最重要的是理解其命名方式。

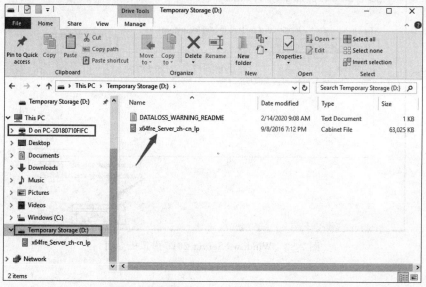

图 2-81　本地 D 盘在远程虚拟机中的表示

STEP 2 在虚拟机 WIN2016-2 中输入并运行命令 C:\windows\system32\lpksetup.exe，单击 OK 按钮打开 Install or uninstall display languages 对话框，如图 2-82 所示，然后单击 Install display languages 按钮。

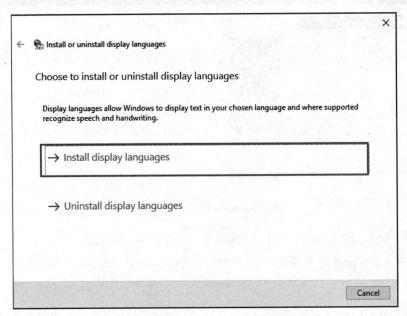

图 2-82　Windows Server 2016 虚拟机界面

STEP 3 接下来如图 2-83 所示，单击 Browse 按钮来选择所下载的语言包文件，然后单击 Next 按钮。

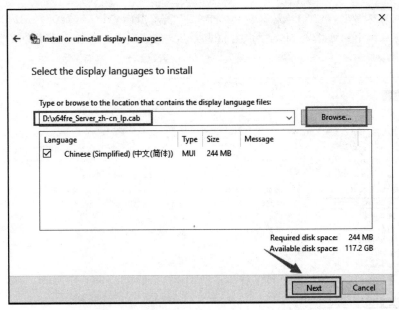

图 2-83　Windows Server 2016 虚拟机界面

注 意

Windows 10 上的本地磁盘 D 在虚拟机 WIN2016-2 上映射为"D on PC-20180710FIFC",而虚拟机 WIN2016-2 中显示的 D 盘并非 Windows 10 中的 D 盘。

STEP 4 出现许可协议界面时选择 I accept the license terms。单击 Next 按钮后,便会开始安装中文语言包,安装完成后单击 Close 按钮。

STEP 5 右击"开始"菜单,在弹出的快捷菜单中选择 Control Panel 命令,然后在"Clock,Language,and Region"窗口单击 Add a language 按钮。如图 2-84 所示,单击 Add a language 按钮,选择"中文(简体)"后,单击 Open 按钮。

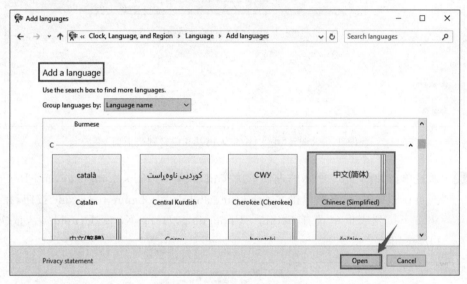

图 2-84　增加中文语言包支持

STEP 6 如图 2-85 所示单击并选中"中文(中华人民共和国)"选项后单击 Add 按钮。

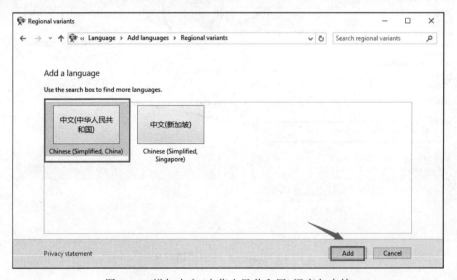

图 2-85　增加中文(中华人民共和国)语言包支持

STEP 7 如图 2-86 所示通过单击 Move up、Move down 按钮,将"中文(中华人民共和国)"选项移到上方(图为已经调整好的界面)。

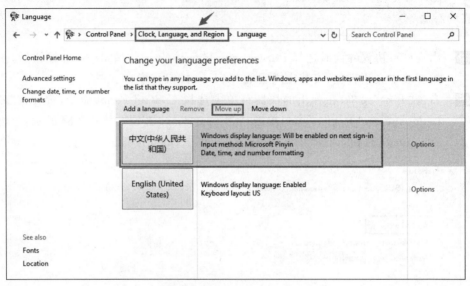

图 2-86 调整"中文(中华人民共和国)"到最上面

STEP 8 通过单击如图 2-86 所示的返回箭头按钮,回到"Clocks,Language,and Region"界面再在图 2-87 中依次单击 Set the time and date、Change time zone 按钮,在 Time zone 下拉列表框中选择 Beijing,Chongqing,Hong Kong,Urumqi 后,依次单击 OK 按钮共 2 次。

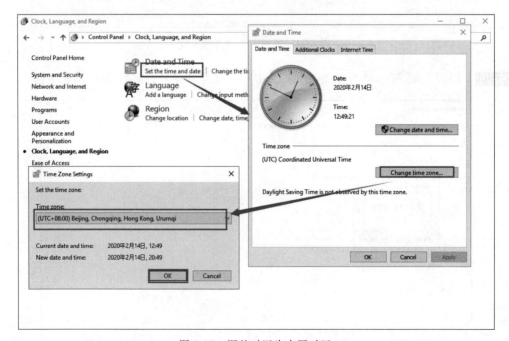

图 2-87 调整时区为中国时区

STEP 9　如图 2-88 所示单击 Change location 按钮，在 Region 对话框的 Home location 下拉列表框处选择 China。

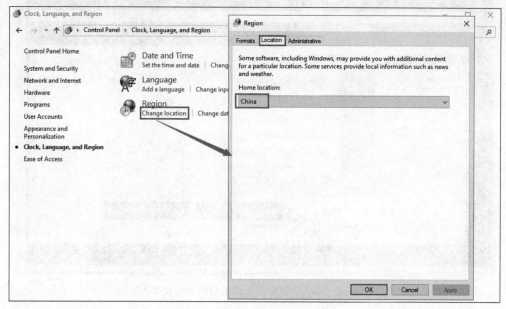

图 2-88　调整区域为中国区域(1)

STEP 10　如图 2-89 所示，单击 Administrative 选项卡下 Change system locale 按钮，在 Current system locale 下拉列表框中选择 Chinese（Simplified，China）选项，单击 OK 按钮，然后单击 Restart now 按钮来重新启动计算机。

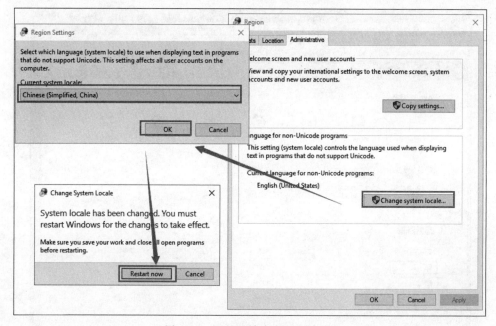

图 2-89　调整区域为中国区域(2)

STEP 11 重启后的虚拟机 WIN2016-2 的界面如图 2-90 所示，中文语言包安装成功。

图 2-90　成功安装中文语言包后的虚拟机界面

5. Azure 的基本管理

STEP 1 打开浏览器，输入 http://portal.azure.com/，登录 Microsoft Azure，如图 2-91 所示，可以看到当前已经建立的虚拟机，共有 2 台虚拟机：WIN2016-2 和 WIN2016-3。

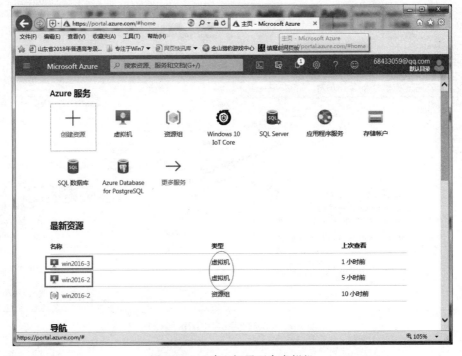

图 2-91　已建立好了两台虚拟机

STEP 2 在单击图中的虚拟机后,例如 WIN2016-2,就可以看到如图 2-92 所示的管理界面。除了可以对虚拟机执行关机(停止)、启动、重新启动与删除等操作外,还可以监控系统 CPU、网络、硬盘等运行情况。

图 2-92　虚拟机 WIN2016-2 的管理界面

STEP 3 若要查询帐单,在主页中打开左上角的显示门户菜单,如图 2-93 所示,单击并选择"成本管理＋计费"命令即可。

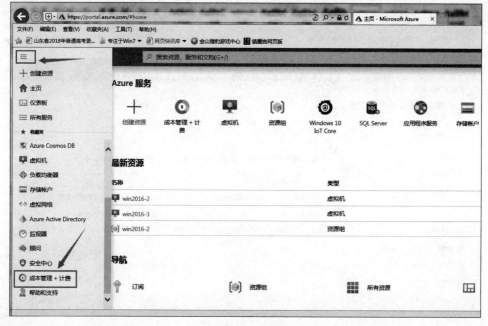

图 2-93　门户菜单

STEP 4 如图 2-94 所示为"成本管理＋计费"的概述内容。

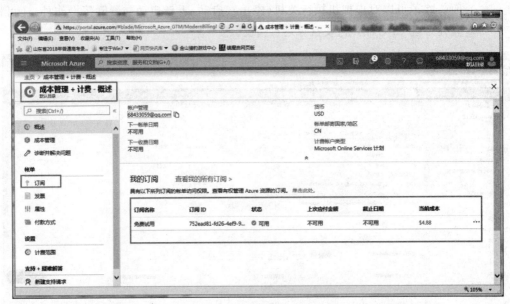

图 2-94 "成本管理＋计费"概述

STEP 5 若免费试用的订阅 Free Trial 使用期限已到或免费额度已经用完,可以添加其他的订阅,以便继续使用 Azure 的资源。添加订阅的方法如下:单击如图 2-94 所示的"订阅"按钮,然后在图 2-95 中单击"＋新建订阅"按钮,进行订阅的添加。

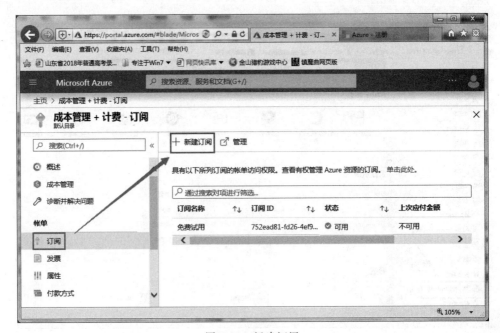

图 2-95 新建订阅

STEP 6　如图 2-96 所示,读者可以订阅需要的服务。

图 2-96　订阅需要的服务

任务 2-7　使用 VM 的快照和克隆

2-7 使用 VM 的快照与克隆

Windows Server 2016 安装完成后,可以使用 VM 的快照和克隆,迅速恢复或生成新的计算机,给教学和实训带来极大便利。

STEP 1　将前面安装完成的 WIN2016-1 当作母盘,在 VM 中选中 WIN2016-1 虚拟机,选择"虚拟机"→"快照"→"拍摄快照"命令,如图 2-97 所示。

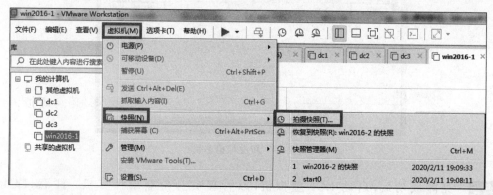

图 2-97　拍摄快照

STEP 2　按照向导生成快照 start1(一步步按向导完成即可)。利用该快照可以随时恢复到系统安装成功时的初始状态,这对于反复进行实训或排除问题的情况作用很大。

STEP 3 选中 WIN2016-1 虚拟机，选择"虚拟机"→"管理"→"克隆"命令，如图 2-98 所示。

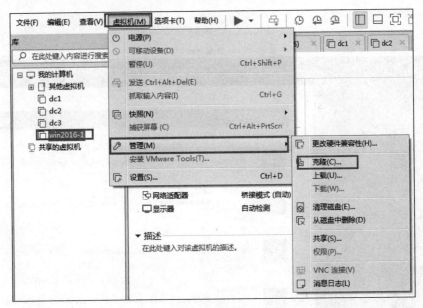

图 2-98　克隆 WIN2016-1 生成 DC4

STEP 4 如图 2-99 所示填写新虚拟机的名称和位置后单击"完成"按钮，快速生成 DC4 计算机（虚拟机位置要提前规划好，如 f:\DC4）。

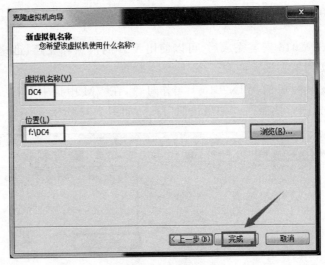

图 2-99　新虚拟机名称

STEP 5 克隆成功后，启动 DC4 虚拟机，以管理员身份登录计算机。注意，DC4 与 WIN2016-1 的管理员帐户和密码相同，因为 DC4 是克隆而来的。

STEP 6 输入并运行命令 C:\windows\system32\sysprep\sysprep.exe，如图 2-100 所示，选中"通用"选项。单击"确定"按钮，对 DC4 进行重整，消除克隆的影响。

STEP 7 按照向导完成对 DC4 计算机的重整。

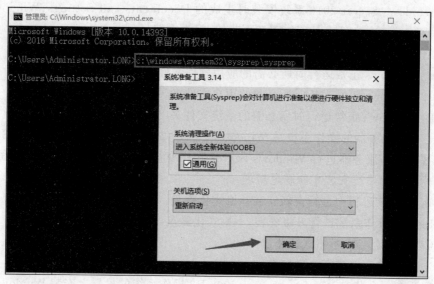

图 2-100　消除克隆影响

2.4　习题

1. 填空题

（1）Windows Server 2016 所支持的文件系统包括_____、_____、_____。Windows Server 2016 系统只能安装在_____文件系统分区。

（2）Windows Server 2016 有多种安装方式，分别适用于不同的环境，选择合适的安装方式可以提高工作效率。除了常规的使用 DVD 启动安装方式以外，还有_____、_____及_____。

（3）安装 Windows Server 2016 时，内存至少不低于_____，硬盘的可用空间不低于_____，并且只支持_____位版本。

（4）Windows Server 2016 管理员口令要求必须符合以下条件：①至少 6 个字符；②不包含用户帐户名称超过 2 个以上连续字符；③包含_____、_____、大写字母（A～Z）、小写字母（a～z）4 组字符中的 2 组。

（5）Windows Server 2016 操作系统发行的版本主要有 4 个，即_____、_____、_____、_____。

（6）页面文件所使用的文件名是根目录下的_____，不要轻易删除该文件，否则可能会导致系统崩溃。

（7）对于虚拟内存的大小，建议为实际内存的_____。

2. 选择题

（1）在 Windows Server 2016 系统中，如果要输入 DOS 命令，则在"运行"对话框中输入（　　）。

    A. CMD　　　　　　　　B. MMC　　　　　　　　C. AUTOEXE　　　　　　D. TTY

（2）Windows Server 2016 系统安装时生成的 Documents and Settings、Windows 以及 Windows\System 32 文件夹是不能随意更改的,因为它们是（　　　　）。

    A. Windows 的桌面

    B. Windows 正常运行时所必需的应用软件文件夹

    C. Windows 正常运行时所必需的用户文件夹

    D. Windows 正常运行时所必需的系统文件夹

（3）有一台服务器的操作系统是 Windows Server 2008 R2,文件系统是 NTFS,无任何分区。现要求对该服务器进行 Windows Server 2016 的安装,保留原数据,但不保留操作系统。应使用（　　　　）进行安装才能满足需求。

    A. 在安装过程中进行全新安装并格式化磁盘

    B. 对原操作系统进行升级安装,不格式化磁盘

    C. 做成双引导,不格式化磁盘

    D. 重新分区并进行全新安装

（4）现要在一台装有 Windows Server 2008 R2 操作系统的机器上安装 Windows Server 2016,并做成双引导系统。此计算机硬盘的大小是 200GB,有 2 个分区：C 盘 100GB,文件系统是 FAT;D 盘 100GB,文件系统是 NTFS。为使计算机成为双引导系统,下列选项中最好的方法是（　　　　）。

    A. 安装时选择升级选项,并且选择 D 盘作为安装盘

    B. 全新安装,选择 C 盘上与 Windows 相同的目录作为 Windows Server 2016 的安装目录

    C. 升级安装,选择 C 盘上与 Windows 不同的目录作为 Windows Server 2016 的安装目录

    D. 全新安装,且选择 D 盘作为安装盘

3. 简答题

（1）简述 Windows Server 2016 系统的最低硬件配置需求。

（2）在安装 Windows Server 2016 前有哪些注意事项?

（3）简述 Windows Server 2016 的版本及最低安装要求。

实训项目　基础配置 Windows Server 2016

1. 实训目的

掌握 Windows Server 2016 网络操作系统桌面环境的配置方法。

掌握 Windows Server 2016 防火墙的配置方法。

掌握 Windows Server 2016 控制台的应用。

掌握在 Windows Server 2016 中添加角色和功能的方法。

2. 项目环境

公司新购进一台服务器,硬盘空间为 500GB。已经安装了 Windows 10 网络操作系统和 VMware Workstation Pro 15.5,计算机名为 client1。Windows Server 2016 的镜像文件

已保存在硬盘上。网络拓扑图参照图 2-3。

3. 项目要求

实训项目要求如下。

(1) 在 VM 中安装 Widows Server 2016 的虚拟机。

(2) 配置桌面环境。

① 更改计算机名

② 虚拟内存大小设为实际内存的 2 倍。

③ 配置网络：IP 地址为 192.168.10.1，网关为 192.168.10.254，首选 DNS 为 192.168.10.1。

④ 设置显示属性。

⑤ 查看系统信息。

⑥ 利用"Windows 更新"更新 Windows Server 2016 网络操作系统为最新。

(3) 关闭防火墙。

(4) 使用规划放行 ping 命令。

(5) 测试物理主机(client1)与虚拟机(WIN2016-1)之间的通信。分别演示 3 种网络连接方式下的通信情况，从而总结出 3 种联网方式的区别与应用场所。

(6) 根据具体的虚拟机环境演示虚拟机连接互联网的方法和技巧。

(7) 使用管理控制台。

(8) 添加角色和功能。

4. 做一做

根据实训项目录像进行项目的实训，检查学习效果。

第 3 章
安装与配置 Hyper-V 服务器

项目背景

　　Hyper-V 是微软的一款虚拟化产品,是微软第一个采用类似 VMware 和 Citrix 开源 Xen 一样的基于 Hypervisor 的技术。Hyper-V 角色可让你利用内置于 Windows Server 2016 中的虚拟化技术创建和管理虚拟化的计算环境。通过 Hyper-V 功能,利用已购买的 Windows 服务器部署 Hyper-V 角色,无须购买第三方软件即可享有服务器虚拟化的灵活性和安全性。

　　以 Hyper-V 服务器为基础,搭建多个虚拟机来实现不同的网络服务是本书重点要实现的目标。熟悉并掌握 Hyper-V 服务器的相关知识,为后续项目的正常学习和扩展奠定基础。

项目目标

- 了解 Hyper-V 的基本概念、优点
- 掌握 Hyper-V 的系统需求
- 掌握安装与卸载 Hyper-V 角色的方法
- 掌握创建虚拟机和安装虚拟操作系统的方法
- 掌握在 Hyper-V 中进行服务器和虚拟机配置的方法
- 掌握创建虚拟网络和虚拟硬盘的方法与技巧

3.1　相关知识

　　Hyper-V 服务器虚拟化和 Virtual Server 2005 R2 不同。Virtual Server 2005 R2 是安装在物理计算机操作系统之上的一个应用程序,由在物理计算机上运行的操作系统管理;运行 Hyper-V 的物理计算机使用的操作系统和虚拟机使用的操作系统运行在底层的 Hypervisor 之上,物理计算机使用的操作系统实际上相当于一个特殊的虚拟机操作系统,和真正的虚拟机操作系统平级。物理计算机和虚拟机都要通过 Hypervisor 层使用和管理硬件资源,因此 Hyper-V 创建的虚拟机不是传统意义上的虚拟机,可以认为是一台与物理计算机平级的独立的计算机。

3.1.1　认识 Hyper-V

Hyper-V 是一个底层的虚拟机程序,可以让多个操作系统共享一个硬件。它位于操作系统和硬件之间,是一个很薄的软件层,里面不包含底层硬件驱动。Hyper-V 直接接管虚拟机管理工作,把系统资源划分为多个分区,其中主操作系统所在的分区叫作父分区,虚拟机所在的分区叫作子分区,这样可以确保虚拟机的性能最大化,几乎可以接近物理机器的性能,并且高于 Virtual PC/Virtual Server 基于模拟器创建的虚拟机。

在 Windows Server 2016 中,Hyper-V 功能仅添加了一个角色,和添加 DNS 角色、DHCP 角色、IIS 角色完全相同。Hyper-V 在操作系统和硬件层之间添加一层 hypervisor 层,Hyper-V 是一种基于 hypervisor 的虚拟化技术。

3.1.2　Hyper-V 系统需求

Hyper-V 技术对硬件要求比较高,主要集中在 CPU 方面。

- CPU 必须支持硬件虚拟化功能,如 Intel VT 技术或者 AMD-V 技术。也就是说,处理器必须具备硬件辅助虚拟化技术。
- CPU 必须支持 X64 位技术。
- CPU 必须支持硬件 DEP(data execution prevention,数据执行保护)技术,即 CPU 防病毒技术。
- 在系统的 BIOS 中必须开启硬件虚拟化等设置,系统默认为关闭 CPU 的硬件虚拟化功能。请在 BIOS 中设置(一般通过选择 config→CPU 命令进行设置)。

目前主流的服务器 CPU 均支持以上要求,只要支持硬件虚拟化功能,其他两个要求基本都能够满足。为了安全起见,在购置硬件设备之前,最好事先到 CPU 厂商的网站上确认 CPU 的型号是否满足以上要求。

3.2　项目设计及准备

(1) 安装好 Windows Server 2016,并利用"服务器管理器"功能添加 Hyper-V 角色。

(2) 对 Hyper-V 服务器进行配置。

(3) 利用"Hyper-V 管理器"应用建立虚拟机。

本项目的参数配置及网络拓扑图如图 3-1 所示。

图 3-1　安装与配置 Hyper-V 服务器拓扑图

3.3 项目实施

Windows Server 2016 安装完成后，默认没有安装 Hyper-V 角色，需要单独安装 Hyper-V 角色。安装 Hyper-V 角色通过"添加角色向导"功能完成。

任务 3-1 安装 Hyper-V 角色

Windows Server 2016 安装完成后，接着在这台计算机上通过"添加角色和功能"的方式来安装 Hyper-V。我们将这台安装 Hyper-V 的物理计算机称为主机（host），也称作 Hyper-V 服务器，其操作系统被称为主机操作系统（host operation system），而虚拟机内安装的操作系统称为来宾操作系统（guest operation system）。

STEP 1 在桌面选择"开始"→"服务器管理器"命令，打开"服务器管理器"窗口，再选择"仪表板"→"添加角色和功能"命令，依次单击"下一步"按钮，直到出现如图 3-2 所示的"选择服务器角色"对话框时选中"Hyper-V"复选框，并单击"添加功能"按钮。

3-1 安装
Hyper-V
角色

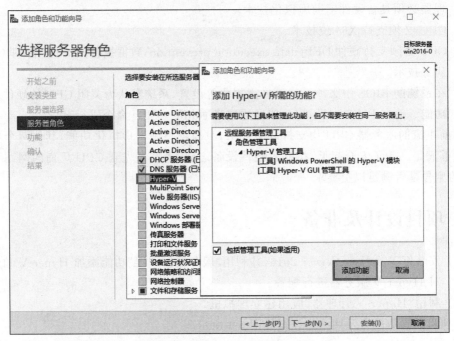

图 3-2 "选择服务器角色"对话框

STEP 2 依次单击"下一步"按钮，直到打开如图 3-3 所示的用于创建虚拟交换机的"添加角色和功能向导"对话框。在"网络适配器"列表框中，选择需要用于虚拟网络的物理网卡，建议至少为物理计算机保留一块物理网卡。具体设置会在后面介绍 Hyper-V 虚拟交换机类型时再进行说明。

STEP 3 依次单击"下一步"按钮，直到打开如图 3-4 所示的可以选择默认存储位置的对话框，设置虚拟硬盘文件与虚拟机配置文件的存储位置。请提前规划好存储位置。

STEP 4 单击"下一步"按钮。

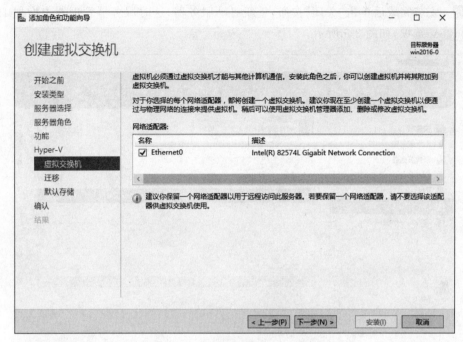

图 3-3　创建虚拟交换机的对话框

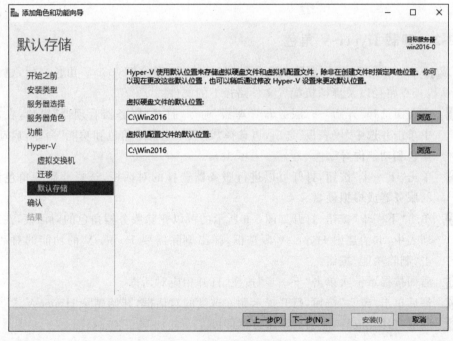

图 3-4　"默认存储"对话框

STEP 5 打开确认安装所选内容的对话框。单击"安装"按钮,开始安装 Hyper-V 角色。安装过程中可以关闭对话框,依次选择命令栏中的"通知"和"任务详细信息"命令,可以查看任务进度或再次打开此页面。

STEP 6   安装完成后单击"关闭"按钮,重新启动服务器,这时服务器管理器中增加 Hyper-V 选项,如图 3-5 所示。

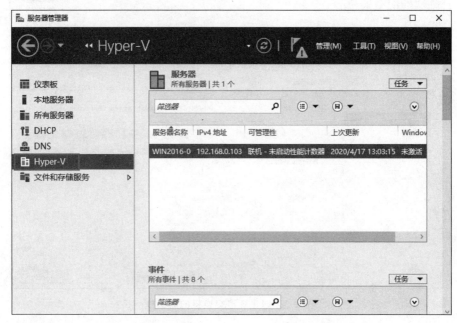

图 3-5   成功安装 Hyper-V 后的服务器管理器窗口

任务 3-2   卸载 Hyper-V 角色

卸载 Hyper-V 角色通过"删除角色向导"功能完成,删除 Hyper-V 角色之后,建议手动清理默认检查点路径以及虚拟机配置文件路径下的文件。

3-2 卸载 Hyper-V 角色

STEP 1   在桌面选择"开始"→"服务器管理器"命令,打开"服务器管理器"窗口,在左窗格中单击并选中"仪表板"选项,再选择"管理"→"删除角色和功能"命令,启动"删除角色和功能向导"。

STEP 2   单击"下一步"按钮,打开可以进行服务器选择的对话框,选择要删除角色和功能的服务器或虚拟硬盘。

STEP 3   单击"下一步"按钮,打开如图 3-6 所示的可以删除服务器角色的对话框,在"角色"列表中,取消选中 Hyper-V 复选框,弹出删除需要 Hyper-V 的功能的对话框,单击"删除功能"按钮。

STEP 4   后面按提示依次单击"下一步"按钮,打开相应对话框。

STEP 5   最后单击"删除"按钮,打开提示删除进度的对话框,开始删除 Hyper-V。

STEP 6   删除文件完成后,重新启动服务器即可。

任务 3-3   连接服务器

配置服务器之前,首先要连接到目标服务器。在"服务器管理器"控制台中,既可以连接到本地计算机,也可以连接到具备访问权限的远程计算机。

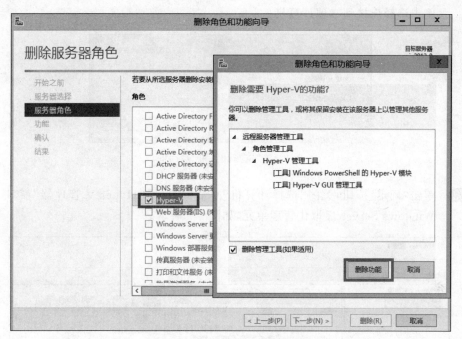

3-3 连接
Hyper-V 服
务器

图 3-6　"删除服务器角色"对话框

STEP 1　依次选择"开始"→"Windows 管理工具"→"Hyper-V 管理器"命令，打开如图 3-7
所示的"Hyper-V 管理器"窗口。

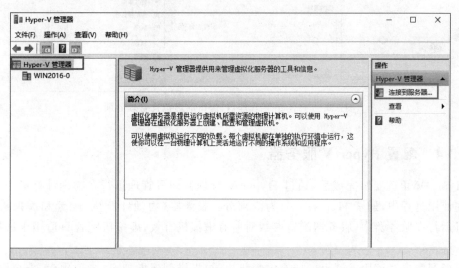

图 3-7　"Hyper-V 管理器"窗口

STEP 2　在图 3-7 窗口右窗格的"操作"一栏中，单击"连接到服务器"超链接，打开如图 3-8
所示的"选择计算机"对话框，选择运行 Hyper-V Server 的计算机，从"本地计算
机"和"另一台计算机"选项中进行选择。如果选择"本地计算机（运行此控制台的
计算机）"选项，则连接到本地计算机；如果选择"另一台计算机"选项，在文本框中
输入要连接到远程计算机的 IP 地址，或者单击"浏览"按钮，选择目标计算机。本

例中选择连接到本地计算机。

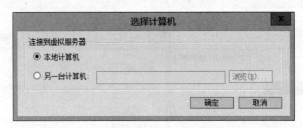

图 3-8 "选择计算机"对话框

STEP 3 单击"确定"按钮,关闭"选择计算机"对话框,返回"Hyper-V 管理器"窗口。打开 Windows Server 虚拟化管理单元,如图 3-9 所示。

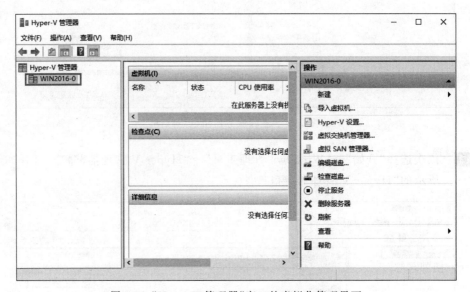

图 3-9 "Hyper-V 管理器"窗口的虚拟化管理界面

任务 3-4 配置 Hyper-V 服务器

3-4 配置 Hyper-V 服务器

Hyper-V 角色安装完成后,通过 Hyper-V 管理器即可管理运行在物理计算机中的虚拟机。在使用过程中,配置 Hyper-V 分为两部分:服务器(物理计算机)配置和虚拟机配置。虚拟机运行在服务器中,服务器配置参数对所有虚拟机有效,虚拟机配置只适用于选择的虚拟机。

服务器配置对该服务器上的所有虚拟机生效,提供创建虚拟机、虚拟硬盘、虚拟网络、虚拟硬盘整理、删除服务器、停止服务以及启动服务等操作。

在"Hyper-V 管理器"窗口左窗格中,选择"Hyper-V 管理器"→服务器名称(本例 WIN2016-0)选项,在目标服务器 WIN2016-0 一项上右击,打开如图 3-10 所示的功能菜单。

1. 新建选项

创建新的虚拟机、虚拟硬盘以及虚拟软盘。

① 在目标服务器 WIN2016-0 一项上右击,在弹出的快捷菜单中选择"新建"选项,在弹

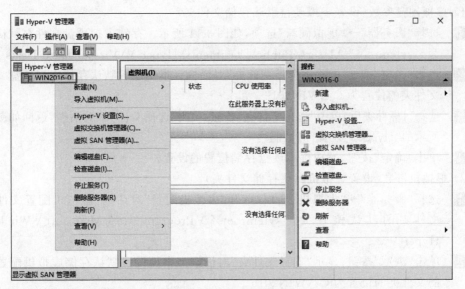

图 3-10　在"Hyper-V 管理器"窗口中打开功能菜单

出的级联菜单中选择相应虚拟目标命令,如图 3-10 所示。

② 选择"新建"→"虚拟机"命令后,启动创建虚拟机向导。

③ 选择"新建"→"硬盘"命令后,启动创建虚拟硬盘向导。

④ 选择"新建"→"软盘"命令后,启动创建虚拟软盘向导。

2. Hyper-V 设置选项

在目标服务器 WIN2016-0 一项上右击,在弹出的快捷菜单中选择"Hyper-V 设置"命令,打开如图 3-11 所示的"WIN2016-0 的 Hyper-V 设置"对话框。

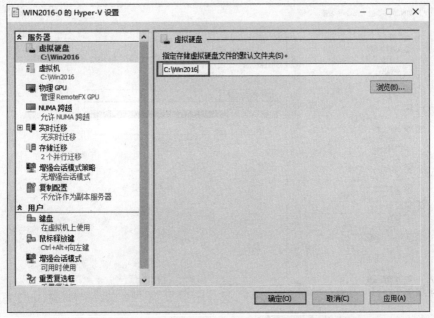

图 3-11　"WIN2016-0 的 Hyper-V 设置"对话框(1)

（1）虚拟硬盘参数（设置虚拟硬盘默认存储文件夹）

STEP 1 选择"服务器"→"虚拟硬盘"选项，如图 3-11 所示。存储虚拟硬盘文件夹默认位置为 %sytemroot%\Users\Public\Documents\Hyper-V\Virtual Hard Disks。

STEP 2 单击"浏览"按钮，打开"选择文件夹"对话框。本例设置默认存储虚拟硬盘文件的文件夹的位置为 C:\WIN2016。

STEP 3 选择目标件夹后，单击"选择文件夹"按钮，关闭"选择文件夹"对话框，返回如图 3-11 所示的"Hyper-V 设置"对话框。

STEP 4 单击"确定"按钮，完成虚拟硬盘存储位置的设置。

（2）虚拟机参数（设置虚拟机默认存储文件夹）

STEP 1 选择"服务器"→"虚拟机"选项，打开"虚拟机配置"对话框，虚拟机配置文件存储文件夹的默认位置为 %sytemroot%\ProgramData\Microsoft\Windows\Hyper-V。

STEP 2 单击"浏览"按钮，显示"选择文件夹"对话框。本例设置默认存储虚拟机配置文件的文件夹的位置为 C:\WIN2016。

STEP 3 选择目标文件夹后，单击"选择文件夹"按钮，关闭"选择文件夹"对话框，返回"Hyper-V 设置"对话框。

STEP 4 单击"应用"或"确定"按钮，完成虚拟机配置文件存储位置的设置。

（3）键盘参数

选择"用户"→"键盘"选项，设置键盘中的功能键生效的场合，提供 3 个选项，分别为"在物理计算机上使用""在虚拟机上使用"以及"仅当全屏幕运行时在虚拟机上使用"。根据需要选择即可。

（4）鼠标释放键参数

选择"用户"→"鼠标释放键"选项，打开如图 3-12 所示的对话框。设置鼠标在虚拟机中

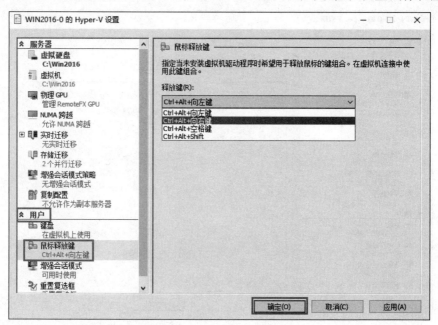

图 3-12　"WIN2016-0 的 Hyper-V 设置"对话框（2）

使用时,切换到物理计算机使用的快捷键,默认快捷键为"Ctrl＋Alt＋←",即 Ctrl＋ Alt＋←。提供 4 个选项,分别为"Ctrl＋Alt＋←""Ctrl＋Alt＋→""Ctrl＋Alt＋空格键"以及"Ctrl＋Alt＋Shift",根据需要选择即可。

（5）用户凭据参数

选择"用户"→"用户凭据"选项,打开"用户凭据"对话框。在物理计算机和虚拟机之间连接时,使用默认用户证书进行验证。

（6）删除保存的凭据参数

选择"用户"→"删除保存的凭据"选项,打开"删除保存的凭据"对话框。单击"删除"按钮,删除安装在物理计算机中的用户证书。如果当前计算机中没有安装证书,则"删除"按钮不可用。

（7）重置复选框参数

选择"用户"→"重置复选框"选项,打开"重置"对话框。单击"重置"按钮,恢复原始设置。这类似计算机的复位键。

3. 虚拟交换机管理器

在目标服务器 WIN2016-0 一项上右击,在弹出的快捷菜单中选择"虚拟交换机管理器"命令,打开如图 3-13 所示的"虚拟交换机管理器"对话框,设置虚拟环境使用的网络参数。

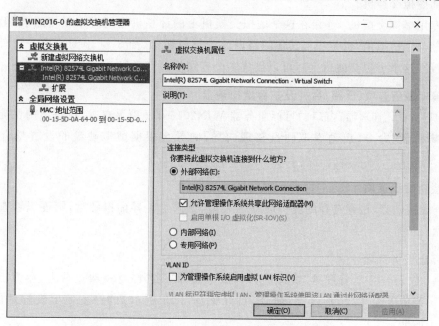

图 3-13　"WIN2016-0 虚拟交换机管理器"对话框

通过 Hyper-V 可以创建以下三种类型的虚拟交换机(见图 3-14)。

- 外部虚拟交换机:此虚拟交换机所在网络就是主机物理网卡所连接的网络,因此你所创建的虚拟机的网卡如果被连接到这个外部虚拟交换机,则它们可以通过此交换机与主机通信,也可以与连接在这个交换机上的其他计算机通信,甚至可以连接 Internet。如果主机有多块物理网卡,则你可以针对每块网卡创建一个外部虚拟交换机。

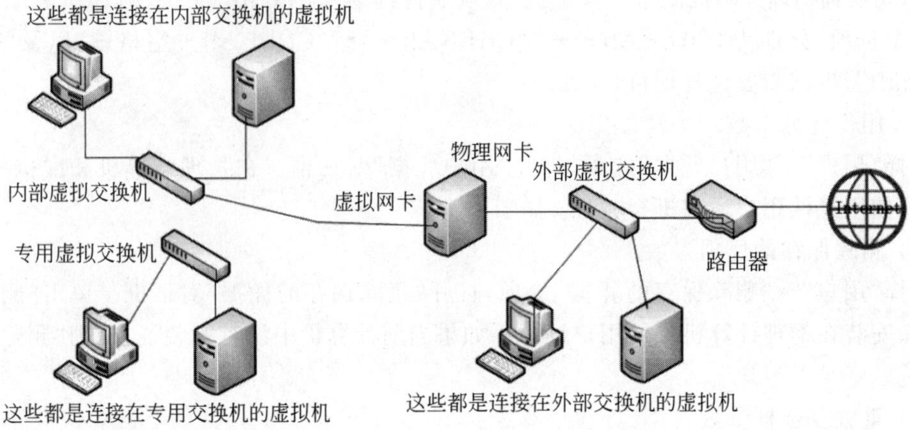

这些都是连接在内部交换机的虚拟机

物理网卡
外部虚拟交换机

内部虚拟交换机
虚拟网卡
路由器

专用虚拟交换机

这些都是连接在专用交换机的虚拟机
这些都是连接在外部交换机的虚拟机

图 3-14　三种类型的虚拟交换机

- 内部虚拟交换机：连接在这个虚拟交换机上的计算机之间可以互相通信，也可以与主机通信，但是无法与其他网络内的计算机通信，同时它们也无法连接 Internet。除非在主机上启用 NAT 或路由，例如启用 Internet 连接共享（ICS）。可以创建多个内部虚拟交换机。
- 专用虚拟交换机：连接在这个虚拟交换机上的计算机之间可以互相通信，但是并不能与主机通信，也无法与其他网络内的计算机通信（图 3-14 中的主机并没有网卡连接在这个虚拟交换机上），可以创建多个专用虚拟交换机。

4. 编辑磁盘选项（压缩、合并及扩容虚拟硬盘）

在"Hyper-V 管理器"窗口的目标服务器 WIN2016-0 一项上右击，在弹出的快捷菜单中选择"编辑磁盘"命令，启动虚拟硬盘整理向导，向导会根据虚拟硬盘的设置整合不同的功能。

5. 检查磁盘选项

检查虚拟硬盘，检查选择的虚拟硬盘的类型，如果是差异虚拟硬盘，则逐级检查关联的虚拟硬盘。

6. 停止服务选项

STEP 1 在"Hyper-V 管理器"窗口的目标服务器 WIN2016-0 一项上右击，在弹出的快捷菜单中选择"停止服务"命令，打开如图 3-15 所示的"停止虚拟机管理服务"对话框。

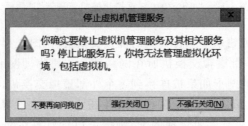

图 3-15　"停止虚拟机管理服务"对话框

STEP 2 单击"强行关闭"按钮,停止虚拟机管理服务,管理窗口中将不显示该物理计算机中安装的任何虚拟机。

注意　如果要恢复虚拟机管理服务,则必须在"Hyper-V 管理器"窗口重新连接服务器,并对目标服务器进行重新"启用服务"操作,恢复虚拟机管理服务。

7. 删除服务器选项

在"Hyper-V 管理器"窗口的目标服务器 WIN2016-0 一项右击,在弹出的快捷菜单中选择"删除服务器"命令,直接删除选择的服务器。服务器删除后,将返回上级菜单。

提示　可在"Hyper-V 管理器"窗口重新连接被删除的服务器,可恢复被删除的服务器。

任务 3-5　创建与删除虚拟网络

Hyper-V 支持"虚拟网络"功能,提供多种网络模式,设置的虚拟网络将影响宿主操作系统的网络设置。对 Hyper-V 进行初始配置时需要为虚拟环境提供一块用于通信的物理网卡,当完成配置后,会为当前的宿主操作系统添加一块虚拟网卡,用于宿主操作系统与网络的通信。而此时的物理网卡除了作为网络的物理连接外,还兼作虚拟交换机,为宿主操作系统及虚拟机操作系统提供网络通信。

1. 创建虚拟网络

STEP 1 在"Hyper-V 管理器"窗口的目标服务器 WIN2016-0 一项上右击,在弹出的快捷菜单中选择"虚拟交换机管理器"命令,或者在"Hyper-V 管理器"窗口右窗格的"操作"一栏中,单击"虚拟交换机管理器"超链接,如图 3-16 所示。

3-5 创建与删除虚拟网络

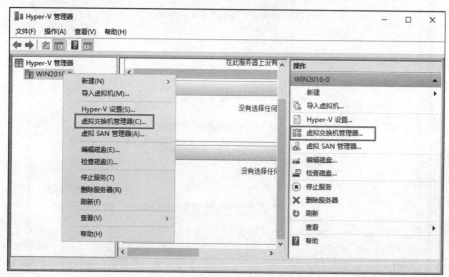

图 3-16　"虚拟交换机管理器"命令

STEP 2 打开如图 3-17 所示的"WIN2016-0 的虚拟交换机管理器"对话框。

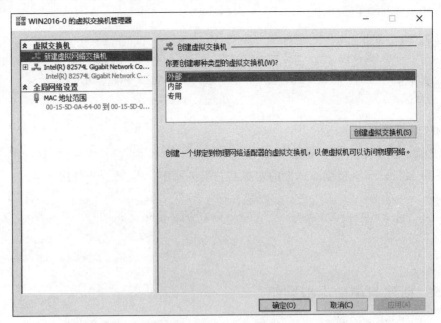

图 3-17 "WIN2016-0 的虚拟交换机管理器"对话框

STEP 3 单击"创建虚拟交换机"按钮,打开如图 3-18 所示的属性设置对话框。

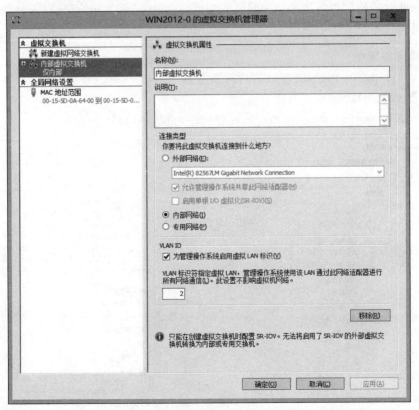

图 3-18 虚拟交换机属性设置对话框

- 在"名称"文本框中,输入虚拟交换机的名称。
- 在"连接类型"一栏中,选择虚拟交换机类型。如果选择"外部"和"内部"类型,将可以设置虚拟交换机所在的 VLAN 区域。如果选择"专用"类型,不提供 VLAN 设置功能。本例中选择"内部"类型的虚拟交换机,在网卡下拉列表中选择关联的网卡。
- 选中"为管理操作系统启用虚拟 LAN 标识"选项,设置新创建的虚拟网络所处的 VLAN,如图 3-18 所示。

> 如果启用了虚拟 LAN 标识,一定要保证该网络的其他虚拟机的虚拟 LAN 标识要同时启用,并且该网络的标识值要完全一致。

STEP 4 单击"确定"按钮,完成虚拟交换机的设置。类似可创建"专用虚拟交换机"和"外部虚拟交换机"。

STEP 5 在桌面上选择"开始"→"控制面板"命令,打开"控制面板"窗口,在"控制面板"窗口依次选择"网络和 Internet"→"网络和共享中心"选项,打开如图 3-19 所示的"网络和共享中心"窗口。

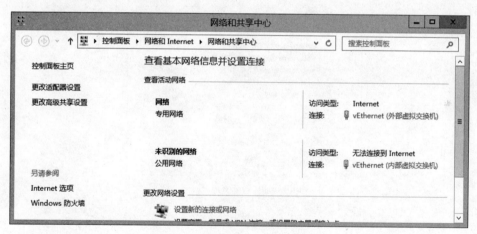

图 3-19　"网络和共享中心"窗口

STEP 6 单击"更改适配器设置"超链接,打开如图 3-20 所示的"网络连接"窗口。尽管 Ethernet0 为宿主计算机的物理网卡,但 vEthernet(外部虚拟交换机)才是真正用于虚拟机之间以及与外部连接的网卡。

> 如果利用这台主机来连接 Internet,或让这台主机与连接在此虚拟交换机的其他计算机通信,请对图 3-20 中的 vEthernet(外部虚拟交换机)的 TCP/IP 进行设置,而不是更改物理网卡(图中的"以太网")的 TCP/IP 设置,因为此连接已经被设置为虚拟交换机(可以查看 Ethernet0 连接的属性,如图 3-21 所示)。

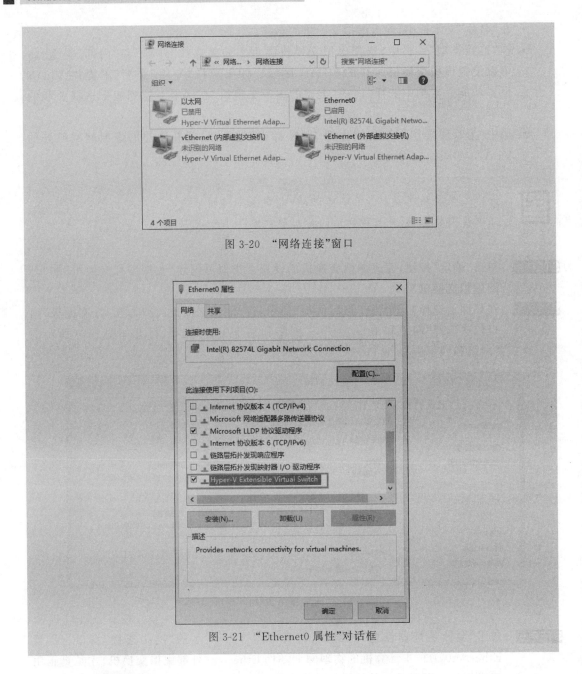

图 3-20 "网络连接"窗口

图 3-21 "Ethernet0 属性"对话框

2. 删除虚拟交换机

当已经创建的虚拟交换机不能满足环境需求时,可以删除已经存在的虚拟交换机。

STEP 1 在打开的"虚拟交换机管理器"窗口中,选择需要删除的虚拟交换机。

STEP 2 单击"移除"按钮,删除虚拟交换机。

STEP 3 单击"确定"按钮,完成虚拟交换机配置的更改。

任务 3-6　创建一台虚拟机

在 Windows Server 2016 的 Hyper-V 管理器中提供虚拟机创建向导,根据向导即可轻松创建虚拟机。

STEP 1　打开"Hyper-V 管理器"窗口,在目标服务器 WIN2016-0 一项上右击,在弹出的快捷菜单中选择"新建"→"虚拟机"命令,如图 3-22 所示。

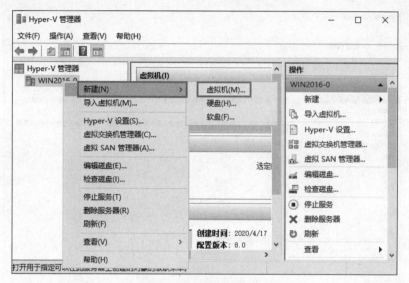

3-6 创建一台虚拟机

图 3-22　虚拟机功能菜单

STEP 2　启动创建虚拟机向导,打开"新建虚拟机向导"对话框。

STEP 3　单击"下一步"按钮,打开如图 3-23 所示的可以指定名称和位置的对话框。在"名称"文本框中输入虚拟机的名称,默认虚拟机配置文件保存在安装 Hyper-V 角色时设定的默认存储路径中(见图 3-4)。此处可以根据需要修改虚拟机存储的位置。

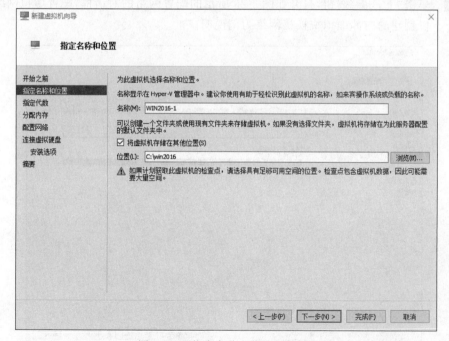

图 3-23　"指定名称和位置"对话框

STEP 4 单击"下一步"按钮，打开如图 3-24 的可以指定代数的对话框，设置虚拟机的代数。其中"第二代"提供了对较新的虚拟化功能的支持，具有基于 UEFI 的固件，并且支持 64 位版本的操作系统。

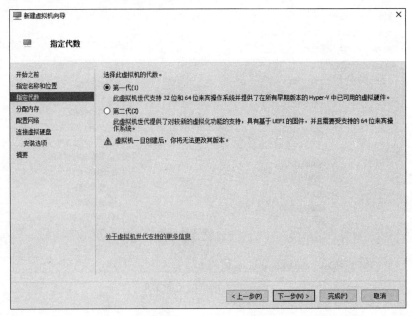

图 3-24 "指定代数"对话框

STEP 5 单击"下一步"按钮，打开可以分配内存的对话框，设置虚拟机内存，至少应该是 1024MB。

STEP 6 单击"下一步"按钮，打开如图 3-25 所示的配置网络的对话框，配置虚拟网络，本例以创建的内部虚拟交换机网络为例说明。

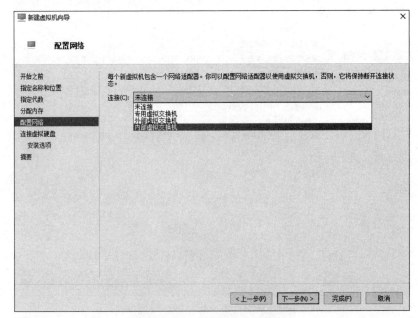

图 3-25 "配置网络"对话框

注意　①如果在任务 3-5 中没有创建虚拟交换机,则此处显示"未连接",也就是没有可用的虚拟交换机。②注意该虚拟机的虚拟 LAN 标识的设置。一定保证同网络的虚拟 LAN 标识要与全网一致。

STEP 7　单击"下一步"按钮,打开如图 3-26 所示的连接虚拟硬盘的对话框。

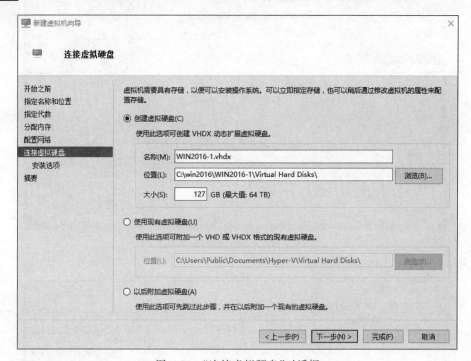

图 3-26　"连接虚拟硬盘"对话框

设置虚拟机使用的虚拟硬盘,可以创建一个新的虚拟硬盘,也可以使用已经存在的虚拟硬盘。

本例中新建一个虚拟硬盘,因此选中"创建虚拟硬盘"选项。单击"浏览"按钮,可以改变虚拟硬盘存储的位置。由于虚拟硬盘比较大,建议事先在目标磁盘上建立存放虚拟硬盘的文件夹,最好不使用默认设置。

STEP 8　单击"下一步"按钮,显示如图 3-27 所示的进行安装选项选择的对话框,根据具体情况选择是以后安装操作系统还是现在就安装。如果现在就安装,则可以选择"从可启动的 CD/DVD-ROM 安装操作系统""从可启动软盘安装操作系统"和"从基于网络的安装服务器安装操作系统"三种情况中的一种。本例选中"以后安装操作系统"选项。

STEP 9　单击"下一步"按钮,再单击"完成"按钮,完成创建虚拟机的操作,如图 3-28 所示。

任务 3-7　安装虚拟机操作系统

以 Windows Server 2016 为例说明如何在 Windows Server 虚拟化环境中安装操作系统。

3-7 安装虚
拟机操作
系统

图 3-27 "安装选项"对话框

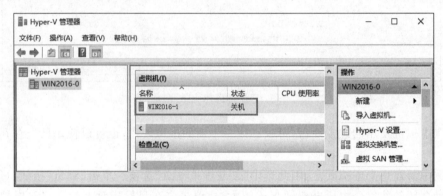

图 3-28 虚拟机创建完毕的"Hyper-V 管理器"窗口

STEP 1 在"Hyper-V 管理器"窗口的"虚拟机"一栏中,选择目标虚拟机 WIN2016-1,在右
侧的"操作"一栏中,单击"设置"超链接,打开 "WIN2016-1 的设置"对话框。注
意,此处是设置虚拟机 WIN2016-1 的属性,不是设置 Hyper-V 的属性。

STEP 2 展开"硬件"列表下的"IDE 控制器 1"折叠,选中"DVD 驱动器"选项,打开如图 3-29
所示的对话框。

STEP 3 在"DVD 驱动器"分组框中,选中"镜像文件"选项。

STEP 4 单击"浏览"按钮,选择 Windows Server 2016 操作系统的镜像光盘。完成后返回
"WIN2016-1 设置"对话框,这时,DVD 驱动器下已经有了 Windows Server 2016
的系统安装镜像文件。单击"确定"按钮,再次打开"Hyper-V 管理器"窗口。

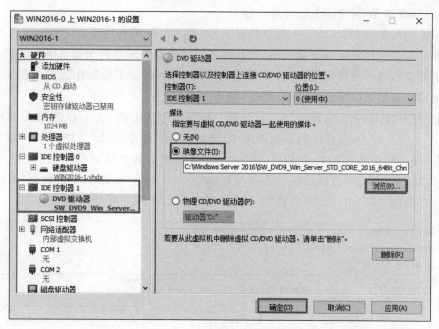

图 3-29　"DVD 驱动器"对话框

STEP 5 在"Hyper-V 管理器"窗口中,选中目标虚拟机,即 WIN206-1,在右侧的"操作"列表中,单击"启动"超链接,启动虚拟机;或者直接在目标虚拟机一项上右击,选择"启动"命令,启动虚拟机。虚拟机开始以光盘启动模式引导。

后面的安装过程请读者参考第 2 章相关内容。

　　安装完成后,启动安装的虚拟机,出现将要登录的提示界面。这时启动登录的组合键由原来的 Alt+Ctrl+Delete 变成了 Alt+Ctrl+End。

　　Windows Server 2016 的 Hyper-V 管理功能也让你可以将虚拟机的状态保存起来后关闭虚拟机,下一次要使用此虚拟机时,就可以直接将其恢复成关闭之前的状态。保存状态的方法为:选择虚拟机窗口中的"操作"菜单的"保存"命令即可。

任务 3-8　创建更多的虚拟机

3-8 创建更多的虚拟机

可以重复利用任务 3-6 叙述的步骤创建更多虚拟机,不过采用这种方法,每个虚拟机占用的硬盘空间比较大,而且也比较浪费时间。本节将介绍另一种省时又省硬盘空间的方法。

1. 创建差异虚拟硬盘

此方法是将之前创建虚拟机 WIN2016-1 的虚拟机硬盘当作母盘,并以此母盘为基准创建差异虚拟硬盘,然后将此差异虚拟硬盘分配给新的虚拟机使用。当启动其他虚拟机时,它仍然会使用 WIN2016-1 的母盘,但是之后在此系统内进行的任何改动都只会被存储到差异硬盘,并不会改动 WIN2016-1 的母盘内容。

如果使用母盘的 WIN2016-1 虚拟机被启动,则其他使用差异虚拟硬盘的虚拟机将无法启动。如果母盘文件发生故障或丢失,则其他使用差异虚拟硬盘的虚拟机也无法启动。

虚拟硬盘可以单独创建,也可以在创建虚拟机时创建,如果要使用差异虚拟硬盘,则建议使用虚拟硬盘创建向导完成虚拟硬盘的创建。

STEP 1 打开"Hyper-V 管理器"窗口,选择目标服务器 WIN2016-0,在虚拟机 WIN2016-1 一项上右击,在弹出的快捷菜单中,选择"关闭"命令,关闭 WIN2016-1 虚拟机。

STEP 2 在目标服务器 WIN2016-0 一项上右击,在弹出的快捷菜单中选择"新建"→"硬盘"命令;或者选择目标服务器 WIN2016-0,然后在"Hyper-V 管理器"窗口右侧的"操作"一栏中,选择"新建"→"硬盘"命令,如图 3-30 所示。

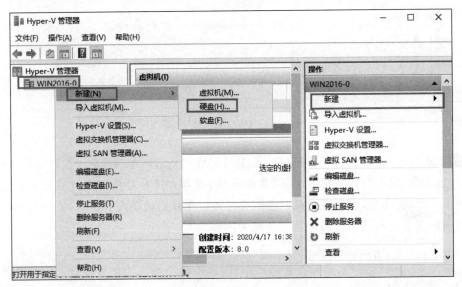

图 3-30 在"Hyper-V 管理器"窗口新建硬盘

STEP 3 打开"新建虚拟硬盘向导"对话框,启动新建虚拟硬盘向导,创建新的虚拟硬盘。

STEP 4 单击"下一步"按钮,打开"选择磁盘格式"的对话框,选择默认的新格式(扩展名为 VHD 或 VHDX)后单击"下一步"按钮,打开如图 3-31 所示的"选择磁盘类型"对话框,选择虚拟硬盘的类型,Hyper-V 支持"动态扩展""固定大小"以及"差异"3 种类型,本例选择"差异"。

STEP 5 单击"下一步"按钮,打开如图 3-32 所示的"指定名称和位置"对话框。设置虚拟硬盘名称以及存储的目标文件夹,单击"浏览"按钮,可以选择目标文件夹。名称设为 Server1.vhdx,位置设为"C:\Windows Server 2016 虚拟机\"。

STEP 6 单击"下一步"按钮,打开如图 3-33 所示的"配置磁盘"对话框,选择作为母盘的虚拟硬盘文件,也就是 C:\Win2016\WIN2016-1\Virtual Hard Disks\WIN2016-1. vhdx。这个文件夹与安装 WIN2016-1 虚拟机时设置的文件夹位置有关。

STEP 7 出现提示"正在完成新建虚拟硬盘向导"的对话框时等待虚拟硬盘创建完毕后单击"完成"按钮,完成差异虚拟硬盘的创建。

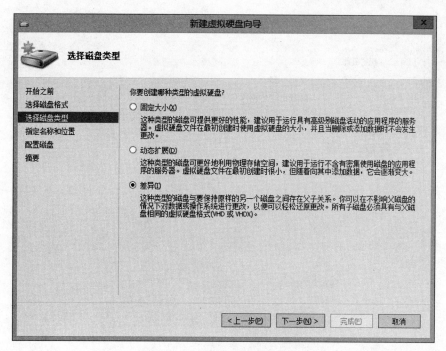

图 3-31　"选择磁盘类型"对话框

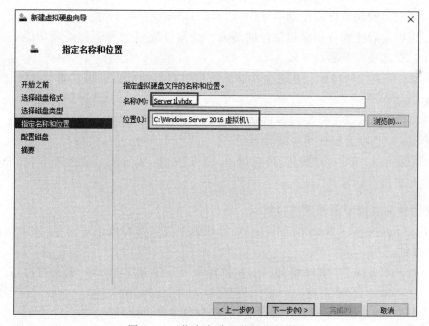

图 3-32　"指定名称和位置"对话框

2. 编辑差异虚拟硬盘

虚拟硬盘配置完成后,或者使用一段时间之后,硬盘的占用空间将变大,此时可以使用硬盘压缩功能,整理磁盘空间。使用差异虚拟硬盘时,也可以将子硬盘合并到父虚拟硬盘中。

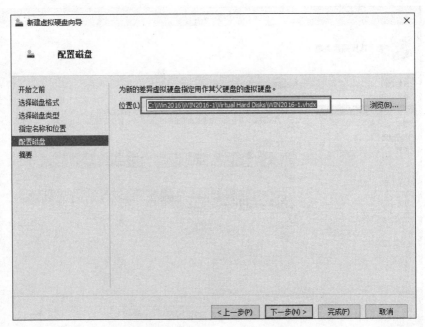

图 3-33 "配置磁盘"对话框

STEP 1 打开"Hyper-V 管理器"窗口,在窗口右侧的"操作"一栏中,单击"编辑磁盘"超链接,打开"编辑虚拟硬盘向导"对话框,启动磁盘整理向导。

STEP 2 根据向导完成特定虚拟硬盘的编辑。该向导提供 3 种磁盘处理功能:压缩磁盘、磁盘转换以及磁盘扩展。

- 压缩:该选项通过删除从磁盘中删除数据时留下的空白空间来减小虚拟硬盘文件的大小。
- 转换:该选项通过复制内容将此动态虚拟硬盘转换成固定虚拟硬盘。
- 扩展:该选项可扩展虚拟硬盘容量。

STEP 3 依次单击"下一步"按钮,最后单击"完成"按钮,提示磁盘处理进度,处理完成自动关闭该对话框。

3. 使用差异虚拟硬盘创建虚拟机

在 Windows Server 2016 的 Hyper-V 管理器中提供虚拟机创建向导,根据向导即可轻松创建虚拟机。

STEP 1 打开"Hyper-V 管理器"窗口,在目标服务器 WIN2016-0 一项上右击,在弹出的快捷菜单中选择"新建"→"虚拟机"命令,如图 3-34 所示。

STEP 2 打开"新建虚拟机向导"对话框,启动创建虚拟机向导。

STEP 3 单击"下一步"按钮,打开如图 3-35 所示的"指定名称和位置"的对话框。在"名称"文本框中输入虚拟机的名称(WIN2016-2),默认虚拟机配置文件保存在安装 Hyper-V 角色时设定的默认存储路径中(见图 3-4)。此处可以根据需要修改虚拟机存储的位置。

STEP 4 依次单击"下一步"按钮,直到出现如图 3-36 所示的"分配内存"对话框,设置虚拟机内存,至少应该是 1024MB。

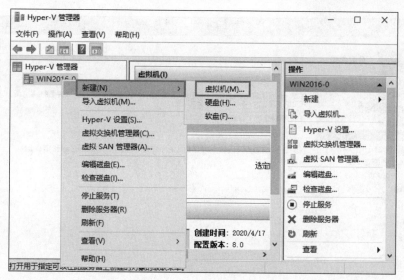

图 3-34　虚拟机功能菜单

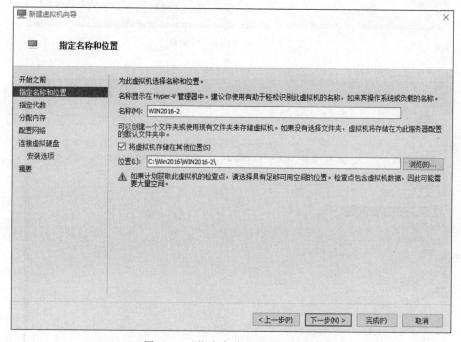

图 3-35　"指定名称和位置"对话框

STEP 5　单击"下一步"按钮,打开如图 3-37 所示的"配置网络"对话框,选择其虚拟网卡连接的虚拟交换机,例如选择"外部虚拟交换机"(此交换机是根据物理网卡创建的,它属于外部类型的交换机)选项,单击"下一步"按钮。

如果在任务 3-5 中没有创建虚拟交换机,则此处显示"未连接",也就是没有可用的虚拟交换机。

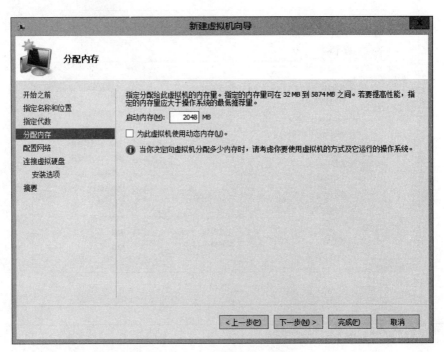

图 3-36　"分配内存"对话框

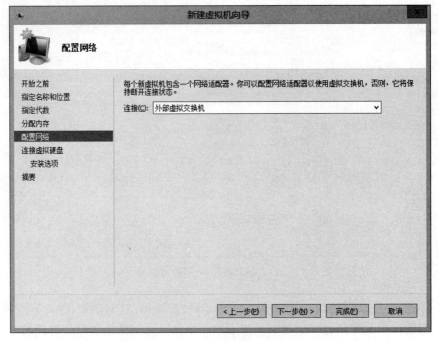

图 3-37　"配置网络"对话框

STEP 6　打开如图 3-38 所示的"连接虚拟硬盘"对话框。选择要分配给此虚拟机的虚拟硬盘，我们选择之前创建的差异虚拟硬盘 Server1.vhdx，单击"下一步"按钮。

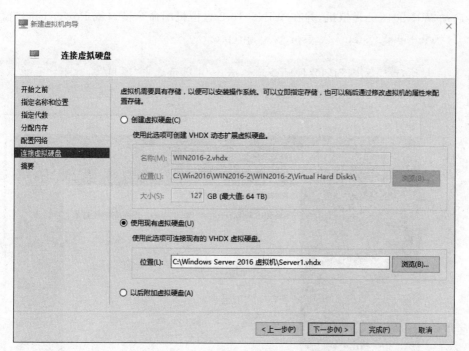

图 3-38　"连接虚拟硬盘"对话框

STEP 7　单击"下一步"按钮,再单击"完成"按钮,完成创建虚拟机的操作,如图 3-39 所示。

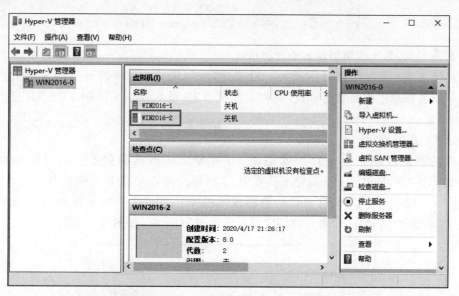

图 3-39　创建完虚拟机 WIN2016-2 的"Hyper-V 管理器"窗口

STEP 8　由于此虚拟机是利用 WIN2016-1 创建出来的,因此其 SID(security identifier)与 WIN2016-1 相同,管理员帐户、密码也与 WIN2016-1 相同。所以建议运行 SYSPREP.EXE 命令更改此虚拟机的 SID,否则在域环境下会有问题。SYSPREP. EXE 位于 C:\windows\system32\sysprep 文件夹内。

请启动 WIN2016-2 虚拟机，并在 WIN2016-2 虚拟机的命令窗口或 Power Shell 窗口输入命令 C:\windows\system32\sysprep\sysprep.exe。

> **注意** 运行 SYSPREP.EXE 时必须如图 3-40 所示选中"通用"复选框才会更改 SID（计算机名改为：WIN2016-2，IP 地址改为：192.168.10.2/24）。

图 3-40　系统准备工具更改 SID

4. 利用导入、导出选项创建多个虚拟机

先将已安装好的虚拟机导出到某一目录，然后利用导入选项将导出的虚拟机再导入 Hyper-V 服务器中生成新的虚拟机，并将虚拟机改名，最后使用 SYSPREP.EXE 更改该虚拟机的 SID。

（1）导出虚拟机

只有在虚拟机停止或保存的状态下，方可导出虚拟机的状态。下面的操作是将 WIN2016-1 虚拟机导出到一个新建文件夹中，本例导入到 C:\test1\ 文件夹中。

STEP 1 在"Hyper-V 管理器"窗口的目标虚拟机 WIN2016-1 一项上右击，在弹出的快捷菜单中选择"导出"命令，打开"导出虚拟机"对话框，如图 3-41 所示。

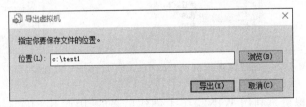

图 3-41　"导出虚拟机"对话框

STEP 2 单击"浏览"按钮，打开"选择文件夹"对话框，选择保存虚拟机的目标文件夹 C:\test1\。

STEP 3 单击"选择文件夹"按钮，关闭"选择文件夹"对话框，返回"导出虚拟机"对话框。

STEP 4　单击"导出"按钮，导出虚拟机。这时，在虚拟机 WIN2016-1 的"任务状态"栏会提示导出进度。成功导出的虚拟机会包含一组文件夹，分别为 Virtual Machines、Virtual Hard Disks 以及 Snapshots，如图 3-42 所示。

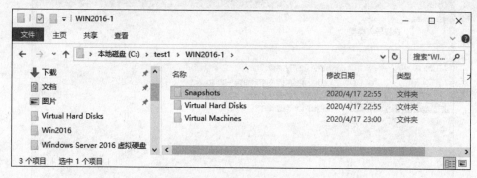

图 3-42　导出的虚拟机组件

STEP 5　依照上述步骤，再将 WIN2016-1 虚拟机导出到 C:\test2\虚拟机文件夹中，记得检查文件是否导出无误。

（2）导入虚拟机

下面的操作将导出的虚拟机（文件夹分别为 C:\test1\、C:\test2\）导入 Hyper-V 管理器。生成 2 台虚拟机并重命名为 WIN2016-3 和 WIN2016-4。

STEP 1　打开"Hyper-V 管理器"窗口，选择 WIN2016-0，单击"操作"菜单，在下拉菜单列表中，选择"导入虚拟机"选项，或者在目标服务器 WIN2016-0 一项上右击，在弹出的快捷菜单中选择"导入虚拟机"选项。

STEP 2　如图 3-43 所示，指定 test1 虚拟机文件夹并做导入操作，本例中要导入的虚拟机的文件夹为 C:\test1\WIN2016-1。

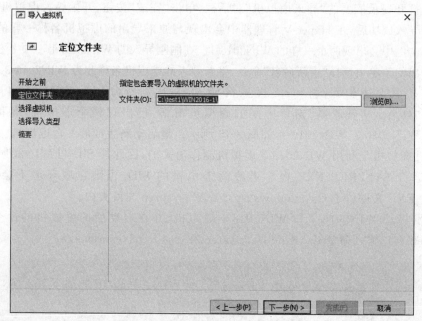

图 3-43　导入虚拟机——定位文件夹

STEP 3 依次单击"下一步"按钮,直到打开如图 3-44 所示的选择导入类型的"导入虚拟机"对话框,选中"复制虚拟机(创建新的唯一 ID)"单选按钮。

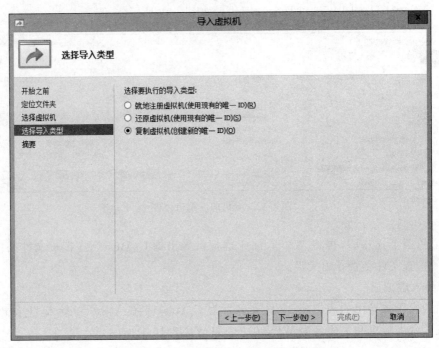

图 3-44 导入虚拟机——选择导入类型

STEP 4 接下来,在选择目标"导入虚拟机"对话框输入导入的虚拟机文件夹的存储位置,比如 C:\Win2016\,单击"下一步"按钮后,选择虚拟硬盘的存储位置,单击"下一步"按钮。

STEP 5 打开提示摘要的"导入虚拟机"对话框,单击"完成"按钮,开始导入虚拟机。

STEP 6 导入成功后,在 Hyper-V 管理器中会出现与原来导出的虚拟机名称一样的虚拟机。本例中会出现两个一样的 WIN2016-1。在刚刚导入的 WIN2016-1 一项上右击,在弹出的菜单中选择"重新命名"命令,将新导入的虚拟机名称改为 WIN2016-3。

STEP 7 按照上述步骤,将 test2 虚拟机导入,并且重新命名为 WIN2016-4。这时在"Hyper-V 管理器"窗口中间的虚拟机窗格,已出现两个虚拟机,名称分别为 WIN2016-3、WIN2016-4,如图 3-45 所示。请启动新生成的 2 台虚拟机。

由于此虚拟机是利用 WIN2016-1 虚拟机制作出来的,因此其 SID 与 WIN2016-1 相同,所以建议运行 SYSPREP.EXE 程序更改此虚拟机的 SID,否则在域环境下会有问题。SYSPREP.EXE 文件位于 C:\windows\system32\sysprep 文件夹内。

请分别启动 WIN2016-3 和 WIN2016-4 虚拟机,并在启动后的虚拟机的命令窗口或 Power Shell 窗口输入命令 C:\windows\system32\sysprep\sysprep.exe。

计算机已重新命名为 WIN2016-3 和 WIN2016-4,IP 地址为 192.168.10.3/24 和 192.168.10.4/24。

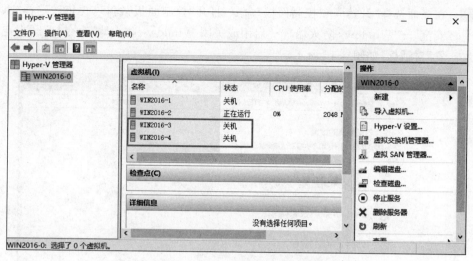

图 3-45　导入生成的 2 个虚拟机

任务 3-9　利用 ping 命令测试虚拟机

目前我们已经完成的虚拟机以及主机情况见表 3-1。在本书中我们将采用这几个虚拟机完成实训,如果读者条件受限,也可选择使用 VMware 搭建虚拟网络环境,操作过程类似,不再一一赘述。

3-9　利用 ping 命令测试虚拟机

表 3-1　本书中的虚拟机汇总

主机名称	IP 及子网掩码	角　色	操作系统	备　注
WIN2016-0	192.168.10.100/24	物理机、Hyper-V 服务器	Windows Server 2016	vEthernet（外部虚拟交换机）
	192.168.10.200/24			vEthernet（内部虚拟交换机）
WIN2016-2	192.168.10.2/24	虚拟机、独立服务器		差异虚拟硬盘
WIN2016-3	192.168.10.3/24	虚拟机、独立服务器		导入生成
WIN2016-4	192.168.10.4/24	虚拟机、独立服务器		导入生成

注意

　　WIN2016-1 的硬盘是 WIN2016-2 的母盘,2 个虚拟机不能同时开启。本例中只开启 WIN2016-2 虚拟机。

1. 关闭防火墙

为了后面的实训能够正常进行,建议将这 3 台虚拟机和物理机的防火墙关闭,或者放行某些特定的协议(放行"任何协议"似乎是较好的选择)。可参考第 2 章的"任务 2-4 配置 Windows Server 2016"中的"5.配置防火墙,放行 ping 命令"相关内容。不过,还是首选关闭防火墙。关闭防火墙的步骤如下。

STEP 1 在桌面选择"开始"→"控制面板"命令,打开"控制面板"窗口,再依次选择"系统和安全"→"Windows 防火墙"→"启用或关闭 Windows 防火墙"命令打开"自定义设置"对话框,如图 3-46 所示。

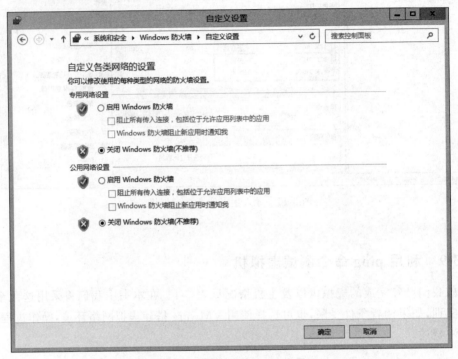

图 3-46 关闭 Windows 防火墙

STEP 2 选中"关闭 Windows 防火墙"单选按钮,然后单击"确定"按钮即可。

后面不再单独提示防火墙问题,请读者在此先关闭防火墙为好。

2. 虚拟 LAN 的设置

STEP 1 在 Hyper-V 管理器中,在 WIN2016-0 一项上右击,并在弹出的快捷菜单中选择"虚拟交换机管理器"命令,打开"WIN2016-0 的虚拟交换机管理器"对话框,选择前面建立的"外部虚拟交换机"选项,启用 VLAN ID,设置其标识为 2,如图 3-47 所示。

STEP 2 单击"应用"或"确定"按钮。

STEP 3 回到 Hyper-V 管理器,在 WIN2016-2 一项上右击,在弹出的快捷菜单中选择"设置"命令,打开"WIN2016-0 上 WIN2016-2 的设置"对话框,选择"网络适配器-外部虚拟交换机"选项,启用 VLAN ID,设置其标识为 2,如图 3-48 所示。

STEP 4 单击"应用"按钮之后再单击"确定"按钮。

STEP 5 重复 STEP3～STEP4,对 WIN2016-3 和 WIN2016-4 设置同样的 VLAN ID。

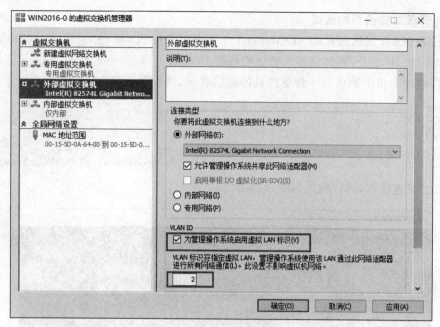

图 3-47　设置 VLAN ID-1

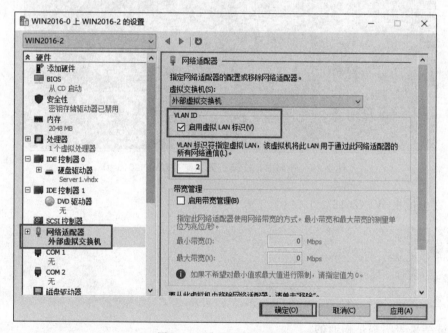

图 3-48　设置 VLAN ID-2

　　该实例中，一定保证同网络的虚拟 LAN 标识要与全网一致。后面不再赘述。

3. 外部虚拟交换机的测试

① 按表 3-1 设置物理机的 vEthernet（外部虚拟交换机）和 vEthernet（内部虚拟交换机）2 个连接的 IP 地址，同时设置 3 台虚拟机的 IP 地址。

② 在物理主机上测试与 3 台虚拟机的通信状况，使用如下命令：

```
ping 192.168.10.2
ping 192.168.10.3
ping 192.168.10.4
```

测试结果表明都是畅通的，如图 3-49 所示。

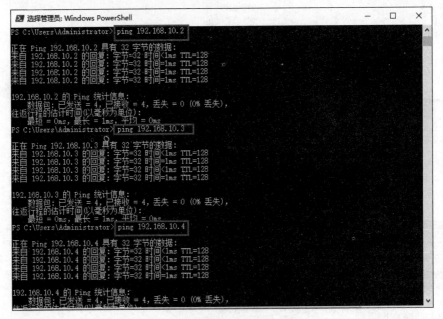

图 3-49　外部虚拟交换机测试结果（WIN2016-0）

③ 在虚拟机 WIN2016-2 上：

```
ping 192.168.10.3
ping 192.168.10.4
ping 192.168.10.100
ping 192.168.10.200
```

测试结果表明都是畅通的。

④ 结论：连接在外部虚拟交换机上的计算机之间可以互相通信，也可以与主机通信，甚至可以连接到 Internet。

4. 内部虚拟交换机的测试

① 按表 3-1 设置物理机的 vEthernet（外部虚拟交换机）和 vEthernet（内部虚拟交换机）2 个连接的 IP 地址，同时设置 3 台虚拟机的 IP 地址，VLAN ID 标识设为 2。

交换机的网络连接,如果虚拟机的网卡也连接在这个交换机,这些虚拟机就可以与 Hyper-V 主机通信,但是却无法通过 Hyper-V 主机连接 Internet,不过只要将 Hyper-V 主机的 NAT (网络地址转换)或 ICS(Internet 连接共享)启用,这些虚拟机就可以通过 Hyper-V 主机连接 Internet。具体步骤如下。

STEP 1 新建内部虚拟交换机。请参考前面内容。

STEP 2 完成后,系统会为 Hyper-V 主机新建一个连接到这个虚拟交换机的网络连接,如图 3-50 所示的 vEthernet(内部虚拟交换机)。

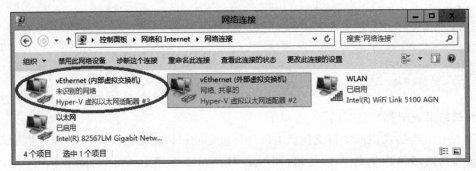

图 3-50　vEthernet(内部虚拟交换机)

STEP 3 如果要让连接在此虚拟交换机的虚拟机通过 Hyper-V 主机上网,只要将主机内可以连上 Intenret 的连接 vEthernet(外部虚拟交换机)的 Internet 连接共享启用即可:右击"vEthernet(外部虚拟交换机)"按钮,在弹出的快捷菜单中选择"属性"命令,打开"vEthernet(外部虚拟交换机)属性"对话框,再单击选中"共享"选项卡,如图 3-51 所示,选中"允许其他网络用户通过此计算机的 Internet 连接来连接"复选框,然后单击"确定"按钮。

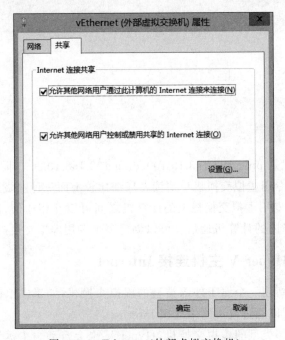

图 3-51　vEthernet(外部虚拟交换机)

STEP 4　系统会将 Hyper-V 主机的"vEthernet（内部虚拟交换机）"连接的 IP 地址改为 192.168.137.1，而连接内部虚拟交换机的虚拟机，其 IP 地址也必须为 192.168. 137.×/24 的格式，同时默认网关必须指定到 192.168.137.1 这个 IP 地址。不过 因为 Internet 连接共享具备 DHCP 的自动分配 IP 地址功能，也就是连接在内部 虚拟交换机的虚拟机只要将 IP 地址的取得方式设置为自动获取即可，不需要手 动配置。

3.4　习题

1. 填空题

（1）Hyper-V 硬件要求比较高，主要集中在 CPU 方面。建议使用至少 2GHz 以及速度 更快的 CPU。并且 CPU 必须支持_____、_____、_____。

（2）Hyper-V 是微软推出的一个底层虚拟机程序，可以让多个操作系统共享一个硬件。 它位于_____和_____之间，是一个很薄的软件层，里面不包含底层硬件驱动。

（3）配置 Hyper-V 分为两部分：_____和_____。

（4）在虚拟机中安装操作系统时，可以使用光盘驱动器和安装光盘来安装，也可以使用 _____来安装。

（5）Hyper-V 提供了 3 种网络虚拟交换机功能，分别为_____、_____、_____。

2. 选择题

（1）为 Hyper-V 指定虚拟机内存容量时，下列不能设置的值是（　　）。

    A. 512 MB　　　　　　　B. 360 MB　　　　　　　C. 400 MB　　　　　　　D. 357 MB

（2）以下（　　）不是 Windows Server 2012 Hyper-V 服务支持的虚拟网卡类型。

    A. 外部　　　　　　　　B. 桥接　　　　　　　　C. 内部　　　　　　　　D. 专用

（3）当应用快照时，当前的虚拟机配置会被（　　）覆盖。

    A. 完全　　　　　　　　B. 部分　　　　　　　　C. 不　　　　　　　　　D. 以上都不对

（4）虚拟机运行在服务器中，服务器配置参数对（　　）有效。

    A. 所有虚拟机　　　　　　　　　　　　　　B. 指定的虚拟机

    C. 正在运行的虚拟机　　　　　　　　　　　D. 已关闭的虚拟机

3.5　实训项目　安装与配置 Hyper-V 服务器

1. 实训目的

- 掌握安装与卸载 Hyper-V 角色的方法。
- 掌握创建虚拟机和安装虚拟操作系统的方法。
- 掌握在 Hyper-V 中服务器和虚拟机的配置。
- 掌握创建虚拟网络和虚拟硬盘的方法与技巧。
- 掌握使用差异硬盘，导入、导出更多虚拟机的方法。

2. 项目背景

公司新购进一台服务器，硬盘空间为 500GB。已经安装了 Windows Server 2012 R2 网络操作系统,计算机名为 WIN2016-0。现在需要将该服务器配置成 Hyper-V 服务器,并创建、配置虚拟机。Windows Server 2012 R2 的镜像文件已保存在硬盘上。拓扑图参照图 3-1。

3. 项目要求

实训项目要求如下:

- 安装与卸载 Hyper-V 服务器。
- 连接服务器。
- 创建一台虚拟机。
- 使用差异硬盘、导入、导出创建创建多台虚拟机。
- 设置不同虚拟交换机,利用 ping 命令进行测试。
- 通过 Hyper-V 主机连接 Internet。

4. 做一做

根据实训项目录像进行项目的实训,检查学习效果。

第 4 章
利用 VMware Workstation 构建网络环境

项目背景

17 世纪英国著名化学家罗伯特·波义耳说过:"实验是最好的老师。"实验是从理论学习到实践应用必不可少的一步,尤其是在计算机、计算机网络、计算机网络应用这种实践性很强的学科领域,实验与实训更是重中之重。

选择一个好的虚拟机软件是顺利完成各类虚拟实验的基本保障。有资料显示,VMware 就是专门为微软公司的 Windows 操作系统及基于 Windows 操作系统的各类软件测试而开发的,由此可知 VMware 软件功能的强大。

本章主要介绍虚拟机的基础知识和如何使用 VMware Workstation 10 软件建立虚拟网络环境。

项目目标

- 了解 VMware Workstation
- 掌握 VMware Workstation 的配置
- 掌握利用 VMWare Workstation 构建网络环境的方法和技巧

4.1 相关知识

只有理论学习而没有经过一定的实践操作,一切都是"纸上谈兵",在实际应用中碰到一些小问题都有可能成为不可逾越的"天堑"。然而,在许多时候我们不可能在已经运行的系统设备上进行各种实验,如果为了掌握某一项技术和操作而单独购买一套设备,在实际应用中几乎是不可能的。虚拟实验环境的出现和应用解决了以上问题。

"虚拟实验"即"模拟实验",指可以借助一些专业软件的功能来实现与真实设备相同效果的过程。虚拟实验是当今技术发展的产物,也是社会发展的要求。

4.1.1 认识 VMware Workstation

VMware Workstation 是一款功能强大的桌面虚拟计算机软件,它可在一个物理机器上模拟完整的网络环境以及虚拟计算机,对于企业的 IT 开发人员和系统管理员而言,

VMware Workstation 在虚拟网络、快照等方面的特点使它成为重要的工具。

通过虚拟化服务,可以在一台高性能计算机上部署多个虚拟机,每一台虚拟机承载一个或多个服务系统。虚拟化有利于提高计算机的利用率,减少物理计算机的数量,并能通过一台宿主计算机管理多台虚拟机,让服务器的管理变得更为便捷高效。

1. VMware Workstation 的快照技术

所谓磁盘"快照"是指虚拟机磁盘文件(.vmdk)在某个时间点的复本。如果系统崩溃或系统异常,用户可以通过使用恢复到快照来还原磁盘文件系统,使系统恢复到创建快照时的状态。如果用户创建了多个虚拟机快照,那么,用户将有多个还原点可以用于恢复。

为虚拟机创建每一个快照时,都会创建一个 delta 文件。当快照被删除或在快照管理里被恢复时,这些文件将自动删除。

快照文件最初很小,快照的增长率由服务器上磁盘写入活动发生次数决定。拥有磁盘写入增强应用的服务器,诸如 SQL 和 Exchange 服务器,它们的快照文件增长很快。另外,拥有大部分静态内容和少量磁盘写入的服务器,诸如 Web 和应用服务器,它们的快照文件增长率很低。当用户创建许多快照时,新 delta 文件被创建并且原先的 delta 文件变为只读。

2. VMware Workstation 的克隆技术

VMware Workstation 可以通过预先已安装好的虚拟机 A 快速克隆出多台同该虚拟机相类似的虚拟机 A1、A2、…,此时源虚拟机 A 和克隆虚拟机 A1 和 A2 的硬件 ID 不同(如网卡 MAC),但操作系统 ID 和配置完全一致(如计算机名、IP 地址等)。如果计算机间的一些应用和操作系统 ID 相关,则会导致该应用出错或不成功,因此通常对克隆的虚拟机还必须手动修改系统 ID。在活动目录环境中,虚拟机的系统 ID 不允许相同,因此对克隆的虚拟机必须修改系统 ID 信息。

克隆有两种方式:完整克隆和链接克隆。

(1)完整克隆

完整克隆相当于复制源虚拟机的硬盘文件(.vmdk),并新创建一个和源虚拟机相同配置的硬件配置信息,完整克隆的虚拟机大小和源虚拟机大小相同。

由于克隆的虚拟机有自己独立的硬盘文件和硬件信息文件,因此克隆虚拟机和被克隆虚拟机被系统认为是两个不同的虚拟机,它们可以被独立运行和操作。

由于克隆的虚拟机和源虚拟机的系统 ID 相同,通常克隆后都要修改其系统 ID。

(2)链接克隆

链接克隆要求对源虚拟机创建一个快照,并基于该快照创建一个虚拟机。如果源虚拟机已经有了多个快照,链接克隆也可以选择一个历史快照创建新虚拟机。

链接克隆由于采用快照方式创建新虚拟机,因此新建的虚拟机磁盘文件大小很小。类似于差异存储技术,该磁盘文件仅保存后续改变的数据。

链接克隆需要的磁盘空间明显小于完整克隆,如果克隆的虚拟机数量太多,那么由于所有的克隆虚拟机都要访问被克隆虚拟机的磁盘文件,大量虚拟机同时访问该磁盘文件将会导致系统性能下降。

由于克隆的虚拟机和源虚拟机的系统安全标识符(security identifiers,SID)相同,通常克隆后都要修改系统 SID。

SID 是标识用户、组和计算机帐户的唯一的号码。在第一次创建该帐户时,将给网络上的每一个帐户发布一个唯一的 SID。

如果存在两个同样 SID 的用户,这两个帐户将被鉴别为同一个帐户,但是如果两台计算机是通过克隆得来的,那么它们将拥有相同的 SID,在域网络中将会导致无法识别这两台计算机,因此克隆后的计算机需要重新生成 SID 以区别于其他的计算机。

用户可以通过在命令行界面中输入"whoami /user"命令查看 SID,如图 4-1 所示。

图 4-1　查看 SID

 使用命令 C:\windows\system32\sysprep\sysprep.exe 可以对 SID 进行重整。

4.1.2　VMware Workstation 的配置

当 VMware Workstation 15.5 安装完成后,需要对 VMware Workstation 进行基本配置。

1. 设置 VMware Workstation 参数

安装完成 VMware Workstation 后,选择"编辑"→"首选项"命令,打开"首选项"设置对话框,如图 4-2 所示。

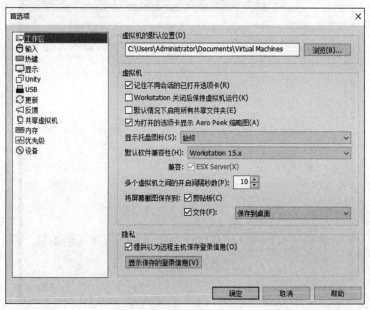

图 4-2　设置 VMware Workstation 参数

在"工作区"选项卡,设置工作目录,再分别单击选中"输入""热键""显示""内存""优先级""设置"等选项卡,进行相关设置。

2. 设置虚拟网卡

工作目录等参数设置完成后,接下来设置 VMware Workstation 虚拟网卡(即 VMware Workstation 虚拟交换机)参数。默认情况下,VMware Workstation 的虚拟交换机会随机使用 192.168.1.0 到 192.168.254.0 范围中的(子网掩码为 255.255.255.0)两个网段(对应于第一台虚拟交换机 VMnet1 和第 8 台虚拟交换机 VMnet8),即使在同一台主机上安装 VMware,其使用的网段也不固定,这样是很不方便的。在用 VMware Workstation 做网络实验的时候,为了统一,把每个虚拟交换机的网段进行"固定",见表 4-1。

表 4-1   VMware 虚拟网卡使用网络地址规划表

虚拟交换机名称	使 用 网 段	子 网 掩 码
VMnet0(即 Bridging 网卡)	与主机网卡相同,修改无意义	与主机网卡相同
VMnet1(即 Host 网卡)	192.168.10.0	255.255.255.0
VMnet2(默认未安装)	192.168.20.0	255.255.255.0
VMnet3(默认未安装)	192.168.30.0	255.255.255.0
VMnet4(默认未安装)	192.168.40.0	255.255.255.0
VMnet5(默认未安装)	192.168.50.0	255.255.255.0
VMnet6(默认未安装)	192.168.60.0	255.255.255.0
VMnet7(默认未安装)	192.168.70.0	255.255.255.0
VMnet8(即 NAT 网卡)	192.168.80.0	255.255.255.0
VMnet9(默认未安装)	192.168.90.0	255.255.255.0

(1)选择"编辑"→"虚拟网络设置"命令,打开如图 4-3 所示的"虚拟网络编辑器"对话框。

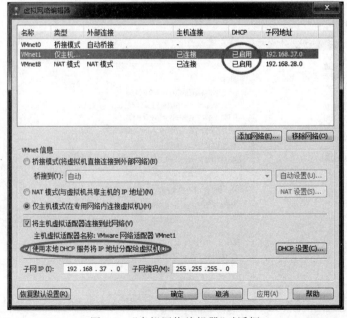

图 4-3   "虚拟网络编辑器"对话框

注 意　　如果是做"DHCP 服务器配置"实训,请一定取消选中 VMnet1 和 VMnet8 的"使用本地 DHCP 服务将 IP 地址分配给虚拟机"复选框,以免影响客户端从 DHCP 服务器上获取正确的 IP 地址信息。

(2) 若单击"添加网络"按钮,根据向导可以完成特定虚拟网络的添加。在此添加的特定网络会出现在"虚拟机设置"对话框中的网络连接方式的"自定义: 特定虚拟网络"的下拉列表中,如图 4-4 所示。

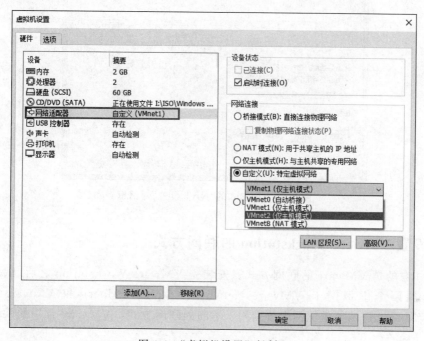

图 4-4　"虚拟机设置"对话框

(3) 如果单击"DHCP 设置"按钮,可以为该虚拟交换机的虚拟机设置作用域 IP 地址范围,如图 4-5 所示。

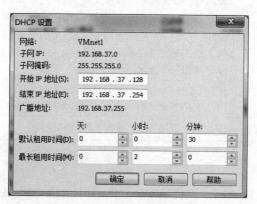

图 4-5　"DHCP 设置"对话框

(4) 在 VMnet8 中,如果单击"NAT 设置"按钮,可以设置 NAT 的网关地址,如图 4-6

所示。

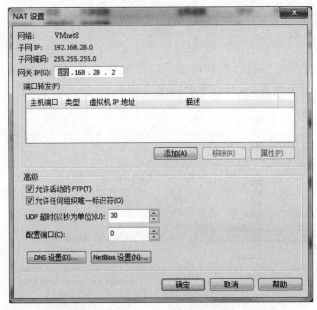

图 4-6 VMnet8 的"NAT 设置"对话框

4.1.3 设置 VMware Workstation 的联网方式

需要注意的是 VMware 的联网方式。安装完 VMware Workstation 之后,默认会给主机系统增加两个虚拟网卡 VMware Network Adapter VMnet1 和 VMware Network Adapter VMnet8,这两个虚拟网卡分别用于不同的联网方式。VMware 常用的联网方式见表 4-2。

表 4-2 虚拟机网络连接属性及其意义

选择网络连接属性	意 义
bridged networking(桥接模式)	使用(连接)VMnet0 虚拟交换机,此时虚拟机相当于网络上的一台独立计算机,与主机一样,拥有一个独立的 IP 地址,效果如图 4-7 所示
network address translation (NAT 模式)	使用(连接)VMnet8 虚拟交换机,此时虚拟机可以通过主机单向访问网络上的其他工作站(包括 Internet 网络),其他工作站不能访问虚拟机,效果如图 4-8 所示
Host-Only networking(仅主机网络)	使用(连接)Vmnet1 虚拟交换机,此时虚拟机只能与虚拟机、主机互联,网络上的其他工作站不能访问,如图 4-9 所示
Do not use a network connection	虚拟机中没有网卡,相当于"单机"使用

1. 桥接模式

如图 4-7 所示,虚拟机 A1、虚拟机 A2 是主机 A 中的虚拟机,虚拟机 B1 是主机 B 中的虚拟机。如果虚拟机 A1、A2 与主机 B 都采用"桥接"模式,则虚拟机 A1、A2、B1 与主机 A、B、C 任意两台或多台之间都可以互相访问(需要设置为同一网段),这时虚拟机 A1、A2、B1 与主机 A、B、C 处于相同的身份,相当于连接到交换机上的一台"联网"计算机。

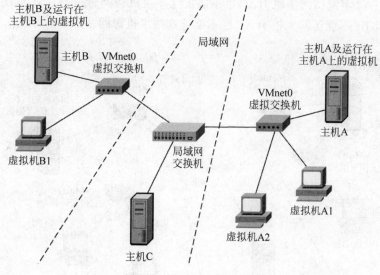

图 4-7　桥接方式网络关系

2. NAT 模式

如图 4-8 所示，虚拟机 A1、虚拟机 A2 是主机 A 中的虚拟机，虚拟机 B1 是主机 B 中的虚拟机。其中的"NAT 路由器"是启用了 NAT 功能的路由器，用来把 VMnet8 交换机上连接的计算机通过 NAT 功能连接到 VMnet0 虚拟交换机。如果虚拟机 B1、A1、A2 设置成 NAT 方式，则虚拟机 A1、A2 可以单向访问主机 B、C，主机 B、C 不能访问虚拟机 A1、A2；虚拟机 B1 可以单向访问主机 A、C，主机 A、C 不能访问虚拟机 B1；虚拟机 A1、A2 与主机 A 可以相互访问；虚拟机 B1 与主机 B 可以相互访问。

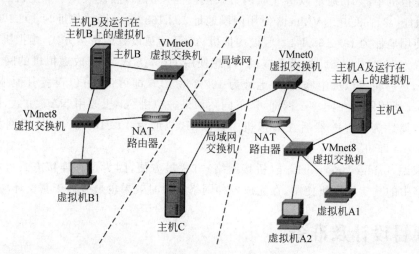

图 4-8　NAT 方式网络关系

3. 仅主机模式

如图 4-9 所示，虚拟机 A1、虚拟机 A2 是主机 A 中的虚拟机，虚拟机 B1 是主机 B 中的虚拟机。如果虚拟机 B1、A1、A2 设置成 Host 方式，则虚拟机 A1、A2 只能与主机 A 互相访问,虚拟机 A1、A2 不能访问主机 B、C,也不能被这些主机访问;虚拟机 B1 只能与主机 B 互相访问,虚拟机 B1 不能访问主机 A、C,也不能被这些主机访问。

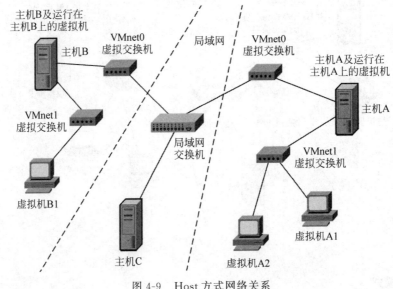

图 4-9 Host 方式网络关系

4. 模式间的转换

在使用虚拟机"联网"的过程中,可以随时更改虚拟机所连接的"虚拟交换机",这相当于在真实的局域网环境中,把网线从一台交换机插到另一台交换机上。当然,在虚拟机中改变网络要比实际上插拔网线方便多了。和真实的环境一样,在更改了虚拟机的联网方式后,还需要修改虚拟机中的 IP 地址以适应联网方式的改变。例如,假设表 4-1 中主机的 VMnet1 使用网段地址 192.168.10.0,VMnet8 使用网段地址 192.168.80.0,网关地址为 192.168.80.254,主机网卡使用地址为 192.168.1.1。假设虚拟机 A1 开始被设置成桥接方式,虚拟机 A1 的 IP 地址被设置为 192.168.1.5。如果虚拟机 A1 想使用 Host 方式,则修改虚拟机的网卡属性为 Host-Only,然后在虚拟机中修改 IP 地址为 192.168.10.5 即可(也可以设置其他地址,只要网段与 Host 所用网段在同一子网即可,下同);如果虚拟机 A1 想改用 NAT 方式,则修改虚拟机的网卡属性为 NAT,然后在虚拟机中修改 IP 地址为 192.168.80.5,设置网关地址为 192.168.80.254 即可。

一般来说,bridged networking(桥接网络)方式最方便,因为这种连接方式可以将虚拟机当作网络中的真实计算机使用,在完成各种网络实验时效果也最接近于真实环境。

4.2 项目设计及准备

4.2.1 项目设计

某公司拟通过 Windows Server 2016 域管理公司用户和计算机,以便网络管理部的员工尽快熟悉 Windows Server 2016 域环境。

为了构建企业实际网络拓扑环境,网络管理部拟采用虚拟化技术,预先在一台高性能计算机上配置网络虚拟拓扑,并在此基础上创建虚拟机,模拟企业应用环境。网络拓扑如图 4-10 所示。

角色:域控制器、其他服务器
主机名:WIN2016-1
IP地址:192.168.10.1/24
操作系统:Windows Server 2016
域名:long.com

角色:网关服务器
主机名:WIN2016-2
IP地址:192.168.10.254/24
　　　　192.168.20.254/24
操作系统:Windows Server 2016
域名:long.com

角色:客户机
主机名:WIN10-1
IP地址:192.168.20.1/24
操作系统:Windows 10
域名:long.com

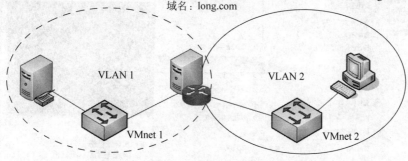

图 4-10　某公司网络拓扑图

通过在虚拟化技术构建的企业应用环境中实施活动目录,不仅可以让网络管理部员工尽快熟悉 AD 的相关知识和技能,并能为企业前期部署 AD 可能遇到的问题提供宝贵经验,确保企业 AD 的项目实施顺利进行。

4.2.2　项目分析

通过在一台普通计算机上安装 VMware Workstation 15.5,配置虚拟网卡 VMnetl 和 VMnet2,即达到搭建公司 VLAN1 和 VLAN2 的虚拟网络环境的要求,其中 VLAN1 对应 VMnet1,VLAN2 对应 VMnet2。

在 VMware Workstation 上创建虚拟机,并命名为"WIN2016 母盘",并通过 Windows Server 2016 安装盘,按向导安装 Windows Server 2016 操作系统,完成第一台虚拟机的安装。通过 VMware Workstation 的克隆技术可以快速完成"域服务器"和"网关服务器"的安装。

同理,可在 VMware Workstation 上创建 Windows 10 虚拟机,命名为"WIN10 母盘",并通过 Windows 10 安装盘按向导安装 Windows 10 操作系统,完成虚拟机的安装。本次实训通过 VMware Workstation 的克隆技术可以快速完成客户机的安装。

4.3　项目实施

任务 4-1　链接克隆虚拟机

STEP 1　打开 VMware Workstation 软件,右击"WIN2016 母盘",在弹出的快捷菜单中依次选择"管理"→"克隆"命令,如图 4-11 所示。

STEP 2　在弹出的"克隆虚拟机向导"对话框中单击"下一步"按钮,在"克隆自"选项区中选中"虚拟机中的当前状态"选项,如图 4-12 所示。

STEP 3　单击"下一步"按钮打开选择克隆方法的"克隆虚拟机向导"对话框,在"克隆方法"选项区中选中"创建链接克隆"选项,如图 4-13 所示。

4-1 链接克隆虚拟机

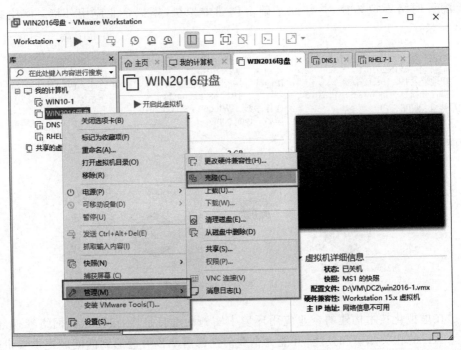

图 4-11 打开"克隆虚拟机向导"对话框

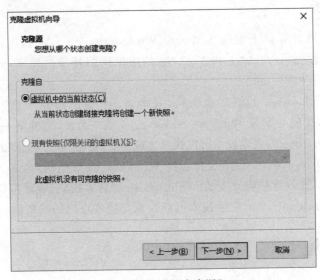

图 4-12 选择"克隆源"

STEP 4 单击"下一步"按钮,打开对新虚拟机命名的"克隆虚拟机向导"对话框,输入"虚拟机名称"与"位置",如图 4-14 所示。

STEP 5 单击"完成"按钮,完成链接虚拟机的创建,如图 4-15 所示。

STEP 6 使用同样的方式,用"WIN2016 母盘"链接克隆出"网关服务器"虚拟机。

STEP 7 使用同样的方式,用"WIN10 母盘"链接克隆出"客户机"虚拟机。

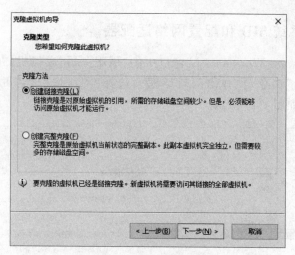

图 4-13　选择"克隆方法"

图 4-14　新虚拟机名称及位置

图 4-15　完成虚拟机克隆

任务 4-2 修改系统 SID 和配置网络适配器

4-2 修改系
统 SID 和配
置 网 络 适
配器

STEP 1 右击"VMware Workstation"窗口中的"域服务器"虚拟机,在弹出的快捷菜单中
选择"设置"命令,在弹出的对话框中选择"网络适配器"并将"网络连接"改成
VMnet1,如图 4-16 所示。

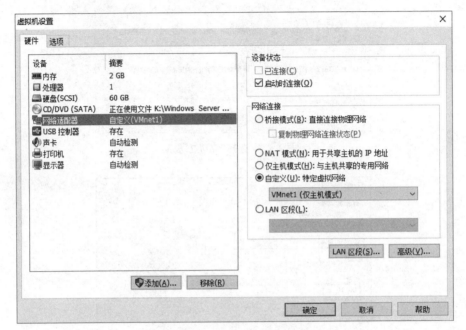

图 4-16 "虚拟机设置"对话框

STEP 2 启动"域服务器"虚拟机。

STEP 3 在启动后的虚拟机的命令窗口或 PowerShell 窗口输入命令"C:\windows\
system32\sysprep\sysprep.exe",在弹出的"系统准备工具 3.14"对话框中选中"通
用"复选框,重新生成 SID,如图 4-17 所示。

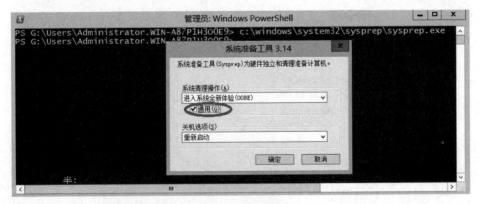

图 4-17 系统准备工具更改 SID

STEP 4 系统重新启动完成之后,在桌面上右击任务栏中的"开始"图标,在弹出的快捷菜

单中选择"网络连接"命令,在弹出的"网络连接"对话框中选择 Ethernet0 网卡,并设置其 IP 地址为 192.168.10.1,子网掩码为 255.255.255.0,默认网关为 192.168.10.254。

STEP 5　使用同样的方式,在"网关服务器"虚拟机中再添加一块网卡,第一块网卡的"网络连接"改成 VMnet1,第二块网卡的"网络连接"改成 VMnet2。

STEP 6　将"网关服务器"虚拟机开机并重新生成 SID。

STEP 7　配置"网关服务器"虚拟机 Ethernet0 网卡 IP 地址为 192.168.10.254,子网掩码 255.255.255.0,默认网关为空;Ethernet1 网卡 IP 地址为 192.168.20.254,子网掩码为 255.255.255.0,默认网关为空。

STEP 8　使用同样的方式,将"客户机"虚拟机网卡的"网络连接"改成 VMnet2。

STEP 9　将"客户机"虚拟机开机并重新生成 SID。

STEP 10　配置 Ethernet0 网卡,设置其 IP 地址为 192.168.20.1,子网掩码为 255.255.255.0,默认网关为 192.168.20.254。

任务 4-3　启用 LAN 路由

STEP 1　请先更改"网关服务器"的计算机名称为"网关服务器",然后重启计算机,以管理员身份登录该网关计算机。

STEP 2　在"网关服务器"的"服务器管理器"主窗口下,选择"添加角色和功能"命令,在之向的"添加角色和功能向导"对话框中,在"选择服务器角色"时选中"远程访问"复选框,在"选择角色服务"时选中"路由"复选框并添加其所需要的功能,如图 4-18 和图 4-19 所示。

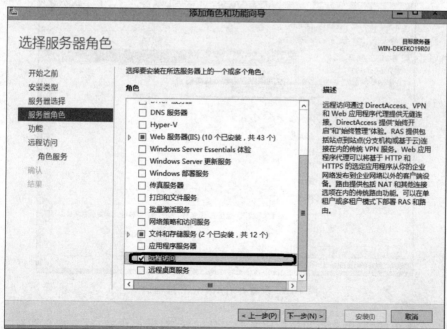

4-3 启用 LAN 路由

图 4-18　选择"服务器角色"

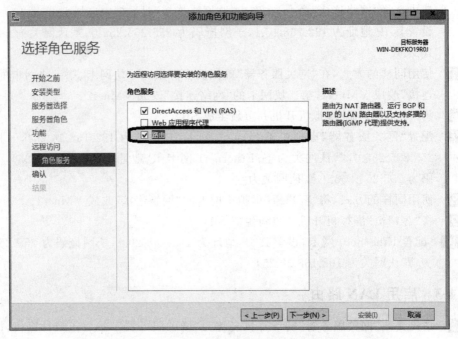

图 4-19　选择"角色服务"

STEP 3　在"服务器管理器"主窗口下选择"工具"→"路由和远程访问"命令，在弹出的"路由和远程访问"窗口中右击 WIN-DEKFKO19ROJ 项，并在弹出的快捷菜单中选择"配置并启用路由和远程访问"命令，如图 4-20 所示。

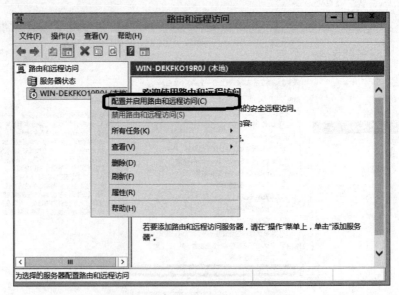

图 4-20　配置并启用路由和远程访问

STEP 4　在弹出的"路由和远程访问服务器安装向导"对话框中选择"自定义配置"，并选中"LAN 路由"复选框并启动服务，如图 4-21 所示。

STEP 5　依次单击"下一步"→"完成"→"启动服务"按钮，启动路由和远程访问服务。

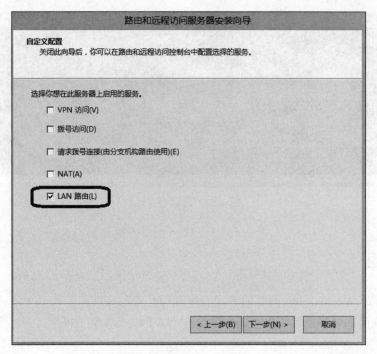

图 4-21　启用 LAN 路由

任务 4-4　测试客户机和域服务器的连通性

STEP 1　请先更改"客户机"的计算机名称为"客户机",然后重启计算机,以管理员身份登录该网关计算机。

STEP 2　在客户机的"命令提示符"下输入 ping 192.168.10.1 命令,测试能否和域服务器通信。测试结果显示,客户机是能够和域服务器进行通信的,如图 4-22 所示。

图 4-22　测试连通性

4-4 测试客户机和域服务器的连通性

STEP 3　在域服务器中打开"命令提示符"并输入 ping 192.168.20.1 命令,测试能否和客户机通信,测试结果显示,域服务器是能够和客户机进行通信的,如图 4-23 所示。

管理员: Windows PowerShell
Windows PowerShell
版权所有 (C) 2013 Microsoft Corporation。保留所有权利。
PS C:\Users\Administrator> ping 192.168.20.1
正在 Ping 192.168.20.1 具有 32 字节的数据:
来自 192.168.20.1 的回复: 字节=32 时间<1ms TTL=128
来自 192.168.20.1 的回复: 字节=32 时间<1ms TTL=128
来自 192.168.20.1 的回复: 字节=32 时间<1ms TTL=128
来自 192.168.20.1 的回复: 字节=32 时间<1ms TTL=128
192.168.20.1 的 Ping 统计信息:
数据包: 已发送 = 4，已接收 = 4，丢失 = 0 (0% 丢失)，
往返行程的估计时间(以毫秒为单位):
最短 = 0ms，最长 = 0ms，平均 = 0ms
PS C:\Users\Administrator>

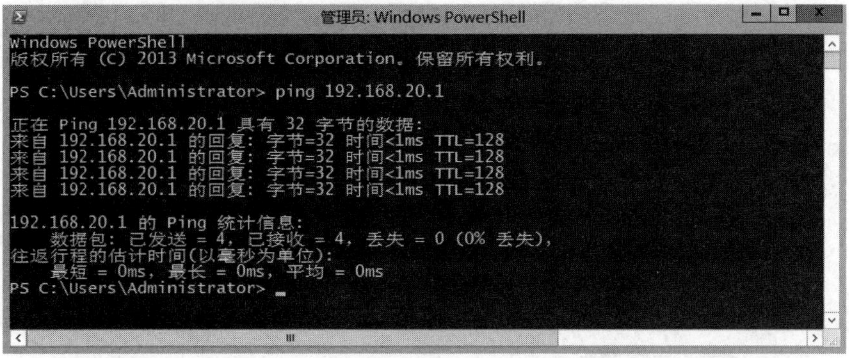

图 4-23　测试连通性

4.4　习题

1. VMware Workstation 的联网方式有哪几种？有何区别？
2. 举例说明如何将虚拟机由桥接模式改为 NAT 模式或仅主机模式。

4.5　实训项目　构建企业应用网络环境

为了构建企业实际网络拓扑环境，网络管理部拟采用虚拟化技术，预先在一台高性能计算机上配置虚拟网络拓扑，并在此基础上创建虚拟机，模拟企业应用环境。网络拓扑如图 4-24 所示。

角色：域控制器、其他服务器
主机名：WIN2016-1
IP地址：192.168.10.1/24
操作系统：Windows Server 2016
域名：long.com
角色：网关服务器
主机名：WIN2016-2
IP地址：192.168.10.254/24
192.168.20.254/24
操作系统：Windows Server 2016
域名：long.com
角色：客户机
主机名：WIN10-1
IP地址：192.168.20.1/24
操作系统：Windows 10
域名：long.com
VLAN 1
VLAN 2
VMnet 1
VMnet 2

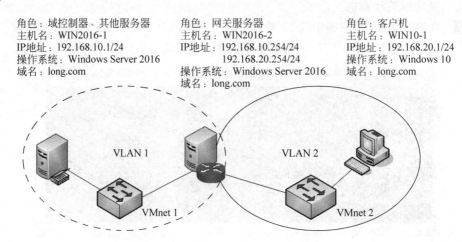

图 4-24　某公司网络拓扑图

请读者结合“4.3 项目实施”来完成实训项目。

第二部分

配置与管理 AD DS

第 5 章
部署与管理 Active Directory 域服务

项目背景

　　某公司组建的单位内部的办公网络原来是基于工作组方式的,近期由于公司业务发展,人员激增,基于方便和网络安全管理的需要,考虑将基于工作组的网络升级为基于域的网络,现在需要将一台或多台计算机升级为域控制器,并将其他所有计算机加入域成为成员服务器。同时将原来的本地用户帐户和组也升级为域用户和组进行管理。

项目目标

- 掌握规划和安装局域网中的活动目录的方法
- 掌握创建目录林根级域的方法
- 掌握安装额外域控制器的方法
- 掌握创建子域的方法

5.1　项目基础知识

　　活动目录(active directory,AD)是 Windows Server 系统中非常重要的目录服务。Active Directory 用于存储网络上各种对象的有关信息,包括用户帐户、组、打印机、共享文件夹等,并把这些数据存储在目录服务数据库中,便于管理员和用户查询及使用。活动目录具有安全、可扩展、可伸缩的特点,与域名系统(domain name system,DNS)集成在一起,可基于策略进行管理。

5.1.1　认识活动目录及意义

　　什么是活动目录呢?活动目录就是 Windows 网络中的目录服务(directory service),即活动目录域服务(active directory domain services,AD DS)。目录服务有两方面内容:目录和与目录相关的服务。

　　活动目录负责目录数据库的保存、新建、删除、修改与查询等服务,用户能很容易地在目录内寻找所需的数据。

5-1 Active
Directory
域服务

AD DS 的适用范围非常广泛,它可以用在一台计算机、一个小型局域网络或数个广域网结合的环境中。它包含此范围中的所有对象,如文件、打印机、应用程序、服务器、域控制器和用户帐户等。使用活动目录具有以下意义。

(1) 简化管理。

(2) 安全性。

(3) 改进的性能与可靠性。

5.1.2 命名空间

命名空间(name space)是一个界定好的区域(bounded area),在此区域内,我们可以利用某个名称找到与此名称有关的信息。例如,一本电话簿就是一个命名空间,在这本电话簿内(界定好的区域内),可以利用姓名来找到此人的电话、地址与生日等数据。又如,Windows 操作系统的 NTFS 文件系统也是一个命名空间,在这个文件系统内,可以利用文件名来找到此文件的大小、修改日期与文件内容等数据。

AD DS 也是一个命名空间。利用 AD DS,可以通过对象名称来找到与此对象有关的所有信息。

在 TCP/IP 网络环境下,可利用域名系统(domain name system,DNS)来解析主机名与 IP 地址的对应关系,例如,利用 DNS 来得到主机的 IP 地址。AD DS 也与 DNS 紧密地集成在一起,它的域名空间也是采用 DNS 架构,因此域是采用 DNS 格式来命名的,例如,可以将 AD DS 的域命名为 long.com。

5.1.3 对象和属性

AD DS 内的资源以对象(objects)的形式存在,例如,用户、计算机等都是对象,而对象是通过属性(attributes)来描述其特征的,也就是对象本身是一些属性的集合。例如,要为使用者张三建立一个帐户,需新建一个对象类型(object class)为用户的对象(也就是用户帐户),然后在此对象内输入张三的姓、名、登录名与地址等,其中的用户帐户就是对象,而姓、名与登录名等就是该对象的属性。

5.1.4 容器

容器(container)与对象类似,它也有自己的名称,也是一些属性的集合,不过容器内可以包含其他对象(如用户、计算机等),也可以包含其他容器。

组织单位是一个比较特殊的容器,其内部可以包含其他对象与组织单位。组织单位也是应用组策略(group policy)和委派责任的最小单位。

AD DS 以层次式架构(hierarchical)将对象、容器与组织单位等组合在一起,并将其存储到 AD DS 数据库内。

5.1.5 可重新启动的 AD DS

除了进入目录服务还原模式之外,在 Windows Server 2016(后续内容中有关 Windows Server 2016 的讲解,同样适用于 Windows Server 2012)中域控制器还提供可重新启动的

AD DS 功能,也就是说,要执行 AD DS 数据库维护工作,只需要将 AD DS 服务停止即可,不需要重新启动计算机来进入目录服务还原模式,这样不但可以让 AD DS 数据库的维护工作更容易、更快速地完成,而且其他服务不会被中断。完成维护工作后再重新启动 AD DS 服务即可。

在 AD DS 服务停止的情况下,只要还有其他域控制器在线,就仍然可以在这台 AD DS 服务停止的域控制器上利用域用户帐户登录。若没有其他域控制器在线,则在这台 AD DS 服务已停止的域控制器上,默认只能够利用目录服务还原模式的系统管理员帐户来进入目录服务还原模式。

5.1.6　Active Directory 回收站

在旧版 Windows 系统中,系统管理员若不小心将 AD DS 对象删除,其恢复过程耗时耗力,例如,误删组织单位,其内部所有对象都会丢失,此时虽然系统管理员可以进入目录服务还原模式来恢复被误删的对象,但比较耗费时间,而且在进入目录服务还原模式这段时间内,域控制器会暂时停止对客户端提供服务。而 Windows Server 2016 系统具备 Active Directory 回收站功能,它让系统管理员不需要进入目录服务还原模式,就可以快速恢复被删除的对象。

5.1.7　AD DS 的复制模式

域控制器之间在复制 AD DS 数据库时,分为以下两种复制模式。

1. 多主机复制模式

AD DS 数据库内的大部分数据是利用多主机复制模式(multi-master replication model)进行复制操作的。在此模式下,可以直接更新任何一台域控制器内的 AD DS 对象,之后这个更新过的对象会被自动复制到其他域控制器。例如,您在任何一台域控制器的 AD DS 数据库内添加一个用户帐户后,此帐户会自动被复制到域内的其他域控制器。

2. 单主机复制模式

AD DS 数据库内少部分数据是采用单主机复制模式(single-master replication model)进行复制的。在此模式下,当用户提出修改对象数据的请求时,会由其中一台域控制器(称为操作主机)负责接收与处理此请求,也就是说,该对象是先在操作主机中被更新,再由操作主机将它复制给其他域控制器。例如,添加或删除一个域时,此变动数据会先被写入扮演域命名操作主机角色的域控制器内,再由它复制给其他域控制器。

5.1.8　认识活动目录的逻辑结构

活动目录结构是指网络中所有用户、计算机以及其他网络资源的层次关系,就像一个大型仓库中分出若干个小储藏间,每个小储藏间分别用来存放东西。通常活动目录的结构可以分为逻辑结构和物理结构,分别包含不同的对象。

5-2　Active Directory 的结构

活动目录的逻辑结构非常灵活,目录中的逻辑单元通常包括架构、域、组织单位、域目录树、域目录林、站点和目录分区。

1. 架构

AD DS 对象类型与属性数据是定义在架构(schema)内的,例如,它定义了用户对象类型内包含哪些属性(姓、名、电话等)、每一个属性的数据类型等信息。

隶属 Schema Admins 组的用户可以修改架构内的数据,应用程序也可以自行在架构内添加其所需的对象类型或属性。在一个林内的所有域树共享相同的架构。

2. 域

域是在 Windows NT、Windows 2000 Server 以及 Windows Server 2008/2012/2016 网络环境中组建客户机/服务器网络的实现方式。域是由网络管理员定义的一组计算机集合,它实际上就是一个网络。在这个网络中,至少有一台称为域控制器的计算机,充当服务器角色。在域控制器中保存着整个网络的用户帐户及目录数据库,即活动目录。管理员可以修改活动目录的配置来实现对网络的管理和控制,如管理员可以在活动目录中为每个用户创建域用户帐户,使他们可登录域并访问域的资源。同时,管理员也可以控制所有网络用户的行为,如控制用户能否登录、在什么时间登录、登录后能执行哪些操作等。而域中的客户计算机要访问域的资源,就必须先加入域,并通过管理员为其创建的域用户帐户登录域,才能访问域资源,同时,也必须接受管理员的控制和管理。构建域后,管理员可以对整个网络实施集中控制和管理。

3. 组织单位

组织单位(organizational unit,OU)是指在活动目录中扮演特殊的角色,它是一个当普通边界不能满足要求时创建的边界。OU 把域中的对象组织成逻辑管理组,而不是安全组或代表地理实体的组。OU 是应用组策略和委派责任的最小单位。

组织单位是包含在活动目录中的容器对象。创建组织单位的目的是对活动目录对象进行分类。因此组织单位是可将用户、组、计算机和其他单元放入活动目录的容器,组织单位不能包括来自其他域的对象。

使用组织单位,用户可在组织单位中代表逻辑层次结构的域中创建容器,这样就可以根据组织模型管理网络资源的配置和使用。可授予用户对域中某个组织单位的管理权限,组织单位的管理员不需要具有域中任何其他组织单位的管理权。

4. 域目录树

当要配置一个包含多个域的网络时,应该将网络配置成域目录树结构,如图 5-1 所示。

在图 5-1 所示的域目录树中,最上层的域名为 China.com,是这个域目录树的根域,也称为父域。下面两个域 Jinan.China.com 和 Beijing.China.com 是 China.com 域的子域。3 个域共同构成了这个域目录树。

活动目录的域仍然采用 DNS 域的命名规则命名。在图 5-1 所示的域目录树中,两个子域的域名 Jinan.China.com 和 Beijing.China.com 中仍包含父域的域名 China.com,因此,它们的命名空间是连续的。这也是判断两个域是否属于同一个域目录树的重要条件。

图 5-1　域目录树

在整个域目录树中,所有域共享同一个活动目录,即整个域目录树中只有一个活动目录。只不过这个活动目录分散地存储在不同的域中(每个域只负责存储和本域有关的数据),整体上形成一个大的分布式的活动目录数据库。在配置一个较大规模的企业网络时,可以配置为域目录树结构,比如将企业总部的网络配置为根域,各分支机构的网络配置为子域,整体上形成一个域目录树,以实现集中管理。

5. 域目录林

如果网络的规模比前面提到的域目录树还要大,甚至包含了多个域目录树,就可以将网络配置为域目录林(也称为森林)结构。域目录林由一个或多个域目录树组成,如图 5-2 所示。域目录林中的每个域目录树都有唯一的命名空间,它们之间并不是连续的,这一点从图 5-2 的两个目录树中可以看到。

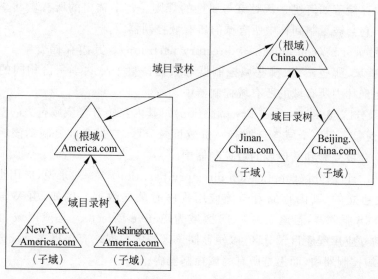

图 5-2　域目录林

整个域目录林中也存在一个根域,这个根域是域目录林中最先安装的域。在图 5-2 所示的域目录林中,因为 China.com 是最先安装的,所以这个域是域目录林的根域。

　注　意　　在创建域目录林时,组成域目录林的两个域目录树的树根之间会自动创建相互的、可传递的信任关系。由于有了双向的信任关系,域目录林中的每个域中的用户都可以访问其他域的资源,也可以从其他域登录到本域中。

6. 站点

站点是由一个或多个 IP 子网组成,这些子网通过高速网络设备连接在一起。站点往往由企业的物理位置分布情况决定,可以依据站点结构配置活动目录的访问和复制拓扑关系,使得网络更有效地连接,并且可使复制策略更合理、用户登录更快速。活动目录中的站点与域是两个完全独立的概念,一个站点中可以有多个域,多个站点也可以位于同一个域中。

活动目录站点和服务可以使用站点提高大多数配置目录服务的效率。使用活动目录站点和服务来发布站点,并提供有关网络物理结构的信息,从而确定如何复制目录信息和处理服务的请求。计算机站点是根据其在子网或组已连接好子网中的位置指定的,子网用来为网络分组,类似于生活中使用邮政编码划分地址。划分子网可方便发送有关网络与目录连接的物理信息,而且同一子网中计算机的连接情况通常优于不同网络。

使用站点的意义主要有以下 3 个方面。

(1)提高了验证过程的效率。

(2)平衡了复制频率。

(3)可提供有关站点链接信息。

7. 目录分区

AD DS 数据库被逻辑地分为下面 4 个目录分区(directory partition)。

(1)架构目录分区(schema directory partition)。其内存储着整个林中所有对象与属性的定义数据,也存储着如何建立新对象与属性的规则。整个林内的所有域共享一份相同的架构目录分区,它会被复制到林中所有域的所有域控制器中。

(2)配置目录分区(configuration directory partition)。其内存储着整个 AD DS 的结构,例如,有哪些域、哪些站点、哪些域控制器等数据。整个林共享一份相同的配置目录分区,它会被复制到林中所有域的所有域控制器中。

(3)域目录分区(domain directory partition)。其内存储着与该域有关的对象,如用户、组与计算机等对象。每一个域各自拥有一份域目录分区,它只会被复制到该域内的所有域控制器中,而不会被复制到其他域的域控制器中。

(4)应用程序目录分区(application directory partition)。一般来说,应用程序目录分区是由应用程序建立的,其内存储着与该应用程序有关的数据。例如,由 Windows Server 2016 扮演的 DNS 服务器,若建立的 DNS 区域为 Active Directory 集成区域,它就会在 AD DS 数据库内建立应用程序目录分区,以便存储该区域的数据。应用程序目录分区会被复制到林中特定的域控制器中,而不是所有的域控制器中。

5.1.9　认识活动目录的物理结构

活动目录的物理结构与逻辑结构是彼此独立的两个概念。逻辑结构侧重于网络资源的管理,而物理结构则侧重于网络的配置和优化。物理结构的 3 个重要概念是域控制器、只读域控制器和全局编录服务器。

1. 域控制器

域控制器是指安装了活动目录的 Windows Server 2016 服务器,它保存了活动目录信息的副本。域控制器管理目录信息的变化,并把这些变化复制到同一个域中的其他域控制器上,使各域控制器上的目录信息同步。域控制器负责用户的登录过程以及其他与域有关的操作,如身份鉴定、目录信息查找等。一个域可以有多个域控制器,规模较小的域可以只有 2 个域控制器,一个实际应用,另一个用于容错性检查;规模较大的域则使用多个域控制器。

域控制器没有主次之分,采用多主机复制方案,每一个域控制器都有一个可写入的目录副本,这为目录信息容错带来了无尽的好处。尽管在某个时刻,不同的域控制器中的目录信息可能有所不同,但一旦活动目录中的所有域控制器执行同步操作,最新的变化信息就会一致。

2. 只读域控制器

只读域控制器(read-only domain controller,RODC)的 AD DS 数据库只可以被读取但

不可以被修改,也就是说,用户或应用程序无法直接修改 RODC 的 AD DS 数据库。RODC 的 AD DS 数据库内容只能够从其他可读写的域控制器复制过来。RODC 主要是设计给远程分公司网络使用的,因为一般来说,远程分公司的网络规模比较小且用户人数比较少,此网络的安全措施或许并不如总公司完备,也可能缺乏 IT 技术人员,因此采用 RODC 可避免因其 AD DS 数据库被破坏而影响到整个 AD DS 环境。

3. 全局编录服务器

尽管活动目录支持多主机复制方案,然而由于复制会引起通信流量以及网络潜在的冲突,变化的传播并不一定能够顺利进行,因此有必要在域控制器中指定全局编录(global catalog,GC)服务器以及操作主机。全局编录是个信息仓库,包含活动目录中所有对象的部分属性,是在查询过程中访问最为频繁的属性。利用这些信息,可以定位任何一个对象实际所在的位置。全局编录服务器是一个域控制器,它保存了全局编录的一份副本,并执行对全局编录的查询操作。全局编录服务器可以提高活动目录中大范围内对象检索的性能,比如在域林中查询所有的打印机操作。如果没有全局编录服务器,那么必须调动域林中每一个域的查询过程。如果域中只有一个域控制器,它就是全局编录服务器。如果有多个域控制器,那么管理员必须把一个域控制器配置为全局编录服务器。

5.2 项目设计及准备

5.2.1 项目设计

下面利用图 5-3 来说明如何建立第 1 个林中的第 1 个域(根域)。将安装一台 Windows Server 2016 服务器,然后将其升级为域控制器并建立域。我们也将架设此域的第 2 台域控制器(Windows Server 2016)、第 3 台域控制器(Windows Server 2016)、第 4 台域控制器(Windows Server 2016)和一台加入域的成员服务器(Windows Server 2016),如图 5-3 所示。

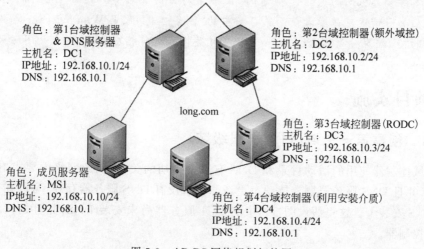

图 5-3   AD DS 网络规划拓扑图

建议利用 VMware Workstation 或 Windows Server 2016 Hyper-V 等提供虚拟环境的软件来搭建如图 5-3 所示中的网络环境。若复制(克隆)现有虚拟机,则要记得执行"C:\windows\system32\sysprep\Sysprep.exe"命令并选择"通用"选项,因为对新克隆的计算机进行重整才能正常使用。为了不相互干扰,VM 的虚拟机的网络连接方式采用"仅主机模式"。

5.2.2 项目准备

要将图 5-3 左上角的服务器 DC1 升级为域控制器(安装 Active Directory 域服务),因为它是第 1 台域控制器,因此这个升级操作会同时完成下面工作。

- 建立第一个新林。
- 建立此新林中的第一个域树。
- 建立此新域树中的第一个域。
- 建立此新域中的第一台域控制器。
- 将计算机名称 DC1 自动更改为 DC1.long.com。

换句话说,在建立图 5-3 中的第 1 台域控制器 DC1.long.com 时,会同时建立此域控制器所隶属的域 long.com、域 long.com 所隶属的域树,而域 long.com 也是此域树的根域。由于是第一个域树,因此它同时会建立一个新林,林名就是第一个域树根域的域名 long.com,域 long.com 就是整个林的林根域。

我们将通过新建服务器角色的方式,将图 5-3 中左上角的服务器 DC1.long.com 升级为网络中的第一台域控制器。

超过一台计算机参与部署环境时,一定要保证各计算机间的通信畅通,否则无法进行后续的工作。当使用 ping 命令测试失败时,会有两种可能,一种情况是计算机间的配置确实存在问题,比如 IP 地址、子网掩码等;另一种情况也可能是本身计算机间的通信是畅通的,但由于对方防火墙等阻挡了 ping 命令的执行。第 2 种情况可以参考前面第 2 章中的"任务 2-4 配置 Windows Server 2016"中的"5. 配置防火墙,放行 ping 命令"相关内容进行相应处理,或者关闭防火墙。

5.3 项目实施

任务 5-1 创建第一个域(目录林根级域)

5-3 创建第一个域(目录林根级域)

由于域控制器使用的活动目录和 DNS 有非常密切的关系,因此网络中要求有 DNS 服务器存在,并且 DNS 服务器要支持动态更新。如果没有 DNS 服务器存在,可以在创建域时一起把 DNS 安装上。这里假设图 5-3 中的 DC1 服务器尚未安装 DNS,并且是该域林中的第 1 台域控制器。

1. 安装 Active Directory 域服务

活动目录在整个网络中的重要性不言而喻。经过 Windows Server 2008 和 Windows

Server 2012 的不断完善，Windows Server 2016 中的活动目录服务功能更加强大且管理更加方便。在 Windows Server 2016 系统中安装活动目录时，需要先安装 Active Directory 域服务，然后将此服务器提升为域控制器，从而完成活动目录的安装。

　　Active Directory 域服务的主要作用是存储目录数据并管理域之间的通信，包括用户登录处理、身份验证和目录搜索等。

STEP 1　请先在图 5-3 中左上角的服务器 DC1 上安装 Windows Server 2016，将其计算机名称设置为 DC1，IPv4 地址等按图 5-3 所示进行配置（图 5-3 中采用 TCP IPv4）。注意将计算机名称设置为 DC1 即可，当升级为域控制器后，它会自动被改为 DC1.long.com。

STEP 2　以管理员用户身份登录到 DC1，依次选择"开始"→"Windows 管理工具"→"服务器管理器"命令，打开"服务器管理器"窗口，单击"添加角色和功能"按钮，打开如图 5-4 所示的"添加角色和功能向导"对话框。

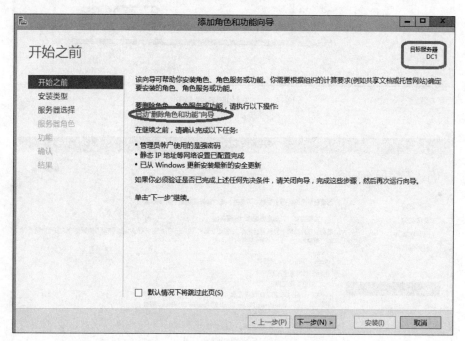

图 5-4　"添加角色和功能向导"对话框

　　　请读者注意图 5-4 中的"启动'删除角色和功能'向导"按钮。如果安装完 AD 服务后，需要删除该服务角色，则单击该按钮，删除 Active Directory 域服务即可！

STEP 3　依次单击"下一步"按钮，直到打开如图 5-5 所示的选择服务器角色的"添加角色和功能向导"对话框时，选中"Active Directory 域服务"复选框，在打开的对话框中单击"添加功能"按钮。

STEP 4　依次单击"下一步"按钮，直到打开如图 5-6 所示的确认安装所选内容的"添加角色和功能向导"对话框。

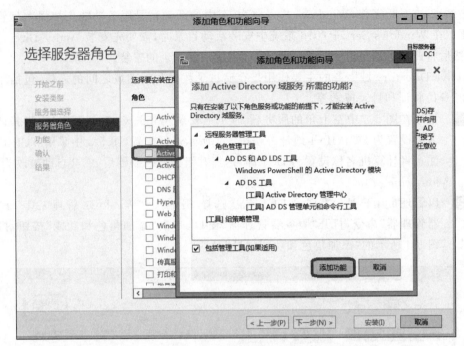

图 5-5　选择服务器角色

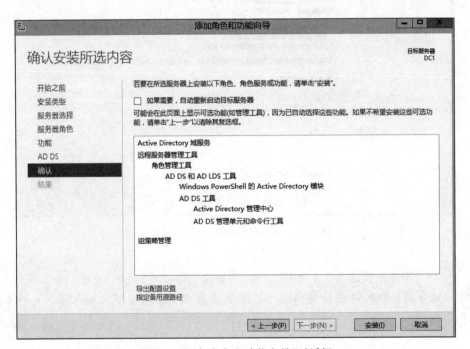

图 5-6　"添加角色和功能向导"对话框

STEP 5 单击"安装"按钮即可开始安装。安装完成后显示如图 5-7 所示的安装结果，提示 "Active Directory 域服务"已经成功安装。请单击"将此服务器提升为域控制器" 按钮。

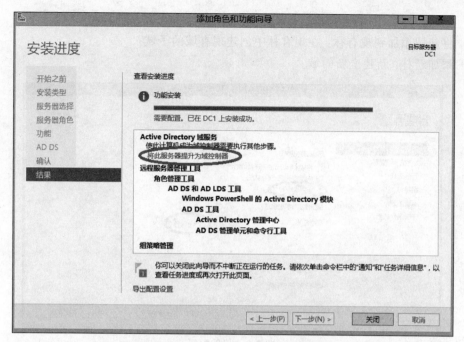

图 5-7　"Active Directory 域服务"安装成功

 提示　如果在图 5-7 所示的对话框中直接单击"关闭"按钮,则之后要将其提升为域控制器时,请单击图 5-8 所示"服务器管理器"窗口右上方的旗帜符号,再单击"将此服务器提升为域控制器"按钮即可。

2. 安装活动目录

STEP 1　在如图 5-7 或图 5-8 所示窗口中单击"将此服务器提升为域控制器"按钮,打开如图 5-9 所示的"部署配置"对话框,选中"添加新林"单选按钮,输入林根域名(本例为 long.com),创建一台全新的域控制器。如果网络中已经存在其他域控制器或林,则可以选中"将新域添加到现有林"单选按钮,在现有林中安装即可。

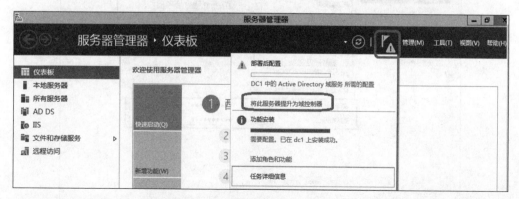

图 5-8　将此服务器提升为域控制器

"选择部署操作"选项区中 3 个选项的具体含义如下。

- 将域控制器添加到现有域：可以向现有域添加第 2 台或更多域控制器。
- 将新域添加到现有林：在现有林中创建现有域的子域。
- 添加新林：新建全新的域。

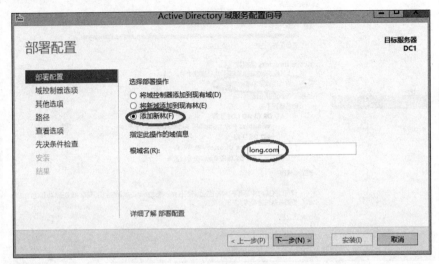

图 5-9 部署配置

 网络既可以配置一台域控制器，也可以配置多台域控制器，以分担用户的登录和访问功能。多个域控制器可以一起工作，并会自动备份用户帐户和活动目录数据，即使部分域控制器瘫痪，网络访问仍然不受影响，从而提高网络的安全性和稳定性。

STEP 2 单击"下一步"按钮，打开如图 5-10 所示的"域控制器选项"对话框。

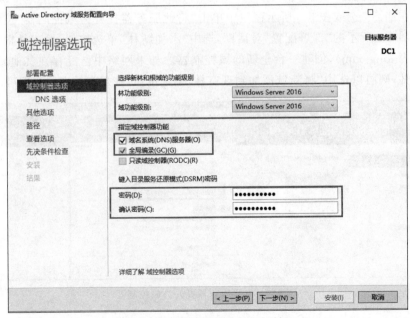

图 5-10 "域控制器选项"对话框

① 设置林功能级别和域功能级别。不同的林功能级别可以向下兼容不同平台的 Active Directory 服务功能。选择"Windows Server 2008"可以提供 Windows Server 2008 平台以上的所有 Active Directory 功能；选择"Windows Server 2016"可提供 Windows Server 2016 平台以上的所有 Active Directory 功能。用户可以根据自己实际的网络环境选择合适的功能级别。设置不同的域功能级别主要是为了兼容不同平台下的网络用户和子域控制器，在此只能选择"Windows Server 2016"版本的域控制器。

② 设置目录服务还原模式密码。由于有时需要备份和还原活动目录，且还原时（启动系统时按 F8 键）必须进入"目录服务还原模式"下，所以此处要求输入"目录服务还原模式"时使用的密码。由于该密码和管理员密码可能不同，所以一定要牢记该密码。

③ 指定域控制器功能。因为默认在此服务器上直接安装 DNS 服务器，所以该向导将自动创建 DNS 区域委派。无论 DNS 服务是否与 AD DS 集成，都必须将其安装在部署的 AD DS 目录林根级域的第一个域控制器上。

④ 第 1 台域控制器需要扮演全局编录服务器的角色。

⑤ 第 1 台域控制器不可以是 RODC。

　　安装后若要设置"林功能级别"，登录域控制器，打开"Active Directory 域和信任关系"对话框，右击"Active Directory 域和信任关系"项，在弹出的快捷菜单中选择"提升林功能级别"命令，选择相应的林功能级别即可。正版的软件，可在包装盒上查看到有效序列号。

STEP 3　单击"下一步"按钮，打开如图 5-11 所示的"DNS 选项"对话框，会提示警告信息，目前不会有影响，因此不必理会它，直接单击"下一步"按钮。

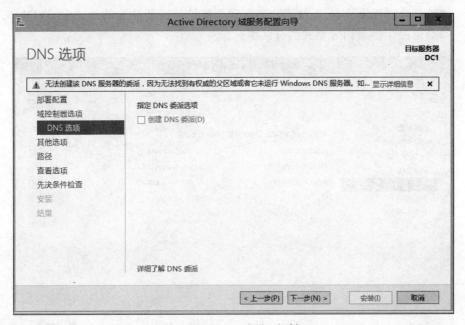

图 5-11　"DNS 选项"对话框

STEP 4 在打开的如图 5-12 所示的"其他选项"对话框中会自动为此域设置一个 NetBIOS 名称,也可以更改此名称。如果此名称已被占用,安装程序会自动指定一个建议名称。完成后单击"下一步"按钮。

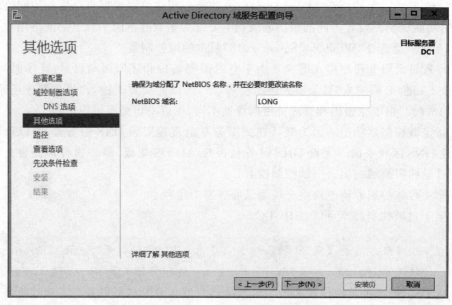

图 5-12 "其他选项"对话框

STEP 5 打开如图 5-13 所示的"路径"对话框,可以单击"浏览"按钮 <kbd>...</kbd> 更改为其他路径。其中,"数据库文件夹"用来存储互动目录数据库,"日志文件文件夹"用来存储活动目录的变化日志,以便于日常管理和维护。需要注意的是,"SYSVOL 文件夹"必须保存在 NTFS 格式的分区中。

图 5-13 指定 AD DS 数据库、日志文件和 SYSVOL 文件夹的位置

STEP 6　单击"下一步"按钮,打开可以"查看选项"的对话框,单击"下一步"按钮。

STEP 7　在打开的如图 5-14 所示的"先决条件检查"的对话框中,如果顺利通过检查,就直接单击"安装"按钮,否则要按提示先排除问题。安装完成后会自动重新启动。

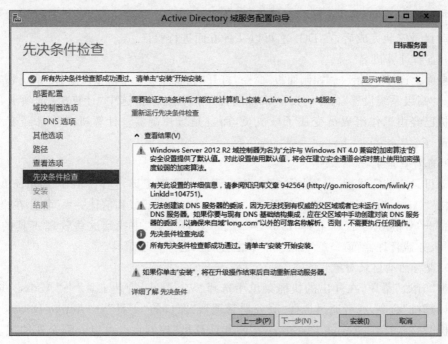

图 5-14　"先决条件检查"对话框

STEP 8　重新启动计算机并升级为 Active Directory 域控制器之后,必须使用域用户帐户登录,格式为"域名\用户帐户",如图 5-15(a)所示。选择左下角的其他用户可以更换登录用户,如图 5-15(b)所示。

(a) "SamAccountName登录"对话框　　　　　(b) "UPN登录"对话框

图 5-15　登录对话框

- 用户 SamAccountName 登录。用户也可以利用此名称(如 long\administrator)来登录。其中 LONG 是 NetBIOS 名。同一个域中,此名称必须是唯一的。Windows NT、Windows 98 等旧版系统不支持 UPN,因此在这些计算机上登录时,只能使用此登录名。如图 5-15(a)所示即为此类登录。

- 用户 UPN 登录。用户可以利用这个与电子邮箱格式相同的名称(administrator@long.com)来登录域,此名称被称为 user principal name(UPN)。此名在域林中是唯一的,如图 5-15(b)所示即为此类登录。

3. 验证 Active Directory 域服务的安装

活动目录安装完成后,在 DC1 上可以从各方面进行验证。

(1) 查看计算机名

在桌面上选择"开始"→"控制面板"命令,打开"控制面板"窗口,依次选择"系统和安全"→"系统"→"高级系统设置"命令,打开"系统属性"对话框,单击选中"计算机"选项卡,可以看到计算机已经由工作组成员变成了域成员,而且是域控制器。计算机名称已经变为 DC1.long.com 了。

(2) 查看管理工具

活动目录安装完成后,会添加一系列的活动目录管理工具,包括"Active Directory 用户和计算机""Active Directory 站点和服务""Active Directory 域和信任关系"等。在桌面上选择"开始"→"Windows 管理工具"命令,可以在"管理工具"中找到这些管理工具的快捷方式。在"服务器管理器"窗口的"工具"菜单也会增加这些管理工具。

(3) 查看活动目录对象

右击"开始"菜单,在弹出的快捷菜单中选择"Windows 管理工具"→"Active Directory 用户和计算机"命令,或者通过选择"服务器管理器"窗口的"工具"→"Active Directory 用户和计算机"命令,打开"Active Directory 用户和计算机"控制台。可以看到企业的域名 long.com。单击并选择该域,窗口右侧的详细信息窗格中会显示域中的各个容器。其中包括一些内置容器,主要有以下几种。

- built-in:存放活动目录域中的内置组帐户。
- computers:存放活动目录域中的计算机帐户。
- users:存放活动目录域中的一部分用户和组帐户。
- Domain Controllers:存放域控制器的计算机帐户。

(4) 查看 Active Directory 数据库

Active Directory 数据库文件保存在%SystemRoot%\Ntds(本例为 C:\windows\ntds)文件夹中,主要的文件如下。

- Ntds.dit:数据库文件。
- Edb.chk:检查点文件。
- Temp.edb:临时文件。

(5) 查看 DNS 记录

为了让活动目录正常工作,需要 DNS 服务器的支持。活动目录安装完成后,重新启动 DC1 时会向指定的 DNS 服务器上注册 SRV 记录。

依次选择"开始"→"Windows 管理工具"→DNS 命令,或者在服务器管理器窗口中选择"工具"→DNS 命令,打开"DNS 管理器"窗口。一个注册了 SRV 记录的 DNS 服务器如图 5-16 所示。

如果因为域成员本身的设置有误或者网络问题,造成它们无法将数据注册到 DNS 服务,则可以在问题解决后,重新启动这些计算机或利用以下方法来手动注册。

图 5-16　注册了 SRV 记录的 DNS 管理器

- 如果某域成员计算机的主机名与 IP 地址没有正确注册到 DNS 服务器，可在此计算机上运行 ipconfig /registerdns 来手动注册完成后，到 DNS 服务器检查是否已有正确记录。例如，域成员主机名为 DC1.long.com，IP 地址为 192.168.10.1，则检查区域 long.com 内是否有 DC1 的主机记录，其 IP 地址是否为 192.168.10.1。

- 如果发现域控制器并没有将其扮演的角色注册到 DNS 服务器内，也就是并没有类似如图 5-16 所示的 _tcp 等文件夹与相关记录，请到此台域控制器上选择"开始"→"Windows 管理工具"→"服务"命令，打开如图 5-17 所示的"服务"窗口，在 Netlogon 服务项上右击，在弹出的快捷菜单中选择"重新启动"命令来注册。具体操作也可以使用以下命令。

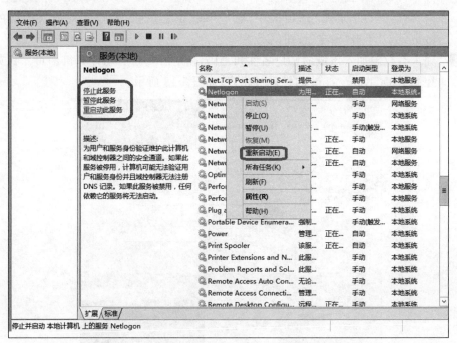

图 5-17　重新启动 Netlogon 服务

```
net stop netlogon
net start netlogon
```

提示 SRV 记录手动添加无效。将注册成功的 DNS 服务器中的 long.com 域下面的 SRV 记录删除一些,试着在域控制器上使用上面的命令恢复 DNS 服务器被删除的内容(选择"刷新"命令即可)。

注意 "服务器管理器"控制台的"工具"菜单包含了"管理工具"的所有工具,因此,一般情况下,凡是集成在"Windows 管理工具"中的工具都能在"服务器管理器"控制台的"工具"菜单中找到。为了后面描述方便,后续项目中,在提到工具时会采用一种方式且会简略表述。请读者从此刻开始,对如何打开"Windows 管理工具"和"服务器管理器"要熟练掌握。

任务 5-2 将 MS1 加入 long.com 域

5-4 将 MS1 加入 long.com 域(并验证)

下面再将 MS1(IP:192.168.10.10/24)独立服务器加入 long.com 域,将 MS1 提升为 long.com 的成员服务器。MS1 与 DC1 的虚拟机联网模式都是"仅主机模式",步骤如下。

STEP 1 在 MS1 服务器上,确认"本地连接"属性中的 TCP/IP 首选 DNS 指向了 long.com 域的 DNS 服务器,即 192.168.10.1。

STEP 2 在桌面上选择"开始"→"Windows 系统"→"控制面板"命令,打开"控制面板"窗口,再依次选择→"系统和安全"→"系统"→"高级系统设置"命令,弹出"系统属性"对话框,单击选中"计算机名"选项卡,单击"更改"按钮,弹出"计算机名/域更改"对话框,在"隶属"选项区中,选中"域"单选按钮,并输入要加入的域的名称 long.com,单击"确定"按钮。

STEP 3 输入有权限加入该域的帐户名称和密码,确定后重新启动计算机即可。比如该域控制器 DC1.long.com 的管理员帐户,如图 5-18 所示。

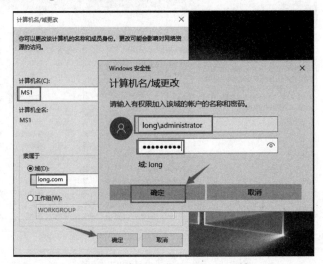

图 5-18 将 MS1 加入 long.com 域

STEP 4 加入域后,其完整计算机名的后缀就会附上域名,即如图 5-19 所示的 MS1.long.com。单击"关闭"按钮,按照界面提示重新启动计算机。

图 5-19　加入 long.com 域后的系统属性

① 将 Windows 10 的计算机加入域中的步骤和将 Windows Server 2016 计算机加入域中的步骤相同。

② 这些被加入域的计算机,其计算机帐户会被创建在 Computers 窗口内。

任务 5-3　利用已加入域的计算机登录

除了利用本地帐户登录,也可以在已经加入域的计算机上,利用本地域用户帐户登录。

1. 利用本地帐户登录

在 MS1 登录界面中按 Ctrl＋Alt＋Del 组合键后,出现如图 5-20 所示的界面,图中默认让用户利用本地系统管理员 Administrator 的身份登录,因此只要输入 Administrator 的密码就可以登录。

图 5-20　本地用户登录

此时,系统会利用本地安全性数据库来检查帐户与密码是否正确,如果正确,就可以成功登录,也可以访问计算机内的资源(若有权限),不过无法访问域内其他计算机的资源,除非在连接其他计算机时再输入有权限的用户名与密码。

2. 利用域用户帐户登录

如果要利用域系统管理员 Administrator 的身份登录,则单击如图 5-20 所示左下角的"其他用户"按钮,打开如图 5-21 所示的"其他用户"登录对话框,输入域系统管理员的帐户(long\administrator)与密码,单击登录按钮 ![→] 进行登录。

图 5-21　域用户登录

　　帐户名前面要附加域名,如 long.com\administrator 或 long\administrator,此时帐户与密码会被发送给域控制器,并利用 Active Directory 数据库来检查帐户与密码是否正确,如果正确,就可以成功登录,并且可以直接连接域内任何一台计算机并访问其中的资源(如果被赋予权限),不需要手动输入用户名与密码。当然,也可以用 UPN 登录,如 administrator@long.com。在图 5-21 中,如何利用本地用户登录? 输入用户名"MS1\administrator"及相应密码可以吗?

任务 5-4　安装额外的域控制器与 RODC

一个域内若有多台域控制器,便可以拥有以下几个方面的优势。

- 改善用户登录的效率。若同时有多台域控制器来对客户端提供服务,就可以分担用户身份验证(输入帐户与密码)的负担,提高用户登录的效率。
- 容错功能。若有域控制器故障,此时仍然可以由其他正常的域控制器来继续提供服务,因此对用户的服务并不会停止。

在安装额外域控制器(additional domain controller)时,需要将 AD DS 数据库由现有的域控制器复制到这台新的域控制器。然而若数据库非常庞大,则这个复制操作势必会增加网络负担,尤其是当这台新域控制器位于远程网络内时。系统提供了两种复制 AD DS 数据库的方式。

- 通过网络直接复制。若 AD DS 数据库庞大,此方法会增加网络负担、影响网络效率。
- 通过安装媒体。需要事先到一台域控制器内制作安装媒体(installation media),其中包含 AD DS 数据库;接着将安装媒体内文件复制到 U 盘、CD、DVD 等媒体或共享文件夹内;然后在安装额外域控制器时,在安装向导过程中到这个媒体内读取 AD DS 数据库。这种方式可以大幅降低对网络造成的负担。若在安装媒体制作完成之后,现有域控制器的 AD DS 数据库内有新变动数据,则这些少量数据会在完成额外域控制器的安装后,再通过网络自动复制过来。

下面说明如何将图 5-22 中右上角的 DC2 升级为常规额外域控制器(可写域控制器),将右下角的 DC3 升级为 RODC。其中 DC2 为域 long.com 的成员服务器,DC3 为独立服务器。

1. 利用网络直接复制安装额外域控制器

DC1、DC2 和 DC3 联网模式都是"仅主机模式",首先要保证 3 台服务器通信畅通。

5-5 安装额外的域控制器与 RODC(一)

STEP 1　先在图 5-22 中的服务器 DC2 与 DC3 上安装 Windows Server 2016,IPv4 地址等按照如图 5-22 所示来设置(图 5-22 中采用 TCP/IPv4),同时将 DC2 加入域 long.com。

注意将计算机名称分别设置为 DC2 与 DC3 即可,等升级为域控制器后,它们会自动被改为 DC2.long.com 与 DC3.long.com。

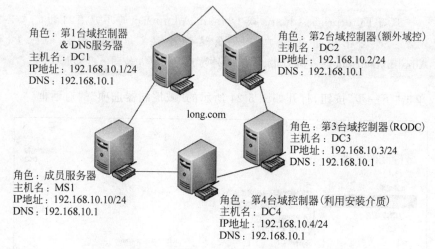

角色:第1台域控制器
& DNS服务器
主机名:DC1
IP地址:192.168.10.1/24
DNS:192.168.10.1

角色:第2台域控制器(额外域控)
主机名:DC2
IP地址:192.168.10.2/24
DNS:192.168.10.1

long.com

角色:第3台域控制器(RODC)
主机名:DC3
IP地址:192.168.10.3/24
DNS:192.168.10.1

角色:成员服务器
主机名:MS1
IP地址:192.168.10.10/24
DNS:192.168.10.1

角色:第4台域控制器(利用安装介质)
主机名:DC4
IP地址:192.168.10.4/24
DNS:192.168.10.1

图 5-22　long.com 域的网络拓扑图

STEP 2　在 DC2 上安装 Active Directory 域服务。操作方法与安装第 1 台域控制器的方法完全相同。安装完 Active Directory 域服务后,单击"将此服务器提升为域控制器"按钮,开始活动目录的安装。

STEP 3　当打开"部署配置"对话框时,选中"将域控制器添加到现有域"单选按钮,在"域"项下面直接输入 long.com,或者单击"选择"按钮进行"域"的选择操作。单击"更改"按钮,弹出"Windows 安全"对话框,需要指定可以通过相应主域控制器验证的用户帐户凭据,该用户帐户必须是 Domain Admins 组成员,拥有域管理员权限。比如,根域控制器的管理员帐户 long\administrator,如图 5-23 所示。

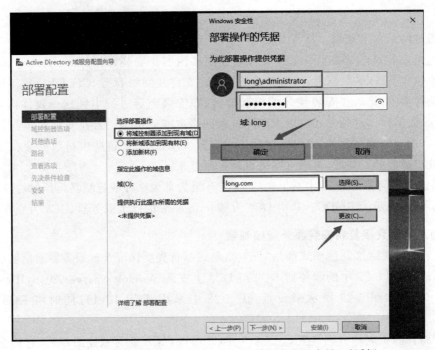

图 5-23 部署配置的"Active Directory 域服务配置向导"对话框

只有 Enterprise Admins 或 Domain Admins 内的用户有权利建立其他域控制器。若现在登录的帐户不隶属这两个组（如现在登录的帐户为本机 Administrator），则需另外指定有权利的用户帐户，如图 5-23 所示。

STEP 4 单击"下一步"按钮，打开如图 5-24 所示的"域控制器选项"的对话框。

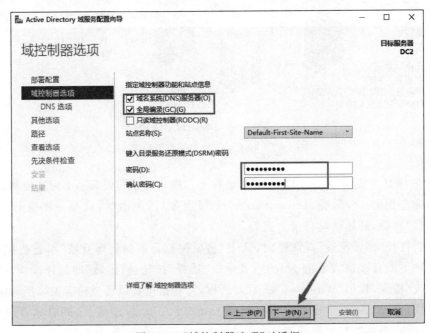

图 5-24 "域控制器选项"对话框

① 选择是否在此服务器上安装 DNS 服务器(默认会),本例选择在 DC2 上安装 DNS 服务器。
② 选择是否将其设定为全局编录服务器(默认会)。
③ 选择是否将其设置为只读域控制器(默认不会)。
④ 设置目录服务还原模式的密码。

STEP 5　单击"下一步"按钮,打开如图 5-25 所示的对话框,取消选中"更新 DNS 委派"选
项。注意,如果不存在 DNS 委派却选中该选项了,在后面将会报错!

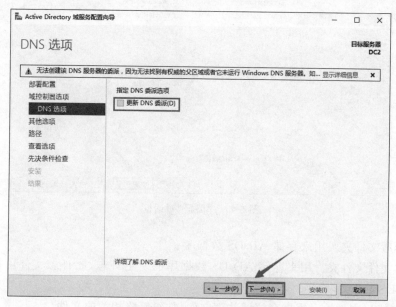

图 5-25　"DNS 选项"对话框

STEP 6　单击"下一步"按钮,打开如图 5-26 所示的对话框,继续单击"下一步"按钮,打开如图 5-27
所示的"其他选项"对话框,会直接从其他任意一台域控制器复制 AD DS 数据库。

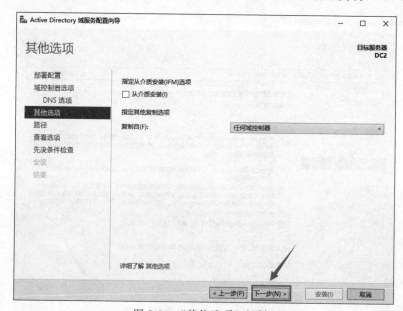

图 5-26　"其他选项"对话框

STEP 7 在图 5-27 中可直接单击"下一步"按钮,各文件夹意义如下。

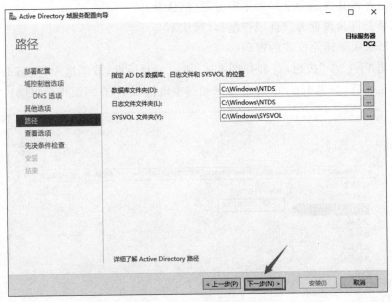

图 5-27 "路径"对话框

- 数据库文件夹。用来存储 AD DS 数据库。
- 日志文件文件夹。用来存储 AD DS 数据库的变更日志,此日志文件可被用来修复 AD DS 数据库。
- SYSVOL 文件夹。用来存储域共享文件(如组策略相关的文件)。

STEP 8 在打开"查看选项"的对话框中单击"下一步"按钮。

STEP 9 在打开如图 5-28 所示的进行"先决条件检查"的对话框中,若顺利通过检查,就直接单击"安装"按钮,否则请根据提示先排除问题。

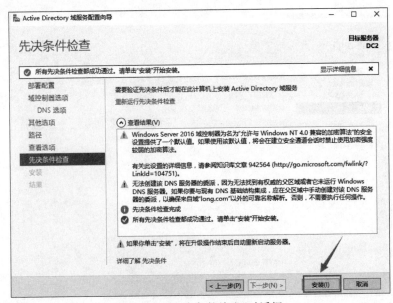

图 5-28 "先决条件检查"对话框

STEP 10　安装完成后会自动重新启动，请重新登录。

2. 利用网络直接复制安装 RODC

在 DC3 安装 RODC，DC3 为独立服务器。DC2 和 DC3 联网模式都是"仅主机模式"，首先要保证 2 台服务器通信畅通。

5-6 安装额外的域控制器与 RODC（二）

STEP 1　在 DC3 安装 Active Directory 域服务。操作方法与安装第 1 台域控制器的方法完全相同。安装完 Active Directory 域服务后，单击"将此服务器提升为域控制器"按钮，开始活动目录的安装。

STEP 2　当打开"部署配置"的对话框时，选中"将域控制器添加到现有域"单选按钮，在"域"项下面直接输入 long.com，或者单击"选择"按钮进行"域"的选择操作。单击"更改"按钮，弹出"Windows 安全"对话框，需要指定可以通过相应主域控制器验证的用户帐户凭据，该用户帐户必须是 Domain Admins 组，拥有域管理员权限。比如，根域控制器的管理员帐户 long\administrator，如图 5-29 所示。

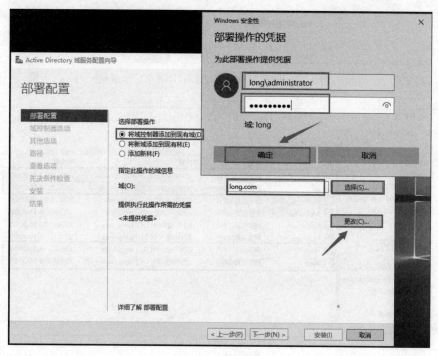

图 5-29　部署配置

STEP 3　单击"下一步"按钮，打开如图 5-30 所示的"域控制器选项"的对话框，选中"只读域控制器（RODC）"选项，单击"下一步"按钮，直到安装成功，自动重新启动计算机。

STEP 4　依次选择"开始"→"Windows 管理工具"→DNS 命令，分别打开 DC1、DC2、DC3 的 DNS 服务器管理器，检查 DNS 服务器内是否有域控制器 DC1.long.com 与 DC2.long.com 的相关记录，如图 5-31 所示（DC3 上的 DNS 服务器类似）。

这两台域控制器的 AD DS 数据库内容是从其他域控制器复制过来的，而原本这两台计算机内的本地用户帐户会被删除。

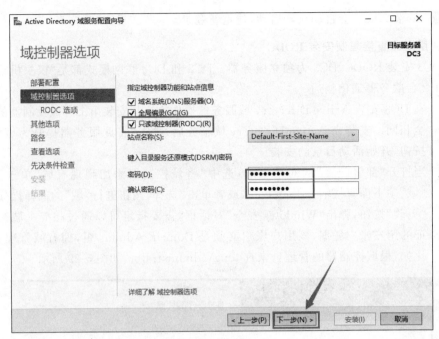

图 5-30　选中"只读域控制器（RODC）"选项

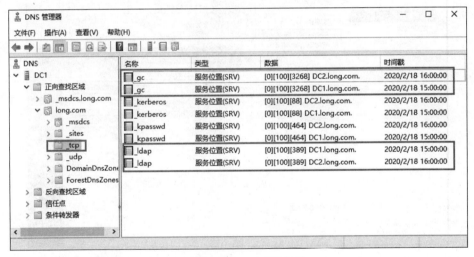

图 5-31　检查 DNS 服务器

 注意　　在服务器 DC1（第 1 台域控制器）还没有升级成为域控制器之前，原本位于本地安全数据库内的本地帐户，会在升级后被转移到 Active Directory 数据库内，而且是被放置到 Users 容器内，并且这台域控制器的计算机帐户会被放置到 Domain Controllers 组织单位内，其他加入域的计算机帐户默认会被放置到 Computers 容器内。只有在创建域内的第 1 台域控制器时，该服务器原来的本地帐户才会被转移到 Active Directory 数据库，其他域控制器（如本例中的 DC2、DC3）原来的本地帐户并不会被转移到 Active Directory 数据库，而是被删除。

STEP 5　依次选择"开始"→"Windows 管理工具"→"Active Directory 用户和计算机"命令,分别打开 DC1、DC2、DC3 的"Active Directory 用户和计算机"窗口,检查 Domain Controllers 容器里是否存在 DC1、DC2、DC3(只读)等域控制器,如图 5-32 所示(DC2、DC3 上的情况类似)。

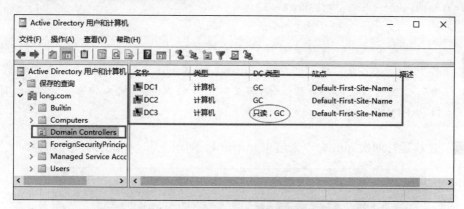

图 5-32　Active Directory 用户和计算机

3. 利用安装媒体来安装额外域控制器

先到一台域控制器上制作安装媒体(installation media),也就是将 AD DS 数据库存储到安装媒体内,并将安装媒体文件复制到 U 盘或共享文件夹内。然后在安装额外域控制器时,要求安装向导从安装媒体来读取 AD DS 数据库,这种方式可以大幅降低对网络造成的负担。

5-7 安装额外的域控制器与 RODC(三)

(1)制作安装媒体

请在现有的域控制器上执行 ntdsutil 命令来制作安装媒体。

- 若此安装媒体是要给可写域控制器使用的,则需到现有的可写域控制器上执行 ntdsutil 指令。
- 若此安装媒体是要给 RODC 使用的,则可以到现有的可写域控制器或 RODC 上运行 ntdsutil 命令。

STEP 1　到域控制器 DC1 上利用域系统管理员的身份登录。

STEP 2　在桌面左下角的"开始"菜单按钮上右击,在弹出的快捷菜单中选择"命令提示符"命令。

STEP 3　输入以下命令后按 Enter 键。

```
ntdsutil
```

STEP 4　在 ntdsutil 提示符下,运行以下命令。

```
activate   instance ntds
```

它会将域控制器的 AD DS 数据库设置为使用中。

STEP 5　在 ntdsutil 提示字符下,运行以下命令。

```
ifm
```

STEP 6 在 ifm 提示符下,运行以下命令。

```
create sysvol full C:\InstallationMedia
```

注意　　此命令假设要将安装媒体的内容存储到“C:\InstallationMedia”文件夹内。其中的 sysvol 表示要制作包含 ntds.dit 与 sysvol 的安装媒体;full 表示要制作供可写域控制器使用的安装媒体,若是要制作供 RODC 使用的安装媒体,则将 full 改为 RODC。

STEP 7 连续运行两次 quit 命令来结束 ntdsutil。如图 5-33 所示为部分操作界面。

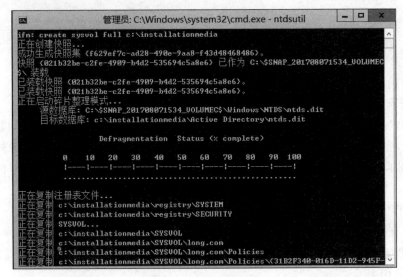

图 5-33　制作安装媒体

STEP 8 将整个“C:\InstallationMedia”文件夹内的所有数据复制到 U 盘或共享文件夹内。

(2)安装额外域控制器

STEP 1 将包含安装媒体的 U 盘拿到即将扮演额外域控制器角色的计算机 DC4(还记得第 2 章的任务 2-7 吗? 克隆生成了 DC4)上,或将其放到可以访问到的共享文件夹内。本例放到 DC4 的“C:\InstallationMedia”文件夹内。设置 DC4 的计算机名称为 DC4,IP 地址为 192.168.10.14/24,DNS 为 192.168.10.1。

STEP 2 升级额外域控制器的方法与前述利用网络直接复制安装额外域控制器大致相同,因此下面仅列出不同之处。下面假设安装媒体被复制到即将升级为额外域控制器的服务器 DC4 的“C:\InstallationMedia”文件夹内,在图 5-34 中改为选中“从介质安装”复选框,并在路径处指定存储安装媒体的文件夹“C:\InstallationMedia”。

在安装过程中会从安装媒体所在的文件夹“C:\InstallationMedia”复制 AD DS 数据库。若在安装媒体制作完成之后,现有域控制器的 AD DS 数据库更新数据,则这些少量数据会

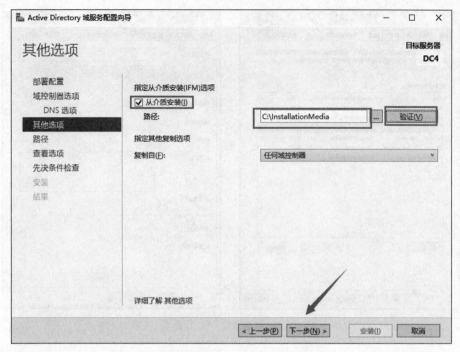

图 5-34　选中"从介质安装"复选框

在完成额外域控制器安装后，再通过网络自动复制过来。

4. 修改 RODC 的委派与密码复制策略设置

若要修改密码复制策略设置或 RODC 系统管理工作的委派设置，则在打开"Active Directory 用户和计算机"窗口后，如图 5-35 所示单击选中容器 Domain Controllers 内扮演 RODC 角色的域控制器，单击上方的属性图标圙按钮，通过如图 5-36 所示的"密码复制策略"与"管理者"选项卡来设置。

图 5-35　Active Directory 用户和计算机

也可以依次选择"开始"→"Windows 管理工具"→"Active Directory 管理中心"命令，通过"Active Directory 管理中心"来修改上述设置。打开"Active Directory 管理中心"窗口后，如图 5-37 所示，单击并选中 Domain Controllers 中间窗格中扮演 RODC 角色的域控制器

图 5-36 "密码复制策略"和"管理者"选项卡

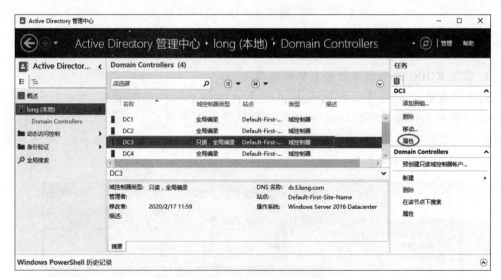

图 5-37 Active Directory 管理中心的 Domain Controllers

项,单击右窗格中的"属性"选项,打开该域控制器的属性对话框,如图 5-38 所示,再通过"管理者"选项与"扩展"选项中的"密码复制策略"选项卡来进行相关设定。

5. 验证额外域控制器运行是否正常

DC1 是第 1 台域控制器,DC2 服务器已经提升为额外域控制器,现在可以将成员服务器 MS1 的首选 DNS 指向 DC1 域控制器,备用 DNS 指向 DC2 额外域控制器,当 DC1 域控制器发生故障时,DC2 额外域控制器可以负责域名解析和身份验证等工作,从而实现不间断服务。

5-8 安装额外的域控制器与 RODC(四)

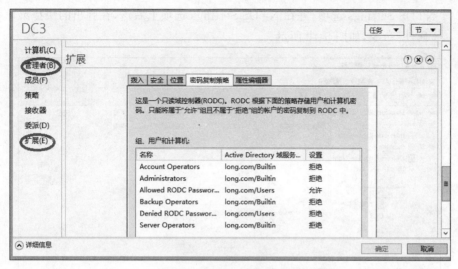

图 5-38　"密码复制策略"选项卡

STEP 1　在 MS1 上配置"首选 DNS"为 192.168.10.1,"备用 DNS"为 192.168.10.2。

STEP 2　利用 DC1 域控制器的"Active Directory 用户和计算机"功能建立供测试用的域用户 domainuser1(新建用户时,姓名和用户登录名都是 domainuser1)。刷新 DC2、DC3 的"Active Directory 用户和计算机"中的 users 容器,发现 domainuser1 几乎同时同步到了这两台域控制器上。

STEP 3　将"DC1 域控制器"暂时关闭,在 VMware Workstation 中也可以将"DC1 域控制器"暂时挂起。

STEP 4　在 MS1 上,注销原来的 Administrator 帐户后,用"其他用户"登录,如图 5-39 所示。使用 long\domainuser1 登录域,观察是否能够登录,如果可以登录成功,说明可以提供 AD 的不间断服务了,也验证了额外域控制器安装成功。

图 5-39　在 MS1 上使用域帐户 domainuser1 登录验证

STEP 5　选择 DC2"服务器管理器"窗口的"工具"命令,打开"Active Directory 站点和服务"窗口,依次展开并选中 Sites→Default- First- Site- Name→Servers→DC2→

NTDS Settings 选项，并在 NTDS Settings 选项上右击，在弹出的快捷菜单中选择"属性"命令，如图 5-40 所示。

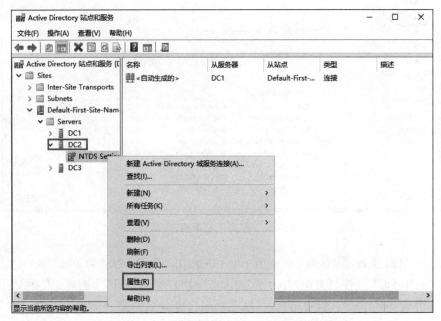

图 5-40　"Active Directory 站点和服务"窗口

STEP 6 在弹出的对话框中取消选中"全局编录"复选框，如图 5-41 所示。

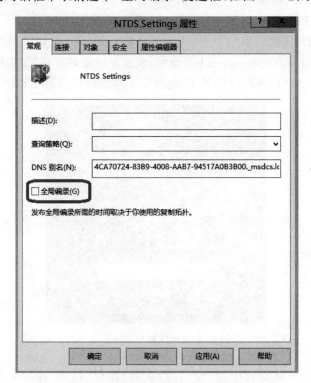

图 5-41　取消选中"全局编录"复选框

STEP 7 在"服务器管理器"主窗口下,选择"工具"→"Active Directory 用户和计算机"命令,打开"Active Directory 用户和计算机"窗口,展开 Domain Controllers 选项,可以看到 DC2 的"DC 类型"由之前的 GC 变为现在的 DC,如图 5-42 所示。

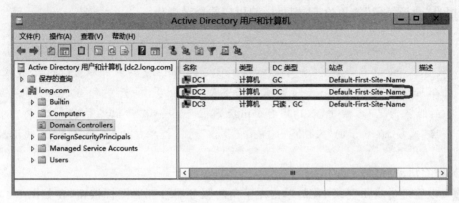

图 5-42　查看"DC 类型"

任务 5-5　转换服务器角色

Windows Server 2016 服务器在域中可以有 3 种角色:域控制器、成员服务器和独立服务器。当一台 Windows Server 2016 成员服务器安装了活动目录后,服务器就成为域控制器,域控制器可以对用户的登录等进行验证;然而有时 Windows Server 2016 服务器可以仅仅加入域中,而不安装活动目录,这时服务器的主要目的是提供网络资源,这样的服务器称为成员服务器。严格说来,独立服务器和域没有什么关系,如果服务器不加入域中,也不安装活动目录,服务器就称为独立服务器。服务器的这 3 个角色的转变如图 5-43 所示。

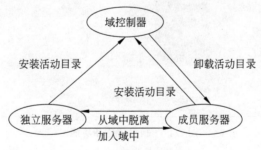

图 5-43　服务器角色的转换

1. 域控制器降级为成员服务器

在域控制器上把活动目录删除,服务器就降级为成员服务器了。下面以图 5-3 中的 DC2 降级为例,介绍具体步骤。

(1) 删除活动目录注意要点

用户删除活动目录也就是将域控制器降级为独立服务器。降级时要注意以下 3 点。

① 如果该域内还有其他域控制器,则该域会被降级为该域的成员服务器。

② 如果这个域控制器是该域的最后一个域控制器,则被降级后,该域内将不存在任何

5-9 转换服务器角色

域控制器。因此,如该域控制器被删除,则该计算机被降级为独立服务器。

③ 如果这台域控制器是"全局编录",则将其降级后,它将不再担当"全局编录"的角色,因此要先确定网络上是否还有其他"全局编录"域控制器。如果没有,则要先指派一台域控制器来担当"全局编录"的角色,否则将影响用户的登录操作。

 指派"全局编录"的角色时,可以依次选择"开始"→"管理工具"→"Active Directory 站点和服务"命令,打开"Active Directory 站点和服务"窗口,再依次选择 Sites→Default-First-Site-Name→Servers 命令,展开要担当"全局编录"角色的服务器名称,右击"NTDS Settings 属性"选项,在弹出的快捷菜单中选中"属性"选项,在显示的"NTDS Settings 属性"对话框中选中"全局编录"复选框。

(2) 删除活动目录

STEP 1 以管理员身份登录 DC2,单击左下角的服务器管理器图标按钮,在如图 5-44 所示的窗口中选择右上方的"管理"→"删除角色和功能"命令。

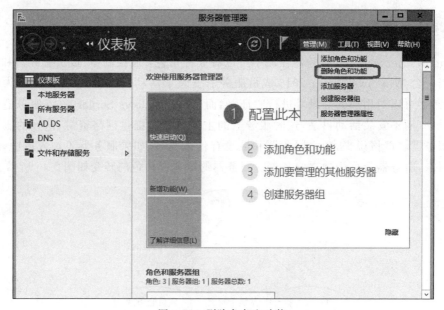

图 5-44　删除角色和功能

STEP 2 在接下来的如图 5-45 所示的对话框中取消选中"Active Directory 域服务"复选框,在弹出的对话框中单击"删除功能"按钮。

STEP 3 打开如图 5-46 所示的对话框后,单击"确定"按钮,即将此域控制器降级。

STEP 4 如果在如图 5-47 所示的对话框中当前的用户有权删除此域控制器,请单击"下一步"按钮,否则单击"更改"按钮来输入新的帐户与密码。

 如果因故无法删除此域控制器(如在删除域控制器时,需要能够先连接到其他域控制器,但是却一直无法连接),或者是最后一个域控制器,此时选中图 5-47 中的"强制删除此域控制器"复选框,一般情况下按默认值不选中此项。

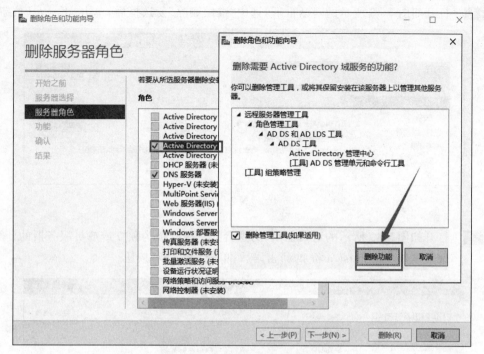

图 5-45　删除服务器角色和功能

图 5-46　验证结果

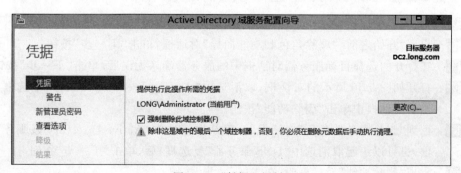

图 5-47　"凭据"对话框

STEP 5 打开如图 5-48 所示的对话框后，选中"继续删除"复选框后，单击"下一步"按钮。

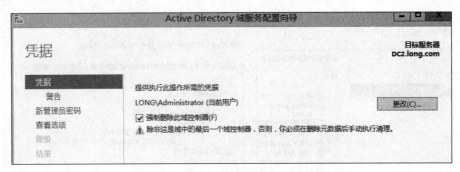

图 5-48　"警告"对话框

STEP 6 打开如图 5-49 所示的对话框后，为这台即将被降级为独立或成员服务器的计算机设置本地 Administrator 的新密码后，单击"下一步"按钮。

图 5-49　输入新管理员密码

STEP 7 在打开的查看选项对话框中单击"降级"按钮。

STEP 8 完成后会自动重新启动计算机，请重新登录（以域管理员登录，如图 5-49 所示设置的是降级后的计算机 DC2 的本地管理员密码）。

　虽然这台服务器已经不再是域控制器了，但此时其 Active Directory 域服务组件仍然存在，并没有被删除。因此，也可以直接将其升级为域控制器。

STEP 9 在服务器管理器中，选择"管理"→"删除角色和功能"命令。

STEP 10 出现"开始之前""删除角色和功能向导"对话框，单击"下一步"按钮。

STEP 11 在打开的选择目标服务器对话框中的服务器确认无误后，单击"下一步"按钮。

STEP 12 打开如图 5-50 所示的对话框，取消选中"Active Directory 域服务"复选框，在弹出的对话框中单击"删除功能"按钮。

STEP 13 回到"删除服务器角色"对话框时，确认取消选中"Active Directory 域服务"复选框（也可以一起取消选中"DNS 服务器"复选框）后，单击"下一步"按钮。

STEP 14 出现"删除功能"对话框时，单击"下一步"按钮。

STEP 15 在打开的确认删除选择对话框中单击"删除"按钮。

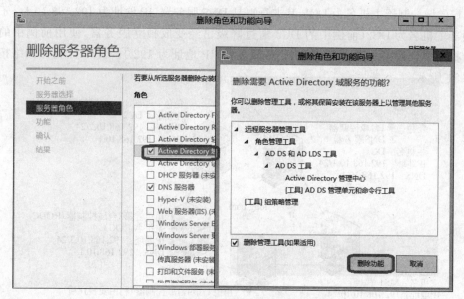

图 5-50　"删除角色和功能向导"对话框

STEP 16　完成后,重新启动计算机。

2. 成员服务器降级为独立服务器

在 DC2 中删除 Active Directory 域服务器后,降级为域 long.com 的成员服务器。现在将该成员服务器继续降级为独立服务器。

首先在 DC2 上以域管理员(long\administrator)或本地管理员(DC2\ administrator)身份登录。登录成功后,在桌面上选择"开始"→"控制面板"命令,打开"控制面板"窗口,再依次选择"系统和安全"→"系统"→"高级系统设置"命令,弹出"系统属性"对话框,单击选中"计算机名"选项卡,单击"更改"按钮;弹出"计算机名/域更改"对话框;在"隶属"选项区中,选中"工作组"单选按钮,并输入从域中脱离后要加入的工作组的名称(本例为WORKGROUP),单击"确定"按钮;输入有权限脱离该域的帐户的名称和密码,确定后重新启动计算机即可。

任务 5-6　创建子域

本次任务要求创建 long.com 的子域 china.long.com。创建子域之前,读者需要先了解本任务实例部署的需求和实训环境。

5-10　创建子域

1. 部署需求

在向现有域中添加域控制器前需满足以下要求。

① 设置域中父域控制器和子域控制器的 TCP/IP 属性,手工指定 IP 地址、子网掩码、默认网关和 DNS 服务器 IP 地址等。

② 部署域环境,父域域名为 long.com,子域域名为 china.long.com。

2. 部署环境

本任务所有实例被部署在域环境下,父域域名为 long.com,子域域名为 china.long.com。

其中父域的域控制器主机名为 DC1,其本身也是 DNS 服务器,IP 地址为 192.168.10.1。子域的域控制器主机名为 DC2(前例中的 DC2 通过降级已经变成独立服务器,使用前例中的服务器可以提高实训效率),其本身也是 DNS 服务器,IP 地址为 192.168.10.2。具体网络拓扑图如图 5-51 所示。

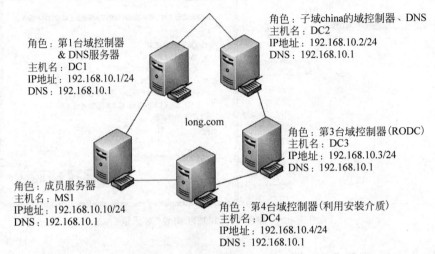

角色:子域china的域控制器、DNS
主机名:DC2
IP地址:192.168.10.2/24
DNS:192.168.10.1

角色:第1台域控制器
& DNS服务器
主机名:DC1
IP地址:192.168.10.1/24
DNS:192.168.10.1

long.com

角色:第3台域控制器(RODC)
主机名:DC3
IP地址:192.168.10.3/24
DNS:192.168.10.1

角色:成员服务器
主机名:MS1
IP地址:192.168.10.10/24
DNS:192.168.10.1

角色:第4台域控制器(利用安装介质)
主机名:DC4
IP地址:192.168.10.4/24
DNS:192.168.10.1

图 5-51   创建子域的网络拓扑图

    本例中仅用到 DC1 和 DC2。DC2 在前几个实例中是额外域控制器,降级后成为独立服务器。下面会将 DC2 升级为子域 china 的域控制器。

3. 创建子域

在计算机 DC2 上安装 Active Directory 域服务,使其成为子域 china.long.com 中的域控制器,具体步骤如下。

STEP 1　在 DC2 上以管理员帐户登录,打开"Internet 协议版本 4(TCP/IPv4)属性"对话框,按图 5-50 所示配置 DC2 计算机的 IP 地址、子网掩码、默认网关以及 DNS 服务器,其中 DNS 服务器一定要设置为自身的 IP 地址和父域的域控制器的 IP 地址。

STEP 2　添加"Active Directory 域服务"角色和功能的过程,请参见任务 5-1 小节中的"1. 安装 Active Directory 域服务",这里不再赘述。

STEP 3　启动 Active Directory 安装向导(启动方法请参考任务 5-1 小节中的"2. 安装活动目录"),当打开"部署配置"对话框时,选中"将新域添加到现有林"单选按钮,单击"未提供凭据"后面的"更改"按钮,打开"Windows 安全"对话框,输入有权限的用户:long\administrator 及其密码,如图 5-52 所示,单击"确定"按钮。

STEP 4　返回提供凭据后的"部署配置"对话框,如图 5-53 所示。请输入父域名:long.com,输入新域名:china(注意不是 china.long.com!)。

STEP 5　单击"下一步"按钮,打开"域控制器选项"对话框,如图 5-54 所示。选中安装 DNS 服务器。

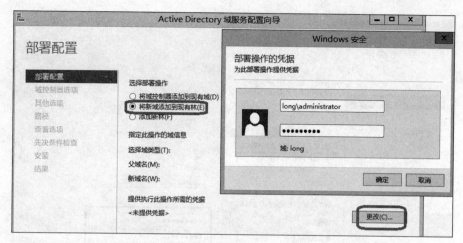

图 5-52　"部署配置"对话框

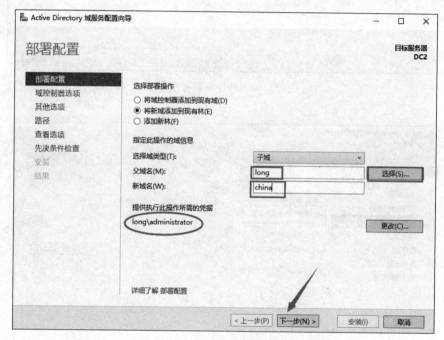

图 5-53　提供凭据的"部署配置"界面

STEP 6　单击"下一步"按钮,打开"DNS 选项"的对话框,默认选中"创建 DNS 委派"复选按钮,如图 5-55 所示。另外,前面的例子中若选中 DNS 委派则会出错。

 注意　　　此处选中"创建 DNS 委派"选项。在域中划分多个区域的主要目的是简化 DNS 的管理任务,即委派一组权威名称服务器来管理每个区域。采用这样的分布式结构,当域名称空间不断扩展时,各个域的管理员可以有效地管理各自的子域。本例中,安装完成后,china 子域的管理员会被委派管理 china.long.com 子域。

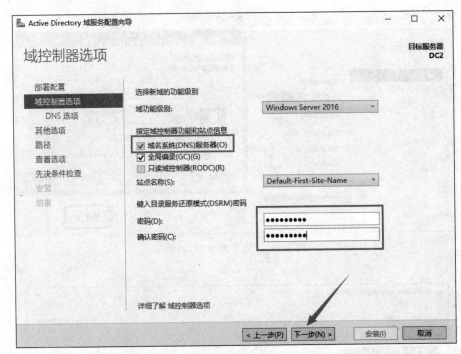

图 5-54　域控制器选项

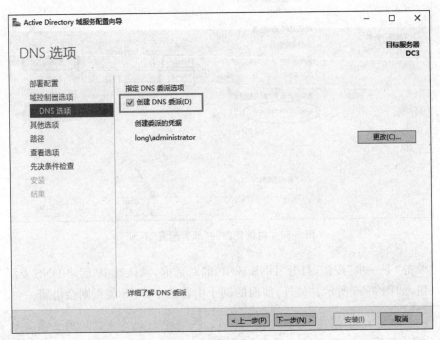

图 5-55　DNS 选项

STEP 7　单击"下一步"按钮,设置 NetBIOS 名称,单击"下一步"按钮。在接下来的打开的对话框中依次单击"下一步"按钮,在"先决条件检查"对话框中如果顺利通过检查,就直接单击"安装"按钮,否则要按提示先排除问题。安装完成后会自动重新启动。

STEP 8　重新启动计算机,升级为 Active Directory 域控制器之后,必须使用域用户帐户登录,格式为域名\用户帐户,如图 5-15(a)所示,选择"其他用户"可以更换登录用户。

　　　这里的 China\Administrator 域用户是 DC2 子域控制器中的管理员帐户,不是 DC1 的,请读者务必注意。

4. 创建验证子域

STEP 1　重新启动 DC2 计算机后,以管理员身份登录到子域中。打开"服务器管理器"窗口,选择"工具"→"Active Directory 用户和计算机"命令,打开"Active Directory 用户和计算机"窗口,可以看到 china.long.com 子域,如图 5-56 所示。

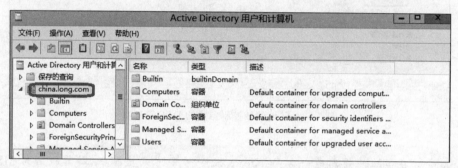

图 5-56　"Active Directory 用户和计算机"窗口

STEP 2　在 DC2 上,依次选择"开始"→"Windows 管理工具"→DNS 命令,打开"DNS 管理器"窗口,依次展开各选项,可以看到区域 china.long.com,如图 5-57 所示。

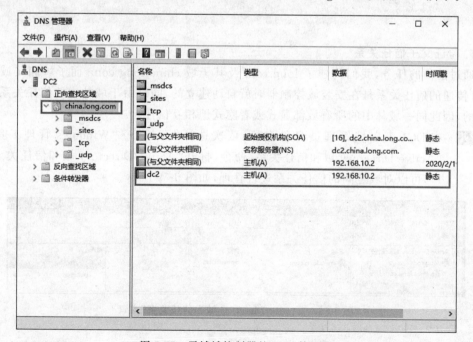

图 5-57　子域域控制器的 DNS 管理器

思考：请打开 DC1 的 DNS 服务器的"DNS 管理器"窗口，观察 china 区域下面有何记录。图 5-58 所示是父域的域控制器中的 DNS 管理器。

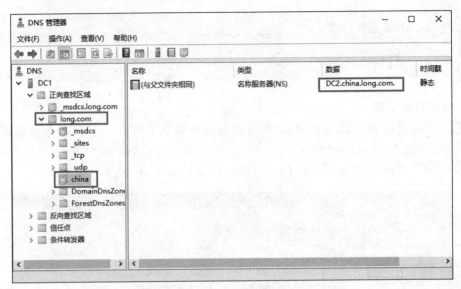

图 5-58　父域的域控制器中的 DNS 管理器

在 VM 中再新建一台 Windows Server 2016 的虚拟机，计算机名为 MS2，IP 地址为 192.168.10.20，子网掩码为 255.255.255.0，DNS 服务器第 1 种情况设置为 192.168.10.1，第 2 种情况设置为 192.168.10.2。将 DNS 服务器分为两种情况分别加入 china.long.com，都能成功吗？能否设置为主辅 DNS 服务器？做完后请认真思考。

5. 验证父子信任关系

通过前面的任务，我们构建了 long.com 及其子域 china.long.com，而子域和父域的双向、可传递的信任关系是在安装域控制器时就自动建立的，同时由于域林中的信任关系是可传递的，因此同一域林中的所有域都显式或者隐式地相互信任。

STEP 1 在 DC1 上以域管理员身份登录，依次选择"开始"→"Windows 管理工具"→"Active Directory 域和信任关系"命令，打开"Active Directory 域和信任关系"窗口，可以对域之间的信任关系进行管理，如图 5-59 所示。

图 5-59　"Active Directory 域和信任关系"窗口

STEP 2 在左侧窗格中右击 long.com 节点，在弹出的快捷菜单中选择"属性"命令，打开

"long.com 属性"对话框,单击选中"信任"选项卡,如图 5-60 所示,可以看到 long. com 和其他域的信任关系。对话框的上部列出的是 long.com 所信任的域,表明 long.com 信任其子域 china.long.com;对话框下部列出的是信任 long.com 的域, 表明其子域 china.long.com 信任其父域 long.com。也就是说,long.com 和 china. long.com 有双向信任关系。

STEP 3 如图 5-59 所示,右击 china.long.com 节点,在弹出的快捷菜单中选择"属性" 命令,查看其信任关系,如图 5-61 所示。可以发现,该域只是显式地信任其父 域 long.com,而和另一域树中的根域 smile.com 并无显式的信任关系(将在实 训项目中通过实训来完成)。可以直接创建它们之间的信任关系,以减少信 任的路径。

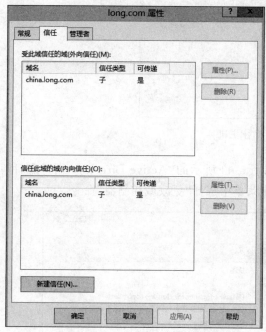
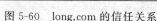

图 5-60　long.com 的信任关系

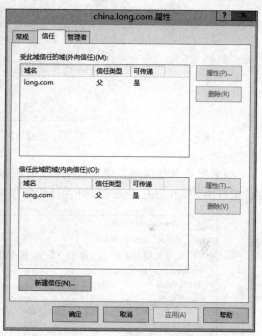

图 5-61　china.long.com 的信任关系

任务 5-7　熟悉多台域控制器的情况

1. 更改 PDC 操作主机

如果域内有多台域控制器,则你所设置的安全设置值,是先被存储到扮演 PDC 操作主 机角色的域控制器内,而它默认由域内的第 1 台域控制器扮演,可以选择 DC1 的"服务器管 理器"窗口的"工具"→"Active Directory 用户和计算机"命令,选中并在"域名.long.com"节 点上右击,在弹出的快捷菜单中选择"操作主机"命令,打开"操作主机"对话框,单击选中 PDC 选项卡来得知 PDC 操作主机是哪一台域控制器,如图 5-62 中为 DC1.long.com。

2. 更改域控制器

如果使用 Active Directory 用户和计算机,则可以从如图 5-63 所示界面来查看所连接 的域控制器为 DNS1.long.com。

5-11 熟悉多 台域控制器 的情况

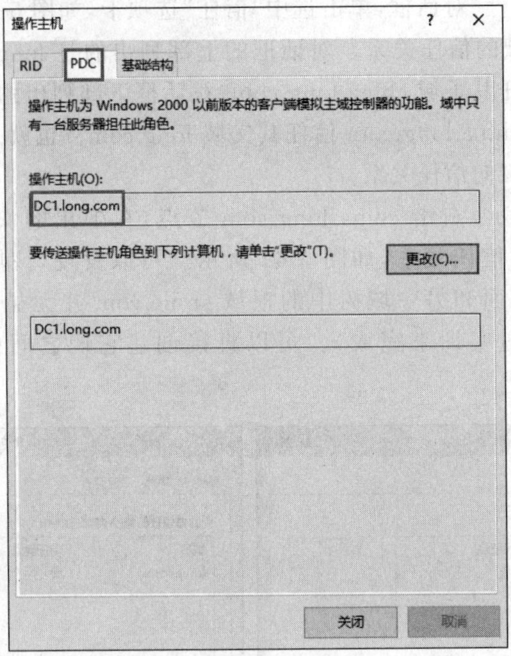

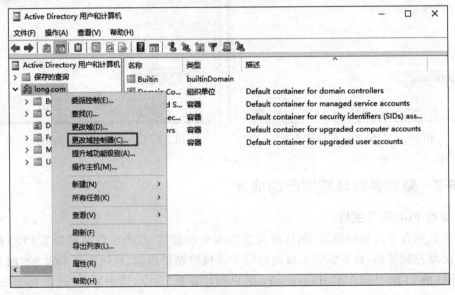

图 5-62　操作主机

　　如果要更改连接到其他域控制器，请在如图 5-63 所示的"Active Directory 用户和计算机"窗口中，右击 long.com 项，可在弹出的快捷菜单中选择"更改域控制器"命令。

图 5-63　更改域控制器 DNS1.long.com

3. 登录疑难问题排除

　　当你在 DC1 域控制器上利用普通用户帐户 long\domainuser1 登录时，如果出现如图 5-64 所示的"不允许使用你正在尝试的登录方式……"警告界面，表示此用户帐户在这台域控制

器上没有允许本地登录的权限,可能原因是尚未被赋予此权限、策略设置值尚未被复制到此
域控制器或尚未应用。

图 5-64　登录警告界面

　　除了域 Administrators 等少数组内的成员外,其他一般域用户帐户默认无法在域控制
器上登录,除非另外开放。

　　一般用户必须在域控制器上拥有允许本地登录的权限,才可以在域控制器上登录。此
权限可以通过组策略来开放,请到任何一台域控制器上(如 DC1)进行以下操作。

STEP 1　以域管理员身份登录 DC1,打开"服务器管理器"窗口,选择"工具"→"组策略管
理"命令,依次展开"林:long.com"→"域"→long.com→Domain Controllers 折叠
项,如图 5-65 所示。在 Default Domain Controllers Policy 选项上右击,在弹出的
快捷菜单中选择"编辑"命令,打开"组策略管理编辑器"窗口。

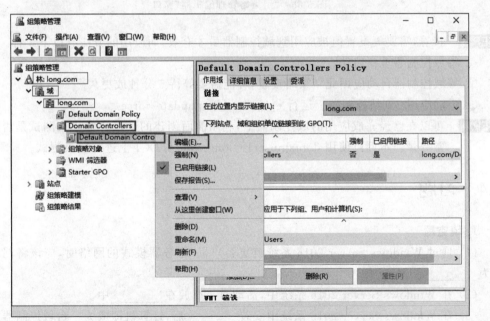

图 5-65　选择"编辑"命令

STEP 2　接着在如图 5-66 所示的界面中展开"计算机配置"处的"策略"折叠项,依次展开并

选择"Windows 设置"→"安全设置"→"本地策略"→"用户权限分配"选项,然后双击右侧的"允许本地登录"项,接着在打开的对话框中单击"添加用户和组"按钮,将用户或组加入列表内。本例将 domainuser1 添加进来。在这里注意,由于 Administrators 管理员组默认不在此列表,所以必须将其一起添加。

图 5-66 "组策略管理编辑器"窗口

STEP 3 接着,需要等设置值被应用到域控制器后才有效,而应用的方法有以下 3 种。

① 将域控制器重新启动。

② 等域控制器自动应用此新策略设置,可能需要等待 5 分钟或更久。

③ 手动应用:到域控制器上运行 gpupdate 或 gpupdate/force。

STEP 4 可以在已经完成应用的域控制器上,利用前面创建的新用户帐户来测试是否能正常登录。本例可使用 domainuser1@long.com 在 DC1 上进行登录测试。

5.4 习题

1. 填空题

(1)通过 Windows Server 2016 系统组建客户机/服务器模式的网络时,应该将网络配置为_____。

(2)在 Windows Server 2016 系统中,活动目录存放在_____中。

(3)在 Windows Server 2016 系统中安装_____后,计算机即成为一台域控制器。

(4)同一个域中的域控制器的地位是_____。在域树中,子域和父域的信任关系是_____。独立服务器上安装了_____就升级为域控制器。

(5)Windows Server 2016 服务器的 3 种角色是_____、_____、_____。

（6）活动目录的逻辑结构包括_____、_____、_____和_____。

（7）物理结构的 3 个重要概念是_____、_____和_____。

（8）无论 DNS 服务器服务是否与 AD DS 集成，都必须将其安装在部署的 AD DS 目录林根级域的第_____个域控制器上。

（9）Active Directory 数据库文件保存在_____。

（10）解决在 DNS 服务器中未能正常注册 SRV 记录的问题，需要重新启动_____服务。

2．判断题

（1）在一台 Windows Server 2016 计算机上安装 AD 后，计算机就成了域控制器。
（　　）

（2）客户机在加入域时，需要正确设置首选 DNS 服务器地址，否则无法加入。（　　）

（3）在一个域中，至少有一个域控制器（服务器），也可以有多个域控制器。（　　）

（4）管理员只能在服务器上对整个网络实施管理。（　　）

（5）域中所有帐户信息都存储于域控制器中。（　　）

（6）OU 是可以应用组策略和委派责任的最小单位。（　　）

（7）一个 OU 只指指定一个受委派管理员，不能为一个 OU 指定多个管理员。（　　）

（8）同一域林中的所有域都显式或者隐式地相互信任。（　　）

（9）一个域目录树不能称为域目录林。（　　）

3．简答题

（1）什么时候需要安装多个域树？

（2）简述什么是活动目录、域、活动目录树和活动目录林。

（3）简述什么是信任关系。

（4）为什么在域中经常需要 DNS 服务器？

（5）活动目录中存放了什么信息？

5.5　实训项目　部署与管理 Active Directory 域服务环境

1．实训目的

- 掌握规划和安装局域网中的活动目录。
- 掌握创建目录林根级域的方法与技巧。
- 掌握安装额外域控制器的方法和技巧。
- 掌握创建子域的方法和技巧。
- 掌握创建双向可传递的林信任的方法和技巧。
- 掌握备份与恢复活动目录的方法与技巧。
- 掌握将服务器 3 种角色相互转换的方法和技巧。

2．项目环境

随着公司的发展壮大，已有的工作组式的网络已经不能满足公司的业务需要。经过多方论证，确定了公司的服务器的拓扑结构，如图 5-67 所示。服务器操作系统选择 Windows

Server 2016。

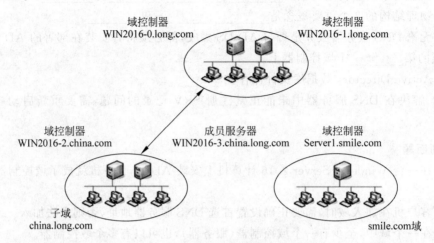

图 5-67 实训项目网络拓扑图

3. 项目要求

根据如图 5-50 所示的公司域环境示意图,构建满足公司需要的域环境。具体要求如下。

① 创建域 long.com,域控制器的计算机名称为 WIN2016-1。

② 检查安装后的域控制器。

③ 安装域 long.com 的额外域控制器,域控制器的计算机名称为 WIN2016-2。

④ 创建子域 china.long.com,其域控制器的计算机名称为 WIN2016-3,成员服务器的计算机名称为 WIN2016-4。

⑤ 创建域 smile.com,域控制器的计算机名称为 Server1。

⑥ 创建 long.com 和 smile.com 双向可传递的林信任关系。

⑦ 备份 smile.com 域中的活动目录,并利用备份进行恢复。

⑧ 建立组织单位 sales,在其下建立用户 testdomain,并委派对 OU 的管理。

4. 做一做

根据实训项目录像进行项目的实训,检查学习效果。

第 6 章
建立域树和域林

项目背景

　　某公司不断发展壮大,并且兼并了我国台湾地区一家公司。现需要在北京、济南和我国台湾地区设立分公司。但我国台湾地区分公司有自己的域环境,不想重新建立新的域环境。从公司管理的角度,希望实现对各分公司资源的统一管理。作为信息部门领导,您需要考虑并确定未名公司的域环境。在这个企业案例中,必然需要子域和域林。

项目目标

- 建立第一个域和子域
- 建立域林中的第 2 个域树
- 删除子域与域树
- 更改域控制器的计算机名称

6.1　相关知识

　　创建子域通常用于以下几种情况。

- 一个已经从公司中分离出来的独立经营的子公司。
- 有些公司的部门或小组基于对特殊技术的需要,而与其他部门相对独立地运行。
- 基于安全的考虑。

　　创建子域的好处主要有以下两个方面。

- 便于管理用户和计算机,并允许采用不同于父域的管理策略。
- 有利于子域资源的安全管理。

　　在父子域环境中,由于父子域间会建立双向可传递的父子信任关系,因此父域用户默认可以使用子域的计算机;同理,子域用户也可以使用父域的计算机。如图 6-1 所示为子域和目录林的示意图。

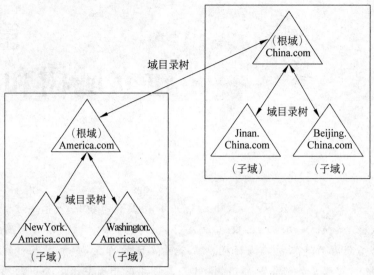

图 6-1　子域和目录林的示意图

6.2　项目设计及准备

在开始建立域树和域林之前，若您对 Active Directory 域服务（AD DS）的概念还不是很清楚，请先参考第 5 章的内容。

基于未名公司的情况，构建如图 6-2 所示的域林结构。此域林内包含左右两个域树。

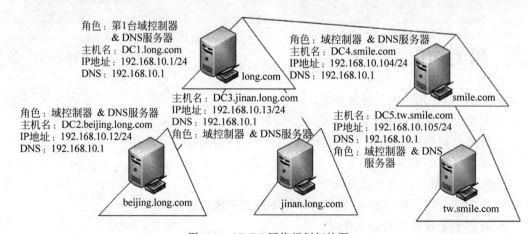

图 6-2　AD DS 网络规划拓扑图

- 左边的域树：它是这个域林内的第一个域树，其根域的域名为 long.com。根域下有两个子域，分别是 beijing.long.com 与 jinan.long.com，域林名称以第一个域树的根域名称来命名，所以这个域林的名称就是 long.com。
- 右边的域树：它是这个域林内的第二个域树，其根域的域名为 smile.com。根域下只有一个子域 tw.smile.com。

建立域之前的准备工作与如何建立图中第一个域 long.com 的方法，都已经在第 5 章中介绍过了。本项目将只介绍如何建立子域(如图中的 beijing.long.com)与第二个域树(如图中的 smile.com)。

6.3 项目实施

任务 6-1 创建子域及验证

下面通过将图 6-2 中 DC2.beijing.long.com 升级为域控制器的方式来建立子域 beijing.long.com,这台服务器可以是独立服务器或隶属其他域的现有成员服务器。请先确定图 6-2 中的根域 long.com 已经建立完成。

这个实例与任务 5-6 的相关操作方法基本一致,但为了第 6 章的完整性,本例要重新安装子域 beijing.long.com。

1. 创建子域

6-1 创建子域及验证

STEP 1 在 DC2 上以管理员帐户登录,打开"Internet 协议版本 4(TCP/IPv4)属性"对话框,按图 6-2 所示配置 DC2 计算机的 IP 地址、子网掩码以及 DNS 服务器,其中 DNS 服务器一定要设置为自身的 IP 地址和父域的域控制器的 IP 地址。

STEP 2 添加"Active Directory 域服务"角色和功能的过程,请参见任务 5-1 中的"1. 安装 Active Directory 域服务",这里不再赘述。

STEP 3 启动 Active Directory 安装向导(启动方法请参考任务 5-1 中的"2. 安装活动目录"),当打开"部署配置"的对话框时,选中"将新域添加到现有域林"单选按钮,单击"未提供凭据"后面的"更改"按钮,打开"Windows 安全"对话框,输入有权限的用户:long\administrator 及其密码,单击"确定"按钮。

STEP 4 返回已提供凭据的"部署配置"对话框,如图 6-3 所示。请选择或输入父域名 long.com,输入新域名 beijing。

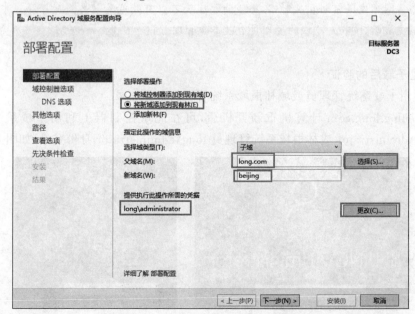

图 6-3 提供凭据的"部署配置"界面

STEP 5　单击"下一步"按钮，打开"域控制器选项"的对话框。

STEP 6　单击"下一步"按钮，打开如图 6-4 所示的"DNS 选项"的对话框，默认选中"创建 DNS 委派"复选框。单击"下一步"按钮，在打开的对话框中设置 NetBIOS 名称，单击"下一步"按钮。

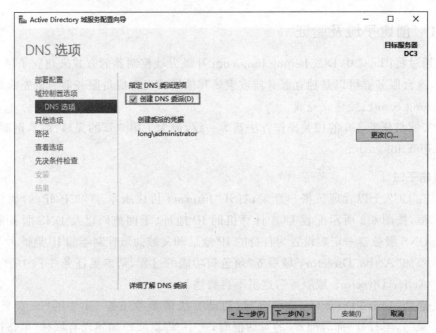

图 6-4　指定 DNS 委派选项

 注意　此处选中"创建 DNS 委派"选项。在域中划分多个区域的主要目的是简化 DNS 的管理任务，即委派一组权威名称服务器来管理每个区域。采用这样的分布式结构，当域名称空间不断扩展时，各个域的管理员可以有效地管理各自的子域。本例中，安装完成后，beijing 子域的管理员会被委派管理 beijing.long.com 子域。

2. 创建子域后的验证

（1）利用子域系统管理员或域林根域系统管理员身份登录

DC2.beijing.long.com 计算机重新开机后，可在此域控制器上利用子域系统管理员 BEIJING\Administrator 或林根域系统管理员 long\administrator 身份登录，如图 6-5 所示。

图 6-5　利用子域系统管理员或林根域系统管理员身份登录

（2）查看 DNS 管理器

① 完成域控制器的安装后，因为它是此域中的第一台域控制器，故原本这台计算机内的本地用户帐户会被转移到此域的 AD DS 数据库内。由于这台域控制器同时也安装了 DNS 服务器，因此其中会自动建立如图 6-6 所示的区域 beijing.long.com，它用来提供此区域的查询服务。

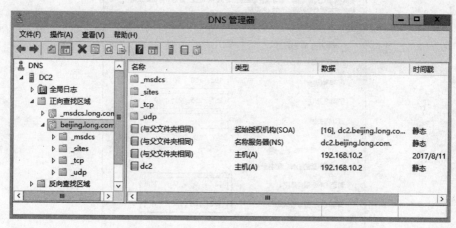

图 6-6　DNS 管理器——beijing.long.com 正向查找区域

② 此台 DNS 服务器（DC2.beijing.long.com）会将非 beijing.long.com 域（包含 long. com）的查询请求，通过转发器转给 long.com 的 DNS 服务器 DC1.long.com（192.168.10.1）来处理，您可以在 DC2 的"DNS 管理器"窗口单击并选择服务器 DC2 项，然后单击上方的属性图标按钮，打开"DC2 属性"对话框，再单击选中"转发器"选项卡来查看此设置，如图 6-7 所示。

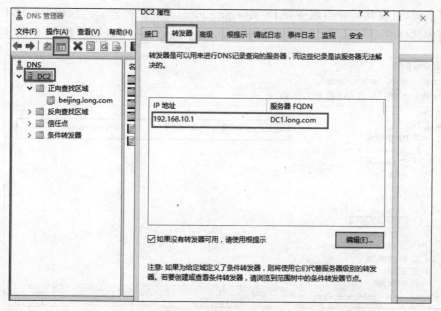

图 6-7　"转发器"选项卡

③ 此服务器的首选 DNS 服务器会如图 6-8 所示被改为指向自己(127.0.0.1),其他 DNS 服务器指向 long.com 的 DNS 服务器 DC1.long.com(192.168.10.1)。

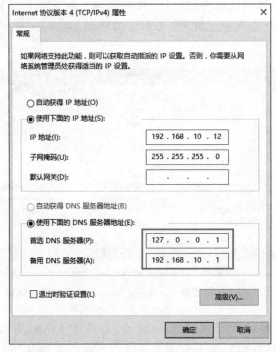

图 6-8 DC2 安装完成后 DNS 服务器设置的变化

④ 在 long.com 的 DNS 服务器 DC1.long.com 内也会自动在区域 long.com 下建立如图 6-9 所示的委派域(beijing)与名称服务器记录(NS),以便当它接收到查询 beijing.long.com 的请求时,可将其转发给服务器 DC2.beijing.long.com 来处理。注意该委派域下只有一个名称服务器(NS),该域的详细信息在 DC2.beijing.long.com 子域控制器上(见图 6-6)。

图 6-9 委派域(beijing)与名称服务器记录(NS)

3. 问题探究

问题：根域 long.com 的用户是否可以在子域 beijing.long.com 的成员计算机上登录？子域 beijing.long.com 的用户是否可以在根域 long.com 的成员计算机上登录？

回答：都可以。任何域的所有用户，默认都可在同一个域林的其他域的成员计算机上登录，但域控制器除外，因默认只有隶属 Enterprise Admins 组（位于域林根域 long.com 内）的用户才有权限在所有域内的域控制器上登录。每一个域的系统管理员（Domain Admins）虽然可以在所属域的域控制器上登录，但却无法在其他域的域控制器上登录，除非另外被赋予允许本地登录的权限。

请读者思考：不妨在 MS1.long.com 成员计算机上利用子域的用户登录，看一下会有什么结果（先在 beijing.long.com 上新建用户 jane，然后在 MS1 上使用子域用户 jane 登录）。登录界面如图 6-10 所示。看登录是否成功。只要子域安装成功，且委派正确，一定会登录成功！

图 6-10 在 MS1 上使用子域帐户登录

任务 6-2 创建域林中的第二个域树

在现有域林中新建第二个（或更多个）域树的方法为：先建立此域树中的第一个域，而建立第一个域的方法是通过建立第一台域控制器的方式来实现的。

假设我们要新建一个如图 6-11 所示右侧所示的域 smile.com，由于这是该域树中的第一个域，所以它是这个新域树的根。我们要将 smile.com 域树加入域林 long.com 中（long.com 是第一个域树的根域的域名，也是整个域林的名称）。

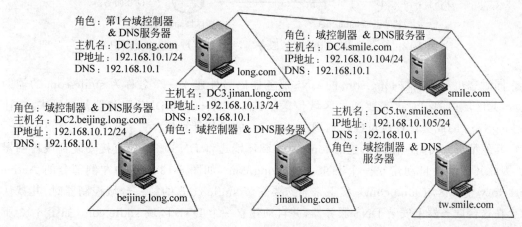

6-2 创建林中的第二个域树

图 6-11 域林的网络架构图

可以通过建立图 6-11 中域控制器 DC4.smile.com 的方式来建立第二个域树。但在建立第二个域树前，更重要的工作是一定要熟悉 DNS 服务器相关内容，特别是 DNS 服务器架构。

1. 选择适当的 DNS 服务器架构

若要将 smile.com 域树加入域林 long.com 中,就必须在建立域控制器 DC4.smile.com 时能够通过 DNS 服务器来找到林中的域命名操作主机(Domain Naming Operations Master),否则无法建立域 smile.com。域命名操作主机默认由域林中第一台域控制器所扮演(详见后面内容),以图 6-11 而言,就是 DC1.long.com。

另外,在 DNS 服务器内必须有一个名称为 smile.com 的主要查找区域以便让域 smile.com 的域控制器能够将自己登记到此区域内。域 smile.com 与 long.com 可以使用同一台 DNS 服务器,也可以各自使用不同的 DNS 服务器。

- 使用同一台 DNS 服务器:请在此台 DNS 服务器内另外建立一个名称为 smile.com 的主要区域,并启用动态更新功能。此时这台 DNS 服务器内同时拥有 long.com 与 smile.com 两个区域,这样,long.com 和 smile.com 的成员计算机都可以通过此台 DNS 服务器来找到对方。

- 各自使用不同的 DNS 服务器,并通过区域传送来复制记录:请在此台 DNS 服务器 (如图 6-12 右半部分所示)内建立一个名称为 smile.com 的主要区域,并启用动态更新功能,您还需要在此台 DNS 服务器内另外建立一个名称为 long.com 的辅助区域, 此区域内的记录需要通过区域传送从域 long.com 的 DNS 服务器(如图 6-12 左侧部分所示)复制过来,它让域 smile.com 的成员计算机可以找到域 long.com 的成员计算机。

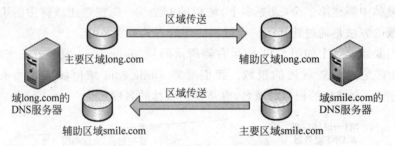

图 6-12　各自使用不同的 DNS 服务器,并通过区域传送来复制记录

同时您也需要在域 long.com 的 DNS 服务器内另外建立一个名称为 smile.com 的辅助区域,此区域内的记录也需要通过区域传送从域 smile.com 的 DNS 服务器复制过来,它让域 long.com 的成员计算机可以找到域 smile.com 的成员计算机。

其他情况:我们前面所搭建的 long.com 域环境是将 DNS 服务器直接安装到域控制器上,因此其内部会自动建立一个 DNS 区域 long.com(如图 6-13 所示中左侧部分的 Active Directory 整合区域 long.com),接下来当您要安装 smile.com 的第一台域控制器时,其默认也会在这台服务器上安装 DNS 服务器,并自动建立一个 DNS 区域 smile.com(如图 6-13 所示中右侧部分的 Active Directory 整合区域 smile.com),而且会自动配置转发器来将其他区域(包含 long.com)的查询请求转给图中左侧的 DNS 服务器,因此 smile.com 的成员计算机可以通过右侧的 DNS 服务器来同时查询 long.com 与 smile.com 区域的成员计算机。

不过您还必须在左侧的 DNS 服务器内自行建立一个 smile.com 辅助区域,此区域内的记录需要通过区域传递从右侧的 DNS 服务器复制过来,它让域 long.com 的成员计算机可以找到域 smile.com 的成员计算机。

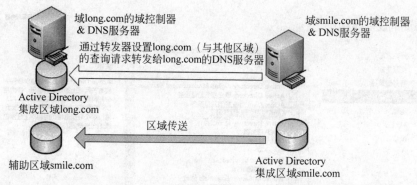

图 6-13　其他情况的 DNS 服务器架构

您也可以在左侧的 DNS 服务器内,通过条件转发器只将 smile.com 的查询转发给右侧的 DNS 服务器,这样就可以不需要建立辅助区域 smile.com,也不需要区域传送。注意由于右侧的 DNS 服务器已经使用转发器设置将 smile.com 之外的所有其他区域的查询转发给左侧的 DNS 服务器,因此左侧 DNS 服务器请使用条件转发器,而不要使用普通的转发器,否则除了 long.com 与 smile.com 两个区域之外,其他区域的查询将会在这两台 DNS 服务器之间循环。

2. 建立第二个域树

下面采用图 6-13 的 DNS 架构来建立域林中第二个域树 smile.com,且通过将图 6-11 中 DC4.smile.com 升级为域控制器的方式来建立此域树,这台服务器可以是独立服务器或隶属其他域的现有成员服务器。

STEP 1　请先在图 6-11 右上角的服务器 DC4.smile.com 上安装 Windows Server 2016,将其计算机名称设置为 DC4,对于 IPv4 地址等参数,按图 6-11 所示来设置(图 6-11 中采用 TCP/IPv4)。注意将计算机名称设置为 DC4 即可,等升级为域控制器后,它就会自动被改为 DC4.smile.com。另外,首选 DNS 服务器的 IP 地址请指向 192.168.10.1,以便通过它来找到域林中的域命名操作主机(也就是第一台域控制器 DC1),等 DC4 升级为域控制器与安装 DNS 服务器后,系统会自动将其首选 DNS 服务器地址改为自己(127.0.0.1)。

STEP 2　在 DC4 上,打开服务器管理器,单击仪表板处的添加角色和功能按钮。

STEP 3　在接下来打开的对话框中依次单击"下一步"按钮,在打开如图 6-14 所示的"选择服务器角色"的对话框中选中"Active Directory 域服务"复选框,在弹出的对话框中单击"添加功能"按钮。

STEP 4　再依次单击"下一步"按钮,直到打开确认安装所选内容的对话框时;单击"安装"按钮。

STEP 5　如图 6-15 所示为完成安装后的界面,请单击"将此服务器提升为域控制器"链接。

STEP 6　如图 6-16 所示,选择"将新域添加到现有林"选项,域类型选择"树域"选项;输入要加入的域林名称 long.com,输入新域名 smile.com 后单击"更改"按钮。

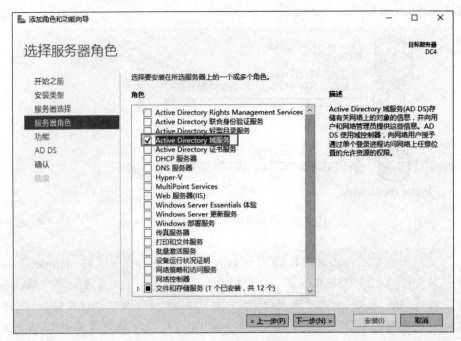

图 6-14　选择服务器角色

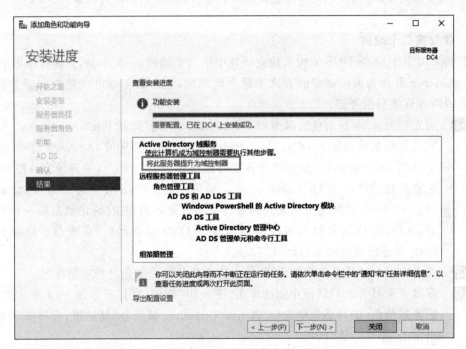

图 6-15　安装成功

STEP 7 如图 6-17 所示,在打开的"Windows 安全性"对话框中输入有权限添加域树的用户帐户(如 long\administrator)与密码后单击"确定"按钮。返回到前一个界面后单击"下一步"按钮。

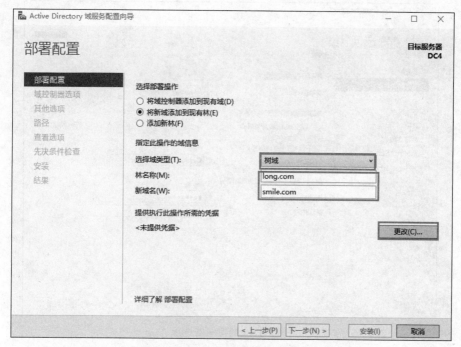

图 6-16　选择部署操作

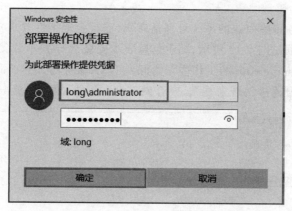

图 6-17　Windows 安全性

 只有域林根域 long.com 内的 Enterprise Admins 组的成员才有权建立域树。

STEP 8　在打开的对话框中按图 6-18 所示完成相关设置后单击"下一步"按钮。

- 选择域功能级别：此处假设选择 Windows Server 2016。
- 默认会直接在此服务器上安装 DNS 服务器。
- 默认会扮演全局编录服务器的角色。
- 新域的第一台域控制器不可以是只读域控制器（RODC）。

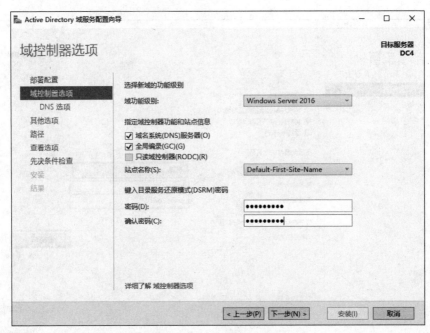

图 6-18   域控制器选项

- 选择新域控制器所在的 AD DS 站点，目前只有一个默认的站点 Default-First-Site-Name 可供选择。
- 设置目录服务还原模式的系统管理员密码（需符合复杂性要求）。

STEP 9   打开对话框如图 6-19 所示，提示信息表示安装向导找不到父域，因而无法设置父域将查询 smile.com 的工作委派给此台 DNS 服务器。然而此 smile.com 为根域，它并不需要通过父域来委派，或者说它没有父域，故直接单击"下一步"按钮即可。

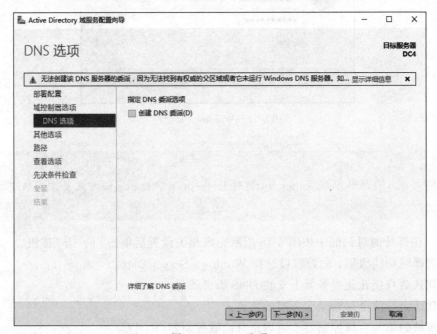

图 6-19   DNS 选项

STEP 10 在打开的如图 6-20 所示的对话框中单击"下一步"按钮。图中安装向导会为该域树设置一个 NetBIOS 格式的域名(不区分大小写),客户端也可以利用此 NetBIOS 名称来访问此域的资源。默认 NetBIOS 域名为 DNS 域名中第一个句点左边的文字,例如 DNS 名称为 smile.com,则 NetBIOS 名称为 smile。

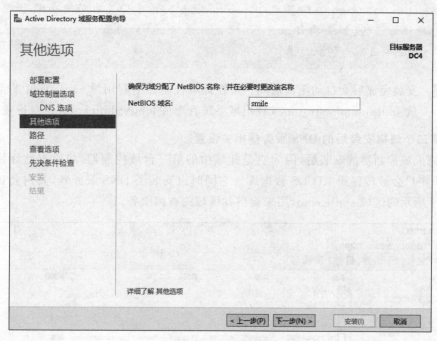

图 6-20 NetBIOS 名称

STEP 11 在打开的如图 6-21 所示的对话框中可直接单击"下一步"按钮。

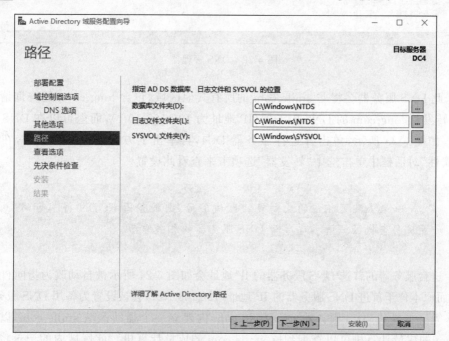

图 6-21 指定 AD DS 数据库、日志文件和 SYSVOL 的位置

STEP 12 接下来在查看选项的对话框中单击"下一步"按钮。

STEP 13 打开"先决条件检查"的对话框后,若顺利通过检查,就直接单击"安装"按钮,否则请根据界面提示先排除问题。

 除 long.com 的 DC1 之外,beijing.long.com 的 DC2 也必须在线,否则无法将跨域的信息(如架构目录分区、配置目录分区)复制给所有域,因而无法建立 smile.com 域与树状目录。

STEP 14 安装完成后会自动重新启动。可在此域控制器上利用域 smile.com 的系统管理员 smile\administrator 或林根域系统管理员 long\administrator 身份登录。

3. 第二个域树安装后的 DNS 服务器相关设置

① 完成域控制器的安装后,因为它是此域中的第一台域控制器,故原本此计算机内的本地用户帐户会被转移到 AD DS 数据库。它同时也安装了 DNS 服务器,其内会自动建立如图 6-22 所示的区域 smile.com,用来提供此区域的查询服务。

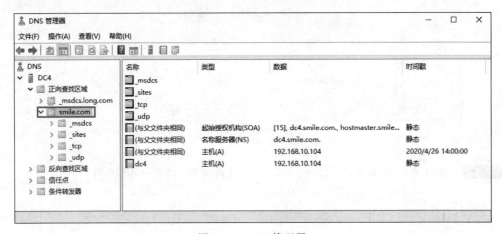

图 6-22 DNS 管理器

② 此 DNS 服务器会将非 smile.com 的所有其他区域(包含 long.com)的查询请求通过转发器转发给 long.com 的 DNS 服务器(IP 地址为 192.168.10.1),而您可以在 DNS 管理控制台内,如图 6-23 所示,单击并选择服务器 DC4,再单击上方的属性图标按钮,在打开的"DC4 属性"对话框中单击选中"转发器"选项卡来查看此设置。

 如果未配置相应的反向查找区域条目,则服务器 FQDN 将不可用。如何配置反向查找区域请参考后面 DNS 服务器的相关章节。

③ 这台服务器的首选 DNS 服务器的 IP 地址会如图 6-24 所示被自动改为指向自己(127.0.0.1),而原本位于首选 DNS 服务器的 IP 地址(192.168.10.1)会被设置为备用 DNS 服务器。

④ 等一下要到 DNS 服务器 DC1.long.com 内建立一个辅助区域 smile.com,以便让域 long.com 的成员计算机可以查询到域 smile.com 的成员计算机。此区域内的记录将通过区

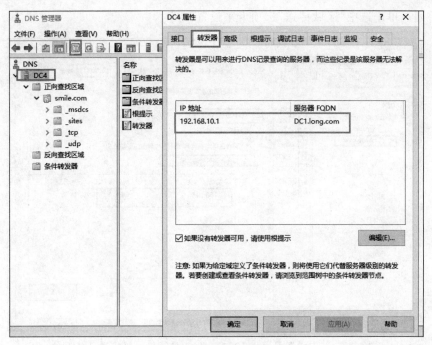

图 6-23　"转发器"选项卡

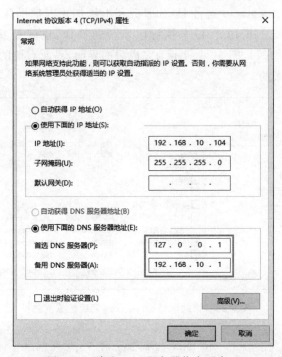

图 6-24　首选 DNS 服务器指向了自己

域传送从 DC4.smile.com 复制过来,不过我们需要先在 DC4.smile.com 内,设置允许此区域内的记录可以区域传送给 DC1.long.com(192.168.10.1),如图 6-25 所示,在"DNS 管理器"窗口单击选中区域 smile.com 项,再单击上方的属性图标按钮,在打开的"smile.com 属性"

对话框中通过单击选中"区域传送"选项卡来设置。

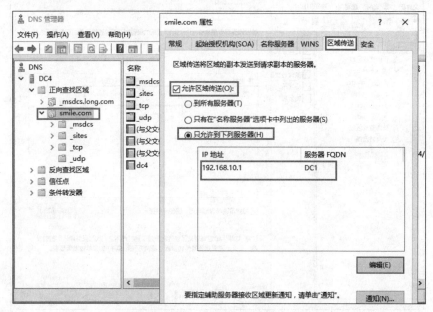

图 6-25　首先设置只允许 192.168.10.1 计算机区域传送（DC4 上）

⑤ 接下来到 DC1.long.com 这台 DNS 服务器上添加正向辅助区域 smile.com，并选择从 DC4.smile.com（192.168.10.104）来执行区域传送操作，也就是其主机服务器是 DC4. smile.com（192.168.10.104），图 6-26 所示为完成后的界面，界面右侧的记录是从 DC4.smile. com 通过区域传送过来的。

图 6-26　辅助区域 smile.com 完成区域复制

① 若区域 smile.com 前出现红色 X 符号，请先确认 DC4.smile.com 已允许区域传送给 DC1.long.com，然后选中 smile.com 区域并右击，在弹出的快捷菜单中选择"从主服务器传输"或"从主服务器传送区域的新副本"命令即可。

② 若要建立图 6-11 中 smile.com 下子域 tw.smile.com，请将 DC5.tw.smile. com 的首选 DNS 服务器指定到 DC4.smile.com（192.168.10.104）。

任务 6-3　删除子域与域树

我们将利用如图 6-27 所示左下角的域 beijing.long.com 来说明如何删除子域，同时利用右侧的域 smile.com 来说明如何删除域树。删除的方式是将域中的最后一台域控制器降级，也就是将 AD DS 从该域控制器删除。至于如何删除额外域控制器与林根域 long.com 已经在第 2 章中介绍过，此处不再赘述。

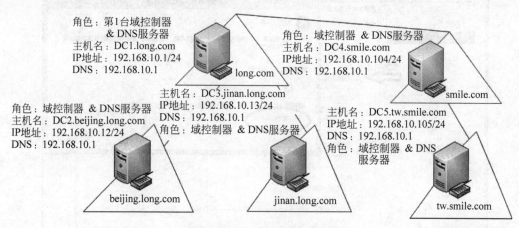

角色：第1台域控制器
　　　& DNS服务器
主机名：DC1.long.com
IP地址：192.168.10.1/24
DNS：192.168.10.1

角色：域控制器 & DNS服务器
主机名：DC4.smile.com
IP地址：192.168.10.104/24
DNS：192.168.10.1

主机名：DC3.jinan.long.com
IP地址：192.168.10.13/24
DNS：192.168.10.1
角色：域控制器 & DNS服务器

主机名：DC5.tw.smile.com
IP地址：192.168.10.105/24
DNS：192.168.10.1
角色：域控制器 & DNS
服务器

角色：域控制器 & DNS服务器
主机名：DC2.beijing.long.com
IP地址：192.168.10.12/24
DNS：192.168.10.1

6-3 删除子
域与域树

图 6-27　AD DS 网络规划拓扑图

您必须是 Enterprise Admins 组内的用户才有权来删除子域或域树。由于删除子域与域树的步骤类似，因此下面利用删除子域 beijing.long.com 为例来说明，而且假设图中的 DC2.beijing.long.com 是这个域中的最后一台域控制器。步骤如下。

STEP 1　到域控制器 DC2.beijing.long.com 上利用 long\administrator 身份（Enterprise Admins 组的成员）登录，打开服务器管理器，选择如图 6-28 所示"管理"→"删除角色和功能"命令。

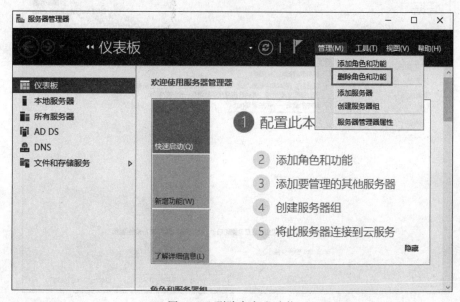

图 6-28　删除角色和功能

STEP 2　在接下来打开的"删除角色和功能向导"对话框中依次单击"下一步"按钮,直到打开如图 6-29 所示的选择服务器角色的对话框时,取消选中"Active Directory 域服务"复选框,在弹出的对话框中单击"删除功能"按钮。然后单击"将此域控制器降级"链接。

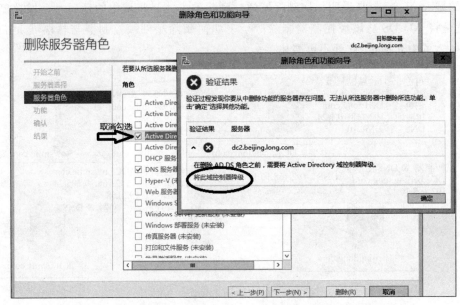

图 6-29　取消勾选 Active Directory 并单击"将此域控制器降级"链接

STEP 3　当前登录的用户为 long\administrator,其有权删除此域控制器,请在如图 6-30 所示的对话框中直接单击"下一步"按钮。同时因它是此域的最后一台域控制器,故需选中"域中的最后一个域控制器"复选框。

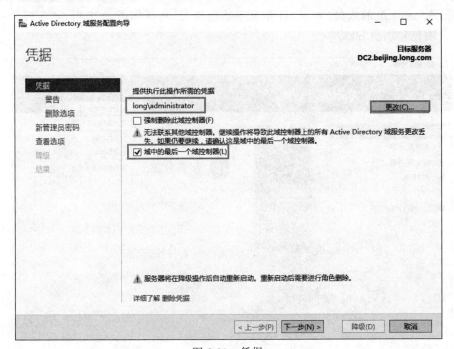

图 6-30　凭据

注意

　　如果登录的用户不是 long 域的管理员帐户，请单击"更改"按钮，输入域管理员帐户 long\administrator 与密码，然后单击"确定"按钮。

STEP 4　在如图 6-31 所示的对话框中选中"继续删除"复选框后单击"下一步"按钮。

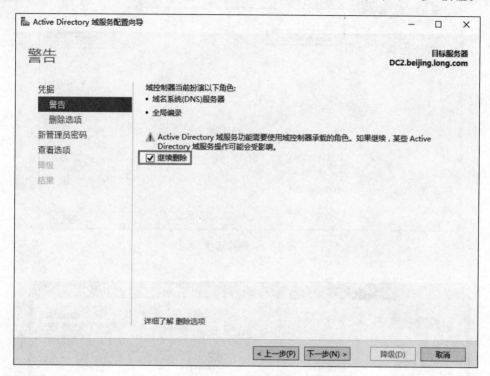

图 6-31　警告信息

STEP 5　打开如图 6-32 所示的对话框时，可选择是否要删除 DNS 区域与应用程序目录分区。由于图中选择了将 DNS 区域删除，因此也请将父域（long.com）内的 DNS 委派区域（beijing，参见图 6-9）一同删除，也就是选中"删除 DNS 委派"选项。单击"更改"按钮来输入 Enterprise Admins 内的用户帐户（如 long\administrator）与密码。

提示

　　若您没有权限删除父域的 DNS 委派区域，请通过单击"更改"按钮来输入 Enterprise Admins 内的用户帐户（如 long\administrator）与密码。本例中执行了此操作。

STEP 6　单击"下一步"按钮。在如图 6-33 所示的对话框中，为这台即将被降级为独立服务器的计算机设置其本地 Administrator 的新密码（需符合密码复杂性要求）后单击"下一步"按钮。

STEP 7　在打开的查看选项的对话框中单击"降级"按钮。

STEP 8　完成后会自动重新启动计算机，请重新登录。

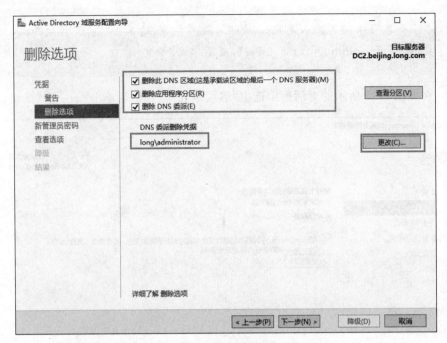

图 6-32　删除选项

图 6-33　新管理员密码

　虽然此服务器已经不再是域控制器，不过其 Active Directory 域服务组件仍然存在，并没有被删除，因此若之后要再将其升级为域控制器，请单击"服务器管理器"窗口上方的旗帜符号按钮，接下来选择将此服务器提升为域控制器即可（可参考第 5 章中相关内容）。下面我们将继续执行移除 Active Directory 域服务组件的步骤。

STEP 9　在服务器管理器中选择"管理"→"删除角色和功能"命令。

STEP 10　在打开的对话框中依次单击"下一步"按钮直到打开如图 6-34 所示的对话框，取消选中"Active Directory 域服务"复选框，接着在弹出的对话框中单击"删除功能"按钮。

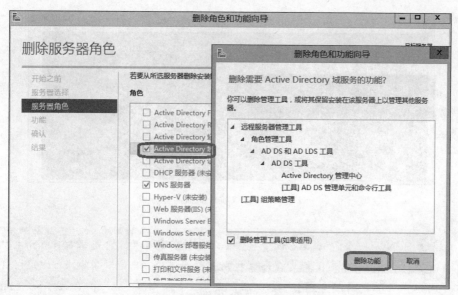

图 6-34 删除服务器角色和功能向导

STEP 11 返回到"删除服务器角色"的对话框时,确认"Active Directory 域服务"复选框已经被取消选中(也可以同时取消选中"DNS 服务器"复选框)后单击"下一步"按钮。

STEP 12 在打开删除功能的对话框时,单击"下一步"按钮。

STEP 13 在确认删除选项对话框中单击"删除"按钮。

STEP 14 完成后,重新启动计算机。

任务 6-4 更改域控制器的计算机名称

若因为公司组织变更或为了让管理工作更为方便,而需要更改域控制器的计算机名称,此时可以使用 Netdom.exe 程序。您必须至少是隶属 Domain Admins 组内的用户,才有权更改域控制器的计算机名称。下面要将域控制器 DC4. smile. com 改名为 newDC4. smile. com。

6-4 更改域控制器的计算机名称

STEP 1 以域管理员身份登录 DC4.smile.com,右击开始图标按钮,在弹出的快捷菜单中选择"运行"命令,在"运行"对话框中输入 CMD 命令打开命令提示符窗口,输入以下命令,输入完毕按 Enter 键执行命令(见图 6-35)。

```
netdom  computername  DC4.smile.com  /add:newDC4.smile.com
```

其中 DC4. smile. com(主要计算机名称)为当前的旧的计算机名称,而 newDC4. smile. com 为新的计算机名称,它们都必须是服务器 FQDN。上述命令会给这台计算机另外添加 DNS 计算机名称 newDC4. smile. com(与 NetBIOS 计算机名称 NEWDC4),并更新此计算机帐户在 AD DS 中的 SPN(service principal name)属性,也就是在这个 SPN 属性内同时拥有当前的旧的计算机名称与新的计算机名称。注意新的计算机名称与旧的计算机名称的后缀需相同,例如都是 smile.com。

图 6-35　更改域控制器名称

提示　SPN 是一个包含多重设置值（multivalue）的名称，它是根据 DNS 主机名来建立的。SPN 用来代表某台计算机所支持的服务，其他计算机可以通过 SPN 来与这台计算机的服务通信。

STEP 2 可以通过执行 Adsiedit.msc 来查看在 AD DS 内添加的信息，按 ⊞＋R 快捷键，运行 Adsiedit.msc，选中 ADSI 编辑器并右击，在弹出的快捷菜单中选择"连接到"命令，再在打开的对话框中直接单击"确定"按钮，如图 6-36 所示，展开折叠项并选择 CN＝DC4，单击上方的图标（见标记）按钮，从打开的"CN＝DC4 属性"对话框中可看到另外添加了计算机名称 NEWDC4 与 newdc4.smile.com。

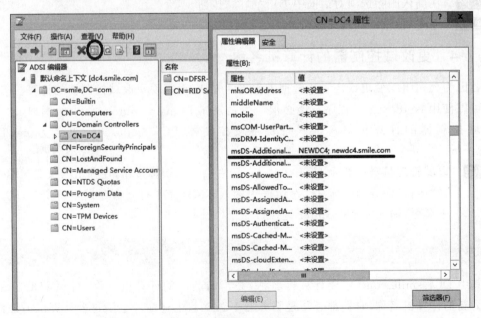

图 6-36　查看修改名称信息

STEP 3 如图 6-37 所示，继续向下浏览到属性 servicePrincipalName，双击后可从图 6-37 中看到添加在 SPN 属性内与新的计算机名称有关的属性值。

图 6-37 查看 SPN 属性内与新的计算机名称有关的属性值

STEP 4 请等待一段足够长的时间,以便让 SPN 属性复制到此域内的所有域控制器,而且管辖此域的所有 DNS 服务器都接收到新记录后,再继续下面删除旧的计算机名称的步骤。否则因为有些客户端通过 DNS 服务器所查询到的计算机名称可能是旧的,同时其他域控制器可能仍然通过旧的计算机名称来与这台域控制器通信,故若你先执行下面删除旧的计算机名称的步骤,则它们利用旧的计算机名称来与这台域控制器通信时会失败,因为旧的计算机名称已经被删除,因而会找不到这台域控制器。

STEP 5 运行下面命令(见图 6-38):

```
netdom computername DC4.smile.com  /makeprimary: newDC4.smile.com
```

此命令会将新计算机名称 newdc4.smile.com 设置为主要计算机名称。

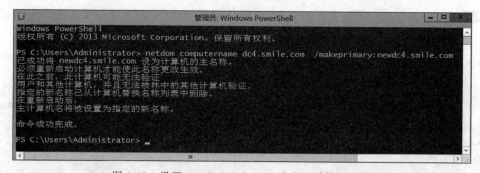

图 6-38 设置 newdc4.smile.com 为主要计算机名称

STEP 6 重新启动计算机。

重启计算机后，打开"DNS 管理器"窗口，发现在 DNS 服务器内登记了新的计算机名称的记录，但同时旧的计算机名称的静态记录也一直存在，如图 6-39 所示。

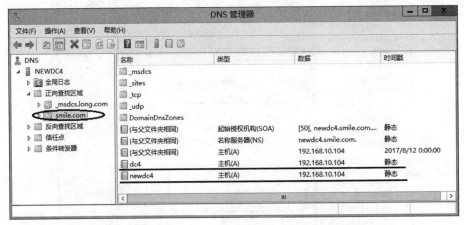

图 6-39　设置 newdc4.smile.com 为主要计算机名称

STEP 7 以系统管理员身份到 DC4.smile.com 登录，打开 Windows PowerShell 窗口执行下面的命令（见图 6-40）：

```
netdom computername newDC4.smile.com /remove: DC4.smile.com
```

此命令会将当前的旧的计算机名称删除，在您删除此计算机名称之前，客户端计算机可以同时通过新、旧的计算机名称来找到这台域控制器。

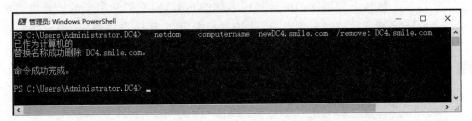

图 6-40　删除当前的旧的计算机名称

STEP 8 打开 DNS 管理器，查看相关 SRV 记录，发现已经更新到 newdc4.smile.com，但旧的计算机名称的静态的主机记录将一直存在，直到手工删除，如图 6-41 所示。

提示　　　虽然可以直接通过"服务器管理器"窗口来修改计算机名称，然而这种方法会将当前的旧的计算机名称直接删除，直接换成新的计算机名称，也就是新旧两个计算机名称不会并存。这台计算机帐户的新 SPN 属性与新 DNS 记录会延迟一段时间后才复制到其他域控制器与 DNS 服务器，因而在这段时间内，有些客户端在通过这些 DNS 服务器或域控制器来查找这台域控制器时，仍然会使用旧的计算机名称，但是因为旧的计算机名称已经被删除，故会找不到这台域控制器，因此建议还是采用 netdom 命令来修改域控制器的计算机名称。

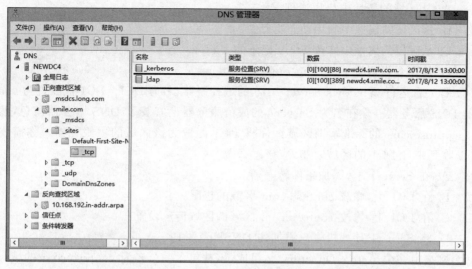

图 6-41　SRV 记录已自动更新到新的计算机名称

6.4　习题

1. 选择题

（1）公司有一个总部和一个分部。你将运行 MicrosoftWindows Server 2016 的只读域控制器（RODC）部署在分部。你需要确保分部的用户能够使用 RODC 登录到域，应该怎么做？（　　）

　　A. 在分部再部署一个 RODC。

　　B. 在总部部署一台桥头服务器。

　　C. 在 RODC 上配置密码复制策略。

　　D. 使用"Active Directory 站点和服务"控制台减少所有连接对象的复制时间间隔。

（2）公司有一个总部和一个分部，有一个单域的 Active Directory 林。总部有两个运行 Windows Server 2016 的域控制器，并且分别名为 DC1 和 DC2。分部有一台 Windows Server 2016 只读域控制器（RODC），名为 DC3。所有域控制器都承担着 DNS 服务器角色，并都配置为 Active Directory 集成区域。DNS 区域只允许安全更新。你需要在 DC3 上启用动态 DNS 更新，应该怎么做？（　　）

　　A. 在 DC3 上运行 Ntdsutil.exe > DS Behavior 命令。

　　B. 在 DC3 上运行 Dnscmd.exe /ZoneResetType 命令。

　　C. 在 DC3 上将 Active Directory 域服务重新安装为可写域控制器。

　　D. 在 DC1 上安装自定义应用程序目录分区。配置该分区以存储 Active Directory 集成区域。

（3）你有一个 Active Directory 域。所有域控制器都运行 Windows Server 2016，并且配置为 DNS 服务器。该域包含一个 Active Directory 集成的 DNS 区域。你需要确保系统从 DNS 区域中自动删除过期的 DNS 记录，应该怎么做？（　　）

A. 从区域的属性中启用清理。

B. 从区域的属性中禁用动态更新。

C. 从区域的属性中修改 SOA 记录的 TTL。

D. 从命令提示符下运行 ipconfig /flushdns。

（4）有一台运行 Windows Server 2016 的域控制器，名为 DC1。DC1 被配置为 contoso.com 的 DNS 服务器。你在名为 Server1 的成员服务器上安装了 DNS 服务器角色，然后你创建了 contoso.com 的标准辅助区域。你将 DC1 配置为该区域的主服务器。你需要确保 Server1 收到来自 DC1 的区域复制，应该怎么做？（   ）

A. 在 Server1 上，添加条件转发器。

B. 在 DC1 上，修改 contoso.com 区域的权限。

C. 在 DC1 上，修改 contoso.com 区域的区域传送设置。

D. 将 Server1 计算机帐户添加到 DNSUpdateProxy 组。

（5）网络由一个 Active Directory 林组成，该林包含一个名为 contoso.com 的域。所有域控制器都运行 Windows Server 2016，并且配置为 DNS 服务器。你有两个 Active Directory 集成区域：contoso.com 和 nwtraders.com。你需要确保用户能够修改 contoso.com 区域中的记录。你必须防止用户修改 nwtraders.com 区域中的 SOA 记录，应该怎么做？（   ）

A. 从“DNS 管理器”控制台中，修改 contoso.com 区域的权限。

B. 从“DNS 管理器”控制台中，修改 nwtraders.com 区域的权限。

C. 从“Active Directory 用户和计算机”控制台中，运行“控制委派向导”。

D. 从“Active Directory 用户和计算机”控制台中，修改 Domain Controllers 组织单位（OU）的权限。

（6）网络包含一个 Active Directory 域林。所有域控制器都运行 Windows Server 2016，并且都配置为 DNS 服务器。你有一个 contoso.com 的 Active Directory 集成区域。你有一台基于 UNIX 的 DNS 服务器。你需要配置 Windows Server 2016 环境，以允许 contoso.com 区域传送到基于 UNIX 的 DNS 服务器。应在“DNS 管理器”控制台中执行什么操作？（   ）

A. 禁用递归。　　　　　　　　　　　B. 创建存根区域。

C. 创建辅助区域。　　　　　　　　　D. 启用 BIND 辅助区域。

2. 简答题

（1）你正在分支机构中部署域控制器。该分支机构没有高度安全的服务器机房，因此你对服务器的安全性有所担忧。为了加强域控制器部署的安全性，你可以利用哪两种 Windows Server 2016 功能？

（2）你正在分支机构中部署 RODC。你需要确保，即使分支机构的 WAN 连接不可用，分支机构中的所有用户仍可完成身份验证，但只有在分支机构中正常登录的用户才能如此。你应该如何配置密码复制策略？

（3）你需要使用从介质安装选项来安装域控制器，需要执行哪些步骤来完成此过程？

（4）客户端计算机如何确定自己位于哪个站点？

（5）列出 Active Directory 集成区域的至少三项益处。

（6）Active Directory 集成区域动态更新的默认状态是什么？标准主要区域动态更新的默认状态是什么？哪些组有权执行安全动态更新？

6.5 实训项目 建立域树和域林

基于未名公司的情况,构建如图 6-42 所示的域林结构。此林内包含左右两个域树。

- 左边的域树：它是这个域林内的第一个域树,其根域的域名为 long.com。根域下有两个子域,分别是 beijing.long.com 与 jinan.long.com,域林名称以第一个域树的根域名称来命名,所以这个域林的名称就是 long.com。
- 右边的域树：它是这个域林内的第二个域树,其根域的域名为 smile.com。根域下只有一个子域 tw.smile.com。

建立域之前的准备工作与如何建立图 6-42 中第一个域 long.com 的方法,都已经在第 5 章中介绍过了。请完成建立子域（如图 6-42 中的 beijing.long.com）与第二个域树（如图 6-42 中的 smile.com）的实训任务。

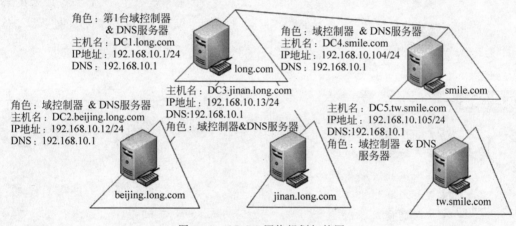

角色：第1台域控制器 & DNS服务器
主机名：DC1.long.com
IP地址：192.168.10.1/24
DNS：192.168.10.1

角色：域控制器 & DNS服务器
主机名：DC4.smile.com
IP地址：192.168.10.104/24
DNS：192.168.10.1

long.com

smile.com

角色：域控制器 & DNS服务器
主机名：DC2.beijing.long.com
IP地址：192.168.10.12/24
DNS：192.168.10.1

主机名：DC3.jinan.long.com
IP地址：192.168.10.13/24
DNS:192.168.10.1
角色：域控制器&DNS服务器

主机名：DC5.tw.smile.com
IP地址：192.168.10.105/24
DNS:192.168.10.1
角色：域控制器 & DNS 服务器

beijing.long.com

jinan.long.com

tw.smile.com

图 6-42 AD DS 网络规划拓扑图

第 7 章
管理用户帐户和组

项目背景

　　当安装完操作系统,并完成操作系统的环境配置后,管理员应规划一个安全的网络环境,为用户提供有效的资源访问服务。Windows Server 2016 通过建立帐户(包括用户帐户和组帐户)并赋予帐户合适的权限,保证使用网络和计算机资源的合法性,以确保数据访问、存储和交换服从安全需要。

　　如果是单纯工作组模式的网络,需要使用"计算机管理"工具来管理本地用户和组;如果是域模式的网络,则需要通过"Active Directory 管理中心"和"Active Directory 用户和计算机"工具管理整个域环境中的用户和组。

项目目标

- 理解管理用户帐户
- 掌握本地帐户和组的管理
- 掌握一次同时添加多个用户帐户
- 掌握管理域组帐户
- 掌握组的使用原则

7.1　项目基础知识

　　域系统管理员需要为每一个域用户分别建立一个用户帐户,让他们可以利用这个帐户来登录域、访问网络上的资源。域系统管理员同时需要了解如何有效利用组,以便高效地管理资源的访问。

7-1 管理用户帐户和组

　　域系统管理员可以利用 Active Directory 管理中心或 Active Directory 用户和计算机管理控制台来建立与管理域用户帐户。当用户利用域用户帐户登录域后,便可以直接连接域内的所有成员计算机,访问有权访问的资源。换句话说,域用户在一台域成员计算机上成功登录后,当他要连接域内的其他成员计算机时,并不需要再登录到被访问的计算机,这个功能称为单点登录。

提示

　　本地用户帐户并不具备单点登录的功能,也就是说,利用本地用户帐户登录后,当要再连接其他计算机时,需要再次登录到被访问的计算机。

　　在服务器还没有升级为域控制器之前,原本位于其本地安全数据库内的本地帐户,会在升级为域控制器后被转移到 AD DS 数据库内,并且是被放置到 Users 容器内的,可以通过 Active Directory 管理中心来查看原本地帐户变化情况,如图 7-1 所示(可先单击上方的树视图图标按钮,图 7-1 中用圆圈标注),同时这台服务器的计算机帐户会被放置到图 7-1 中的组织单位(Domain Controllers)内。其他加入域的计算机帐户默认会被放置到图 7-1 中的容器(Computers)内。

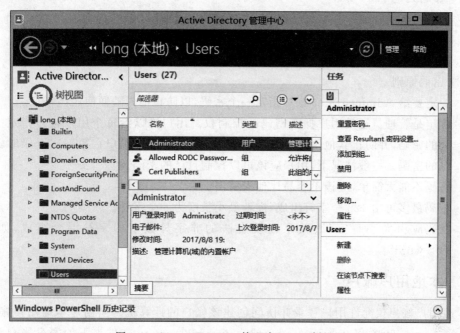

图 7-1　Active Directory 管理中心——树视图

　　升级为域控制器后,也可以通过 Active Directory 用户和计算机控制台来查看本地帐户的变化情况,如图 7-2 所示。

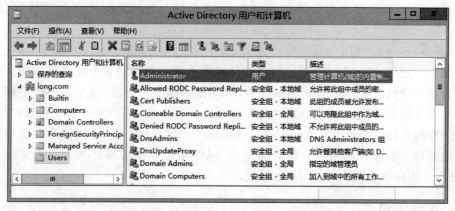

图 7-2　Active Directory 用户和计算机

　　只有在建立域内的第 1 台域控制器时,该服务器原来的本地帐户才会被转移到 AD DS

数据库,其他域控制器原有的本机帐户并不会被转移到 AD DS 数据库,而是被删除。

7.1.1 规划新的用户帐户

Windows Server 2016 支持两种用户帐户:域帐户和本地帐户。域帐户可以登录到域上,并获得访问该网络的权限;本地帐户则只能登录到一台特定的计算机上并访问其资源。

遵循以下规则和约定可以简化帐户创建后的管理工作。

(1) 命名约定

- 帐户名必须唯一:本地帐户必须在本地计算机上唯一。
- 帐户名不能包含以下字符:* 、;、?、/、\、[、]、:、|、=、,、+、<、>、"。
- 帐户名最长不能超过 20 个字符。

(2) 密码原则

- 一定要给 Administrator 帐户指定一个密码,以防止他人随便使用该帐户。
- 确定是管理员还是用户拥有密码的控制权。用户可以给每个用户帐户指定一个唯一的密码,并防止其他用户对其进行更改,也可以允许用户在第一次登录时输入自己的密码。一般情况下,用户应该可以控制自己的密码。
- 密码不能太简单,应该不容易让他人猜出。
- 密码最多可由 128 个字符组成,推荐最小长度为 8 个字符。
- 密码应由大小写字母、数字以及合法的非字母数字的字符混合组成,如"P@$$word"。

7.1.2 本地用户帐户

本地用户帐户仅允许用户登录并访问创建该帐户的计算机。当创建本地用户帐户时,Windows Server 2016 仅在%Systemroot%\system32\config 文件夹下的安全帐户管理器(Security Account Manager,SAM)数据库中创建该帐户,如 C:\Windows\system32\config\sam。

Windows Server 2016 默认只有 Administrator 帐户和 Guest 帐户。Administrator 帐户可以执行计算机管理的所有操作;而 Guest 帐户是为临时访问用户设置的,默认是禁用的。

Windows Server 2016 为每个帐户提供了名称,如 Administrator、Guest 等,这些名称是为了方便用户记忆、输入和使用的。在本地计算机中的用户帐户是不允许相同的。而系统内部则使用安全标识符(Security Identifier,SID)来识别用户身份,每个用户帐户都对应一个唯一的安全标识符,这个安全标识符在用户创建时由系统自动产生。系统指派权利、授权资源访问权限等都需要使用安全标识符。当删除一个用户帐户后,重新创建名称相同的帐户并不能获得先前帐户的权利。用户登录后,可以在命令提示符状态下输入 whoami /logonid 命令查询当前用户帐户的安全标识符。

7.1.3 本地组概述

对用户进行分组管理可以更加有效并且灵活地分配设置权限,以方便管理员对 Windows Server 2016 的具体管理。如果 Windows Server 2016 计算机被安装为成员服务器

（而不是域控制器），将自动创建一些本地组。如果将特定角色添加到计算机，还将创建额外的组，用户可以执行与该组角色相对应的任务。例如，如果计算机被配置成 DHCP 服务器，将创建管理和使用 DHCP 服务的本地组。

可以在"服务器管理器"窗口，依次选择"工具"→"计算机管理"→"本地用户和组"→"组"文件夹查看默认组。常用的默认组包括以下几种：Administrators、Backup Operators、Guests、owner Users、Print Operators、Remote Desktop Users、Users 等。

除了上述默认组以及管理员自己创建的组外，系统中还有一些特殊身份的组：Anonymous Logon、Everyone、Network、Interactive 等。

7.1.4　创建组织单位与域用户帐户

可以将用户帐户创建到任何一个容器或组织单位内。下面先建立名称为"网络部"的组织单位，然后在其内建立域用户帐户 Rose、Jhon、Mike、Bob、Alice。

创建组织单位"网络部"的方法为：依次在"服务器管理器"窗口选择"工具"→"Active Directory 管理中心"命令（或 Active Directory 用户和计算机），打开"Active Directory 管理中心"窗口，右击"域名"选项，在弹出的快捷菜单中选择"新建"→"组织单位"命令，打开如图 7-3 所示的"创建 组织单位：网络部"对话框，输入组织单位名称"网络部"，然后单击"确定"按钮。

 在图 7-3 中默认已经选中"防止意外删除"选项，因此无法将此组织单位删除，除非取消选中此选项。若是使用 Active Directory 用户和计算机控制台，则选择"查看"→"高级功能"命令，选中此组织单位并右击，在弹出的快捷菜单中选择"属性"命令，取消选中"对象"选项卡下的"防止对象被意外删除"选项即可，如图 7-4 所示。

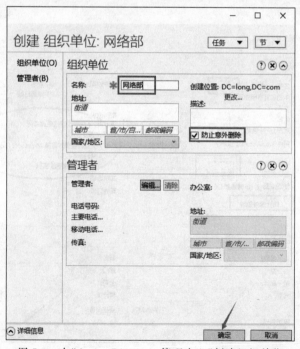

图 7-3　在"Active Directory 管理中心"创建组织单位

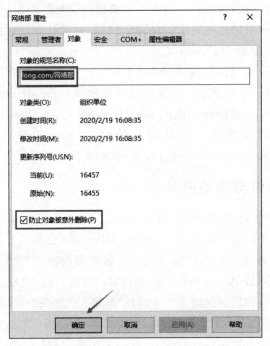

图 7-4 "对象"选项卡

在组织单位"网络部"内建立用户帐户 Rose 的方法为：选中组织单位"网络部"并右击，在弹出的快捷菜单中选择"新建用户"命令，然后在打开的对话框中按要求操作即可，如图 7-5 所示。注意域用户的密码默认需要至少 7 个字符，且不可包含用户帐户名称（指用户

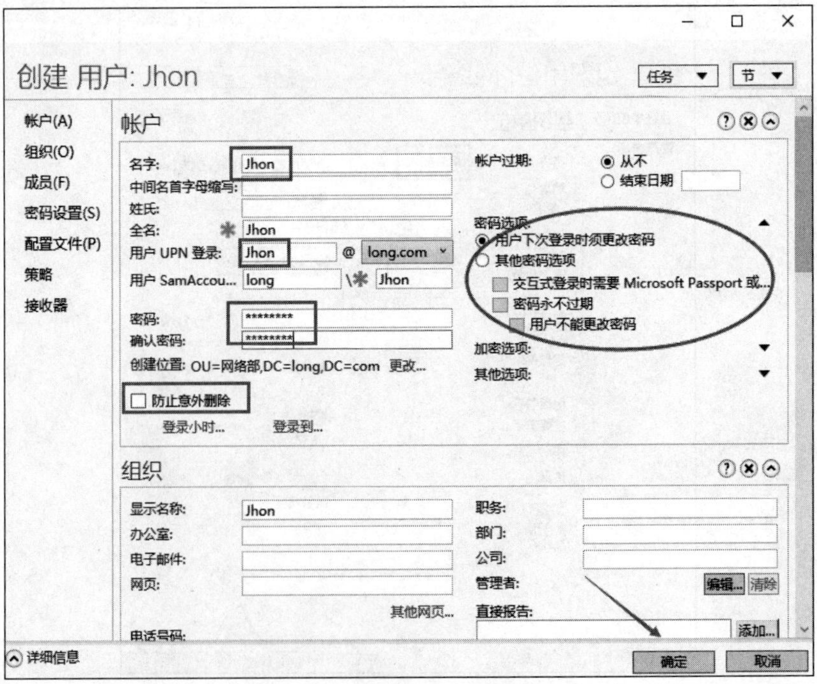

图 7-5　创建用户：Jhon

SamAccountName)或全名,至少要包含 A～Z、a-z、0～9、非字母数字(如!、$、≠、%)4 组字符中的 3 组。例如,P@ssw0rd 是有效的密码,而 ABCDEF 是无效的密码。若要修改此默认值,请参考后面相关章节。依此类推,在该组织单位内创建 Jhon、Mike、Bob、Alice 4 个帐户(如果 Mike 帐户已经存在,请将其移动到"网络部"组织单位)。

7.1.5　用户登录帐户

域用户可以到域成员计算机上(域控制器除外)利用两种帐户来登录域,它们分别是如图 7-6 所示的用户 UPN 登录与用户 SamAccountName 登录。一般的域用户默认是无法在域控制器上登录的(关于 Alice 用户属性的对话框是在"Active Directory 管理中心"控制台打开的)。

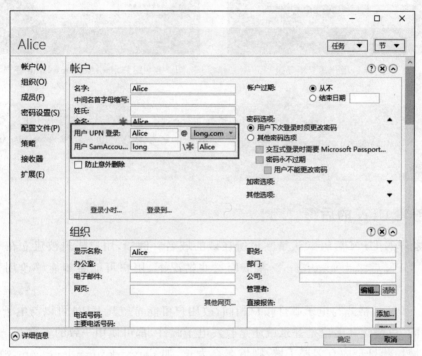

图 7-6　Alice 域帐户属性

- 用户 UPN 登录的帐户格式与电子邮件帐户相同,例如,Alice@long.com 这个名称只能在隶属域的计算机上登录域时使用,如图 7-7 所示。在整个域林内,这个名称必须是唯一的。

 请在 MS1 成员服务器上登录域,默认一般域用户不能在域控制器上本地登录,除非赋予其"允许本地登录"权限。

- UPN 并不会随着帐户被移动到其他域而改变,例如,用户 Alice 的用户帐户位于 long.com 域内,其默认的 UPN 为 Alice@long.com,之后即使此帐户被移动到林中的另一个域内,如 smile.com 域,其 UPN 仍然是 Alice@long.com,并没有被改变,因此 Alice 仍然可以继续使用原来的 UPN 登录。

- 用户 SamAccountName 登录时的帐户 long\Alice 是旧格式的登录帐户。Windows 2000 之前版本的旧客户端需要使用这种格式的名称来登录域。在隶属域的 Windows 2000（含）之后的计算机上也可以采用这种名称来登录，如图 7-8 所示。在同一个域内，这个名称必须是唯一的。

图 7-7　用户 UPN 登录　　　　　　　　图 7-8　用户 SamAccountName 登录

在"Active Directory 用户和计算机"管理控制台中，上述用户 UPN 登录与用户 SamAccountName 登录分别被称为"用户登录名"与"用户登录名（Windows 2000 以前版本）"。

7.1.6　创建 UPN 的后缀

用户帐户的 UPN 后缀默认是帐户所在域的域名。例如，用户帐户被建立在 long.com 域内，则其 UPN 后缀为 long.com。在下面这些情况下，用户可能希望能够改用其他替代后缀。

- 因 UPN 的格式与电子邮件帐户相同，故用户可能希望其 UPN 可以与电子邮件帐户相同，以便让其无论是登录域还是收发电子邮件，都可使用一致的名称。
- 若域树状目录内有多层子域，则域名会太长，如 network.jinan.long.com，故 UPN 后缀也会太长，这将造成用户在登录时的不便。

可以通过新建 UPN 后缀的方式来让用户拥有替代后缀，步骤如下。

STEP 1　在"服务器管理器"窗口，选择"工具"→"Active Directory 域和信任关系"命令，打开"Active Directory 域的信任关系"窗口，如图 7-9 所示，单击上方的属性图标 按钮。

STEP 2　在如图 7-10 所示的属性对话框中输入替代的 UPN 后缀后，单击"添加"按钮并单击"确定"按钮。后缀不一定是 DNS 格式，例如，可以是 smile.com，也可以是 smile。

STEP 3　完成后，就可以通过 Active Directory 管理中心（或 Active Directory 用户和计算机管理控制台）来修改用户的 UPN 后缀，此例修改为 smile，如图 7-11 所示。请在成员服务器 MS1 上以 Alice@smile 登录域，看是否登录成功。

图 7-9　Active Directory 域和信任关系

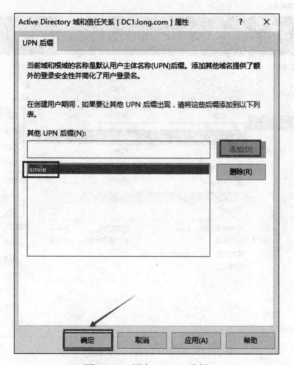

图 7-10　添加 UPN 后缀

7.1.7　域用户帐户的一般管理

一般管理是指重设密码、禁用(启用)帐户、移动帐户、删除帐户、更改登录名称与解除锁定等。可以单击选择想要管理的用户帐户(如图 7-12 所示的 Alice 用户)，然后通过右窗格中的选项来设置。

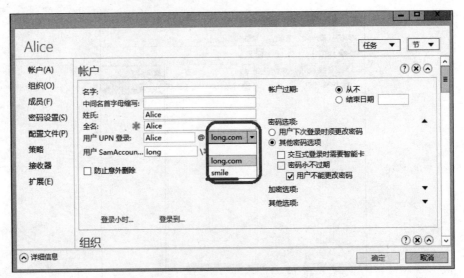

图 7-11　修改用户 UPN 登录

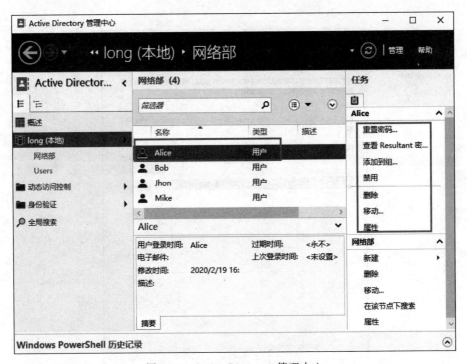

图 7-12　Active Directory 管理中心

（1）重置密码。当用户忘记密码或密码使用期限到期时，系统管理员可以为用户设置一个新的密码。

（2）禁用帐户（或启用帐户）。若某位员工因故在一段时间内无法来上班，就可以先将该员工的帐户禁用，待该员工回来上班后，再将其重新启用。若用户帐户已被禁用，则该用户帐户图形上会有一个向下的箭头符号。

（3）移动帐户。可以将帐户移动到同一个域内的其他组织单位或容器。

（4）重命名。重命名以后（可通过选中用户帐户并右击，在弹出的快捷菜单中选择"属性"命令的方法），该用户原来所拥有的权限与组关系都不会受到影响。例如，当某员工离职时，可以暂时先将其用户帐户禁用，等到新进员工来接替他的工作时，再将此帐户名称改为新员工的名称，重新设置密码，更改登录帐户名称，修改其他相关个人信息，然后再重新启用此帐户。

说明：①在每一个用户帐户创建完成之后，系统都会为其建立一个唯一的 SID，而系统是利用这个 SID 来代表该用户的，同时权限设置等都是通过 SID 来记录的，并不是通过用户名称。例如，在某个文件的权限列表内，它会记录哪些 SID 具备哪些权限，而不是哪些用户名称拥有哪些权限。②由于用户帐户名称或登录名称更改后，其 SID 并没有被改变，因此用户的权限与组关系都不变。③可以双击用户帐户或单击右方的属性来更改用户帐户名称与登录名称等相关设置。

- 删除帐户。若这个帐户以后再也用不到，就可以将此帐户删除。将帐户删除后，即使再新建一个相同名称的用户帐户，此新帐户也不会继承原帐户的权限与组关系，因为系统会给予这个新帐户一个新的 SID，而系统是利用 SID 来记录用户的权限与组关系的，不是利用帐户名称，因此对于系统来说，这是两个不同的帐户，当然就不会继承原帐户的权限与组关系。
- 解除被锁定的帐户。可以通过组策略管理器的帐户策略来设置用户输入密码失败多少次后，就将此帐户锁定，而系统管理员可以解除锁定，即双击该用户帐户，单击图 7-13 中的"解锁帐户"（只有帐户被锁定后才会有此选项）按钮即可。

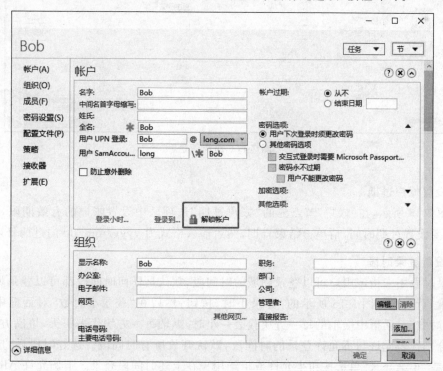

图 7-13   Bob 帐户

提示 　设置帐户策略的参考步骤如下：在组策略管理器中右击 Default Domain Policy GPO（或其他域级别的 GPO）选项，在弹出的快捷菜单中选择"编辑"命令，然后在打开的对话框中依次选择"计算机配置"→"策略"→"Windows 设置"→"安全设置"→"帐户策略"→"帐户锁定策略"命令。

7.1.8 设置域用户帐户的属性

每一个域用户帐户内都有一些相关的属性信息，如地址、电话与电子邮件地址等，域用户可以通过这些属性来查找 AD DS 数据库内的用户。例如，通过电话号码来查找用户。因此为了更容易地找到所需的用户帐户，这些属性信息应该越完整越好。将通过 Active Directory 管理中心来介绍用户帐户的部分属性，请先双击要设置的用户帐户 Alice。

1. 设置组织信息

组织信息就是指用户名称、职务、部门、地址、电话、电子邮件、网页等，如图 7-14 所示的"组织"节点，这部分的内容都很简单，请自行浏览这些字段。

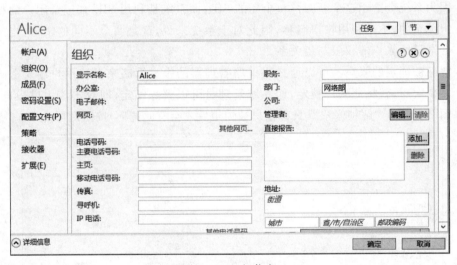

图 7-14　组织信息

2. 设置帐户过期

如图 7-15 所示，在"帐户"节点内的"帐户过期"选项区中设置帐户的有效期限，默认为"从不"，要设置过期时间，请单击结束日期，然后输入格式为 yyyy/mm/dd 的过期日期即可。

3. 设置登录时段

登录时段用来指定用户可以登录到域的时间段，默认是任何时间段都可以登录域，若要改变设置，请单击如图 7-16 所示的"登录小时"按钮，然后在"登录小时数"对话框中设置。"登录小时数"对话框中横轴的每一方块代表一小时，纵轴每一方块代表一天，填满方块与空白方块分别代表允许与不允许登录的时间段，默认开放所有时间段。选好时段后，选中"允许登录"或"拒绝登录"单选按钮来允许或拒绝用户在上述时间段登录。下例允许 Alice 在工作时间：周一—周五 8：00—18：00 登录。

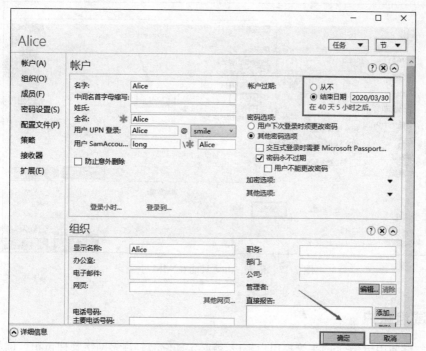

图 7-15　帐户过期

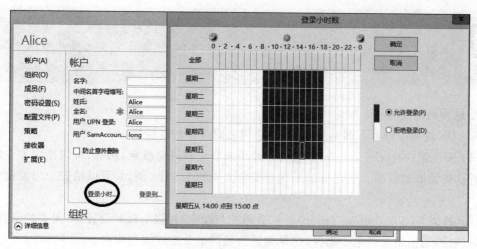

图 7-16　允许 Alice 在工作时间登录

4. 限制用户只能够通过某些计算机登录

　　一般域用户默认可以利用任何一台域成员计算机(域控制器除外)来登录域,不过也可以限制用户只可以利用某些特定计算机来登录域,即单击如图 7-17 所示的"登录到"按钮,在打开的"登录到"对话框中选中"下列计算机"选项,输入计算机名称后单击"添加"按钮,计算机名称可为 NetBIOS 名称(如 MS1)或 DNS 名称(如 MS1.long.com)。这样配置后,只有在 MS1 计算机上才能使用 Alice 帐户登录域 long.com。

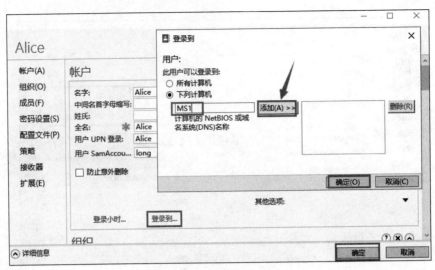

图 7-17　限制 Alice 只能在 MS1 上登录

7.1.9　域组帐户

如果能够使用组（group）来管理用户帐户，就必定能够减轻许多网络管理负担。例如，针对网络部组设置权限后，此组内的所有用户都会自动拥有此权限，因此就不需要设置每一个用户。

注意　　域组帐户也都有唯一的安全标识符。命令 whoami/usesr 用于显示当前用户的信息和安全标识符；命令 whoami /groups 用于显示当前用户的组成员信息、帐户类型、安全标识符和属性；命令 whoami /? 用于显示该命令的常见用法。

1. 域内的组类型

AD DS 的域组分为下面两种类型，且它们之间可以相互转换。

（1）安全组（security group）。它可以被用来分配权限与权利，例如，可以指定安全组对文件所具备读取的权限。它也可以用在与安全无关的工作上，例如，可以给安全组发送电子邮件。

（2）通信组（distribution group）。它被用在与安全（权限与权利设置等）无关的工作上，例如，可以给通信组发送电子邮件，但是无法为通信组分配权限与权利。

2. 组的使用范围

从组的使用范围来看，域内的组分为本地域组（domain local group）、全局组（global group）、通用组（universal group）3 种，见表 7-1。

表 7-1　组的使用范围

组 ＼ 特性	本 地 域 组	全 局 组	通 用 组
可包含的成员	所有域内的用户、全局组、通用组；相同域内的本地域组	相同域内的用户与全局组	所有域内的用户、全局组、通用组

续表

组＼特性	本 地 域 组	全 局 组	通 用 组
可以在哪一个域内被分配权限	同一个域	所有域	所有域
组转换	可以被转换成通用组（只要原组内的成员不包含本地域组即可）	可以被转换成通用组（只要原组不隶属任何一个全局组即可）	可以被换成本地域组；可以被转换成全局组（只要原组内的成员不含通用组即可）

（1）本地域组

本地域组主要被用来分配其所属域内的访问权限，以便可以访问该域内的资源。

- 其成员可以包含任何一个域内的用户、全局组、通用组；也可以包含相同域内的本地域组；但无法包含其他域内的本地域组。
- 本地域组只能够访问该域内的资源，无法访问其他不同域内的资源；换句话说，在设置权限时，只可以设置相同域内的本地域组的权限，无法设置其他不同域内的域本地组的权限。

（2）全局组

全局组主要用来组织用户，也就是可以将多个即将被赋予相同权限（权利）的用户帐户，加入同一个全局组内。

- 全局群组内的成员，只可以包含相同域内的用户与全局组。
- 全局组可以访问任何一个域内的资源，也就是说，可以在任何一个域内设置全局组的权限（这个全局组可以位于任何一个城内），以便让此全局组具备权限来访问该域内的资源。

（3）通用组

- 通用组可以在所有域内为通用组分配访问权限，以便访问所有域内的资源。
- 通用组具备万用领域的特性，其成员可以包含林中任何一个城内的用户、全局组、通用组。但是它无法包含任何一个域内的本地域组。
- 通用组可以访问任何一个域内的资源，也就是说，可以在任何一个域内设置通用组的权限（这个通用组可以位于任何一个域内），以便让此通用组具备权限来访问该域内的资源。

7.1.10　建立与管理域组帐户

1. 组的新建、删除与重命名

要创建域组时，可在"服务器管理器"窗口，选择"工具"→"Active Directory 管理中心"命令，展开域名，选中容器或组织单位（如网络部），单击右侧任务窗格的"新建"→"组"选项，然后在如图 7-18 所示对话框中输入组名、供旧版操作系统访问的组名，选择组类型与组范围等。若要删除组，则选中组帐户并右击，在弹出的快捷菜单中选择"删除"命令即可。

2. 添加组的成员

将用户、组等加入组内的方法为：在打开的如图 7-19 所示的对话框中，单击选中"成员（M）"选项卡，单击"添加"按钮，在打开的对话框中单击"高级"按钮，再单击"立即查找"按钮,选取要被加入的成员(按 Shift 键或 Ctrl 键可同时选择多个帐户),单击"确定"按钮。本例将 Alice、Bob、Jhon 加入东北组。

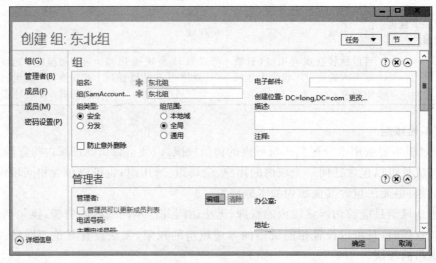

图 7-18　创建组

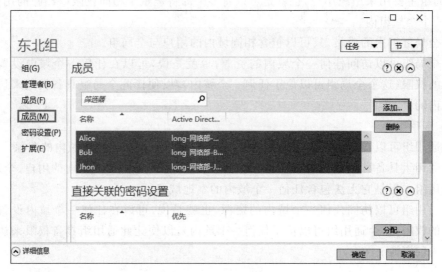

图 7-19　添加组成员

3. AD DS 内置的组

AD DS 有许多内置组,它们分别隶属本地域组、全局组、通用组与特殊组。

(1) 内置的本地域组

这些本地域组本身已被赋予了一些权利与权限,以便让其具备管理 AD DS 域的能力。只要将用户或组帐户加入这些组内,这些帐户也会自动具备相同的权利与权限。下面是 Builtin 容器内常用的本地域组。

- Account Operators:其成员默认可在容器与组织单位内添加/删除/修改用户、组与计算机帐户,不过部分内置的容器例外,如 Builtin 容器与 Domain Controllers 组织单位,同时也不允许在部分内置的容器内添加计算机帐户,如 Users。他们也无法更改大部分组的成员,如 Administrators 等。

- Administrators:其成员具备系统管理员权限。他们对所有域控制器拥有最大控制权,可以执行 AD DS 管理工作。内置系统管理员 Administrator 就是此组的成员,而且无法将其从此组内删除。此组默认的成员包括 Administrator、全局组 Domain Admins、通用组 Enterprise Admins 等。
- Backup Operators:其成员可以通过 Windows Server Backup 工具来备份与还原域控制器内的文件,不管他们是否有权限访问这些文件。其成员也可以对域控制器执行关机操作。
- Guests:其成员无法永久改变其桌面环境,当他们登录时,系统会为他们建立一个临时的用户配置文件,而注销时,此配置文件就会被删除。此组默认的成员为用户帐户 Guest 与全局组 Domain Guests。
- Network Configuration Operators:其成员可在域控制器上执行常规网络配置工作,如变更 IP 地址等,但不可以安装、删除驱动程序与服务,也不可执行与网络服务器配置有关的工作,如 DNS 与 DHCP 服务器的设置。
- Performance Monitor Users:其成员可监视域控制器的运行情况。
- Pre-Windows 2000 Compatible Access:保留此组主要是为了与 Windows NT 4.0(或更旧的系统)兼容。其成员可以读取 AD DS 域内的所有用户与组帐户。其默认的成员为特殊组 Authenticated Users。只有在用户的计算机是 Windows NT 4.0 或更早版本的系统时,才将用户加入此组内。
- Print Operators:其成员可以管理域控制器上的打印机,也可以将域控制器关闭。
- Remote Desktop Users:其成员可从远程计算机通过远程桌面来登录。
- Server Operators:其成员可以备份与还原域控制器内的文件、锁定与解锁域控制器、将域控制器上的硬盘格式化、更改域控制器的系统时间以及将域控制器关闭等。
- Users:其成员仅拥有一些基本权限,如执行应用程序,但是他们不能修改操作系统的设置,不能修改其他用户的数据,也不能将服务器关闭。此组默认的成员为全局组 Domain Users。

(2) 内置的全局组

AD DS 内置的全局组本身并没有任何的权利与权限,但是可以将其加入具备权利或权限的域本地组,或另外直接分配权利或权限给此全局组。这些内置全局群组位于 Users 容器内。

下面列出了较常用的全局组。

- Domain Admins:域成员计算机会自动将此组加入其本地组 Administrators 内,因此 Domain Admins 组内的每一个成员,在域内的每一台计算机上都具备系统管理员权限。此组默认的成员为域用户 Administrator。
- Domain Computers:所有的域成员计算机(域控制器除外)都会被自动加入此组内。我们会发现 MS1 就是该组的一个成员。
- Domain Controllers:域内的所有域控制器都会被自动加入此组内。
- Domain Users:域成员计算机会自动将此组加入其本地组 Users 内,因此 Domain

Users 内的用户将享有本地组 Users 拥有的权利与权限,如拥有允许本机登录的权利。此组默认的成员为域用户 Administrator,而以后新建的域用户帐户都自动隶属此组。

- Domain Guests:域成员计算机会自动将此组加入本地组 Guests 内。此组默认的成员为域用户帐户 Guest。

(3)内置的通用组

- Enterprise Admins:此组只存在于林根域,其成员有权管理林内的所有域。此组默认的成员为林根域内的用户 Administrator。
- Schema Admins:此组只存在于林根域,其成员具备管理架构(schema)的权利。此组默认的成员为林根域内的用户 Administrator。

4. 特殊组帐户

除了前面介绍的组之外,还有一些特殊组,而用户无法更改这些特殊组的成员。下面列出了几个经常使用的特殊组。

- Everyone:任何一位用户都属于这个组。若 Guest 帐户被启用,则在分配权限给 Everyone 时需小心,因为若某位在计算机内没有帐户的用户,通过网络来登录这台计算机,他就会被自动允许利用 Guest 帐户来连接,此时因为 Guest 也隶属 Everyone 组,所以他将具备 Everyone 拥有的权限。
- Authenticated Users:任何利用有效用户帐户来登录此计算机的用户,都隶属此组。
- Interactive:任何在本机登录(按 Ctrl＋Alt＋Del 组合键登录)的用户,都隶属此组。
- Network:任何通过网络来登录此计算机的用户,都隶属此组。
- Anonymous Logon:任何未利用有效的普通用户帐户来登录的用户,都隶属此组。Anonymous Logon 默认并不隶属 Everyone 组。
- Dialup:任何利用拨号方式连接的用户,都隶属此组。

7.1.11 掌握组的使用原则

为了让网络管理更为容易,同时为了减少以后维护的负担,在利用组来管理网络资源时,建议尽量采用下面的原则,尤其是大型网络。

- A、G、DL、P 原则。
- A、G、G、DL、P 原则。
- A、G、U、DL、P 原则。
- A、G、G、U、DL、P 原则。

其中,A 代表用户帐户(user account),G 代表全局组(global group),DL 代表本地域组(domain local group),U 代表通用组(universal group),P 代表权限(permission)。

1. A、G、DL、P 原则

A、G、DL、P 原则就是先将用户帐户(A)加入全局组(G),再将全局群组加入本地域组(DL)内,然后设置本地域组的权限(P),如图 7-20 所示。例如,只要针对图 7-19 中的本地域组设置权限,则隶属该域本地组的全局组内的所有用户都自动具备该权限。

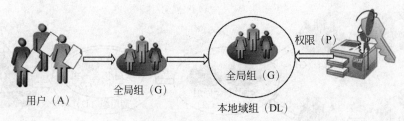

图 7-20 A、G、DL、P 原则

例如,若甲域内的用户需要访问乙域内的资源,则由甲域的系统管理员负责在甲域建立全局组,将甲域用户帐户加入此组内;而乙域的系统管理员则负责在乙域建立本地域组,设置此组的权限,然后将甲域的全局群组加入此组内;之后由甲域的系统管理员负责维护全局组内的成员,而乙域的系统管理员则负责维护权限的设置,从而将管理的负担分散。

2. A、G、G、DL、P 原则

A、G、G、DL、P 原则就是先将用户帐户(A)加入全局组(G),将此全局组加入另一个全局组(G)内,再将此全局组加入本地域组(DL)内,然后设置本地域组的权限(P),如图 7-21 所示。图 7-21 中的全局组(G3)内包含 2 个全局组(G1 与 G2),它们必须是同一个域内的全局组,因为全局组内只能够包含位于同一个域内的用户帐户与全局组。

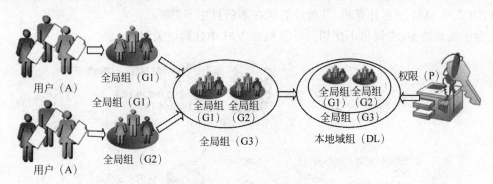

图 7-21 A、G、G、DL、P 原则

3. A、G、U、DL、P 原则

如图 7-21 所示的全局组 G1 与 G2 若不是与 G3 在同一个域内,则无法采用 A、G、G、DL、P 原则,因为全局组(G3)内无法包含位于另外一个域内的全局组,此时需将全局组 G3 改为通用组,也就是需要改用 A、G、U、DL、P 原则(见图 7-22),此原则是先将用户帐户(A)加入全局组(G),将此全局组加入通用组(U)内,再将此通用组加入本地域组(DL)内,然后设置本地域组的权限(P)。

4. A、G、G、U、DL、P 原则

A、G、G、U、DL、P 原则与前面的几种原则类似,在此不再重复说明。

也可以不遵循以上的原则来使用组,不过会有一些缺点,例如,可以执行以下操作。

- 直接将用户帐户加入本地域组内,然后设置此组的权限。它的缺点是无法在其他域内设置此本地域组的权限,因为本地域组只能够访问所属域内的资源。

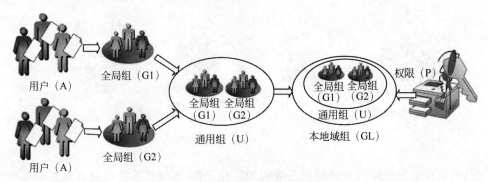

图 7-22　A、G、U、DL、P 原则

- 直接将用户帐户加入全局组内,然后设置此组的权限。它的缺点是如果网络内包含多个域,而每个域内都有一些全局组需要对此资源具备相同的权限,则需要分别为一个全局组设置权限,这种方法比较浪费时间,会增加网络管理的负担。

7.2　项目设计及准备

本项目的网络拓扑图如图 7-23 所示。任务 7-1 会使用 MS1 计算机,任务 7-2 将使用 DC1、DC2 和 MS1 三台计算机,其他计算机在本项目中不需要。

为了提高效率,建议将不使用的计算机在 VM 中挂起或关闭。

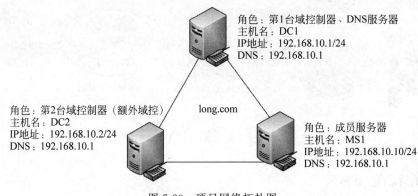

图 7-23　项目网络拓扑图

7-2 在成员
服务器上
管理本地
帐户和组

7.3　项目实施

任务 7-1　在成员服务器上管理本地帐户和组

1. 创建本地用户帐户

用户可以在 MS1 上以本地管理员帐户登录计算机,使用"计算机管理"功能中的"本地用户和组"管理单元来创建本地用户帐户,而且用户必须拥有管理员权限。创建本地用户帐户 student1 的步骤如下:

STEP 1　在"服务器管理器"窗口,选择"工具"→"计算机管理"命令,打开"计算机管理"窗口。

STEP 2　在"计算机管理"窗口中,展开"本地用户和组"选项,在"用户"目录上右击,在弹出的快捷菜单中选择"新用户"命令,如图 7-24 所示。

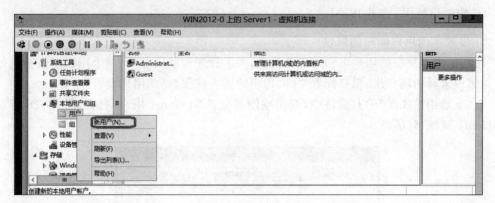

图 7-24　选择"新用户"命令

STEP 3　打开"新用户"对话框,输入用户名、全名、描述和密码,如图 7-25 所示。可以设置密码选项,包括"用户下次登录时须更改密码""用户不能更改密码""密码永不过期""帐户已禁用"等。设置完成后,单击"创建"按钮新增用户帐户。创建完用户后,单击"关闭"按钮,返回"计算机管理"窗口。

图 7-25　"新用户"对话框

有关密码的选项如下。

- 密码：要求用户输入密码,系统用"＊"显示。
- 确认密码：要求用户再次输入密码,以确认输入正确与否。
- 用户下次登录时须更改密码：要求用户下次登录时必须修改该密码。

- 用户不能更改密码：通常用于多个用户共用一个用户帐户，如 Guest 等。
- 密码永不过期：通常用于 Windows Server 2016 的服务帐户或应用程序所使用的用户帐户。
- 帐户已禁用：禁用用户帐户。

2. 设置本地用户帐户的属性

用户帐户不只包括用户名和密码等信息，为了管理和使用方便，一个用户还包括其他属性，如用户隶属的用户组、用户配置文件、用户的拨入权限、终端用户设置等。

在"本地用户和组"的右窗格中，双击刚刚建立的 student1 用户，打开如图 7-26 所示的"student1 属性"对话框。

图 7-26 "student1 属性"对话框

（1）"常规"选项卡

可以设置与帐户有关的描述信息，如全名、描述、帐户选项等。管理员可以设置密码选项或禁用帐户。如果帐户已经被系统锁定，管理员可以解除锁定。

（2）"隶属"选项卡

在"隶属"选项卡中，可以设置将该帐户加入其他本地组中。为了管理方便，通常都需要为用户组（见图 7-27）分配与设置权限。用户属于哪个组，就具有该用户组的权限。新增的用户帐户默认加入 users 组，users 组的用户一般不具备一些特殊权限，如安装应用程序、修改系统设置等。所以当要分配给这个用户一些权限时，可以将该用户帐户加入其他组，也可以单击"删除"按钮，将用户从一个或几个用户组中删除。例如，将 student1 添加到管理员组的操作步骤如下。

　　单击如图 7-27 所示的对话框中的"添加"按钮,在打开的如图 7-28 所示的"选择组"对话框中直接输入组的名称,例如,管理员组的名称 Administrator、高级用户组名称 Power users等。输入组名称后,如需要检查名称是否正确,则单击"检查名称"按钮,名称会变为 MS1\Administrators。前面部分表示本地计算机名称,后面部分为组名称。如果输入了错误的组名称,检查时,系统将提示找不到该名称,并提示更改,再次搜索。

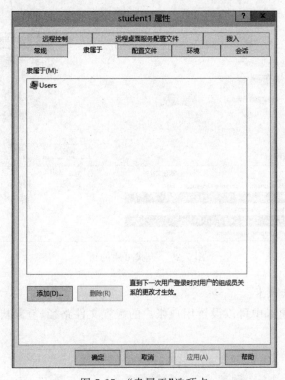

图 7-27　"隶属于"选项卡

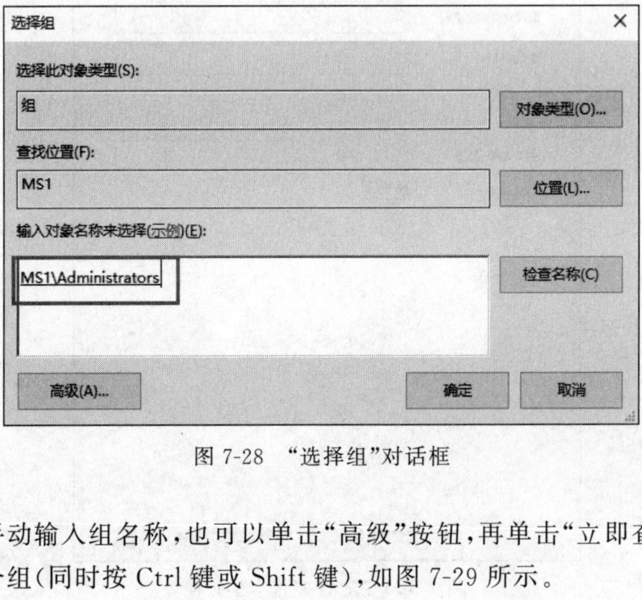

图 7-28　"选择组"对话框

　　如果不希望手动输入组名称,也可以单击"高级"按钮,再单击"立即查找"按钮,从列表中选择一个或多个组(同时按 Ctrl 键或 Shift 键),如图 7-29 所示。

图 7-29　查找可用的组

（3）"配置文件"选项卡

在"配置文件"选项卡中可以设置用户帐户的配置文件路径、登录脚本和主文件夹路径，如图 7-30 所示。

图 7-30　"配置文件"选项卡

用户配置文件是存储当前桌面环境、应用程序设置以及个人数据的文件夹和数据的集合,还包括所有登录到该台计算机上所建立的网络连接。由于用户配置文件提供的桌面环境与用户最近一次登录到该计算机上所用的桌面相同,因此保持了用户桌面环境及其他设置的一致性。

当用户第一次登录到某台计算机上时,Windows Server 2016 根据默认用户配置文件自动创建一个用户配置文件,并将其保存在该计算机上。默认用户配置文件位于"C:\用户\default"下,该文件夹是隐藏文件夹(单击"查看"菜单,可选择是否显示隐藏项目),用户 student1 的配置文件位于"C:\用户\student1"下。

除了"C:\用户\用户名\我的文档"文件夹外,Windows Server 2016 还提供了用于存放个人文档的主文件夹。主文件夹可以保存在客户机上,也可以保存在一个文件服务器的共享文件夹中。用户可以将所有的用户主文件夹都定位在某个网络服务器的中心位置上。

管理员在为用户提供主文件夹时,应考虑以下因素:用户可以通过网络中任意一台联网的计算机访问其主文件夹。在对用户文件进行集中备份和管理时,基于安全性考虑,应将用户主文件夹存放在 NTFS 卷中,可以利用 NTFS 的权限来保护用户文件(放在 FAT 卷中只能通过共享文件夹权限来限制用户对主目录的访问)。

(4) 登录脚本

登录脚本是用户登录计算机时自动运行的脚本文件,脚本文件的扩展名可以是 VBS、BAT 或 CMD。

其他选项卡(如"拨入""远程控制"选项卡)请参考 Windows Server 2016 的帮助文件。

3. 删除本地用户帐户

当用户不再需要使用某个用户帐户时,可以将其删除。因为删除用户帐户会导致与该帐户有关的所有信息遗失,所以在删除之前,最好确认其必要性或者考虑用其他方法,如禁用该帐户。许多企业给临时员工设置了 Windows 帐户,当临时员工离开企业时将帐户禁用,新来的临时员工需要用该帐户时,只需改名即可。

在"计算机管理"控制台中,右击要删除的用户帐户,可以执行删除操作,但是系统内置帐户如 Administrator、Guest 等无法删除。

在前面提到,每个用户都有一个名称之外的唯一 SID,SID 在新增帐户时由系统自动产生,不同帐户的 SID 不会相同。由于系统在设置用户的权限、访问控制列表中的资源访问能力信息时,内部都使用 SID,所以一旦用户帐户被删除,这些信息也就跟着消失了。重新创建一个名称相同的用户帐户,也不能获得原先用户帐户的权限。

4. 使用命令行创建用户

重新以管理员的身份登录 MS1 计算机,然后使用命令行方式创建一个新用户,命令格式如下(注意密码要满足密码复杂度要求)。

```
net user username password /add
```

例如,要建立一个名为 mike,密码为 P@ssw0rd 的用户,可以使用以下命令。

```
net user mike P@ssw0rd /add
```

要修改旧帐户的密码，可以按如下步骤操作。

STEP 1 打开"计算机管理"窗口。

STEP 2 在对话框中，单击选中"本地用户和组"选项。

STEP 3 右击要重置密码的用户帐户，在弹出的快捷菜单中选择"设置密码"命令。

STEP 4 阅读警告消息，如果要继续，则单击"继续"按钮。

STEP 5 在"新密码"和"确认密码"中，输入新密码，然后单击"确定"按钮。

或者使用如下命令行方式。

```
net user username password
```

例如，将用户 mike 的密码设置为 P@ssw0rd3（必须符合密码复杂度要求），可以运行以下命令。

```
net user mike P@ssw0rd3
```

5. 创建本地组

Windows Server 2016 计算机在运行某些特殊功能或应用程序时，可能需要特定的权限。为这些任务创建一个组，并将相应的成员添加到组中是一个很好的解决方案。对于计算机被指定的大多数角色来说，系统都会自动创建一个组来管理该角色。例如，如果计算机被指定为 DHCP 服务器，相应的组就会添加到计算机中。

要创建一个新组 common，首先打开"计算机管理"窗口。右击"组"文件夹，在弹出的快捷菜单中选择"新建组"命令。在"新建组"对话框中，输入组名和描述，然后单击"添加"按钮向组中添加成员，如图 7-31 所示。

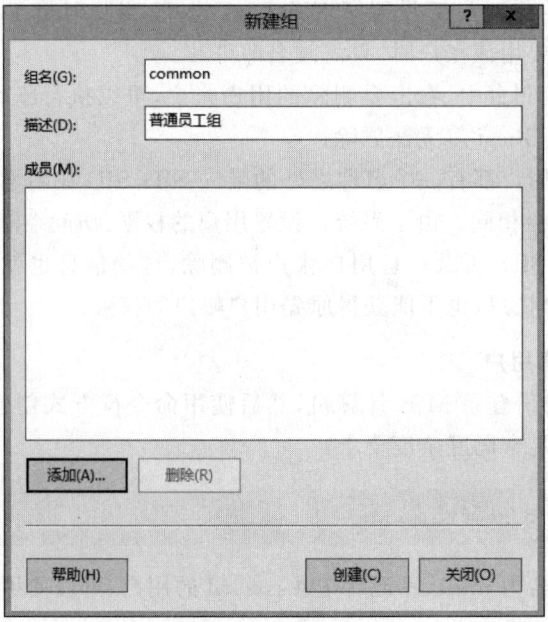

图 7-31 新建组

另外,也可以使用命令行方式创建一个组,命令格式如下。

```
net localgroup groupname /add
```

例如,要添加一个名为 sales 的组,可以输入以下命令。

```
net localgroup sales /add
```

6. 为本地组添加成员

可以将对象添加到任何组。在域中,这些对象可以是本地用户、域用户,甚至是其他本地组或域组。但是在工作组环境中,本地组的成员只能是用户帐户。

将成员 mike 添加到本地组 common,可以执行以下操作。

STEP 1　在"服务器管理器"窗口选择"工具"→"计算机管理"命令,打开"计算机管理"窗口。

STEP 2　在左窗格中展开"本地用户和组"对象,单击选中"组"对象,在右窗格中显示本地组。

STEP 3　双击要添加成员的组 common,打开组的"属性"对话框。

STEP 4　单击"添加"按钮,选择要加入的用户 mike 即可。

使用命令行,可以使用如下命令。

```
net localgroup groupname username /add
```

例如,将用户 mike 加入 administrators 组中,可以使用以下命令。

```
net localgroup administrators mike /add
```

任务 7-2　使用 A、G、U、D、L、P 原则管理域组

7-3 使用 A、
G、U、D、L、
P 原则管理
域组

1. 项目背景

某公司目前正在实施某工程,该工程需要总公司工程部和分公司工程部协同,需要创建一个共享目录,供总公司工程部和分公司工程部共享数据,公司决定在子域控制器 china. long.com 上临时创建共享目录 projects_share。请通过权限分配使总公司工程部和分公司工程部用户对共享目录有写入和删除权限。网络拓扑图如图 7-32 所示。

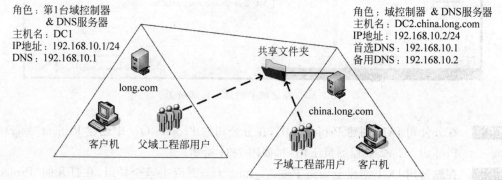

角色：第1台域控制器
　　　& DNS服务器
主机名：DC1
IP地址：192.168.10.1/24
DNS：192.168.10.1

角色：域控制器 & DNS服务器
主机名：DC2.china.long.com
IP地址：192.168.10.2/24
首选DNS：192.168.10.1
备用DNS：192.168.10.2

共享文件夹

long.com

客户机　父域工程部用户

china.long.com

子域工程部用户　客户机

图 7-32　网络拓扑图

2. 任务分析

为本项目创建的共享目录需要对总公司工程部和分公司工程部用户配置写入和删除权限。解决方案如下。

① 在总公司 DC1 和分公司 DC2 上创建相应工程部员工用户。

② 在总公司 DC1 上创建全局组 project_long_Gs，并将总公司工程部用户加入该全局组；在分公司上创建全局组 project_china_Gs，并将分公司工程部用户加入该全局组。

③ 在总公司 DC1（林根）上创建通用组 project_long_Us，并将总公司和分公司的工程全局组配置为成员。

④ 在子公司 DC2 上创建本地域组 project_china_DLs，并将通用组 project_long_Us 加入本地域组。

⑤ 创建共享目录 projects_share，配置本地域组权限为读写权限。

实施后面临的问题如下。

① 总公司工程部员工新增或减少。

总公司管理员直接对工程部用户进行 project_long_Gs 全局组的加入与退出。

② 分公司工程部员工新增或减少。

分公司管理员直接对工程部用户进行 project_china_Gs 全局组的加入与退出。

3. 任务实施

STEP 1 在总公司 DC1 上创建 Project OU，在总公司的 Project OU 中创建 Project_userA 和 Project_userB 工程部员工用户（右击 Project 选项，在弹出的快捷菜单中选择"新建"→"用户"命令，直接在"姓名"和"用户登录名"文本框中输入即可，用户密码必须符合复杂度要求），如图 7-33 所示。

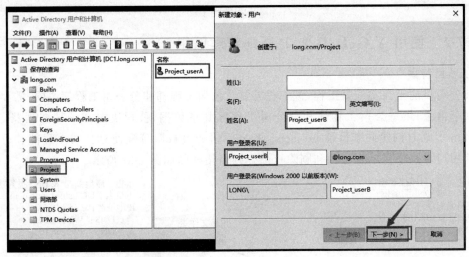

图 7-33 在父域上创建工程部员工

STEP 2 在分公司 DC2 创建 Project OU，在分公司的 Project OU 中创建 Project_user1 和 Project_user2 工程部员工用户，如图 7-34 所示。

STEP 3 在总公司 DC1 创建全局组 Project_long_Gs，并双击该全局组，在打开的"Project_

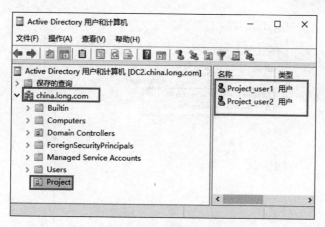

图 7-34 在子域上创建工程部员工

long_Gs 属性"对话框中单击选中"成员"选项卡,单击"添加"按钮,在弹出的对话框中依次单击"高级"→"立即查找"按钮,将总公司工程部用户 Project_userA 和 Project_userB 加入该全局组,如图 7-35 所示。

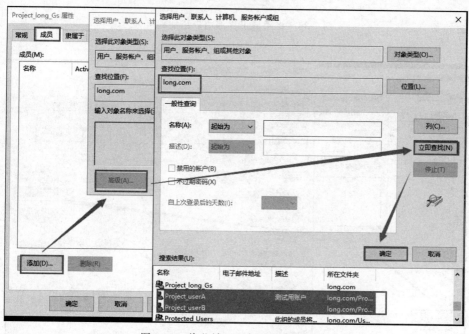

图 7-35 将父域工程部用户添加到组

STEP 4 在分公司 DC2 上创建全局组 Project_china_Gs,并将分公司工程部用户加入该全局组,如图 7-36 所示。

STEP 5 在总公司 DC1(林根)上创建通用组 Project_long_Us,并双击该全局组,在打开的属性对话框中单击选中"成员"选项卡,单击"添加"按钮,并在打开的对话框中单击"高级"按钮,在打开的对话框中查找位置处选择"整个目录",单击"立即查找"按钮,将总公司和分公司的工程部全局组配置为成员(由于在不同域中,加入时注意"位置"信息,该例中设为"整个目录"),如图 7-37 所示。

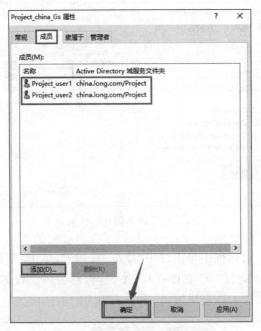

图 7-36   将子域工程部用户添加到组

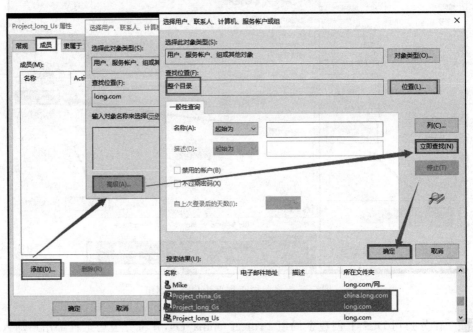

图 7-37   将全局组添加到通用组

STEP 6   在子公司 china 的 DC2 上创建本地域组 Project_china_DLs，并将通用组 Project_long_Us 加入本地组（加入时，搜索范围是"整个目录"），如图 7-38 所示。

STEP 7   在 DC2 上创建目录 Projects_share，右击该目录，在弹出的快捷菜单中选择"共享"→"特定用户"命令，打开"文件共享"对话框，如图 7-39 所示，在下拉列表中选择查找

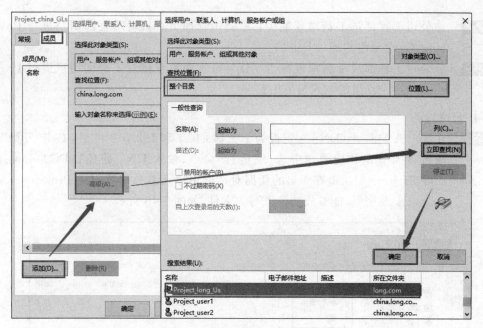

图 7-38　将通用组添加到域本地组

个人，找到本地域组 Project_china_GLs 并添加，将读写的权限赋予该本地域组，然后单击"共享"按钮，最后单击"完成"按钮完成共享目录的设置。

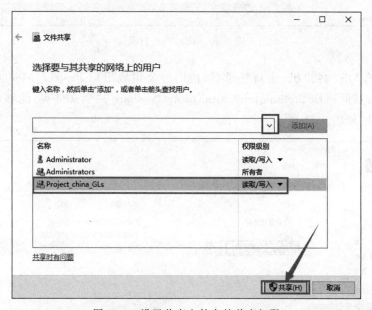

图 7-39　设置共享文件夹的共享权限

　　　权限设置还可以结合 NTFS 权限，详细内容请参考相关书籍，在此不再赘述。

STEP 8 总公司工程部员工新增或减少：总公司管理员直接对工程部用户进行 Project_long_Gs 全局组的加入与退出。

STEP 9 分公司工程部员工新增或减少：分公司管理员直接对工程部用户进行 Project_china_Gs 全局组的加入与退出。

4. 测试验证

STEP 1 在客户机 MS1 上（DNS 一定设为 192.168.10.1 和 192.168.10.2），右击"开始"菜单按钮，在弹出的快捷菜单中选择"运行"命令，输入 UNC 路径\\DC2.china.long.com\Projects_share，在弹出的凭据对话框中输入总公司域用户 Project_userA@long.com 及密码，能够成功读取写入文件，如图 7-40 所示。

图 7-40　访问共享目录

STEP 2 注销 MS1 客户机，重新登录后，使用分公司域用户 Project_user1@china. long. com 访问\\DC2.china.long.com\projects_share 共享文件夹，能够成功读取写入文件，如图 7-41 所示。

图 7-41　访问共享目录

STEP 3 再次注销 MS1 客户机，重新登录后，使用总公司域用户 Alice@long.com 访问\\

DC2.china.long.com\Projects_share 共享文件夹,提示没有访问权限,因为 Alice 用户不是工程部用户,如图 7-42 所示。

图 7-42　提示没有访问权限

7.4　习题

1. 填空题

(1) 帐户的类型分为_____、_____、_____。

(2) 根据服务器的工作模式,组分为_____、_____。

(3) 在工作组模式下,用户帐户存储在_____中;在域模式下,用户帐户存储在_____中。

(4) 在活动目录中,组按照能够授权的范围,分为_____、_____、_____。

(5) 你创建了一个名为 Helpdesk 的全局组,其中包含所有帮助帐户。你希望帮助人员能在本地桌面计算机上执行任何操作,包括取得文件所有权,最好使用_____内置组。

2. 选择题

(1) 在设置域帐户属性时,(　　)项目是不能被设置的。

　　A. 帐户登录时间　　　　　　　　B. 帐户的个人信息

　　C. 帐户的权限　　　　　　　　　D. 指定帐户登录域的计算机

(2) 下列帐户名不是合法的是(　　)。

　　A. abc_234　　　　　B. Linux book　　　　C. doctor *　　　　　D. addeofHELP

(3) 下面用户不是内置本地域组成员的是(　　)。

　　A. Account Operator　　　　　　B. Administrator

　　C. Domain Admins　　　　　　　D. Backup Operators

(4) 公司聘用了 10 名新雇员。你希望这些新雇员通过 VPN 连接接入公司总部。你创建了新用户帐户,并将总部中的共享资源的"允许读取"和"允许执行"权限授予新雇员。但是,新雇员无法访问总部的共享资源。你需要确保用户能够建立可接入总部的 VPN 连接。你该怎么做?(　　)。

　　A. 授予新雇员"允许完全控制"权限

　　B. 授予新雇员"允许访问拨号"权限

　　C. 将新雇员添加到 Remote Desktop Users 安全组

　　D. 将新雇员添加到 Windows Authorization Access 安全组

(5) 公司有一个 Active Directory 域。有个用户试图从客户端计算机登录到域,但是收到以下消息:"此用户帐户已过期。请管理员重新激活该帐户。"你需要确保该用户能够登录到域。你该怎么做?(   )。

    A. 修改该用户帐户的属性,将该帐户设置为永不过期

    B. 修改该用户帐户的属性,延长"登录时间"设置

    C. 修改该用户帐户的属性,将密码设置为永不过期

    D. 修改默认域策略,缩短帐户锁定持续时间

(6) 公司有一个 Active Directory 域,名为 intranet.contoso.com。所有域控制器都运行 Windows Server 2016。域功能级别和林功能级别都设置为 Windows 2000 纯模式。你需要确保用户帐户有 UPN 后缀 contoso.com。应该先怎么做?(   )。

    A. 将 contoso.com 林功能级别提升到 Windows Server 2008 或 Windows Server 2016

    B. 将 contoso.com 域功能级别提升到 Windows Server 2008 或 Windows Server 2016

    C. 将新的 UPN 后缀添加到林

    D. 将 Default Domain Controllers 组策略对象(GPO)中的 Primary DNS Suffix 选项设置为 contoso.com

(7) 公司有一个总部和 10 个分部。每个分部有一个 Active Directory 站点,其中包含一个域控制器。只有总部的域控制器被配置为全局编录服务器。你需要在分部域控制器上停用"通用组成员身份缓存"(UGMC)选项。应在(   )停用 UGMC。

    A. 站点   B. 服务器   C. 域   D. 连接对象

(8) 公司有一个单域的 Active Directory 林。该域的功能级别是 Windows Server 2016。你执行以下活动。

- 创建一个全局通信组。
- 将用户添加到该全局通信组。
- 在 Windows Server 2016 成员服务器上创建一个共享文件夹。
- 将该全局通信组放入有权访问该共享文件夹的域本地组中。
- 你需要确保用户能够访问该共享文件夹。

该怎么做?(   )。

    A. 将林功能级别提升为 Windows Server 2016

    B. 将该全局通信组添加到 Domain Administrators 组中

    C. 将该全局通信组的组类型更改为安全组

    D. 将该全局通信组的作用域更改为通用通信组

3. 简答题

(1) 简述工作组和域的区别。

(2) 简述通用组、全局组和本地域组的区别。

(3) 你负责管理你所属组的成员的帐户以及对资源的访问权。组中的某个用户离开了公司,你希望在几天内将有人来代替该员工。对于前用户的帐户,你应该如何处理?

(4) 你需要在 AD DS 中创建数百个计算机帐户,以便为无人参与安装预先配置这些帐户。创建如此大量的帐户的最佳方法是什么?

(5) 用户报告说,他们无法登录到自己的计算机。错误消息表明计算机和域之间的信

任关系中断。如何修正该问题？

（6）BranchOffice_Admins 组对 BranchOffice_OU 中的所有用户帐户有完全控制权限。对于从 BranchOffice_OU 移入 HeadOffice_OU 的用户帐户，BranchOffice_Admins 对该帐户将有何权限？

7.5　实训项目　管理用户帐户和组帐户

1. 实训目的
- 掌握创建用户帐户的方法。
- 掌握创建组帐户的方法。
- 掌握管理用户帐户的方法。
- 掌握管理组帐户的方法。
- 掌握组的使用原则。

2. 项目背景
本项目部署如图 7-43 所示的环境下，本例中用到 DC1 和 MS1 两台计算机。其中 DC1 和 MS1 是 VMware（或者 Hyper-V 服务器）的 2 台虚拟机，DC1 是域 long.com 的域控制器，MS1 是域 long.com 的成员服务器。本地用户和组的管理在 MS1 上进行，域用户和组的管理在 DC1 上进行，在 MS1 上进行测试。

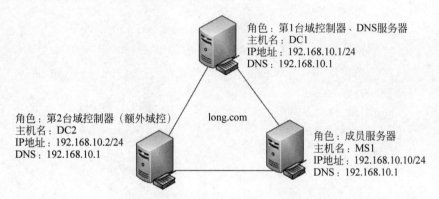

角色：第1台域控制器、DNS服务器
主机名：DC1
IP地址：192.168.10.1/24
DNS：192.168.10.1

角色：第2台域控制器（额外域控）
主机名：DC2
IP地址：192.168.10.2/24
DNS：192.168.10.1

long.com

角色：成员服务器
主机名：MS1
IP地址：192.168.10.10/24
DNS：192.168.10.1

图 7-43　管理用户帐户和组帐户网络拓扑图

3. 做一做
根据实训项目录像进行项目的实训，检查学习效果。

第三部分

配置与管理文件系统

第 8 章
管理文件系统与共享资源

项目背景

　　网络中最重要的是安全问题,安全中最重要的是权限问题。在网络中,网络管理员首先面对的是权限管理,日常解决的问题是权限问题,最终出现漏洞还是由于权限设置不当造成。权限决定着用户可以访问的数据、资源,也决定着用户享受的服务,更甚者,权限决定着用户拥有什么样的桌面。理解 NTFS 和它的特点,对于高效地在 Windows Server 2016 中实现权限管理来说是非常重要的。

项目目标

- 掌握设置共享资源和访问共享资源的方法
- 掌握卷影副本的使用方法
- 掌握使用 NTFS 控制资源访问的方法
- 掌握使用文件系统加密文件的方法
- 掌握压缩文件的方法

8.1　FAT 与 NTFS 文件系统

8-1 文件系统与共享

　　文件和文件夹是计算机系统组织数据的集合单位。Windows Server 2016 提供了强大的文件管理功能,其 NTFS 文件系统具有高安全性能,用户可以十分方便地在计算机或网络上处理、使用、组织、共享和保护文件及文件夹。

　　文件系统是指文件命名、存储和组织的总体结构,运行 Windows Server 2016 的计算机的磁盘分区可以使用 3 种类型的文件系统:FAT16、FAT32 和 NTFS。

8.1.1　FAT 文件系统

　　文件分配表(file allocation table,FAT)包括 FAT16 和 FAT32 两种。FAT 是一种适合小卷集、对系统安全性要求不高、需要双重引导的用户应选择使用的文件系统。

　　在推出 FAT32 文件系统之前,通常 PC 使用的文件系统是 FAT16,如 MS-DOS、Windows 95 等系统。FAT16 支持的最大分区是 2^{16}(即 65536)个簇,每簇 64 个扇区,每扇区 512 字节,所以最大支持分区为 2.147GB。FAT16 最大的缺点就是簇的大小是和分区有关的,这样当外存中存放较多小文件时,会浪费大量的空间。FAT32 是 FAT16 的派生文件系统,支持大到 2TB(2048GB)的磁盘分区。它使用的簇比 FAT16 小,从而有效地节约了磁盘空间。

FAT 文件系统是一种最初用于小型磁盘和简单文件夹结构的简单文件系统。它向后兼容,最大的优点是适用于所有的 Windows 操作系统。另外,FAT 文件系统在容量较小的卷上使用比较好,因为 FAT 启动只使用非常少的开销。FAT 在容量低于 512 MB 的卷上工作最好,当卷容量超过 1.024GB 时,效率就显得很低。对于 400~500MB 大小的卷,FAT 文件系统相对于 NTFS 文件系统来说是个比较好的选择;不过对于使用 Windows Server 2016 的用户来说,FAT 文件系统则不能满足系统的要求。

8.1.2　NTFS 文件系统

NTFS(new technology file system)是 Windows Server 2016 推荐使用的高性能文件系统。它支持许多新的文件安全、存储和容错功能,而这些功能也正是 FAT 文件系统所缺少的。

NTFS 是从 Windows NT 开始使用的文件系统,它是一个特别为网络和磁盘配额、文件加密等管理安全特性设计的磁盘格式。NTFS 文件系统包括文件服务器和高端个人计算机所需的安全特性,它还支持对于关键数据以及十分重要的数据的访问控制和私有权限管理。除了可以赋予计算机中的共享文件夹特定权限外,NTFS 文件和文件夹无论共享与否都可以赋予权限,NTFS 是唯一允许为单个文件指定权限的文件系统。但是,当用户从 NTFS 卷移动或复制文件到 FAT 卷时,NTFS 文件系统权限和其他特有属性将会丢失。

NTFS 文件系统设计简单但功能强大,从本质上讲,卷中的一切都是文件,文件中的一切都是属性。从数据属性到安全属性再到文件名属性,NTFS 卷中的每个扇区都分配给了某个文件,甚至文件系统的超数据(描述文件系统自身的信息)也是文件的一部分。

如果安装 Windows Server 2016 系统时采用了 FAT 文件系统,用户也可以,在系统安装完毕使用命令 convert.exe 把 FAT 分区转化为 NTFS 分区,命令如下所示。

```
Convert D:/FS:NTFS
```

上面的命令是将 D 盘转换成 NTFS 格式。无论是在运行安装程序中还是在运行安装程序之后,相对于重新格式化磁盘来说,这种转换不会使用户的文件受到损害。但由于 Windows 95/98 系统不支持 NTFS 文件系统,所以在配置双重启动系统时,即在同一台计算机上同时安装 Windows Server 2016 和其他操作系统(如 Windows 98),则可能无法从计算机上的另一个操作系统访问 NTFS 分区上的文件。

8.2　项目设计及准备

本项目所有实例都部署在如图 8-1 所示的环境下。DC1、DC2 和 MS1 是 3 台虚拟机。在 DC1 与 MS1 上可以测试资源共享情况,而资源访问权限的控制、加密文件系统与压缩、分布式文件系统等在 MS1 上实施并测试。

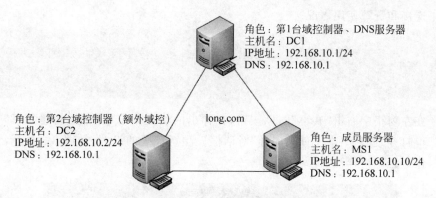

角色：第1台域控制器、DNS服务器
主机名：DC1
IP地址：192.168.10.1/24
DNS：192.168.10.1

角色：第2台域控制器（额外域控）
主机名：DC2
IP地址：192.168.10.2/24
DNS：192.168.10.1

long.com

角色：成员服务器
主机名：MS1
IP地址：192.168.10.10/24
DNS：192.168.10.1

图 8-1　管理文件系统与共享资源网络拓扑图

注意

为了不受外部环境影响，3 台虚拟机的网络连接方式设置为"仅主机模式"。

8.3　项目实施

按图 8-1 所示，配置好 DC1 和 MS1 的所有参数。保证 DC1 和 MS1 之间通信畅通。建议将 Hyper-V 中虚拟网络的模式设置为"专用"。

任务 8-1　设置资源共享

为安全起见，默认状态下，服务器中所有的文件夹都不被共享。而创建文件服务器时，又只创建一个共享文件夹。因此，若要授予用户某种资源的访问权限，必须先将该文件夹设置为共享，然后赋予授权用户相应的访问权限。创建不同的用户组，并将拥有相同访问权限的用户加入同一用户组，会使用户权限的分配变得简单而快捷。

8-2 设置资源共享

1. 在"计算机管理"对话框中设置共享资源

STEP 1　在 DC1 上打开"服务器管理器"窗口，选择"工具"→"计算机管理"命令，展开左窗格中的"共享文件夹"选项，如图 8-2 所示。该"共享文件夹"中提供了有关本地计算机上的所有共享、会话和打开文件的相关信息，可以查看本地和远程计算机的

共享名	文件夹路径	类型	# 客户端连接	描述
AD...	C:\Windows	Windows	0	远程管理
C$	C:\	Windows	0	默认共享
IPC$		Windows	0	远程 IPC
NET...	C:\Windows\SYS...	Windows	0	Logon server
SYS...	C:\Windows\SYS...	Windows	0	Logon server

图 8-2　"计算机管理——共享文件夹"窗口

连接和资源使用概况。

> **注意**
>
> 共享名称后带有"＄"符号的是隐藏共享。对于隐藏共享,网络上的用户无法通过网上邻居直接浏览到。

STEP 2 在左窗格中右击"共享"图标按钮,在弹出的快捷菜单中选择"新建共享"命令,即可打开"创建共享文件夹向导"对话框。注意权限的设置,如图 8-3 所示。其他操作过程不再详述。

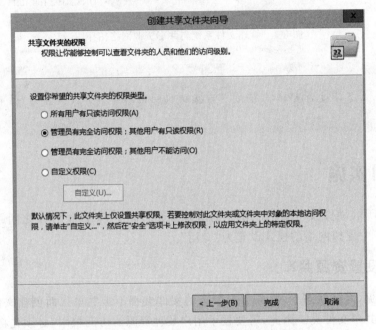

图 8-3 "共享文件夹权限"对话框

> **做一做**
>
> 请读者将 DC1 的文件夹"C:\share1"设置为共享,并赋予管理员完全访问权限,其他用户只读权限。提前在 DC1 上创建 student1 用户。

2. 特殊共享

前面提到的共享资源中有一些是系统自动创建的,如 C＄、IPC＄等。这些系统自动创建的共享资源就是这里所指的"特殊共享",它们是在 Windows Server 2016 系统中用于本地管理和系统使用的。一般情况下,用户不应该删除或修改这些特殊共享。

由于被管理计算机的配置情况不同,共享资源中所列出的这些特殊共享也会有所不同。下面列出了一些常见的特殊共享。

- driveletter＄:为存储设备的根目录创建的一种共享资源。显示形式为 C＄、D＄等。例如,D＄是一个共享名,管理员通过它可以从网络上访问驱动器。值得注意的是,只有 Administrators 组、Power Users 组和 Server Operators 组的成员才能连接这些共享资源。

- ADMIN＄：在远程管理计算机的过程中系统使用的资源。该资源的路径通常指向 Windows Server 2016 系统目录的路径。同样，只有 Administrators 组、PowerUsers 组和 Server Operators 组的成员才能连接这些共享资源。
- IPC＄：共享命名管道的资源，它对程序之间的通信非常重要。在远程管理计算机及查看计算机的共享资源时使用。
- PRINT＄：在远程管理打印机的过程中使用的资源。

任务 8-2　访问网络共享资源

企业网络中的客户端计算机，可以根据需要采用不同方式访问网络共享资源。

8-3 访问网络共享资源

1. 利用网络发现

 提示　必须确保 DC1、DC2 和 MS1 开启了网络发现功能，并且运行了 Function Discovery Resource Publication、UPnP Device Host 和 SSDP Discovery 三个服务。注意按顺序启动三个服务，并且都改为自动启动。

分别以 student1 和 administrator 的身份访问 DC1 中所设的共享文件夹 share1，步骤如下。

STEP 1 在 MS1 上，单击左下角的资源管理器图标 按钮，打开"资源管理器"窗口，单击窗口左下角的"网络"图标按钮，打开 MS1 的"网络"对话框，如图 8-4 所示。如果此计算机当前的网络位置是公用网络，且没有开启"网络发现"，则会出现提示，选择是否要在所有的公用网络启用网络发现和文件共享。如果选择否，该计算机的网络位置会被更改为专用，也会启用网络发现和文件共享。

 注意　若看不到网络上其他 Windows 计算机，请检查这些计算机是否已启用网络发现，并检查其 Function Discovery Resource Publication、UPnP Device Host 和 SSDP Discovery 三个服务是否启用。

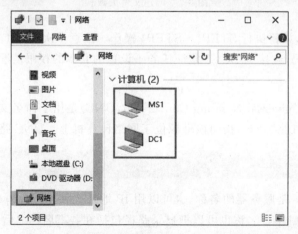

图 8-4　"网络"窗口

STEP 2 双击 DC1 计算机图标按钮，弹出"Windows 安全"对话框。输入 student1 用户及密码,连接到 DC1,如图 8-5 所示(用户 student1 是 DC1 下的域用户)。

STEP 3　单击"确定"按钮,打开 DC1 上的共享文件夹,如图 8-6 所示。

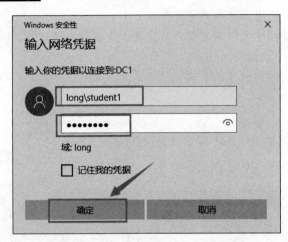
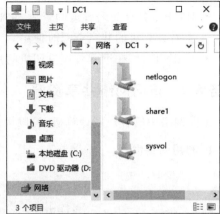

图 8-5　"Windows 安全性"对话框　　　　图 8-6　DC1 的共享文件夹

STEP 4　双击 share1 共享文件夹,尝试打开该文件夹并新建文件,失败并提示错误信息,如
图 8-7 所示。

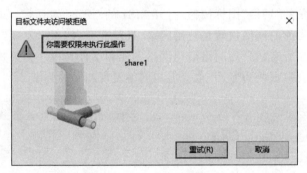

图 8-7　创建文件失败

STEP 5　注销 MS1,重新执行 STEP1~STEP4 操作。注意本次输入 DC1 的 administrator
用户及密码,连接到 DC1。验证任务 1 设置的共享的权限情况。

2. 使用 UNC

通用命名标准(Universal Namimg Conversion,UNC)是用于命名文件和其他资源的一
种约定,以两个反斜杠"\"开头,指明该资源位于网络计算机上。UNC 路径的格式为:

```
\\Servername\sharename
```

其中 Servername 是服务器的名称,也可以用 IP 地址代替,而 sharename 是共享资源的
名称。目录或文件的 UNC 名称也可以把目录路径包括在共享名称之后,其语法格式如下:

```
\\Servername\sharename\directory\filename
```

本例在 DC2 的命令提示符窗口输入以下命令,并分别以不同用户连接到 DC1 上来测试任务 1 所设共享。

```
\\192.168.10.1\share1
```

或者

```
\\DC1\share1
```

任务 8-3　使用卷影副本

用户可以通过"共享文件夹的卷影副本"功能,让系统自动在指定的时间将所有共享文件夹内的文件复制到另外一个存储区内备用。当用户通过网络访问共享文件夹内的文件,将文件删除或者修改文件的内容后,想要挽救回该文件或者还原文件的原来内容时,可以通过"卷影副本"存储区内的旧文件来达到目的,因为系统之前已经将共享文件夹内的所有文件都复制到"卷影副本"存储区内。

8-4 使用卷影副本

1. 启用"共享文件夹的卷影副本"功能

在 DC1 上,在共享文件夹 share1 下建立 test1 和 test2 两个文件夹,并在该共享文件夹所在的计算机 DC1 上启用"共享文件夹的卷影副本"功能,步骤如下。

STEP 1　打开"服务器管理器"窗口并选择"工具"→"计算机管理"命令,打开"计算机管理"窗口。

STEP 2　右击"共享文件夹"选项,在弹出的快捷菜单中选择"所有任务"→"配置卷影副本"命令,如图 8-8 所示。

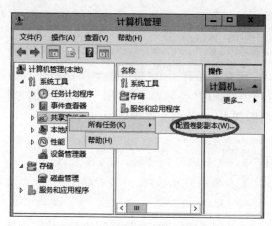

图 8-8　"配置卷影副本"选项

STEP 3　在打开的对话框中"卷影副本"选项卡下,选中要启用"卷影复制"的驱动器(如 C 驱动器),单击"启用"按钮,如图 8-9 所示。接着单击"是"按钮。此时,系统会自动为该磁盘创建第 1 个"卷影副本",也就是将该磁盘内所有共享文件夹内的文件都复制到"卷影副本"存储区内,而且系统默认以后会在星期一至星期五的上午 7:00 与中午 12:00 两个时间点,分别自动添加一个"卷影副本",也就是在这 2 个时间到达时会将所有共享文件夹内的文件复制到"卷影副本"存储区内备用。

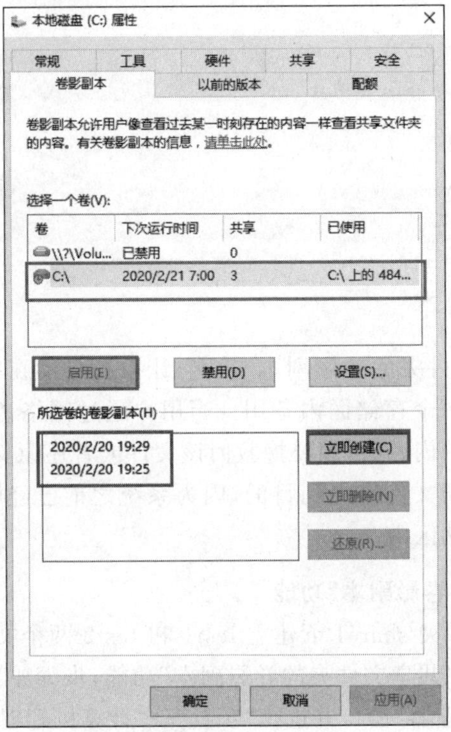

图 8-9　启用卷影副本

提示　用户还可以在资源管理器窗口双击"此电脑"图标按钮,然后右击任意一个磁盘分区,在弹出的快捷菜单中选择"属性"→"卷影副本"命令,同样能启用"共享文件夹的卷影复制"功能。

STEP 4　如图 8-9 所示,C 磁盘已经有 2 个"卷影副本",用户还可以随时单击图中的"立即创建"按钮,自行创建新的"卷影副本"。用户在还原文件时,可以选择在不同时间点所创建的"卷影副本"内的旧文件来还原文件。

注意　"卷影副本"内的文件只可以读取,不可以修改,而且每个磁盘最多只可以有 64 个"卷影副本"。如果达到此限制,则最旧版本的"卷影副本"会被删除。

STEP 5　系统会以共享文件夹所在磁盘的磁盘空间决定"卷影副本"存储区的容量大小,默认配置该磁盘空间的 10% 作为"卷影副本"的存储区,而且该存储区最小需要 100 MB。如果要更改其容量,单击如图 8-9 所示的"设置"按钮,打开如图 8-10 所示的"设置"对话框。然后在"最大值"处更改设置,还可以单击"计划"按钮来更改自动创建"卷影副本"的时间点。用户还可以通过图中的"位于此卷"来更改存储"卷影副本"的磁盘,不过必须在启用"卷影副本"功能前更改,启用后就无法更改了。

2. 客户端访问"卷影副本"内的文件

本例任务：先将 DC1 上的 share1 下面的 test1 删除，再用此前的卷影副本进行还原，测试是否恢复了 test1 文件夹。

STEP 1　在 MS1 上，使用\\DC1 命令，以 DC1 计算机的 administrator 身份连接到 DC1 上的共享文件夹，双击 share1 文件夹，删除 share1 下面的 test1 文件夹。

STEP 2　向上回退到 DC1 根下，右击"share1"文件夹，弹出"share1(\\DC1)属性"对话框，单击选中"以前的版本"选项卡，如图 8-11 所示。

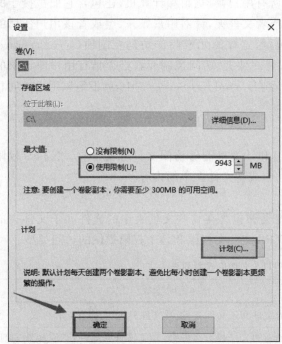

图 8-10　"设置"对话框

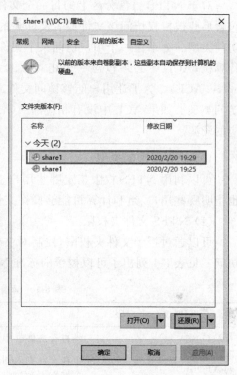

图 8-11　"share1 属性"对话框

STEP 3　选中 share1 文件夹的"2020/2/20/19：29"版本，通过单击"打开"按钮可查看该时间点内的文件夹内容，通过单击"还原"按钮，可以将文件夹还原到该时间点的状态。在此单击"还原"按钮，还原误删除的 test1 文件夹。

STEP 4　打开 share1 文件夹，检查 test1 文件夹是否被恢复。

　　　　如果要还原被删除的文件，可在连接到共享文件夹后，右击文件列表对话框中空白的区域，在弹出的快捷菜单中选择"属性"命令，在打开的对话框中单击选中"以前的版本"选项卡，选择旧版本的文件夹，单击"打开"按钮，然后复制需要还原的文件。

任务 8-4　认识 NTFS 权限

利用 NTFS 权限，可以控制用户帐户和组对文件夹及个别文件的访问。

NTFS 权限只适用于 NTFS 磁盘分区。NTFS 权限不能用于由 FAT 或者 FAT32 文件系统格式化的磁盘分区。

Windows 2016 只为用 NTFS 进行格式化的磁盘分区提供 NTFS 权限。为了保护 NTFS 磁盘分区上的文件和文件夹,要为需要访问该资源的每一个用户帐户授予 NTFS 权限。用户必须获得明确的授权才能访问资源。用户帐户如果没有被组授予权限,它就不能访问相应的文件或者文件夹。不管用户是访问文件还是访问文件夹,也不管这些文件或文件夹是在计算机上还是在网络上,NTFS 的安全性功能都有效。

对于 NTFS 磁盘分区上的每一个文件和文件夹,NTFS 都存储一个远程 ACL。ACL 中包含那些被授权访问该文件或者文件夹的所有用户帐户、组和计算机,还包含它们被授予的访问类型。为了让一个用户访问某个文件或者文件夹,针对用户帐户、组或者该用户所属的计算机,ACL 中必须包含一个相对应的元素,这样的元素叫作访问控制项(access control entry,ACE)。为了让用户能够访问文件或者文件夹,访问控制元素必须具有用户所请求的访问类型。如果 ACL 中没有相应的 ACE 存在,Windows Server 2016 就拒绝该用户访问相应的资源。

1. NTFS 权限的类型

可以利用 NTFS 权限指定哪些用户、组和计算机能够访问文件和文件夹。NTFS 权限也指明哪些用户、组和计算机能够操作文件中或者文件夹中的内容。

(1) NTFS 文件夹权限

可以通过授予文件夹权限,控制对文件夹和包含在这些文件夹中的文件和子文件夹的访问。见表 8-1 列出了可以授予的标准 NTFS 文件夹权限和各个权限提供的访问类型。

8-5 认 识
NTFS 权 限
共享+NTFS

表 8-1　标准 NTFS 文件夹权限列表

NTFS 文件夹权限	允许访问类型
读取(read)	查看文件夹中的文件和子文件夹,查看文件夹属性、拥有人和权限
写入(write)	在文件夹内创建新的文件和子文件夹,修改文件夹属性,查看文件夹的拥有人和权限
列出文件夹内容(list folder contents)	查看文件夹中的文件和子文件夹的名称
读取和运行(read & execute)	遍历文件夹,执行允许"读取"权限和"列出文件夹内容"权限的动作
修改(modify)	删除文件夹,执行"写入"权限和"读取和运行"权限的动作
完全控制(full control)	改变权限,成为拥有人,删除子文件夹和文件,以及执行允许所有其他 NTFS 文件夹权限进行的动作

注 意　　　"只读""隐藏""归档"和"系统文件"等都是文件夹属性,不是 NTFS 权限。

(2) NTFS 文件权限

可以通过授予文件权限,控制对文件的访问。见表 8-2 列出了可以授予的标准 NTFS 文件权限和各个权限提供给用户的访问类型。

表 8-2 标准 NTFS 文件权限列表

NTFS 文件权限	允许访问类型
读取	读文件,查看文件属性、拥有人和权限
写入	覆盖写入文件,修改文件属性,查看文件拥有人和权限
读取和运行	运行应用程序,执行由"读取"权限进行的动作
修改	修改和删除文件,执行由"写入"权限和"读取和运行"权限进行的动作
完全控制	改变权限,成为拥有人,执行允许所有其他 NTFS 文件权限进行的动作

注意　　无论有什么权限保护文件,被准许对文件夹进行"完全控制"的组或用户都可以删除该文件夹内的任何文件。尽管"列出文件夹内容"和"读取和运行"看起来有相同的特殊权限,但这些权限在继承时却有所不同。"列出文件夹内容"可以被文件夹继承而不能被文件继承,并且它只在查看文件夹权限时才会显示。"读取和运行"可以被文件和文件夹继承,并且在查看文件和文件夹权限时始终出现。

2. 多重 NTFS 权限

如果将针对某个文件或者文件夹的权限授予个别用户帐户,同时又授予某个组,而该用户是该组的一个成员,那么该用户就对同样的资源有了多个权限。关于 NTFS 如何组合多个权限,存在一些规则和优先权。除此之外,在复制或者移动文件和文件夹时,对权限也会产生影响。

(1) 权限是累积的

一个用户对某个资源的有效权限是授予这一用户帐户的 NTFS 权限与授予该用户所属组的 NTFS 权限的组合。例如,如果用户 Long 对文件夹 Folder 有"读取"权限,该用户 Long 是某个组 Sales 的成员,而该组 Sales 对该文件夹 Folder 有"写入"权限,那么该用户 Long 对该文件夹 Folder 就有"读取"和"写入"两种权限。

(2) 文件权限超越文件夹权限

NTFS 的文件权限超越 NTFS 的文件夹权限。例如,某个用户对某个文件有"修改"权限,那么即使他对于包含该文件的文件夹只有"读取"权限,他仍然能够修改该文件。

(3) 拒绝权限超越其他权限

8-6 认识 NTFS 权限文件优于文件夹

可以拒绝某用户帐户或者组对特定文件或者文件夹的访问,为此,将"拒绝"权限授予该用户帐户或者组即可。这样,即使某个用户作为某个组的成员具有访问该文件或文件夹的权限,但是因为将"拒绝"权限授予该用户,所以该用户具有的任何其他权限也被阻止了。因此,对于权限的累积规则来说,"拒绝"权限是一个例外。应该避免使用"拒绝"权限,因为允许用户和组进行某种访问比明确拒绝他们进行某种访问更容易做到。应该巧妙地构造组和组织文件夹中的资源,使用各种各样的"允许"权限就足以满足需要,从而可避免使用"拒绝"权限。

例如,用户 Long 同时属于 Sales 组和 Manager 组,文件 File1 和 File2 是文件夹 Folder

下面的两个文件。其中，Long 拥有对 Folder 的读取权限，Sales 拥有对 Folder 的读取和写入权限，Manager 则被禁止对 File2 的写操作。那么 Long 的最终权限是什么？

由于使用了"拒绝"权限，用户 Long 拥有对 Folder 和 File1 的读取和写入权限，但对 File2 只有读取权限。

 注意　在 Windows Server 2016 中，用户不具有某种访问权限和明确地拒绝用户的访问权限，这二者之间是有区别的。"拒绝"权限是通过在 ACL 中添加一个针对特定文件或者文件夹的拒绝元素而实现的。这就意味着管理员还有另一种拒绝访问的手段，而不仅仅是不允许某个用户访问文件或文件夹。

3. 共享文件夹权限与 NTFS 文件系统权限的组合

如何快速有效地控制对 NTFS 磁盘分区上网络资源的访问呢？答案就是利用默认的共享文件夹权限共享文件夹，然后，通过授予 NTFS 权限控制对这些文件夹的访问。当共享的文件夹位于 NTFS 格式的磁盘分区上时，该共享文件夹的权限与 NTFS 权限进行组合，用以保护文件资源。

要为共享文件夹设置 NTFS 权限，可在 DC1 上的共享文件夹（见图 8-2）的属性对话框中单击选中"共享权限"选项卡，即可进行相关权限的设置，如图 8-12 所示。

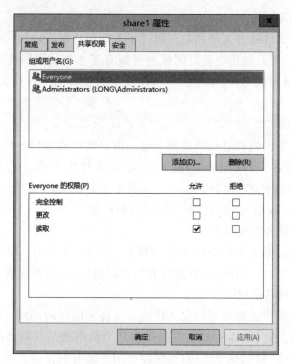

图 8-12　"share1 属性"对话框

共享文件夹权限具有以下几个方面特点。

- 共享文件夹权限只适用于文件夹，而不适用于单独的文件，并且只能为整个共享文件夹设置共享权限，而不能对共享文件夹中的文件或子文件夹进行设置。所以，共享文件夹不如 NTFS 文件系统权限详细。
- 共享文件夹权限并不对直接登录到计算机上的用户起作用，只适用于通过网络连接该文件夹的用户，即共享权限对直接登录到服务器上的用户是无效的。
- 在 FAT/FAT32 系统卷上，共享文件夹权限是保证网络资源被安全访问的唯一方法。原因很简单，就是 NTFS 权限不适用于 FAT/FAT32 卷。
- 默认的共享文件夹权限是读取，并被指定给 Everyone 组。

共享权限分为读取、修改和完全控制。不同权限以及对用户访问能力的控制见表 8-3。

表 8-3　共享文件夹权限列表

权限	允许用户完成的操作
读取	显示文件夹名称、文件名称、文件数据和属性，运行应用程序文件，改变共享文件夹内的文件夹
修改	创建文件夹，向文件夹中添加文件，修改文件中的数据，向文件中追加数据，修改文件属性，删除文件夹和文件，执行"读取"权限所允许的操作
完全控制	修改文件权限，获得文件的所有权执行"修改"和"读取"权限所允许的所有任务，默认情况下，Everyone 组具有该权限

当管理员对 NTFS 权限和共享文件夹的权限进行组合时，结果是组合的 NTFS 权限，或者是组合的共享文件夹权限，哪个范围更窄取哪个。

当在 NTFS 卷上为共享文件夹授予权限时，应遵循以下几个规则。
- 可以对共享文件夹中的文件和子文件夹应用 NTFS 权限。可以对共享文件夹中包含的每个文件和子文件夹应用不同的 NTFS 权限。
- 除共享文件夹权限外，用户必须有该共享文件夹包含的文件和子文件夹的 NTFS 权限，才能访问那些文件和子文件夹。
- 在 NTFS 卷上必须要求 NTFS 权限。默认 Everyone 组具有"完全控制"权限。

任务 8-5　继承与阻止 NTFS 权限

1. 使用权限的继承性

默认情况下，授予父文件夹的任何权限也将应用于包含在该文件夹中的子文件夹和文件。当授予访问某个文件夹的 NTFS 权限时，就将授予该文件夹的 NTFS 权限授予了该文件夹中任何现有的文件和子文件夹，以及在该文件夹中创建的任何新文件和新的子文件夹。

如果想让文件夹或者文件具有不同于它们父文件夹的权限，必须阻止权限的继承性。

8-7 认识 NTFS 权限继承、累加、拒绝优先

2. 阻止权限的继承性

阻止权限的继承，也就是阻止子文件夹和文件从父文件夹继承权限。为了阻止权限的继承，要删除继承来的权限，只保留被明确授予的权限。

被阻止从父文件夹继承权限的子文件夹现在就成为新的父文件夹。包含在这一新的父文件夹中的子文件夹和文件将继承授予它们父文件夹的权限。

以 test2 文件夹为例，若要禁止权限继承，打开该文件夹的"属性"对话框，单击选中"安全"选项卡，依次单击"高级"→"权限"按钮，打开如图 8-13 所示的"test2 高级安全设置"对话框。另外，可以选中某个要阻止继承的权限，单击"禁用继承"按钮，在弹出的"阻止继承"菜

单中选择"将已继承的权限转换为此对象的显示权限"或"从此对象中删除所有已继承的权限"命令。

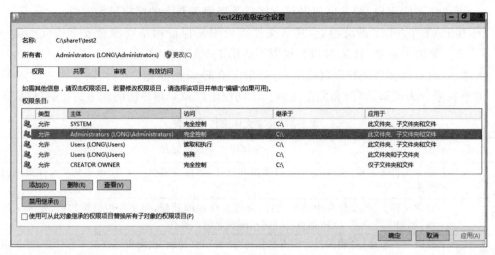

图 8-13　test2 的高级安全设置

任务 8-6　复制和移动文件及文件夹

8-8 复制和
移动文件
及文件夹

1. 复制文件和文件夹

当从一个文件夹向另一个文件夹复制文件或文件夹时,或者从一个磁盘分区向另一个磁盘分区复制文件或文件夹时,这些文件或文件夹具有的权限可能发生变化。

当在单个 NTFS 磁盘分区内或在不同的 NTFS 磁盘分区之间复制文件夹或文件时,文件夹或文件的复件将继承目的地文件夹的权限。

当将文件或文件夹复制到非 NTFS 磁盘分区(如文件分配表 FAT 格式的磁盘分区)时,因为非 NTFS 磁盘分区不支持 NTFS 权限,所以这些文件夹或文件就丢失了它们的 NTFS 权限。

> 　　为了在单个 NTFS 磁盘分区之内或者在 NTFS 磁盘分区之间复制文件和文件夹,必须具有对源文件夹的"读取"权限,并且具有对目的地文件夹的"写入"权限。

2. 移动文件和文件夹

当移动某个文件或文件夹的位置时,针对这些文件或文件夹的权限可能发生变化,这主要依赖于目的地文件夹的权限情况。

当在单个 NTFS 磁盘分区内移动文件夹或文件时,该文件夹或文件保留它原来的权限。

当在 NTFS 磁盘分区之间移动文件夹或文件时,该文件夹或文件将继承目的地文件夹的权限。当在 NTFS 磁盘分区之间移动文件夹或文件时,实际是将文件夹或文件复制到新的位置,然后从原来的位置删除它。

当将文件或文件夹移动到非 NTFS 磁盘分区时,因为非 NTFS 磁盘分区不支持 NTFS 权限,所以这些文件夹和文件就丢失了它们的 NTFS 权限。

为了在单个 NTFS 磁盘分区之内或者多个 NTFS 磁盘分区之间移动文件和文件夹,必须对目的地文件夹具有"写入"权限,并且对于源文件夹具有"修改"权限。之所以要求"修改"权限,是因为移动文件或者文件夹时,在将文件或者文件夹复制到目的地文件夹之后,系统会从源文件夹中删除该文件。

复制和移动文件及文件夹的规则如图 8-14 所示。

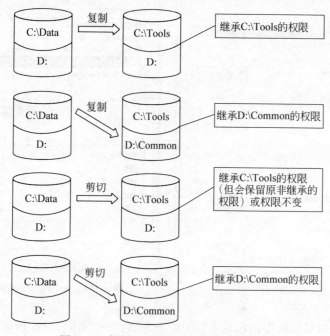

图 8-14　复制和移动文件及文件夹的规则

任务 8-7　利用 NTFS 权限管理数据

在 NTFS 磁盘中,系统会自动设置默认的权限值,并且这些权限会被其子文件夹和文件所继承。为了控制用户对某个文件夹以及该文件夹中的文件和子文件夹的访问,就需指定文件夹权限。不过,要设置文件或文件夹的权限,必须是 Administrators 组的成员、文件或者文件夹的拥有者、具有完全控制权限的用户。

8-9　利用
NTFS 权限
管理数据

需预先在 DC1 上建立 C:\network 文件夹和本地域用户 sales。

1. 授予标准 NTFS 权限

授予标准 NTFS 权限包括授予 NTFS 文件夹权限和 NTFS 文件权限。

(1) NTFS 文件夹权限

STEP 1　打开 DC1 的 Windows 资源管理器窗口,右击要设置权限的文件夹,如 Network,在弹出的快捷菜单中选择"属性"命令,打开"network 属性"对话框,单击选中"安全"选项卡,如图 8-15 所示。

STEP 2　默认已经有一些权限设置,这些设置是从父文件夹(或磁盘)继承来的。例如,在 Administrator 用户的权限中,对勾选中的权限就是继承的权限。

STEP 3 如果要给其他用户指派权限,可单击"编辑"按钮,打开如图 8-16 所示的"network 的权限"对话框。

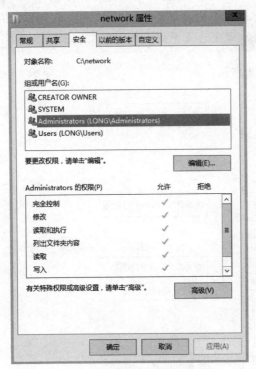

图 8-15 "network 属性"对话框 图 8-16 "network 的权限"对话框

STEP 4 在打开的对话框中依次单击"添加"→"高级"→"立即查找"按钮,从本地计算机上添加拥有对该文件夹访问和控制权限的用户或用户组,如 sales,如图 8-17 所示。

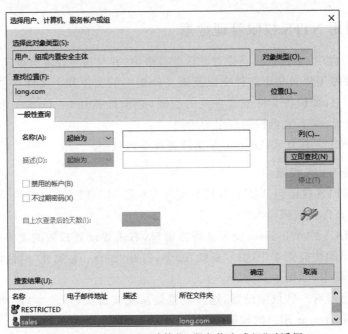

图 8-17 "选择用户、计算机、服务帐户或组"对话框

STEP 5　单击选中 sales 后单击"确定"按钮,拥有对该文件夹访问和控制权限的用户或用户组就被添加到"组或用户名"列表框(见图 8-16)中。注意,如果新添加的用户的权限不是从父项继承的,那么他们所有的权限都可以被修改。

STEP 6　如果不想继承上一层的权限,可参照"任务 8-5　继承与阻止 NTFS 权限"的内容进行修改。这里不再赘述。

(2) NTFS 文件权限

文件权限的设置与文件夹权限的设置类似。要想对 NTFS 文件指派权限,直接在文件上右击鼠标,在弹出的快捷菜单中选择"属性"命令,在打开的属性对话框中单击选中"安全"选项卡,即可为该文件设置相应权限。

2. 授予特殊访问权限

标准的 NTFS 权限通常能提供足够的能力,用于控制对用户的资源的访问,以保护用户的资源。但是,如果需要更为特殊的访问级别,就可以使用 NTFS 的特殊访问权限。

STEP 1　在文件或文件夹属性对话框中的"安全"选项卡中(如 network),单击"高级"按钮并在打开的"network 的高级安全设置"对话框中单击选中"权限"选项卡,在打开的对话框中选中 sales 选项,如图 8-18 所示。

图 8-18　"network 的高级安全设置"对话框

STEP 2　单击"编辑"按钮,打开如图 8-19 所示的"network 的权限项目"对话框,可以更精确地设置 sales 用户的权限。其中"显示基本权限"和"显示高级权限"在单击后交替出现。

特殊访问权限有 14 项,把它们组合在一起就构成了标准的 NTFS 权限。例如,标准的"读取"权限包含"列出文件夹/读取数据""读取属性""读取权限"及"读取扩展属性"等特殊

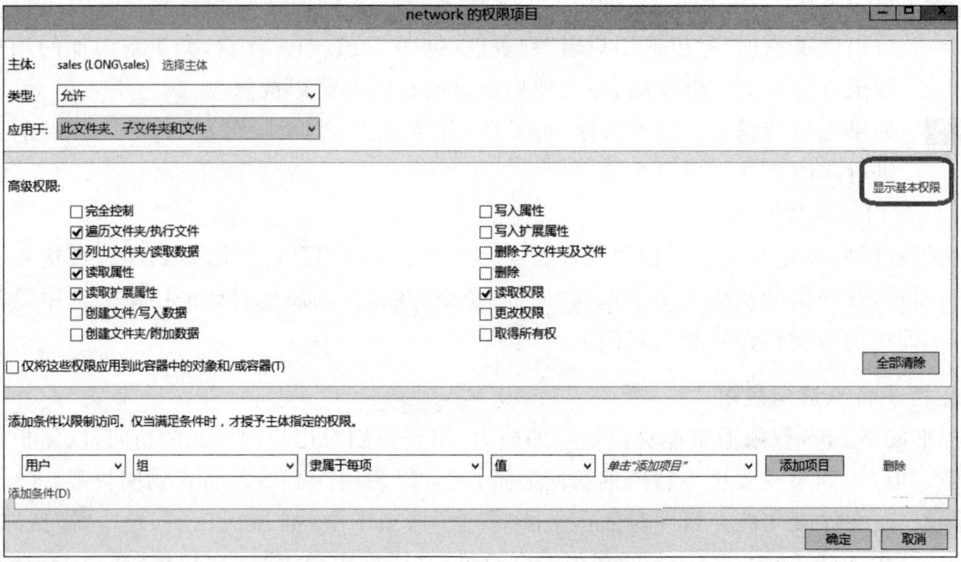

图 8-19　"network 的权限项目"对话框

访问权限。

其中有 2 个特殊访问权限对于管理文件和文件夹的访问来说特别有用。

（1）更改权限

如果为某用户授予这一权限，该用户就具有了针对文件或者文件夹修改权限的能力。

可以将针对某个文件或者文件夹修改权限的能力授予其他管理员和用户，但是不授予他们对该文件或者文件夹的"完全控制"权限。通过这种方式，这些管理员或用户就不能删除或者写入该文件或文件夹，但是可以为该文件或者文件夹授权。

为了将修改权限的能力授予管理员，将针对该文件或文件夹的"更改权限"的权限授予 Administrators 组即可。

（2）取得所有权

如果为某用户授予这一权限，该用户就具有了取得文件和文件夹的所有权的能力。

可以将文件和文件夹的拥有权从一个用户帐户或者组转移到另一个用户帐户或者组，也可以将"所有者"权限给予某个人。而作为管理员，也可以取得某个文件或者文件夹的所有权。

对于取得某个文件或者文件夹的所有权来说，需要应用下述规则。

- 当前的拥有者或者具有"完全控制"权限的任何用户，可以将"完全控制"这一标准权限或者"取得所有权"这一特殊访问权限授予另一个用户帐户或者组。这样，该用户帐户或者该组的成员就能取得所有权。

- Administrators 组的成员可以取得某个文件或者文件夹的所有权，而不管为该文件夹或者文件授予了怎样的权限。如果某个管理员取得了所有权，则 Administrators 组也取得了所有权。因而该管理员组的任何成员都可以修改针对该文件或者文件夹的权限，并且可以将"取得所有权"这一权限授予另一个用户帐户或者组。例如，如果某个雇员离开了原来的公司，某个管理员即可取得该雇员的文件的所有权，将

"取得所有权"这一权限授予另一个雇员,然后这一雇员就取得了前一雇员的文件的所有权。

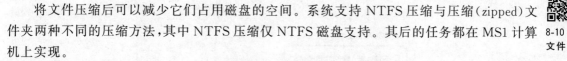

为了成为某个文件或者文件夹的拥有者,具有"取得所有权"这一权限的某个用户或者组的成员必须明确地获得该文件或者文件夹的所有权。不能自动将某个文件或者文件夹的所有权授予任何一个人。文件的拥有者、管理员组的成员,或者任何一个具有"完全控制"权限的人都可以将"取得所有权"权限授予某个用户帐户或者组,这样就使他们获得了所有权。

任务 8-8　压缩文件

将文件压缩后可以减少它们占用磁盘的空间。系统支持 NTFS 压缩与压缩(zipped)文件夹两种不同的压缩方法,其中 NTFS 压缩仅 NTFS 磁盘支持。其后的任务都在 MS1 计算机上实现。

8-10　压缩文件

1. NTFS 压缩

STEP 1　对 NTFS 磁盘内的文件压缩的方法为,右击该文件,在弹出的快捷菜单中,选择"属性"命令并在打开的对话框中的"常规"选项卡中单击"高级"按钮,在打开的对话框中选中"压缩内容以便节省磁盘空间"选项,如图 8-20 所示。

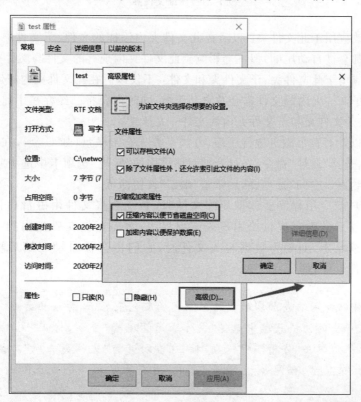

图 8-20　压缩文件

STEP 2　若要压缩文件夹，右击该文件夹，在弹出的快捷菜单中选择"属性"命令并在打开的对话框中的"常规"选项卡中单击"高级"按钮，在打开的对话框中选中"压缩内容以便节省磁盘空间"选项，单击"确定"按钮，如图 8-21 所示。

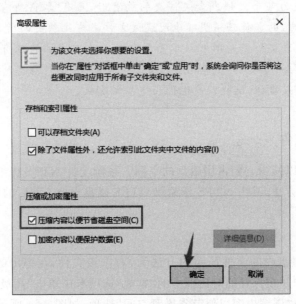

图 8-21　压缩文件夹

- 仅将更改应用于此文件夹：以后在此文件夹内添加的文件、子文件夹与子文件夹内的文件都会被自动压缩，但不会影响到此文件夹内现有的文件与文件夹。
- 将更改应用于此文件夹、子文件夹和文件：不仅以后在此文件夹内新建的文件、子文件夹与子文件夹内的文件都会被自动压缩，同时也会将已经存在于此文件夹内的现有文件、子文件夹与子文件夹内的文件一并压缩。

STEP 3　也可以针对整个磁盘进行压缩，方法是首先右击磁盘（如 C 盘），在弹出的快捷菜单中，选择"属性"命令，在打开的对话框中的"常规"选项卡中选中"压缩此驱动器以节约磁盘空间"选项，然后单击"确定"按钮即可。

STEP 4　当用户或应用程序要读取压缩文件时，系统会将文件由磁盘内读出并自动将解压缩后的内容提供给用户或应用程序，然而存储在磁盘内的文件仍然是处于压缩状态；而要将数据写入文件时，它们也会被自动压缩后再写入磁盘内的文件。

提示

可以将压缩或加密的文件以不同的颜色来显示，方法为右击"开始"菜单按钮，在弹出的快捷菜单中选择"文件资源管理器"命令，打开"文件资源管理器"窗口，依次单击"查看"→"选项"按钮，在打开的"文件夹选项"对话框单击选中"查看"选项卡，如图 8-22 所示，选中"用彩色显示加密或压缩的 NTFS 文件"选项。

图 8-22　"文件夹选项"对话框

2. 文件复制或剪切时压缩属性的变化

当 NTFS 磁盘内的文件被复制或搬移到另一个文件夹后，其压缩属性的变化如图 8-23 所示。

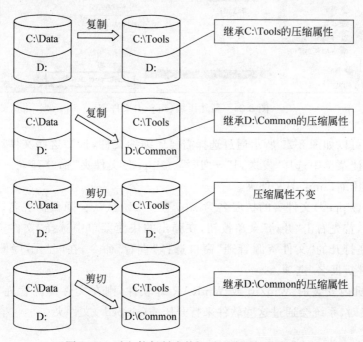

图 8-23　对文件复制或剪切时压缩属性的变化

3. 压缩的(zipped)文件夹

无论是 FAT、FAT32、exFAT、NTFS 或 ReFS 磁盘内都可以建立压缩(zipped)文件夹，在利用文件资源管理器建立压缩(zipped)文件夹后，被复制到此文件夹内的文件都会被自动压缩。

可以在不需要自行解压缩的情况下，直接读取压缩(zipped)文件夹内的文件，甚至可以直接执行其中的程序。压缩文件夹的文件夹名的扩展名为.zip，它可以被 WinZip、WinRAR 等文件压缩工具程序解压缩。

STEP 1　打开"文件资源管理器"窗口，双击 network 文件夹，在打开的 network 窗口右侧的空白处右击，在弹出的快捷菜单中选择"新建"→"压缩(zipped)文件夹"命令来新建压缩(zipped)文件夹，如图 8-24 所示。

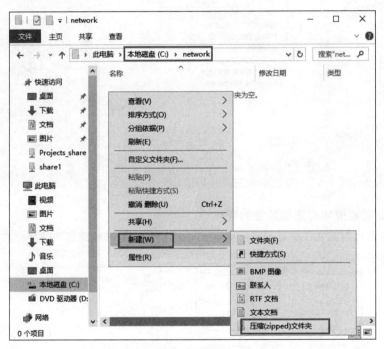

图 8-24　新建压缩(zipped)文件夹

STEP 2　您也可以如图 8-25 所示通过选择需要压缩的文件，选中这些文件后右击，在弹出的快捷菜单中选择"发送到"→"压缩 (zipped)文件夹"命令建立一个保存这些文件的压缩(zipped)文件夹。

STEP 3　压缩(zipped)文件夹的扩展名为.zip，不过系统默认会隐藏扩展名，如果要显示扩展名，首先右击"开始"菜单按钮，在弹出的快捷菜单中选择"文件资源管理器"命令，在打开的"文件资源管理"窗口选择"查看"命令，在"显示/隐藏"选项区选中"文件扩展名"选项。

如果计算机内安装有 WinZip 或 WinRAR 等软件，则在文件资源管理器中双击压缩(zipped)文件夹时，系统会通过这些软件来打开压缩(zipped)文件夹。

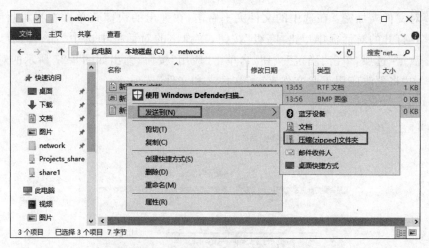

图 8-25　将多个文件发送到压缩(zipped)文件夹

任务 8-9　加密文件系统

加密文件系统(Encrypting File System，EFS)提供文件加密的功能，文件经过加密后，只有当初将其加密的用户或被授权的用户能够读取，因此可以增加文件的安全性。只有 NTFS 磁盘内的文件、文件夹才可以被加密，如果将文件复制或剪切到非 NTFS 磁盘内，则此新文件会被解密。

文件压缩与加密无法并存。要加密已压缩的文件，则该文件会自动被解压缩。要压缩已加密的文件，则该文件会自动被解密。

1. 对文件与文件夹加密

8-11 加密文件系统(一)

STEP 1　对文件加密：右击该文件，在弹出的快捷菜单中选择"属性"命令并在打开的对话框中单击"高级"按钮，在弹出的"高级属性"对话框中选中"加密内容以便保护数据"选项，单击"确定"按钮，再单击"应用"按钮，在弹出的"加密警告"对话框中选中"加密文件及其父文件夹(推荐)"选项，或选中"只加密文件"选项。如果选择加密文件及其父文件夹，则以后在此文件夹内新添加的文件都会自动被加密，如图 8-26 所示。

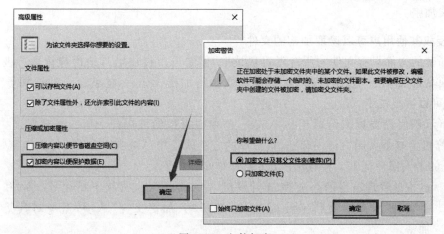

图 8-26　文件加密

STEP 2 对文件夹加密：在选中的文件夹上右击，在弹出的快捷菜单中选择"属性"命令并在打开的对话框中单击"高级"按钮，在弹出的对话框中选中"加密内容以便保护数据"选项，单击"确定"按钮，再单击"应用"按钮，弹出如图 8-27 所示的对话框，选中"将更改应用于此文件夹、子文件夹和文件"选项。

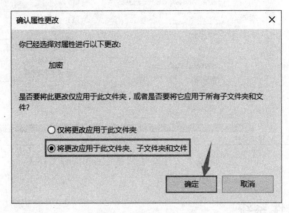

图 8-27　确认属性更改

- 仅将更改应用于此文件夹：以后在此文件夹内添加的文件、子文件夹与子文件夹内的文件都会被自动加密，但不会影响此文件夹内现有的文件与文件夹。
- 将更改应用于此文件夹、子文件夹和文件：不但以后在此文件夹内新增加的文件、子文件夹与子文件夹内的文件都会被自动加密，同时会将已经存在于此文件夹内的现有文件、子文件夹与子文件夹内的文件都一并加密。

当用户或应用程序需要读取加密文件时，系统会将文件由磁盘内读出、自动将解密后的内容提供给用户或应用程序，然而存储在磁盘内的文件仍然是处于加密状态；而要将数据写入文件时，它们也会被自动加密后再写入磁盘内的文件。

如果将一个未加密文件剪切或复制到加密文件夹，该文件会被自动加密。当将一个加密文件剪切或复制到非加密文件夹时，该文件仍然会保持其加密的状态。

利用 EFS 加密的文件，只有存储在硬盘内才会被加密，在通过网络传输的过程中是没有加密的。如果希望通过网络传输时仍然保持加密的安全状态，可以通过 IPSec 或 WebDev 等方式来加密。

2. 授权其他用户可以读取加密的文件

被加密的文件只有文件的所有者可以读取，但是可以授权给其他用户读取。被授权的用户必须具备 EFS 证书，而普通用户在第 1 次执行加密操作后，他就会自动被赋予 EFS 证书，也就可以被授权了。

以下示例假设要授权给域用户 Alice。但要想授权给域用户 Alice，必须保证 Alice 在 MS1 计算机上有个人用户证书存在，最简单的方法就是用 Alice 对某个文件夹加密，从而生成 Alice 的个人用户证书。授权给 Alice 的完整步骤如下。

8-12 加密文件系统(二)

STEP 1 以本地管理员身份登录 MS1 计算机，在 network 文件夹下新建 test-ad 和 test 两个文件，单独对文件 test-ad 加密，选择"只加密文件"选项，避免对其父文件夹加密。

STEP 2　注销 MS1,以域用户 Alice 登录 MS1,在 network 下新建文件夹 test-al,单独对该文件夹加密。加密后的文件和文件夹以彩色显示,如图 8-28 所示。

图 8-28　被不同用户加密后的文件和文件夹

STEP 3　分别访问 test 和 test-ad 两个文件,由于 test 文件没有加密,所以能正常访问,但 test-ad 文件由于被 administrator 用户加密而拒绝访问。

STEP 4　注销 MS1,以本地管理员身份登录 MS1 计算机,将 test-ad 文件的解密授权给用户 Alice。步骤为:右击 test-ad 文件,在弹出的快捷菜单中选择"属性"命令,在打开的对话框中单击"高级"按钮,接下来如图 8-29 所示依次单击"详细信息"→"添加"→"查找用户"按钮,选择用户 Alice 选项,单击"确定"按钮。

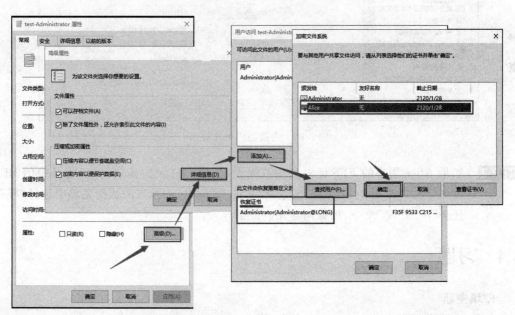

图 8-29　添加 Alice 个人证书

STEP 5　注销 MS1,以域用户 Alice 身份登录 MS1 计算机,访问 test-ad 文件,能正常访问。

STEP 6　具备恢复证书的用户也可以访问被加密的文件。默认只有域 Administrator 拥有恢复证书(由图 8-29 的中间图下方的恢复证书处可看出),不过可以通过组策略或本地策略将恢复证书分配给其他用户,以本地策略为例,其设置方法为,在"服务器管理器"窗口中选择"工具"→"本地安全策略"→"公钥策略"命令,展开"公钥策略"子树,右击"加密文件系统"项,在弹出的快捷菜单中选择"添加数据恢复代理程序"命令。

3. 备份 EFS 证书

为了避免 EFS 证书丢失或损毁,造成文件无法读取的后果,因此建议利用证书管理控制台来备份 EFS 证书,其步骤如下。

STEP 1 在"开始"菜单的"运行"对话框中执行 certmgr.msc 命令,展开"个人"→"证书"节点,右击"预期目的"为"加密文件系统"的证书,在弹出的快捷菜单中选择"所有任务"→"导出"命令,在打开的对话框中单击"下一步"按钮,接下来选中"是,导出私钥"选项,单击"下一步"按钮,选择默认的 .pfk 格式,选择"组或用户名"选项,也可以设置密码(以后只有该用户有权导入,否则需要输入此处的密码),如图 8-30 所示。建议将此证书文件备份到另外一个安全的地方。如果有多个 EFS 证书,请全部导出存档。

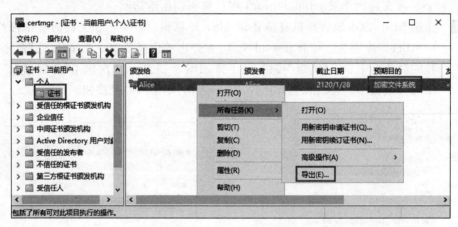

图 8-30   当前用户个人证书

STEP 2 如果 Alice 用户的 EFS 证书丢失或损毁,造成文件无法读取,可以将备份的 EFS 证书导入。在图 8-30 中,右击左侧的"证书"节点,在弹出的快捷菜单中选择"所有任务"→"导入"命令,根据向导完成证书导入。

8.4 习题

1. 填空题

(1)可供设置的标准 NTFS 文件权限有_____、_____、_____、_____、_____、_____。

(2)Windows Server 2016 系统通过在 NTFS 文件系统下设置_____,限制不同用户对文件的访问级别。

(3)相对于以前的 FAT、FAT32 文件系统来说,NTFS 文件系统的优点包括可以对文件设置_____、_____、_____、_____。

（4）创建共享文件夹的用户必须属于_____、_____、_____等用户组的成员。

（5）在网络中可共享的资源有_____和_____。

（6）要设置隐藏共享，需要在共享名的后面加_____符号。

（7）共享权限分为_____、_____和_____3 种。

2. 判断题

（1）在 NTFS 文件系统下，可以对文件设置权限；而在 FAT 和 FAT32 文件系统中只能对文件夹设置共享权限，不能对文件设置权限。　　　　　　　　　　　　　（　　）

（2）通常在管理系统中的文件时，要由管理员给不同用户设置访问权限，普通用户不能设置或更改权限。　　　　　　　　　　　　　　　　　　　　　　　　　　（　　）

（3）NTFS 文件压缩必须在 NTFS 文件系统下进行，离开 NTFS 文件系统时，文件将不再压缩。　　　　　　　　　　　　　　　　　　　　　　　　　　　　　　　（　　）

（4）磁盘配额的设置不能限制管理员帐户。　　　　　　　　　　　　　　（　　）

（5）将已加密的文件复制到其他计算机后，以管理员帐户登录就可以打开了。（　　）

（6）文件加密后，除加密者本人和管理员帐户外，其他用户无法打开此文件。（　　）

（7）对于加密的文件不可执行压缩操作。　　　　　　　　　　　　　　　（　　）

3. 简答题

（1）简述 FAT、FAT32 和 NTFS 文件系统的区别。

（2）重装 Windows Server 2016 后，原来加密的文件为什么无法打开？

（3）特殊权限与标准权限的区别是什么？

（4）如果一位用户拥有某文件夹的 Write 权限，而且是对该文件夹拥有 Read 权限的组成员，那么该用户对该文件夹的最终权限是什么？

（5）如果某员工离开公司，怎样将他或她的文件所有权转给其他员工？

（6）如果一位用户拥有某文件夹的 Write 权限和 Read 权限，但被拒绝对该文件夹内某文件有 Write 权限，该用户对该文件的最终权限是什么？

8.5　实训项目　管理文件系统与共享资源

1. 实训目的

- 掌握设置共享资源和访问共享资源的方法。
- 掌握卷影副本的使用方法。
- 掌握使用 NTFS 控制资源访问的方法。
- 掌握使用文件系统加密文件的方法。
- 掌握压缩文件的方法。

2. 项目环境

其网络拓扑图如图 8-31 所示。

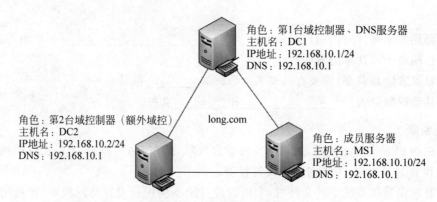

图 8-31 使用 NTFS 控制资源访问网络拓扑图

3. 项目要求

完成以下各项任务。

（1）在 DC1 上设置共享资源\test。

（2）在 MS1 上使用多种方式访问网络共享资源。

（3）在 DC1 上设置卷影副本，在 MS1 上使用卷影副本恢复误删除的内容。

（4）观察共享权限与 NTFS 文件系统权限组合后的最终权限。

（5）设置 NTFS 权限的继承性。

（6）观察复制和移动文件夹后 NTFS 权限的变化情况。

（7）利用 NTFS 权限管理数据。

（8）加密特定文件或文件夹。

（9）压缩特定文件或文件夹。

4. 做一做

根据实训项目录像进行项目的实训，检查学习效果。

第 9 章
配置与管理基本磁盘
和动态磁盘

项目背景

    Windows Server 2016 的存储管理无论是技术上还是功能上，都比以前的 Windows 版本有了很多改进和提高，磁盘管理提供了更好的管理界面和性能。

    学好基本磁盘和动态磁盘的配置与管理，学好为用户分配磁盘配额，是对一个网络管理员最基础的要求。

项目目标

- 掌握磁盘的基本知识
- 掌握基本磁盘管理的方法
- 掌握动态磁盘管理的方法
- 掌握磁盘配额管理的方法
- 掌握常用的磁盘管理命令

9.1　磁盘基本知识

    在数据能够被存储到磁盘之前，该磁盘必须被分割成一个或数个磁盘分区（partition），如图 9-1 所示，一个磁盘（一块硬盘）被分割为 3 个磁盘分区。

    在磁盘内有一个被称为磁盘分区表（partition table）的区域，用来存储磁盘分区的相关数据，例如每一个磁盘分区的起始地址、结束地址、是否为活动（active）的磁盘分区等信息。

9.1.1　MBR 磁盘与 GPT 磁盘

    磁盘按分区表的格式可以分为主引导记录（Master Boot Record，MBR）磁盘与 GPT 磁盘两种磁盘格式（style）。

- MBR 磁盘：使用的是旧的传统磁盘分区表格式，其磁盘分区表存储在 MBR 内（master boot record，如图 9-2 左半部分所

磁盘

磁盘分区1

磁盘分区2

磁盘分区3

图 9-1　磁盘被分割
为 3 个分区

9-1 认识基
本磁盘

示）。MBR 位于磁盘最前端，计算机启动时，使用传统 BIOS（基本输入输出系统，是固化在计算机主板上一个 ROM 芯片上的程序）的计算机，其 BIOS 会先读取 MBR，并将控制权交给 MBR 内的程序代码，然后由此程序代码来继续后续的启动工作。MBR 磁盘所支持的硬盘最大容量为 2.2 TB（1TB＝1024GB）。

- GPT 磁盘：一种新的磁盘分区表格式，其磁盘分区表存储在全局唯一标识分区表（GUID Partition Table，GPT）内，如图 9-2 右半部分所示。它位于磁盘的前端，而且它有主分区表与备份分区表，可提供容错功能。使用新式 UEFI BIOS 的计算机，其 BIOS 会先读取 GPT，并将控制权交给 GPT 内的程序代码，然后由此程序代码来继续后续的启动工作。GPT 磁盘所支持的硬盘可以超过 2.2TB。

图 9-2　MBR 磁盘与 GPT 磁盘

可以利用图形接口的磁盘管理工具或 Diskpart 命令将空的 MBR 磁盘转换成 GPT 磁盘或将空的 GPT 磁盘转换成 MBR 磁盘。

①为了兼容起见，GPT 磁盘内提供了 Protective MBR 分区，让仅支持 MBR 的程序仍然可以正常运行。②可以在 BIOS 设置工具里设置采用何种启动模式，如图 9-3 所示。

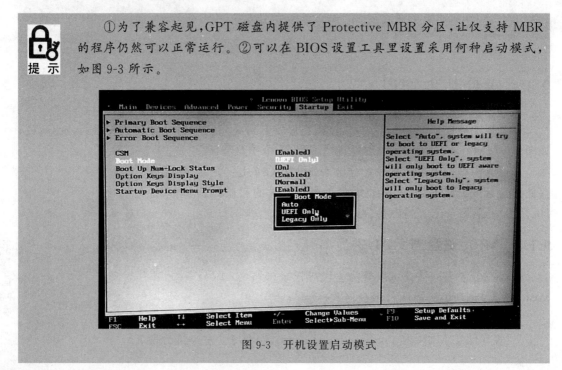

图 9-3　开机设置启动模式

9.1.2　认识基本磁盘

Windows 系统又将磁盘分为基本磁盘与动态磁盘两种类型。

- 基本磁盘：旧式的传统磁盘系统，新安装的硬盘默认是基本磁盘。
- 动态磁盘：它支持多种特殊的磁盘分区，其中有的可以提高系统访问效率、有的可以提供容错功能、有的可以扩大磁盘的使用空间。

下面先介绍基本磁盘。

1. 主要与扩展磁盘分区

基本磁盘是旧式的传统磁盘系统，新安装的硬盘默认是基本磁盘。在数据能够被存储到基本磁盘之前，该磁盘必须被分割成一个或多个磁盘分区，而磁盘分区分为以下两种。

- 主分区：可以用来启动操作系统。计算机启动时，MBR 或 GPT 内的程序代码会到活动的主分区内读取与执行启动程序代码，然后将控制权交给此启动程序代码来启动相关的操作系统。
- 扩展磁盘分区：只能用来存储文件，无法用来启动操作系统，也就是说 MBR 或 GPT 内的程序代码不会到扩展磁盘分区内读取与执行启动程序代码。

一个 MBR 磁盘内最多可建立 4 个主分区，或最多 3 个主分区加上 1 个扩展磁盘分区（图 9-4 左半部分）。每一个主分区都可以被赋予一个驱动器号，如 C、D 等。扩展磁盘分区内可以建立多个逻辑驱动器。基本磁盘内的每一个主分区或逻辑驱动器又被称为基本卷（basic volume）。

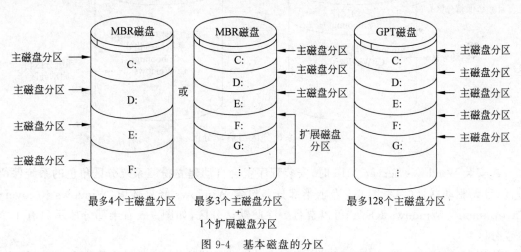

图 9-4　基本磁盘的分区

卷是由一个或多个磁盘分区所组成的，我们在后面介绍动态磁盘时会介绍包含多个磁盘分区的卷。

Windows 系统的一个 GPT 磁盘内最多可以建立 128 个主分区（图 9-4 右半部分），而每一个主分区都可以被赋予一个驱动器号（最多只有 A～Z 共 26 个驱动器号可用）。由于可有 128 个主分区，因此 GPT 磁盘不需要扩展磁盘分区。大于 2.2 TB 的磁盘分区需使用 GPT 磁盘。较旧版的 Windows 系统（例如 Windows 2000、32 位 Windows XP 等）无法识别

GPT 磁盘。

2. 活动卷与系统卷

Windows 系统又将磁盘区分为启动分区（boot volume）与系统分区（system volume）两种。

- 启动分区：它是用来存储 Windows 操作系统文件的磁盘分区。操作系统文件通常是存放在 Windows 文件夹内，此文件夹所在的磁盘分区就是启动分区，如图 9-4 所示的 MBR 磁盘所示，其左半部与右半部的"C:"磁盘驱动器都是存储系统文件（Windows 文件夹）的磁盘分区，所以它们都是启动分区。启动分区可以是主分区或扩展磁盘分区内的逻辑驱动器。

- 系统分区：如果将系统启动的程序分为两个阶段来看，系统分区就是用于存储第 1 阶段所需要的启动文件（如 Windows 启动管理器 bootmgr）。系统利用其中存储的启动信息，就可以到启动分区的 Windows 文件夹内读取启动 Windows 系统所需的其他文件，然后进入第 2 阶段的启动程序。如果计算机内安装了多套 Windows 操作系统，系统分区内的程序也会负责显示操作系统列表来供用户选择。

如图 9-5 左半部分所示的系统保留分区与右半部分所示的"C:"分区都是系统分区，其中右半部因为只有一个磁盘分区，启动文件与 Windows 文件夹都存储在此处，故它既是系统分区也是启动分区。

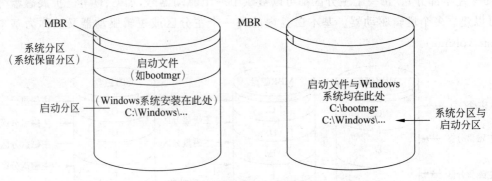

图 9-5　系统分区与启动分区

在安装 Windows Server 2016 时，安装程序就会自动建立扮演系统分区角色的系统保留分区，且无驱动器号（参考图 9-5 左上半部分），包含 Windows 修复环境（Windows Recovery Environment，Windows RE）。可以自行删除此默认分区，如图 9-5 右半部分所示只有 1 个磁盘分区。

使用 UEFI BIOS 的计算机可以选择 UEFI 模式或传统模式（以下将其称为 BIOS 模式）方式来启动 Windows Server 2016。若是 UEFI 模式，则启动磁盘需为 GPT 磁盘，且此磁盘最少需要 3 个 GPT 磁盘分区（见图 9-6）。

- EFI 系统分区（EFI system partition，ESP）：其文件系统为 FAT32，可用来存储 BIOS/OEM 厂商所需要的文件、启动操作系统所需要的文件（UEFI 的前版被称为 EFI）、Windows 修复环境（Windows RE ）等。

- 微软保留分区（Microsoft Reserved Partition，MSR）：保留供操作系统使用的区域。

若磁盘的容量少于 16GB,此区域占用约 32MB;若磁盘的容量大于或等于 16GB,则此区域占用约 128MB。

- Windows 磁盘分区:其文件系统为 NTFS,用来存储 Windows 操作系统文件的磁盘分区。操作系统文件通常放在 Windows 文件夹内。

在 UEFI 模式之下,如果是将 Windows Server 2016 安装到一个空硬盘,则除了以上 3 个磁盘分区外,安装程序还会自动多建立一个恢复分区,如图 9-7 所示,它将 Windows RE 与 EFI 系统分区分成两个磁盘分区,存储 Windows RE 的恢复分区的容量约 300MB,此时的 EFI 系统分区容量约 100MB。

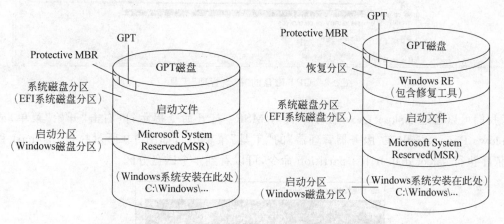

图 9-6　UEFI 模式启动下的 GPT 磁盘　　图 9-7　UEFI 模式下安装 Windows Server 2016 的 GPT 磁盘分区情况

若是数据磁盘,则至少需要一个 MSR 与一个用来存储数据的磁盘分区。UEFI 模式的系统虽然也可以使用 MBR 磁盘,但 MBR 磁盘只能够当作数据磁盘,无法作为启动磁盘。

①在安装 Windows Server 2016 前,可能需要先进入 BIOS 内指定以 UEFI 模式工作,例如将通过 DVD 来启动计算机的方式改为 UEFI,否则可能会以传统 BIOS 模式工作,而不是 UEFI 模式。②在 UEFI 模式下安装 Windows Server 2016 完成后,系统会自动修改 BIOS 设置,并将其改为优先通过 Windows Boot Manager 来启动计算机。

如果硬盘内已经有操作系统,且此硬盘是 MBR 磁盘,则必须先删除其中的所有磁盘分区,然后再将其转换为 GPT 磁盘,其方法为:在安装过程中通过选择"修复计算机"选项进入"命令提示符"工作模式,然后执行 diskpart 程序,接着依序执行 select disk 0、clean、convert gpt 命令即可。

在文件资源管理器中看不到系统保留分区、恢复分区、EFI 系统分区与 MSR 等磁盘分区。在 Windows 系统内置的磁盘管理工具"磁盘管理"内看不到 MBR、GPT、Protective MBR 等特殊信息,虽然可以看到系统保留分区(MBR 磁盘)、恢复分区与 EFI 系统分区等磁盘分区,但还是看不到 MSR,如图 9-8 所示的磁盘为 GPT 磁盘,从中可以看到恢复分区与 EFI 系统分区(当然还有 Windows 磁盘分区),但看不到 MSR。

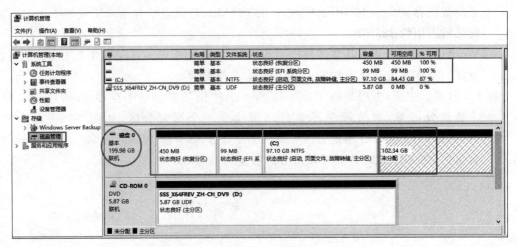

图 9-8　GPT 磁盘的"磁盘管理"工具

我们可以通过 diskpart.exe 程序来查看 MSR：打开命令提示符（右击"开始"菜单）或 Windows PowerShell（在"服务器管理器"的"工具"菜单中），如图 9-9 所示执行 diskpart 程序，依序执行 select disk 0、list partition 命令，可以看到 4 个磁盘分区。

图 9-9　使用 diskpart 程序查看磁盘分区

9-2 认识动态磁盘

9.1.3　认识动态磁盘

动态磁盘使用卷（Volume）来组织空间，使用方法与基本磁盘分区相似。动态磁盘卷可建立在不连续的磁盘空间上，且空间大小可以动态地变更。动态卷的创建数量也不受限制。在动态磁盘中可以建立多种类型的卷，以提供高性能的磁盘存储能力。

1. RAID 技术简介

如何增加磁盘的存取速度，如何防止数据因磁盘故障而丢失，如何有效地利用磁盘空间，这些问题一直困扰着计算机专业人员和用户。RAID 技术的产生一举解决了这些问题。

RAID 技术通过把多个磁盘组成一个阵列，当作单一磁盘使用。它将数据以分段（Striping）的方式储存在不同的磁盘中，存取数据时，阵列中的相关磁盘一起动作，从而大幅减少了数据的存取时间,同时有更佳的空间利用率。依据磁盘阵列所利用的不同的技术,将RAID 分为不同的级别。不同的级别针对不同的系统及应用,以解决数据访问性能和数据安全的问题。

RAID 技术的实现可以分为硬件实现和软件实现两种。现在很多操作系统,如Windows NT 以及 UNIX 等都提供软件 RAID 技术,性能略低于硬件 RAID,但成本较低,配置管理也非常简单。目前 Windows Server 2016 支持的 RAID 级别包括 RAID 0、RAID 1、RAID 4 和 RAID 5。

- RAID 0:通常被称作"条带",它是面向性能的分条数据映射技术。这意味着被写入阵列的数据被分割成条带,然后被写入阵列中的磁盘成员,从而允许低费用的高效I/O 性能,但是不提供冗余性。
- RAID 1:称为"磁盘镜像"。通过在阵列中的每个成员磁盘上写入相同的数据来提供冗余性。由于镜像的简单性和高度的数据可用性,目前仍然很流行。RAID 1 提供了极佳的数据可靠性,并提高了读取任务繁重程序的执行性能,但是它的相对费用也较高。
- RAID 4:使用集中到单个磁盘驱动器上的奇偶校验来保护数据,更适合事务性的 I/O而不是大型文件传输。专用的奇偶校验磁盘同时带来了固有的性能瓶颈。
- RAID 5:是目前使用最普遍的 RAID 类型。通过在某些或全部阵列成员磁盘驱动器中分布奇偶校验,RAID 5 避免了 RAID 4 中固有的写入瓶颈。唯一的性能瓶颈是奇偶计算进程。与 RAID 4 一样,其结果是非对称性能,读取大幅超过写入性能。

2. 动态磁盘卷类型

动态磁盘提供了更好的磁盘访问性能以及容错等功能。可以将基本磁盘转换为动态磁盘,而不损坏原有的数据。动态磁盘若要转换为基本磁盘,则必须先删除原有的卷。

在转换磁盘之前需要关闭这些磁盘上运行的程序。如果转换启动盘,或者要转化的磁盘中的卷或分区正在使用,则必须重新启动计算机才能成功转换。转换过程如下。

① 关闭所有正在运行的应用程序,打开"计算机管理"窗口中的"磁盘管理"窗口,在右窗格的底端,右击要升级的基本磁盘,在弹出的快捷菜单中选择"转换到动态磁盘"命令。

② 在打开的对话框中,可以选择多个磁盘一起升级。选好之后,单击"确定"按钮,然后单击"转换"按钮即可。

Windows Server 2016 中支持的动态卷包括以下几类。

- 简单卷(Simple Volume):与基本磁盘的分区类似,只是其空间可以扩展到非连续的空间上。
- 跨区卷(Spanned Volume):可以将多个磁盘(至少 2 个,最多 32 个)上的未分配空间合成一个逻辑卷。使用时先写满一部分空间,再写入下一部分空间。
- 带区卷(Striped Volume):又称条带卷 RAID 0,将 2~32 个磁盘空间上容量相同的空间组合成一个卷,写入时将数据分成 64 KB 大小相同的数据块,同时写入卷的每个磁盘成员的空间上。带区卷提供最好的磁盘访问性能,但是带区卷不能被扩展或镜像,并且没有容错功能。
- 镜像卷(Mirrored Volume):又称为 RAID 1 技术,是将两个磁盘上相同尺寸的空间建立为镜像,有容错功能,但空间利用率只有 50%,实现成本相对较高。

- 带奇偶校验的带区卷：采用 RAID 5 技术，每个独立磁盘进行条带化分割、条带区奇偶校验，校验数据平均分布在每块硬盘上。容错性能好，应用广泛，需要 3 个以上磁盘。其平均实现成本低于镜像卷。

9.2 项目设计及准备

1. 项目设计

本项目所有实例都部署在如图 9-10 所示的环境下。DC1、MS1 和 MS2 是 3 台虚拟机。注意：为了不受外部环境影响，3 台虚拟机的网络连接方式设置为"仅主机模式"。本项目只用到 MS1 和 MS2，其他虚拟机可以临时关闭或挂起。

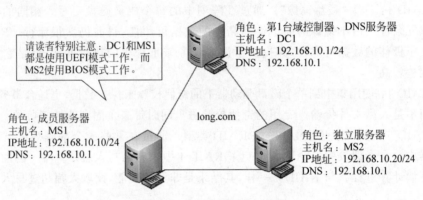

图 9-10　磁盘管理网络拓扑图

2. 项目准备

（1）在 VM 中安装独立服务器 MS2（使用 BIOS 启动模式）

新建虚拟机后，必须先对虚拟机进行设置才能正常安装。

STEP 1 设置虚拟机时，将"选项"选项卡中的固件类型改为 BIOS，如图 9-11 所示。

STEP 2 添加一块磁盘：磁盘 1（127GB）。

STEP 3 虚拟机的其他选项设置请参照第 2 章的有关内容，不再赘述。

STEP 4 重新安装计算机，命名为 MS2，IP 地址为 192.168.10.20/24，DNS 为 192.168. 10.1。

（2）在 MS1 上添加 4 块 SCSI 磁盘

关闭 MS1，在 MS1 上添加 4 块 SCSI 磁盘，每块磁盘容量为 127GB，步骤如下。

STEP 1 打开 VMware Workstation 窗口，右击 MS1 虚拟机，在弹出的快捷菜单中选择"设置"命令，打开如图 9-12 所示的设置对话框。单击"添加"按钮，打开"添加硬件向导"对话框如图 9-13 所示，选择硬件类型为"硬盘"。

STEP 2 单击"下一步"按钮，在打开的选择磁盘类型对话框中选择 SCSI 硬盘，如图 9-14 所示，再次单击"下一步"按钮，打开如图 9-15 所示的"指定磁盘容量"的对话框。

STEP 3 单击"下一步"按钮，创建一个虚拟硬盘 MS1.vmdk（如果存在建好的虚拟硬盘，可以直接单击"浏览"按钮）。然后单击"完成"按钮，成功添加第一个磁盘，如图 9-16 所示。

STEP 4 同理添加可另外 3 块 SCSI 硬盘。

图 9-11　固件类型改为"BIOS"

图 9-12　"添加硬件"对话框

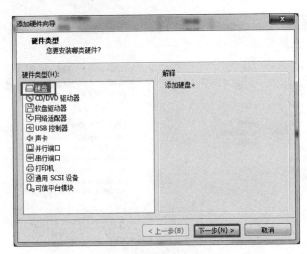

图 9-13　选择"硬盘"选项

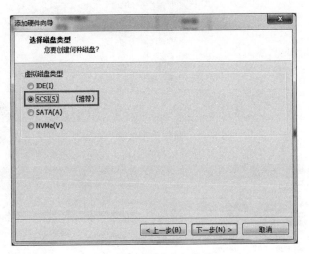

图 9-14　选择磁盘类型

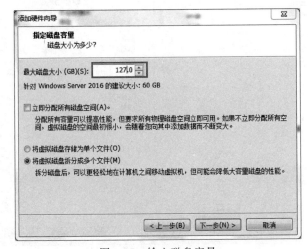

图 9-15　输入磁盘容量

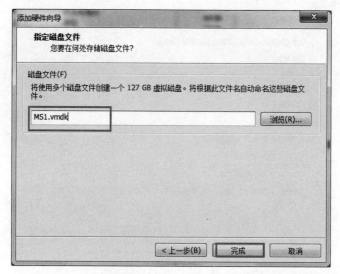

图 9-16　指定磁盘文件的"添加硬件向导"对话框

9.3　项目实施

注意　任务不一样,使用的计算机也不同(MS1 或者 MS2)。MS2 是采用 BIOS 模式启动的,而启动模式不一样则其管理方式也不同。

任务 9-1　管理基本磁盘

9-3 管理基本磁盘

在安装 Windows Server 2016 时,硬盘将自动初始化为基本磁盘。基本磁盘上的管理任务包括磁盘分区的建立、删除、查看以及分区的挂载和磁盘碎片整理等。

1. 使用磁盘管理工具(MS1)

Windows Server 2016 提供了一个界面非常友好的磁盘管理工具,使用该工具可以很轻松地完成各种基本磁盘和动态磁盘的配置和管理维护工作。可以使用多种方法打开该工具。

(1) 使用"计算机管理"窗口打开

STEP 1　以管理员身份登录 MS1,打开"计算机管理"窗口。选择"存储"项目中的"磁盘管理"选项,打开如图 9-17 所示的对话框,要求对新添加的磁盘进行初始化。

注意　如果没有弹出"初始化磁盘"对话框,或者弹出的对话框中要进行初始化的磁盘少于预期,请在相应的新加磁盘上右击,在弹出的快捷菜单中选择"联机"命令,完成后再右击该磁盘,在弹出的快捷菜单中选择"初始化磁盘"命令,对该磁盘进行单独初始化。

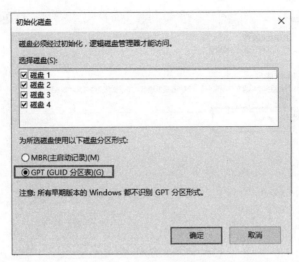

图 9-17　磁盘管理

STEP 2　单击"确定"按钮,初始化新加的 4 块硬盘。完成后,MS1 就新加了 4 块新磁盘。

(2) 使用系统内置的 MSC 控制台文件打开

在桌面上选择"开始"→"运行"命令,输入 diskmgmt.msc,并单击"确定"按钮。

磁盘管理工具分别以文本和图形的方式显示出所有磁盘和分区(卷)的基本信息,这些信息包括分区(卷)的驱动器号、磁盘类型、文件系统类型以及工作状态等。在磁盘管理工具的下部,以不同的颜色表示不同的分区(卷)类型,便于用户分辨不同的分区(卷)。

2. 新建基本卷(MS1)

下面的任务是在 MS1 的磁盘 1 上创建主分区和扩展分区,并在扩展分区中创建逻辑驱动器。该如何做呢?

对于 MBR 磁盘,基本磁盘上的分区和逻辑驱动器称为基本卷,基本卷只能在基本磁盘上创建。

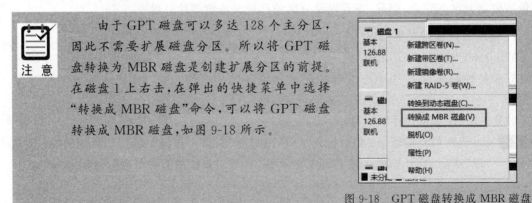

由于 GPT 磁盘可以多达 128 个主分区,因此不需要扩展磁盘分区。所以将 GPT 磁盘转换为 MBR 磁盘是创建扩展分区的前提。在磁盘 1 上右击,在弹出的快捷菜单中选择"转换成 MBR 磁盘"命令,可以将 GPT 磁盘转换成 MBR 磁盘,如图 9-18 所示。

图 9-18　GPT 磁盘转换成 MBR 磁盘

(1) 创建主分区

STEP 1　打开 MS1 计算机的"服务器管理器"窗口,选择"工具"→"计算机管理"命令,在打开的"计算机管理"窗口选中"磁盘管理"选项,在右侧的窗格中右击"磁盘 1"的未分配空间,在弹出的快捷菜单中选择"新建简单卷"命令,如图 9-19 所示。

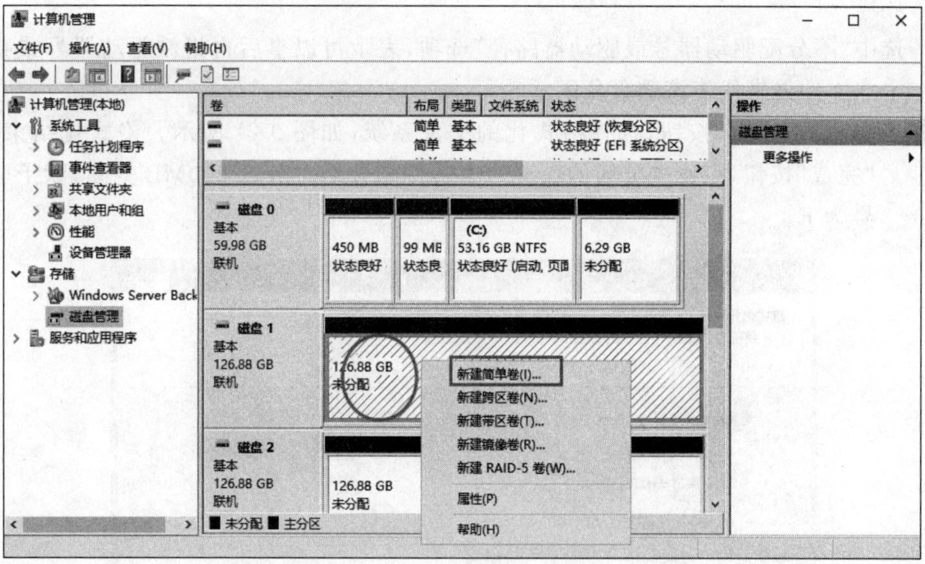

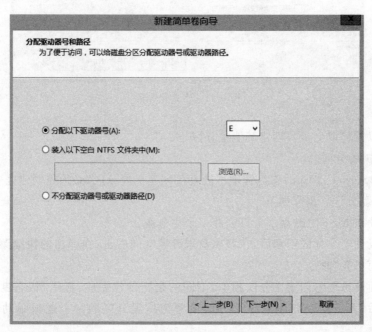

图 9-19 "新建简单卷"命令

STEP 2 打开"新建简单卷"向导,单击"下一步"按钮,设置卷的大小为 500 MB。
STEP 3 单击"下一步"按钮,分配驱动器号,如图 9-20 所示。

图 9-20 分配驱动器号

- 选中"装入以下空白 NTFS 文件夹中"单选项,表示指派一个在 NTFS 文件系统下的空文件夹来代表该磁盘分区。例如,用"C:\data"表示该分区,则以后所有保存到"C:\data"中的文件都被保存到该分区中。该文件夹必须是空的文件夹,且位于

NTFS 卷内。这个功能特别适用于 26 个磁盘驱动器号（A～Z）不够使用时的网络环境。

- 选中"不分配驱动器号或驱动器路径"选项，表示可以事后再指派驱动器号或指派某个空文件夹来代表该磁盘分区。

STEP 4 单击"下一步"按钮，选择格式化的文件系统，如图 9-21 所示。格式化结束，单击"完成"按钮，完成主分区的创建。本实例划分给主分区 500MB 空间，赋予驱动器号为 E。

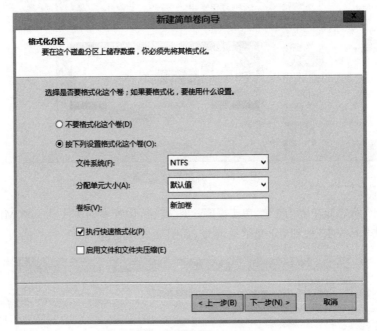

图 9-21　格式化分区

STEP 5 可以重复以上步骤创建其他主分区。

（2）创建扩展分区

Windows Server 2016 的磁盘管理不能直接创建扩展分区，必须先创建完 3 个主分区才能创建扩展磁盘分区。步骤如下。

STEP 1 继续在 MS1 的磁盘 1 上再创建 2 个主分区。

STEP 2 完成 3 个主分区创建后，在该磁盘未分区空间右击，在弹出的快捷菜单中选择"新建简单卷"命令。

STEP 3 后面的过程与创建主分区相似，不同的是当创建完成，显示"状态良好"的分区信息后，系统自动将刚才这个分区设置为扩展分区的一个逻辑驱动器，如图 9-22 所示。

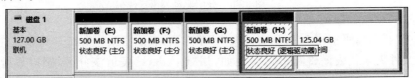

图 9-22　3 个主分区、1 个扩展分区

3. 更改驱动器号和路径（MS1）

Windows Server 2016 默认为每个分区（卷）分配一个驱动器号字母，该分区就成为一个逻辑上的独立驱动器。有时出于管理的目的，可能需要修改默认分配的驱动器号。

还可以使用磁盘管理工具在本地 NTFS 分区（卷）的任何空文件夹中连接或装入一个本地驱动器。当在空的 NTFS 文件夹中装入本地驱动器时，Windows Server 2016 为驱动器分配一个路径而不是驱动器字母，可以装载的驱动器数量不受驱动器字母限制的影响，因此可以使用挂载的驱动器在计算机上访问 26 个以上的驱动器。Windows Server 2016 确保驱动器路径与驱动器的关联，因此可以添加或重新排列存储设备而不会使驱动器路径失效。

另外，当某个分区的空间不足并且难以扩展空间尺寸时，也可以通过挂载一个新分区到该分区某个文件夹的方法，达到扩展磁盘分区尺寸的目的。因此，挂载的驱动器使数据更容易访问，并增加了基于工作环境和系统使用情况管理数据存储的灵活性。例如，可以在"C:\Document and Settings"文件夹处装入带有 NTFS 磁盘配额以及启用容错功能的驱动器，这样用户就可以跟踪或限制磁盘的使用，并保护装入的驱动器上的用户数据，而不用在 C 驱动器上做同样的工作。也可以将"C:\Temp"文件夹设为挂载驱动器，为临时文件提供额外的磁盘空间。

如果 C 盘上的空间较小，可将程序文件移动到其他大容量驱动器上，比如 E，并将它作为"C:\mytext"挂载。这样所有保存在"C:\mytext"下的文件事实上都保存在 E 分区上。下面完成这个例子。（保证"C:\mytext"在 NTFS 分区，并且是空白的文件夹。）

STEP 1　在"磁盘管理"窗口中，右击目标驱动器 E，在弹出的快捷菜单中选择"更改驱动器号和路径"命令，打开如图 9-23 所示的对话框。

STEP 2　单击"更改"按钮，可以更改驱动器号；单击"添加"按钮，打开"添加驱动器号或路径"对话框，如图 9-24 所示。

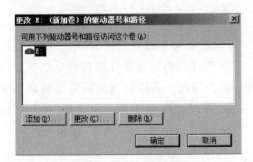

图 9-23　更改驱动器号和路径

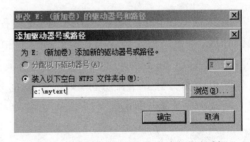

图 9-24　"添加驱动器号或路径"对话框

STEP 3　输入完成后，单击"确定"按钮。

STEP 4　测试。在"C:\text"文件夹下新建文件，然后查看 E 盘信息，发现文件实际存储在 E 盘上。

提示　　要装入的文件夹一定是事先建立好的空文件夹，该文件夹所在的分区必须是 NTFS 文件系统。

4. 指定活动的磁盘分区（MS2）

如果计算机中安装了多个无法直接相互访问的不同操作系统，如 Windows Server 2016、Linux 等，则计算机在启动时会启动被设为"活动"的磁盘分区内的操作系统。

假设当前第 1 个磁盘分区中安装的是 Windows Server 2016，第 2 个磁盘分区中安装的是 Linux，如果第 1 个磁盘分区被设为"活动"，则计算机启动时就会启动 Windows Server 2016。若要下一次启动时启动 Linux，只需将第 2 个磁盘分区设为"活动"即可。

以 x86/x64 计算机来说，系统分区内存储着启动文件，例如 Bootmgr（启动管理器）等。使用 BIOS 模式工作的计算机启动时，计算机主板上的 BIOS 会读取磁盘内的 MBR，然后由 MBR 去读取系统分区内的启动程序代码（位于系统分区最前端的 Partition Boot Sector 内），再由此程序代码去读取系统分区内的启动文件，启动文件再到启动分区内加载操作系统文件并启动操作系统。因为 MBR 是到活动（active）的磁盘分区去读取启动程序代码，所以必须将系统分区设置为活动。

以管理员身份登录 MS2（使用 BIOS 模式工作），在"计算机管理"窗口选择"磁盘管理"命令，如图 9-25 所示。磁盘 0 中第 2 个磁盘分区中安装了 Windows Server 2016，它是启动分区；第 1 个磁盘分区为系统保留分区，它存储着启动文件，例如 Bootmgr（启动管理器），由于它是系统分区，因此必须是活动分区。

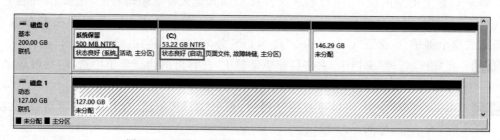

图 9-25　磁盘 0 的启动分区、系统分区和活动分区

在安装 Windows Server 2016 时，安装程序会自动建立两个磁盘分区，其中一个为系统保留分区，一个用来安装 Windows Server 2016。安装程序会将启动文件放置到系统保留分区内，并将它设置为活动，此磁盘分区是扮演系统分区的角色。若因特殊原因需要将活动磁盘分区更改为另外一个主分区，则选中该主分区右击，在弹出的快捷菜单中选择"将分区标记为活动分区"命令即可。

 　　只有主分区可以被设置为活动分区，扩展磁盘分区内的逻辑驱动器无法被设置为活动分区。

任务 9-2　建立动态磁盘卷（MS1）

在 Windows Server 2016 动态磁盘上建立卷，与在基本磁盘上建立分区的操作类似。

1. 创建 1000MB 的 RAID 5 卷

9-4 建立动态磁盘卷（MS1）

`STEP 1`　以管理员身份登录 MS1，右击"磁盘 1"，在弹出的快捷菜单中选择"转换到动态磁盘"命令,在弹出的对话框中选中磁盘1～磁盘4选项,如图9-26所示,将这4个磁盘转换为动态磁盘。请读者注意磁盘1转换为动态磁盘后,其简单卷的变化。

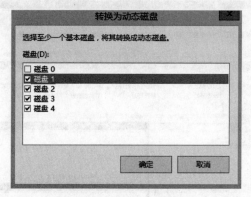

图 9-26　转换为动态磁盘

STEP 2　在磁盘2的未分配空间上右击,在弹出的快捷菜单中选择"新建 RAID 5 卷"选项,打开"新建卷向导"对话框。

STEP 3　单击"下一步"按钮,打开"选择磁盘"对话框,如图 9-27 所示。选择要创建的RAID 5 卷需要使用的磁盘,选择空间容量为 1000MB。对于 RAID 5 卷来说,至少需要选择 3 个以上动态磁盘。这里选择磁盘 2～磁盘 4。

图 9-27　为 RAID 5 卷选择磁盘

STEP 4　为 RAID 5 卷指定驱动器号和文件系统类型,完成向导设置。

STEP 5　建立完成的 RAID 5 卷如图 9-28 所示。

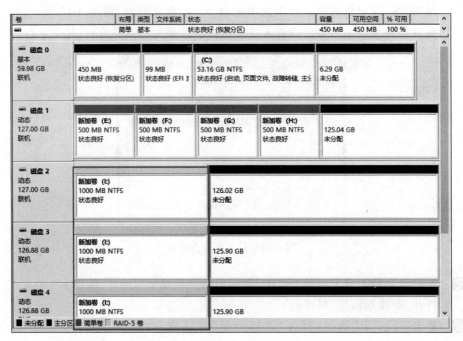

图 9-28　建立完成的 RAID 5 卷

2. 创建其他卷

建立其他类型动态卷的方法与此类似,右击动态磁盘的未分配空间,在弹出的快捷菜单中按需要选择相应命令,完成不同类型动态卷的建立即可。这里不再赘述。读者可以尝试创建如下动态卷。

- 在磁盘 2 上创建 800MB 简单卷。
- 在磁盘 3 上创建 200MB 扩展卷,使 800MB 简单卷变为 1000MB。
- 在磁盘 2 上创建 1000MB 跨区卷(只有磁盘上容量不足时才会使用其他磁盘)。
- 在磁盘 2 上创建 1000MB 带区卷。

9-5 维护动态卷(MS1)

任务 9-3　维护动态卷(MS1)

1. 维护镜像卷

在 MS1 上提前建立镜像卷 J,容量为 1000MB,使用磁盘 1 和磁盘 2。在 J 盘上存储一个文件夹 test,供测试用。(驱动器号可能与读者的不一样,请注意!)

不再需要镜像卷的容错能力时,可以选择将镜像卷中断。方法是右击镜像卷,在弹出的快捷菜单中选择"中断镜卷""删除镜像"或"删除卷"命令。

- 如果选择"中断镜卷"命令,中断后的镜像卷成员会成为 2 个独立的卷,不再容错。
- 如果选择"删除镜像"命令,则选中的磁盘上的镜像卷被删除,不再容错。
- 如果选择"删除卷"命令,则镜像卷成员会被删除,数据将会丢失。

如果包含部分镜像卷的磁盘已经断开连接,磁盘状态会显示为"脱机"或"丢失"。要重新使用这些镜像卷,可以尝试重新连接并激活磁盘。方法是在要重新激活的磁盘上右击,并在弹出的快捷菜单中选择"重新激活磁盘"命令即可。

如果包含部分镜像卷的磁盘丢失并且该卷没有返回到"良好"状态,则应当用另一个磁盘上的新镜像替换出现故障的镜像。具体方法如下。

STEP 1 构建故障:在虚拟机 MS1 的设置中,将第 2 块 SCSI 控制器上的硬盘(虚拟机设置中的第 2 块磁盘在计算机中的标号是磁盘 1)删除并单击"应用"按钮。这时回到 MS1,可以看到磁盘 1 显示为"丢失"状态。

STEP 2 在显示为"丢失"或"脱机"的磁盘的"镜像卷"上右击,在弹出的快捷菜单中选择"删除镜像"命令,弹出如图 9-29 所示的对话框。然后查看系统日志,以确定磁盘或磁盘控制器是否出现故障。如果出现故障的镜像卷成员位于有故障的控制器上,则在有故障的控制器上安装新的磁盘并不能解决问题。本例直接删除后重建。删除镜像后仍能在 J 盘上查到 test 文件夹,说明了镜像卷的容错能力。下面使用新磁盘替换损坏的磁盘重建镜像卷。

STEP 3 右击要重建镜像的卷(不是已删除的卷),在弹出的快捷菜单中选择"添加镜像"命令,打开如图 9-30 所示的"添加镜像"对话框。选择合适的磁盘后,如磁盘 3,单击"添加镜像"按钮,系统会使用新的磁盘重建镜像。

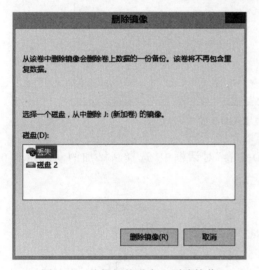

图 9-29　从损坏的磁盘上删除镜像

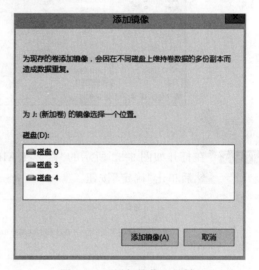

图 9-30　"添加镜像"对话框

2. 维护 RAID 5

在 MS1 上提前建立 RAID 5 卷 I,容量为 1000MB,使用磁盘 2~磁盘 4。在 I 盘上存储一个文件夹 test,供测试用(磁盘符号根据不同情况会有变化)。

要处理 RAID 5 卷出现的错误,首先右击该卷,在弹出的快捷菜单中选择"重新激活磁盘"命令进行修复。如果修复失败,则需要更换磁盘并在新磁盘上重建 RAID 5 卷。RAID 5 卷的故障恢复过程如下。

STEP 1 构建故障:在虚拟机 MS1 的设置中,将第 2 块 SCSI 控制器上的硬盘删除并单击"应用"按钮。这时回到 MS1,可以看到"磁盘 2"显示为"丢失"状态,I 盘显示为"失败的重复"(原来的 RAID 5 卷)。

STEP 2　在"磁盘管理"控制台,右击将要修复的 RAID 5 卷(在"丢失"的磁盘上),选择"重新激活卷"命令。

STEP 3　由于卷成员磁盘失效,所以会弹出"缺少成员"的消息对话框,单击"确定"按钮。

STEP 4　再次右击将要修复的 RAID 5 卷,在弹出的快捷菜单中选择"修复卷"命令,如图 9-31 所示。

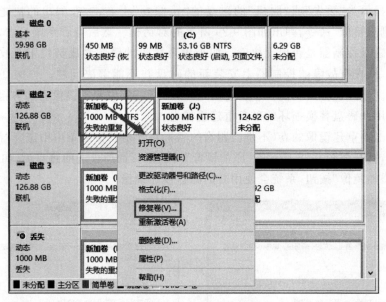

图 9-31　修复 RAID 5 卷

STEP 5　在打开如图 9-32 所示的"修复 RAID-5 卷"对话框中,选择新添加的动态磁盘 0,然后单击"确定"按钮。

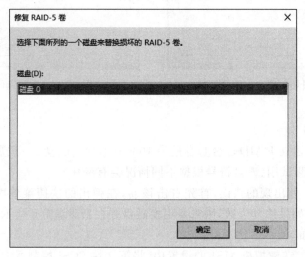

图 9-32　"修复 RAID-5 卷"对话框

STEP 6　在磁盘管理器中,可以看到 RAID 5 在新磁盘上重新建立,并进行数据的同步操作。同步完成后,RAID 5 卷的故障被修复成功。上面的文件夹 test 仍然存在。

任务 9-4　管理磁盘配额(MS1)

9-6 管理磁盘配额(MS1)

在计算机网络中,系统管理员有一项很重要的任务,即为访问服务器资源的客户机设置磁盘配额,也就是限制它们一次性访问服务器资源的卷空间数量。这样做的目的在于防止某个客户机过度地占用服务器和网络资源,导致其他客户机无法访问服务器和使用网络。

1. 磁盘配额基本概念

在 Windows Server 2016 中,对于磁盘配额跟踪以及控制磁盘空间的使用,系统管理员可进行如下配置。

- 当用户超过所指定的磁盘空间限额时,阻止进一步使用磁盘空间和记录事件;
- 当用户超过指定的磁盘空间警告级别时记录事件。

启用磁盘配额时,可以设置 2 个值:"磁盘配额限度"和"磁盘配额警告级别"。"磁盘配额限度"指定了允许用户使用的磁盘空间容量。警告级别指定了用户接近其配额限度的值。例如,可以把用户的磁盘配额限度设为 50MB,并把磁盘配额警告级别设为 45MB。这种情况下,用户可在卷上存储不超过 50MB 的文件。如果用户在卷上存储的文件超过 45MB,则把磁盘配额系统记录为系统事件。如果不想拒绝用户访问卷,但想跟踪每个用户的磁盘空间使用情况,启用配额但不限制磁盘空间使用将非常有用。

默认的磁盘配额不应用到现有的卷用户上。可以通过在"配额项目"对话框中添加新的配额项目,将磁盘空间配额应用到现有的卷用户上。

磁盘配额是以文件所有权为基础的,并且不受卷中用户文件的文件夹位置的限制。例如,如果用户把文件从一个文件夹移到相同卷上的其他文件夹,则卷空间使用量不变。

磁盘配额只适用于卷,且不受卷的文件夹结构及物理磁盘的布局的限制。如果卷有多个文件夹,则分配给该卷的配额将应用于卷中所有文件夹。

如果单个物理磁盘包含多个卷,并把配额应用到每个卷,则每个卷配额只适用于特定的卷。例如,如果用户共享 2 个不同的卷,分别是 F 卷和 G 卷,即使这 2 个卷在相同的物理磁盘上,也分别对这 2 个卷的配额进行跟踪。

如果一个卷跨越多个物理磁盘,则整个跨区卷使用该卷的同一配额。例如,如果 F 卷有 50MB 的配额限度,则不管 F 卷是在一个物理磁盘上还是跨越 3 个磁盘,都不能把超过 50MB 的文件保存到 F 卷。

在 NTFS 文件系统中,卷使用信息按用户安全标识符(SID) 存储,而不是按用户帐户名称存储。第一次打开"配额项目"对话框时,磁盘配额必须从网络域控制器或本地用户管理器上获得用户帐户名称,将这些用户帐户名与当前卷用户的 SID 匹配。

2. 设置磁盘配额

`STEP 1` 打开 MS1 的计算机管理中的"磁盘管理"窗口,右击"新加卷 E:",然后在弹出的快捷菜单中选择"属性"选项,打开"属性"对话框。

`STEP 2` 单击选出"配额"选项卡,如图 9-33 所示。

`STEP 3` 选中"启用配额管理"复选框,然后为新用户设置磁盘空间限制数值。

`STEP 4` 若需要对原有的用户设置配额,单击"配额项"按钮,打开如图 9-34 所示的对话框。

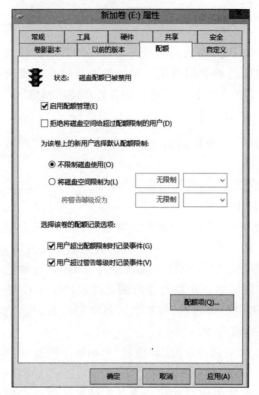

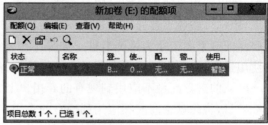

图 9-33　"配额"选项卡　　　　　　图 9-34　"新加卷（E:）的配额项"对话框

STEP 5　选择"配额"→"新建配额项"命令，或单击工具栏上的"新建配额项"按钮，打开"选择用户"对话框。依次单击"高级"→"立即查找"按钮，即可在"搜索结果"列表框中选择当前计算机用户，并设置磁盘配额。然后关闭配额项对话框。如图 9-35 所示为 yhl 用户设置磁盘配额。

图 9-35　"添加新配额项"对话框

STEP 6　返回到如图 9-33 所示的"配额"选项卡。如果需要限制受配额影响的用户使用超过配额的空间,则选中"拒绝将磁盘空间给超过配额限制的用户"复选框,单击"确定"按钮。

任务 9-5　碎片整理和优化驱动器

9-7 碎片整理和优化驱动器

计算机磁盘上的文件,并非保存在一个连续的磁盘空间上,而是把一个文件分散存放在磁盘的许多地方,这样的分布会浪费磁盘空间,习惯称为"磁盘碎片"。在经常进行添加和删除文件等操作的磁盘上,这种情况尤其严重。磁盘碎片过多会增加计算机访问磁盘的时间,降低整个计算机的运行性能。因而,计算机在使用一段时间后,就需要对磁盘进行碎片整理。

碎片整理和优化驱动器程序可以重新安排计算机硬盘上的文件、程序以及未使用的空间,使得程序运行得更快,文件打开得更快。磁盘碎片整理并不影响数据的完整性。

在"服务器管理器"窗口选择"工具"→"碎片整理和优化驱动器"命令,打开如图 9-36 所示的"优化驱动器"对话框,对驱动器进行"分析"和"优化"。

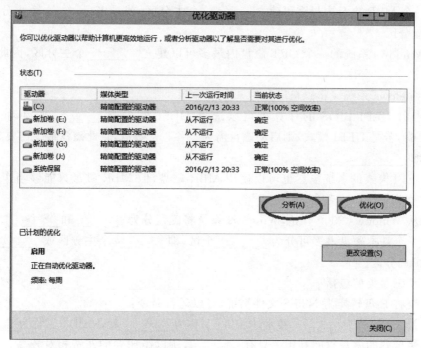

图 9-36　优化驱动器

一般情况下,选择要进行磁盘碎片整理的磁盘后,首先要分析一下磁盘分区状态。单击"分析"按钮,可以对所选的磁盘分区进行分析。系统分析完毕后会打开对话框,询问是否对磁盘进行碎片整理。如果需要对磁盘进行优化操作,选中磁盘后,直接单击"优化"按钮即可。

9.4 习题

1. 填空题

（1）磁盘内有一个被称为_____的区域，用来存储磁盘分区的相关数据，例如每一个磁盘分区的_____、_____、_____等信息。

（2）磁盘按分区表的格式可以分为_____、_____两种磁盘格式（style）。其中 MBR 磁盘所支持的硬盘最大容量为_____ TB。

（3）GPT 磁盘是一种新的磁盘分区表格式，其磁盘分区表存储在_____内，位于磁盘的前端，而且它分为_____、_____，可提供容错功能。使用新式 UEFI BIOS 的计算机，其 BIOS 会先读取_____，并将控制权交给_____，然后由此程序代码来继续后续的启动工作。

（4）MBR 磁盘使用的是旧的传统磁盘分区表格式，其磁盘分区表存储在内_____。为了兼容起见，GPT 磁盘内提供了_____，让仅支持 MBR 的程序仍然可以正常运行。

（5）一个 MBR 磁盘内最多可建立_____个主分区，或最多_____个主分区加上 1 个扩展磁盘分区。

（6）Windows 系统的一个 GPT 磁盘内最多可以建立_____个主分区，因此 GPT 磁盘不需要_____分区。

（7）Windows 系统又将磁盘区分为_____与_____两种。

（8）使用 UEFI BIOS 的计算机可以选择 UEFI 模式或_____来启动 Windows Server 2016。若是 UEFI 模式，则启动磁盘需为_____磁盘，且此磁盘最少需要 3 个 GPT 磁盘分区，即_____、_____、_____。

（9）UEFI 模式的系统虽然也可以使用 MBR 磁盘，但 MBR 磁盘只能够当作_____磁盘，无法作为_____磁盘。

（10）从 Windows 2000 开始，Windows 系统将磁盘分为_____和_____。

（11）一个基本磁盘最多可分为_____个区，即_____个主分区或_____个主分区和一个扩展分区。

（12）动态卷类型包括_____、_____、_____、_____、_____。

（13）要将 E 盘转换为 NTFS 文件系统，可以运行命令：_____。

（14）带区卷又称为_____技术，RAID 1 又称为_____卷，RAID 5 又称为_____卷。

（15）镜像卷的磁盘空间利用率只有_____，所以镜像卷的花费相对较高。与镜像卷相比，RAID 5 卷的磁盘空间有效利用率为_____。硬盘数量越多，冗余数据带区的成本越低，所以 RAID 5 卷的性价比较高，被广泛应用于数据存储领域。

2. 简答题

（1）简述基本磁盘与动态磁盘的区别。

（2）磁盘碎片整理的作用是什么？

（3）Windows Server 2016 支持的动态卷类型有哪些？各有何特点？

（4）基本磁盘转换为动态磁盘应注意什么问题？如何转换？

（5）如何限制某个用户使用服务器上的磁盘空间？

9.5　实训项目　配置与管理基本磁盘和动态磁盘

1. 实训目的

掌握 MBR 磁盘和 GPT 磁盘基础知识

理解 BIOS 启动与 UEFI 启动

掌握基本磁盘的管理方法。

掌握动态磁盘的管理方法。

学习磁盘阵列,以及 RAID 0、RAID 1、RAID 5 的知识。

掌握做磁盘阵列的条件及方法。

2. 项目环境

随着公司的发展壮大,已有的工作组式的网络已经不能满足公司的业务需要。经过多方论证,确定了公司的服务器的拓扑结构。

3. 项目要求

根据如图 9-10 所示的公司磁盘管理示意图,完成管理磁盘的实训。具体要求如下。

(1) 公司的服务器 MS2 中新增了 2 块硬盘,请完成以下任务。

① 初始化磁盘。

② 在两块磁盘上新建分区,注意主磁盘分区和扩展磁盘分区的区别以及在一块磁盘上能建的主磁盘分区的数量等。

③ 格式化磁盘分区。

④ 标注磁盘分区为活动分区。

⑤ 向驱动器分配装入点文件夹路径。

指派一个在 NTFS 文件系统下的空文件夹代表某磁盘分区,如"C:\data"文件夹。

⑥ 对磁盘进行碎片整理。

(2) 公司的服务器 MS1 中新增了 5 块硬盘,每块硬盘大小为 4GB。请完成以下任务。

① 添加硬盘,初始化硬盘,并将磁盘转换成动态磁盘。

② 创建 RAID 1 的磁盘组,大小为 1GB。

③ 创建 RAID 5 的磁盘组,大小为 2GB。

④ 创建 RAID 0 磁盘组,大小为 800MB×5＝4GB。

⑤ 对 D 盘进行扩容。

⑥ RAID 5 数据的恢复实验。

4. 做一做

根据实训项目录像进行项目的实训,检查学习效果。

第 10 章
配置远程桌面连接

项目背景

　　远程桌面连接就是在远程连接另外一台计算机。当某台计算机开启了远程桌面连接功能后,我们就可以在网络的另一端控制这台计算机了,通过远程桌面功能我们可以实时地操作这台计算机。通过安装软件,运行相关程序,所有的一切都像是直接在该计算机上操作一样。系统管理员可以通过远程桌面连接来管理远程计算机与网络,而一般用户也可以通过它来使用远程计算机。

项目目标

- 远程桌面连接概述
- 常规远程桌面连接
- 远程桌面连接的高级设置
- 远程桌面 Web 连接

10.1　相关知识

　　Windows Server 2016 通过对远程桌面协议 RDP(remote desktop protocol,RDP)的支持与远程桌面连接(remote desktop connection)的技术,让用户坐在一台计算机前,就可以连接到位于不同地点的其他远程计算机。举例来说(见图 10-1),当你要离开公司时,可以让你的办公室计算机中的程序继续运行(不要关机),回家后利用家中计算机通过 Internet 连接办公室计算机,此时你将接管办公室计算机的工作环境,也就是办公室计算机的桌面会显示在你的屏幕上,然后就可以继续办公室计算机上的工作,例如运行办公室计算机内的应用程序、使用网络资源等,就好像坐在这台办公室计算机前一样。

位于远端的办公室计算机

您的家用计算机

图 10-1　远程桌面连接示意图

对系统管理员来说,可以利用远程桌面连接来连接远程计算机,然后通过此计算机来管理远程网络。除此之外,Windows Server 2016 还支持远程桌面 Web 访问 RDWA(remote desktop web access,RDWA),它让用户可以通过浏览器与远程桌面 Web 连接 RDWC(remote desktop web connection,RDWC)连接远程计算机。

10.2　项目设计及准备

我们通过如图 10-2 所示的环境练习远程桌面连接,先将这两台计算机准备好,并设置好 TCP/IPv4 的相关参数(采用 TCP/IPv4)(远程计算机是非域控制器)。

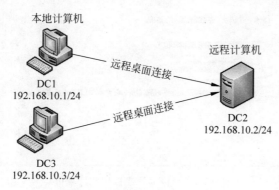

图 10-2　远程桌面连接网络拓扑

10.3　项目实施

任务 10-1　设置远程计算机

必须在远程计算机上启用远程桌面,并且赋予用户远程桌面连接的权限,用户才可以利用远程桌面进行连接。

1. 启用远程桌面

STEP 1　以管理员身份登录到远程计算机 DC2,在桌面上选择"开始"→"控制面板"命令,打开"控制面板"窗口,依次选择"系统和安全"→"系统"命令,打开查看"有关计算机的基本信息"的窗口,单击左侧的"高级系统设置"按钮,通过如图 10-3 所示"远程"选项卡下的"远程桌面"选项区中相关选项进行设置。

10-1 设置远程计算机

- 不允许远程连接到此计算机:禁止通过远程桌面进行连接,这是默认值。
- 允许远程连接到此计算机:如果同时选中"仅允许运行使用网络级别身份验证的远程桌面的计算机连接(建议)"选项,则用户的远程桌面连接必须支持网络级别验证(network level authentication,NLA)才可以连接。网络级别验证比较安全,可以避免黑客或恶意软件的攻击。Windows Vista(含)以后版本的远程桌面连接都是使用网络级别验证。

STEP 2　在选中如图 10-3 中所示第二个选项后,系统会弹出如图 10-4 所示的对话框,提醒你系统会自动在 Windows 防火墙内例外开放远程桌面协议,请直接单击"确定"按钮。

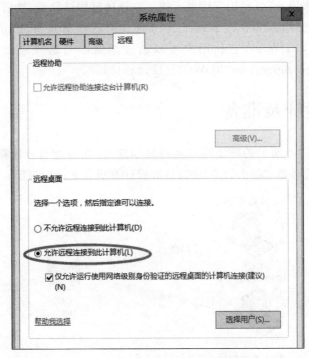

图 10-3　允许远程连接到此计算机

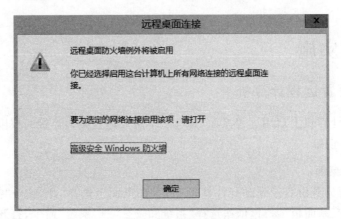

图 10-4　提醒远程桌面防火墙例外被启用

注　意

　　一定要确定例外开放了远程桌面协议，除非你关闭了所有防火墙。可以通过在控制面板中选择"系统和安全"→"Windows 防火墙"命令，以及"允许应用或功能通过 Windows 防火墙"等功能来查看远程桌面已例外开放，如图 10-5 所示。注意"专用"和"公用"选项都要选中。如图 10-5 所示例外开放了"远程桌面"连接。

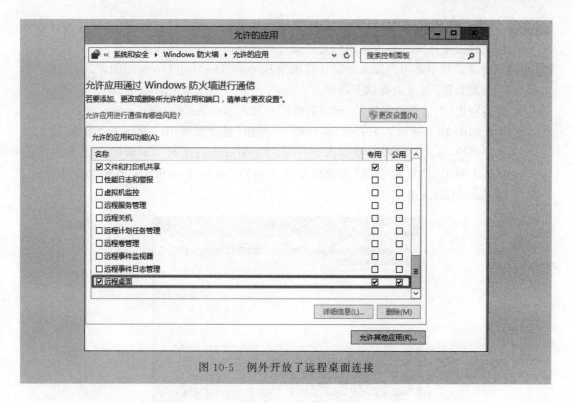

图 10-5 例外开放了远程桌面连接

2. 在 DC2 计算机上赋予用户通过远程桌面连接的权限

STEP 1 在 DC2 计算机上要让用户可以利用远程桌面连接远程计算机，该用户必须在远程计算机上拥有允许通过远程桌面服务登录的权限，而非域控制器的计算机默认已经开放此权限给 Administrators 与 Remote Desktop Users 组，可以通过以下方法来查看此设置：在"Windows 管理工具"窗口选择"本地安全策略"命令，打开"本地安全策略"窗口，再依次选择"本地策略"→"用户权限分配"选项，如图 10-6 所示。

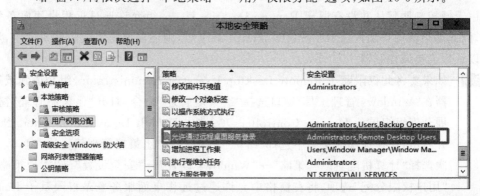

图 10-6 允许通过远程桌面服务登录的用户组

如果是域控制器，此权限默认仅开放给 Administrators 组，请务必添加 Remote Desktop Users 组。

STEP 2 如果要增加其他用户也能利用远程桌面连接此远程计算机,只要在此远程计算机上通过上述界面赋予该用户允许通过远程桌面服务登录权限即可。

STEP 3 还可以利用将用户加入远程计算机的 Remote Desktop Users 组的方式,让用户拥有此权限,其方法有以下两种。

- 直接利用"本地用户和组"管理功能将用户加入 Remote Desktop Users 组。
- 单击如图 10-3 所示右下方的"选择用户"按钮,通过如图 10-7 所示的"添加"按钮来选择用户,该用户帐户会被加入 Remote Desktop Users 组。该实例中请在 DC2 计算机上利用"计算机管理"功能增加两个用户: rose 和 mike,并且添加到 Remote Desktop Users 组。

图 10-7　添加远程桌面用户

由于域控制器默认并没有赋予 Remote Desktop Users 组允许通过远程桌面服务登录权限,因此如果将用户加入域 Remote Desktop Users 组,则还需要再将权限赋予此组,用户才可以远程连接域控制器。

STEP 4 如果要将此权限赋予 Remote Desktop Users(与 Administrators 组),请到域控制器在"Windows 管理工具"窗口选择"组策略管理"命令,打开"组策略管理"窗口,展开到组织单位 Domain Controllers 项,选中 Default Domain Controllers Policy 并右击,在弹性快捷菜单中选择"编辑"命令,打开"组策略管理编辑器"窗口,再依次选择"计算机配置"→"策略"→"Windows 设置"→"安全设置"→"本地策略"→"用户权限分配"选项,将右窗格中允许通过远程桌面服务登录权限赋予 Remote Desktop Users 与 Administrators 组。

注意　　虽然在本地安全策略内已经将此权限赋予 Administrators 组,但是一旦通过域组策略设置后,原来在本地安全策略内的设置就无效了,因此此处仍然需要将权限赋予 Administrators 组。

任务 10-2　在本地计算机利用远程桌面连接远程计算机

Windows XP(含)以上的操作系统都包含远程桌面连接,其执行的方法如下。

- Windows Server 2012/2016、Windows 8/10:打开"开始"菜单,选择 Windows 附件下的"远程桌面连接"命令。
- Windows Server 2008(R2)、Windows 7、Windows Vista:在桌面选择"开始"→"所有程序"→"附件"→"远程桌面连接"命令。
- Windows Server 2003、Windows XP:在桌面选择"开始"→"所有程序"→"附件"→"通信"→"远程桌面连接"命令。

10-2 在本地计算机利用远程桌面连接远程计算机

1. 连接远程计算机

本范例的本地计算机安装了 Windows Server 2016 系统,其连接远程计算机的步骤如下所示。

STEP 1　在本地计算机 DC1 上,打开"开始"菜单,再选择 Windows 附件下的"远程桌面连接"命令。

STEP 2　如图 10-8 所示,在打开的"远程桌面连接"对话框中输入远程计算机 DC2 的 IP 地址(或 DNS 主机名、计算机名)后单击"连接"按钮。

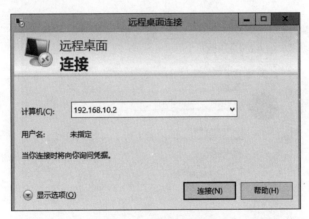

图 10-8　连接远程桌面

STEP 3　如图 10-9 所示,在打开的"Windows 安全性"对话框中依次单击"更多选项"→"使用其他帐户"按钮,打开如图 10-10 所示的对话框。这时,请输入远程计算机内具备远程桌面连接权限的用户帐户(如 DC2\Administrator)与密码。注意:一定输入计算机 DC2 的具备远程桌面连接权限的帐户。

STEP 4　如果出现警告界面,请暂时不必理会,直接单击"是"按钮。

STEP 5　如图 10-11 所示为完成连接后的界面,此全屏界面显示的是远程 Windows Server 2016 计算机的桌面,由图中最上方中间的小区块可知你所连接的远程计算机的 IP 地址为 192.168.10.2。

注意

　　如果此用户帐户(本范例是 Administrator)已经通过其他的远程桌面连接连上这台远程计算机(包含在远程计算机上本地登录),则这个用户的工作环境会被本次的连接接管,同时他也会被退出到按 Ctrl＋Alt＋Delete 组合键登录的对话框。

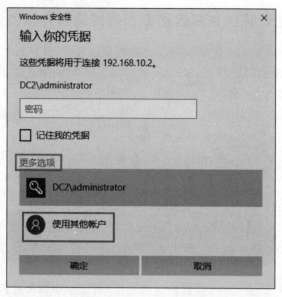

图 10-9　Windows 安全性

图 10-10　远程桌面连接验证

STEP 6　如果单击如图 10-11 所示最上方中间小区块的缩小窗口符号，就会看到如图 10-12 所示的窗口界面，图中背景为本地计算机的 Windows Server 2016 桌面，中间窗口为远程计算机的 Windows Server 2016 桌面。如果要在全屏幕与窗口界面之间切换，可以按 Ctrl＋Alt＋Pause 组合键。如果要针对远程计算机来使用 Alt＋Tab 等组合键，默认必须在全屏模式下。

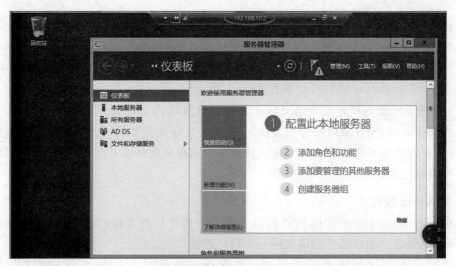

图 10-11　远程桌面连接成功

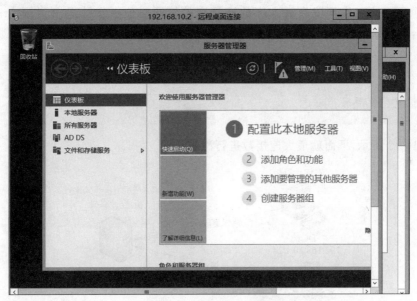

图 10-12　远程桌面连接

注意

① 远程桌面连接使用的连接端口号码为 3389,如果要更改,请到远程计算机上执行 REGEDIT.EXE 程序,然后更改以下路径的数值:

HKEY_LOCAL_MACHINE\System\CurrentControlSet\Control\Terminal Server\WinStations\RDP- Tcp\PortNumber

② 完成后重新启动远程计算机,另外还要在远程计算机的 Windows 防火墙内开放此新的连接端口。客户端计算机在连接远程计算机时,必须添加新的连接端口号(假设为 33400),如 192.168.10.1: 33400。

2. 注销或中断连接

如果要结束与远程计算机的连接,可以采用以下两种方法。

(1) 注销。注销后,在远程计算机上执行的程序会被结束。注销方法为按 Ctrl＋Alt＋End 组合键(不是 Delete 键),然后单击注销。

(2) 中断。中断连接并不会结束你正在远程计算机内运行的程序,它们仍然会在远程计算机内继续运行,而且桌面环境也会被保留,下一次即使是从另一台计算机重新连接远程计算机,还是能够继续拥有之前的环境。只要单击远程桌面窗口上方的 X 符号,就可以中断与远程计算机之间的连接。

3. 最大连接数测试

一台 Windows Server 2016 计算机最多仅允许两个用户连接(包含在本地登录者),而 Windows 10 等客户端计算机则仅支持一个用户连接。

一个用户帐户仅能够有一个连接(包含在本地登录者),如果此用户(本范例是 Administrator)已经通过其他远程桌面连接连上远程计算机(包含在远程计算机上本地登录),则这个用户的工作环境会被本次的连接来接管同时他也会被退出到按 Ctrl＋Alt＋Delete 组合键登录的界面。

注意　如果 Windows Server 2016 支持更多连接数,请安装远程桌面服务角色并取得合法授权数量。

如图 10-13 所示,下面就最大连接数进行测试。

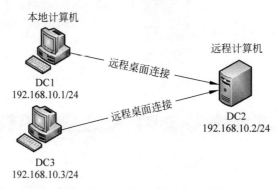

图 10-13　远程桌面连接的最大连接数测试

STEP 1 以本地管理员 Admonistrator 身份登录 DC2 计算机,前面已经添加本地用户 rose 和 mike,并且隶属 Remote Desk Users 组。

STEP 2 在 DC1 上使用"远程桌面连接"连接计算机 DC2,远程用户是 DC2\rose,如图 10-14 所示。

STEP 3 在 DC3 上使用"远程桌面连接"连接计算机 DC2,远程用户使用 DC2\mike。由于计算机 DC2 的连入连接数量已经被其他用户帐户占用,则系统会如图 10-14 所示显示已经连接的用户名,你必须从中选择一个帐户将其中断后才可以连接,不过需要经过该用户的同意后才可以将其中断。

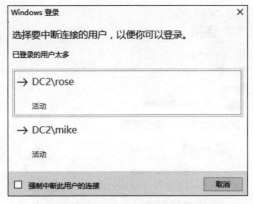

图 10-14   选择要中断连接的用户

STEP 4 单击 DC2\rose 将该连接中断。

STEP 5 在 DC1 上显示如图 10-15 所示的界面,该用户(rose)单击"确定"按钮后,DC3 上的 mike 用户就可以利用远程桌面连接进行连接了。

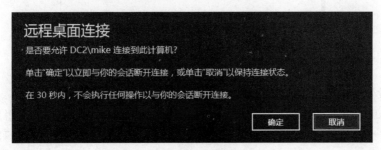

图 10-15   允许择要中断连接的用户

任务 10-3   远程桌面连接的高级设置

进行远程桌面连接的用户在单击如图 10-16 中所示的"显示选项"按钮后,就可以打开如图 10-17 所示的对话框进一步设置远程桌面连接(以下利用 Windows Server 2016 的界面进行说明)。

图 10-16   远程桌面连接

10-3 远程桌面连接的高级设置

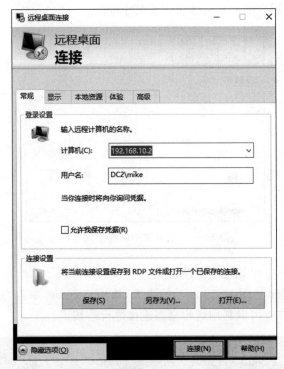

图 10-17   远程桌面连接——常规

1. 常规设置

在如图 10-17 所示的对话框中，可以事先设置好要连接的远程计算机、用户名等数据，也可以将这些连接设置存盘（扩展名为.RDP），以后只要单击此 RDP 文件，就可以自动利用此帐户来连接远程计算机。

2. 显示设置

单击选中如图 10-17 中所示的"显示"选项卡后，如图 10-18 所示，即可调整远程桌面窗口的显示分辨率、颜色质量等。图中最下方的"全屏显示时显示连接栏"中的连接栏指的就是远程桌面窗口最上方中间的小区块（见图 10-11）。

3. 本地资源

STEP 1   单击选中"本地资源"选项卡，如图 10-19 所示。在此可以设置如下选项。

- 远程音频：是否要将远程计算机播放的音频送到本地计算机来播放或者留在远程计算机播放，还是都不要播放。还可以设置是否要录制远程音频。
- 键盘：当用户按 Windows 组合键时，例如 Alt＋Tab 组合建，是要用来操控本地计算机还是远程计算机，或者仅在全屏显示时才用来操控远程计算机。
- 本地设备和资源：可以将本地设备显示在远程桌面的窗口内，以便在此窗口内访问本地设备与资源，例如将远程计算机内的文件通过本地打印机进行打印。

STEP 2   单击图 10-19 中所示的"详细信息"按钮则打开如图 10-20 所示的对话框。在此可以设置访问本地计算机的驱动器、即插即用设备（如 U 盘）等。

图 10-18　远程桌面连接——显示

图 10-19　远程桌面连接——本地资源

图 10-20   远程桌面连接——详细信息

STEP 3   例如,如图 10-21 所示的本地计算机为 DC1,其磁盘 C、D 都出现在远程桌面的窗口内,因此可以在此窗口内同时访问远程计算机与本地计算机内的文件资源,例如相互复制文件等。

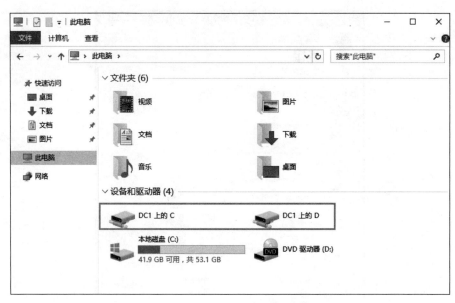

图 10-21   远程桌面连接——本地设备和资源

4. 程序

通过如图 10-22 所示的"程序"选项卡来设置用户登录完成后自动运行指定的程序。需要设置程序所在的路径与程序名,还可以通过"在以下文件夹中启动"文本框指定要在哪个文件夹内来运行此程序,也就是指定工作目录。

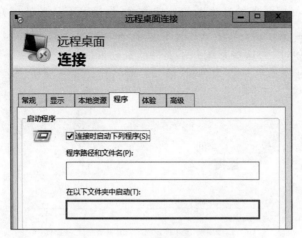

图 10-22　远程桌面连接——程序

5. 体验

单击选中如图 10-23 中所示的"体验"选项卡后,即可根据本地计算机与远程计算机之间连接的速度来调整其显示效率,例如连接速度如果比较慢,可以设置不显示桌面背景、不要显示字体平滑等任务,以便节省显示处理时间、提高显示效率。

图 10-23　远程桌面连接——体验

6. 高级

系统可以帮助用户验证是否连接到正确的远程计算机(服务器),以增强连接的安全性。

在单击选中如图 10-24 中所示的"高级"选项卡后,即可通过其中的"如果服务器身份验证失败"下拉列表框来选择服务器验证失败的处理方式,包括以下几种处理方式。

- 连接并且不显示警告:如果远程计算机是 Windows Server 2003 SP1 或更旧版本,可以选择此选项,因为这些系统并不支持验证功能。
- 显示警告:此时会显示警告界面,由用户自行决定是否要继续连接。
- 不连接。

图 10-24　远程桌面连接——高级

任务 10-4　远程桌面 Web 连接

10-4 远程
桌面 Web
连接

也可以利用 Web 浏览器搭配远程桌面技术来连接远程计算机,这个功能被称为远程桌面 Web 连接(remote desktop web connection)。要享有此功能,如图 10-25 所示,先在网络上的一台 Windows Server 2016 计算机内安装远程桌面 Web 访问角色服务与 Web 服务器

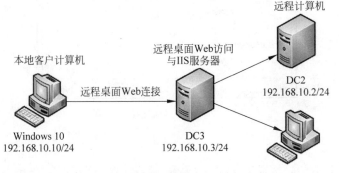

图 10-25　远程桌面 Web 连接

IIS(IIS 网站),客户端计算机利用网页浏览器连接到远程桌面 Web 访问网站后,再通过此网站来连接远程计算机。

　可以直接同时将远程桌面访问与 IIS 网站安装在要被连接的远程计算机上。

1. 远程桌面 Web 访问网站的设置

如图 10-25 所示,在 Windows Server 2016 服务器上(假设为 DC3,IP 地址为 192.168.10.3)安装远程桌面 Web 访问。

STEP 1　在这台 Windows Server 2016 计算机上单击左下角的"服务器管理器"图标按钮,打开"服务管理器"窗口,再单击"添加角色和功能"按钮,打开"添加角色和功能向导"对话框,接下来依次单击"下一步"按钮,直到打开如图 10-26 所示的对话框时选中"远程桌面服务"复选框后,单击"下一步"按钮。

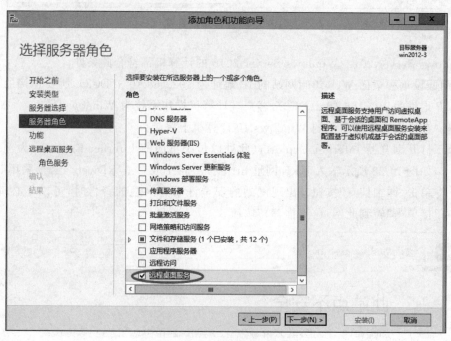

图 10-26　选择服务器角色

STEP 2　在接下来打开的对话框中依次单击"下一步"按钮,直到打开如图 10-27 所示的对话框时选中"远程桌面 Web 访问"复选框。在弹出的可添加功能的对话框中单击"添加功能"按钮来安装所需的其他功能(如 Web 服务器 IIS)。

STEP 3　依次单击"下一步"按钮,最后单击"安装"按钮。

2. 客户端通过浏览器连接远程计算机

客户端计算机利用 Internet Explorer 来连接远程桌面 Web 访问网站,然后通过此网站来连接远程计算机。不过,客户端计算机的远程桌面连接必须支持 Remote Desktop Protocol 6.1(含)以上,安装了 Windows XP SP3/Windows Vista SPI/Windows 7/Windows

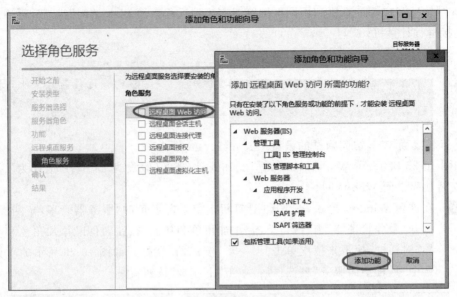

图 10-27 选择角色服务

10、Windows Server 2012/Windows Server 2016 的计算机都符合此条件。

下面假设远程桌面 Web 访问网站的 IP 地址为 192.168.10.3(DC3),所要连接的远程计算机的 IP 地址为 192.168.10.2(DC2),客户端计算机操作系统为 Windows 10。

STEP 1 在扮演客户端角色的 Windows 10 计算机上登录。

STEP 2 打开浏览器 Internet Explorer(此处以传统桌面的 Internet Explorer 为例),然后如图 10-28 所示输入 URL 网址 https://192.168.10.3/RDweb/(必须采用 https),单击"详细信息"按钮。出现网站的安全证书有问题的警告时,可以不必理会,直接单击"转到此网页(不推荐)"按钮。

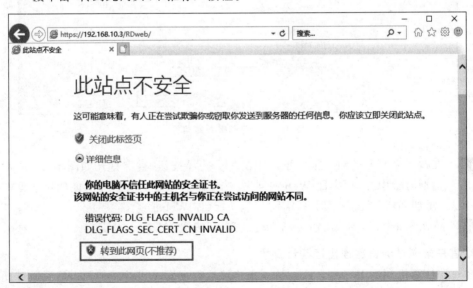

图 10-28 证书错误

STEP 3 如果出现如图 10-29 所示的提示界面,请单击"允许"按钮,它会运行 Microsoft
Remote Desktop Services Web Access Control 附加组件。

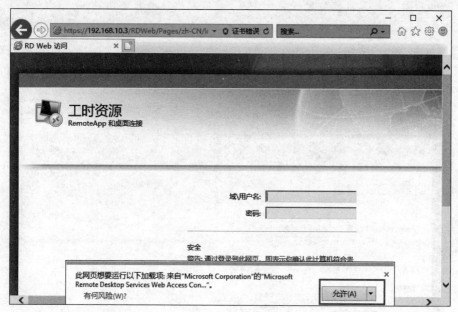

图 10-29 允许运行组件

STEP 4 输入有权限连接此 IIS 网站的帐户与密码。图中帐户为 192.168.10.3\
administrator,其中 192.168.10.3 为 IIS 网站的计算机 IP 地址;如果要利用域用户
帐户来连接此网站,请将计算机名改为域名,例如 smile\administrator、long\
administrator,但需要注意的是,一定要设置可用有效的 DNS 服务器地址,如图 10-30
所示。

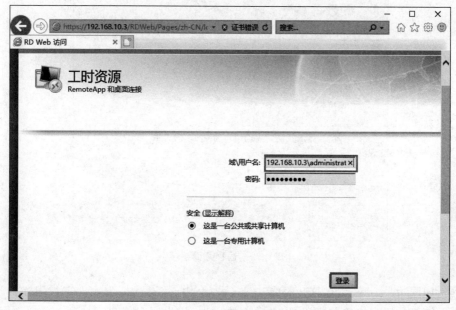

图 10-30 登录远程网站

这里的帐户和密码是连接 IIS 网站的有权限的帐户和密码,也就是能够登录 DC3 这台计算机网站的帐户和密码,而不是连接远程桌面的帐户和密码。

STEP 5 单击"登录"按钮,打开如图 10-31 所示的对话框,再单击"连接到远程电脑"按钮,输入远程计算机的 IP 地址(或计算机名,或 DNS 主机名),单击"连接"按钮。

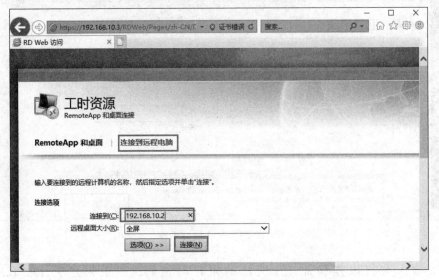

图 10-31　连接到远程计算机

STEP 6 如图 10-32 所示,在弹出的对话框中直接单击"连接"按钮。

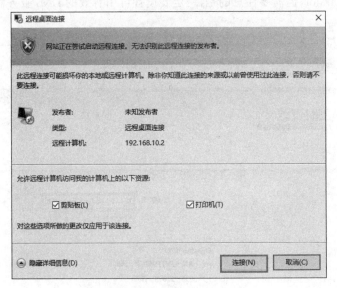

图 10-32　远程桌面连接

STEP 7 如图 10-33 所示,在打开的"Window 安全中心"对话框中输入有权限连接远程计算机的用户帐户与密码,比如前面的 mike 帐户。

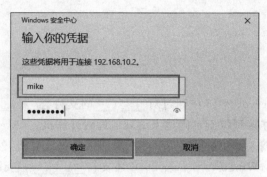

图 10-33　输入凭据的"Windows 安全中心"对话框

STEP 8　可以不理会如图 10-34 所示的警告，直接单击"是"按钮。

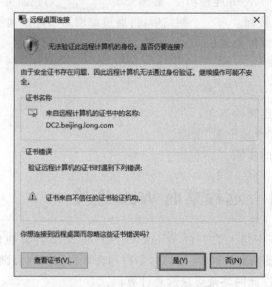

图 10-34　远程连接证书问题

STEP 9　如图 10-35 所示为完成连接后的界面。

图 10-35　完成连接后的界面

10.4　习题

1. 填空题

（1）在 Windows Server 2016 中通过对＿＿＿＿＿的支持与＿＿＿＿＿的技术，让用户坐在一台计算机前，就可以连接到位于不同地点的其他远程计算机。

（2）对系统管理员来说，可以利用＿＿＿＿＿来连接远程计算机，然后通过此计算机来管理远程网络。除此之外，Windows Server 2016 还支持＿＿＿＿＿，它让用户可以通过浏览器与＿＿＿＿＿连接远程计算机。

（3）利用 Web 浏览器搭配远程桌面技术来连接远程计算机，这个功能被称为＿＿＿＿＿。

（4）要享有远程桌面 Web 连接功能，必须安装＿＿＿＿＿角色服务与＿＿＿＿＿，客户端计算机利用网页浏览器连接到＿＿＿＿＿网站后，再通过此网站来连接远程计算机。

（5）必须在远程计算机上启用＿＿＿＿＿，并且＿＿＿＿＿，用户才可以利用远程桌面进行连接。

2. 简答题

（1）简述远程桌面连接的概念。

（2）简述如何设置"本地资源"选项。

（3）简述远程连接的步骤。

10.5　实训项目　远程桌面 Web 连接

如图 10-36 所示，在网络上的一台 Windows Server 2016 计算机内安装远程桌面 Web 访问角色服务与 Web 服务器 IIS（IIS 网站），客户端计算机利用网页浏览器连接到远程桌面 Web 访问网站后，再通过此网站来连接远程计算机。

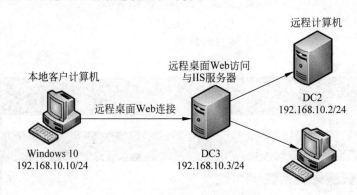

图 10-36　远程桌面 Web 连接

要完成如下任务：

（1）远程桌面 Web 访问网站的设置。

（2）客户端通过浏览器连接远程计算机。

第 11 章
配置与管理分布式文件系统

项目背景

　　Microsoft 分布式文件系统也如其他文件系统一样对硬盘进行管理。文件系统提供对磁盘扇区集合的统一命名访问；而分布式文件系统则为服务器、共享和文件提供统一的命名规则和映射。

　　分布式文件系统(distributed file system, DFS)可以提高文件的访问效率、提高文件的可用性并减轻服务器的负担。

项目目标

- 分布式文件系统概述
- 分布式文件系统部署
- 从客户端测试 DFS 功能是否正常
- 添加多台命名空间服务器

11.1　相关知识

通过分布式文件系统(DFS)将相同的文件同时存储到网络上多台服务器后，即可拥有以下功能。

- 提高文件的访问效率：当客户端通过 DFS 访问文件时，DFS 会引导客户端从最接近客户端的服务器来访问文件，让客户端快速访问到所需的文件。

实际上，DFS 是提供客户端一份服务器列表，这些服务器内都有客户端所需要的文件，但是 DFS 会将最接近客户端的服务器，例如跟客户端同一个 AD DS 站点(active directory domain services site)，放在列表最前面，以便让客户端优先从这台服务器访问文件。

- 提高文件的可用性：即使位于服务器列表中最前面的服务器意外发生故障了，客户端仍然可以从列表中的下一台服务器获取所需的文件，也就是说 DFS 提供排错功能。

- 服务器负载平衡功能：每个客户端获得列表中的服务器排列顺序可能都不相同，因此它们访问的服务器也可能不相同，也就是说不同客户端可能会从不同服务器来访问所需文件，从而减轻服务器的负担。

11.1.1　DFS 的架构

Windows Server 2016 是通过文件和访问服务角色内的 DFS 命名空间与 DFS 复制这两个服务来配置 DFS。下面如图 11-1 所示来说明 DFS 中的各个组件。

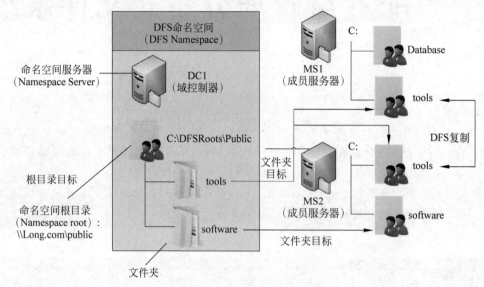

图 11-1　DFS 中的各个组件

（1）DFS 命名空间

可以通过 DFS 命名空间将位于不同服务器内的共享文件夹集合在一起，并以一个虚拟文件夹的树状结构呈现给客户端。DFS 命名空间分为以下两种。

- 域命名空间：它将命名空间的设置数据存储到 AD DS 与命名空间服务器的内存缓冲区。如果创建多台命名空间服务器，则它还具备命名空间的排错功能。

从 Windows Server 2008 开始添加一种称为 Windows Server 2008 模式的域命名空间，并将以前旧版的域命名空间称为 Windows 2000 Server 模式。Windows Server 2008 模式域命名空间支持基于访问的枚举（access-based enumeration，ABE），或称为访问型枚举，它根据用户的权限来决定用户是否看到共享文件夹内的文件与文件夹，也就是说当用户浏览共享文件夹时，他只能够看到有权访问的文件与文件夹。

- 独立命名空间：它将命名空间的设置数据存储到命名空间服务器的注册表（registry）与内存缓冲区。由于独立命名空间只能够有一台命名空间服务器，因此不具备命名空间的排错功能，除非采用服务器群集（server cluster）。

（2）命名空间服务器

用来掌控命名空间（host namespace）的服务器。如果是域命名空间，则这台服务器可以是成员服务器或域控制器，而且你可以设置多台命名空间服务器；如果是独立命名空间，则这台服务器可以是成员服务器、域控制器或独立服务器，不过只能够有一台命名空间服务器。

（3）命名空间根目录

它是命名空间的起始点。以图 11-1 来说，此根目录的名称为 public，命名空间的名称为 \\long.com\public，而且它是一个域命名空间，其名称以域名开头（long.com）。如果这是一个独立命名空间,则命名空间的名称会以计算机名开头,如\\DC1\public。

由图可知,此命名空间根目录是被映射到命名空间服务器内的一个共享文件夹,默认是％SystemDrive％\DFSRoots\Public,它必须位于 NTFS 磁盘分区。

（4）文件夹与文件夹目标

这些虚拟文件夹的目标分别映射到其他服务器内的共享文件夹。当客户端来浏览文件夹时,DFS 会将客户端重定向到文件夹目标所映射的共享文件夹,如图 11-1 所示共有 2 个文件夹,分别说明如下。

- Tools：此文件夹有两个目标,分别映射到服务器 MS1 的"C:\tools"与 MS2 的"C:\tools"共享文件夹,它具备文件夹的排错功能,例如客户端在读取文件夹 tools 内的文件时,即使 MS1 发生故障,它仍然可以从 MS2 的"C:\tools"文件夹读取文件。当然MS1 的"C:\tools"与 MS2 的"C:\tools"内存储的文件应该要相同(同步)。
- software：此文件夹有一个目标,映射到服务器 MS2 的"C:\software"共享文件夹,由于目标只有一个,因此不具备排错功能。

（5）DFS 复制

图 11-1 中文件夹 tools 的两个目标映射到的共享文件夹,其中提供给客户端的文件必须同步(相同),而这个同步操作可由 DFS 复制服务自动运行。DFS 复制服务使用一个称为远程差异压缩(remote differential compression,RDC)的压缩演算技术,它能够检测文件改动的地方,因此复制文件时仅会复制有改动的区域,而不是整个文件,这样可以降低网络的负担。

如果独立命名空间的目标服务器未加入域。则其目标映射到的共享文件夹内的文件必须手动同步。

旧版 Windows 系统通过文件复制服务(file replication service,FRS)来负责 DFS 文件夹的复制与域控制器 SYSVOL 文件夹的复制。不过,现在只要域功能级别是 Windows Server 2008(含)以上,就会改由 DFS 复制服务来负责。

11.1.2　DFS 的系统需求

独立命名空间服务器可以由域控制器、成员服务器或独立服务器来扮演,而域命名空间服务器可以由域控制器或成员服务器来扮演。

参与 DFS 复制的服务器必须位于同一个 AD DS 林,被复制的文件夹必须位于 NTFS磁盘分区内(ReFS、FAT32 与 FAT 都不支持)。防病毒软件必须与 DFS 兼容,必要时请联系防病毒软件厂商以便确认是否兼容。

如果要将域命名空间的模式设置为 Windows Server 2008 模式,则域功能等级必须至少是 Windows Server 2008,另外,所有的域命名空间服务器都必须至少是 WindowsServer 2008。

11.2　项目设计及准备

创建一个如图 11-2 所示的域命名空间,图中假设 3 台服务器都安装了 Windows Server 2016 Datacenter 系统,而且 DC1 是域控制器,MS1 与 MS2 都是成员服务器。请先自行创建好此域环境。

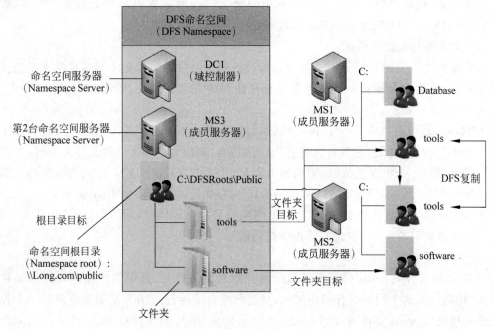

图 11-2 DFS 域环境

图中命名空间的名称(命名空间根目录的名称)为 public,由于是域命名空间,因此完整的名称将是\\long.com\public(long.com 为域名),它映射到命名空间服务器 DC1 的"C:\DFSRoots\Public"文件夹。命名空间的设置数据会被存储到 AD DS 与命名空间服务器 DC1 的内存缓冲区。另外,图中还创建了文件夹 tools,它有两个目标,分别指向 MS1 与 MS2 的共享文件夹。各计算机的 IP 配置信息如下:

(1) DC1。域控制器、DNS 服务器,IP:192.168.10.1/24;DNS:192.168.10.1。

(2) MS1。成员服务器,IP:192.168.10.10/24;DNS:192.168.10.1。

(3) MS2。成员服务器,IP:192.168.10.20/24;DNS:192.168.10.1。

(4) MS3。成员服务器,第 2 台命名空间服务器,IP:192.168.10.30/24;DNS:192.168.10.1。

　　DC1 是 long.com 的域控制器和 DNS 服务器,MS1 和 MS2 是域 long.com 的成员服务器。

11.3 项目实施

任务 11-1 安装 DFS 的相关组件

由于图 11-2 中各个服务器扮演的角色并不完全相同因此所需安装的服务与功能也有所不同。

　　DC1：图中 DC1 是命名空间服务器，它需要安装 DFS 命名空间服务（DNS namespace service），不过因为这台计算机同时也是域控制器，而域控制器默认会自动安装与启动这个服务，因此不需要再手动安装。我们要利用这台服务器来管理 DFS，因此需要自行安装 DFS 管理工具。

　　MS1 与 MS2：这两台目标服务器需要相互复制 tools 共享文件夹内的文件，因此它们都需要安装 DFS 复制服务。安装 DFS 复制服务时，系统会顺便自动安装 DFS 管理工具，让你可以在 MS1 与 MS2 上管理 DFS。

11-1 安装 DFS 的相关组件

1. 在 DC1 上安装 DFS 管理工具

　　安装 DFS 管理工具的方法为：单击"服务器管理器"窗口的"仪表板"按钮，再单击"添加角色和功能"按钮，在接下来打开的对话框中依次单击"下一步"按钮，直到打开"选择功能"的"添加角色和功能向导"对话框时，展开"远程服务器管理工具"→"角色管理工具"→"文件服务工具"折叠项，如图 11-3 所示，选中"DFS 管理工具"复选框并确认。按向导完成安装即可。

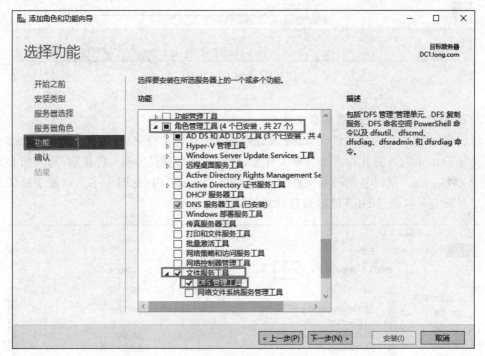

图 11-3　添加 DFS 管理工具

2. 在 MS1 与 MS2 上安装所需的 DFS 组件

　　请分别到 MS1 与 MS2 上安装 DFS 复制服务：在服务器管理器中单击仪表板处的"添加角色和功能"按钮，在接下来打开的对话框中依次单击"下一步"按钮，直到打开如图 11-4 所示的"选择服务器角色"的对话框时，展开"文件和存储服务"→"文件和 iSCSI 服务"折叠项，选中"DFS 复制"复选框，在弹出的"添加 DFS 所需的功能"的对话框中单击"添加功能"按钮。接下来按向导完成安装即可。

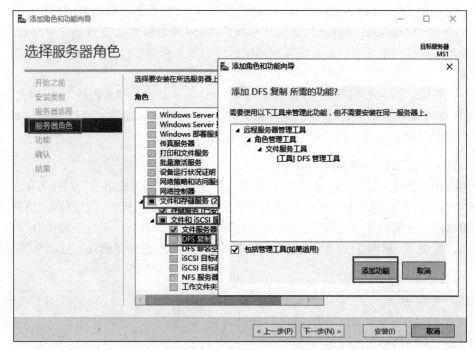

图 11-4　添加 DFS 组件

3. 在 MS1 与 MS2 上创建共享文件夹

请创建如图 11-2 所示文件夹 tools 映射到的两个目标文件夹，也就是 MS1 与 MS2 中的文件夹"C:\tools"，并将其设置为共享文件夹，假设共享名都是 tools，将读取/写入的共享权限赋予 Everyone。同时复制一些文件到 MS1 的"C:\tools"内（见图 11-5），以便于验证这些文件是否确实可以通过 DFS 机制被自动复制到 MS2。

图 11-5　创建共享文件夹，添加测试文件（MS1）

任务 11-2　创建新的命名空间

STEP 1　在 DC1 计算机上的 Windows 管理工具中选择 DFS Management 命令，如图 11-6 所示，单击"DFS 管理"窗口右窗格中的"新建命名空间"按钮。

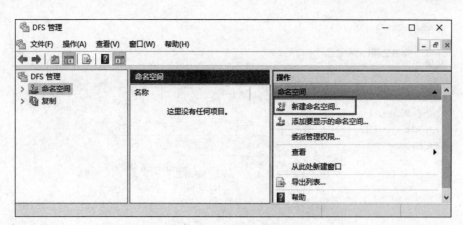

11-2 创建
新的命名
空间

图 11-6　"DFS 管理"窗口

STEP 2 打开"新建命名空间向导"对话框如图 11-7 所示,选择 DC1 当作命名空间服务器
后单击"下一步"按钮。

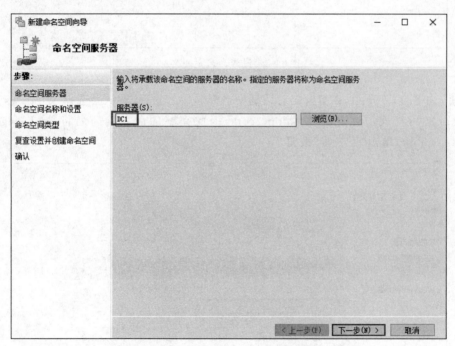

图 11-7　选择命令空间服务器

STEP 3 如图 11-8 所示,在打开的对话框中设置命名空间名称(例如 public)后单击"下一
步"按钮。

注意　　系统默认会在命名空间服务器的％SystemDrive％磁盘内创建 DFSRoots\
public 共享文件夹,共享名为 public,所有用户都有只读权限,如果要更改设置,
可以单击图中的"编辑设置"按钮。

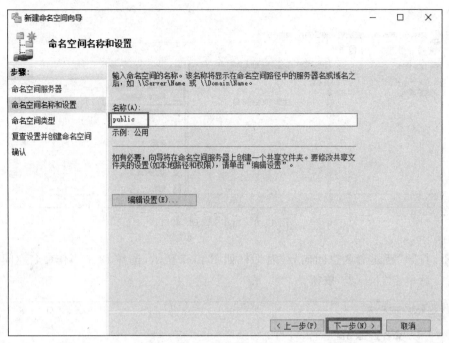

图 11-8　设置命名空间名称

STEP 4 如图 11-9 所示,在打开的对话框中选择域命名空间,默认会选择 Windows Server 2008 模式。由于域名为 long.com,因此完整的命名空间名将是 \\long.com\ public,单击"下一步"按钮。

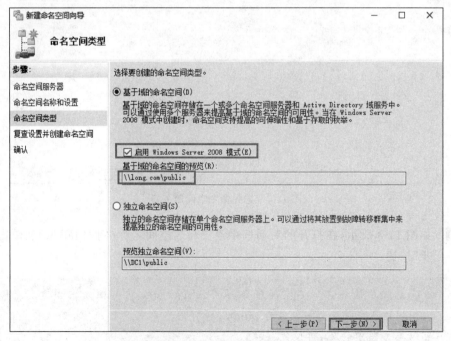

图 11-9　选择域命名空间

STEP 5　接下来检查如图 11-10 中所示的设置无误后依次单击"创建"及"关闭"按钮。

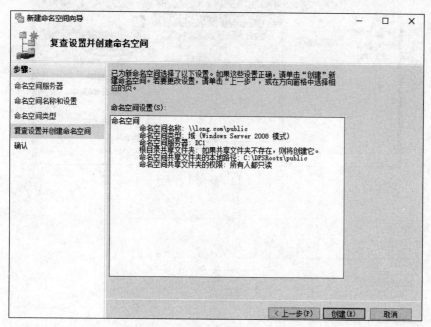

图 11-10　复查设置并创建命名空间

STEP 6　如图 11-11 所示为创建完成后的界面。

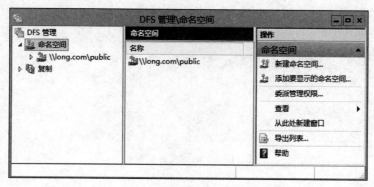

图 11-11　创建命名空间完成后的界面

任务 11-3　创建文件夹

11-3 创建
文件夹

　　下面将创建如图 11-2 所示的 DFS 文件夹 tools,其两个目标分别映射到\\MS1\tools
与\\MS2\tools。

1. 创建文件夹 tools,并将目标映射到\\MS1\tools

STEP 1　单击如图 11-12 中所示\\long.com\public 右方的"新建文件夹"按钮。

STEP 2　如图 11-13 所示,单击"添加"按钮,在打开的对话框中输入文件夹目标的路径,例
　　　　如\\MS1\tools,单击"确定"按钮。客户端可以通过背景图中预览命名空间的路
　　　　径来访问映射共享文件夹内的文件,例如\\long.com\public\tools。

图 11-12　新建文件夹

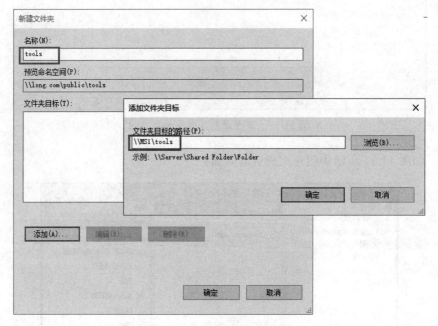

图 11-13　添加文件夹目标

2. 添加另一个目标，并将其映射到\\MS2\tools

STEP 1　继续单击如图 11-14 中所示的"添加"按钮来设置文件夹的新目标路径，如图中的\
MS2\tools。完成后连续单击两次确定按钮。

STEP 2　如图 11-15 所示，在弹出的提示信息对话框中单击"否"按钮，在后面"任务 11-4　复
制组与复制设置"部分再说明两个目标之间的复制设置。

STEP 3　如图 11-16 所示为操作完成后的界面，文件夹 tools 的目标同时映射到\\MS1\
tools 与\\MS2\tools 共享文件夹。以后如果要增加目标，可以单击右窗格中的
"添加文件夹目标"按钮。

任务 11-4　复制组与复制设置

如果一个 DFS 文件夹有多个目标，这些目标映射的共享文件夹内的文件必须同步（相

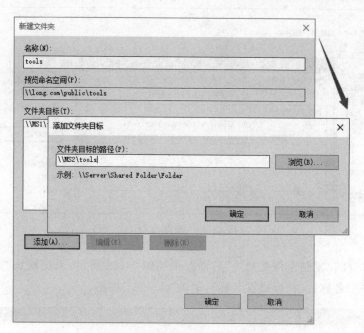

图 11-14　添加另一个文件夹目标

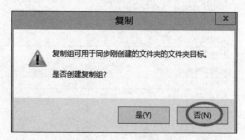

图 11-15　是否创建复制组

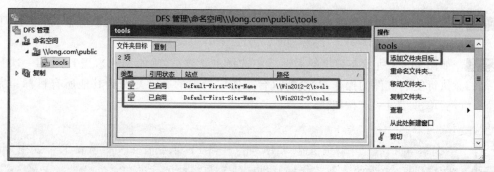

图 11-16　完成后的界面

同）。我们可以让这些目标之间自动复制文件来同步。不过，需要将这些目标服务器设置为同一个复制组，并做适当的设置。

STEP 1 在 DC1 计算机上，如图 11-17 所示单击右窗格 tools 列表框中的"复制文件夹"按钮。

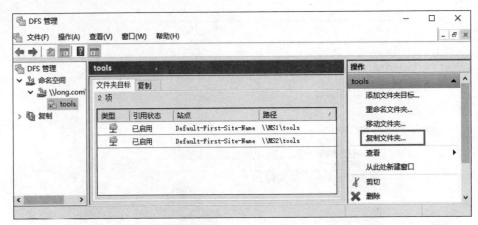

图 11-17　复制文件夹

STEP 2　在打开的"复制文件夹向导"对话框中如图 11-18 所示,采用默认的复制组名称与
　　　　文件夹名称(或自行设置名称),单击"下一步"按钮。

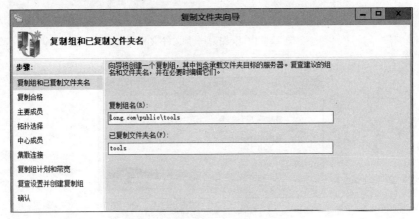

图 11-18　复制文件夹向导

STEP 3　如图 11-19 所示在弹出的对话框中会列出有资格参与复制的服务器,请单击"下一
　　　　步"按钮。

STEP 4　如图 11-20 所示在弹出的对话框中选择主要成员(例如 MS1),当 DFS 第一次开始
　　　　执行复制文件的操作时,会将这台主要成员内的文件复制到其他所有目标。完成
　　　　后单击"下一步"按钮。

　　　　只有在第一次执行复制文件工作时,DFS 才会将主要成员的文件复制到其
他的目标,之后的复制工作按照所选的复制拓扑进行复制。

STEP 5　如图 11-21 所示,在打开的拓扑选择的对话框中选择复制拓扑后确认并完成(必须
　　　　有 3 台及以上的服务器参与复制,才可以选择集散拓扑)。

STEP 6　在打开的对话框中如图 11-22 所示选择全天候、使用完整的带宽进行复制。也可
　　　　以选择在指定日期和时间内复制,单击"下一步"按钮。

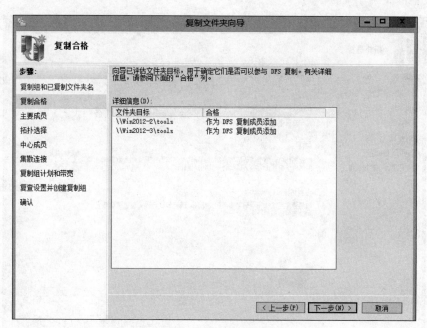

图 11-19　复制合格

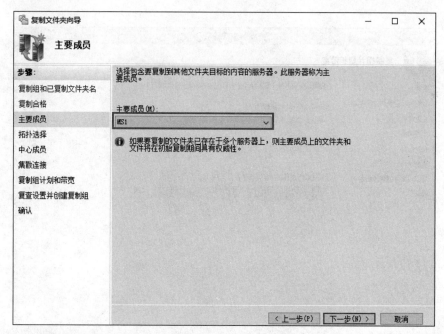

图 11-20　主要成员

STEP 7　在打开的对话框中确保图 11-23 中所示的设置无误后单击"创建"按钮。

STEP 8　确认对话框中所有的设置都无误后单击"关闭"按钮。

STEP 9　如图 11-24 所示,直接单击"确定"按钮。此对话框在提醒你:如果域内有多台域控制器,则以上设置需要等一段时间才会被复制到其他域控制器,而其他参与复

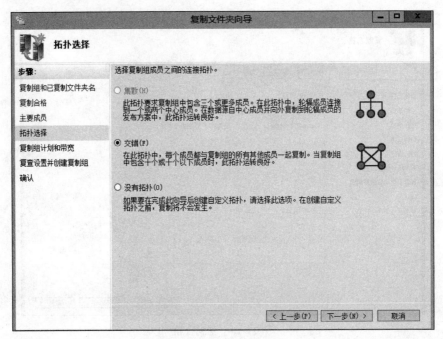

图 11-21　选择复制拓扑

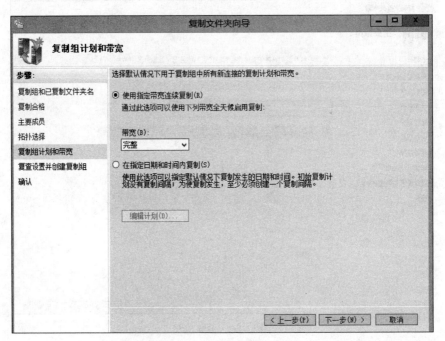

图 11-22　复制组计划和带宽

制的服务器,也需要一段时间才会向域控制器索取这些设置值。总而言之,参与
复制的服务器,可能需要一段时间后才会开始执行复制的工作。

STEP 10　由于我们在图 11-20 中将 MS1 设置为主要成员,因此稍后当 DFS 第一次执行复
制操作时,会将 \\MS1\tools 内的文件复制到 \\MS2\tools 文件夹中,如图 11-25

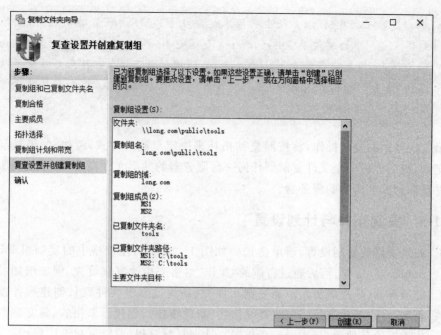

图 11-23 复查设置并创建复制组

图 11-24 复制延迟

所示为复制完成后在\\MS2\tools 文件夹内的文件。注意：可在 MS2 本地计算机查看共享复制情况，也可以使用\\MS2\tools 链接在任一台 long.com 成员服务器上查看共享复制情况。

图 11-25 复制完成后在\\MS2\tools 内的文件

注意　在第一次复制时,系统会将原本就存在于\\MS2\tools 内的文件(若有)移动到图 11-25 中的文件夹 DfsrPrivate\PreExisting 内,不过因为 DfsrPrivate 是隐藏文件夹,因此如果要看到此文件夹,必须执行以下操作:打开文件资源管理器,选择"查看"命令,取消选中"隐藏受保护的操作系统文件(推荐)"并选择"显示隐藏的文件和文件夹"选项。

从第二次开始的复制操作,将按照复制拓扑来决定复制的方式,例如,如果复制拓扑被设置为交错,则当你将一个文件复制到任何一台服务器的共享文件夹后,DFS 复制服务会将这个文件复制到其他所有的服务器。

任务 11-5　复制拓扑与计划设置

STEP 1　如果要修改复制设置,请单击选择如图 11-26 所示左窗格中的复制组 long.com\public\tools 项,然后通过右侧的"操作"窗格来更改复制设置,例如增加参与复制的服务器(新建成员)、添加复制文件夹(新建已复制文件夹)、创建服务器之间的复制连接(新建连接)、更改复制拓扑(新建拓扑)、创建诊断报告、将复制的管理工作委派给其他用户(委派管理权限)、计划复制日程(编辑复制组计划)等。

11-5 复制拓扑与计划设置

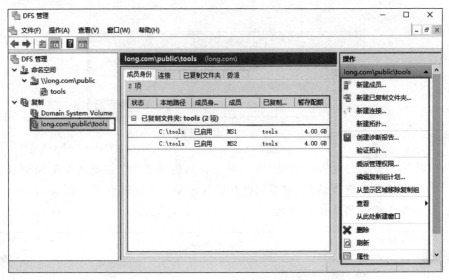

图 11-26　更改复制设置

STEP 2　无论复制拓扑是什么,都可以自行启用或禁用两台服务器之间的连接关系,例如,如果不想让 MS2 将文件复制到 MS1,请将 MS2 到 MS1 的单向连接关系设为禁用,即如图 11-27 所示,单击选中"DFS 管理"窗口中的"连接"选项卡,双击发送成员 MS2,在打开的对话框中取消选中"在此连接上启用复制"选项。单击"取消"按钮,不更改连接关系。

STEP 3　还可以通过双击如图 11-28 中所示已复制文件夹选项卡中文件夹 tools 的方式来筛选文件或子文件夹,被筛选的文件或子文件夹将不会被复制。筛选时可以使用通配符"?"或"*",例如 *.tmp 表示排除所有扩展名为.tmp 的文件。

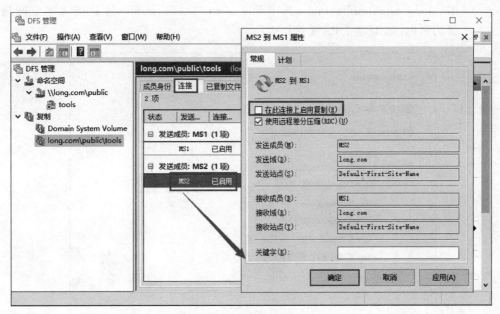

图 11-27　禁用复制示例

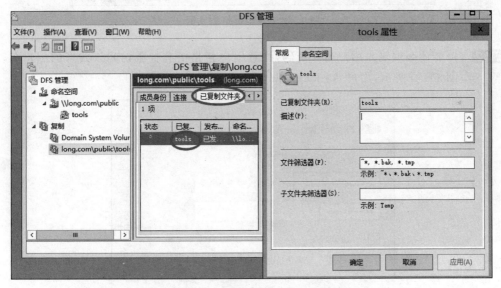

图 11-28　筛选文件或子文件夹

任务 11-6　从客户端测试 DFS 功能是否正常

我们利用 Windows 10 客户端来说明如何访问 DFS 文件。该客户端 IP 地址是：192.
168.10.10，首选 DNS 服务器：192.168.10.1。

STEP 1　切换到桌面，选择"开始"→"Windows 系统"→"文件资源管理器"命令，打开"文件
资源管理器"窗口，右击"此电脑"按钮，在弹出的快捷菜单中选择"映射网络驱动
器"命令打开"映射网络驱动器"对话框，如图 11-29 所示。图中利用 Z 磁盘来映

11-6 从客户端测试 DFS 功能是否正常

射\\long.com\public\tools，其中 long.com 为域名，public 为 DFS 命名空间根目录的名称，tools 为 DFS 文件夹名称。

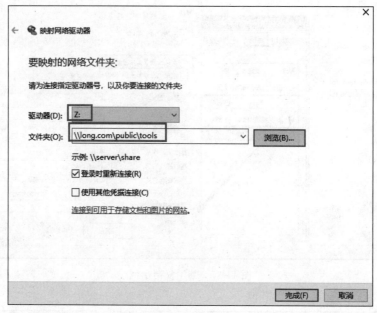

图 11-29　映射网络驱动器

STEP 2　可能还必须输入用户名与密码，注意用户名是指有权限访问该共享的用户名，如图 11-30 所示，用户名：long\administrator。

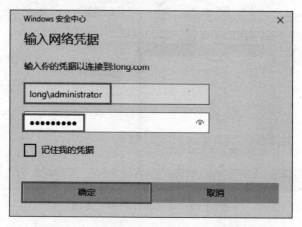

图 11-30　在 Windows 安全中心输入网络凭据

STEP 3　设置完成后，就可以通过 Z 磁盘来访问 tools 文件夹中的文件了。

　①还可以在运行命令下输入\\long.coml\public 或\\long.com\public\tools 来访问 DFS 内的文件。②如果要访问独立 DFS，请将域名改为计算机名，例如\\DC2\public\tools，其中 DC2 为命名空间服务器的计算机名，public 为命名空间根目录名，tools 为 DFS 文件夹名。

　　如何知道访问到的文件位于 MS1 的 tools 文件夹内还是位于 MS2 的 tools 文件夹内呢？可以利用以下方法进行检查：

STEP 4　分别到 MS1 与 MS2 上选择"开始"→"Windows 管理工具"→"计算机管理"命令，在如图 11-31 所示窗口中进行查看。此时只要查看你的用户与计算机名是显示在 MS1 还是 MS2 的界面上，就可以知道你是连接到哪台服务器。图中所示是连接到 MS1 服务器。

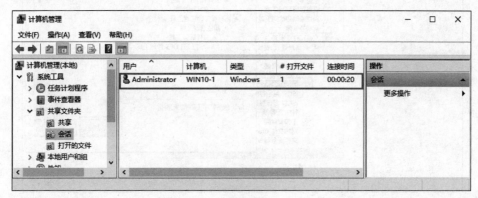

图 11-31　计算机管理——会话

STEP 5　得知所连接的服务器后，请将这台服务器关机，然后到 Windows 10 计算机上来访问 tools 内的文件，会发现还可以访问到 tools 内的文件，因为 DFS 已经重定向到另一台服务器（会稍有延迟）。

任务 11-7　添加多台命名空间服务器

11-7 添加多台命名空间服务器

　　域命名空间的 DFS 架构内可以安装多台命名空间服务器，以便提供更高的可用性。所有的命名空间服务器都必须隶属相同的域。可以是成员服务器，也可以是域控制器。

　　下面添加 MS3 为域 long.com 的第 2 台命名空间服务器。MS3 是域 long.com 的成员服务器，IP 地址为 192.168.10.30，首选 DNS 服务器为 192.168.10.1。

STEP 1　首先在这台新的命名空间服务器上必须安装 DFS 命名空间服务，具体安装方法是在服务器管理器内添加角色和功能，然后如图 11-32 所示在选择服务器角色界面中选中"DFS 命名空间"复选框，单击"添加功能"按钮。

提示　　安装 DFS 命名空间服务时，系统会自动安装 DFS 管理工具，让你可以通过这台服务器来管理 DFS。

STEP 2　接下来，根据向导完成"命令空间服务器"的安装。

STEP 3　到 MS3 依次选择"开始"→"Windows 管理工具"→DFS Management 命令，如图 11-33 所示，展开到命名空间\\long.com\public，单击右侧的"添加命名空间服务器"按钮，输入服务器名称（例如 MS3），单击"确定"按钮。

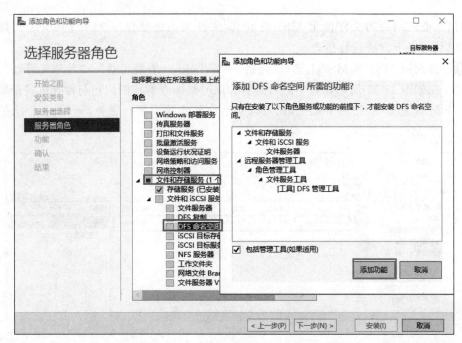

图 11-32　勾选 DFS 命名空间复选框

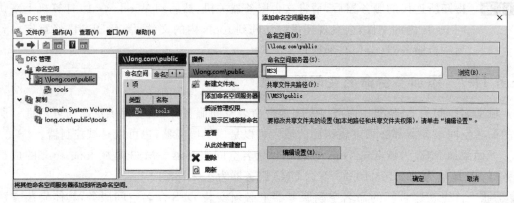

图 11-33　添加命名空间服务器

11.4　习题

1. 填空题

（1）可以通过_____将位于不同服务器内的共享文件夹集合在一起，并以一个虚拟文件夹的树状结构呈现给客户端。DFS命名空间分为_____和_____两种。

（2）域命名空间将命名空间的设置数据存储到_____与_____。如果创建多台命名空间服务器，则它还具备_____功能。

（3）独立命名空间将命名空间的设置数据存储到_____与_____。由于独立命名空间只能够有_____台命名空间服务器，因此不具备命名空间的排错功能，除非采用_____。

（4）命名空间服务器是用来掌控_____的服务器。如果是域命名空间，则这台服务器可以是_____或_____，而且你可以设置_____台命名空间服务器；如果是独立命名空间，则这台服务器可以是_____、_____或_____，不过只能够有_____台命名空间服务器。

（5）参与 DFS 复制的服务器必须位_____ AD DS 林，被复制的文件夹必须位于_____分区内（ReFS、FAT32 与 FAT 都不支持）。

（6）命名空间服务器需要安装_____服务，不过_____默认会自动安装与启动这个服务，因此不需要再手动安装。

（7）域命名空间的 DFS 架构内可以安装_____台命名空间服务器，以便提供更高的可用性。所有的命名空间服务器都必须隶属_____的域。可以是_____，也可以是_____。

2. 简答题

（1）简述分布式文件系统（DFS）拥有的功能。

（2）简述下列几个名词的含义：

DFS 命名空间　命名空间服务器　命名空间根目录　命名空间文件夹与文件夹目标

11.5　实训项目　配置与管理分布式文件系统

创建一个如图 11-34 所示的域命名空间，图中假设 4 台服务器都安装了 Windows Server 2016 Datacenter 系统，而且 DC1 是域控制器，MS1、MS2 与 MS3 都是成员服务器。请先自行创建好此域环境。

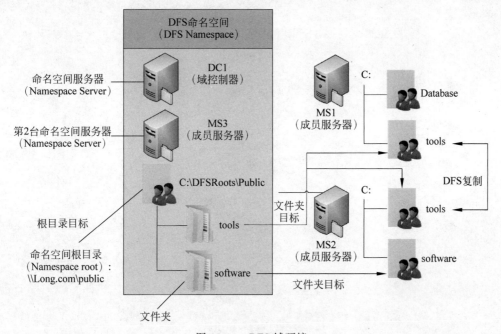

图 11-34　DFS 域环境

要完成如下任务：

（1）安装 DFS 相关组件。

（2）创建命名空间。

（3）创建文件夹。

（4）设置复制组。

（5）从客户端测试 DFS 功能。

（6）添加多台命名空间服务器。

第四部分

使用与管理组策略

第 12 章
使用组策略管理用户工作环境

项目背景

　　管理员在管理信息技术(IT)基础结构的工作中,面临着日益复杂的难题。他们必须针对更多类型的员工(如移动用户、信息工作者,或者承担严格限定任务的其他人,如数据输入员)实现并维护自定义的桌面配置。

　　Windows Server 2016 的组策略和 Active Directory 域服务(AD DS)基础结构使 IT 管理员能自动管理用户和计算机,从而简化管理任务并降低 IT 成本。利用组策略和 AD DS,管理员可有效地实施安全设置、强制实施 IT 策略,并在给定站点、域或一系列组织单位(OU)中统一分发软件。

项目目标

- 组策略概述
- 利用组策略来管理计算机与用户环境
- 利用组策略来限制访问可移动存储设备
- 组策略的委派管理
- Starter GPO 的设置与使用

12.1　相关知识

　　组策略提供一种能够让系统管理员充分管理与控制用户工作环境的功能,通过它来确保用户拥有符合组织要求的工作环境,也通过它来限制用户,这样不仅可以让用户拥有适当的环境,也可以减轻系统管理员的管理负担。

　　本节介绍如何使用组策略来简化在 Active Directory 环境中管理计算机和用户。将了解组策略对象(GPO)结构以及如何应用 GPO,还有应用 GPO 时的某些例外情况。

　　本节还将讨论 Windows Server 2016 提供的组策略功能,这些功能也有助于简化计算机和用户管理。

12.1.1　组策略

　　组策略是一种技术,它支持在 Active Directory 环境中计算机和用户的一对多管理,特点如图 12-1 所示。

组策略使IT管理员能实现用户和计算机的一对多管理自动化。

使用组策略可以：

- 应用标准配置
- 部署软件
- 强制实施安全设置
- 强制实施一致的桌面环境

本地组策略对本地用户和域用户以及本地计算机设置总是有效。

图 12-1 组策略

通过编辑组策略设置，并针对目标用户或计算机设计组策略对象(GPO)，可以集中管理具体的配置参数。这样，只更改一个 GPO，就能管理成千上万的计算机或用户。

组策略对象是应用于选定用户和计算机的设置的集合。组策略可控制目标对象的环境的很多方面，包括注册表、NTFS 文件系统安全性、审核和安全性策略、软件安装和限制、桌面环境、登录/注销脚本等。

通过链接，一个 GPO 可与 AD DS 中的多个容器关联。反过来，多个 GPO 也可链接到一个容器。

1. 域策略

域级策略只影响属于该域的用户和计算机。默认情况下存在两个域级策略，见表 12-1。

表 12-1 默认域级策略(域策略、域控制器策略)

策 略	描 述
默认域策略	此策略链接到域容器，并且影响该域中的所有对象
默认域控制器策略	此策略链接到域控制器的容器，并影响该容器中的对象

可以创建其他域级策略，然后将其链接到 AD DS 中的各种容器，以将具体配置应用于选定对象。例如，提供额外安全性设置的 GPO 可应用于包含应用程序服务器计算机帐户的组织单位。又如，GPO 可限制某个组织单位中用户的桌面环境。

2. 本地策略

运行 Windows 2000 Server 或更高版本操作系统的每台计算机都有本地组策略。此策略影响本地计算机以及登录到该计算机的任何用户，包括从该本地计算机登录到域的域用户。

在工作组或单机情况下，只有本地组策略可用于控制计算机环境。

本地策略设置存储在本地计算机上的%systemroot%\system32\GroupPolicy 文件夹中，该文件夹为隐藏文件夹。

12.1.2 组策略的功能

组策略提供的主要功能如下。

- 帐户策略的设置：例如设置用户帐户的密码长度、密码使用期限、帐户锁定策略等。
- 本地策略的设置：例如审核策略的设置、用户权限的分配、安全性的设置等。
- 脚本的设置：例如登录与注销、启动与关机脚本的设置。
- 用户工作环境的设置：例如隐藏用户桌面上所有的图标、删除开始菜单中的运行和搜索/关机等选项、在开始菜单中添加注销选项、删除浏览器的部分选项、强制通过指定的代理服务器上网等。
- 软件的安装与删除：用户登录或计算机启动时，自动为用户安装应用软件、自动修复应用软件或自动删除应用软件。
- 限制软件的执行：通过各种不同的软件限制策略来限制域用户只能运行指定的软件。
- 文件夹的重定向：例如改变文件、开始菜单等文件夹的存储位置。
- 限制访问可移动存储设备：例如限制将文件写入 U 盘，以免企业内机密文件轻易被带离公司。
- 其他的系统设置：例如让所有的计算机都自动信任指定的 CA(certificate authority)、限制安装设备驱动程序(device driver)等。

可以在 AD DS 中针对站点(site)、域(domain)与组织单位(OU)来设置组策略。组策略内包含计算机配置与用户配置两部分。

- 计算机配置：当计算机开机时，系统会根据计算机配置的内容来设置计算机的环境。举例来说，若您针对域 long.com 设置了组策略，则此组策略内的计算机设置就会被应用到这个域内的所有计算机。
- 用户配置：当用户登录时，系统会根据用户配置的内容来设置用户的工作环境。举例来说，若针对组织单位 sales 设置了组策略，则其中的用户配置就会被应用到这个组织单位内的所有用户。

12.1.3　组策略对象

组策略是通过组策略对象(group policy object,GPO)来设置的，而您只要将 GPO 链接到指定的站点、域或组织单位，此 GPO 内的设置值就会影响到该站点、域或组织单位内的所有用户与计算机。

1. 内置的 GPO

AD DS 域有两个内置的 GPO(见表 12-1)，它们分别如下。

- Default Domain Policy：此 GPO 默认已经被链接到域，因此其设置值会被应用到整个域内的所有用户与计算机。
- Default Domain Controller Policy：此 GPO 默认已经被链接到组织单位 DomainControllers,因此其设置值会被应用到 Domain Controllers 内的所有用户与计算机(Domain Controllers 内默认只有域控制器的计算机帐户)。

在域控制器 DC1 上，可以依次选择"开始"→"Windows 管理工具"→"组策略管理"命令，打开"组策略管理"窗口，如图 12-2 所示，来验证 Default Domain Policy 与 Default Domain Controllers Policy GPO 分别已经被链接到 long.com 域与 Domain Controllers 组织单位。

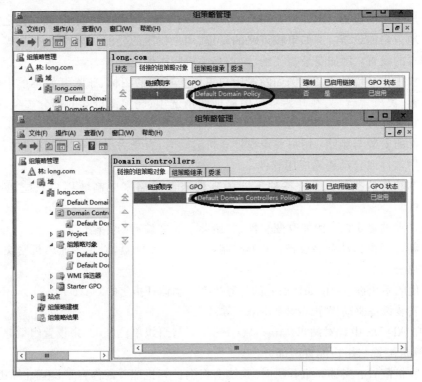

图 12-2　内置 GPO

在尚未彻底了解组策略以前,请暂时不要随意更改 Default Domain Policy 或 Default Domain Controller Policy 这两个 GPO 的设置值,以免影响系统运行。

2. GPO 的内容

GPO 的内容被分为组策略容器 GPC(group policy container,GPC)与组策略模板 GPT (group policy template,GPT)两部分,它们分别被存储到不同的位置。

(1) GPC

GPC 存储在 AD DS 数据库内,它记载着此 GPO 的属性与版本等数据。域成员计算机可通过属性来得知 GPT 的存储位置,而域控制器可利用版本来判断其所拥有的 GPO 是否为最新版本以便作为是否需要从其他域控制器复制最新 GPO 的依据。

可以通过下面方法来查看 GPC:依次选择"开始"→"Windows 管理工具"→"Active Directory 管理中心"命令,打开"Active Directory 管理中心"窗口,单击树视图图标 按钮,单击域"long(本地)",展开 System 容器,如图 12-3 所示,再选中 Policies 项。在中间窗格圈起来的部分为 Default Domain Policy 与 Default Domain Controller Policy 这两个 GPO 的 GPC,图中的数字分别是这两个 GPO 的 GUID(global unique identifier)。

如果您要查询 GPO 的 GUID,例如要查询 Default Domain Policy GPO 的 GUID,可以在组策略管理控制台中单击选择 Default Domain Policy 项,再单击选中"详细信息"选项卡,可以查询 Default Domain Policy GPO 的"唯一 ID",即 GUID,如图 12-4 所示。

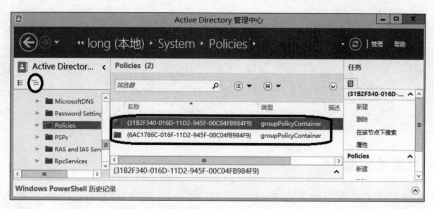

图 12-3 查看 GPC

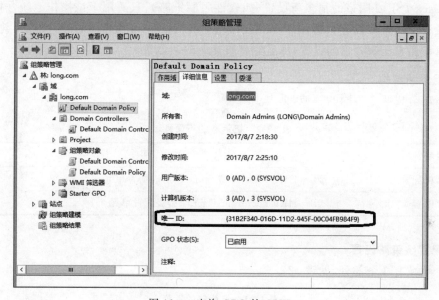

图 12-4 查询 GPO 的 GUID

（2）GPT

GPT 用来存储 GPO 的设置值与相关文件，它是一个文件夹，而且被建立在域控制器的％systemroot％\SYSVOL\sysvol\域名\Policies 文件夹内。本例中的文件夹是\Windows\SYSVOL\sysvol\long.com\Policies。系统利用 GPO 的 GUID 来当作 GPT 的文件夹名称，如图 12-5 所示两个 GPT 文件夹分别是 Default Domain Policy 与 Default Domain Controller Policy GPO 的 GPT。

图 12-5 GPT（group policy template）

提示

可以选择"开始"→"运行"命令,在打开的"运行"对话框中输入 MMC 后单击"确定"按钮,选择"文件"→"添加/删除管理单元"命令,选择"组策略对象编辑器"命令,依次单击"添加""确定""完成"按钮,建立管理本地计算机策略。本地计算机策略的设置数据被存储在本地计算机的％systemroot％\System32\GroupPolicy 文件夹内,它是一个隐藏文件夹。

12.1.4 组策略设置

组策略有上千个可配置设置(约 2400 个)。这些设置可影响计算机环境的方方面面。不可能将所有设置应用于所有版本的 Windows 操作系统。例如,Windows 7 操作系统 Service Pack (SP)2 附带的很多新设置(如软件限制策略),只适用于该操作系统。同样,数百种新设置中的很多设置只适用于 Windows 10 和 Windows Server 2016 操作系统。如果对计算机应用它无法处理的设置,那么它将直接忽略该设置。

1. 组策略结构

组策略分成两个不同的领域,见表 12-2。

表 12-2 组策略的不同领域

组策略领域	作 用
计算机配置	影响 HKEY Local Machine 注册表配置单元
用户配置	影响 HKEY Current User 注册表配置单元

2. 配置组策略设置

每个领域有 3 个部分,见表 12-3。

表 12-3 组策略的设置

策 略 部 分	作 用
软件设置	软件可部署到用户或计算机。部署到用户的软件特定针对于该用户。部署到计算机上的软件对该计算机的所有用户可用
Windows 设置	包含针对用户和计算机的脚本设置和安全性设置,以及针对用户配置的 Internet Explorer 维护
管理模板	包含数百个设置,这些设置修改注册表以控制用户或计算机环境的各个方面

12.1.5 首选项设置

只有域的组策略才有首选项设置功能,本地计算机策略并无此功能。

- 策略设置是强制性设置,客户端应用这些设置后就无法更改(有些设置虽然客户端可以自行变更设置值,不过下次应用策略时,仍然会被改为策略内的设置值);而首选项设置是非强制性的,客户端可自行更改设置值,因此首选项设置适合用来当作默认值。

- 若要过滤策略设置,必须针对整个 GPO 来过滤,例如某个 GPO 已经被应用到 sales 用户组,但是我们可以通过过滤设置来让其不要应用到 sales 组中的经理 Alice,也就是整个 GPO 内的所有设置项目都不会被应用到 Alice,而首选项设置可以针对单一设置项目来过滤。
- 如果在策略设置与首选项设置内有相同的设置项目,而且都已做了设置,但是其设置值却不相同,则以策略设置优先。

（1）设备安装

通过策略设置,可以用阻止用户安装驱动程序的方法限制用户安装某些特定类型的硬件设备。

通过首选项设置可以禁用设备和端口,但它不会阻止设备驱动程序的安装,它也不会阻止具有相应权限的用户通过设备管理器启用设备或端口。

如果想完全锁定并阻止某个特定设备的安装和使用,可以将策略和首选项配合起来使用,即用首选项来禁用已安装的设备,通过策略设置阻止该设备驱动的安装。

> 策略位置:计算机配置\策略\管理模板\系统\设备安装限制\
> 首选项位置:计算机配置\首选项\控制面板设置\设备\

（2）文件和文件夹

通过策略设置可以为重要的文件和文件夹创建特定的访问控制列表（ACL）。然而,只有目标文件或文件夹存在的情况下,ACL 才会被应用。

通过首选项设置,可以管理文件和文件夹。对于文件,可以通过从源计算机复制的方法来创建、更新、替换或删除;对于文件夹,可以指定在创建、更新、替换或删除操作时,是否删除文件夹中现存的文件和子文件夹。

因此,可以用首选项设置来创建一个文件或文件夹,通过策略设置对创建的文件或文件夹设置 ACL。需要注意的是,在首选项的设置中应该选择"只应用一次而不再重新应用"选项,否则,创建、更新、替换或删除的操作会在下一次组策略刷新时被重新应用。

> 策略位置:计算机配置\策略\Windows 设置\安全设置\文件系统\
> 首选项位置:计算机配置\首选项\Windows 设置\文件\
> 　　　　　　计算机配置\首选项\Windows 设置\文件夹\

（3）Internet Explorer

在计算机配置中,策略（Internet Explorer）配置了浏览器的安全增强并帮助锁定 Internet 安全区域设置。

在用户配置中,策略（Internet Explorer）用于指定主页、搜索栏、链接、浏览器界面等。在用户配置中的首选项（Internet 选项）中,允许设置 Internet 选项中的任何选项。

因为策略是被管理的而首选项是不被管理的,当用户想要强制设定某些 Internet 选项时,应该使用策略设置。尽管也可以使用首选项来配置 Internet Explorer,但是因为首选项是非强制性的,所以用户可以自行更改设置。

策略位置:计算机配置\策略\管理模板\Windows 组件\Internet Explorer\
　　　　用户配置\策略\管理模板\Windows 组件 Internet Explorer\
首选项位置:用户配置\首选项\控制面板设置\Internet 设置\

（4）打印机

通过策略,可以设置打印机的工作模式、计算机允许使用的打印功能、用户允许对打印机的操作等。

通过首选项可以映射和配置打印机,这些首选项包括配置本地打印机以及映射网络打印机。

因此,可以运用首选项为客户机创建网络打印机或本地打印机,通过策略来限制用户和客户机的打印相关功能设置。

策略位置:用户配置\策略\管理模板\控制面板\打印机\
　　　　计算机配置\策略\管理模板\控制面板\打印机\
首选项位置:用户配置\首选项\控制面板设置\打印机\

（5）"开始"菜单

通过策略设置,可以控制和限制"开始"菜单选项和不同的"开始"菜单行为。例如,可以指定是否要在用户注销时清除最近打开的文档历史,或是否在"开始"菜单上禁用拖放操作,还可以锁定任务栏,移除系统通知区域的图标以及关闭所有气球通知等。

通过首选项,可以如同控制面板中的任务栏和"开始"菜单属性对话框一样来配置。

（6）用户和组

通过策略设置,可以限制 AD 组或计算机本地组的成员。

通过首选项设置,可以创建、更新、替换或删除计算机本地用户和本地组。

对于计算机本地用户,可以进行如下操作:

① 重命名用户帐户。

② 设置用户密码。

③ 设置用户帐户的状态标识(如帐户禁用标识)。

对于计算机本地组,首选项可以进行如下操作:

① 重命名组。

② 添加或删除当前用户。

③ 删除成员用户或成员组。

策略位置:计算机配置\策略\Windows 设置\安全设置\受限制的组\
首选项位置:计算机配置\首选项\控制面板设置\本地用户和组\
　　　　　用户配置\首选项\控制面板设置\本地用户和组\

12.1.6　组策略的应用时机

当用户修改了站点、域或组织单位的 GPO 设置值后,这些设置值并不是立刻就对其中的用户与计算机有效,而是必须等 GPO 设置值被应用到用户或计算机后才有效。GPO 设置值内的计算机配置与用户配置的应用时机并不相同。

1. 计算机配置的应用时机

域成员计算机会在下面场合应用 GPO 的计算机配置值。

- 计算机开机时会自动应用。
- 若计算机已经开机,则会每隔一段时间自动应用:
  ◆ 域控制器:默认是每隔 5 分钟自动应用一次。
  ◆ 非域控制器:默认是每隔 90 到 120 分钟自动应用一次。
  ◆ 不论策略设置值是否发生变化,都会每隔 16 小时自动应用一次安全设置策略。
- 手动应用:到域成员计算机上打开命令提示符或 Windows PowerShell 窗口,执行 "gpupdate /target:computer /force"命令。

2. 用户配置的应用时机

域用户会在下面场景中应用 GPO 的用户配置值。

- 用户登录时会自动应用。
- 若用户已经登录,则默认会每隔 90~120 分钟自动应用一次。且不论策略设置值是否发生变化,都会每隔 16 小时自动应用一次安全设置策略。
- 手动应用:到域成员计算机上打开命令提示符或 Windows PowerShell 窗口,执行: "gpupdate /target:user /force"命令。

 ①执行 gpupdate /force 命令时会同时应用计算机与用户配置。②部分策略设置需要计算机重新启动或用户登录才有效,例如软件安装策略与文件夹重定向策略。

12.1.7　组策略处理顺序

默认情况下,组策略具有继承性,即链接到域的组策略会应用到域内的所有 OU,如果 OU 下还有 OU,则连接到上级 OU 的组策略默认也会应用到下级 OU 中。

但应用于用户或计算机的 GPO 并非都有相同的优先顺序。GPO 是按照特定顺序应用的。此顺序意味着后处理的设置可能覆盖先被处理的设置。例如,应用在域级的限制访问控制面板的策略,可能会被应用于 OU 级的策略所覆盖。

组策略通常会根据活动目录对象的隶属关系按顺序应用对应的组策略,组策略应用顺序如图 12-6 所示。

① 本地组策略。
② 站点级 GPO。
③ 域级 GPO。
④ 组织单位 GPO。
⑤ 任何子组织单位 GPO。

在组策略应用中,计算机策略总是先于用户策略,默认情况下,如果图 12-6 所示的组策略间存在设置冲突,则按"就近原则",后应用的组策略设置将生效。

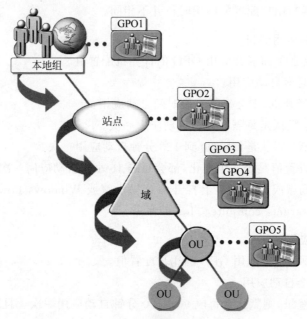

图 12-6　组策略处理顺序

12.2　项目设计及准备

未名公司决定实施组策略来管理用户桌面以及配置计算机安全性。公司已经实施了一种 OU 配置，在该配置中，顶级 OU 代表不同的地点，每个地点 OU 中的子 OU 代表不同的部门。用户帐户与其工作站计算机帐户处于同一个容器中。服务器计算机帐户分散在各个 OU 中。

企业管理员创建了一个 GPO 部署计划。公司要求你创建 GPO 或编辑 GPO，以使某些策略可应用于所有域对象。部分策略是必须实施的策略。你还需要创建将只应用于一小部分域对象的策略设置，并且希望使计算机设置和用户设置有不同的策略。公司要求你配置组策略对象，以使特定设置应用于用户桌面和计算机。

本项目主要的管理计算机与用户的工作环境的设置包括：计算机配置的管理模板策略、用户配置的管理模板策略、帐户策略、用户权限分配策略、安全选项策略、登录\注销、启动/关机脚本与文件夹重定向。

本项目要用到域控制器 DC1.long.com、加入域的 2 台客户计算机 WIN10-1（安装了 Windows 10 操作系统）和 MS1（安装了 Windows Server 2016 的成员服务器）。

12.3　项目实施

下面开始具体任务。

任务 12-1　管理"计算机配置的管理模板策略"

在 DC1.long.com 上设置计算机配置的策略：显示"关闭事件追踪程序"、显示用户以前交互式登录的信息。下面在域 long.com 上实现该策略，通过默认的 Default Domain Controllers Policy GPO 来设置。

1. 用户将计算机关机时，系统就不会再要求用户提供关机的理由

以域控制器 DC1.long.com 为例进行设置。

STEP 1　请到域控制器 DC1.long.com 上利用系统管理员身份登录。

STEP 2　选择"开始"→"Windows 管理工具"→"组策略管理"命令。打开组策略管理器控制台。

STEP 3　如图 12-7 所示，展开到 Domain Controllers 折叠项，右击 Default Domain Controllers Policy 项，在弹出的快捷菜单中选择"编辑"命令，打开"组策略管理编辑器"窗口。

12-1 管理
"计算机配
置的管理
模板策略"

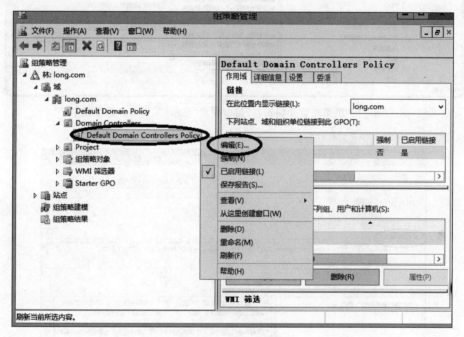

图 12-7　组策略管理

STEP 4　如图 12-8 所示，展开"计算机配置"→"策略"→"管理模板"→"系统"折叠项，双击右窗格中的"显示'关闭事件跟踪程序'"项。

STEP 5　在图 12-9 中，在打开的对话框中选中"已禁用"单选按钮，单击"应用"按钮后，单击"确定"按钮。

STEP 6　重启计算机使策略生效；或者在命令行输入：gpupdate /force，强制应用组策略生效。（后面的例子都需要使组策略生效后再验证结果，不再一一赘述。）

STEP 7　当再次关闭或重启 DC1 计算机时，在直接关闭或重启系统时，不再出现提示信息对话框。

2. 显示用户以前交互式登录的信息

STEP 1　重复上面的 STEP1～STEP3。

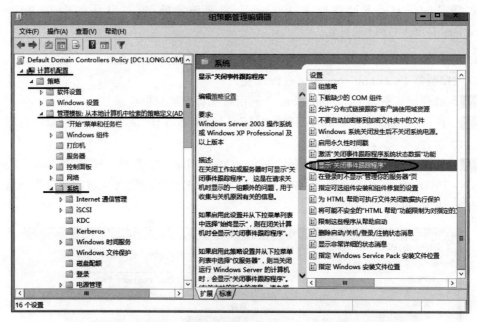

图 12-8　在"组策略管理编辑器"窗口设置"显示'关闭事件跟踪程序'"

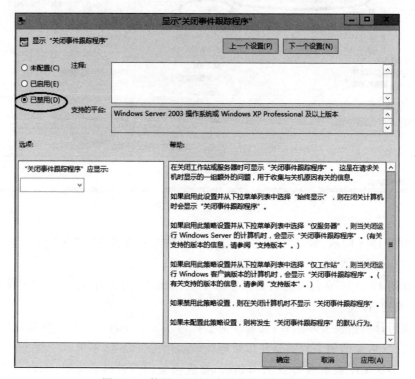

图 12-9　禁用：显示"关闭事件追踪程序"

STEP 2　如图 12-10 所示，展开"计算机配置"→"策略"→"管理模板"→"Windows 组件"→"Windows 登录选项"，双击右窗格中的"在用户登录期间显示有关以前登录的信息"项。

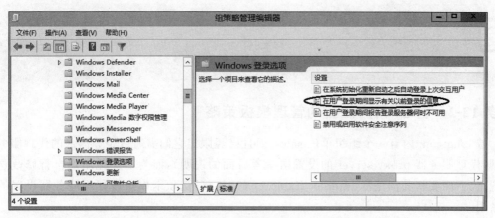

图 12-10　在"组策略管理编辑器"窗口设置 Windows 登录选项

STEP 3　在图 12-11 中,在打开的对话框中选中"已启用"单选按钮,单击"应用"按钮后,单击"确定"按钮。

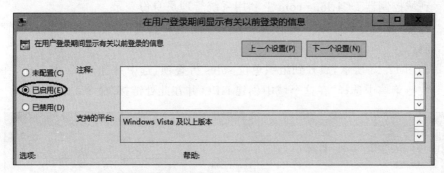

图 12-11　启用:在用户登录期间显示以前登录信息

STEP 4　重启计算机使策略生效;或者在命令行输入 gpupdate /force 命令,强制应用组策略生效。

STEP 5　当注销或重启 DC1 计算机时,登录成功后显示"以前登录信息",如图 12-12 所示。

图 12-12　在用户登录期间显示以前登录信息

思考:如果上述组策略应用到 Default Domain Policy 上,有何不同吗? 请读者思考。

若您在客户端计算机上通过本地计算机策略来启用此策略，但是此计算机并未加入域功能等级为 Windows Server 2008（含）以上的域，则用户在这台计算机登录时将无法获取登录信息，也无法登录。

任务 12-2　管理"用户配置的管理模板策略"

12-2 管理"用户配置的管理模板策略"

域 long.com 内有一个组织单位 sales，而且已经限定它们需通过企业内部的代理服务器上网（代理服务器 proxy server 的设置请参考后面的说明），而为了避免用户自行修改这些设置值，下面要将其浏览器 Internet Explorer 的"连接"选项卡内更改代理服务器设置的功能禁用。

由于目前并没有任何 GPO 被链接到组织单位 sales，因此我们将先建立一个链接到 sales 的 GPO，然后通过修改此 GPO 设置值的方式来达到目的。

1. 指定组织单位的用户无法更改代理设置

STEP 1　到域控制器 DC1.long.com 上利用系统管理员身份登录。

STEP 2　选择"开始"→"Windows 管理工具"→"组策略管理"命令。打开组策略管理器控制台。

STEP 3　如图 12-13 所示，展开到组织单位 sales 折叠项，选中并在 sales 上右击，在弹出的快捷菜单中选择"在这个域中创建 GPO 并在此处链接"命令。

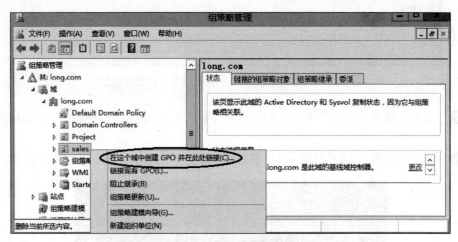

图 12-13　创建 GPO 并链接

STEP 4　您也可以先通过选中并在"组策略对象"上右击后再在弹出的快捷菜单中选择"新建"命令的方法来建立 GPO，然后再通过选中并在组织单位 sales 上右击，再在弹出的快捷菜单中选择"链接现有 GPO"命令的方法来将上述 GPO 链接到组织单位 sales。

若要备份或还原 GPO，则选中并在"组策略对象"上右击，然后再在弹出的快捷菜单中选择"备份"或"从备份还原"命令即可。

STEP 5 如图 12-14 所示在打开的"新建 GPO"对话框中为此 GPO 命名（例如 sales 的 GPO）后单击"确定"按钮。

图 12-14　新建 GPO

STEP 6 如图 12-15 所示，返回"组策略管理"窗口后选中并在新建的 GPO 上右击，然后在弹出的快捷菜单中选择"编辑"命令。

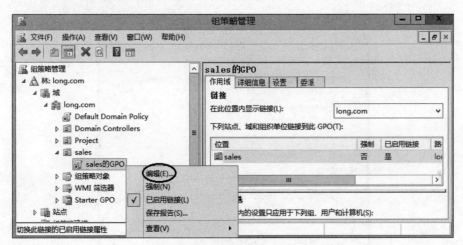

图 12-15　组策略管理——编辑

STEP 7 展开"用户配置"→"策略"→"管理模板"→"Windows 组件"→Internet Explorer 折叠项，双击右窗格中的"阻止更改代理设置"项，将其设置为"已启用"，如图 12-16 所示。

STEP 8 请利用 sales 内的任何一个用户帐户，例如 jane，到任何一台域成员计算机（如 MS1）上登录。（登录前重启设置组策略的计算机或者运行：gpupdate /force 命令，使设置的组策略生效。）

STEP 9 打开浏览器 Internet Explorer，按 Alt 键并选择"工具"→"Internet 选项"命令，在打开的对话框中单击"连接"选项卡下的"局域网设置"按钮，从图中可知无法修改代理服务器设置如图 12-17 所示。

2. 配置"管理模板"的其他设置

注意，本小节的所有内容都是基于"用户配置"的"管理模板"来配置的。

- 限制用户只可以或不可以执行指定的 Windows 应用程序：其设置方法是在"管理模板"的"系统"部分双击"只运行指定的 Windows 应用程序"或"不运行指定的

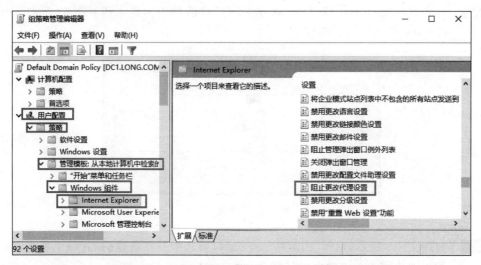

图 12-16　组策略管理编辑器——阻止更改代理设置

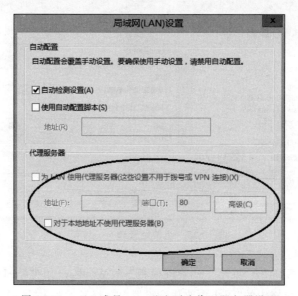

图 12-17　sales 成员 jane 无法更改代理服务器设置

Windows 应用程序"项。在添加程序时,请输入该应用程序的执行文件名称,例如 eMule.exe。

思考:如果用户利用资源管理器更改此程序的文件名,这个策略是否就无法发挥作用?

是的,不过您可以利用软件限制策略来达到限制用户执行此程序的目的,即使其文件名被改名。

- 隐藏或只显示在控制面板内指定的项目:用户在控制面板内将看不到被隐藏起来的项目或只看得到被指定要显示的项目。操作方法:在"管理模板"的"控制面板"中双击右边的"隐藏指定的控制面板"项或"只显示指定的控制面板"项。在添加项目时,应输入项目名称,例如鼠标、用户帐户等。

- 禁用按 Ctrl＋Alt＋Del 组合键后所出现界面中的选项：用户按 Ctrl＋Alt＋Del 组合键后，将无法使用界面中被禁用的选项，例如更改密码、启动任务管理器（或任务管理器）、注销等。其设置方法为：在"管理模板"的"系统"中选择 Ctrl＋Alt＋Del 组合键。
- 隐藏和禁用桌面上所有的项目：其设置方法为在"管理模板"的"桌面"中选中"隐藏和禁用桌面上的所有项目"选项。此时用户登录后的传统桌面上（非 Modern UI）所有项目都会被隐藏，在桌面上右击也无效。
- 删除 Internet Explorer 的 Internet 选项中的部分选项卡：用户将无法选择"工具"菜单的"Internet 选项"中被删除的选项卡，例如"安全性""连接""高级"等选项卡。其设置方法是在"组策略编辑器"中依次选择"用户配置"→"策略"→"管理模板"→"Windows 组件"→Internet Explorer 选项，并双击"Internet 控制面板"项。
- 删除开始菜单中的关机、重新启动、睡眠及休眠命令：在"管理模板"的"'开始'菜单和任务栏"中双击"'删除'并阻止访问'关机''重新启动''睡眠'及'休眠'命令"项。在用户的"开始"菜单中，这些功能的图标会被删除或无法使用，按 Ctrl＋Alt＋Del 组合键后也无法选择它们。

任务 12-3　配置帐户策略

12-3 配置帐户策略

可以通过帐户策略来设置密码的使用规则与帐户锁定方式，在设置帐户策略时请注意下面说明：

- 针对域用户所设置的帐户策略需通过域级的 GPO 来设置才有效，例如通过域的 Default Domain Policy GPO 未设置，此策略会被应用到域内所有用户。通过站点或组织单位的 GPO 所设置的帐户策略，对域用户没有作用。
- 帐户策略不但会被应用到所有的域用户帐户，也会被应用到所有域成员计算机内的本地用户帐户。
- 若您针对某个组织单位（图 12-18 的 sales）来设置帐户策略，则这个帐户策略只会被应用到位于此组织单位的计算机（例如图中的 MS1）的本机用户帐户而已，但是对位于此组织单位内的域用户帐户（例如图中的 jane 等）却没有影响。

注意　①若域与组织单位都设置了帐户策略，且设置有冲突时，则此组织单位内的成员计算机的本地用户帐户会采用域的设置。②域成员计算机也有自己的本地帐户策略，不过若其设置与域/组织单位的设置有冲突，则采用域/组织单位的设置。

要设置域帐户策略步骤：选中并在 Default Domain Policy GPO（或其他域级别的 GPO）项上右击，在弹出的快捷菜单中选择"编辑"命令，再在打开的如图 12-19 所示的窗口中展开"计算机配置"→"策略"→"Windows 设置"→"安全设置"→"帐户策略"项。

1. 密码策略

如图 12-20 所示，单击"密码策略"项后就可以设置在窗格中所列的各策略。

- 用可还原的加密来存储密码：如果有应用程序需要读取用户的密码，以便验证用户

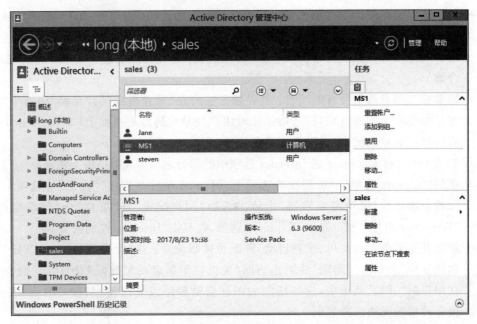

图 12-18　sales 组织单位

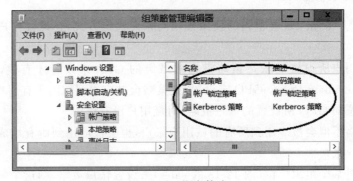

图 12-19　帐户策略

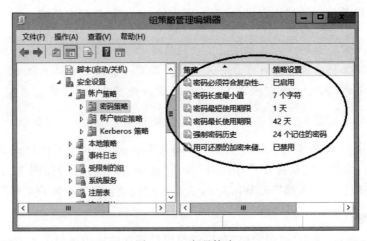

图 12-20　密码策略

身份,就可以启用此功能,不过它相当于用户密码没有加密,因此不安全。默认为禁用。

- 密码必须符合复杂性要求:若启用此功能,则用户的密码有下面规范。
    - 不可包含用户帐户名称(指用户 SamAccountName)或全名。
    - 长度至少为 6 个字符。
    - 至少包含 A～Z、a～z、0～9、特殊符号(例如!、$、#、%)4 组字符中的 3 组。

因此 123ABCdef 是有效的密码,然而 87654321 是无效的,因它只使用数字这一种字符。又例如若用户帐户名称为 Alice,则 123ABCAlice 是无效密码,因为包含了用户帐户名称。AD DS 域与独立服务器默认是启用此策略的。

- 密码最长使用期限:用来设置密码最长的使用期限(可为 0～999 天)。用户在登录时,若密码使用期限已到,系统会要求用户更改密码。若此处为 0 表示密码没有使用期限限制。AD DS 域与独立服务器默认值都是 42 天。
- 密码最短使用期限:用来设置用户密码的最短使用期限(可为 0～998 天),在期限未到前,用户不得更改密码。若此处为 0 表示用户可以随时变更密码。AD DS 域的默认值为 1,独立服务器的默认值为 0。
- 强制密码历史:用来设置是否要记录用户曾经使用过的旧密码,以便决定用户在修改密码时,是否可以重复使用旧密码。此处可被设置为如下的值。
    - 1～24:表示要保存密码历史记录。例如若设置为 5,则用户的新密码不可与前 5 次所使用过的旧密码相同。
    - 0:表示不保存密码历史记录,因此密码可以重复使用,也就是用户更改密码时,可以将其设置为以前曾经使用过的任何一个旧密码。
    - AD DS 域的默认值为 24,独立服务器的默认值为 0。
- 密码长度最小值:用来设置用户帐户的密码最少需要几个字符。此处可为 0～14,若为 0,表示用户帐户可以没有密码。AD DS 域的默认值为 7,独立服务器的默认值为 0。

2. 帐户锁定策略

您可以通过如图 12-21 所示的帐户锁定策略来设置锁定用户帐户的方式。

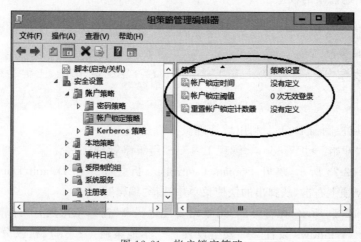

图 12-21　帐户锁定策略

- 帐户锁定阈值：我们可以让用户在多次登录失败后（密码错误），就将该用户帐户锁定，在未被解除锁定之前，用户无法再利用此帐户来登录。此处用来设置登录失败次数，其值可为 0～999。默认值为 0，表示帐户永远不会被锁定。
- 帐户锁定时间：用来设置锁定帐户的时间，时间过后会自动解除锁定。此处可为 0～99999 分钟，若为 0 分钟表示永久锁定，不会自动被解除锁定，此时需由系统管理员手动来解除锁定（帐户被锁定后会在帐户属性里有此"解除锁定"选项）。
- 重置帐户锁定计数器："锁定计数器"用来记录用户登录失败的次数，其初始值为 0，用户若登录失败，则锁定计数的值就会加 1，若登录成功，则锁定计数器的值就会归零。若锁定计数器的值等于帐户锁定阈值，该帐户就会被锁定。

任务 12-4　配置用户权限分配策略

系统默认只有某些组（例如 administrators）内的用户，才有权在扮演域控制器角色的计算机上登录，而普通用户 alice 在域控制器上登录时，屏幕上会出现类似如图 12-22 所示的警告信息，且无法登录，除非他们被赋予允许本地登录的权限。

12-4 配置
用户权限
分配策略

图 12-22　不允许本地登录域控制器

1. 在域控制器上开放"允许本地登录"权限

下面假设要让域 long 内 Domain Users 组内的用户可以在域控制器上登录。我们将通过默认的 Default Domain Controllers Policy GPO 来设置，也就是说要让这些用户在域控制器上拥有允许本地登录的权限。

①一般来说，域控制器等重要的服务器不应该开放普通用户登录。②要在成员服务器、Windows 8、Windows 10 等非域控制器的客户端计算机上练习，则下面步骤可免，因为 Domain Users 默认已经在这些计算机上拥有允许本地登录的权限。

STEP 1　请到域控制器 DC1 上利用域管理员身份登录。

STEP 2　选择"开始"→"Windows 管理工具"→"组策略管理"命令。

STEP 3　如图 12-23 所示，展开 Domain Controllers 折叠项并在 Default Domain Controllers Policy 项上右击，从弹出的快捷菜单中选择"编辑"命令。

STEP 4　如图 12-24 所示，在打开的"组策略管理编辑器"窗口依次展开"计算机配置"→"策略"→"Windows 设置"→"安全设置"→"本地策略"→"用户权限分配"项，在右窗格中双击"允许本地登录"项。

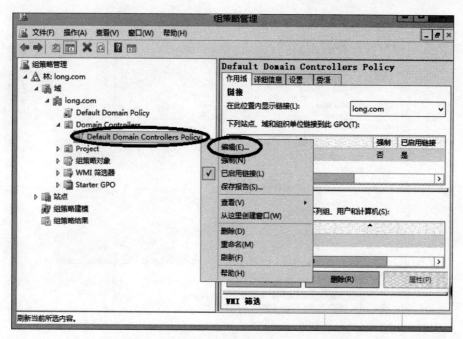

图 12-23　组策略管理

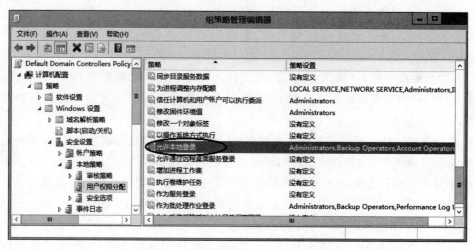

图 12-24　组策略管理——用户权限分配

STEP 5　如图 12-25 所示,在打开的对话框中单击"添加用户或组"按钮,打开"添加用户或组"对话框后输入或选择域 long 内的 Domain Users 组,在两个对话框上分别单击"确定"按钮,由图 12-24 中可以看到默认只有 Account Operators、Administrators 等组才拥有允许本地登录的权限。

STEP 6　完成后,必须等这个策略应用到 Domain Controllers 内的域控制器后才有效(见前面的说明)。待应用完成后,就可以利用任何一个域用户帐户到域控制器上登录,来测试允许本地登录功能是否正常。

　　另外,如果域内有多台域控制器,由于策略设置默认会先被存储到扮演 PDC 模拟器操

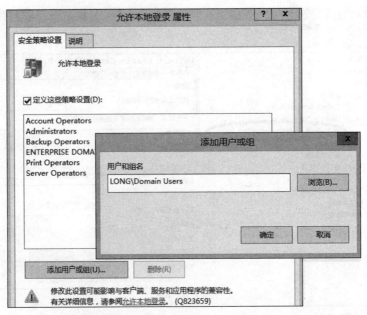

图 12-25　添加用户和组（Domain Users）

作主机角色的域控制器（默认是域中的第一台域控制器），因此要等这些策略设置被复制到其他域控制器，然后再等这些策略设置值应用到这些域控制器。

可以利用如下方法来查看扮演 PDC 模拟器操作主机的域控制器：选择"开始"→"Windows 管理工具"→"Active Directory 用户和计算机"命令，选中域名并在域名上右击，在弹出的快捷菜单中选择"操作主机"命令，在打开的对话框中单击选中"PDC"选项卡。

系统可以利用下面两种方式来将 PDC 模拟器操作主机内的组策略设置复制到其他域控制器。

- 自动复制：PDC 模拟器操作主机默认 15 秒后会自动将其复制过去，因此其他的域控制器可能需要等 15 秒或更久的时间才会收到此设置值。
- 手动立即复制：设 PDC 模拟器操作主机是 DC1，而我们要将组策略设置手动复制到域控制器 DC2。可在域控制器上依次选择"开始"→"Windows 管理工具"→"Active Directory 站点和服务"→Sites→Default-First-Site-Name→Servers 选项，展开"目标域控制器"（DC2）→NTDS Settings 项，在右窗格中选中并在 PDC 模拟器操作主机（DC1）上右击，再在弹出的快捷菜单中选择"立即复制"命令。

2. 其他"用户权限分配"

您可以通过如图 12-26 所示的用户权限分配来将执行特殊操作的权限分配给用户或组（此图以 Default Domain Controller Policy GPO 为例）。

要分配图 12-25 中右侧所列的任何一个权限给用户：双击该权限，在弹出的对话框中单击"添加用户和组"按钮，选择"用户或组"即可。

下面列举几个比较常用的权限策略来说明。

- 允许本地登录：允许用户直接在本台计算机上按 Ctrl + Alt + Del 组合键登录（上例）。

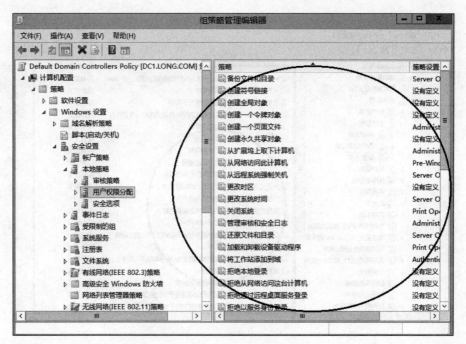

图 12-26　用户权限分配

- 拒绝本地登录：与前一个权限刚好相反。此权限优先于前一个权限。
- 将工作站添加到域：允许用户将计算机加入域。

 　　每一个域用户帐户默认有 10 次将计算机加入域的机会，不过一旦拥有将工作站添加到域的权限后，其次数就没有限制。

- 关闭系统：允许用户将此计算机关机。
- 从网络访问此计算机：允许用户通过网络上其他计算机来连接并访问此计算机。
- 拒绝从网络访问此计算机：与前一个权限刚好相反。此权限优先于前一个权限，
- 从远程系统强制关机：允许用户从远程计算机来将此台计算机关机。
- 备份文件和目录：允许用户备份硬盘内的文件与文件夹。
- 还原文件和目录：允许用户还原所备份的文件与文件夹。
- 管理审核和安全记录：允许用户指定要审核事件，也允许用户查询与清除安全记录。
- 更改系统时间：允许用户更改计算机的系统日期与时间。
- 加载和卸载设备驱动程序：允许用户加载和卸载设备的驱动程序。
- 取得文件或其他对象的所有权：允许夺取其他用户所拥有的文件、文件夹或其他对象的所有权。

任务 12-5　配置安全选项策略

　　您可以通过如图 12-27 所示的安全选项来启用计算机的一些安全设置。图中以"sales 的 GPO"为例，并列举下面几个安全选项策略。

12-5 配置
安全选项
策略

图 12-27　安全选项策略

- 交互式登录：无须按 Ctrl＋Alt＋Del 组合键。让登录界面不要再显示类似按 Ctrl＋Alt＋Del 组合键登录的提示（这是 Windows 10 等客户端的默认值）。
- 交互式登录：不显示最后的用户名。让客户端的登录界面上不要显示上一次登录的用户名。
- 交互式登录：提示用户在过期之前更改密码。用来设置在用户的密码过期前几天，提示用户更改密码。
- 交互式登录：之前登录到缓存的次数（域控制器不可用时）。域用户登录成功后，其帐户信息会被存储到用户计算机的缓存区，若之后此计算机因故无法与域控制器连接，该用户还可通过缓存区的帐户数据来验证身份与登录。您可以通过此策略来设置缓存区内帐户数据的数量，默认为记录 10 个登录用户的帐户数据。
- 交互式登录：试图登录的用户的消息标题、试图登录的用户的消息文本。若用户在登录时按 Ctrl＋Alt＋Del 组合键后，界面上能够显示您希望用户看到的提示信息，请通过这两个选项来设置，其中一个用来设置提示信息标题文字，另一个用来设置提示信息的内容。
- 关机：允许系统在未登录的情况下关闭。让登录界面的右下角能够显示关机图标按钮，以便在不需要登录的情况下就可直接通过此图标按钮将计算机关机（这是 Windows 10 等客户端的默认值）。

任务 12-6　登录/注销、启动/关机脚本

可以让域用户登录时，其系统就自动执行登录脚本（script），而当用户注销时，就自动执行注销脚本；另外也可以让计算机在开机启动时自动执行启动脚本，而关机时自动执行关机

脚本。

1. 登录脚本的设置

下面利用文件名为 logon.bat 的批处理文件来练习登录脚本的设置。请利用记事本 (notepad)来建立此文件,该文件内只有一条如下所示的命令,此命令会在"C:\"下新建文件夹 TestDir。

12-6　登录/注销、启动/关机脚本

```
Mkdir    C:\TestDir
```

下面我们利用组织单位 sales 的 GPO 进行说明。

STEP 1　选择"开始"→"Windows 管理工具"→"组策略管理"命令,展开到组织单位 sales 项,选中并在"sales 的 GPO"项上右击,在弹出的快捷菜单中选择"编辑"命令。

STEP 2　如图 12-28 所示,在打开的窗口中展开"用户配置"→"策略"→"Windows 设置"→"脚本"(登录,注销)项,双击右窗格中的"登录"项,在打开的"登录 属性"对话框中单击"显示文件"按钮。

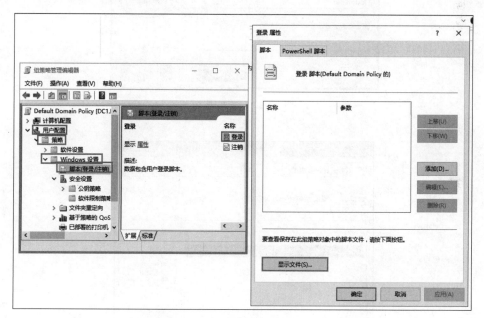

图 12-28　脚本登录

STEP 3　出现图 12-29 所示的界面时,请将登录脚本 logon.bat 复制到界面中的文件夹内,此文件夹位于域控制器的 SYSVOL 文件夹内,其完整路径为(其中的 GUID 是"sales 的 GPO"的 GUID)％ systemroot％ \ SYSVOL \ sysvol \ 域名 \ Policies \ {GUID}\User\Scripts\Logon。本例中对应的文件夹是:C:\Windows\SYSVOL \sysvol\long.com\Policies\{GUID}\User\Scripts\Logon。

STEP 4　关闭图 12-28 窗口,返回到如图 12-27 所示的对话框中,然后单击"添加"按钮。

STEP 5　如图 12-30 所示,在打开的"添加脚本"对话框中单击"浏览"按钮,从如图 12-28 所示的文件夹内选择登录脚本文件 logon.bat。完成后单击"确定"按钮。

STEP 6　返回到如图 12-31 所示的对话框并单击"确定"按钮。

图 12-29   logon 文件

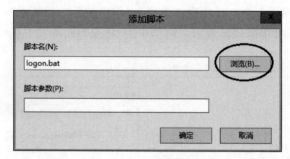

图 12-30   添加脚本

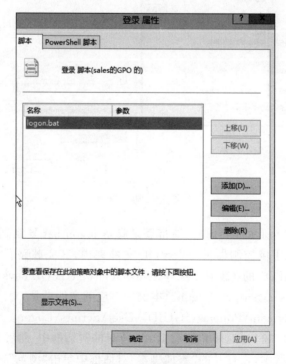

图 12-31   登录属性

STEP 7　完成设置后,当组织单位 sales 内的任何用户登录时,系统都会自动执行登录脚本 logon.bat,它会在"C:\"下建立文件夹 TestDir,请自行利用文件资源管理器来检查(见图 12-32)。本例使用用户 jane 在成员服务器 MS1 上登录验证。

图 12-32　利用文件资源管理器来检查结果

　　　若客户端安装的是 Windows Server 2016 系统,需等一段时间才看得到上述登录脚本的执行结果(本次实验等了约 7 分钟)。

2. 注销脚本的设置

下面利用文件名为 logoff.bat 的批处理文件来练习注销脚本。请利用记事本(notepad)来建立此文件,其内只有一条命令,此指令会将"C:\TestDir"文件夹删除。

```
rmdir    c:\TestDir
```

下面利用组织单位 sales 的 GPO 进行说明。

STEP 1　请先将前一个登录脚本设置删除,即单击选中图 12-30 中的 logon.bat 文件后单击"删除"按钮,以免干扰验证本实验的结果。

STEP 2　下面演示的步骤与前一个登录脚本的设置类似,不再重复,不过在图 12-27 中选择"注销"并将文件名改为 logoff.bat。

STEP 3　在客户端计算机上运行 gpupdate /force 命令,以便立即应用上述策略的设置,或在客户端计算机上利用注销并再重新登录的方式来应用上述策略的设置。

STEP 4　再注销,这时候就会执行注销脚本 logoff.bat 来删除"C:\TestDir"。再登录后利用文件资源管理器来确认"C:\TestDir"已被删除(请先确认 logon.bat 已经删除,否则它又会建立此文件夹)。

3. 启动/关机脚本的设置

我们通过如图 12-33 所示的组织单位 sales 的 GPO 为例来说明。在 DC1.long.com 上配置组策略,以图中计算机名称为 MS1.long.com 的计算机来练习启动/关机脚本。若您要练习的计算机不是位于组织单位 sales 内,而是位于容器 Computers 内,则请通过域级别的 GPO 来练习(例如 Default Domain Policy GPO),或将计算机帐户移动到组织单位 sales 内。

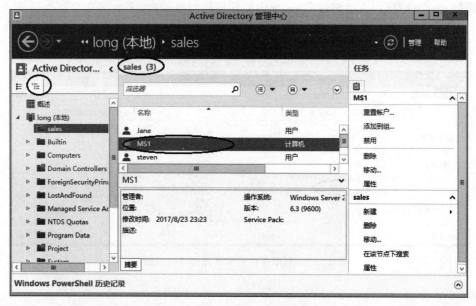

图 12-33　Active Directory 管理中心

由于启动/关机脚本的设置步骤与前一个登录/注销脚本的设置类似,故此处不再重复,不过如图 12-34 所示改为使用计算机配置。您可以直接利用前面的登录、注销脚本的示例文件来练习。

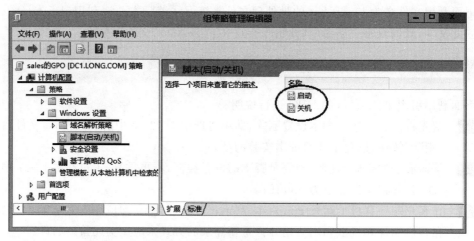

图 12-34　组策略管理编辑器——计算机配置

12-7　文件
夹重定向

任务 12-7　文件夹重定向

可以利用组策略来将用户的某些文件夹的存储位置重定向到网络共享文件夹内,这些文件夹包括文件、图片、音乐等,如图 12-35 所示,此图为用户 Jane 在 MS1.long.com 计算机上的个人文件夹,可以通过打开文件资源管理器,单击左上方的"桌面"按钮,再单击右侧的 Jane 图标按钮来获取此界面。

这些文件夹平常存储在本地用户配置文件内,也就是％SystemDrive％\用户\用户名

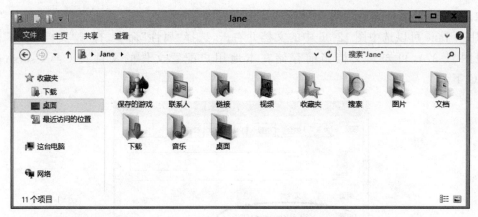

图 12-35　Jane 的个人文件夹

（或%SystemDrive%\Users\用户名）文件夹内，如图 12-36 所示为用户 Jane（此处显示其登录帐户 Jane，不是其显示名称 Jane）的本地用户配置文件文件夹，因此用户换到另外一台计算机登录，就无法访问到这些文件夹，而如果能够将其存储位置改为（重定向到）网络共享文件夹，则用户到任何一台域成员计算机上登录时，都可通过此共享文件夹来访问这些文件夹内的文件。

图 12-36　用户 Jane 的本地用户配置个人文件夹

　　图 12-36 中以 Windows Server 2016 的客户端为例，不同的客户端可以被重定向的文件夹也不相同，例如 Windows XP 等旧版系统只有 Application Data、"我的文档""我的图片"与"开始"菜单可以被重定向。

注意

1. 将"文档"文件夹重定向

用户 Jane 可以选中图 12-36 中的文档并右击,选择"属性"命令,打开"文档 属性"对话框(见图 12-37),可知其文档当前存储在本地用户配置文件的文件夹 C:\Users\jane.LONG 下。

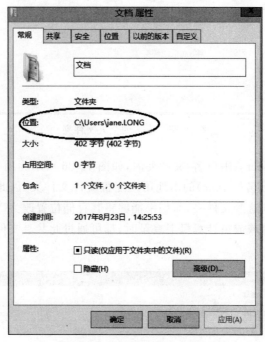

图 12-37　用户 Jane 的文档属性

我们利用将组织单位 sales 内所有用户(包含 Jane)的文档文件夹重定向,来说明如何将此文件夹重定向到另外一台计算机上的共享文件夹。

STEP 1 在任何一台域成员计算机上建立一个文件夹,例如我们将在服务器 DC1 上建立文件夹"C:\StoreDoc",然后要将组织单位业务部内所有用户的文档文件夹重定向到此数据内。

STEP 2 将此文件夹设置为共享文件夹,将共享权限"读取""写入"赋给 Everyone(系统会同时将"完全控制"的共享权限与"NTFS 权限"赋予 Everyone)。其共享名默认为文件夹名称 StoreDoc。建议将共享文件夹隐藏起来,也就是在共享名最后加一个 $ 符号,例如 StoreDoc $。

STEP 3 到域控制器上选择"开始"→"管理工具"→"组策略管理"命令,展开到组织单位 sales,选中并在"sales 的 GPO"上右击,在弹出的快捷菜单中选择"编辑"命令。

STEP 4 如图 12-38 所示,在打开的"组策略编辑器"窗口展开"用户配置"→"策略"→"Windows 设置"→"文件夹重定向"折叠项,单击选中"文档"项,单击上方的属性图标按钮。

STEP 5 设置如图 12-39 所示,完成后单击"确定"按钮。图中的根路径指向我们所建立的共享文件夹\\dc1\StoreDoc(一定是 UNC 路径,否则客户端无法访问),系统会在

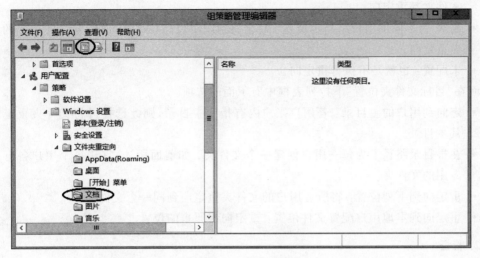

图 12-38　文件夹重定向

此文件夹下自动为每一位登录的用户分别建立一个专用文件夹，例如帐户名称为 Jane 的用户登录后，系统会自动在\\dc1\StoreDoc 下建立一个名称为 Jane 的文件夹。

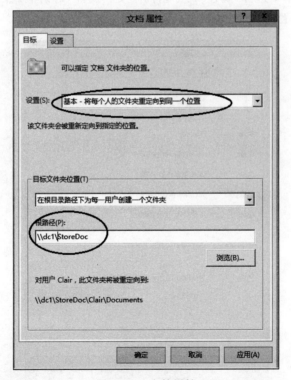

图 12-39　文档属性

如图 12-39 所示在"设置"下拉列表框中共有下面几种选择。

- 基本-将每个人的文件夹重定向到同一个位置：它会将组织单位 sales 内所有用户的

文件夹都重定向。

- 高级-为不同的用户组指定位置：它会将组织单位 sales 内隶属特定组的用户的文件夹重定向。
- 未配置：也就是不执行重定向。

而在"目标文件夹位置"下拉列表框中有下面的选项。

- 定向到用户的主目录：若用户帐户内有指定主目录，则此选择可将文件夹重定向到其主目录。
- 在根目录路径下为每一用户创建一个文件夹：如前面所述，它让每个用户各有一个专用的文件夹。
- 重定向到下列位置：将所有用户的文件夹重定向到同一个文件夹。
- 重定向到本地用户配置文件位置：重定向回原来的位置。

2. 验证

请利用组织单位 sales 内的任何一个用户帐户在域成员计算机（以 MS1.long.com 为例）登录，例如 Jane（假设其显示名称为 Jane），则 jane 的文档（在 Windows 7 内被称为"我的文档"）将被重定向到\\dc1\StoreDoc\jane\documents 文件夹（也就是\\dc1\StoreDoc\jane\文档文件夹）。可以打开文件资源管理器，单击选中 jane，如图 12-40 所示，在选中的文档上右击，在弹出快捷菜单中选择"属性"命令，打开"文档属性"对话框，然后可看到文档文件夹位于重定向后的新位置\\dc1\StoreDoc\jane。

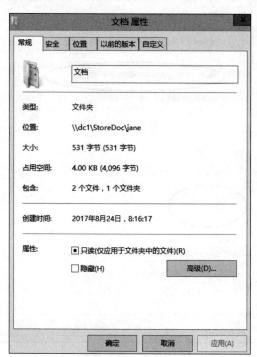

图 12-40 文档属性

①用户可能需要登录两次后，文件夹才会成功地被重定向：用户登录时，系统默认并不会等待网络启动完成后再通过域控制器来验证用户，而是直接读取本地缓存区的帐户数据来验证用户，以便让用户快速登录。之后等网络启动完成，系统就会自动在后台应用策略。不过因为文件夹重定向策略与软件安装策略需在登录时才有作用，因此本实验您可能需要登录两次才有作用。②若用户帐户内被指定使用漫游用户配置文件、主目录或登录脚本，则该用户登录时，系统会等网络启动完成才让用户登录。③若用户第一次在此计算机登录，因缓存区内没有该用户的帐户数据，故必须等网络启动完成，此时就可以取得最新的组策略设置值。通过组策略来更改客户端此默认值的方法为：依次选择"计算机配置"→"策略"→"管理模板"→"系统"→"登录"→"计算机启动和登录时总是等待网络"等选项。

由于用户的文档文件夹已经被重定向，因此用户原本位于本地用户配置文件文件夹内的文档文件夹将被删除，如图 12-41 所示为用户 jane 的本地用户配置文件文件夹中的内容，其中已经看不到文档文件夹。

图 12-41　jane 的本地用户配置文件文件夹

域用户 jane 在 MS1 上登录后，其本地用户配置文件文件夹是"C:\用户\jane.long"。

任务 12-8　使用组策略限制访问可移动存储设备

移动存储设备的使用越来越普遍，如何解决访问安全的问题迫在眉睫。那么如何使用组策略限制访问可移动存储设备呢？

12-8 使用组策略限制访问可移动存储设备

1. 任务背景

未名公司基于 AD 管理用户和计算机,公司基于文件安全的考虑希望限制员工使用可移动设备,避免员工通过可移动设备拷贝公司计算机数据,以防可能造成公司商业机密外泄。

2. 任务分析

在本任务中,公司仅禁止员工在客户机上使用移动存储设备,可以考虑在域级别修改 Default Domain Policy 组策略,在计算机策略中禁止使用可移动存储设备。这样员工即使插入可移动设备也无法被域客户机识别。

3. 实施步骤

STEP 1 在 DC1 计算机的"服务器管理器"主窗口下,选择"工具"→"组策略管理"命令,在弹出的"组策略管理"窗口中在选中的 Default Domain Policy 项上右击,在弹出的快捷菜单中选择"编辑"命令,进行域默认组策略的修改。

STEP 2 在弹出的"组策略管理编辑器"窗口中依次展开"计算机配置"→"策略"→"管理模板"→"系统"→"可移动存储访问"项,在右窗格中找到"所有可移动存储类:拒绝所有权限"项,将此策略启用,如图 12-42 所示。

图 12-42　在组策略管理编辑器中设置可移动存储访问

STEP 3 活动目录的组策略一般定期更新,如果想让刚刚设置的策略马上生效,可以用 gpupdate /force 命令执行立刻更新组策略,打开命令行界面,输入该命令,执行刷新组策略操作。然后重启域客户机 WIN10-1 进行验证。

4. 任务验证

为了使组策略生效,刷新完策略之后要将客户机 WIN10-1 重新启动,计算机策略是计算机开机时才会被应用的,重启系统完再插入可移动设置,系统会提示计算机插入了可移动设备,但是用户无法访问它,如图 12-43 所示。

图 12-43　客户机无法访问移动存储设备

任务 12-9　使用组策略的首选项管理用户环境

1. 任务背景

未名公司基于 Windows Server 2016 活动目录管理公司员工和计算机,公司希望新加到域环境中的计算机和用户有其默认的一套部署方案,而不是逐个部署,这样可以统一管理公司的计算机和用户,又可以极大减少管理员的工作量,公司希望通过简单的部署,使公司的域环境满足当前的业务需求。目前公司迫切需要解决的问题有以下两个。

① 自动为 sales 用户映射网络驱动器。

② 更改加入域的本地计算机管理员名字,从而提高安全性。

2. 任务分析

为了解决公司提出的 3 个问题,可以通过计算机或用户的首选项来完成。

对于问题 1,通过首选项可以映射驱动器,同时可以基于某个选项来过滤一定的对象,可以将 sales 设置为 OU,这样 sales 的 OU 里的用户都会自动映射驱动器。

对于问题 2,可以通过首选项更新本地计算机用户名的方式来实现。

12-9 使用组策略的首选项管理用户环境

3. 任务实施

(1) 用户环境(首选项)部署

STEP 1　在 DC1 计算机的"服务器管理器"主窗口下,选择"工具"→"组策略管理"命令,打开"组策略管理"窗口,依次展开"组策略管理"→"林:long.com"→"域"→long.com 折叠项,右击 sales 项,在弹出的快捷菜单中选择"在这个域中创建 GPO 并在此处链接"命令,在弹出的对话框中名称输入"sales 首选项",创建了一个叫"sales 首选项"的 GPO。

STEP 2 右击"sales 首选项",在弹出的快捷菜单中选择"编辑"命令,如图 12-44 所示。

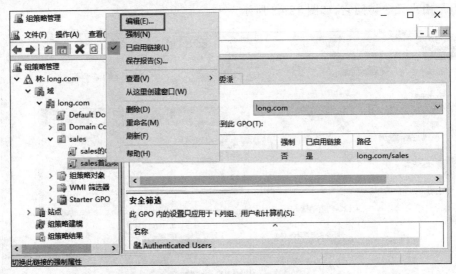

图 12-44　编辑组策略

STEP 3 在弹出的"组策略管理编辑器"中依次展开"用户配置"→"首选项"→"Windows 设置"折叠项,右击"驱动器映射"项,在弹出的快捷菜单中选择"新建"→"映射驱动器"命令,在弹出的对话框中输入共享目录位置\\dc1\storedoc,并选择映射的驱动器号为 Z,如图 12-45 所示。

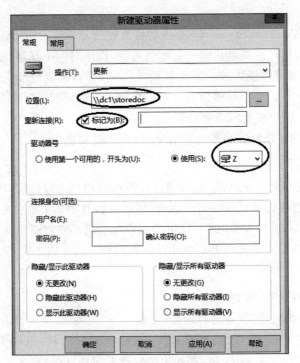

图 12-45　新建驱动器属性

STEP 4　切换至"常用"选项卡,选中"项目级别目标"选项,如图 12-46 所示。

STEP 5　单击"目标"按钮,在弹出的"目标编辑器"对话框中单击选中"新建项目"选项卡,
选择"组织单位",通过单击"浏览"按钮选择 sales 的 OU,选中"仅直接成员"和
"OU 中的用户"选项,如图 12-47 所示。

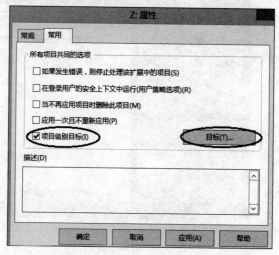

图 12-46　驱动器"Z:属性"对话框

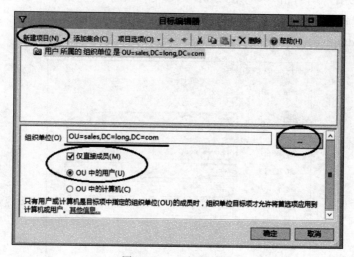

图 12-47　目标编辑器

STEP 6　单击"确定"按钮,完成设置,返回到"组策略管理编辑器"窗口,如图 12-48 所示。

（2）计算机环境（首选项）部署

STEP 1　在 DC1 计算机的"服务器管理器"主窗口下,选择"工具"→"组策略管理"命令,打
开"组策略管理"窗口,依次展开"组策略管理"→"林：long.com"→"域"→long.
com 项,右击 Default Domain Policy 项,在弹出的快捷菜单中选择"编辑"命令,进
行域默认组策略修改。

STEP 2　在弹出的"组策略管理编辑器"窗口中依次展开"计算机配置"→"首选项"→"控制

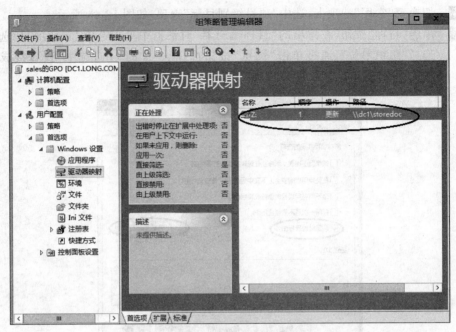

图 12-48　完成驱动器映射

面板设置"项，右击"本地用户和组"项，在弹出的快捷菜单中选择"新建"→"本地
用户"命令，在打开用户属性对话框中将"操作"选项设置为"更新"，"用户名"选择
为"Administrator(内置)"，如图 12-49 和图 12-50 所示。

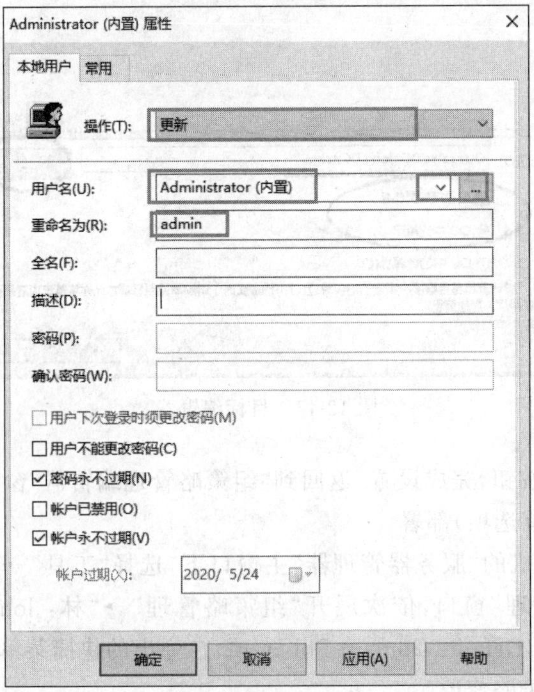

图 12-49　配置本地用户属性

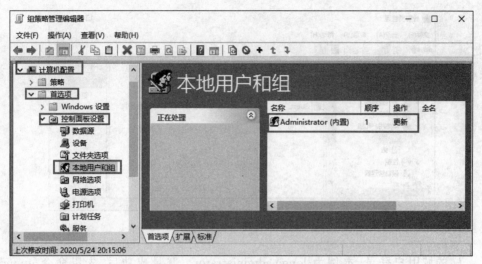

图 12-50　配置完成后的组策略编辑器

4. 任务验证

STEP 1　验证用户首选项设置，即 sales 用户登录时是否会映射驱动器。使用 sales 组织单位中的 jane 域用户登录客户机 WIN10-1（WIN10-1 是 long.com 的成员服务器），结果如图 12-51 所示。也可以将客户端换成 MS1 进行本项测试。

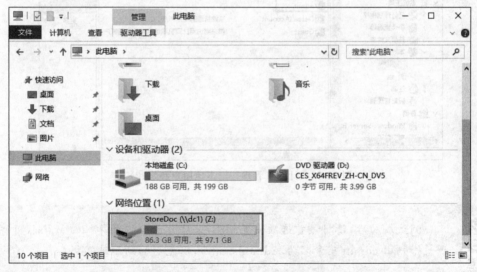

图 12-51　用户首选项配置成功

STEP 2　验证计算机首选项设置中的计算机管理员帐户是否从 Administrator 更新为 admin。

STEP 3　先在 MS1 独立服务器上以管理员帐户身份登录，选择"开始"→"计算机管理"命令打开"计算机管理"窗口，展开"本地用户和组"→"用户"项，查看帐户情况，如图 12-52 所示。注意只有一个 Administrator。

STEP 4　将 MS1 加入 long.com 域升级为成员服务器，重启服务器后再以非 sales 组织单位

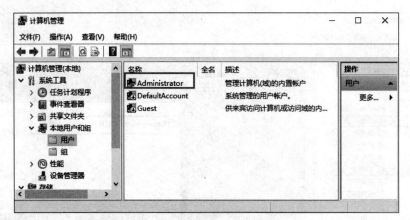

图 12-52　计算机管理——本地用户和组(1)

的域用户登录,本例为 long\administrator。登录成功后,先以命令 gpupdate/ force 强制组策略生效,然后查看帐户情况,如图 12-53 所示。此时 Administrator (内置)已经被更新为 admin。

图 12-53　计算机管理——本地用户和组(2)

 　　测试成功后,请将该首选项设置删除,并将作为验证计算机的 WIN10-1 的管理员帐户由 admin 重命名为 Administrator,以免影响到后续实训。

STEP 5　重启服务器后再以 sales 组织单位的域用户登录,本例为 long\jane。登录成功后, 查看帐户情况,如图 12-54 所示。注意此时 Administrator(内置)已经被更新为 admin。

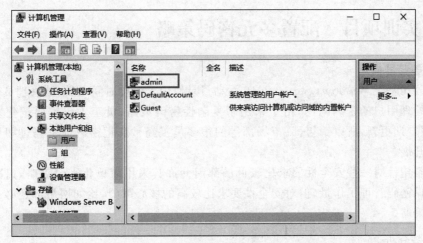

图 12-54　计算机管理——本地用户和组-3

12.4　习题

1. 填空题

（1）组策略是一种技术，它支持 Active Directory 环境中计算机和用户的一对多管理。通过链接，一个 GPO 可与 AD DS 中的_____个容器关联。反过来，多个 GPO 也可链接到_____个容器。

（2）域级策略只影响属于该域的_____和_____。默认情况下存在两个域级策略是_____和_____。

（3）本地策略设置存储在本地计算机上的_____文件夹中，该文件夹为隐藏文件夹。

（4）可以在 AD DS 中针对_____、_____与_____来设置组策略。组策略内包含_____与_____两部分。

（5）GPO 的内容被分为_____与_____两部分，它们分别被存储到不同的位置。

（6）组策略设置的每个领域都有 3 个部分：_____、_____与_____。

（7）手动应用计算机配置组策略的方法是：到域成员计算机上打开命令提示符或 Windows PowerShell 窗口，执行_____命令。

（8）若计算机已经开机，对于域控制器，默认每隔_____分钟自动应用一次组策略；对于非域控制器，默认每隔_____到_____分钟自动应用一次组策略。

2. 简答题

（1）简述组策略的概念和功能。

（2）简述组策略对象有哪些。

（3）简述组策略的应用时机。没刷新组策略的情况下多久会生效？

（4）简述组策略的处理顺序。当计算机配置与用户配置冲突时，哪个策略会优先？当策略与首选项冲突时，哪个会优先？

12.5 实训项目 配置多元密码策略

1. 任务背景描述

未名公司基于 Windows Server 2016 活动目录使用了一段时间之后，域管理员基本上每天都需要处理用户的密码问题，由于采用了复杂性密码策略，员工不仅需要记住复杂的密码，还必须定期更新，所以销售部、市场部等的很多员工经常忘记密码或密码过期导致工作无法正常开展。

公司希望针对一些安全性要求比较低的部门允许其采用简单化密码策略，以减少域管理员的用户密码管理工作量，但对安全性要求比较高的核心部门，比如网络部还必须采用复杂性密码策略。

2. 任务分析

通过多元密码策略可以针对不同用户组配置不同的密码策略，根据公司项目要求，首先需要将域的功能级别手动升级到 Windows Server 2016 以上，然后根据以下两条假设部署公司 network 和 sales 的密码策略。

① 配置 network 组用户必须使用不少于 8 位的复杂密码。

② 配置 sales 组用户可以使用大于 6 位的简单密码。

3. 任务指导

以域管理员的身份登录 DC1 计算机。

① 提升域功能级别和林功能级别。

② 在"Active Directory 管理中心"配置多元化密码。下面以"网络部"为例讲解。

STEP 1 创建"网络部"和"销售部"组，并在"网络部"组下创建 network_user1 用户；在"销售部"组下创建 sales_user1 用户。

STEP 2 在"Active Directory 管理中心"窗口中，单击左上角的树视图 ⁞📁 图标按钮，选择左边的"long（本地）"，找到 System，再找到 Password Settings Container 并单击右边的"新建"按钮，选择"密码设置"，如图 12-55 所示。

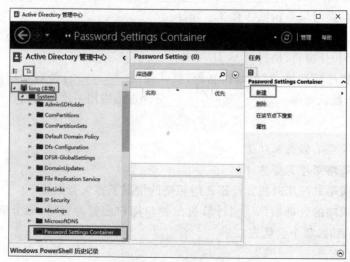

图 12-55 新建密码设置

STEP 3 在弹出的"密码设置"对话框中,设置"名称"为"network 组密码策略","优先"为
10,"密码长度最小值"为 8,选中"密码必须符合复杂性要求"复选框并将该策略应
到 network 组中,如图 12-56 所示。

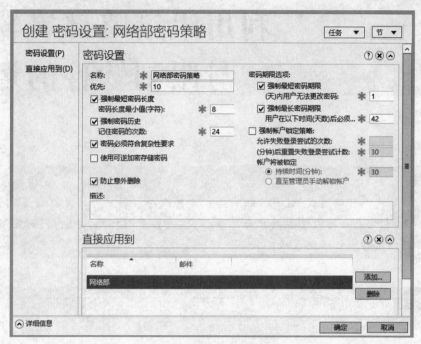

图 12-56　网络部密码策略

第 13 章
利用组策略部署软件
与限制软件的运行

项目背景

　　我们可以通过 AD DS 组策略来为企业内部用户与计算机部署(deploy)软件,也就是自动为这些用户与计算机安装、维护与删除软件。同时还可以为软件的运行制订限制策略。

项目目标

- 软件部署概述
- 将软件发布给用户
- 将软件分配给用户或计算机
- 启用软件限制策略

13.1　相关知识

　　您可以通过组策略将软件部署给域用户与计算机也就是域用户登录或成员计算机启动时会自动安装或很容易安装被部署的软件,而软件部署分为分配(assign)与发布(publish)两种。一般来说,这些软件必须是 Windows Installer Package(也被称为 MSI 应用程序),也就是其内部包含扩展名为.msi 的安装文件。

13.1.1　将软件分配给用户

　　当将一个软件通过组策略分配给域用户后,用户在任何一台域成员计算机登录时,这个软件会被通告(advertised)给该用户,但此软件并没有被安装,而只是安装了与这个软件有关的部分信息而已,例如,可能会在开始窗口或开始菜单中自动建立该软件的快捷方式(需视该软件是否支持此功能而定)。

　　用户通过单击该软件在开始窗口(或开始菜单)中的快捷方式后,就可以安装此软件。

　　用户也可以通过控制面板来安装此软件,以 Windows 10 客户端来说,其安装方法为:选择"开始"→"Windows 系统"→"控制面板"命令,在打开的"控制面板"窗口中再选择"程序"处的"获得程序"命令。

13.1.2　将软件分配给计算机

当您将一个软件通过组策略分配给域成员计算机后,这些计算机启动时就会自动安装这个软件(完整或部分安装,视软件而定),而且任何用户登录都可以使用此软件。用户登录后,就可以通过桌面或开始窗口(或开始菜单)中的快捷方式来使用此软件。

13.1.3　将软件发布给用户

当您将一个软件通过组策略发布给域用户后,此软件并不会自动被安装到用户的计算机内,不过用户可以通过控制面板来安装此软件。

只能分配软件给计算机,无法发布软件给计算机。

13.1.4　自动修复软件

被发布或分配的软件可以具备自动修复的功能(视软件而定),也就是客户端在安装完成后,若此软件程序内有关键性的文件损毁、遗失或不小心被用户删除则在用户执行此软件时,系统会自动检测到此不正常现象,并重新安装这些文件。

13.1.5　删除软件

一个被发布或分配的软件,在客户端将其安装完成后,若您之后不想再让用户使用此软件,可在组策略内从已发布或已分配的软件列表中将此软件删除,并设置下次客户端应用此策略时(例如用户登录或计算机启动时),自动将这个软件从客户端计算机中删除。

13.1.6　软件限制策略概述

软件限制策略的安全等级分为下面 3 种。

- 不受限:所有登录的用户都可以运行特定的程序(只要用户拥有适当的访问权限,例如 NTFS 权限)。
- 不允许:无论用户对程序文件的访问权限为何,都不允许运行。
- 基本用户:允许以普通用户的权限(分配给 users 组的权限)来运行程序。

系统默认的安全级别是所有程序都不受限,即只要用户对要运行的程序文件拥有适当访问权限,他就可以运行此程序。不过您可以通过哈希规则、证书规则、路径规则与网络区域规则来建立例外的安全级别,以便拒绝用户运行所指定的程序。

1. 哈希规则

哈希(hash)是根据程序的文件内容所算出来的字符串,不同程序有着不同的哈希值,所以系统可用它来识别应用程序。在您为某个程序建立哈希规则,并利用它限制用户不允许运行此程序时,系统就会为该程序建立一个哈希值。而当用户要运行此程序时,其 Windows

系统就会比较自行算出来的哈希值是否与软件限制策略中的哈希值相同,若相同,表示它就是被限制的程序,因此会被拒绝运行。

即使此程序的文件名被改变或被移动到其他位置,也不会改变其哈希值,因此仍然会受到哈希规则的约束。

2. 证书规则

软件发行公司可以利用证书(certificate)来签署其所开发的程序,而软件限制策略可以通过此证书来辨识程序,也就是说可以通过建立证书规则来识别利用此证书所签署的程序,以便允许或拒绝用户运行此程序。

3. 路径规则

您可以通过路径规则来允许或拒绝用户运行位于某个文件夹内的程序。由于是根据路径来识别程序,故若程序被移动到其他文件夹,此程序将不会再受到路径规则的约束。

除了文件夹路径外,您也可以通过注册表路径来限制,例如开放用户可以运行在注册表中所指定的文件夹内的程序。

4. 网络区域规则

您可以利用网络区域规则来允许或拒绝用户运行位于某个区域内的程序,这些区域包含本地计算机、Internet、受信任的站点与受限制的站点等。

除了本地计算机与 Internet 之外,您可以设置其他 3 个区域内所包含的计算机或网站:打开网页浏览器 Internet Explorer,按下 Alt 键,选择"工具"→"Internet 选项"命令,打开"Internet 选项"对话框,单击选中如图 13-1 所示的"安全"选项卡,选择要设置的区域后单击"站点"按钮。

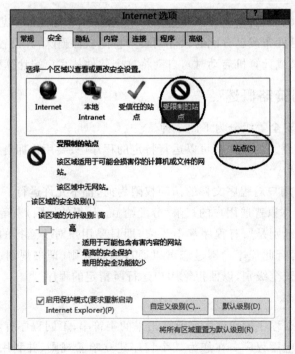

图 13-1　Internet 选项

网络区域规则适用于扩展名为.msi 的 Windows Installer Package。

5. 规则的优先级

您可能会针对同一个程序设定不同的软件限制规则,而这些规则的优先级由高到低依次为:哈希规则、证书规则、路径规则、网络区域规则。

例如您针对某个程序设定了哈希规则,且设置其安全等级为不受限,然而您同时针对此程序所在的文件夹设置了路径规则,且设置其安全等级为不允许,此时因为哈希规则的优先级高于路径规则,故用户仍然可以运行此程序。

13.2　项目设计及准备

未名公司基于 Windows Server 2016 活动目录管理公司员工和计算机,在公司计算机上经常需要统一部署软件,主要面对以下 4 个问题:

① 公司所有域客户机都必须强制安装的软件。

② 公司特定部门的用户都必须强制安装的软件。

③ 公司用户或特定用户可以自行选择安装的软件。

④ 公司特定部门的用户对某些软件限制运行。

这 4 个问题对应 4 个解决方案:

① 计算机分配软件部署。

② 用户分配软件部署。

③ 用户发布软件部署。

④ 限制软件的运行。

本项目要用到 DC1.long.com 域控制器、WIN10-1(安装了 Windows 10 操作系统)和 MS1(安装了 Windows Server 2016 的成员服务器)加入域的客户计算机。

13.3　项目实施

下面开始具体任务。

任务 13-1　计算机分配软件(advinst.msi)部署

将"MSI 转换工具"软件分配给 long.com 域内的所有计算机。

1. 部署计算机分配软件(advinst.msi)

STEP 1　在域控制器(DC1)上创建一个用来存储共享软件的目录 software,将该目录进行共享,并配置 Everyone 对该目录有读取的权限,将需要发布的软件复制到 software 目录中。

13-1 计算机分配软件部署

STEP 2　在"服务器管理器"主窗口下选择"工具"→"组策略管理"命令,在弹出的"组策管理"窗口中选中并在 Default Domain Policy 项上右击,在弹出的快捷菜单中选择"编辑"命令进行域默认组策略的修改。

STEP 3　在弹出的"组策略管理编辑器"窗口中依次展开"计算机配置"→"策略"→"软件设置"→"软件安装",在右窗格空白处右击,在弹出的快捷菜单中选择"新建"→"数据包"命令,在弹出的对话框中输入共享目录地址\\dc1\software,如图 13-2 所示,单击"打开"按钮。

图 13-2　选择软件包

STEP 4　找到需要软件部署的软件 advinst 14.2.1,并双击,在弹出的对话框中选中"已分配"选项,如图 13-3 所示。

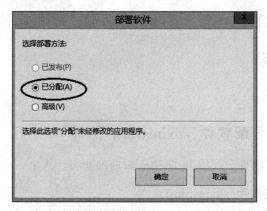

图 13-3　"部署软件"对话框

STEP 5　查看软件部署,如图 13-4 所示。

图 13-4 查看软件部署

2. 验证计算机分配软件(advinst.msi)

STEP 1 验证计算机分配软件(advinst.msi)部署。以 administrator@long.com 身份登录客户机 WIN10-1,并执行 gpupdate /force 命令立刻更新组策略。如果组策略的一个或多个应用必须在重启后才能生效,这时客户机会提示可能需要重新注销从而完成组策略更新,请按 y 键,接着按 Enter 键重新启动计算机,如图 13-5 所示。(注意此时桌面上只有一个回收站!)

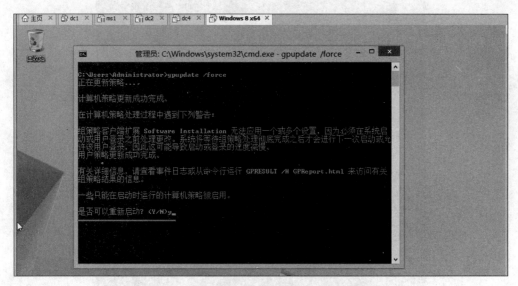

图 13-5 刷新组策略(必要时重新启动计算机)

STEP 2 客户机 WIN10-1 重新启动后,该客户机会自动安装部署的软件。以 administrator@long.com 身份登录后可以看到刚刚部署的软件已经被强制安装了,如图 13-6 所示。

STEP 3 开始菜单中会增加自动安装部署的软件选项,如图 13-7 所示。

任务 13-2 用户分配软件(advinst.msi)部署

将"MSI 转换工具"软件分配给 sales 组织单位内的所有域用户。

图 13-6　计算机软件安装策略应用成功

13-2 用户分
配软件部署

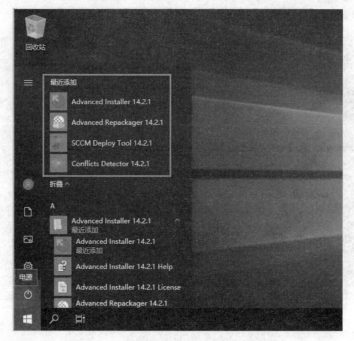

图 13-7　计算机软件安装策略应用成功

1. 部署用户分配软件（advinst.msi）

STEP 1　为了消除影响，在组策略中删除 DC1 计算机上在"任务 13-1"中部署的计算机分
配软件（方法：如图 13-8 所示右击 Advanced Installer 14.2.1，在弹出菜单中选择
"所有任务"→"删除"命令）；同时，在客户机 WIN10-1 的控制面板中单击"卸载程
序"按钮，运行卸载程序进行卸载。

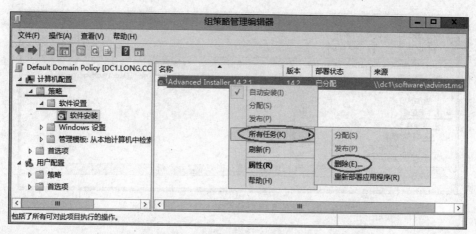

图 13-8 删除计算机分配软件部署

STEP 2 重新启动 DC1 和 WIN10-1 计算机,各以域管理员帐户登录计算机。

STEP 3 在 DC1 的"服务器管理器"主窗口下,选择"工具"→"组策略管理"命令,在弹出的"组策略管理"窗口中找到 sales 项,并在 sales 项上右击,在弹出的快捷菜单中选择"在这个域中创建 GPO 并在此处链接"命令,如图 13-9 所示,在弹出的"新建GPO"对话框中输入"sales 用户指派软件"。

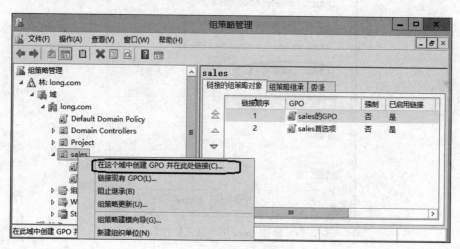

图 13-9 创建组策略

STEP 4 右击 sales 下的"sales 用户指派软件"项,在弹出的快捷菜单中选择"编辑"命令。

STEP 5 在弹出的"组策略管理编辑器"窗口中依次展开"用户配置"→"策略"→"软件设置"→"软件安装"项,再在右窗格空白处右击,在弹出的快捷菜单中选择"新建"→"数据包"命令,在弹出的对话框中输入共享目录地址\\dc1\software。找到需要软件部署的软件 advinst 14.2.1 并双击,设置部署状态为"已分配",结果如图 13-10 所示。

STEP 6 在"组策略管理编辑器"中右击 Advanced Installer 14.2.1,在弹出的快捷菜单中选择"属性"命令,在弹出的对话框中切换选项卡至"部署",选中"在登录时安装此应用程序"选项,如图 13-11 所示。

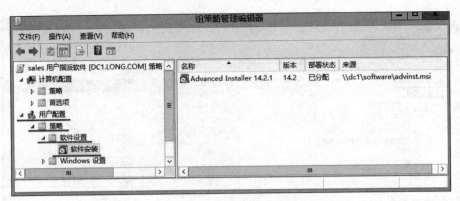

图 13-10　在部署用户分配软件时查看软件部署

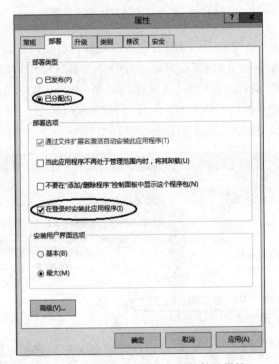

图 13-11　修改 sales 用户指派软件的属性

STEP 7　单击"应用"按钮，再单击"确定"按钮。

2. 验证用户分配软件（advinst.msi）

STEP 1　验证用户分配软件（advinst.msi）部署。以 administrator@long.com 身份登录客户机 WIN10-1，并使用 gpupdate /force 命令执行立刻更新组策略。如果组策略的一个或多个应用必须在重启后才能生效，这时客户机会提示可能需要重新注销从而完成组策略更新，请按 y 键，再按 Enter 键重新启动计算机（注意此时桌面上只有一个回收站）。

STEP 2　客户机 WIN10-1 重新启动后，以 jane@long.com（jane 是 sales 组织单位的域用户）身份登录后可以看到刚刚部署的软件已经强制安装了，桌面上增加了一个刚刚安装软件的快捷方式,如图 13-12 所示。

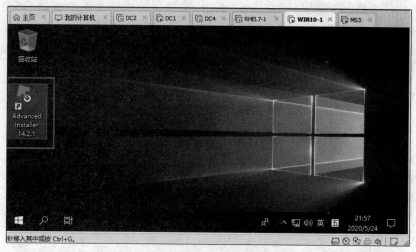

图 13-12　用户软件分配安装策略应用成功

任务 13-3　用户发布软件(advinst.msi)部署

将"MSI 转换工具"软件发布给"sales"组织单位内的所有域用户。

1. 部署用户发布软件(advinst.msi)

STEP 1　为了消除影响,在组策略中删除 DC1 上在"任务 13-2"中部署的用户分配软件(方法:如图 13-8 所示,右击"Advanced Installer 14.2.1",选择"所有任务"→"删除"命令);同时,运行客户机 WIN10-1 的控制面板的卸载程序,卸载已安装的"Advanced Installer 14.2.1"。

STEP 2　重新启动 DC1 和 WIN10-1 计算机,再分别以域管理员帐户登录计算机。

STEP 3　打开 DC1 的"组策略管理"控制台,找到并在 sales 下的"sales 用户指派软件"项上右击,在弹出的快捷菜单中选择"编辑"命令,如图 13-13 所示。

13-3 用户发布软件部署

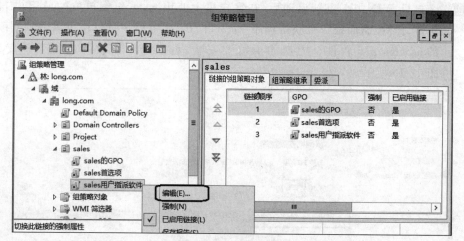

图 13-13　编辑组策略

STEP 4　在弹出的"组策略管理编辑器"中依次展开"用户配置"→"策略"→"软件设置"→"软件安装",在右窗格的空白处右击,在弹出的快捷菜单中选择"新建"→"数据包"命令,在弹出的对话框中输入共享目录地址\\dc1\software。找到需要进行部署的软件并双击,在弹出的对话框中选中"已发布"选项,设置效果如图 13-14 所示。

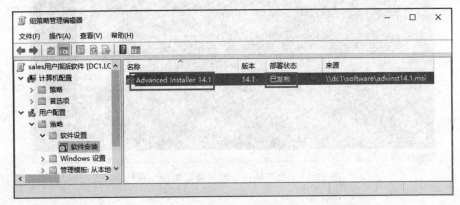

图 13-14　在用户发布软件部署时查看软件部署

为了方便后续实训,此处部署发布的软件版本是 14.1。

2. 验证用户发布软件(advinst.msi)

STEP 1　验证用户发布软件(advinst.msi)部署。在客户机 WIN10-1 上执行 gpupdate /force 命令立刻更新组策略。如果组策略的一个或多个应用必须在重启后才能生效,这时客户机会提示可能需要重新注销从而完成组策略更新,请按 y 键,再按 Enter 键重新启动计算机。

STEP 2　客户机 WIN10-1 重新启动后,在客户机上使用 sales 组织单位的域用户 jane 登录,选择"控制面板"→"获得程序"命令,打开"获得程序"窗口,可以看到刚刚发布的 advinst.msi 软件。用户如果需要安装,可以选中该软件进行手动安装,如图 13-15 所示。

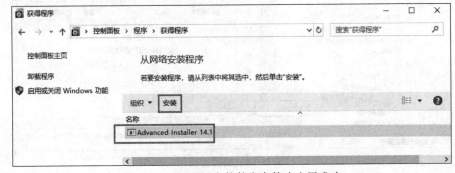

图 13-15　sales 用户软件发布策略应用成功

STEP 3　为了消除后续影响,在组策略中删除刚刚发布的软件。

任务 13-4　对软件进行升级和重新部署

我们可以通过软件部署的方式来对旧版的软件进行升级或安装更新程序。

13-4 对软件进行升级和重新部署

1. 软件升级

您可以将已经部署给用户或计算机的软件升级到较新的版本,而升级的方式有下面两种。

- 强制升级:无论是发布或分配新版的软件,原来旧版的软件都会被自动升级,不过刚开始此新版软件并未被完全安装(例如仅建立快捷方式),用户需要使用此程序的快捷方式或需要执行此软件时,系统才会开始完整地安装这个新版本的软件。

- 选择性升级:无论是发布或分配新版的软件,原来旧版的软件都不会被自动升级,用户必须通过控制台来安装这个新版本的软件。

下面说明如何部署新版本软件(假设是 advinst 14.2.1),以便将用户的旧版本软件(假设是 advinst 14.1)升级,同时假设要针对组织单位 sales 内的用户,而且通过"sales 用户指派软件"的 GPO 来练习。(假设旧版本 advinst 14.1 已经发布给 sales 组织单位的域用户,并且已测试成功,具体步骤可参考任务 13-3。)

STEP 1　将新版软件复制到软件发布点内,即 DC1 的 software 文件夹。

STEP 2　请在域控制器 DC1 上依次选择"开始"→"Windows 管理工具"→"组策略管理"命令,打开"组策略管理"窗口,展开到组织单位 sales,选中并在"sales 用户指派软件的 GPO"项上右击,选择"编辑"命令,在打开的如图 13-16 所示的"组策略管理编辑器"窗口中展开"用户配置"→"策略"→"软件设置",选中"软件安装"并在右窗格空白处右击,在弹出的快捷菜单中选择"新建"→"数据包"命令。

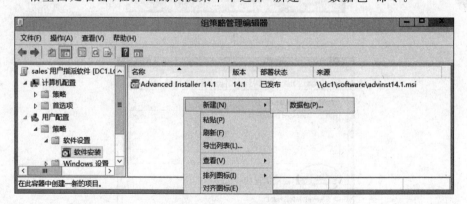

图 13-16　新建数据包

STEP 3　如图 13-17 所示选择新版本的 MSI 应用程序,也就是 Advinst-14.2.1.msi(扩展名.msi 默认会被隐藏),然后单击"打开"按钮。

STEP 4　如图 13-18 所示在打开的"部署软件"对话框中选中"高级"选项后单击"确定"按钮。

STEP 5　如图 13-19 所示单击选中"升级"选项卡。如果要强制升级,请选中"现有程序包所需的升级"选项。

图 13-17　选择新版本的软件

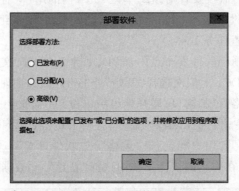

图 13-18　在对软件进行升级时打开"部署软件"对话框

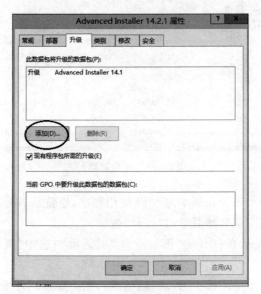

图 13-19　升级选项卡

STEP 6 如果计算机没有自动找到原来的旧版本，就直接单击"添加"按钮，选择要被升级的旧版软件 advinst 14.1 后单击"确定"按钮，如图 13-20 所示（可以先如图 13-19 所示选中待升级包 Advanced Installer 14.1，然后单击"删除"按钮，再单击"添加"按钮来练习）。

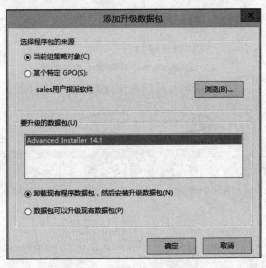

图 13-20　添加升级数据包

　　可以选择将其他 GPO 所部署的旧软件升级。另外还可以通过界面最下方来选择先删除旧版软件，再安装新版软件，或直接将旧版软件升级。

STEP 7 返回到前一个界面后单击"确定"按钮。

STEP 8 如图 13-21 所示为完成后的界面，其中 Advanced Installer 14.2.1 左侧的向上箭头，表示它是用来升级的软件。

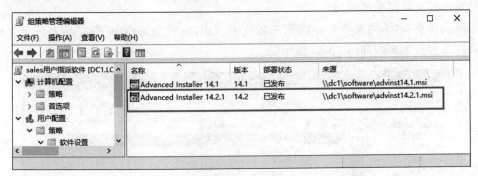

图 13-21　部署升级包完成后的组策略管理编辑器

　　　　　　从右侧的升级与升级类型字段也可知道它用来将 Advanced Installer 14.1 强制升级，不过默认并不会显示这两个字段，必须通过选择上方"查看"菜单的"添加/删除"命令来添加"升级"和"升级类型"两个字段。

如果部署的升级软件没有安装或没有完全安装,请在客户机中依次选择"开始"→"Windows 系统"→"控制面板"→"程序"→"获得程序"命令,如图 13-22 所示。双击升级软件进行手动安装。

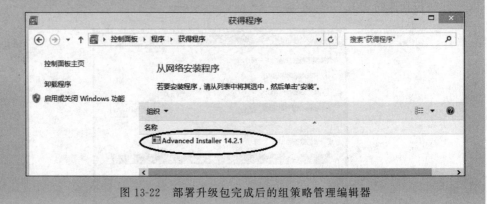

图 13-22　部署升级包完成后的组策略管理编辑器

2. 重新部署

- 一个已部署的软件,如果之后软件厂商发布了 service pack(服务包)或修补程序,则可以通过重新部署来为此软件安装 service pack 或修补程序。
- 如果已经部署的软件因为感染计算机病毒或其他因素而无法正常运行,也可以通过重新部署来让客户端重新安装已部署的软件。

若要将 service pack 或修补程序重新部署,请先更新软件发布点内的 Windows Installer Package 文件夹内的文件,而更新方法需视 service pack 或修补程序的文件类型而定。若 service pack 或修补程序文件是 Windows Installer Package,也就是内含扩展名为.msi 的安装程序。则请直接将这些文件复制到软件发布点的 Windows Installer Package 文件夹内,也就是将旧的文件覆盖掉即可。

完成文件更新后,可选中并在该软件名称上右击,从弹出菜单中选择"所有任务"→"重新部署应用程序"命令,如图 13-23 所示。

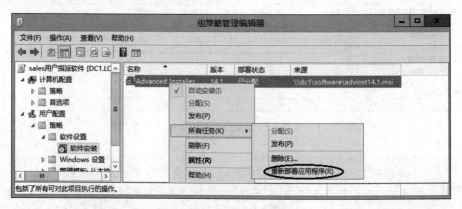

图 13-23　重新部署应用程序

重新部署软件后,用户的计算机何时才会安装该 service pack 或修补程序呢? 可分为下面 3 种情况。

- 若该软件是分配给用户,则下一次用户登录时,该软件的快捷方式与登录值都会被更新,不过需等用户再次运行此软件时,才会开始安装。
- 若该软件是分配给计算机,则下一次计算机重新启动时就会安装。
- 若该软件是发布给用户,而且用户也已经安装了此软件,则下一次用户登录时,该软件的快捷方式与登录值都会被更新,不过需要等用户再次运行此软件时才会安装。

任务 13-5　部署 Microsoft Office 2010

若要将 Microsoft Office 2010 部署给客户端,无法采用 GPO 软件安装的方法,但是可以使用启动脚本来部署,也就是客户端计算机启动时,通过执行启动脚本来安装 Office 2010。

 注意　需要具备本地系统管理员权限才可以安装 Office,而计算机启动时系统利用本地系统帐户(local system account)来执行启动脚本,故有权安装 Office。若要通过登录脚本来安装,因一般用户并不具备系统管理员权限,因而无法在用户登录时安装 Office。

另外,若要部署 Office 2007,可采用 GPO 软件安装的方法来将其相关.msi 文件部署给客户端,但是仅可采用分配给计算机的方式。

1. 准备好 Microsoft Office 2010 安装文件

请准备好 Microsofi Office 2010 批量授权版(volume license)的安装文件与产品密钥。将安装文件复制到可供客户端读取的任一共享文件夹内,例如复制到前面所使用的软件发布点,或另外建立一个共享文件夹并赋予用户(domain users)读取权限。下面假设使用软件发布点"C:\office"("C:\\office",也就是\\dc1\office),并设置\office 的共享权限为 Everyone 用户只读权限,如图 13-24 所示将其复制到子文件夹 Office2010X64 中,图中假设是 64 位版 Microsoft Office Professional Plus 2010。

图 13-24　将安装包复制到子文件夹 Office2010X64

　　另外再建立一个共享文件夹,用来记录客户端安装 Office 2010 的结果。请将此共享文件夹的读取/写入权限赋予用户(domain users)。下面假设使用 DC1 的"C:\LogFiles",并将其设置为共享文件夹\\DC1\LogFiles。

　　若非批量授权版,请另外到微软网站下载 Office 2010 Administrative Template files (ADMX/ADML) and Office Customization Tool,然后执行 admintemplates_32.exe 或 admintemplates_64.exe(视 32 或 64 位版而定),并将解压缩后的 admin 文件夹复制到上述文件夹内(例如文件夹 Office2010X64)。

2. 利用 Office 自定义工具(OCT)来自定义安装

　　我们将使用 Office 自定义工具(office customization tool,OCT)来建立 Office 2010 自定义安装文件(其扩展名为.msp),我们可在此文件内指定安装文件夹、输入密钥、选择要安装的软件(例如只安装 PowerPoint,但是 Word、Excel 等都不安装)等,客户端计算机执行启动脚本时,将根据此文件的内容来决定如何安装 Office 2010。

STEP 1　在保存 Office 2010 安装文件的计算机(例如本例的 DC1)上右击"开始"菜单按钮,在弹出的快捷菜单中选择"运行"命令,在打开的对话框中单击"浏览"按钮,选择 setup.exe 后单击"打开"按钮(见图 13-25),在 setup.exe 之后添加/admin 参数并单击"确定"按钮。

STEP 2　出现图 13-26 所示的界面时,直接单击"确定"按钮。

图 13-25　"运行"对话框

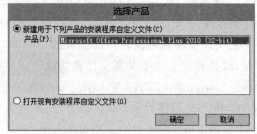

图 13-26　选择产品

STEP 3　如图 13-27 所示,单击左窗格中"安装位置和单位名称"项,然后在右窗格中输入欲安装 Office 的文件夹(图中采用默认值),"单位名称"可自行输入。

图 13-27　安装位置和单位名称

STEP 4　如图 13-28 所示,单击左窗格中"授权和用户界面"项,然后参考此图来设置。由于

Office 的安装是在计算机启动时且用户登录前就会开始,因此不要求用户介入,也就是应该采用静默安装的方式,因此图中"显示级别"列表框设置为"无"且不选中"完成通知"选项。

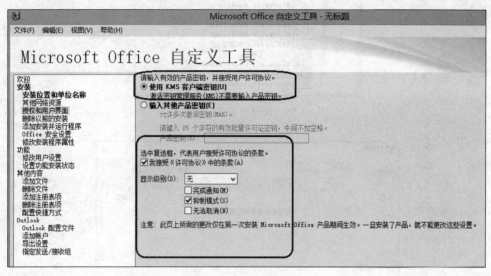

图 13-28　授权和用户界面

STEP 5　若不想在安装后自动重新启动,如图 13-29 所示,单击选中"修改安装程序属性"项后添加一个名称为 Setup_Reboot 的属性,将其值设置为 Never。

> **注意**　若想让客户端自动启用(Activate)Office,可新建一个名称为 Auto_Activate 的选项并将其值设置为 1。如图 13-29 所示修改安装程序的属性。

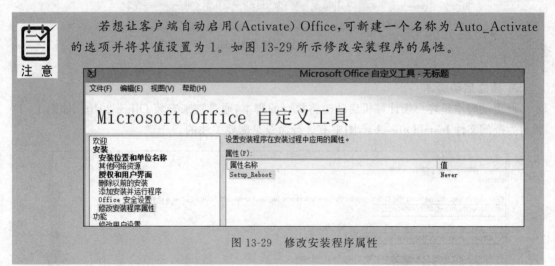

图 13-29　修改安装程序属性

STEP 6　单击如图 13-30 所示的软件名称左侧的三角形按钮可选择欲安装的功能,例如图中仅选择 Microsoft Word、Office 共享的功能与 Office 工具,其他都选择"不可用"选项。

STEP 7　如图 13-30 所示选择"文件"→"另存为"命令,在如图 13-31 所示打开的对话框中将此设置存储到 Office 2010 安装文件文件夹下的 Updates 子文件夹(本例为"C:\office\office2010X64\Updates")中,图中假设文件名为 office2010X64.MSP。

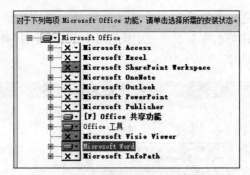

图 13-30 选择所需的安装状态

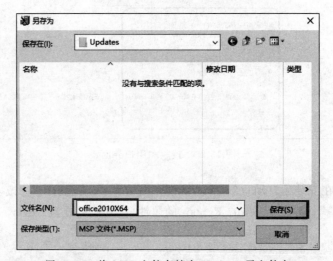

图 13-31 将 MSP 文件存储在 Updates 子文件夹

3. 建立启动脚本

此启动脚本是客户端计算机启动时将执行的脚本，通过它来安装 Office 2010。如图 13-32 所示为范例文件 InstallOffice.bat，图中有 3 行命令是需要关注的。

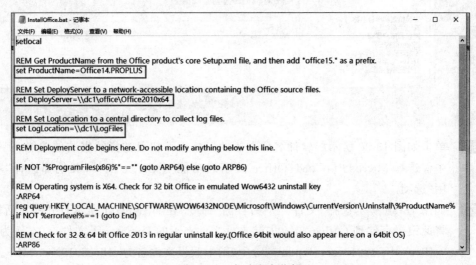

图 13-32 启动脚本范例

- set ProductName＝Office14.PROPLUS

其中的 PROPLUS 随 Office 2010 版本的变化而有所不同，以本例来说，它就是 Office 2010 安装文件夹下的 proplus.ww 文件夹的主文件名 proplus。若是部署 Office 2013，请将 Office14 改为 Office15。

- set DeployServers＝\\dc1\office\Office2010x64

用来指定 Office 2010 安装文件的网络位置，例如本例的\\DC1\office\Office2010x64。

- set LogLocation＝\\dc1\LogFiles

记录客户端安装 Office 2010 结果的存储位置，例如本例的\\dc1\LogFiles。

除了以上 3 项设置之外，不需要更改本范例文件的其他设置。

4. 通过 GPO 的启动脚本来部署 Office 2010 并验证

下面沿用前面的组织单位 sales 中的"sales 用户指派软件"的 GPO 来设置启动脚本并部署 Office 2010。部署的步骤请参考任务 12-6 中的"3. 启动/关机脚本的设置"的相关内容。不过，此处要使用"组策略管理"中的"计算机配置"功能，并且要注意启动脚本文件的位置，如图 13-33 所示。

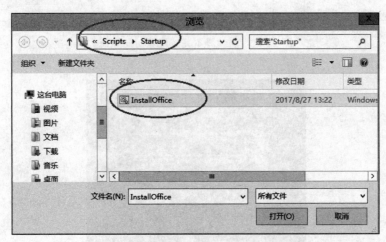

图 13-33　将启动脚本范例文件粘贴到此处

如图 13-34 所示为完成后的界面，它是通过计算机配置来部署的。（WIN10-1 计算机在组织单位 sales 里面。）

当位于组织单位 sales 内的计算机启动时，就会开始在后台安装 Office 2010，由于安装需花费一段时间，故若用户在此时登录，需等一会儿才会看到 Office 2010 的相关快捷方式出现在"开始"菜单中，如图 13-35 所示。

任务 13-6　对特定软件启用软件限制策略

可以通过本地计算机、站点、域与组织单位来设置软件限制策略。下面将利用组织单位 sales 的"sales 用户指派软件"依次选择 GPO 来练习软件限制策略（若尚未有此组织单位和 GPO，应先建立）：到域控制器 DC1 上依次选择"开始"→"Windows 管理工具"→"组策略管理"命令，打开"组策略管理"窗口，展开到组织单位 sales，选中并在"sales 用户指派软件"项上右击，从弹出的菜单中选择"编辑"命令，打开"组策略管理编辑器"窗口，如图 13-36 所示

13-5 对特定软件启用软件限制策略

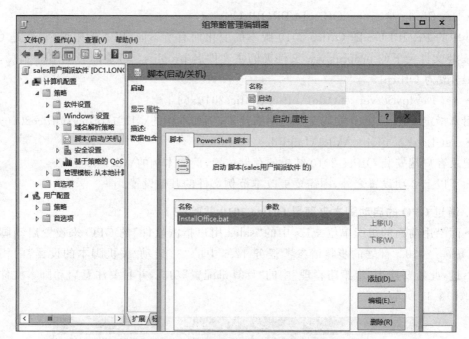

图 13-34　启动脚本完成配置后的界面

图 13-35　在 WIN8-1(sales 内的一台计算机)上验证结果

展开"用户配置"→"策略"→"Windows 设置"→"安全设置"折叠项,选中并在"软件限制策略"项上右击,从弹出的菜单中选择"创建软件限制策略"命令。

接着单击选中如图 13-37 所示的"安全级别"选项,从右窗格中"不受限"项前面的打钩符号可知默认安全级别是所有程序都不受限,也就是只要用户对要运行的程序文件拥有适当的访问权限,就可以运行该程序。

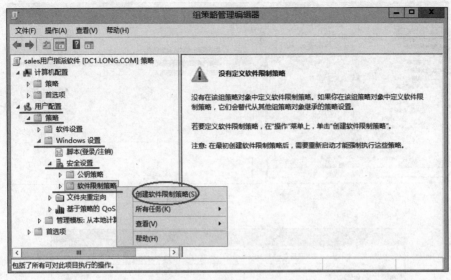

图 13-36　创建软件限制策略

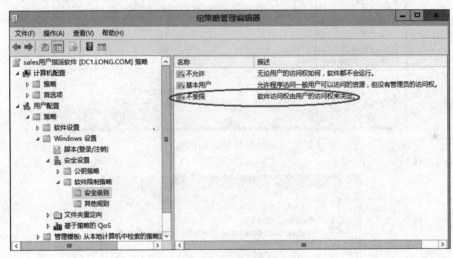

图 13-37　安全级别默认是"不受限"

1. 建立哈希规则限制软件运行

利用哈希规则来限制用户不可以安装"MSI 转换工具"软件 advinst14.2.1.msi,则其步骤如下。

STEP 1　我们将在域控制器 DC1 上进行设置,因此先将 advinst14.2.1 安装文件复制到此计算机上("C:\software"文件夹)。

STEP 2　如图 13-38 所示,选中并在"其他规则"项上右击,从弹出的菜单中选择"新建哈希规则",在打开的对话框中单击"浏览"按钮。

STEP 3　如图 13-39 所示,浏览到 advinst14.2.1 安装文件的存储位置后,选择 advinst14.2.1.msi,单击"打开"按钮。

STEP 4　如图 13-40 所示,选择"安全级别"为"不允许",单击"确定"按钮。

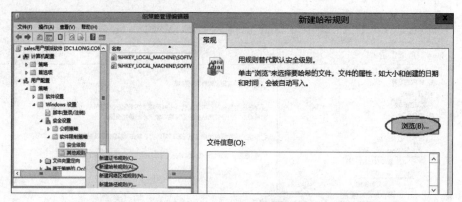

图 13-38　新建哈希规则

图 13-39　打开限制的软件

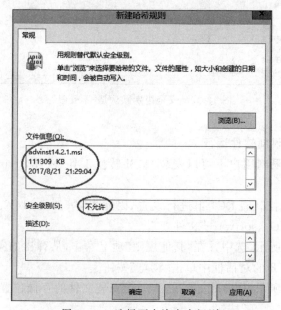

图 13-40　选择不允许安全级别

STEP 5　如图 13-41 所示为完成后的界面。

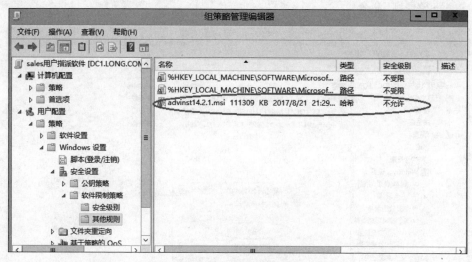

图 13-41　哈希规则创建完成后的界面

STEP 6　位于组织单位 sales 内的用户应用此策略（重启计算机 WIN10-1 后再登录）后，在
运行 advinst 的安装文件 advinst14.2.1.msi 时会被拒绝，且会弹出如图 13-42 所示
的警告对话框（以 Windows 10 客户端为例）。

图 13-42　哈希规则限制软件运行成功

　　　不同版本的 advinst，其安装文件的哈希值也不相同，因此若要禁止用户安装
其他版本 advinst，需要再针对它们建立哈希规则。

2. 建立路径规则

路径规则分为文件夹路径规则和注册表路径规则两种。路径规则中可以使用环境变
量，例如，%Userprofile%、%SystemRoot%、%Appdata%、%Temp%、%Programfiles%等。

（1）建立文件夹路径规则

举例来说，若要利用文件夹路径规则来限制用户不可以运行位于\\DC1\SystemTools
共享文件夹内的所有程序，则其设置步骤如下所示。

STEP 1 如图 13-43 所示，选中并在"其他规则"项上右击，在弹出的快捷菜单中选择"新建路径规则"命令。

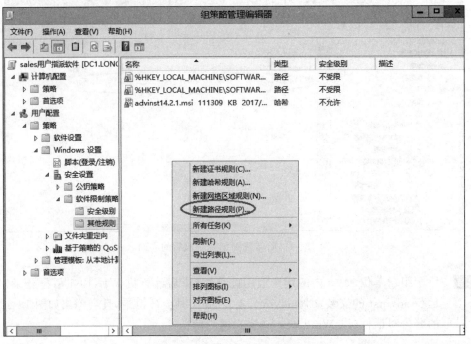

图 13-43 "其他规则→新建路径规则"

STEP 2 如图 13-44 所示，输入路径值，"安全级别"选择"不允许"，单击"确定"按钮。

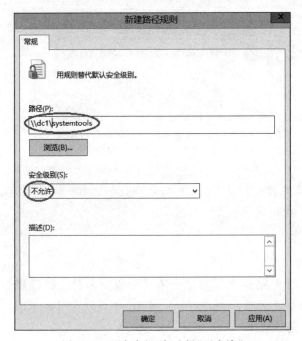

图 13-44 "安全级别"选择"不允许"

注意　　若只是要限制用户运行此路径内某个程序,请输入此程序的文件名,例如要限制的程序为 advinst.msi,请输入\\dc1\SystemTools\advinst.msi;若无论此程序位于何处,都要禁止用户运行,则输入程序名称 advinst.msi 即可。

STEP 3　如图 13-45 所示为完成后的界面。

图 13-45　新建路径完成后的界面

（2）建立注册表路径规则

您也可以通过注册表（registry）路径来开放或禁止用户运行路径内的程序,由图 13-44 中可看出系统已经内建了两个注册表路径。

其中第一个注册表路径是要开放用户可以运行位于下面注册表路径内的程序：

```
HKEY_LOCAL_MACHINE\SOFTWARE\Microsoft\Windows NT\CurrentVersion\SystemRoot
```

而我们可以利用注册表编辑器（REGEDIT.EXE）来查看其所对应到的文件夹,如图 13-46 所示为"C:\Windows",也就是说用户可以运行位于文件夹"C:\Windows 内"的所有程序。

图 13-46　"C:\Windows"所对应注册表

若要编辑或新建注册表路径规则,记得在路径前后要附加％符号,例如：

```
%HKEY_LOCAL_MACHINE\SOFTWARE\Microsoft\Windows NT\CurrentVersion\SystemRoot%
```

3. 建立网络区域规则

您也可利用网络区域规则来允许或拒绝用户运行位于某个区域内的程序,这些区域包含本地计算机、Internet、本地 Intranet、受信任的站点与受限制的站点等。

STEP 1 建立网络区域规则的方法与其他规则类似,如图 13-47 所示,选中并在"其他规则"项上右击,在弹出的快捷菜单中选择"新建网络区域规则"命令,在打开的对话框中,在"网络区域"下拉列表中选择"受限制的站点","安全级别"选择"不允许",图中表示只要是位于受限制的站点内的程序都不允许运行。

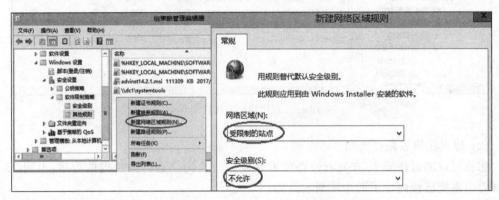

图 13-47　新建网络区域规则

STEP 2 设置完成后如图 13-48 所示。

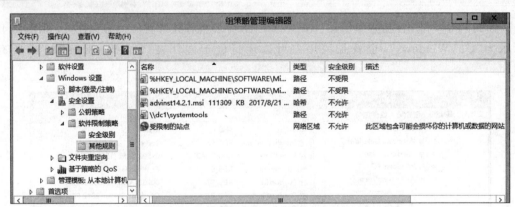

图 13-48　完成新建网络区域规则后的界面

4. 不要将软件限制策略应用到本地系统管理员

若不想将软件限制策略应用到本地系统管理员组(Administrators),可以双击右窗格中"软件限制策略"的"强制"策略项,在"将软件限制策略应用到下列用户"选项区中选中"除本地管理员以外的所有用户"选项,单击"确定"按钮,如图 13-49 所示。

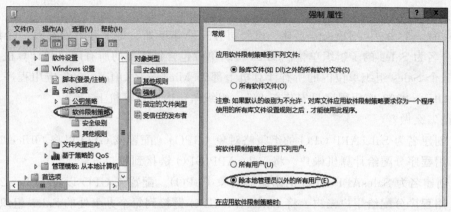

图 13-49　不将软件限制策略应用到本地系统管理员

13.4　习题

1. 填空题

（1）软件部署分为_____与_____两种。一般来说，这些软件必须是_____（也被称为 MSI 应用程序），也就是其内包含扩展名为_____的安装文件。

（2）可以将软件分配给_____，可以将软件发布给_____。

（3）软件限制策略的安全等级分为_____、_____和_____ 3 种。

（4）系统默认的安全级别是所有程序都不受限，但您可以通过_____、_____、_____与_____来建立例外的安全级别，以便拒绝用户运行所指定的程序。

（5）哈希（hash）是根据程序的文件内容所算出来的字符串，不同程序有着不同的_____，所以系统可用它来识别应用程序。即使此程序的文件名被改变或被移动到其他位置，也不会改变其_____，因此仍然会受到_____的约束。

（6）您可以利用网络区域规则来允许或拒绝用户运行位于某个区域内的程序，这些区域包含_____、_____、_____、_____与_____。

（7）您可能会针对同一个程序设定不同的软件限制规则，而这些规则的优先级由高到低分别为：_____、_____、_____、_____。

2. 简答题

（1）您针对某个程序设定了哈希规则，且设置其安全等级为不受限，然而您同时针对此程序所在的文件夹设置了路径规则，且设置其安全等级为不允许。请问，用户是否可以运行此程序？为什么？

（2）通过组策略部署软件有什么缺点？

（3）发布应用程序与分配应用程序相比，其优点在哪里？

（4）什么类型的应用程序适合分配到计算机，而不是分配到用户？

（5）有一个小应用程序的.msi 文件，你希望某个 OU 中的所有用户和所有计算机全都可使用该文件。为此，你需要采取什么步骤？

3. 实战思考题

公司有一个 Active Directory 林。该公司有三处办事处。每个办事处都有一个组织单位和一个名为 Sales 的子组织单位。Sales 组织单位包含销售部的所有用户和计算机。公司计划在三个 Sales 组织单位内的所有计算机上部署 Microsoft Office 2007 应用程序。你需要确保 Office 2007 应用程序只安装在 Sales 组织单位内的计算机上。

你该怎么做？（　　）

A. 创建名为 SalesAPP GPO 的组策略对象（GPO）。配置该 GPO 以将 Office 2007 应用程序分配给计算机帐户。将 SalesAPP GPO 链接到域。

B. 创建名为 SalesAPP GPO 的组策略对象（GPO）。配置该 GPO 以将 Office 2007 应用程序分配给用户帐户。将 SalesAPP GPO 链接到每个办事处的 Sales 组织单位。

C. 创建名为 SalcsAPP GPO 的组策略对象（GPO）。配置该 GPO 以将 Office 2007 应用程序发布给用户帐户。将 SalesAPP GPO 链接到每个办事处的 Sales 组织单位。

D. 创建名为 SalesAPP GPO 的组策略对象（GPO）。配置该 GPO 以将 Office 2007 应用程序分配给计算机帐户。将 SalesAPP GPO 链接到每个办事处的 Sales 组织单位。

13.5　实训项目　在域服务器上部署 Microsoft Office 2013

请在域服务器 DC1 上部署 Microsoft Office 2013，并且使 sales 组织单位的计算机能够自动安装所部署的 Office 2013 办公软件。

第 14 章
管理组策略

项目背景

　　从前面的学习我们知道：通过 AD DS 的组策略（group policy）功能，可更容易地管理用户的工作环境与计算机环境，可以统一部署软件以及限制特定软件的运行，也可以利用组策略使安全性标准化，以控制环境。总之，组策略的合理使用能够减轻网络管理负担，并降低网络管理成本。

　　但是组策略如果使用和管理不当，也会造成一些麻烦，这一节主要内容就是管理组策略。

项目目标

- 组策略的处理规则
- 组策略的委派管理
- Starter GPO 的设置与使用
- 组策略管理实例

14.1　相关知识

　　域成员计算机在处理（应用）组策略时有一定的程序与规则，系统管理员必须了解它们，才能够通过组策略来管理用户与计算机的环境。

14.1.1　一般的继承与处理规则

　　组策略的设置是有继承性的，也有一定的处理规则。

- 若高层父容器的某个策略被设置，但是在其下低层子容器中并未设置此策略，则低层子容器会继承高层父容器的这个策略设置值。

　　如图 14-1 所示，若位于高层的域 long.com 的 GPO 内，其从"开始"菜单中删除"运行"菜单策略被设置为"已启用"，但如果位于低层的组织单位 sales 的这个策略被设置为"未配置"，则 sales 会继承 long.com 的设置值，也就是说 sales 的从"开始"菜单中删除"运行"菜单的策略是"已启用"。

- 若组织单位 sales 下还有其他子容器，且它们的这些策略也被设置为"未配置"，则它们也会继承这个设置值。

图 14-1　Active Directory 用户和计算机——组织单位

- 若在低层子容器内的某个策略被设置，则此设置值默认会覆盖由其高层父容器所继承下来的设置值。

  比如，若位于高层的域 long.com 的 GPO 内，其从"开始"菜单中删除"运行"菜单策略被设置为"已启用"，但是位于低层的组织单位 sales 的这个策略被设置为"已禁用"，则 sales 会覆盖 long.com 的设置值，也就是对组织单位 sales 来说，其从"开始"菜单中删除"运行"菜单的策略是"已禁用"。

- 组策略设置是有累加性的，例如在组织单位 sales 内建立了 GPO，同时在站点、域内也都有 GPO，则站点、域与组织单位内的所有 GPO 设置值都会被累加起来作为组织单位 sales 的最后有效设置值。

  但若站点、域与组织单位 sales 之间的 GPO 设置有冲突，则优先级为：组织单位的 GPO 最优先，域的 GPO 次之，站点的 GPO 优先权最低。

- 若组策略内的计算机配置与用户配置有冲突，则以计算机配置的策略优先。

- 若将多个 GPO 链接到同一处，则所有这些 GPO 的设置会被累加起来作为最后的有效设置值；但若这些 GPO 的设置相互冲突，则链接顺序在前面的 GPO 设置优先，例如图 14-1 中的"sales 用户指派软件"GPO 的设置优先于"防病毒软件策略"。

　　本地计算机策略的优先权最低，也就是说若本地计算机策略内的设置值与站点、域或组织单位的设置相冲突，则以站点、域或组织单位的设置优先。

14.1.2　例外的继承设置

除了一般的继承与处理规则外，您还可以设置下面的例外规则。

1. 禁止继承策略

可以设置让子容器不要继承父容器的设置。例如不要让组织单位 sales 继承域 long.com 的策略设置，则选中并在 sales 项上右击，在弹出的快捷菜单中选择"阻止继承"命令，此时组织单位 sales 将直接以自己的 GPO 设置为其设置值。若其 GPO 内的设置为没有定义，则采用默认值,如图 14-2 所示。

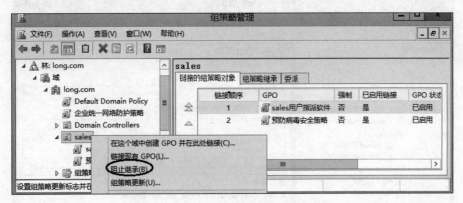

图 14-2　阻止继承

2. 强制继承策略

可以通过父容器来强制其下子容器必须继承父容器的 GPO 设置,无论子容器是否选择了阻止继承。例如如果在如图 14-3 所示的域 long.com 下建立一个 GPO(企业统一网络防护策略),以便通过它来设置域内所有计算机的安全措施,则选中并在此策略项上右击,在弹出的快捷菜单中选择"强制"命令,即可强制其下的所有组织单位都必须继承此策略。

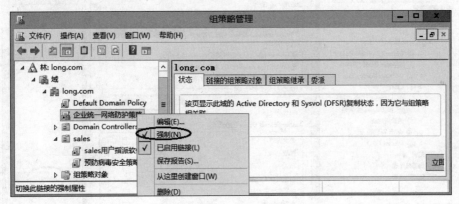

图 14-3　强制继承

3. 过滤组策略设置

以组织单位 sales 为例,当您针对此组织单位建立 GPO 后,此 GPO 的设置会被应用到这个组织单位内的所有用户与计算机,如图 14-4 所示,默认被应用到 Authenticated Users 组(经过身份验证的用户组)。

不过也可以让此 GPO 不要应用到特定的用户或计算机,例如此 GPO 对所有 sales 人员的工作环境做了某些限制,但是却不想将此限制加在 sales 经理上。位于组织单位内的用户与计算机,默认对该组织单位的 GPO 都具备读取与应用组策略的权限,可以在"组策略管理"窗口右窗格中单击选中"委派"选项卡,再单击"高级"按钮,在弹出的对话框中选择 Authenticated Users,如图 14-5 所示。

若不想将此 GPO 的设置应用到组织单位业务部内的用户 steven,可单击如图 14-5 所

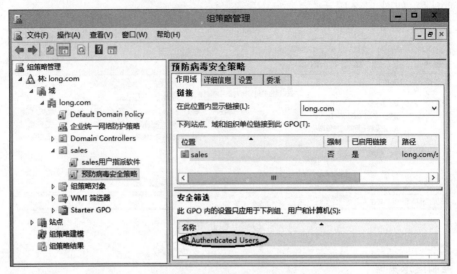

图 14-4　组策略默认被应用到 Authenticated Users 组

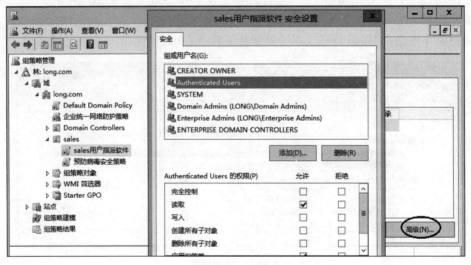

图 14-5　查看 Authenticated Users 组权限

示的"添加"按钮,选择用户 steven,如图 14-6 所示,将 steven 的应用组策略权限设置为"拒绝"即可。

14.1.3　特殊处理设置

这些特殊处理设置包括强制处理 GPO、慢速链接的 GPO 处理、环回处理模式与禁用 GPO 等。

1. 强制处理 GPO

客户端计算机在处理组策略的设置时,会将不同类型的策略交给不同的动态链接库 (dynamic link libraries,DLL)来负责处理与应用,这些 DLL 被称为客户端扩展(client side extension,CSE)。

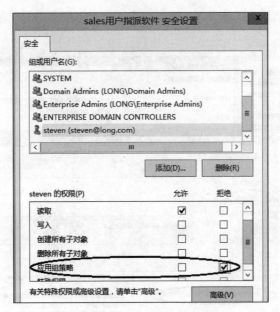

图 14-6　拒绝 steven 应用组策略

　　不过 CSE 在处理其所负责的策略时，只会处理上次处理过的最新变动策略，这种做法虽然可以提高处理策略的效率，但有时候却无法达到用户所期望的目标，例如在 GPO 内对用户做了某项限制，在用户因为这个策略而受到限制之后，若用户自行将此限制删除，则当下一次用户计算机在应用策略时，客户端的 CSE 会因为 GPO 内的策略设置值并没有变动而不处理此策略，因而无法自动将用户自行修改的设置改回来。

　　解决方法是强制要求客户端 CSE 一定要处理指定的策略，不论该策略设置值是否发生变化。可以针对不同策略来单独设置。举例来说，假设要强制组织单位 sales 内所有计算机必须处理（应用）软件安装策略：在"sales 用户指派软件"GPO 的设置界面中，依次选择"计算机配置"→"策略"→"管理模板"→"系统"选项，如图 14-7 所示，双击右窗格中组策略的"配置软件安装策略处理"策略项，在打开的对话框中选择"已启用"，选中"即使尚未更改组策略对象也进行处理"选项，单击"确定"按钮。

　　①只要策略名称最后两个字是"处理"（Processing）的策略设置，都可以做类似的更改。②若要手动让计算机来强制处理（应用）所有计算机策略设置，可以在计算机上执行"gpupdate /target：computer /force"命令；若是用户策略设置，可以执行"gpupdate /target：user /force"命令，或利用"gpupdate /force"命令来同时强制处理计算机与用户策略。

2. 慢速链接的 GPO 处理

　　您可以让域成员计算机自动检测其与域控制器之间的链接速度是否太慢，若太慢，则不要应用位于域控制器内指定的组策略设置。除了如图 14-8 所示的"配置注册表策略处理"与"配置安全策略处理"这两个策略之外（无论是否慢速链接都会应用），其他策略都可以设置为慢速链接时不应用。

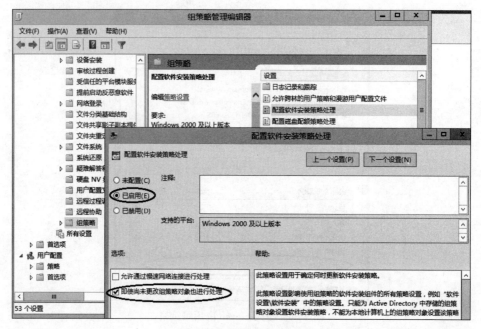

图 14-7   强制处理 GPO

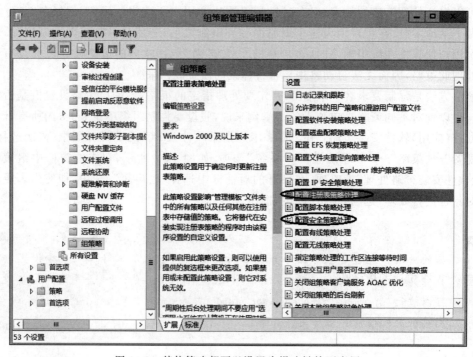

图 14-8   其他策略都可以设置为慢速链接不应用

　　假设要求组织单位 sales 内的每一台计算机都要自动检测是否为慢速链接,可在"sales 用户指派软件"GPO 的计算机配置界面中,如图 14-9 所示,双击右窗格中"组策略"的"配置组策略慢速链接检测"策略项,在打开的对话框中选中"已启用"选项,在"连接速度"微调框中输入低速连接的定义值,单击"确定"按钮。图中只要设置"连接速度"低于 500Kbps,就视为慢速。如果停用或未设置,则预设也将低于 500Kbps 视为慢速链接。

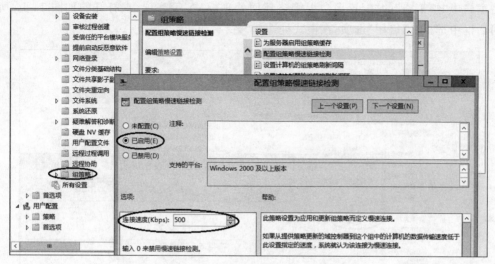

图 14-9 配置组策略慢速链接检测

接下来假设组织单位 sales 内的每一台计算机与域控制器之间即使是慢速链接,也需要应用软件安装策略处理策略,其设置方法如图 14-7 所示,不过此时需选中"允许通过慢速网络连接进行处理"选项。

3. 环回处理模式

一般来说,系统会根据用户或计算机帐户在 AD DS 内的位置,来决定如何将 GPO 设置值应用到用户或计算机。例如若服务器 DC1 的计算机帐户位于组织单位服务器内,此组织单位有一个名称为"服务器 GPO"的 GPO,而用户 steven 的用户帐户位于组织单位 sales 内,此组织单位有一个名称为"sales 用户指派软件"的 GPO,则当用户 steven 在 DC1 上登录域时,在正常的情况下,他的用户环境由"sales 用户指派软件"的 GPO 的用户配置来决定,不过他的计算机环境是由"服务器 GPO"的计算机配置来决定的。

然而若在"sales 用户指派软件"的 GPO 的用户配置内设置让组织单位 sales 内的用户登录,就自动为他们安装某些应用程序,则这些用户到任何一台域成员计算机上(包含 DC1)登录时,系统将为他们在这台计算机内安装此应用程序,如果不想替他们在这台重要的服务器 DC1 内安装应用程序,此时要如何来解决这个问题呢? 可以启用环回处理模式(loopback processing mode)。

若在服务器 GPO 中启用了环回处理模式,则无论用户帐户位于何处,只要用户利用组织单位服务器内的计算机(包含服务器 DC1)登录,则用户的工作环境可改由服务器 GPO 的用户配置来决定,这样 steven 在服务器 DC1 上登录时,系统就不会自行安装应用程序。环回处理模式分为两种模式。

- 替代模式:直接改由服务器 GPO 的用户配置来决定用户的环境,而忽略"sales 用户指派软件"的 GPO 的用户配置。
- 合并模式:先处理"sales 用户指派软件"的 GPO 的用户配置,再处理服务器 GPO 的用户配置,若两者有冲突,则以服务器 GPO 的用户配置优先。

假设要在服务器 GPO 内启用环回处理模式,可在服务器 GPO 的计算机配置界面中双击右窗格中"组策略"的"配置用户组策略环回处理模式"策略项,在打开的如图 14-10 所示的对话框中选择"已启用"选项,在模式处选择"替换"或"合并"选项。

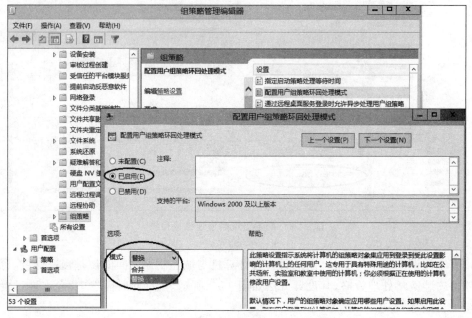

图 14-10　配置用户组策略环回处理模式

4. 禁用 GPO

若有需要,可以将整个 GPO 禁用,或单独将 GPO 的计算机配置或用户配置禁用。下面以"sales 用户指派软件"的 GPO 为例来说明。

- 若要将整个 GPO 禁用,请如图 14-11 所示选中并在测试用的 GPO 上右击,然后在弹出的快捷菜单取消选中"已启用链接"选项。

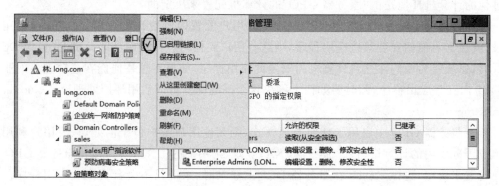

图 14-11　禁用整个 GPO

- 若要将 GPO 的计算机配置或用户配置单独禁用,先进入"sales 用户指派软件"GPO 的编辑界面,如图 14-12 所示,单击"sales 用户指派软件"GPO,单击上方的属性图标按钮,在打开的对话框中选中"禁用计算机配置设置"或"禁用用户配置设置"选项即可。

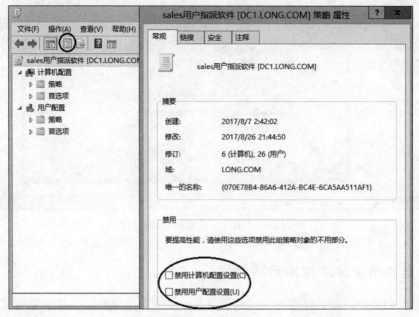

图 14-12　将 GPO 的计算机配置或用户配置单独禁用

14.1.4　更改管理 GPO 的域控制器

当添加、修改或删除组策略设置时,这些更改默认先被存储到扮演 PDC 模拟器操作主机角色的域控制器中,然后由它将其复制到其他域控制器,域成员计算机再通过域控制器来应用这些策略。

但如果系统管理员在济南,PDC 模拟器操作主机却在远程的北京,此时济南的系统管理员会希望其针对济南员工所设置的组策略,能够直接存储到位于济南的域控制器,以便济南的用户与计算机能够通过这台域控制器来快速应用这些策略。

可以通过 DC 选项方式来将管理 GPO 的域控制器从 PDC 模拟器操作主机更改为其他域控制器。

假设供济南分公司使用的 GPO 为济南分公司专用 GPO,则请进入编辑此 GPO 的界面("组策略管理编辑器"窗口),然后单击济南分公司专用 GPO,在"组策略管理编辑器"窗口中选择"查看"→"DC 选项"命令,在打开的对话框中选择要用来管理组策略的域控制器。选择域控制器的选项有下面 3 种,如图 14-13 所示。

- 具有 PDC 模拟器操作主机令牌的域控制器:也就是使用 PDC 模拟器操作主机,这是默认值,也是建议值。
- Active Directory 管理单元使用的域控制器:当系统管理员执行组策略管理编辑器时,此组策略管理编辑器所连接的域控制器就是我们要使用的域控制器。
- 使用任何可用的域控制器:此选项让组策略管理编辑器可以任意挑选一台域控制器。不建议采用此种方式。

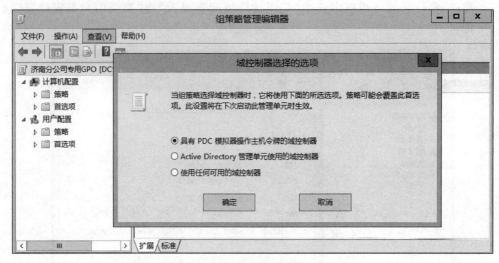

图 14-13　利用 DC 选项更改域控制器

14.1.5　更改组策略的应用间隔时间

前面已经介绍过域成员计算机与域控制器何时会应用组策略的设置。您可以更改这些设置值,不过建议不要将更新组策略的间隔时间设得太短,以免增加网络负担。

1. 更改"计算机配置"的应用间隔时间

例如要更改组织单位 sales 内所有计算机的应用计算机配置的间隔时间,可在"sales 用户指派软件"GPO 的计算机配置界面中,如图 14-14 所示,双击右窗格中组策略的"设置计算

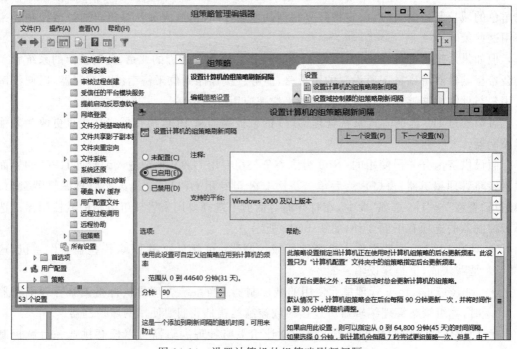

图 14-14　设置计算机的组策略刷新间隔

机的组策略刷新间隔"策略项,在打开的对话框中选择"已启用"选项,单击"确定"按钮,图中设置为每隔 90 分钟加上 0～30 分钟的随机值,也就是每隔 90～120 分钟应用一次。若禁用或未设置此策略,则默认就是每隔 90～120 分钟应用一次;若应用间隔设置为 0 分钟,则会每隔 7 秒钟应用一次。

若要更改域控制器的应用计算机配置的间隔时间。可以针对组织单位 Domain Controllers 内的 GPO 来设置(例如 Default Domain Controllers GPO),其策略名称是设置域控制器的组策略刷新间隔,其默认是每隔 5 分钟应用一次组策略。若禁用或未设置此策略,则默认就是每隔 5 分钟应用一次;若将应用间隔时间设置为 0 分钟,则会每隔 7 秒钟应用一次,如图 14-15 所示。

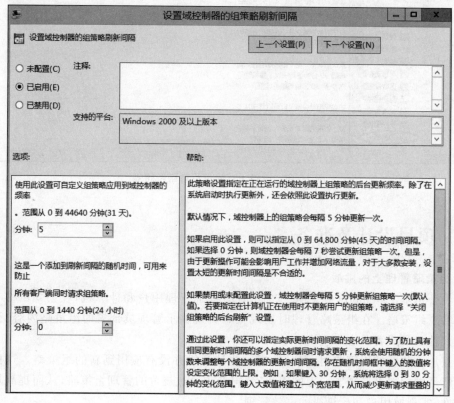

图 14-15 设置域控制器的组策略刷新间隔

2. 更改用户配置的应用间隔时间

若要更改组织单位 sales 内所有用户的应用用户配置的间隔时间,请在"sales 用户指派软件"GPO 的用户配置界面中,通过如图 14-16 所示右窗格中组策略的"设置用户的组策略刷新间隔"策略项来设置,其默认也是每隔 90 分钟加上 0～30 分钟的随机值,也就是每隔 90～120 分钟应用一次。若停用或未设置此策略,则默认就是每隔 90～120 分钟应用一次;若将间隔时间设置为 0 分钟,则会每隔 7 秒应用一次。

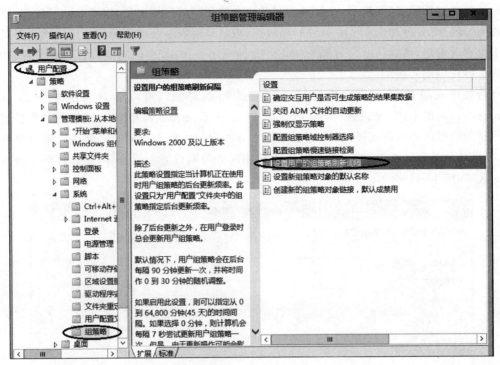

图 14-16　设置用户的组策略刷新间隔

14.2　项目设计及准备

1. 组策略管理上的挑战

未名公司基于 Windows Server 2016 活动目录管理用户和计算机，在公司的多个 OU 中都部署了组策略。在组策略管理时发现很难直观显示管理员部署的组策略内容，往往需要借助其他工具或者日志来查询。

在应用一些新的组策略时，有时发现一些计算机并没有应用到新的组策略。这样给公司的生产环境的部署带来了一定的困扰，公司希望通过规范的管理组策略，从而提高域环境的可用性，实现域用户和计算机的高效管理。

2. 应对组策略管理上的挑战

为了解决有些组策略没有应用上的问题，必须明白组策略的应用优先级，即本地策略＜站点策略＜域策略＜父 OU 策略＜子 OU 策略。这样才能将组策略部署到位，如果父 OU 策略设置了一个限制，子 OU 不想继承，可以阻止继承；如果父 OU 策略需要强制下发，可以将父 OU 策略设置为"强制"，这样尽管子 OU 不想继承，即使设置"阻止继承"也无济于事。

本项目要完成以下任务：

① 组策略的阻止和强制继承（请参考 14.1.1 小节和 14.1.2 小节）。

② 组策略的备份和还原。

③ 查看组策略。

④ 针对某个对象查看其组策略。

⑤ 使用 WMI 筛选器。

⑥ 管理组策略的委派。

⑦ 设置和使用 Starter GPO。

在本次实训项目中,会用到 DC1.long.com、WIN10-1.long.com、WIN8-1.long.com 计算机。

14.3　项目实施

下面开始具体任务,实施任务的顺序遵循由简到难的原则。

任务 14-1　组策略的备份、还原与查看

STEP 1　在"服务器管理器"窗口下选择"工具"→"组策略管理"命令,在弹出的"组策略管理"窗口中找到"组策略对象",在选中的"组策略对象"项上右击,在弹出的快捷菜单中选择"全部备份"命令;或者在单个策略上右击,在弹出的快捷菜单中选择"备份"命令,可以备份组策略,如图 14-17 所示。

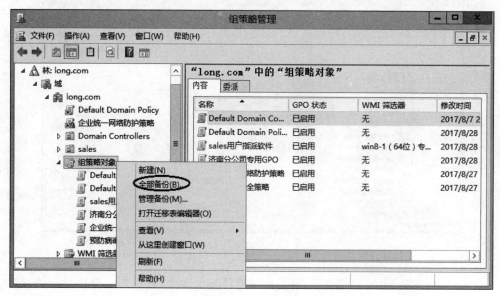

14-1 组策略的备份、还原与查看

图 14-17　组策略备份

STEP 2　在如图 14-17 所示的快捷菜单中单击"管理备份"命令,打开"管理备份"对话框。可以通过管理备份将已经备份的组策略进行"还原",如图 14-18 所示。

STEP 3　在"组策略管理"窗口中选中并在 Default Domain Policy 项上右击,在弹出的快捷菜单中选择"保存报告"命令,将报告保存到指定位置。然后双击指定位置保存的文件,就可以通过网页的方式查看该组策略设置的条目,如图 14-19 和图 14-20 所示。

STEP 4　也可以在"组策略管理"窗口中选择 Default Domain Policy 策略,在右窗格中切换至"设置"选项卡,同样可以很详细地查看组策略的设置,如图 14-21 所示。

STEP 5　在"组策略管理"窗口中选中并在"组策略结果"项上右击,在弹出的快捷菜单中选

图 14-18　在"组策略管理"中管理备份

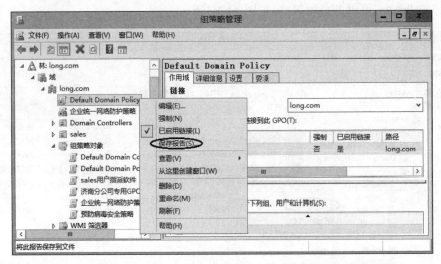

图 14-19　保存组策略报告

择"组策略结果向导"命令,通过向导选择某个对象,查看应用到该对象的组策略,如图 14-22 所示。

14-2 使用
WMI 筛选器

任务 14-2　使用 WMI 筛选器

我们知道若将 GPO 链接到组织单位,该 GPO 的设置值默认会被应用到此组织单位内的所有用户与计算机,若要修改这个默认值,有下面两种选择。

- 通过前面介绍的筛选组策略设置中的"委派"选项卡来选择待应用此 GPO 的用户或计算机。
- 通过本节所介绍的 WMI 筛选器来设置。

举例来说,假设您已经在组织单位 sales 内建立了"sales 用户指派软件"GPO,并通过它来让此组织单位内的计算机自动安装您所指定的软件(前面讲过),不过您却只想让 64 位的

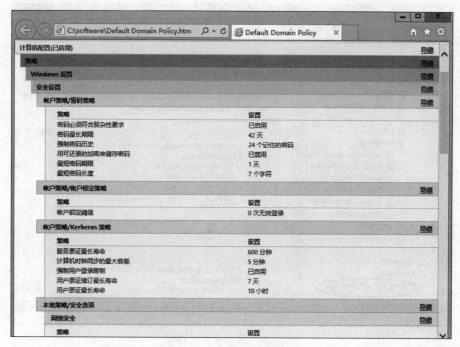

图 14-20　查看组策略报告

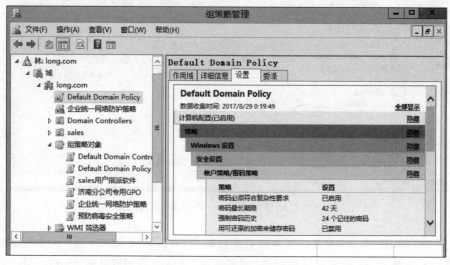

图 14-21　查看组策略设置

Windows 10 计算机安装此软件,其他操作系统的计算机并不需要安装,此时可以通过 WMl
筛选器设置来达到目的。

1. 新建 WMI 筛选器

STEP 1　如图 14-23 所示,选中并在"WMI 筛选器"项上右击,从弹出的菜单中选择"新建"
命令,打开"新建 WMI 筛选器"对话框。

STEP 2　在如图 14-24 所示的对话框中的"名称"与"描述"文本框中分别输入适当的文字说

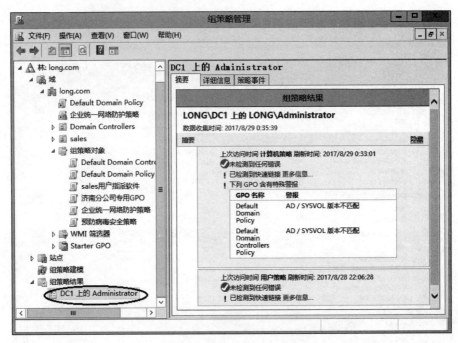

图 14-22　查看组策略结果

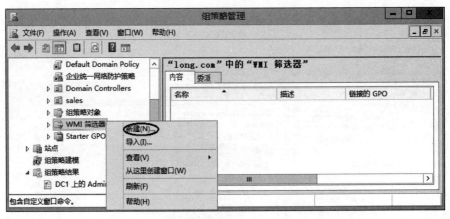

图 14-23　组策略管理——新建 WMI 筛选器

明后单击"添加"按钮。图中将名称设置为"Windows 10(64 位)专用的筛选器"。

STEP 3　在如图 14-25 所示对话框中的"命名空间"文本框使用默认的 root/CIMv2,然后在"查询"文本框中输入查询命令(后述)后单击"确定"按钮,命令如下:

```
Select * from Win32_OperatingSystem where Version like "10.0%"
     and ProductType="1"
```

STEP 4　重复 STEP 2 中单击"添加"按钮操作,然后如图 14-26 所示在"查询"文本框中输入下面的查询命令(后述)后按两次"确定"按钮,此命令用来选择 64 位的系统:

```
Select * from Win32_Processor Where Addresswidth="64"
```

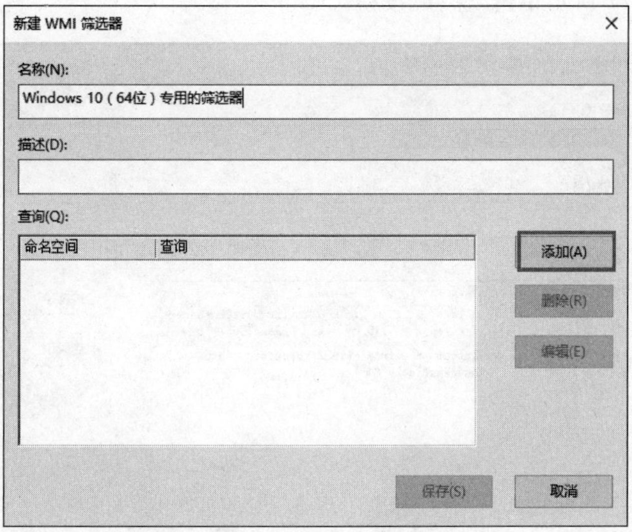

图 14-24　“新建 WMI 筛选器”对话框

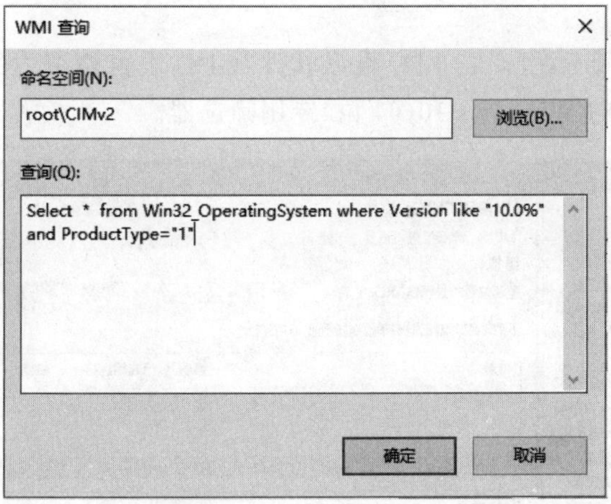

图 14-25　WMI 查询

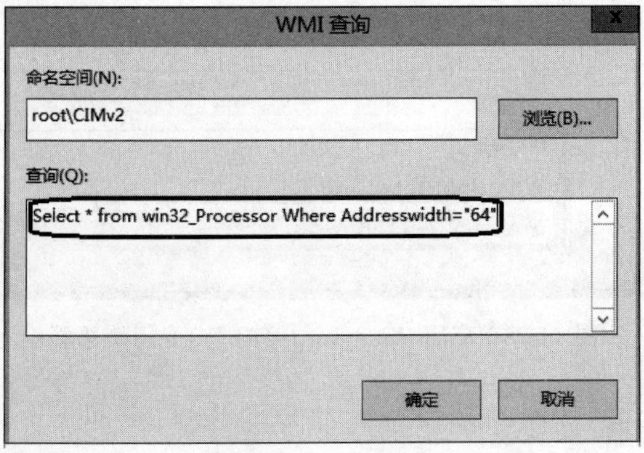

图 14-26　WMI 查询

STEP 5 如图 14-27 所示单击"保存"按钮。

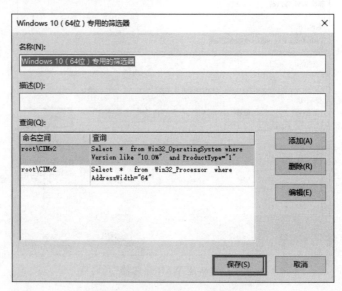

图 14-27　新建 WMI 筛选器——"保存"

STEP 6 如图 14-28 所示在"sales 用户指派软件"GPO 右窗格下方的"WMI 筛选"处选择刚才所建立的 Windows 10(64 位)专用筛选器。

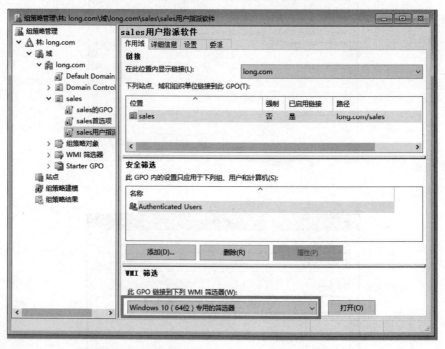

图 14-28　应用 Windows 10(64 位)专用筛选器

2. 验证 WMI 筛选器

组织单位 sales 内所有的 Windows 10 客户端都会应用"sales 用户指派软件"GPO 策略

设置,但是其他 Windows 系统并不会应用此策略。下面以 sales 内的 WIN8-1 客户端为例进行验证。

STEP 1　以管理员身份登录 WIN8-1 客户端。

STEP 2　在命令提示符窗口运行 gpupdate /force 命令,强制组策略生效。

STEP 3　通过执行 gpresult /r 命令来查看应用了哪些 GPO,如图 14-29 所示为在一台位于 sales 内的 Windows 8 客户端上利用 gpresult　/r 命令所看到的结果,因为"sales 用户指派软件"GPO 搭配了 Windows 10(64 位)专用的筛选器,故 WIN8-1 计算机并不会应用此策略(被 WMI 筛选器拒绝)。

图 14-29　WIN8-1 计算机不会应用"sales 用户指派软件"组策略

图 14-25 中的命名空间是一组用来管理环境的类(class)与实例(instance)的集合,系统内包含各种不同的命名空间,以便于您通过其内部的类与实例来管理各种不同的环境,例如命名空间 CIMv2 内所包含的是与 Windows 环境有关的类与实例。

图 14-25 中的查询字段内需要输入 WMI 查询语言(WQL)来执行筛选工作,其中的 Version like 后面的数字所代表的意义见表 14-1。

表 14-1　Version like 后面的数字所代表的意义

Windows 版本	Version
Windows 10 与 Windows Server 2016	10.0
Windows 8.1 与 Windows Server 2012 R2	6.3
Windows 8 与 Windows Server 2012	6.2
Windows 7 与 Windows Server 2008 R2	6.1
Windows Vista 与 Windows Server 2008	6.0
Windows Server 2003	5.2
Windows XP	5.1

而 ProductType 右侧的数字所代表的意义见表 14-2。

表 14-2　ProductType 右侧的数字所代表的意义

ProductType	所代表的含义
1	客户端等级的操作系统，例如 Windows 10、Windows 8
2	服务器等级的操作系统且是域控制器
3	服务器等级的操作系统但不是域控制器

任务 14-3　管理组策略的委派

您可以将 GPO 的链接、添加与编辑等管理工作，分别委派给不同的用户来负责，以分散并减轻系统管理员的管理负担。

1. 站点、域或组织单位的 GPO 链接委派

可以将 GPO 链接到站点、域或组织单位的工作委派给不同的用户来执行。以组织单位 sales 来说，可以在如图 14-30 所示"组策略管理"窗口中单击选中组织单位 sales 后，通过"委派"选项卡来将 GPO 链接到此组织单位的工作委派给用户。由图中可知，Administrators、Domain Admins 或 Enterprise Admins 等群组内的用户默认拥有此权限。还可以通过该选项卡中的"权限"下拉列表来设置执行组策略建模分析与读取组策略结果数据这两个权限。

14-3 管理组策略的委派

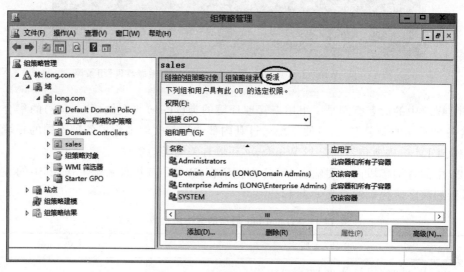

图 14-30　将链接 GPO 到 sales 的工作委派给用户

2. 编辑 GPO 的委派

默认 Administrators、Domain Admins 或 Enterprise Admins 组内的用户才有权限编辑 GPO，如图 14-31 所示为"sales 用户指派软件"GPO 的默认权限列表，可以通过此界面来赋予其他用户权限，这些权限包含"读取""编辑设置"与"编辑设置，删除、修改安全性"3 种。

3. 新建 GPO 的委派

系统默认 Domain Admins 与 Group Policy Creator Owners 组内的用户才有权限新建

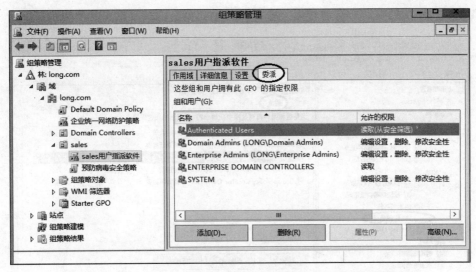

图 14-31　将"sales 用户指派软件"GPO 的编辑工作委派给不同用户

GPO(见图 14-32,依次选择"组策略对象"→"委派"选项,可以查看或添加在域中有权限新建 GPO 的用户和组),也可通过此界面来将此权限赋予其他用户。

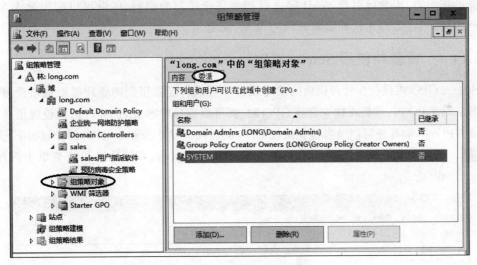

图 14-32　新建 GPO 的委派

　　Group Policy Creator Owners 组内的用户在新建 GPO 后,他就是这个 GPO 的拥有者,因此他对这个 GPO 拥有完全的控制权限,所以可以编辑这个 GPO 的内容,不过他无权编辑其他的 GPO。

4. WMI 筛选器的委派

　　系统默认 Domain Admins 与 Enterprise Admins 组内的用户才有权限在域内建立新的 WMI 筛选器,并且可以修改所有的 WMI 筛选器,如图 14-33 所示的完全控制权限。而 Administrators 与 Group Policy Creator Owners 群组内的用户也可以建立新的 WMI 筛选器并修改其自行建立的 WMI 筛选器,不过却不可以修改其他用户所建立的 WMI 筛选器,如图 14-33 所示的创建者所有者权限。也可以通过此界面将权限赋予其他用户。

图 14-33　WMI 筛选器的委派

Group Policy Creator Owners 组内的用户，在添加 WMI 筛选器后，该用户就是此 WMI 筛选器的拥有者，因此他对此 WMI 筛选器拥有完全控制的权利，所以可以编辑此 WMI 筛选器的内容，不过他却无权利编辑其他的 WMI 筛选器。

任务 14-4　设置和使用 Starter GPO

Starter GPO 内仅包含管理模板的策略设置。可以将经常用到的管理模板策略设置值创建到 Starter GPO 内，然后在建立常规 GPO 时，就可以直接将 Starter GPO 内的设置值导入这个常规 GPO 中，如此便可以节省建立常规 GPO 的时间。建立 Starter GPO 的步骤如下。

STEP 1 如图 14-34 所示，选中并在 Starter GPO 项上右击，在弹出的快捷菜单中选择“新建”命令。

14-4 设置和使用 Starter GPO

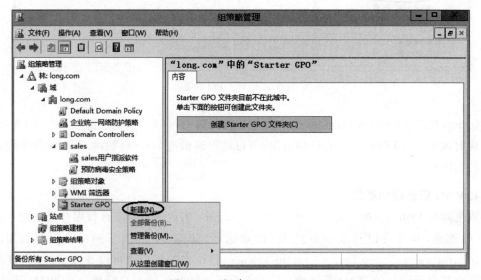

图 14-34　新建 Starter GPO

可以不需要单击如图 14-34 所示右窗格中的"创建 Starter GPO 文件夹"按钮,因为在建立第 1 个 Starter GPO 时,也会自动建立此文件夹,此文件夹的名称是 Starter GPO,它位于域控制器的 sysvol 共享文件夹下。

STEP 2 在如图 14-35 所示的对话框中为此 Starter GPO 设置名称并输入注释后,单击"确定"按钮。

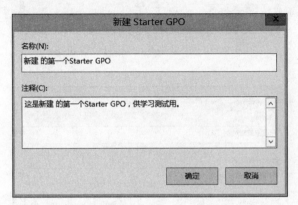

图 14-35　为新建的 Starter GPO 命名

STEP 3 返回"组策略管理"窗口,如图 14-36 所示选中并在"新建的第一个 Starter GPO"项上右击,在弹出的快捷菜单中选择"编辑"命令。

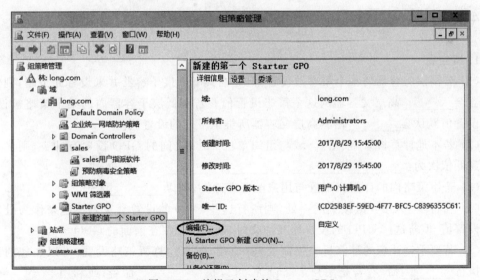

图 14-36　编辑已创建的 Starter GPO

STEP 4 打开如图 14-37 所示的"组策略 Starter GPO 编辑器"窗口来编辑计算机与用户配置的管理模板策略。

STEP 5 完成 Starter GPO 的建立与编辑后,在建立常规 GPO 时,如图 14-38 所示,可以从这个 Starter GPO 来导入其管理模板的设置值。

图 14-37　组策略 Starter GPO 编辑器

图 14-38　从源 Starter GPO 中新建 GPO

14.4　习题

1. 填空题

（1）若高层父容器的某个策略被设置，但是在其下低层子容器并未设置此策略，则低层子容器会_____高层父容器的这个策略设置值。若在低层子容器内的某个策略被设置，则此设置值默认会_____由其高层父容器所继承下来的设置值。

（2）若本地计算机策略、站点、域与组织单位 sales 之间的 GPO 设置有冲突，则优先级从高到低依次为：_____、_____、_____、_____。

（3）若组策略内的计算机配置与用户配置有冲突，则以_____优先。

（4）若将多个 GPO 链接到同一处，则所有这些 GPO 的设置会被累加起来作为最后的有效设置值，但若这些 GPO 的设置相互冲突时，则链接顺序在前面的 GPO _____。

（5）若要手动让您的计算机来强制处理（应用）所有计算机策略设置，可以在您的计算机上执行_____命令；若是用户策略设置，可以执行_____命令；或利用_____命令来同时强制处理计算机与用户策略。如果要查看当前用户的组策略结果，可以使用命令：_____。

（6）环回处理模式分为两种模式：_____、_____。

（7）当您添加、修改或删除组策略设置时，这些更改默认先被存储到_____的域控制器，然后由它将其复制到其他域控制器，域成员计算机再通过_____来应用这些策略。

（8）应用计算机配置的间隔时间，若禁用或未设置此策略，则默认就是每隔_____分钟应用一次。若应用间隔设置为 0 分钟,则会每隔_____秒钟应用一次。

(9) 域控制器的组策略刷新间隔默认是每隔_____分钟应用一次组策略。若将应用间隔时间设置为 0 分钟,则会每隔_____秒钟应用一次。

(10) 默认_____、_____或_____组内的用户才有权限编辑 GPO,管理员可以赋予其他用户权限,这些权限包含_____、_____与_____ 3 种。

(11) Starter GPO 内仅包含_____的策略设置。

2. 选择题

(1) 公司有一个 Active Directory 林,其中包含八个链接的组策略对象(GPO)。其中一个 GPO 向用户对象发布应用程序。有个用户报告说他得不到该应用程序,因此无法安装。你需要确定是否应用了 GPO。

你该怎么做?(　　)

　　A. 针对该用户运行组策略结果实用工具。

　　B. 针对其计算机运行组策略结果实用工具。

　　C. 在命令提示符下,运行 GPRESULT /SCOPE COMPUTER 命令。

　　D. 在命令提示符下,运行 GPRESULT /S ＜system name＞ /Z 命令。

(2) 所有咨询师都属于名为 TempWorkers 的全局组。你在名为 SecureServers 的新组织单位中放入了三个文件服务器。这三个文件服务器包含位于共享文件夹中的机密数据。每当这些咨询师访问机密数据失败时,你需要将他们的失败尝试记录下来。

你应该执行哪两个操作?(　　)(每个正确答案表示解决方法的一部分。请选择两个正确答案)

　　A. 创建一个新 GPO,并将其链接到 SecureServers 组织单位。配置"审核特权使用""失败审核"策略设置。

　　B. 创建一个新 GPO,并将其链接到 SecureServers 组织单位。配置"审核对象访问""失败审核"策略设置。

　　C. 创建一个新 GPO,并将其链接到 SecureServers 组织单位。从 TempWorkers 全局组的网络用户权限设置中,配置"拒绝"访问此计算机。

　　D. 在三个文件服务器的每个共享文件夹上,将这三个服务器添加到"审核"选项卡。在"审核项目"对话框中,配置"失败完全控制"设置。

　　E. 在三个文件服务器的每个共享文件夹上,将 TempWorkers 全局组添加到"审核"选项卡。在"审核项目"对话框中,配置"失败完全控制"设置。

3. 简答题

(1) 为了只允许用户三次无效登录尝试,你必须配置什么设置?

(2) 你希望为公司中的所有客户端计算机提供一致的安全设置。这些计算机帐户分散在多个 OU 中。对此,提供一致的安全设置的最佳做法是什么?

(3) 你为某个 OU 配置了文件夹重定向,但是没有任何用户文件夹重定向到网络位置。你在查看根文件夹时发现,虽然其中已创建了以每个用户命名的子目录,但是这些子目录为空。问题出在哪里?

(4) 有一个小应用程序的.MSI 文件,你希望某个 OU 中的所有用户和所有计算机全都可使用该文件。为此,你需要采取什么步骤?

(5)你通过组策略将一个登录脚本分配给某个 OU。该脚本位于名为 Scripts 的共享网络文件夹中。一些 OU 用户收到了该脚本,而其他用户没有。可能是什么原因造成此问题?为了防止这类问题重现,可以执行哪些步骤?

14.5 实训项目 管理组策略

1. 组策略管理上的挑战

未名公司基于 Windows Server 2016 活动目录管理用户和计算机,在公司的多个 OU 中都部署了组策略。在组策略管理时发现很难直观显示管理员部署的组策略内容,往往需要借助其他工具或者日志来查询。

在应用一些新的组策略时,有时发现一些计算机并没有应用到新的组策略。这样给公司生产环境的部署带来了一定的困扰,公司希望通过规范的管理组策略,从而提高域环境的可用性,实现域用户和计算机的高效管理。

2. 应对组策略管理上的挑战

为了解决有些组策略没有应用上的问题,必须明白组策略的应用优先级,即"本地策略＜站点策略＜域策略＜父 OU 策略＜子 OU 策略",这样才能将组策略部署到位,如果父 OU 策略设置了一个限制,子 OU 不想继承,可以阻止继承;如果父 OU 策略需要强制下发,可以将父 OU 策略设置为"强制",这样尽管子 OU 不想继承,设置"阻止继承"也无济于事。

本项目要完成以下任务:

① 组策略的阻止和强制继承(请参考 14.1.1 小节和 14.1.2 小节)。

② 组策略的备份和还原。

③ 查看组策略。

④ 针对某个对象查看其组策略。

⑤ 使用 WMI 筛选器。

⑥ 管理组策略的委派。

⑦ 设置和使用 Starter GPO。

在本次实训项目中,会用到 DC1.long.com、WIN10-1.long.com、WIN8-1.long.com 等计算机。

第五部分

管理与维护 AD DS

第 15 章
配置活动目录的对象和信任

项目背景

　　在初始部署 Active Directory 域服务（AD DS）后，AD DS 管理员最常见的任务是配置和管理 AD DS 对象。大多数公司会给每位员工分配一个用户帐户，并把用户帐户添加到 AD DS 中的一个或多个组中。用户帐户和组帐户用于访问基于 Windows Server 的网络资源，如网站、邮箱和共享文件夹。此外管理员还要配置和管理 Active Directory 信任。两个域之间具备信任关系后，双方的用户便可以访问对方域内的资源并利用对方域的成员计算机登录。

　　本章描述如何配置委派任务、如何配置域或林的信任。

项目目标

- 委派对 AD DS 对象的管理访问权限
- 域与林信任概述
- 建立快捷方式信任
- 建立林信任名称

15.1　相关知识

15.1.1　委派对 AD DS 对象的管理访问权

　　很多 AD DS 管理任务非常容易执行，但是重复性也可能很高。Windows Server 2016 AD DS 中可用的选项之一，是将某些管理任务委派给其他管理员或用户。通过委派控制权，可以使这些用户能够执行一些 Active Directory 管理任务，而且无须授予他们比所需的权限更高的权限。

1. Active Directory 对象权限

　　Active Directory 对象权限允许用户控制哪些管理员或用户可访问单个对象或对象属性，以及控制他们的访问权类型，从而达到保护资源的目的。用户使用权限来分配对组织单位或组织单位层次结构的管理特权，以便管理 Active Directory 对象。

　　1）标准和特殊权限

　　用户可以使用标准权限来配置大多数 Active Directory 对象权限任务。标准权限最为常用。

但是,如果需要授予更细致的权限级别,那么就要用到特殊权限。特殊权限允许对特定的一类对象或者某个对象类的各个属性设置权限。例如,用户可以授予某个用户对容器中的组对象类的完全控制权限,只授予用户修改容器中的组成员身份的能力,或者只授予用户更改所有用户帐户的单个属性(如电话号码)所需要的权限。

2)配置权限

配置权限时,可使用以下选项,见表 15-1。

表 15-1　配置权限使用的选项

选　项	描　述
可以允许或拒绝权限	拒绝权限优先于授予用户帐户和组的任何允许权限。只有在必须移除某个用户因成为某个组的成员而获得的权限时,才应使用拒绝权限
当不允许执行某个操作的权限时,该权限即为隐式拒绝	例如,如果 Marketing 组被授予对某个对象的读取权限,并且在该对象的 DACL 中未列出任何其他安全主体,那么不是 Marketing 组成员的用户将隐式被拒绝访问。操作系统不允许非 Marketing 组成员的用户读取该用户对象的属性
当需要使大组中的一部分帐户不能执行大组有权执行的任务时,应显式拒绝权限	例如,可能必须防止名为 Don 的用户查看某个用户对象的属性。但是,Don 是 Marketing 组的成员,而该组有权查看该用户对象的属性。对此,可以显式拒绝 Don 的读取权限,以防止他查看那个用户对象的属性

3)继承权限

一般而言,当在父对象上设置了权限时,该容器中的对象将继承父级的权限。例如,如果在 OU 级别分配权限,那么默认情况下,该 OU 中的对象将继承所有这些权限。可以修改或删除继承的权限。但是在将权限显式分配给子对象时,必须首先打破权限继承,然后再分配所需的权限。

Windows Server 2016 中的权限继承在以下方面简化了管理权限的任务:

- 在创建子对象时,无须手动将权限应用到子对象。
- 应用于父对象的权限统一应用于所有子对象。
- 若要修改容器中所有对象的权限,则只需要修改父对象的权限,子对象自动继承这些更改。

2. 有效权限

"有效权限"工具可帮助确定对 Active Directory 对象的权限。该工具计算授予指定用户或组的权限,并计入实际从组成员身份获得的权限,以及从父对象继承的任何权限。

1)有效权限特点

Active Directory 对象的有效权限有以下特点:

- 累积权限是授予用户帐户和组帐户的 Active Directory 权限的组合。
- 拒绝权限覆盖同级的继承权限。显式分配的权限优先。
- 在对象类或属性上设置的显式"允许"权限将覆盖继承的"拒绝"权限。
- 对象所有者总是可以更改权限。所有者控制如何在对象上设置权限以及将权限授予何人。创建 Active Directory 对象的人就是其所有者。Administrators 组拥有在安装 Active Directory 期间创建的,或者由内置 Administrators 组的任何成员创建的对象。所有者总是可以更改对象的权限,即便是所有者对该对象的所有访问权都被拒绝。

> 当前所有者可将取得所有权权限授予另一个用户,这将使该用户能随时取得该对象的所有权。该用户必须实际获得所有权才能完成所有权移交。

2) 检索有效权限

为了检索有关 AD DS 中的有效权限的信息,可以使用"有效权限"工具。如果指定的用户或组是域对象,那么必须有权读取该对象在域中的成员身份信息。

在计算有效权限时,不能使用特殊标识。这意味着,如果将权限分配给任何特殊标识,那么它们将不会包含在有效权限列表中。

3. 控制委派

控制委派是将 Active Directory 对象的管理职责分配给另一个用户或组的能力(见图 15-1)。

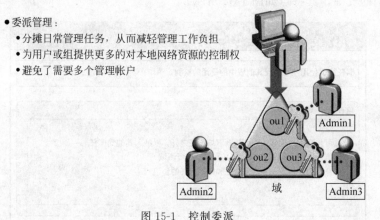

图 15-1　控制委派

委派管理将日常管理任务分摊给多个用户,从而减轻网络管理工作的管理负担。利用委派管理,可以将基本管理任务分配给普通用户或组。例如,可以给部门主管分配修改其部门组成员身份的权力。

通过委派管理,可以赋予公司中的组对其本地网络资源的更多控制权。通过限制管理员组的成员,还可以帮助保护网络,使其免受意外或恶意破坏。

可以按照以下 4 种方式定义管理控制的委派。

- 授予创建或修改某个组织单位中的所有对象,或者域中的所有对象的权限。
- 授予创建或修改某个组织单位中的所有对象,或者域级别的某些类型的对象的权限。
- 授予创建或修改某个组织单位中的所有对象,或者域级别的某个对象的权限。
- 授予修改某个组织单位中的所有对象,或者域级别的某个对象的某些属性的权限(如授予重置用户帐户密码的权限)。

委派管理权限的主要益处之一是可以授予用户在 AD DS 中的有限范围内执行特定任

务,而无须授予他们任何更宽泛的管理权限。可以将委派权限的范围限制为某个 OU,或者限制为某个对象,甚至是对象的某个属性。

在只有一个管理员团队负责所有管理任务的小型公司中,可能不会选择控制委派。但是,很多公司可能会找到某种方法来委派对某些任务的控制。通常,这是在部门 OU 级别或者在分支机构 OU 级别实现的。

15.1.2　配置 AD DS 信任

采用 AD DS 的很多公司将只部署一个域,但是,大型公司,或者需要允许访问其他公司或其他业务单位资源的公司,可能需要在同一个 Active Directory 林或者一个单独的林中部署多个域。对于在域间访问资源的用户,必须为域或林配置信任。本节描述如何在 ActiveDirectory 环境中配置和管理信任。

1. AD DS 信任

信任允许安全主体将其凭据从一个域传到另一个域,并且是允许域间资源访问所必需的。配置了域间信任后,用户可以在自己的域中进行身份验证,然后他们的安全凭据可用于访问其他域中的资源。其特点如图 15-2 所示。

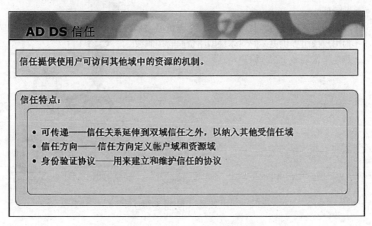

图 15-2　AD DS 信任的特点

所有信任都具备以下特点。

- 信任可定义为可传递或不可传递:可传递信任是延伸到一个域的信任关系自动延伸到信任该域的域树中的所有域。例如,如果 beijing.long.com 域和 long.com 域相互之间有可传递信任,并且 long.com 域和 smile.com 域之间也有可传递信任,那么 beijing.long.com 和 smile.com 域之间也将相互信任。如果信任不可传递,那么信任只在两个域之间建立。
- 信任方向定义用户帐户和资源位于何处:用户帐户位于受信任域中,而资源位于信任域中。信任方向从受信任域指向信任域。在 Windows Server 2012 中,有 3 种信任方向,即单向传入、单向传出、双向信任。
- 信任还有用于建立信任的不同协议:配置信任的两种协议选项是 Kerberos 协议版本 5,以及 Windows NT 局域网(LAN)管理器(NTLM)。大多数情况下,Windows

Server 2012 使用 Kerberos 来建立和维护信任。

2. AD DS 信任选项

如图 15-3 所示表示了所有的信任选项。见表 15-2 描述了 Windows Server 2016 支持的信任。

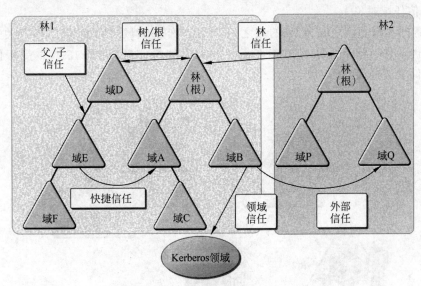

图 15-3　AD DS 信任选项

表 15-2　AD DS 信任类型

信任类型	描　　述
父/子	存在于同域树中的域之间。此双向可传递信任允许安全主体在林中的任何域中进行身份验证。这些信任是默认创建的,并且不可移除。父/子信任总是使用 Kerberos 协议
林/根	存在于林中的所有域树之间。此双向可传递信任允许安全主体在林中的任何域中进行身份验证。这些信任是默认创建的,并且不可移除。林/根信任总是使用 Kerberos 协议
外部	可创建在不属于同一林的不同域之间。这些信任可以是单向或双向,并且不传递。外部信任总是使用 NTLM 协议
领域	可在非 Windows 操作系统域(称为 Kerberos 领域)与 Windows Server 2016 域之间创建。这些信任可是单向或双向,并且可以是可传递,也可以是不可传递。领域信任总是使用 Kerberos 协议
林	可创建在 Windows Server 2008 林功能级别或更高功能级别的林之间。这些信任可是单向或双向,并且可以是可传递,也可以是不可传递。林信任总是使用 Kerberos 协议
快捷方式	可在 Windows Server 2016 林内创建,以便减少林中的域之间的登录时间。在通过树根信任时,此单向或双向信任尤其有用,因为通向目标的信任路径有可能减少。快捷方式信任总是使用 Kerberos 协议

问题与思考：①如果要在 Windows Server 2016 域和 Windows Server 2012 域之间配置信任,那么你需要配置哪种类型的信任？②如果需要在域之间共享资源,但又不想配置信任,那么如何允许访问共享资源？

参考答案：① 必须配置外部信任。② 选择之一是允许匿名访问资源。例如,可以在

Windows SharePoint Services 站点上存储数据,并允许匿名访问 SharePoint 站点。另一种选择是,在资源所在的域中,创建需要访问这些资源,但又属于其他域的用户的帐户。当这些用户试图访问资源时,他们需要输入目标域所要的凭据。

3. 信任在林中的工作方式

1) 受信任域对象

在设置同林内的域之间、跨林的域之间,以及与外部领域之间的信任时,有关这些信任的信息存储在 AD DS 中,这样就能在需要时检索这些信息(见图 15-4)。受信任域对象(TDO)存储着这些信息。

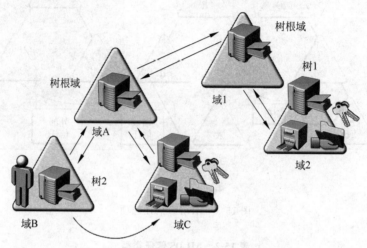

图 15-4　信任在林中的工作方式

TDO 存储有关信任的信息,如信任可传递性和类型。每当创建信任时,将同时创建新的 TDO,并存储在该信任的域中的 System 容器中。

2) 信任如何使用户能访问林中的资源

当用户尝试访问另一个域中的资源时,Kerberos 身份验证协议必须确定信任域是否与被信任域之间有信任关系。

为了确定此关系,Kerberos 版本 5 协议遍历信任路径(利用 TDO 获得对目标域的域控制器的引用)。目标域控制器为被请求的服务发出一个服务票证。信任路径是信任层次结构中的最短路径。

当受信任域中的用户尝试访问其他域中的资源时,该用户的计算机首先联系自己域中的域控制器,以向资源验证身份。如果资源不在该用户的域中,那么域控制器将使用与其父级的信任关系,并将该用户的计算机引向其父域中的域控制器。

这种查找资源的尝试将沿着信任层次结构向上连续进行,有可能直到林根域,然后沿着信任层次结构向下,直至联系到资源所在域中的域控制器。

4. 信任在林间的工作方式

Windows Server 2016 支持跨林信任,这种信任允许一个林中的用户访问另一个林中的资源。当用户尝试访问受信任林中的资源时,AD DS 必须首先找到资源,然后才可验证用户身份,并允许用户访问资源。

以下是对 Windows 10 客户端计算机查找并访问含有 Windows Server 2016 服务器的另一个林中的资源的描述(见图 15-5)。

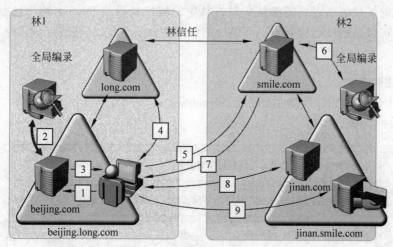

图 15-5 信任在林间的工作方式

① 登录到 beijing.long.com 域的用户试图访问 smile.com 林中的某个共享文件夹。该用户的计算机联系 beijing.long.com 中的域控制器,并使用资源所在的计算机的服务主体名(SPN)请求服务票证。SPN 可以是主机或域的 DNS 名称,也可以是服务连接点对象的可分辨名称。

② 资源不在 beijing.long.com 中,因此 beijing.long.com 的域控制器查询全局编录,以了解资源是否位于林中的另一个域内。由于全局编录只包含有关其自己的林的信息,因此找不到对应的 SPN。全局编录然后检查其数据库,以查找有关与它的林之间建立的任何林信任的信息。如果全局编录找到林信任,那么它将把林信任 TDO 中列出的名称后缀与目标 SPN 的后缀进行比较。找到匹配项后,全局编录提供有关如何从 beijing.long.com 中的域控制器定位到该资源的路由信息。

③ beijing.long.com 的域控制器将对其父域 long.com 的引用发送给用户的计算机。

④ 用户计算机联系 long.com 中的域控制器,以获得对 smile.com 林的根域域控制器的引用。

⑤ 用户计算机使用 long.com 域中的域控制器返回的引用,联系 smile.com 中的域控制器,以获得对被请求服务的服务票证。

⑥ 资源不在 smile.com 林的林根域中,因此域控制器联系其全局编录以查找 SPN。全局编录找到该 SPN 的匹配项,然后将其发送给域控制器。

⑦ 域控制器将对 jinan.smile.com 的引用发送给用户计算机。

⑧ 用户计算机联系 jinan.smile.com 域控制器上的密钥发行中心(KDC),并通过协商获得允许用户访问 Jinan.smile.com 域中的资源的票证。

⑨ 用户计算机将服务器服务票证发送给共享资源所在的计算机,该计算机读取用户的安全凭据,然后构造访问令牌,令牌给予用户对资源的访问权。

问题与思考: ① 快捷信任和外部信任之间有什么区别? ② 在设置林信任时,为了使林信任起作用,DNS 上需要有哪些信息?

参考答案：① 快捷信任配置在同林的两个域之间。外部信任配置在不同林的两个域之间。快捷信任还可以传递，而外部信任不能。② 为了配置信任，以及在配置后使信任起作用，双方林中的域控制器需要能够解析对方林中的域控制器的 DNS 名称。这意味着，必须配置 DNS 才可以启用该名称解析。可通过配置条件转发、存根区域或区域传递来启用名称解析。

5. 用户主体名称

用户主体名称（UPN）是仅在登录到 Windows Server 2016 网络时使用的登录名，其主要特点如图 15-6 所示。

- UPN 是包含用户登录名与域后缀的登录名

- 域后缀可以是用户的主域、林中的任何其他域，或者自定义域名

- 可以添加更多 UPN 域后缀

- UPN 在林中必须是唯一的

UPN 后缀可用于在受信任林之间路由身份验证请求：

- 如果两个林中使用了相同的 UPN 后缀，那么 UPN 后缀路由自动禁用
- 可以手动启用或禁用跨信任的名称后缀路由

图 15-6　用户主体名称

UPN 有两个部分，它们由 @ 符号分隔，例如 suzan@long.com。
- 用户主体名称前缀，如上例中的 suzan。
- 用户主体名称后缀，如上例中的 long.com。

默认情况下，后缀是创建该用户帐户的域名。可以使用网络中的其他域，或者创建附加后缀为用户配置其他后缀。例如，可能需要配置后缀来创建与用户的电子邮件地址匹配的用户登录名。

使用 UPN 具备以下优点：
- 用户可使用其 UPN 登录到林中的任何域。
- UPN 可与用户的电子邮件名称相同，因为 UPN 的格式与标准电子邮件地址的格式相同。

　　　用户主体名称在林中必须是唯一的。

名称后缀路由是提供跨林名称解析的机制：
- 当两个 Windows Server 2016 林通过林信任连接时，名称后缀路由自动启用。例如，

如果在 long.com 林和 smile.com 林之间配置了林信任,那么在 long.com 林中有帐户的用户可使用其 UPN 来登录到 smile.com 林中的计算机。身份验证请求将自动路由到 long.com 林中的相应域控制器。

- 但是,如果两个林有相同的 UPN 后缀,那么当用户登录另一个林中的计算机时,用户将无法使用附带该后缀的 UPN 名称。如果 long.com 和 smile.com 组织都使用 Research.com 作为 UPN 后缀,那么用户将无法使用此后缀在对方的林中登录。
- 在配置林信任时,可确定 UPN 名称后缀路由错误。如果多个林共用同一个 UPN 后缀,那么在尝试配置信任时,在"新建信任向导"时将检测并显示两个 UPN 名称后缀之间的冲突。

6. 选择性身份验证设置

在 Windows Server 2016 林中限制跨林信任身份验证的另一个选项是选择性身份验证。利用选择性身份验证,可以限制林中的哪些计算机可由另一个林中的用户访问。其特点如图 15-7 所示。

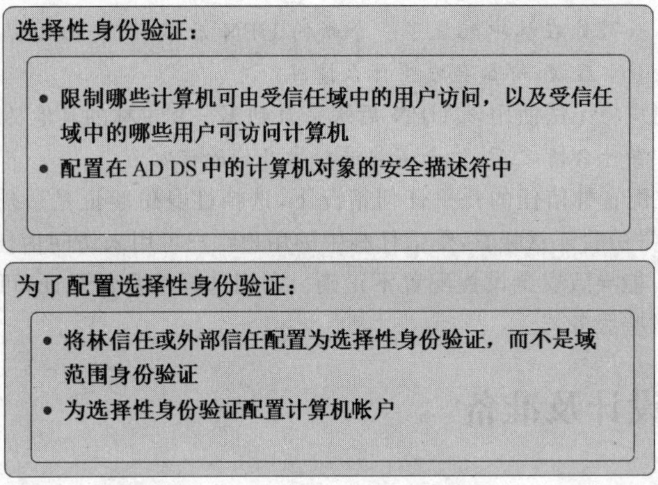

选择性身份验证:

- 限制哪些计算机可由受信任域中的用户访问,以及受信任域中的哪些用户可访问计算机
- 配置在 AD DS 中的计算机对象的安全描述符中

为了配置选择性身份验证:

- 将林信任或外部信任配置为选择性身份验证,而不是域范围身份验证
- 为选择性身份验证配置计算机帐户

图 15-7　选择性身份验证设置

1) 选择性身份验证

选择性身份验证是可在林间信任上设置的安全性设置。通常,在配置林或外部信任时,受信任林或受信任域中的所有用户帐户都能访问信任域中的所有计算机。利用选择性身份验证,可以限制哪些计算机可供另一个域中的用户访问,以及另一个域中的哪些用户可访问计算机。

此身份验证权限是在 AD DS 中的计算机对象的安全描述符上设置的。在实际位于信任林资源计算机中的安全描述符上,没有此权限。按此方式控制身份验证为共享资源提供了一层额外的保护。控制身份验证将防止在其他组织中工作的任何通过身份验证的用户随意访问共享资源,除非在 AD DS 中对该计算机对象有写访问权的某人显式将此权限授予该用户。

为了对林信任启用选择性身份验证,包含共享资源的信任林必须使林功能级别设置为 Windows Server 2008 或者更高版本。若要对外部信任启用选择性身份验证,则包含共享资源的信任域必须使域功能级别设置为 Windows 2000 Server 纯模式或者更高版本。

2)配置选择性身份验证

配置选择性身份验证需要两步。

① 将林信任或外部信任配置为选择性身份验证,而不是域范围身份验证。可以在首次创建信任时进行此配置,也可以修改现有信任。在使用"Active Directory 域和信任关系"中的"新建信任向导"创建林信任时,系统会作出提示,即对于每个林域,是启用域范围身份验证,还是启用选择性身份验证。通过修改信任的身份验证属性,可以更改现有信任的配置。

② 为选择性身份验证配置计算机帐户。在创建跨林信任后,可以将对资源域计算机帐户的"允许身份验证"权限授予另一个林中的选定帐户。没有此权限的帐户将无法连接到这些计算机,并且无法向这些计算机验证身份。

思考与讨论:如果你在林中配置了一个新的 UPN 后缀,而在此之前,已经在另一个林中配置了同样的 UPN 后缀,那么会发生什么情况?

参考答案:用户将无法使用该 UPN 后缀登录到不是其主林的其他林中。

思考与讨论:在什么情况下,你会实施选择性身份验证?

参考答案:在配置林信任的几乎任何情况下,选择性身份验证是最佳的安全做法。默认情况下,全林性身份验证意味着,受信任林中的用户帐户可用来访问信任林中任何计算机上的资源。这有可能导致安全设置配置不正确。利用选择性身份验证,可以严格限制允许通过林信任访问哪些服务器。

15.2 项目设计及准备

1. 场景描述

为了优化 AD DS 管理员的工作效率,.Long Bank 公司将把某些管理任务委派给初级管理员。这些管理员将被授予管理不同 OU 中的用户和组帐户的访问权。

Long Bank 还建立了与公司 Smile Ltd.之间的伙伴关系。两家公司中的一些用户必须能够访问对方公司中的资源。但是,两家公司之间的访问必须限制为尽可能少量的用户和服务器。

在本次实训项目中,你将给其他管理员委派 AD DS 对象的控制权,还将测试委派权限,以确保管理员可执行所要的操作,但是不能执行其他操作。

同时,您还将基于企业管理员提供的信任配置设计来配置信任关系,而且将测试信任配置,以确保信任配置正确。

2. 网络拓扑图

本项目的总的拓扑图如图 15-8 所示。

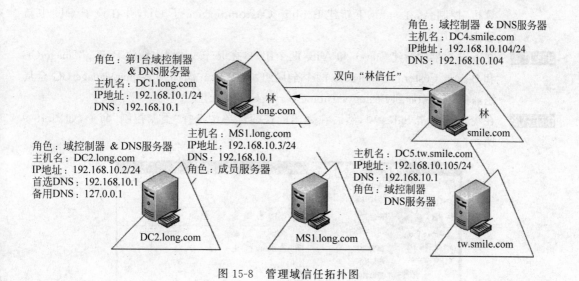

图 15-8 管理域信任拓扑图

15.3 项目实施

任务 15-1 委派 AD DS 对象的控制权

在本次任务中,你将给其他管理员委派 AD DS 对象的控制权;还将测试委派权限,以确保管理员可执行所要的操作,但是不能执行其他操作。

1. 任务环境具体介绍

Long Bank 公司决定委派北京分部负责管理任务。在该分部中,分部经理必须能够创建和管理用户和组帐户。客户服务人员必须能够重置用户密码,并配置某些用户信息,如电话号码和地址等。

15-1 委派 AD DS 对象的控制权

(1) 组织结构如下。

① DC1.long.com 是域控制器。

② sales 是 long.com 下的 OU,Beijing_CustomService 是 sales 的子 OU,Jhon 是组织单位 Beijing_CustomService 的用户。

③ BeijingManagerGG 和 Beijing_CustomerServiceGG 是两个全局组,其成员分别是 Steven 和 Alice。

(2) 本实验的主要任务如下。

① 分配对 Sales OU 申的用户和组的完全控制权。

② 在 Sales OU 中分配重置密码和配置私有用户信息的权限。

③ 验证分配给 Sales OU 的有效权限。

④ 允许 Domain Users 登录到域控制器。

⑤ 测试 Sales OU 的委派权限。

2. 分配对 Sales OU 中的用户和组的完全控制权

`STEP 1` 以域管理员身份登录到 DC1.long.com 计算机,打开"Active Directory 用户和计

算机"控制台,在 sales 下新建 Beijing_CustomService 子 OU,并在该子 OU 中新建 Jhon 用户。

STEP 2 在 user 容器中新建 Steven 和 Alice 两个用户,在 long.con 域中新建 BeijingManagerGG 和 Beijing_CustomerServiceGG 两个全局组,将 Steven 添加到 BeijingManagerGG 全局组,将 Alice 添加到 Beijing_CustomerServiceGG 全局组。

STEP 3 在窗口中右击 Sales 项,然后在弹出的快捷菜单中选择"委派控制"命令,如图 15-9 所示。

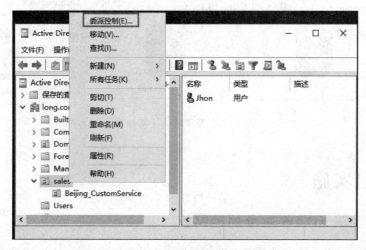

图 15-9 新建"委派控制"

STEP 4 在欢迎使用控制委派向导的"控制委派向导"对话框中,单击"下一步"按钮。在打开的选择用户或组的"控制(委派)向导"对话框中,单击"添加"按钮。

STEP 5 在选择用户、计算机和组的对话框中,输入 BeijingManagerGG。

STEP 6 单击"确定"按钮后返回选择用户或组的对话框,如图 15-10 所示,然后单击"下一步"按钮。在要委派的任务页面中,选中"创建、删除和管理用户帐户"以及"创建、删除和管理组"复选框,如图 15-11 所示。单击"下一步"按钮,然后单击"完成"按钮。

图 15-10 控制委派向导

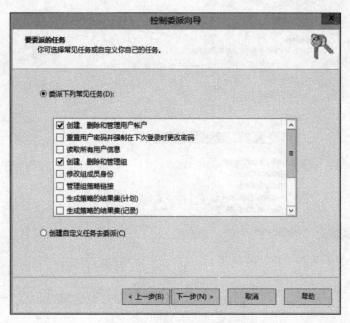

图 15-11　选择要委派的任务

3. 在 Sales OU 中分配重置密码和配置私有用户信息的权限

STEP 1　在 DC1.long.com 计算机上的"Active Directory 用户和计算机"窗口中,右击 Sales
　　　　项,然后在弹出的快捷菜单中选择"委派控制"命令。在控制委派向导中的欢迎页
　　　　面上,单击"下一步"按钮。

STEP 2　在选择用户或组的对话框中,单击"添加"按钮。在打开的选择用户、计算机和组
　　　　的对话框中,输入 Beijing_CustomerServiceGG,单击"确定"按钮,返回选择用户或
　　　　组的对话框,然后单击"下一步"按钮。

STEP 3　在选择要委派的任务的对话框中,选中"重置用户密码并强制在下次登录时更改
　　　　密码"复选框,如图 15-12 所示。单击"下一步"按钮,然后单击"完成"按钮。

STEP 4　重复 STEP1。

STEP 5　在打开的用户或组的对话框中,添加 Beijing_CustomerServiceGG,单击"确定"按
　　　　钮,然后单击"下一步"按钮。在选择要委派的任务的对话框中,选中"创建自定义
　　　　任务去委派"单选按钮,然后单击"下一步"按钮,如图 15-13 所示。

STEP 6　在 Active Directory 对象类型选择对话框中,选中"只是在这个文件夹中的下列对象"
　　　　单选按钮,选中"用户 对象"复选框,如图 15-14 所示。然后单击"下一步"按钮。

STEP 7　在选定要委派的权限的对话框,确保选中"常规"复选框。在"权限"列表框中,选
　　　　中"读取和写入 个人信息"复选框,如图 15-15 所示。单击"下一步"按钮,然后单
　　　　击"完成"按钮。

4. 验证分配给 Sales OU 的有效权限

STEP 1　在 DC1.long.com 计算机上的"Active Directory 用户和计算机"窗口中,单击来选
　　　　中"查看"菜单中的"高级功能"选项。展开 long.com 折叠项,右击 Sales OU 项,

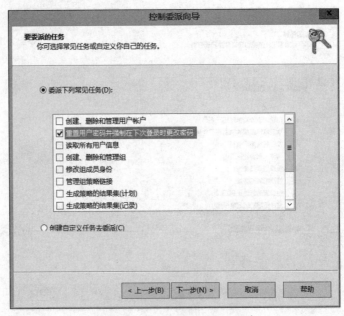

图 15-12　选择要委派的任务(1)

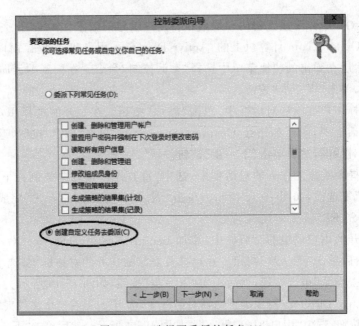

图 15-13　选择要委派的任务(2)

　　然后在弹出的快捷菜单中选择"属性"命令,如图 15-16 所示。

STEP 2　在打开的"Sales 属性"对话框中的"安全"选项卡上,单击"高级"按钮。打开"Sales 的高级安全设置"对话框,单击选中"有效访问"选项卡,单击"选择用户"按钮。

STEP 3　在打开选择用户、计算机或组的对话框中,输入 Steven,然后单击"确定"按钮返回 "Sales 的高级安全设置"对话框。Steven 是 BeijingManagerGG 组的成员。

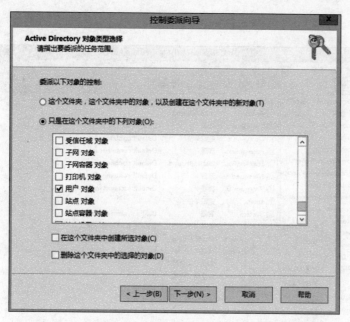

图 15-14　选择要委派的任务(3)

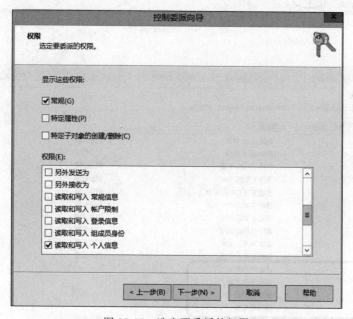

图 15-15　选定要委派的权限

STEP 4　检查 Steven 的有效权限。验证 Steven 有创建、删除用户和组帐户的权限,如图 15-17 所示。单击"取消"按钮,然后单击"确定"按钮返回"Active Directory 用户和计算机"窗口。

STEP 5　展开 Sales OU 折叠项,单击选中 Beijing_CustomService OU,在右窗格中右击 Jhon,然后在弹出的快捷菜单中选择"属性"命令,如图 15-18 所示。

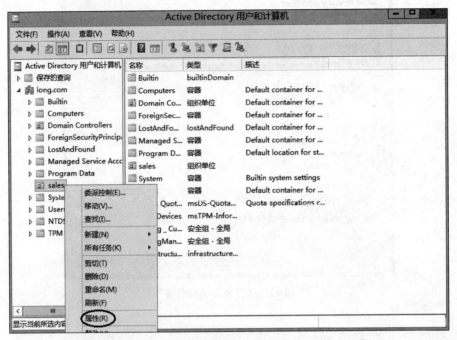

图 15-16　sales 属性

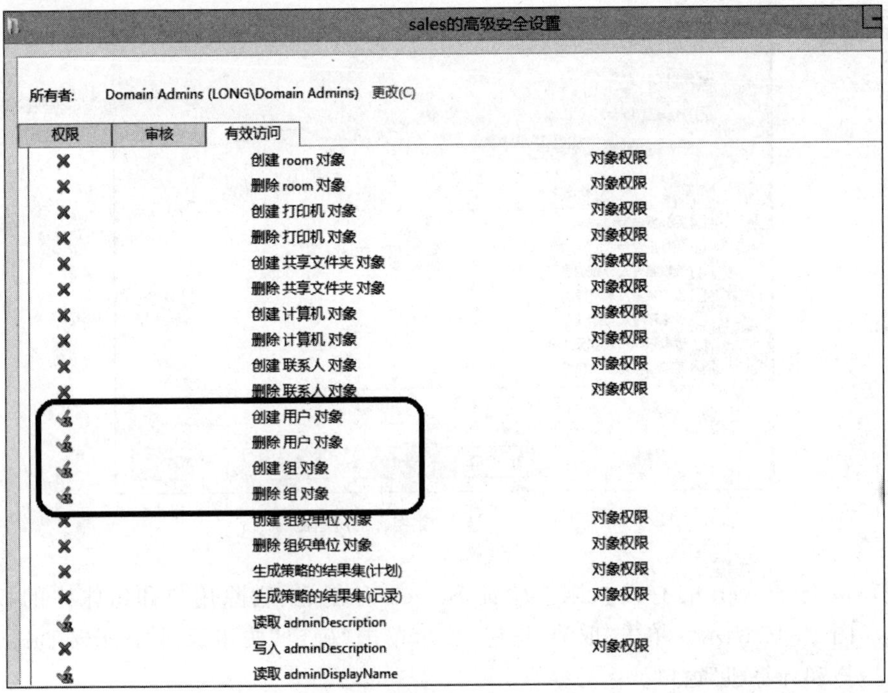

图 15-17　检查 Steven 的有效权限

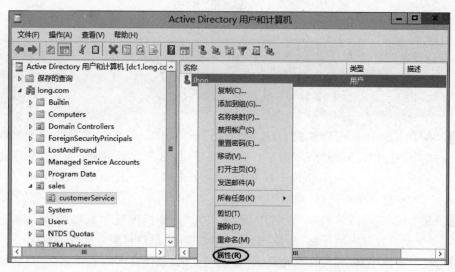

图 15-18　查看 Jhon 用户属性

STEP 6 在"Jhon 属性"对话框中的"安全"选项卡上,单击"高级"按钮。

STEP 7 在打开的"Jhon 的高级安全设置"对话框中,单击选中"有效权限"选项卡,单击"选择"按钮。在打开的选择用户、计算机或组的对话框中,输入 Alice,然后单击"确定"按钮返回"Jhon 的高级安全设置"对话框。Alice 是 Beijing_CustomerServiceGG 组的成员。

STEP 8 检查 Alice 的有效权限。验证 Alice 有重置密码和写入个人信息的权限。单击"取消"按钮,然后单击"确定"按钮,如图 15-19 所示。

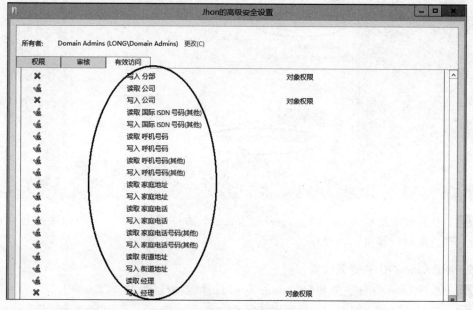

图 15-19　检查 Alice 的有效权限

5. 允许 Domain Users 登录到域控制器

 ①实验中包含此步骤是为了使你能测试委派权限。作为最佳做法,应在 Windows 工作站上安装管理工具,而不是允许 Domain Users 成员登录到域控制器。②详细图文操作请查看前面"第 5 章"的相关内容。

STEP 1 在 DC1.long.com 计算机上,选择"开始"→"Windows 管理工具"→"组策略管理"命令,打开"组策略管理"窗口。如果需要,那么依次展开林:long.com、域、long.com、Domain Controllers。右击 Default Domain Controllers Policy 项,然后在弹出的快捷菜单中选择"编辑"命令。

STEP 2 在"组策略管理编辑器"窗口中,依次展开"计算机配置""策略""Windows 设置""安全设置""本地策略"折叠项,然后单击选中"用户权限分配"策略项。

STEP 3 在右窗格中双击"允许本地登录"策略项。在"允许在本地登录属性"对话框中,选中"定义这些策略设置"复选框,单击"添加用户或组"按钮。

STEP 4 在"添加用户或组"对话框中,输入 Domain Users、Administrators,然后单击"确定"按钮两次。关闭所有打开的窗口。

 如果管理员用户组已添加,则不用重复添加 Administrators,如图 15-20 所示。

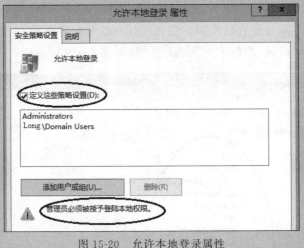

图 15-20　允许本地登录属性

STEP 5 打开命令提示符,输入 gpupdate /force,然后按 Enter 键。等待命令执行完成,然后重启计算机。

6. 测试 Sales OU 的委派权限

STEP 1 以 Steven 身份登录到 DC1.long.com 计算机,密码为 Pa＄＄w0rd。

STEP 2 选择"开始"→"Windows 管理工具"→"Active Directory 用户和计算机"命令。

STEP 3 在"用户帐户控制"对话框中输入用户名 steven 和密码 Pa＄＄w0rd,如图 15-21 所示,然后单击"是"按钮。

注意 在用户控制窗口中不要输入管理员帐户和密码。

图 15-21　用户帐户控制

STEP 4 展开 long.com 项，右击 Sales OU，然后在弹出的快捷菜单中选择"新建"→"用户"命令创建一个新用户，此任务将成功完成，因为执行此任务的权限已经委派给 Steven，如图 15-22 所示。

图 15-22　新建用户-test2

STEP 5 右击 Sales OU，然后在弹出的快捷菜单中选择"新建"→"组"命令创建名为 Group 1 的新组。此任务将成功完成，因为执行此任务的权限已经委派给 Steven。

STEP 6 右击 ITAdmin OU,然后查看弹出的快捷菜单选项,没有"新建"命令。验证了 Steven 无权在 ITAdmin OU 中创建任何新对象,如图 15-23 所示。

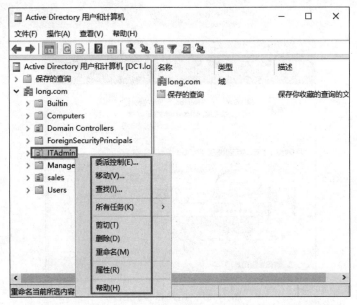

图 15-23　Steven 没有在 ITAdmin OU 中创建任何对象的权限

STEP 7 注销,然后以 Alice 身份登录到 DC1.long.com 计算机,密码为 Pa＄＄w0rd。

STEP 8 选择"开始"→"Windows 管理工具"→"Active Directory 用户和计算机"命令。

STEP 9 在"用户帐户控制"对话框中,输入帐户 Alice 和密码 Pa＄＄w0rd,然后单击"确定"按钮。

STEP 10 展开 long.com,右击 Sales OU,然后查看弹出的快捷菜单选项,发现没有"新建"命令。验证了 Alice 无权在 Sales OU 中创建任何新对象,如图 15-24 所示。

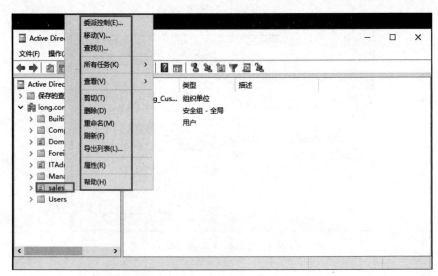

图 15-24　Alice 无权在 sales 中创建新对象

STEP 11　在"Active Directory 用户和计算机"窗口中展开 sales 折叠项，单击选中 Beijing_CustomerService，在右窗格中右击 Jhon，然后在弹出的快捷菜单中选择"重置密码"命令。在"重置密码"对话框中，在"新密码"和"确认密码"文本框中，输入 Pa$$w0rd，然后单击"确定"按钮两次，如图 15-25 所示。

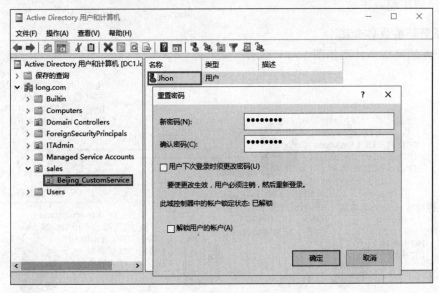

图 15-25　重置 Jhon 的密码成功

STEP 12　右击 Jhon，然后在弹出的快捷菜单中选择属性命令。在"Jhon 属性"对话框中，确认 Alice 有权设置某些用户属性，如"办公室"和"电话号码"，但不能设置"描述"和"电子邮件"之类的属性，如图 15-26 所示。

图 15-26　Jhon 属性

STEP 13 关闭"Active Directory 用户和计算机"窗口,然后注销用户。

任务 15-2　配置 AD DS 信任的方法

在本实验中,将基于企业管理员提供的信任配置设计来配置信任关系,还将测试信任配置,以确保信任配置正确。

1. 任务环境具体介绍

本任务的网络拓扑图如图 15-27 所示。

15-2 配置
AD DS 信任
的方法

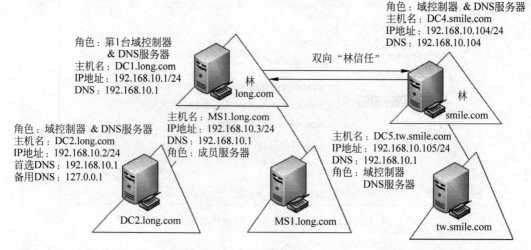

图 15-27　管理域信任拓扑图

Long Bank 公司与 Smile 公司建立了战略合作关系。Long Bank 用户将需要访问在 Smile 公司的多台服务器上的文件和应用程序。只有 Smile 公司的用户才能访问 DC2 的共享。

本实验的主要任务如下。

① 启动 DC1.long.com 虚拟机,然后以域管理员身份登录。

② 配置网络和 DNS 设置以启用林信任。

③ 在 smile.com 域,新建 MarketingGG 全局安全组和 Adam 用户,并将 Adam 添加到 MarketingGG 组作为成员。

④ long.com 和 smile.com 是两个独立的域林,配置 long.com 和 smile.com 之间的林信任。

⑤ 配置林信任的选择性身份验证,以只允许访问 DC2.long.com。

⑥ 测试选择性身份验证。

2. 配置网络和 DNS 设置以启用林信任

(1) 以下的操作在 DC4.smile.com 上进行。

STEP 1 以域管理员身份登录 DC4.smile.com。选择"开始"→"控制面板"命令,打开"控制面板"窗口,双击"网络连接"图标按钮,然后双击"本地连接"图标按钮,打开"本地连接属性"对话框。单击选中"Internet 协议(TCP/IP)"选项,单击"属性"按钮,在其"属性"对话框中将 IP 地址更改为 192.168.10.104,将默认网关更改为 192.168.10.254,将首选 DNS 服务器更改为 192.168.10.104。确认并关闭对话框。

STEP 2 打开"运行"对话框,输入 cmd,然后按 Enter 键。在命令提示符上输入 Net time \\192.168.10.1 /set /y,然后按 Enter 键。此命令将同步 DC4.smile.com 和 DC1.long.com(主时间)之间的时间。关闭命令提示符。

> 当关闭命令界面时,如果出现"系统错误 5,拒绝访问"的提示。请分别启用两台服务器的 guest 帐户,然后分别执行 net use \\192.168.10.1 "" /user: "guest"和 net use \\192.168.10.104 "" /user: "guest"两个命令。成功后再执行同步时间命令,其中 guest 的密码为空。

STEP 3 选择"开始"→"Windows 管理工具"→DNS 命令,打开"DNS 管理器"控制台并展开到 DC4 项。右击 DC4,在弹出的快捷菜单中选择"属性"命令,然后在打开的"属性"对话框的"转发器"选项卡中单击"编辑"按钮,在打开的对话框的"IP 地址"处直接输入 192.168.10.1,按 Enter 键,自动解析成功,如图 15-28 所示。然后单击"确定"按钮关闭 DNS 管理器控制台。

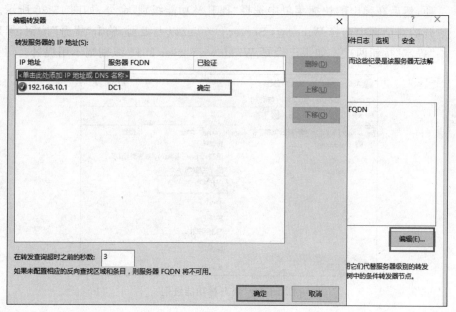

图 15-28　编辑转发器

> 如果未设置相应的反向查找区域和条目,则服务器 FQDN 将不可用。

STEP 4 选择"开始"→"Windows 管理工具"→"Active Directory 域和信任关系"命令。在"Active Directory 域和信任关系"窗口中,右击 smile.com,然后在弹出的快捷菜单中选择"提升域功能级别"命令,如图 15-29 所示。在打开的对话框中选择

Windows Server 2008 或以上级别,单击"提升"按钮,然后单击"确定"按钮两次。如果已经是 Windows Server 2016 级别则不用提升。

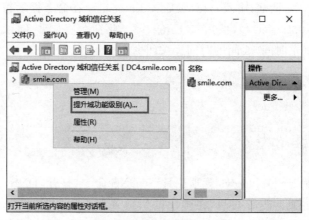

图 15-29　提升域功能级别

STEP 5　在"Active Directory 域和信任关系"窗口中右击"Active Directory 域和信任关系"项,然后在弹出的快捷菜单中选择"提升林功能级别"命令,如图 15-30 所示。在打开的对话框中选择 Windows Server 2008 或以上级别,单击"提升"按钮,然后单击"确定"按钮两次。如果已经是 Windows Server 2016 级别则不用提升。

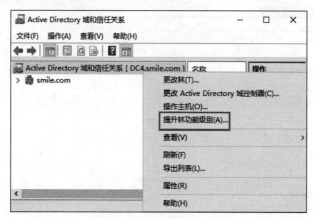

图 15-30　提升林功能级别

STEP 6　在 DC4.smile.com 计算机上,新建 MarketingGG 全局安全组和 Adam 用户,并将 Adam 添加到 MarketingGG 组作为成员。

(2) 以下的操作在 DC1.long.com 计算机上进行。

STEP 1　在 DC1.long.com 计算机上,以 Administrator 身份登录。选择"开始"→"服务器管理器"命令,打开"服务器管理器"窗口,选择"工具"→DNS 命令,打开"DNS 管理器"控制台并展开 DC1 折叠项。在 DC1 下,右击"条件转发器"项,然后在弹出的快捷菜单中选择"新建条件转发器"命令,如图 15-31 所示。

STEP 2　在"DNS 域"文本框中,输入 smile.com,单击"IP 地址"列表栏空白处,输入 192.168.10.104,按 Enter 键,然后单击"确定"按钮,关闭 DNS 管理器。

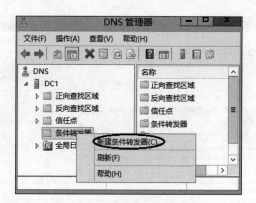

图 15-31　新建条件转发器

3. 配置 long.com 和 smile.com 之间的林信任

STEP 1　在 DC1.long.com 计算机上,选择"开始"→"服务器管理器"命令,打开"服务器管理器"窗口,选择"工具"→"Active Directory 域和信任关系"命令。在"Active Directory 域和信任关系"窗口中右击 long.com,然后在弹出的快捷菜单中选择"属性"命令,在打开对话框的"信任"选项卡下单击"新建信任"按钮,如图 15-32 所示。

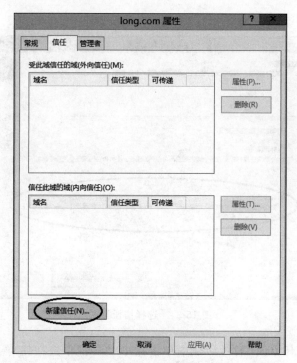

图 15-32　新建信任

STEP 2　在"欢迎使用新建信任向导"对话框中单击"下一步"按钮。在打开的输入"信任名称"的对话框中的"名称"文本框中输入 smile.com(见图 15-33),然后单击"下一步"按钮。

图 15-33　输入信任名称

STEP 3　在输入"用户名和密码"的对话框中输入 Administrator@smile.com 作为用户名，输入 Pa＄＄w0rd4 作为密码，然后单击"下一步"按钮。

STEP 4　在创建"信任类型"的对话框中选中"林信任"选项（见图 15-34），然后单击"下一步"按钮。

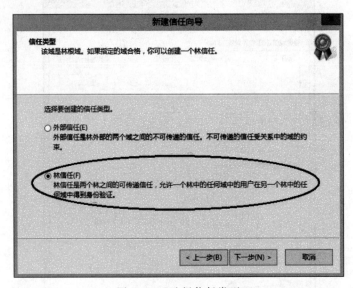

图 15-34　选择信任类型

STEP 5　在创建"信任方向"的对话框中单击选中"双向"单选按钮，然后单击"下一步"按钮。在打开的选择"信任方"的对话框中单击选中"这个域和指定的域"选项，然后单击"下一步"按钮。

STEP 6　在输入"用户名和密码"的对话框中输入 Administrator@smile.com 作为用户名，输入 Pa＄＄w0rd4 作为密码，然后单击"下一步"按钮。

STEP 7　在"传出信任身份验证级别—本地林"的对话框中选择默认选项。

STEP 8　在"传出信任身份验证级别—指定林"页面中接受默认值。

STEP 9　在"选择信任完毕"的对话框中和在"信任创建完毕"的对话框中均单击"下一步"按钮。

STEP 10　在"确认传出信任"的对话框中单击选中"是,确认传出信任"选项(见图 15-35)。

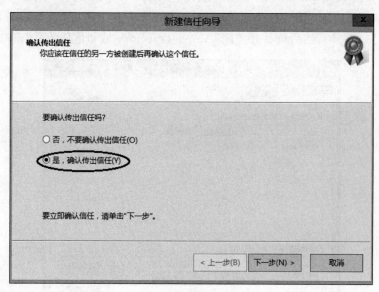

图 15-35　确认传出信任

STEP 11　在"确认传入信任"页面上单击选中"是,确认传入信任"选项(见图 15-36)。

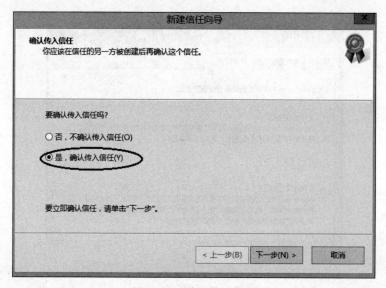

图 15-36　确认传入信任

STEP 12　在提示正在完成新建信任向导的对话框中单击"完成"按钮。

STEP 13　单击"确定"按钮,关闭"long.com 属性"对话框。

4. 配置林信任的选择性身份验证，以只允许访问 DC2.long.com 和 MS1.long.com

STEP 1 在 DC1.long.com 计算机的"Active Directory 域和信任关系"窗口中单击选中 long.com 项，然后选择"操作"→"属性"命令，在"long.com 属性"对话框中单击选中"信任"选项卡。在"受此域信任的域（内向信任）"列表框中单击选中 smile.com 项，如图 15-37 所示。然后单击"属性"按钮。

STEP 2 在"smile.com 属性"对话框的"身份验证"选项卡中选中"选择性身份验证"选项（见图 15-38），然后确认并关闭"Active Directory 域和信任关系"窗口。

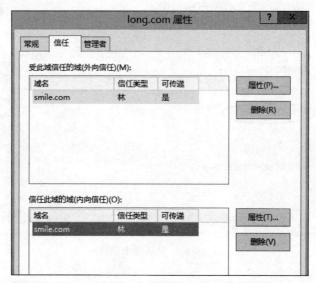

图 15-37 "信任"选项卡

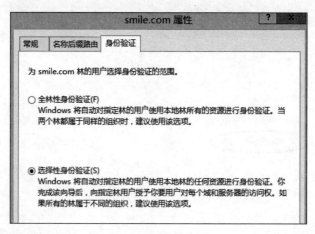

图 15-38 身份验证

STEP 3 打开"Active Directory 用户和计算机"窗口，然后在"查看"菜单中确保"高级功能"复选菜单项被选中。单击选中 Domain Controllers 选项，在右窗格中右击 DC2 项，在弹出的菜单中选择"属性"命令（见图 15-39），在打开的"DC2 属性"对话框中单击选中"安全"选项卡，然后单击"添加"按钮。

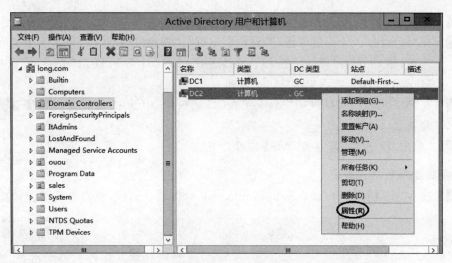

图 15-39　DC2 属性

STEP 4　在"选择用户、计算机或组"的对话框中单击"查找范围"选项,单击选中 smile.com
选项,然后单击"确定"按钮。在"选择用户、计算机或组"的对话框中输入
MarketingGG,然后单击"确定"按钮。在"DC2 属性"对话框的"MarketingGG 的
权限"中选中"允许身份验证"的"允许"复选框(见图 15-40)。

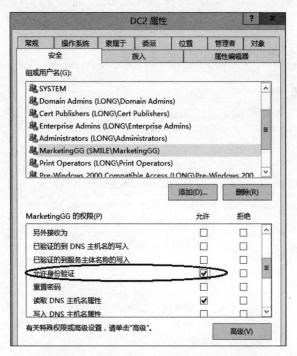

图 15-40　DC2 属性——MarketingGG 的权限

STEP 5　确认后关闭"DC2 属性"对话框。

STEP 6　在"Active Directory 用户和计算机"窗口中单击 Computers 选项。单击选中 MS1
项,然后选择"操作"→"属性"命令。

STEP 7 在"MS1 属性"对话框中单击选中"安全"选项卡,然后单击"添加"按钮。

STEP 8 在"选择用户、计算机或组"的对话框中单击"查找范围"选项,单击选中 smile.com 选项,然后单击"确定"按钮。在"选择用户、计算机或组"的对话框中输入 MarketingGG,然后单击"确定"按钮。

STEP 9 在"MS1 属性"对话框的"MarketingGG 的权限"中选中"允许身份验证"的"允许"复选框。

STEP 10 单击"确定"按钮,关闭"MS1 属性"对话框。

5. 测试选择性身份验证

STEP 1 在 MS1 虚拟机上,以 Adam@smile.com 身份登录到域,密码为 Pa $ $ w0rd。

 　　Adam 是 Smile 的 MarketingGG 组的成员。因为两个林之间有信任关系,并且允许它向 MS1.long.com 验证身份,所以他能够登录到 long.com 域中的计算机。
注意

STEP 2 启动 DC2,以 long\administrator 身份登录 DC2 虚拟机,密码为 Pa $ $ w0rd2。

STEP 3 在 MS1 上右击"开始"菜单,选择"运行"命令,输入\\DC2.long.com\netlogon,然后按 Enter 键。Adam 应该能够访问该文件夹。

STEP 4 在 MS1 上右击"开始"菜单,选择"运行"命令,输入\\DC1.long.com\netlogon,然后按 Enter 键,Adam 应该不能访问该文件夹,因为该服务器未配置为允许选择性身份验证。验证结果如图 15-41 所示。

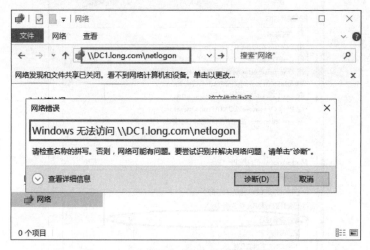

图 15-41　访问 DC1 的共享文件夹的结果

15.4　习题

1. 填空题

(1) 用户可以使用_____来配置大多数 Active Directory 对象权限任务。但是,如果需要授予更细致的权限级别,那么就要用到_____,该权限允许对特定的一类对象或者某个对象类的各个属性设置权限。

（2）_____工具可帮助确定对 Active Directory 对象的权限。该工具计算授予指定用户或组的权限,并计入实际从组成员身份获得的权限,以及从父对象继承的任何权限。

（3）_____是将 Active Directory 对象的管理职责分配给另一个用户或组的能力。

（4）如果 A 域信任 B 域,则 A 域为_____,B 域为_____。用户帐户位于_____中,而资源位于_____中。信任方向从受信任域指向信任域。在 Windows Server 2012 中,有 3 种信任方向:_____、_____、_____。

（5）利用_____,可以限制林中的哪些计算机可由另一个林中的用户访问。

2. 选择题

（1）公司聘用了 10 名新雇员。你希望这些新雇员通过 VPN 连接接入公司总部。你创建了新用户帐户,并将总部中的共享资源的"允许读取"和"允许执行"权限授予新雇员。但是,新雇员无法访问总部的共享资源。你需要确保用户能够建立可接入总部的 VPN 连接。

你该怎么做?（　　）

　　A. 授予新雇员"允许完全控制"权限。

　　B. 授予新雇员"允许访问拨号"权限。

　　C. 将新雇员添加到 Remote Desktop Users 安全组。

　　D. 将新雇员添加到 Windows Authorization Access 安全组。

（2）公司有一个 Active Directory 域。有个用户试图从客户端计算机登录到域,但是收到以下消息:"此用户帐户已过期。请管理员重新激活该帐户"。你需要确保该用户能够登录到域。

你该怎么做?（　　）

　　A. 修改该用户帐户的属性,将该帐户设置为永不过期。

　　B. 修改该用户帐户的属性,延长"登录时间"设置。

　　C. 修改该用户帐户的属性,将密码设置为永不过期。

　　D. 修改默认域策略,缩短帐户锁定持续时间。

（3）公司有一个 Active Directory 域,名为 intranet.contoso.com。在所有域控制器上都运行 Windows Server 2016。域功能级别和林功能级别都设置为 Windows Server 2008。你需要确保用户帐户有 UPN 后缀 contoso.com。

应该先怎么做?（　　）

　　A. 将 contoso.com 林功能级别提升到 Windows Server 2012 或 Windows Server 2016。

　　B. 将 contoso.com 域功能级别提升到 Windows Server 2012 或 Windows Server 2016。

　　C. 将新的 UPN 后缀添加到林。

　　D. 将 Default Domain Controllers 组策略对象（GPO）中的 Primary DNS Suffix
　　　　选项设置为 contoso.com。

（4）公司有一个单域的 Active Directory 林。该域的功能级别是 Windows Server 2016。你执行以下活动。

• 创建一个全局通信组。

• 将用户添加到该全局通信组。

- 在 Windows Server 2012 成员服务器上创建一个共享文件夹。
- 将该全局通信组放入有权访问该共享文件夹的域本地组中。
- 你需要确保用户能够访问该共享文件夹。

你该怎么做?(　　　)

　　A. 将林功能级别提升为 Windows Server 2016。

　　B. 将该全局通信组添加到 Domain Administrators 组中。

　　C. 将该全局通信组的组类型更改为安全组。

　　D. 将该全局通信组的作用域更改为通用通信组。

3. 简答题

(1) 你负责管理自己所属组的成员的帐户以及对资源的访问权。组中的某个用户离开了公司,你希望在几天内将有人来代替该员工。对于前用户的帐户,你应该如何处理?

(2) 你创建了一个名为 Helpdesk 的全局组,其中包含所有帮助台帐户。你希望帮助台人员能在本地桌面计算机上执行任何操作,包括取得文件所有权。最好使用哪个内置组?

(3) BranchOffice_Admins 组对 BranchOffice_OU 中的所有用户帐户有完全控制权限。对于从 BranchOffice_OU 移入 HeadOffice_OU 的用户帐户,BranchOffice_Admins 对该帐户将有何权限?

15.5　实训项目　配置 AD DS 信任

在本实验中,将基于企业管理员提供的信任配置设计来配置信任关系,还将测试信任配置,以确保信任配置正确。

1. 任务环境具体介绍

本任务的管理域网络拓扑图如图 15-42 所示。

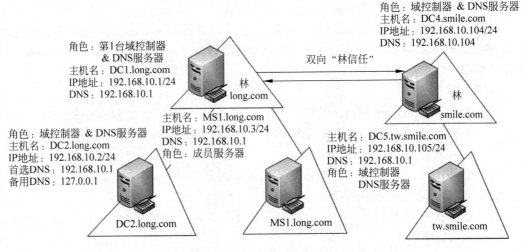

图 15-42　管理域网络拓扑图

　　Long Bank 公司与 Smile 公司建立了战略合作关系。Long Bank 用户将需要访问在 Smile 公司的多台服务器上的文件和应用程序。只有 Smile 公司的用户才能访问 DC2 上的共享资源。

2. 本实验的主要任务

① 启动 DC1.long.com 虚拟机,然后登录。

② 配置网络和 DNS 设置以启用林信任。

③ 配置 long.com 和 smile.com 之间的林信任。

④ 配置林信任的选择性身份验证,以只允许访问 DC2.long.com 和 MS1.long.com。

⑤ 测试选择性身份验证。

第 16 章
配置 Active Directory 域服务
站点和复制

项目背景

  在 Windows Server 2016 Active Directory 域服务（AD DS）环境中，可以在同一个域或同一个林的其他域中部署多个域控制器。AD DS 信息自动在所有域控制器之间进行交换。

  对拥有多台域控制器的 AD DS 域来说，如何更高效地复制 AD DS 数据库，如何提高 AD DS 的可用性以及如何让用户能够快速地登录，是系统管理员必须了解的重要课题。

  本章将帮助读者理解 AD DS 复制的工作方式，管理复制网络流量，同时确保网络中 AD DS 数据的一致性。

项目目标

- 站点与 AD DS 数据库的复制知识
- 配置 AD DS 站点与子网
- 配置 AD DS 复制
- 监视 AD DS 复制

16.1　相关知识

  站点（site）由一个或多个 IP 子网（subnet）所组成，这些子网之间通过高速且可靠的连接互联在一起，即这些子网之间的连接速度要够快且稳定，符合你的需要，否则就应该将它们分别规划为不同的站点。

  一般来说，一个 LAN（局域网）内各个子网之间的连接都符合速度快且可靠性高的要求，因此可以将一个 LAN 规划为一个站点；而 WAN（广域网）内各个 LAN 之间的连接速度一般都不快，因此 WAN 中的各个 LAN 应分别规划为不同的站点，如图 16-1 所示。

  AD DS 内大部分数据是利用多主机复制模式（multi-master replication model）来实现数据复制的。在这种模式中，可以直接更新任何一台域控制器内的 AD DS 对象，之后这个

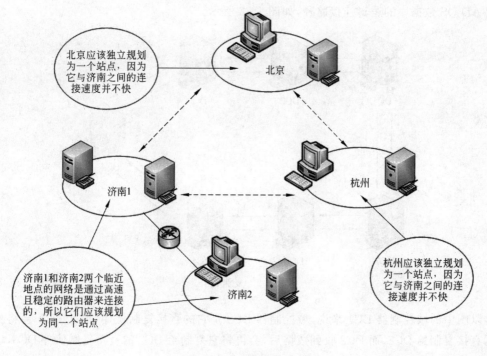

北京应该独立规划为一个站点，因为它与济南之间的连接速度并不快

北京

济南1

杭州

杭州应该独立规划为一个站点，因为它与济南之间的连接速度并不快

济南1和济南2两个临近地点的网络是通过高速且稳定的路由器来连接的，所以它们应该规划为同一个站点

济南2

图 16-1　站点规划示意图

更新对象会被自动复制到其他域控制器，例如当你在任何一台域控制器的 AD DS 数据库内新建一个用户帐户后，这个帐户会自动被复制到域内的其他域控制器。

配置 Active Directory 域服务站点和站点的复制以及站点与 AD DS 数据库的复制之间有着重要的关系，因为这些域控制器是否在同一个站点，会影响到域控制器之间 AD DS 数据库的复制行为。

16.1.1　同一个站点之间的复制

同一个站点内的域控制器之间是通过快速的网络连接互联在一起的，因此在复制 AD DS 数据库时，可以有效、快速地复制，而且不会压缩所传输的数据。

同一个站点内的域控制器之间的 AD DS 复制采用更改通知（change notification）的方式，也就是当某台域控制器（下面将其称为源域控制器）的 AD DS 数据库内有一条数据变动时，默认它会等 15 秒后，就通知位于同一个站点内的其他域控制器。收到通知的域控制器如果需要这条数据，就会发出更新数据的请求给源域控制器，这台源域控制器收到请求后，便会开始复制的程序。

1. 复制伙伴

源域控制器并不直接将变动数据复制给同一个站点内的所有域控制器而是只复制给它的直接复制伙伴（direct replication partner），而哪些域控制器是其直接复制伙伴呢？每一台域控制器内都有一个被称为 KCC（knowledge consistency checker）的程序，它会自动建立最有效率的复制拓扑（replication topology），也就是决定哪些域控制器是它的直接复制伙伴，而哪些域控制器是它的转移复制伙伴（transitive replication partner），换句话说，复制拓扑是复制 AD DS 数据库的逻辑连接路径,如图 16-2 所示。

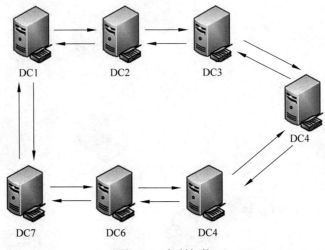

图 16-2　复制拓扑

以图中的域控制器 DC1 来说,域控制器 DC2 是它的直接复制伙伴,因此 DC1 会将变动数据直接复制给 DC2,而 DC2 收到数据后,会再将它复制给 DC2 的直接复制伙伴 DC3,以此类推。

对域控制器 DC1 来说,除了 DC2 与 DC7 是它的直接复制伙伴外,其他的域控制器(DC3、DC4、DC5、DC6)都是转移复制伙伴,它们间接获得由 DC1 复制来的数据。

2. 如何减少复制延迟时间

为了减少复制延迟的时间(replication latency),也就是从源域控制器内的 AD DS 数据有变动开始,到这些数据被复制到所有其他域控制器之间的间隔时间不要太久,因此 KCC 在建立复制拓扑时,会让数据从源域控制器传送到目的域控制器时,其所跳跃的域控制器数量(hop count)不超过 3 台,以图 16-2 来说,从 DC1 到 DC4 跳跃了 3 台域控制器(DC2、DC3、DC4),而从 DC1 到 DC5 也只跳跃了 3 台域控制器(DC7、DC6、DC5)。换句话说,KCC 会让源域控制器与目的域控制器之间的域控制器数量不超过两台。

为了避免源域控制器负担过重,源域控制器并不同时通知其所有的直接复制伙伴,而是会间隔 3 秒,也就是先通知第 1 台直接复制伙伴,间隔 3 秒后再通知第 2 台,以此类推。

当有新域控制器加入时,KCC 会重新建立复制拓扑,而且仍然会遵照跳跃的域控制器数量不超过 3 台的原则,例如如图 16-2 所示新增了一台域控制器 DC8 后,其复制拓扑就会发生变化,如图 16-3 所示为可能的复制拓扑形式之一,图中 KCC 将域控制器 DC8 与 DC4 设置为直接复制伙伴,否则 DC8 与 DC4 之间,无论是通过 DC8→DC1→DC2→DC3→DC4 还是 DC8→DC7→DC6→DC5→DC4 的途径,都会违反域控制器数量不超过 3 台的原则。

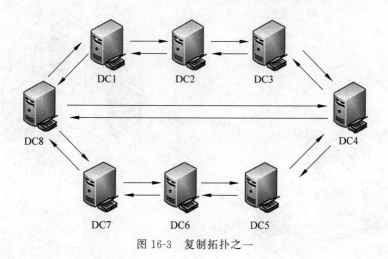

图 16-3　复制拓扑之一

3. 紧急复制

对某些重要的数据更新来说，系统并不会等待 15 秒的时间才会通知其直接复制伙伴，而是立刻通知，这个动作被称为紧急复制。这些重要的数据更新包含用户帐户被锁定、帐户锁定策略变更、域的密码策略变更等。

16.1.2　不同站点之间的复制

由于不同站点之间的连接速度不够快，因此为了降低对连接带宽的影响，故站点之间的 AD DS 数据在复制时会被压缩，而且数据的复制是采用日程安排（schedule）的方式，也就是在安排的时间内才会进行复制工作，原则上应该尽量安排在站点之间连接的非高峰时期才执行复制工作，同时复制频率也不要太高，以避免复制时占用两个站点之间的连接带宽，影响两个站点之间其他数据的传输效率。

不同站点的域控制器之间的复制拓扑，与同一个站点的域控制器之间的复制拓扑是不相同的。每一个站点内都各有一台被称为站点间拓扑生成器的域控制器，它负责建立站点之间的复制拓扑，并从其站点内挑选一台域控制器来扮演 Bridgehead 服务器（桥头服务器）的角色，例如如图 16-4 所示站点 A 的 DC1 与站点 B 的 DC4，两个站点之间在复制 AD DS 数据时，由这两台 Bridgehead 服务器负责将该站点内的 AD DS 变动数据复制给对方，这两台 Bridgehead 服务器得到对方的数据后，会再将它们复制给同一个站点内的其他域控制器。

16.1.3　目录分区与复制拓扑

AD DS 数据库被逻辑地分为几个目录分区（详见第 5 章）：架构目录分区、配置目录分区、域目录分区和应用程序目录分区。

KCC 在建立复制拓扑时，并不是整个 AD DS 数据库只采用单一复制拓扑，而是不同的目录分区各有其不同的复制拓扑，例如 DC1 在复制域目录分区时，可能 DC2 是它的直接复制伙伴，但是在复制配置目录分区时，DC3 才是它的直接复制伙伴。

16.1.4　复制协议

域控制器之间在复制 AD DS 数据时，其所使用的复制协议分为下面两种。

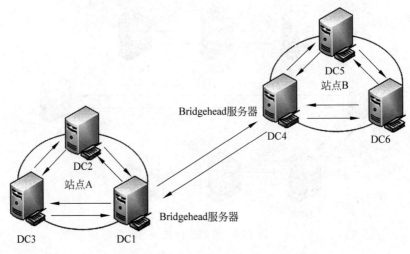

图 16-4   桥头服务器

1. RPC over IP(remote procedure call over internet protocol)

无论是同一个站点之间或不同站点之间，都可以利用 RPC over 口来执行 AD DS 数据库的复制操作。为了确保数据在传输时的安全性，RPC over IP 会执行身份验证与数据加密的工作。

在 Active Directory 站点和服务控制台中，同一个站点之间的复制协议 RPC over IP 会被改用 IP 来代表。

2. SMTP(simple mail transfer protocol)

SMTP 只能用来执行不同站点之间的复制。若不同站点的域控制器之间无法直接通信，或之间的连接质量不稳定时，就可以通过 SMTP 来传输。不过这种方式有些限制，例如：

- 只能够复制架构目录分区、配置目录分区与应用程序目录分区，不能够复制域目录分区。
- 需向企业 CA(enterprise CA)申请证书，因为在复制过程中，需要利用证书来进行身份验证。

16.1.5   站点链接桥接

默认情况下，所有 AD DS 站点链接都是传递式的，或者说是桥接的。这意味着，如果站点 A 与站点 B 之间有公共站点链接，站点 B 又与站点 C 之间有公共站点链接，那么这两个站点链接是桥接的。此时，站点 A 的域控制器与站点 C 的域控制器之间就可以直接进行复制，即使站点 A 和 C 之间没有站点链接(见图 16-5)。

用户可以修改默认的站点链接桥接配置，修改方式是先禁用站点链接桥接，然后只为那些应该有传递式关系的站点链接配置站点链接桥接。

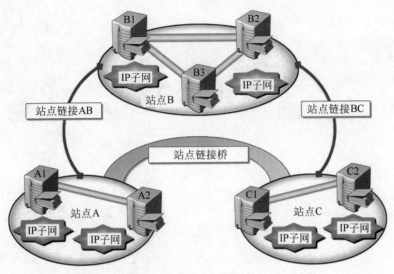

图 16-5　站点链接桥接

1. 更改站点链接桥接配置的原因

当没有完全路由的网络时,也就是说,并非网络的所有网段都始终可用时(例如,有一个网络位置的连接是拨号连接或者预定需求量拨号连接),关闭站点链接的传递性质可能很有用。如果公司有多个连接到快速主干的站点,同时有多个小站点使用慢速网络连接连接到每一个更大的中心,那么在这样的情况下,可以使用站点链接桥来配置复制,它能更有效地管理复制流量。

2. 配置站点链接桥接

用户可以在"Active Directory 站点和服务"管理工具中禁用站点链接桥接。当禁用此功能时,整个组织中的所有站点链接都将成为非传递。

在禁用站点链接桥接后,可以创建新的站点链接桥。创建新对象后,必须定义哪些站点链接作为桥的一部分。添加到站点链接桥中的任何站点链接都视为相互传递式链接,但是未包含在站点链接桥中的站点链接不是传递式的。此时可以创建多个站点链接桥将不同的站点链接组桥接起来。

16.2　项目设计及准备

16.2.1　项目设计

未名公司在全国有多家办事处。为了优化客户端登录流量并管理 AD DS 复制,企业管理员为配置 AD DS 站点以及配置站点间复制创建了新的设计。现需要根据企业管理员的设计创建 AD DS 站点,并根据设计配置复制。还需要监视站点复制,并确保复制所需要的所有组件的功能都正常。

未名公司的当前站点设计尚未修改,仍然是默认状态。除了默认站点之外,没有配置任何 AD DS 站点或站点链接,如图 16-6 所示。

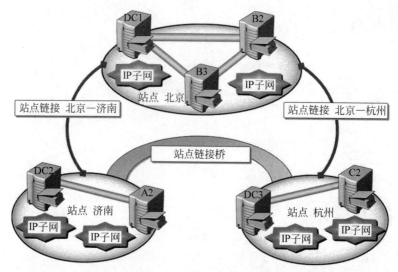

图 16-6　创建站点拓扑图

本实训部署到 long.com 域中,用到 4 个虚拟机。

1) DC1 虚拟机("站点 北京"的桥头服务器)

角色:域控制器 & DNS 服务器;主机名:DC1.long.com;IP 地址:192.168.10.1/24;默认网关:192.168.10.254/24;DNS:192.168.10.1。网络连接方式为"自定义"的 VMnet1。

2) DC2 虚拟机("站点 济南"的桥头服务器)

角色:域控制器 & DNS 服务器;主机名:DC2.long.com;IP 地址:192.168.20.1/24;默认网关:192.168.20.254/24;首选 DNS:192.168.10.1;备用 DNS:127.0.0.1。网络连接方式为"自定义"的 VMnet2。

3) DC3 虚拟机("站点 杭州"的桥头服务器,RODC 服务器)

角色:RODC 域控制器 & DNS 服务器;主机名:DC3.long.com;IP 地址:192.168.30.1/24;默认网关:192.168.30.254/24;首选 DNS:192.168.10.1;备用 DNS:127.0.0.1。网络连接方式为"自定义"的 VMnet3。

4) Gateway-Server(MS1)虚拟机(各站点间的网关服务器)

角色:网关服务器(软路由);主机名:MS1.long.com;IP 地址:192.168.10.254/24,192.168.20.254/24,192.168.30.254/24;首选 DNS:192.168.10.1。3 块网卡对应的网络连接方式分别为"自定义"的 VMnet1、VMnet2 和 VMnet3。

提示　　建议利用 VMware Workstation 或 Hyper-V 等提供虚拟环境的软件来搭建图中的网络环境。若复制(克隆)现有虚拟机,记得要执行 Sysprep.exe 并选中"通用"选项。

16.2.2　项目准备

企业管理员进行了以下站点设计。

(1)北京到济南之间有 1.544Mbps 的广域网(WAN)连接,可用带宽有 50%。北京和青岛之间也是 1.544Mbps 的 WAN 连接,可用带宽也是 50%。这三个位置中任何位置的任何 AD DS 更改,应在一小时内复制到其他两个位置。

（2）杭州通过 256Kbps 的 WAN 连接到北京,在正常工作时间内,其可用带宽不到 20%。公司中任何站点的 AD DS 更改不应在正常工作时间内复制到杭州。

（3）杭州域控制器应该只接收来自北京域控制器的更新。北京、青岛和济南的域控制器可以从这三个站点的任一个站点中的任何域控制器接收更新。

（4）应该将每个公司位置配置为单独的站点,站点名称为 CityName-Site。

（5）应该使用下面的格式命名站点链接:CityName-CityName-Site-Link。

（6）每个公司位置的网络地址和在虚拟机中的网络连接方式如下。

- 北京——192.168.10.0/24,使用"自定义"网络连接方式:VMnet1
- 济南——192.168.20.0/24,使用"自定义"网络连接方式:VMnet2
- 杭州——192.168.30.0/24,使用"自定义"网络连接方式:VMnet3
- 青岛——192.168.40.0/24,使用"自定义"网络连接方式:VMnet4

　①由于虚拟实验的限制,虽然你创建了 4 个站点和 4 个子网,但只需为北京、济南和杭州位置配置站点。②如果自定义的网络连接方式不足以完成实训,可在虚拟机窗口中,选择"编辑"→"虚拟网络编辑器始"命令,打开如图 16-7 所示的"虚拟网络编辑器"对话框,单击"添加网络"按钮可以添加多个名称为"VMnet＋数字"的网络连接。这些网络连接将自动归类到"自定义"的网络连接方式下。

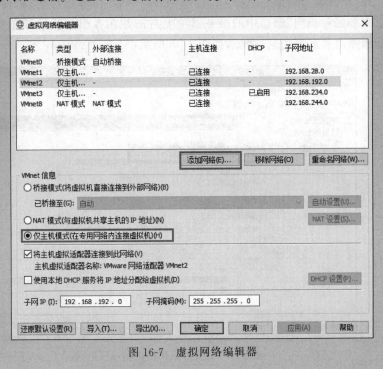

图 16-7　虚拟网络编辑器

（7）下面的实验需要 4 个虚拟机同时运行。建议读者每台计算机配置 2GB 的 RAM(总共 8GB),以提高本实训中的虚拟机性能。

(8) GATEWAY-SERVER(MS1)虚拟机担当 3 个站点的路由器功能。

(9) 确保相同网络的虚拟机的网络连接方式一致。

16.3 项目实施

任务 16-1 配置 AD DS 站点和子网

1. 在 MS1 上启用"LAN 路由"

16-1-1 在 MS1 上启用 LAN 路由

STEP 1 以 Administrator 身份登录到 MS1,密码为 Pa＄＄w0rd4。确保 MS1 服务器上安装有 3 块网卡,IP 地址分别为:192.168.10.254/24、192.168.20.254/24、192.168.30.254/24。

STEP 2 在"网关服务器"的"服务器管理器"窗口中单击"添加角色和功能"按钮,在"选择服务器角色"中选中"远程访问"复选框,在"选择服务角色"中选中"路由"复选框并添加其所需要的功能。

STEP 3 安装"远程访问"完成后,在"服务器管理器"窗口中选择"工具"→"路由和远程访问"命令,在弹出的"路由和远程访问"窗口中的服务器项上右击,在弹出的快捷菜单中选择"配置并启用路由和远程访问"命令。

STEP 4 在弹出的"路由和远程访问服务器安装向导"对话框中选择"自定义",选中"LAN 路由"复选框,直到安装成功。

STEP 5 在"服务器管理器"主窗口下选择"工具"→"路由和远程访问"命令,在弹出的"路由和远程访问"窗口中的服务器项上右击并在弹出的快捷菜单中选择"配置并启用路由和远程访问"命令,如图 16-8 所示。

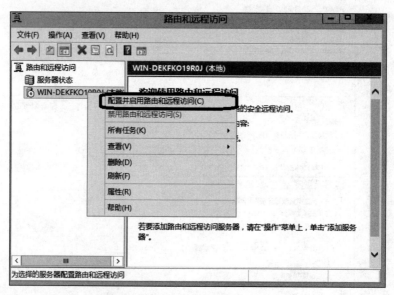

图 16-8 配置并启用路由和远程访问

STEP 6 在弹出的"路由和远程访问服务器安装向导"对话框中选择"自定义配置"并选中"LAN 路由"复选框并启动服务,如图 16-9 所示。

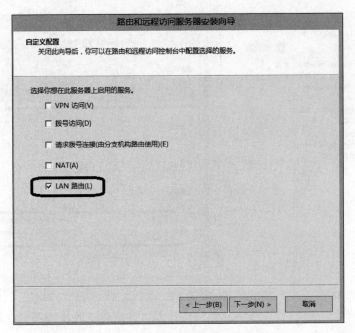

图 16-9　启用 LAN 路由

STEP 7 接下来依次单击"下一步"→"完成"→"启动服务"按钮,启动路由和远程访问
服务。

2. 验证当前站点配置和复制拓扑

步骤如下。

STEP 1 以 Administrator 身份登录到 DC1 计算机,密码为 Pa$$w0rd1。

STEP 2 以 Administrator 身份登录到 DC2 计算机,密码为 Pa$$w0rd2。

STEP 3 以 Administrator 身份登录到 DC3 计算机,密码为 Pa$$w0rd3。

STEP 4 在 DC1 上选择"开始"→"Windows 管理工具"→"Active Directory 站点和服务"
命令。

STEP 5 在打开的窗口中依次展开到 Sites→Default-First-Site-Name→Servers→DC1→
NTDS Settings 项,右击 NTDS Settings 项,然后在弹出的菜单中选择"属性"
命令。

STEP 6 在"NTDS Settings 属性"对话框中的"连接"选项卡上记下你的计算机的复制伙伴
(本例入站复制伙伴为 DC2,出站复制伙伴为 DC2、DC3),然后取消,如图 16-10
所示。

STEP 7 在如图 16-10 所示的右窗格中,右击"<自动生成的>"项,在弹出的快捷菜单中选
择属性命令。

STEP 8 在"<自动生成的> 属性"对话框中的"常规"选项卡上,记下复制的名称上下文,
如图 16-11 所示。

STEP 9 单击"更改计划"按钮,记下复制计划,然后单击"取消"按钮两次返回"Active
Directory 站点和服务"窗口。一小时一次的计划意味着,如果域控制器未从复制

16-1-2 验证
当前站点
配置和复
制拓扑

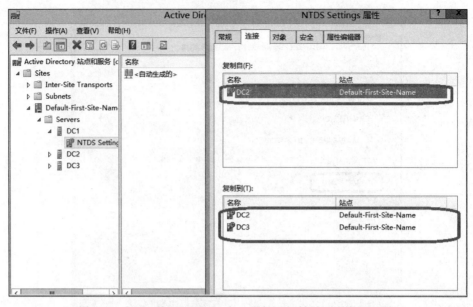

图 16-10　DC1 的"NTDS Settings 属性"对话框的"连接"选项卡

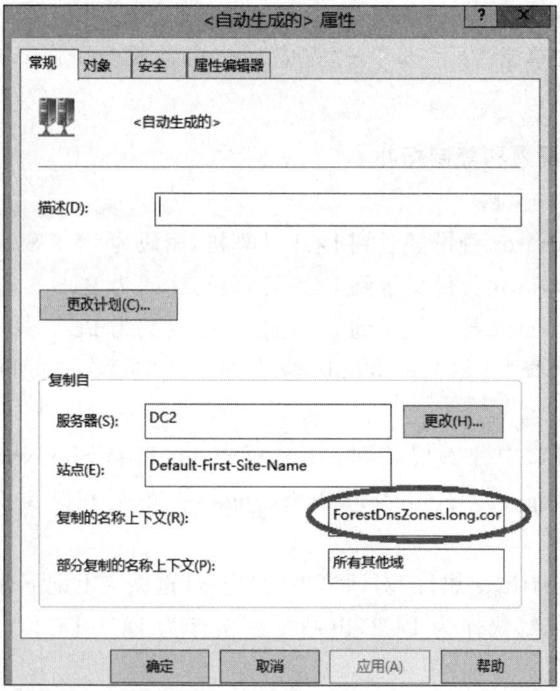

图 16-11　"＜自动生成的＞属性"对话框

伙伴收到任何更改通知,那么它将每隔一小时检查一次更新,如图 16-12 所示。
(在此读者可以自行修改复制的计划)。

STEP 10　在"Active Directory 站点和服务"窗口中展开折叠项 DC3,右击 NTDS Settings
项,然后在弹出的菜单中选择"属性"命令。

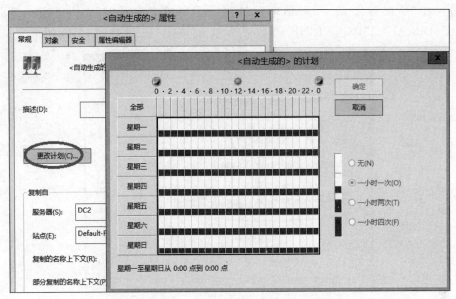

图 16-12　"＜自动生成＞的计划"对话框

STEP 11　在"NTDS Settings 属性"对话框的"连接"选项卡中验证只读域控制器（RODC）
有入站（复制自）复制伙伴，并且没有出站（复制到）复制伙伴，单击"取消"按钮，
如图 16-13 所示。

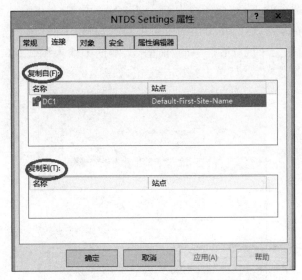

图 16-13　DC3 的"NTDS Settings 属性"对话框

3. 创建 AD DS 站点

STEP 1　在"Active Directory 站点和服务"窗口中右击 Default-First-Site-Name 项，然后在
弹出的菜单中选择"重命名"命令。

STEP 2　在打开对话框中输入 Beijing-Site，然后按 Enter 键。

STEP 3　右击 Sites 项，然后在弹出的菜单中选择"新站点"命令。

16-1-3 创建
AD DS 站点

STEP 4　在"新建对象-站点"对话框中的"名称"字段中输入 Hangzhou-Site，单击选中
DEFAULTIPSITELINK 选项，然后单击"确定"按钮，如图 16-14 所示。

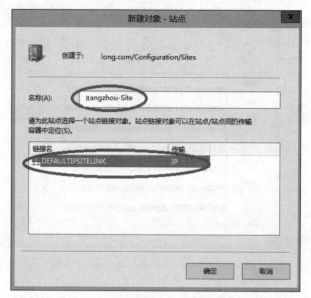

图 16-14　新建对象-站点

STEP 5　在"Active Directory 域服务"对话框中单击"确定"按钮。
STEP 6　再次创建两个站点，站点名称为 Qingdao-Site 和 Jinan-Site。
STEP 7　右击 Subnets 项，然后在弹出的菜单中选择"新建子网"命令。
STEP 8　在"新建对象-子网"对话框中的"前缀"文本框中输入 192.168.10.0/24。单击选中
Beijing-Site 选项，然后单击"确定"按钮，如图 16-15 所示。

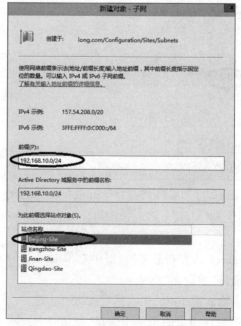

图 16-15　新建对象-子网

STEP 9　创建另外 3 个子网,其属性如下。

- 前缀:192.168.20.0/24,站点:Jinan-Site。
- 前缀:192.168.30.0/24,站点:Hangzhou-Site。
- 前缀:192.168.40.0/24,站点:Qingdao-Site。

STEP 10　右击 Jinan-Site,然后在弹出的菜单中选择"属性"命令。验证正确的子网已与此站点关联,然后单击"确定"按钮,如图 16-16 所示。

图 16-16　Jinan-Site 属性

任务 16-2　配置 AD DS 复制

1. 创建站点链接对象

STEP 1　在"Active Directory 站点和服务"窗口中展开 Inter-SiteTransports,然后单击选中 IP 选项。

STEP 2　在"详细信息"窗格中右击 DEFAULTIPSITELINK 项,然后在弹出的菜单中选择"重命名"命令。

STEP 3　在打开的对话框中输入 Beijing-Jinan-Site-Link,然后按 Enter 键。

STEP 4　右击 Beijing-Jinan-Site-Link 项,然后在弹出的菜单中选择"属性"命令。

STEP 5　在打开的对话框中的"常规"选项卡的"在此站点链接中的站点"列表中单击选中 Qingdao-Site 选项,然后单击"删除"按钮。单击选中 Hangzhou-Site 选项,然后单击"删除"按钮。

STEP 6　在"复制频率"微调框中输入 30,然后单击"确定"按钮,如图 16-17 所示。

STEP 7　右击 IP 项,然后在弹出的菜单中选择"新站点链接"命令。

STEP 8　在"新建对象-站点链接"对话框中的"名称"文本框内输入 Beijing-Qingdao-Site-Link。

STEP 9　在"不在此站点链接中的站点"列表框中单击选中 Beijing-Site 选项,然后单击"添加"按钮。单击 Qingdao-Site 选项,再单击"添加"按钮,然后单击"确定"按钮,如

16-2　配置 AD DS 复制

图 16-18 所示。

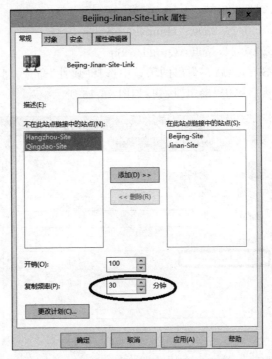

图 16-17　Beijing-Jinan-Site-Link 属性

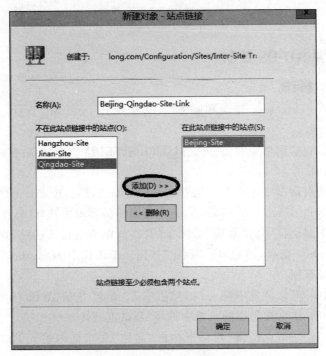

图 16-18　新建对象-站点链接

STEP 10 右击 Beijing-Qingdao-Site-Link 项,然后在弹出的菜单中选择"属性"命令。

STEP 11 在"复制频率"微调框中输入 30,再单击"确定"按钮。

STEP 12 创建另一个名为 Beijing-Hangzhou-Site-Link 的新站点链接。将 Beijing-Site 和 Hangzhou-Site 添加到站点链接,然后单击"确定"按钮。

STEP 13 右击 Beijing-Hangzhou-Site-Link 项,然后在弹出的菜单中选择"属性"命令。

STEP 14 在打开对话框的"常规"选项卡上,单击"更改计划"按钮。

STEP 15 在"Beijing-Hangzhou-Site-Link 的计划"对话框中,选择时间从 7:00 到 17:00, 星期一到星期五,选中"无法使用复制"单选按钮,然后在打开的对话框中依次单击"确定"按钮共两次返回"Active Directory 站点和服务"窗口,如图 16-19 所示。

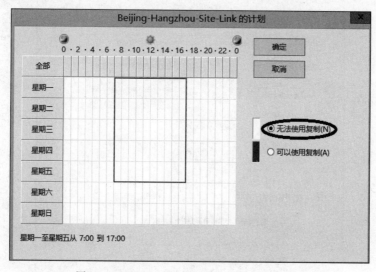

图 16-19　Beijing-Hangzhou-Site-Link 的计划

2. 配置站点链接桥接

STEP 1 在"Active Directory 站点和服务"窗口中右击 IP 项,然后在弹出的菜单中选择"属性"命令。

STEP 2 在"IP 属性"对话框中取消选中"为所有站点链接搭桥"复选框,然后确认,如图 16-20 所示。

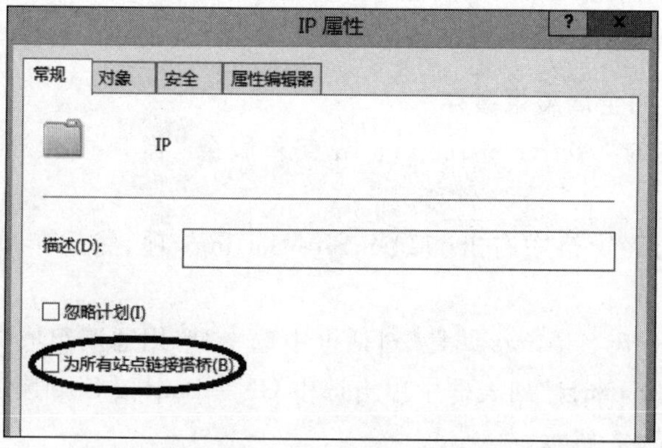

图 16-20　"IP 属性"对话框

STEP 3 右击 IP 项,然后在弹出的菜单中选择"新站点链接桥"命令。

STEP 4 在"新建对象-站点链接桥"对话框中的"名称"文本框内输入 Beijing-Jinan-Hangzhou-Site-Link-Bridge。

STEP 5 按住 Ctrl 键,然后在"不在此站点链接桥中的站点链接"列表框中分别单击选中 Beijing-Jinan-Site-Link 和 Beijing-Hangzhou-Site-Link 项,单击"添加"按钮,然后单击"确定"按钮,如图 16-21 所示。

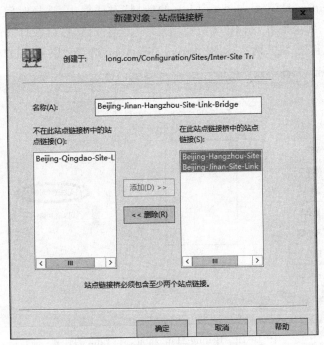

图 16-21　新建对象-站点链接桥

3. 将域控制器移入相应的站点

STEP 1 在 DC1 上的"Active Directory 站点和服务"窗口中,在 Beijing-Site 折叠项下单击选中 Servers。

STEP 2 在"详细信息"窗格中右击 DC2 项,然后在弹出的快捷菜单中选择"移动"命令。

STEP 3 在打开的"移动服务器"对话框中单击选中 Jinan-Site 选项,然后单击"确定"按钮。

STEP 4 再将 DC3(RODC)移至 Hangzhou-Site,如图 16-22 所示。

4. 配置杭州站点的全局编录缓存

STEP 1 在 DC1 上的"Active Directory 站点和服务"窗口中单击选中 Hangzhou-Site 选项。

STEP 2 在"详细信息"窗格中右击 NTDS Site Settings 项,然后在弹出的菜单中选择"属性"命令。

STEP 3 在"NTDS Site Settings 属性"对话框中选中"启用通用组成员身份缓存"复选框。

STEP 4 在"刷新缓存,来自"列表框中单击选中 CN＝Beijing-Site 选项,然后单击"确定"按钮,如图 16-23 所示。

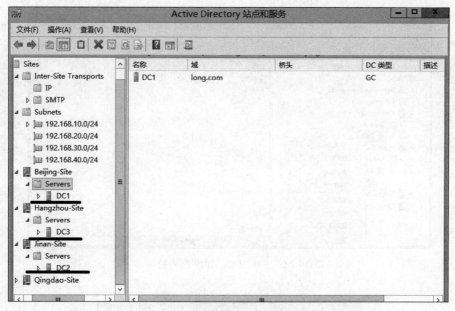

图 16-22　将域控制器移入相应的站点

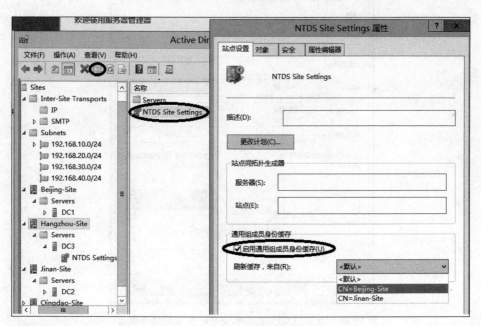

图 16-23　NTDS Site Settings 属性

5. 配置北京站点的桥头服务器

假设在北京站点将选择 DC1 作为其桥头服务器。

STEP 1　在站点 Beijing-Site 展开的折叠项中选择 DC1 项,并在 DC1 项上右击,在弹出的快捷菜单中选择"属性"命令,如图 16-24 所示。

STEP 2　在如图 16-25 所示的"DC1 属性"对话框中选中 IP 和 SMTP 选项,并添加到"此服务器是下列传输的首选桥头服务器"列表框中,完成 DC1 作为桥头服务器的设置。

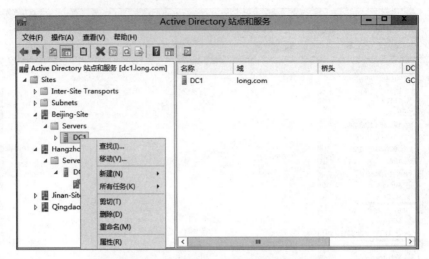

图 16-24　右击"DC1"弹出的快捷菜单

图 16-25　设置"DC1"为 Beijing-Site 站点的桥头服务器

STEP 3　其他站点的桥头服务器设置可通过相同操作来完成。

任务 16-3　监视 AD DS 复制

1. 验证复制拓扑已更新

STEP 1　在 DC1 上的"Active Directory 站点和服务"窗口中,如果需要,可以依次展开 Beijing-Site→Servers→DC1 折叠项。

STEP 2　右击 NTDS Settings 项,在弹出的菜单中选择"所有任务"→"检查复制拓扑"命令。

STEP 3 在"检查复制拓扑"对话框中单击"确定"按钮,如图 16-26 所示。

16-3 监视
AD DS 复制

图 16-26　检查复制拓扑

STEP 4 访问 Hangzhou-Site 中 DC3 的 NTDS Settings,并强制其检查复制拓扑,这需要一些时间才能完成,单击"确定"按钮。

STEP 5 单击选中 Beijing-Site 项,然后在"详细信息"窗格中右击 NTDS Site Settings 项,然后在弹出的菜单中选择"属性"命令。

STEP 6 验证 DC1 已配置为站点间拓扑生成器,单击"确定"按钮,如图 16-27 所示。

图 16-27　验证 DC1 已配置为站点间拓扑生成器

STEP 7 双击 Hangzhou-Site 的 NTDS Site Settings,然后验证 DC3 未作为站点间拓扑生成器(ISTG)列出。由于 DC3 是 RODC,因此它不可作为桥头服务器或 ISTG 工作。单击"确定"按钮,如图 16-28 所示。

图 16-28   验证 DC3 未配置为站点间拓扑生成器

2. 验证复制正在站点间正常进行

STEP 1   在 DC1 上的"Active Directory 站点和服务"窗口中依次展开 Beijing-Site→Servers→DC1 折叠项，然后单击选中 NTDS Settings 选项。

STEP 2   在"详细信息"窗格中验证在 DC1 和 DC2 之间已经创建了连接对象。

STEP 3   右击该连接对象，然后在弹出的菜单中选择"立即复制"命令，如图 16-29 所示。

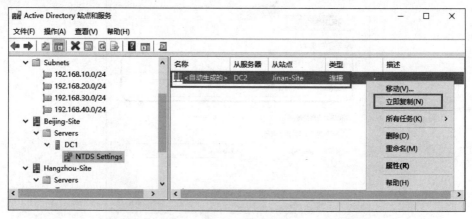

图 16-29   在 DC1 和 DC2 之间已经创建了连接对象

STEP 4   阅读立即复制信息，然后单击"确定"按钮，如图 16-30 所示。

STEP 5   在 DC2 上打开"Active Directory 站点和服务"窗口，依次展开 Sites→Jinan-Site→Servers→DC2 折叠项，然后单击选中 NTDS Settings 选项。

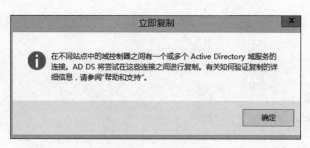

图 16-30　立即复制信息

STEP 6 右击 DC2 上配置的 DC2 和 DC1 之间的连接对象,然后在弹出的菜单中选择"立即复制"命令。

①此处可能会提示服务器拒绝复制的错误,如果发生这个错误,那么应在 DC2 上运行以下两条命令。

```
Repadmin /options DC2 - DISABLE_INBOUND_REPL
Repadmin /options DC2 - DISABLE_OUTBOUND_REPL
```

② 之后再次在 DC1 上打开"Active Directory 站点和服务"窗口。依次展开 Sites→Jinan-Site→Servers→DC2 折叠项,然后单击选中 NTDS Settings 选项。右击 DC2 上配置的 DC2 和 DC1 之间的连接对象,然后在弹出的菜单中选择"立即复制"命令。

STEP 7 在 DC1 上打开"Active Directory 用户和计算机"窗口,然后展开 long.com 折叠项。

STEP 8 右击 Users 容器,在弹出的快捷菜单中选择"新建"→"用户"命令,创建一个名字和登录名都为 TestUser 的新用户,并且密码为 Pa$ $ w0rd。

STEP 9 在"Active Directory 站点和服务"窗口中单击选中 Hangzhou-Site 选项,展开 DC3 折叠项,然后单击选中 NTDS Settings 选项。右击 DC1 和 DC3 之间的连接对象,然后在弹出的菜单中选择"立即复制"命令,单击"确定"按钮,关闭"立即复制"对话框。

如果在该连接对象上强制复制时收到错误消息,那么在 DC3 下右击 NTDS Settings,在弹出的快捷菜单中选择"所有任务"→"检查复制拓扑"命令。展开 DC1,右击 NTDS Settings,在弹出的快捷菜单中选择"所有任务"→"检查复制拓扑"命令,等待 1 分钟,然后重试 STEP 9。

STEP 10 在"Active Directory 用户和计算机"窗口中右击 long.com,然后在弹出的菜单中选择"更改域控制器"命令。

STEP 11 在"更改目录服务器"对话框中单击选中 DC3.long.com 选项,如图 16-31 所示,然后单击"确定"按钮。

STEP 12 在"Active Directory 域服务消息"对话框中单击"确定"按钮。

图 16-31　更改域控制器

STEP 13　展开 long.com 折叠项,然后单击选中 Users 选项。验证 testuser 帐户已复制到 DC3,如图 16-32 所示。

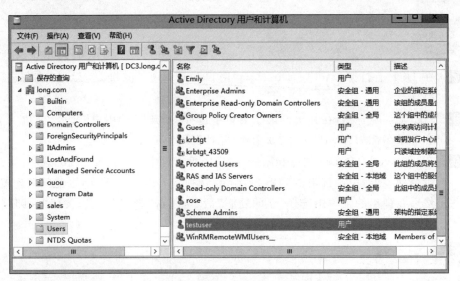

图 16-32　testuser 帐户已复制到 DC3

STEP 14　关闭"Active Directory 用户和计算机"窗口。

3. 使用 DCDiag 验证复制拓扑

STEP 1　在 DC1 上,打开命令提示符。

STEP 2　在命令提示符窗口中输入 dcdiag /test：replications,然后按 Enter 键。

STEP 3　验证 DC1 已通过连接测试,如图 16-33 所示。

图 16-33　使用 DCDiag 验证复制拓扑

4. 使用 Repadmin 验证复制成功

STEP 1　在 DC1 上的命令提示符窗口中输入 repadmin /showrepl,然后按 Enter 键。验证
在上次复制更新期间与 DC2 之间的复制已经成功,如图 16-34 所示。

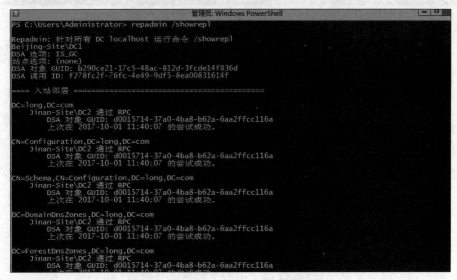

图 16-34　DC1 与 DC2 之间复制成功

STEP 2　在命令提示符窗口中输入 repadmin /showrepl DC3.long.com,然后按 Enter 键。
验证在上次复制更新期间所有目录分区都更新成功。

STEP 3　在命令提示符窗口中输入 repadmin /bridgeheads,然后按 Enter 键。验证 DC1 和
DC2 已作为其各自站点的桥头服务器列出,如图 16-35 所示。

STEP 4　在命令提示符窗口中输入 repadmin /replsummary,然后按 Enter 键。

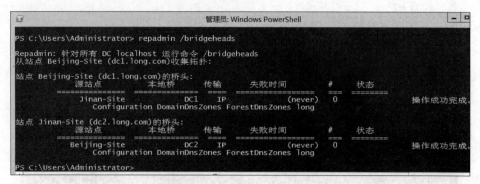

图 16-35　DC1 和 DC2 已作为其各自站点的桥头服务器列出

STEP 5　查看复制摘要，如图 16-36 所示。然后关闭命令提示符窗口，关闭所有虚拟机。

图 16-36　查看复制摘要

16.4　习题

1. 填空题

（1）站点（site）由_____所组成。

（2）一般来说，将一个 LAN 规划为_____；而将 WAN 中的各个 LAN 分别规划为_____。

（3）AD DS 内大部分数据是利用_____来实现数据复制的。

（4）AD DS 数据库被逻辑地分为下面几个目录分区：_____、_____、_____和_____。

（5）域控制器之间复制 AD DS 数据使用的复制协议有两种：_____和_____。

（6）默认情况下，所有 AD DS 站点链接都是_____，或者说是_____。

2. 选择题

（1）公司有一个分部，该分部配置为单独的 Active Directory 站点，并且有一个 Active Directory 域控制器。该 Active Directory 站点需要本地全局编录服务器来支持某个新的应用程序。你需要将该域控制器配置为全局编录服务器。

应该使用哪个工具？（　　　）

    A. Dcpromo.exe 实用工具。

    B. "服务器管理器"控制台。

    C. "计算机管理"控制台。

    D. "Active Directory 站点和服务"控制台。

    E. "Active Directory 域和信任"控制台。

（2）公司有一个总部和三个分部。每一个总部和分部都配置为一个单独的 Active Directory 站点，且每个站点都有各自的域控制器。你禁用了某个拥有管理权限的帐户。你需要将被禁用帐户的信息立即复制到所有站点。

可实现此目标的两种可行的方式是什么？（每个正确答案表示一个完整的解决方法。请选择两个正确答案）（　　）

    A. 使用 Dsmod.exe 将所有域控制器配置为全局编录服务器。

    B. 使用 Repadmin.exe 在站点连接对象之间强制进行复制。

    C. 从"Active Directory 站点和服务"控制台中，选择现有的连接对象，并强制复制。

    D. 从"Active Directory 站点和服务"控制台中，将所有域控制器配置为全局编录服务器。

（3）公司有一个 Active Directory 域。公司有两台域控制器，分别命名为 DC1 和 DC2。DC1 承载着架构主机角色。DC1 出现故障。你使用管理员帐户登录到 Active Directory。你无法传送"架构主机"操作角色。你需要确保 DC2 承载"架构主机"角色。

你该怎么做？（　　）

    A. 注册 Schmmgmt.dll。启动"Active Directory 架构"管理单元。

    B. 将 DC2 配置为桥头服务器。

    C. 在 DC2 上，获取架构主机角色。

    D. 先注销，然后用隶属 Schema Administrators 组的帐户再次登录到 Active Directory。启动"Active Directory 架构"管理单元。

（4）你有一个名为 Site1 的现有 Active Directory 站点。你创建了一个新的 Active Directory 站点，并将其命名为 Site2。你需要配置 Site1 和 Site2 之间的 Active Directory 复制。你安装了一台新的域控制器。然后创建 Site1 和 Site2 之间的站点链接。

接下来该做什么？（　　）

    A. 使用"Active Directory 站点和服务"控制台配置新的站点链接桥对象。

    B. 使用"Active Directory 站点和服务"控制台降低 Site1 和 Site2 之间的站点链接开销。

    C. 使用"Active Directory 站点和服务"控制台为 Site2 分配一个新的 IP 子网。将新的域控制器对象移至 Site2。

    D. 使用"Active Directory 站点和服务"控制台将新的域控制器配置为 Site1 的首选桥头服务器。

3. 简答题

（1）如果站点中的单个域控制器出现故障，那么这会对 AD DS 管理员和用户有什么影响？

（2）如果同一个站点的同一个域内有 3 个域控制器，并且你在其中一个域控制器上创建了一个新用户,那么新用户在其他域控制器上出现需要多长时间?

(3) 在什么情况下,压缩复制流量会有益处?

(4) 默认情况下,AD DS 中创建了哪些应用程序分区?

(5) 公司在一个站点的同一个域里有 3 个域控制器,另有 5 个域控制器属于同站点的另一个域。其中 4 个域控制器(每个站点各两个)配置为全局编录服务器。在该场景下,可以创建的连接对象最少数量是多少?

(6) 创建多个站点有何利弊?

(7) 如果将域控制器从一个站点移到另一个站点,那么复制拓扑会发生什么情况?

(8) 你使用"Active Directory 站点和服务"将域控制器移到新站点。6 小时后,你确定该域控制器与任何其他域控制器之间未发生复制。你应进行哪些检查?

(9) 公司有两个站点和一个域。是否可以使用 SMTP 作为两个站点间的复制协议?

(10) 你在同一个域中部署了 9 个域控制器。其中的 5 个位于一个站点,另外 4 个位于另一个站点。你没有修改站点内和站点间复制的默认复制频率。你在一个域控制器上创建一个用户帐户。该用户帐户复制到所有域控制器最多需要多少时间?

(11) 你将一个新域控制器添加到林中的现有域。添加后,哪些 AD DS 分区将被修改?

(12) 公司有一个域,域中有 3 个站点:一个总部站点和两个分部站点。分部站点中的域控制器可与总部的域控制器通信,但是由于防火墙限制,不能与另一个分部的域控制器直接通信。如何在 AD DS 中配置站点链接体系结构以集成防火墙,并确保 KCC 不会在分部站点之间自动创建连接?

(13) 公司有一个总部和 20 个分部。总部和每一个分部都配置为一个单独站点。总部部署了 3 台域控制器,其中一台域控制器的处理器比其他两台更快,内存也更大。你需要确保 AD DS 复制工作负荷分配到性能更强大的计算机上。你该怎么做?

16.4　实训项目　配置 AD DS 站点与复制

1. 实训目的
- 掌握 AD DS 站点与子网的配置。
- 掌握配置 AD DS 复制。
- 掌握监视 AD DS 复制。

2. 项目环境
请参照图 16-6。

3. 项目要求
- 配置 AD DS 站点与子网。
- 配置 AD DS 复制。
- 监视 AD DS 复制。

4. 实训指导
请参照本章 16.3 节完成项目的实训,检查学习效果。

第 17 章
管理操作主机

项目背景

　　在 AD DS 内有一些数据的维护与管理是由操作主机(operations master)来负责的,系统管理员必须了解相关知识,才能够充分控制与维持域的正常运行。

项目目标

- 操作主机知识
- 操作主机的放置优化
- 找出扮演操作主机角色的域控制器
- 转移操作主机角色
- 夺取操作主机角色

17.1　相关知识

　　AD DS 数据库内绝大部分数据的复制是采用多主机复制模式(multi-master replication model),也就是可以直接更新任何一台域控制器内绝大部分的 AD DS 对象,之后这个对象会被自动复制到其他域控制器。

　　然而只有少部分数据的复制是采用单主机复制模式(single-master replication model)。在此模式下,当提出更改对象的请求时,只会由其中一台被称为操作主机的域控制器负责接收与处理此请求,也就是说该对象先被更新在这台操作主机内,再由它将其复制到其他域控制器。

　　Active Directory 域服务(AD DS)内总共有 5 个操作主机角色。

- 架构操作主机(schema operations master);
- 域命名操作主机(domain naming operations master);
- RID 操作主机(relative identifier operations master);
- PDC 模拟器操作主机(PDC emulator operations master);
- 基础结构操作主机(infrastructure operations master)。

　　一个林中只有一台架构操作主机与一台域命名操作主机,这两个林级别的角色默认都由林根域内的第一台域控制器所扮演。而每一个域拥有自己的 RID 操作主机、PDC 模拟器操作主机与基础结构操作主机,这 3 个域级别的角色默认由该域内的第 1 台域控制器所扮演。

 ①操作主机角色(operations master roles)也被称为 flexible single master operations(FSMO)roles。②只读域控制器(RODC)无法扮演操作主机的角色。

1. 架构操作主机

扮演架构操作主机角色的域控制器,负责更新与修改架构(schema)内的对象种类与属性数据。隶属 Schema Admins 组内的用户才有权利修改架构。一个林中只能有一台架构操作主机。

2. 域命名操作主机

扮演域命名操作主机角色的域控制器,负责林内域目录分区的新建与删除,即负责林内的域添加与删除工作。它也负责应用程序目录分区的新建与删除。一个林中只能有一台域命名操作主机。

3. RID 操作主机

每一个域内只能有一台域控制器来扮演 RID 操作主机角色,而其主要的工作是发放 RID(relative ID)给其域内的所有域控制器。RID 有什么用途呢?当域控制器内新建了一个用户、组或计算机等对象时,域控制器需指派一个唯一的安全标识符(SID)给这个对象,此对象的 SID 是由域 SID 与 RID 所组成的,即"对象 SID=域 SID+RID"。而 RID 并不是由每台域控制器自己产生的,它是由 RID 操作主机来统一发放给其域内的所有域控制器。每台域控制器需要 RID 时,它会向 RID 操作主机索取一些 RID,RID 用完后再向 RID 操作主机索取。

由于是由 RID 操作主机来统一发放 RID,因此不会有 RID 重复的情况发生,也就是说每一台域控制器所获得的 RID 都是唯一的,因此对象的 SID 也是唯一的。如果是由每一台域控制器各自产生 RID,则可能不同的域控制器会产生相同的 RID,因而会有对象 SID 重复的情况发生。

4. PDC 模拟器操作主机

每一个域内只可以有一台域控制器来扮演 PDC 模拟器操作主机角色,而它所负责的工作包括支持旧客户端计算机,减少因为密码复制延迟所造成的问题和负责整个域时间的同步。

1)支持旧客户端计算机

用户在域内的旧客户端计算机(例如 Windows NT Server 4.0)上修改密码时,这个密码数据会被更新在 PDC(primary domain controller)上,而 AD DS 通过 PDC 模拟器操作主机来扮演 PDC 的角色。

另外,若域内有 Windows NT Server 4.0 BDC(backup domain controller),它会要求从 Windows NT Server 4.0 PDC 来复制用户帐户与密码等数据,而 AD DS 通过 PDC 模拟器操作主机来扮演 PDC 的角色。

2）减少因为密码复制延迟所造成的问题

当用户的密码变更后，需要一段时间这个密码才会被复制到其他所有的域控制器，若在这个密码还没有被复制到其他所有域控制器之前，用户利用新密码登录，则可能会因为负责检查用户密码的域控制器内还没有用户的新密码数据，而无法登录成功。

AD DS 采用下面方法来减少这个问题发生的概率：当用户的密码变更后，这个密码会优先被复制到 PDC 模拟器操作主机，而其他域控制器仍然依照标准复制程序，也就是需要等一段时间后才会收到这个最新的密码。如果用户登录时，负责验证用户身份的域控制器发现密码不对，它会将验证身份的工作转发给拥有新密码的 PDC 模拟器操作主机，以便让用户可以登录成功。

3）负责整个域时间的同步

域用户登录时，若其计算机时间与域控制器不一致，将无法登录，而 PDC 模拟器操作主机就负责整个域内所有计算机时间的同步工作。

- 结合前面的林结构，林根域 long.com 的 PDC 模拟器操作主机 DC1 默认使用本地计算机时间，也可以将其设置为与外部的时间服务器同步。
- 所有其他域的 PDC 模拟器操作主机的计算机时间会自动与林根域 long.com 内的 PDC 模拟器操作主机同步。
- 各域内的其他域控制器都会自动与该域的 PDC 模拟器操作主机时间同步。
- 域内的成员计算机会与验证其身份的域控制器同步。

由于林根域 long.com 内的 PDC 模拟器操作主机的计算机时间会影响到林内所有计算机的时间，因此应确保此台 PDC 模拟器操作主机时间的正确性。

我们可以利用 w32tm /query /configuration 命令来查看时间同步的设置，例如林根域 long.com 的 PDC 模拟器操作机 DC1 默认使用本地计算机时间，如图 17-1 所示是本地 CMOSClock（主板上的 CMOS 定时器）。

图 17-1　本地 CMOSClock（主板上的 CMOS 定时器）

若要将其改为与外部时间服务器同步，可执行下面命令（见图 17-2），重启计算机后生效。

```
w32tm /config /manualpeerlist:"time.windows.com time.nist.gov time- nw.nist.
gov" /syncfromflags:manual /reliable:yes /update
```

```
PS C:\Users\Administrator> w32tm /config /manualpeerlist:"time.windows.com time.nist.gov time-nw.nist.gov" /syncfromflag
s:manual /reliable:yes /update
成功地执行了命令。
PS C:\Users\Administrator> w32tm /query /source
time.nist.gov
PS C:\Users\Administrator>
```

图 17-2　改为与外部时间服务器同步

此命令被设置成可与 3 台时间服务器（time.windows.com、time.nist.gov 与 time-nw.

nist.gov)同步,服务器的 DNS 主机名之间使用空格来隔开,同时利用""符号将这些服务器括起来。

思考：其他计算机如果要和 DC1.long.com 域控制器时间同步,该如何做？

w32tm /config /manualpeerlist："DC1.long.com" /syncfromflags：manual /reliable：yes /update

客户端计算机也可以通过 w32tm /query /configuration 命令来查看时间同步的设置,而我们可以从此命令的执行结果界面(见图 17-3)的 Type 字段来判断此客户端计算机时间的同步方式,未加入域的客户端计算机可能需要先启动 Windows Time 服务,再来执行上述程序,而且必须以系统管理员的身份来运行此程序。

图 17-3　客户端计算机时间的同步方式

- NoSync：表示客户端不会同步时间。
- NTP：表示客户端会从外部的时间服务器来同步,而所同步的服务器会显示在图中的 NtpServer 字段中,例如图中的 time.windows.com。
- NT5DS：表示客户端是通过如图 17-1 所示的域架构方式来同步时间的。
- AIISync：表示客户端会选择所有可用的同步机制,包含外部时间服务器与域架构方式。

5. 基础结构操作主机

每一个域内只能有一台域控制器来扮演基础结构操作主机的角色。如果域内有对象引用到其他域的对象时,基础结构操作主机会负责更新这些引用对象的数据,例如本域内有一个组的成员包含另外一个域的用户帐户,当这个用户帐户有变动时,基础结构操作主机便会负责来更新这个组的成员信息,并将其复制到同一个域内的其他域控制器。

基础结构操作主机通过全局编录服务器来得到这些引用数据的最新版本,因为全局编录服务器会收到由每一个域所复制来的最新变动数据。

6. 操作主机的放置建议

默认情况：架构主机和域命名主机在根域的第一台 DC 上,其他 3 个主机(RID 主机、PDC 模拟主机、基础结构主机)角色在各自域的第一台 DC 上。

需要关注的两个问题。

① 基础结构主控和 GC 的冲突。

基础结构主控应该关闭 GC 功能,避免冲突(域控制器非唯一)。

② 域运行的性能考虑。

如果存在大量的域用户和客户机,并且部署了多台额外域控制器,那么可以考虑将域的角色转移一些到其他的额外域控制器上以分担部分工作。

17.2 项目设计及准备

1. 项目设计

未名公司基于 AD 管理用户和计算机,为提高客户登录和访问域控制器效率,公司安装了多台额外域控制器,并启用全局编录。

在 AD 运营一段时间后,随着公司用户和计算机数量的增加,公司发现用户 AD 主域控制器 CPU 经常处于繁忙状态,而额外域控制则只有 5％不到。公司希望额外域控制能适当分担主域控制器的负载。

若由于发生意外突然导致主域控制器崩溃,并无法修复,公司希望能通过额外域控制修复域功能,保证公司的生产环境能够正常运行。公司拓扑如图 17-4 所示。

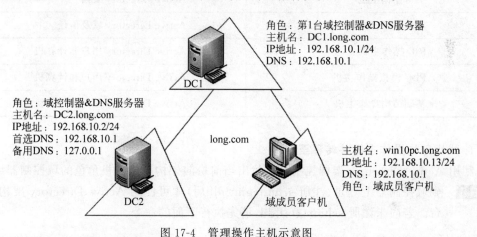

图 17-4 管理操作主机示意图

2. 项目分析

- AD 额外域控制启用全局编录后,用户可以选择最近的 GC 查询相关对象信息,并且它还可以让域用户和计算机找到最近的域控制器并完成用户的身份验证等工作,这可以减轻主域控制器的工作负载量。
- AD 域控制器存在 5 种角色,如果没有将角色转移到其他域控制器上,则主域控制器会非常繁忙,所以通常将这 5 种角色"转移"一部分到其他额外域控制器上,这样各域控制器的 CPU 负担就相对均等,起到负载均衡作用。
- 额外域控制器和主域控制器数据完全一致,具有 AD 备份作用,如果主域控制器崩溃,可以将主域控制器的角色"强占"到额外域控制器,让额外域控制器自动成为主域控制器。
- 如果后期主域控制器修复,那么可以再将角色"转移"回原主域控制器上。

根据本项目背景,我们将从以下 3 个操作来知道域管理员完成角色管理的相关工作。

(1)在域控制器都正常运行的情况下,使用图形界面将主域控制器(DC1)的角色转移至额外域控制器(DC2)。

(2)在域控制器都正常运行的情况下,使用 ntdsutil 命令将额外域控制器(DC2)的角色转移至主域控制器(DC1)。

（3）关闭主域控制器(模拟主域控制器故障)，使用 ntdsutil 命令将主域控制器(DC1)的角色强占至额外域控制器(DC2)。

17.3 项目实施

任务 17-1 使用图形界面转移操作主机角色

不同的操作主机角色可以利用不同的 Active Directory 管理控制台来检查，见表 17-1。

17-1 使用图形界面转移操作主机角色

表 17-1 主机角色及对应的控制台

角　色	管理控制台
架构操作主机	Active Directory 架构
域命名操作主机	Active Directory 域及信任
RID 操作主机	Active Directory 用户和计算机
PDC 模拟操作主机	Active Directory 用户和计算机
基础结构操作主机	Active Directory 用户和计算机

1. 找出架构操作主机并转移至 DC2

利用 Active Directory 架构控制台来找出当前扮演架构操作主机角色的域控制器。

STEP 1　到域控制器上登录、注册 schmmgmt.dll 后，才可使用 Active Directory 架构控制台。若尚未注册 schmmgmt.dll，请先执行下面的命令。

```
regsvr32 schmmgmt.dll
```

在出现注册成功界面后，再继续下面的步骤。

STEP 2　在"运行"对话框中输入 MMC 后单击"确定"按钮。选择"文件"→"添加/删除管理单元"命令，打开"添加或删除管理单元"对话框，如图 17-5 所示选择"Active Directory 架构"项，单击"添加"按钮，再单击"确定"按钮。

STEP 3　如图 17-6 所示，选中并在"Active Directory 架构"项上右击，在弹出的快捷菜单中选择"操作主机"命令。

STEP 4　如图 17-7 所示可知当前架构操作主机为 DC1.long.com。

STEP 5　在如图 17-6 所示的 Active Directory 架构控制台中选中并在"Active Directory 架构"项上右击，在弹出的快捷菜单中选择"更改 Active Directory 域控制器"命令。修改当前目录服务器为 DC2.long.com，单击"确定"按钮，如图 17-8 所示。

STEP 6　回到 Active Directory 架构控制台中，选中并在"Active Directory 架构"项上右击，在弹出的快捷菜单中选择"操作主机"命令，如图 17-9 所示，在打开的对话框中单击"更改"按钮，修改架构操作主机为 DC2.long.com。更改完成后关闭对话框。

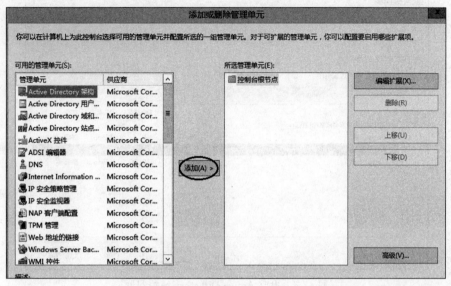

图 17-5　添加或删除管理单元-Active Directory 架构

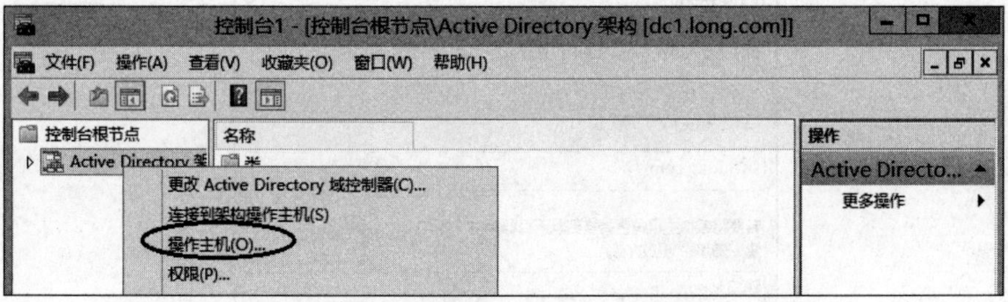

图 17-6　Active Directory 架构控制台

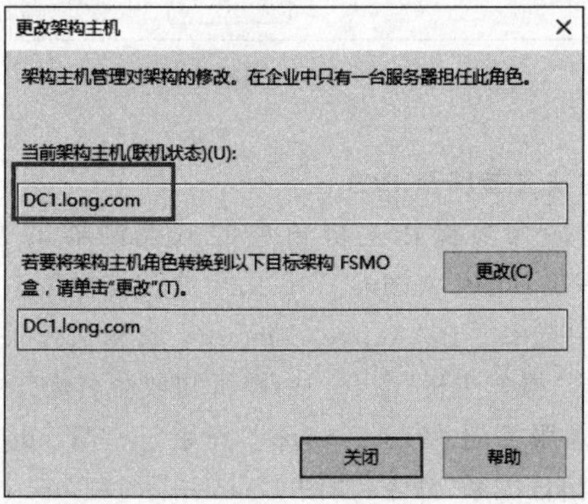

图 17-7　架构操作主机为 DC1.long.com

图 17-8　更改 Active Directory 域控制器

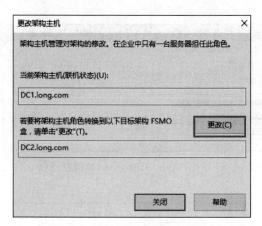

图 17-9　更改架构主机

2. 找出域命名操作主机并转移至 DC2

STEP 1　找出当前扮演域命名操作主机角色的域控制器的方法为：选择"开始"→"Windows 管理工具"→"Active Directory 域和信任关系"命令，如图 17-10 所示，在打开的窗口中选中并在"Active Directory 域和信任关系"项上右击，在弹出的快捷菜单中选择"操作主机"命令。由图可知域命名操作主机为 DC1.long.com。

STEP 2　更改当前的目录服务器为 DC2：选择"开始"→"Windows 管理工具"→"Active Directory 域和信任关系"命令，如图 17-11 所示，在"Active Directory 域和信任关系"窗口中选中并在"Active Directory 域和信任关系"项上右击，在弹出的快捷菜单中，选择"更改 Active Directory 域控制器"命令，更改完成回到 Active Directory 域和信任关系控制台。

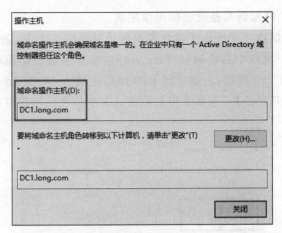

图 17-10　域命名操作主机为 DC1.long.com

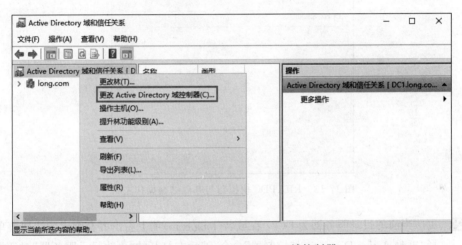

图 17-11　更改 Active Directory 域控制器

STEP 3 如图 17-11 所示选择"操作主机"命令,打开的对话框如图 17-12 所示,单击"更改"按钮,修改域命名操作主机为 DC2.long.com。更改完成后关闭对话框。

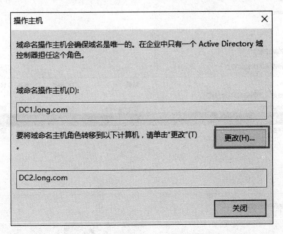

图 17-12　更改域命名操作主机

3. 找出 RID、PDC 模拟器与基础结构操作主机

STEP 1　找出当前扮演这 3 个操作主机角色的域控制器的方法为：在"Active Directory 用户和计算机"窗口中右击域名（long.com），在弹出的快捷菜单中选择"操作主机"命令，如图 17-13 所示，由图可知 RID 操作主机为 DC1.long.com。还可以从图中的 PDC 与"基础结构"选项卡得知扮演这 3 个角色的域控制器。

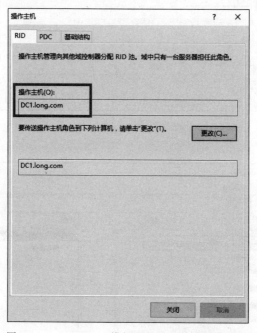

图 17-13　RID、PDC 模拟器与基础结构操作主机

STEP 2　更改当前的目录服务器为 DC2：在域名（long.com）项上右击并在弹出的快捷菜单中选择"更改 Active Directory 域控制器"命令，然后在打开的"更改目录服务器"对话框中更改域控制器，操作完成回到 Active Directory 用户和计算机控制台，如图 17-14 所示。

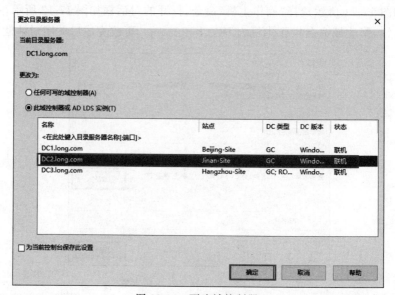

图 17-14　更改域控制器

STEP 3　选中并在"Active Directory 用户和计算机"项上右击,在弹出的快捷菜单中选择"操作主机"命令,如图 17-15 所示,单击"更改"按钮,修改 RID 操作主机为 DC2.long.com。更改完成后关闭对话框。

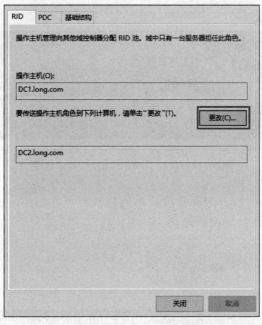

图 17-15　更改 RID 操作主机

STEP 4　如图 17-15 所示,分别单击选中"PDC"和"基础结构"选项卡,用同样的方式可以更改 PDC 模拟操作主机和基础结构主机为 DC2.long.com,如图 17-16 所示。

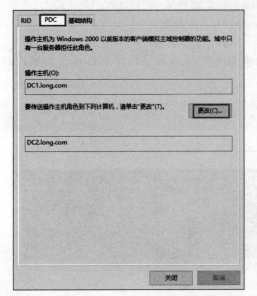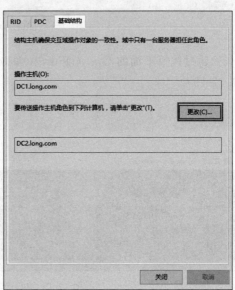

图 17-16　更改 PDC 模拟操作主机和基础结构主机

4. 利用命令找出扮演操作主机的域控制器

（1）可以打开命令提示符或 Windows PowerShell 窗口，然后通过执行 netdom query fsmo 命令来查看扮演操作主机角色的域控制器，如图 17-17 所示。

图 17-17　执行 netdom query fsmo 命令

（2）可以在 Windows PowerShell 窗口内通过执行下面的 Get-ADDomain 命令来查看扮演域级别操作主机角色的域控制器（见图 17-18）。

```
Get-ADDomain  long.com  | FT  PDCEmulator,RIDMaster,InfrastructureMaster
```

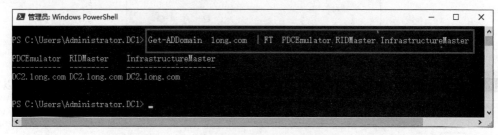

图 17-18　执行 Get-ADDomain 命令

（3）通过执行下面的 Get-ADForest 命令来查看扮演林级别操作主机角色的域控制器（见图 17-19）。

```
Get-ADForest  long.com  | FT  SchemaMaster,DomainNamingMaster
```

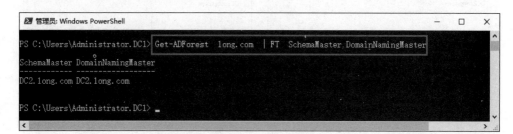

图 17-19　执行 Get-ADForest 命令

任务 17-2　使用 ntdsutil 命令转移操作主机角色

STEP 1 打开 Windows PowerShell 并输入 ntdsutil 命令,不清楚的参数可以通过输入? 命令来了解帮助信息,如图 17-20 所示。

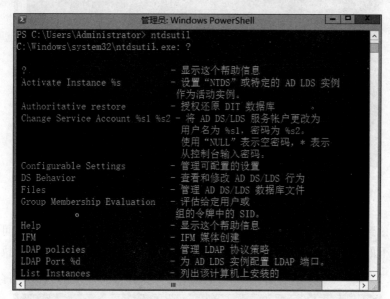

17-2 使用 ntdsutil 命令 转移操作主机角色

图 17-20　ntdsutil 命令

STEP 2 roles 命令可以管理 NTDS 角色所有者令牌,输入 roles 命令进入 Roles 状态。先使用 connections 命令连接到操作主机转移的目标域控制器,这里要将额外域控制器(DC2)的角色转移至主域控制器(DC1),所以应该输入 connect to server dc1. long.com 命令,如图 17-21 和图 17-22 所示。

图 17-21　进入 Roles 状态

图 17-22　连接目标域控制器

STEP 3　连接到 DC1.long.com 后，使用 quit 命令返回上级菜单，使用？命令可列出当前状态下的所有可执行指令，会发现转移 5 个操作主机角色只需要简单执行 5 条命令即可，如图 17-23 所示。

图 17-23　转移操作主机命令

STEP 4　在 Windows PowerShell 里选中内容就是"复制"操作，右击就是"粘贴"操作，这里将 5 个角色都转移至 DC1.long.com，转换过程需进行确认，确认后进行传送即可，如图 17-24 所示。

　　5 种角色的转移命令包括 transfer infrastructure master；transfer naming master；transfer PDC；transfer RID master；transfer schema master 等。

图 17-24　转移操作主机

STEP 5　转移完成后,输入两次 quit 命令,然后使用 netdom query fsmo 命令查看操作主
机的信息,如图 17-25 所示。

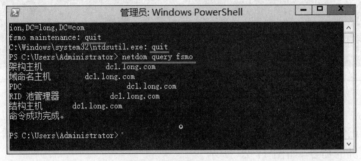

图 17-25　查看操作主机

任务 17-3　使用 ntdsutil 命令强占操作主机角色

STEP 1　将主域控制器(DC1)的网卡禁用,模拟主域控制器会出现故障,在额外域控制器
(DC2)上测试能否 ping 通 DC1,如图 17-26 所示。

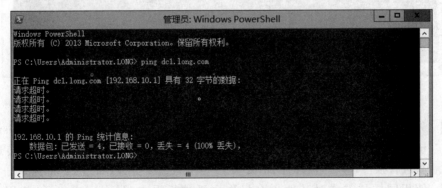

图 17-26　测试能否 ping 通 DC1

17-3 使 用
ntdsutil 命令
强占操作主
机角色

STEP 2 在额外域控制器(DC2)上打开 Windows PowerShell 并输入 ntdsutil 命令,再输入 roles 命令进入 Roles 状态,这里连接额外域控制器(DC1),所以应该输入 connect to server dc2.long.com,如图 17-27 所示。

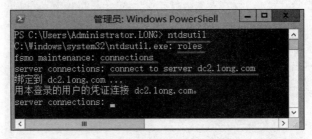

图 17-27 连接额外域控制器

STEP 3 现在使用安全的转移方法来传送时会报错,因为已经无法和 DC1.long.com 通信了,也就不能在安全情况下进行转移了,如图 17-28 所示。

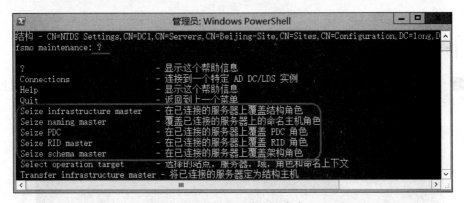

图 17-28 安全转移操作主机失败

STEP 4 不能正常转移操作主机,那只能强占操作主机,输入?命令可以看到 5 条强占操作主机的命令,如图 17-29 所示。

图 17-29 强占操作主机命令

STEP 5 先进行架构主机的占用,在 Windows PowerShell 里输入 seize infrastructure master,然后确认强占即可,强占之前会尝试进行安全传送。如果安全传送失败,就进行强占,整个过程时间稍微长了一些,大概 2 分钟,如图 17-30 所示。

STEP 6 使用同样的方式对其他 4 台操作主机进行强占,强占完成之后,使用 netdom query fsmo 命令查看操作主机的信息,如图 17-31 所示。

图 17-30　强占操作主机

图 17-31　查看操作主机

17.4　习题

1. 填空题

（1）AD DS 数据库内绝大部分数据的复制是采用_____，只有少部分数据的复制是采用_____。

（2）Active Directory 域服务（AD DS）内总共有 5 个操作主机角色：_____、_____、_____、_____、_____。

（3）一个林中只有一台_____与一台_____，这两个林级别的角色默认都由_____所扮演。而每一个域拥有自己的_____、_____与_____，这 3 个域级别的角色默认由_____所扮演。

（4）注册 schmmgmt.dll，要执行命令：_____。

（5）使用_____命令转移操作主机角色。roles 命令可以_____，使用_____命令来连接到操作主机转移的目标域控制器，要将额外域控制（DC2）的角色转移至主域控制器（DC1），应该输入_____。5 种角色的转移命令如下：_____、_____、_____、_____、_____。

（6）使用＿＿＿＿＿＿＿命令可以查看操作主机的信息。

（7）架构主机的占用,需要在 Windows PowerShell 里输入＿＿＿＿＿＿＿命令。

2. 简答题

（1）AD 中有多少种操作主机角色？它们的功能和作用分别是什么？

（2）为什么基础结构主机不能启用 GC 功能？

（3）操作主机的放置如何优化？

17.5　实训项目　管理操作主机

1. 实训目的
- 找出扮演操作主机角色的域控制器
- 转移操作主机角色
- 夺取操作主机角色

2. 项目环境

请参照图 17-4。

3. 项目要求
- 使用图形界面转移操作主机角色。
- 使用 ntdsutil 命令转移操作主机角色。
- 使用 ntdsutil 命令强占操作主机角色。

4. 实训指导

请参照"17.3　项目实施"完成项目的实训,检查学习效果。

第 18 章
维护 AD DS

项目背景

　　为了维持域环境的正常运行,因此应该定期备份 AD DS(Active Directory 域服务)的相关数据。同时为了保持 AD DS 的运行效率,因此也应该充分了解 AD DS 数据库。

项目目标

- 系统状态概述
- 备份 AD DS
- 还原 AD DS
- 移动 AD DS 数据库
- 重组 AD DS 数据
- 重设"目录服务还原模式"的系统管理员密码

18.1　相关知识

1. 系统状态概述

Windows Server 2016 服务器的系统状态(system state)内所包含的数据,因服务器所安装的角色种类的不同而有所不同,例如其中可能包含下面的数据:

- 注册值。
- COM＋类别注册数据库(class registration database)。
- 启动文件(Boot Files)。
- Active Directory 证书服务(AD CS)数据库。
- AD DS 数据库(Ntds.dit)。
- SYSVOL 文件夹。
- 群集服务信息。
- Microsoft Internet information services(IIS)Metadirectory。
- 受 Windows resource protection 保护的系统文件。

2. AD DS 数据库

AD DS 内的组件主要有 AD DS 数据库文件与 SYSVOL 文件夹,其中 AD DS 数据库文件默认位于%Systemroot%\NTDS 文件夹内,如图 18-1 所示。

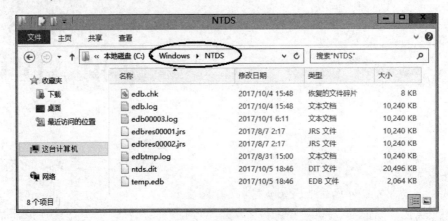

图 18-1　AD DS 数据库

- ntds.dit：AD DS 数据库文件,存储着此台域控制器的 AD DS 内的对象。
- edb.log：它是 AD DS 事务日志(扩展名.log 默认会被隐藏),容量大小为 10 MB。当您要更改 AD DS 内的对象时,系统会先将变更数据写入内存(RAM)中,然后等系统空闲或关机时,再根据内存中记录来将更新数据写入 AD DS 数据库(ntds.dit)。这种先在内存中处理的方式,可提高 AD DS 工件效率。系统也会将内存中数据的变化过程写到事务日志内(edb.log),若系统不正常关机(例如断电),以致内存中尚未被写入 AD DS 数据库的更新数据遗失时,系统就可以根据事务日志来推算出不正常关机前在内存中的更新记录,并将这些记录写入 AD DS 数据库。如果事务日志填满了数据,则系统会将其改名,例如 edb00001.log、edb00002.log……并重新建立一个事务日志。
- edb.chk：它是检查点(check point)文件。每一次系统将内存中的更新记录写入 AD DS 数据库时,都会一并更新 edb.chk,它会记载事务日志的检查点。如果系统不正常关机,以致内存中尚未被写入 AD DS 数据库的更新记录遗失,则下一次开机时,系统便可以根据 edb.chk 来得知需要从事务日志内的哪一个变动过程开始,来推算出不正常关机前内存中的更新记录,并将它们写入 AD DS 数据库。
- edbres00001.jrs 与 edbres00002.jrs：这两个是预留文件,未来如果硬盘的空间不够时可以使用这两个文件,每个文件都是 10 MB。

3. SYSVOL 文件夹

SYSVOL 文件夹位于%systemroot%文件夹内,此文件夹内存储着数据：脚本文件(scripts)、NETLOGON 共享文件夹、SYSVOL 共享文件夹与组策略相关设置等。

4. 非授权还原

活动目录的备份一般使用微软自带的备份工具 Windows Server Backup 进行备份,活动目录有两种恢复模式：非授权还原和授权还原。

1) 非授权还原

非授权还原可以恢复到活动目录到它备份时的状态,执行非授权还原后,有如下两种情况。

（1）如果域中只有一个域控制器，在备份之后的任何修改都将丢失。例如，备份后添加了一个 OU，则执行还原后，新添加的 OU 不存在。

（2）如果域中有多个域控制器，则恢复已有的备份并从其他域控制器中复制活动目录对象的当前状态。例如，备份后添加了一个 OU，则执行还原后，新添加的 OU 会从其他域控制器上复制过来，因此该 OU 还存在。如果备份后删除了一个 OU，则执行还原后也不会恢复该 OU，因为该 OU 的删除状态会从其他的域控制器上复制过来。

2）非授权还原实际应用场景

（1）如果企业的域控制器正常，只是想要还原到之前的一个备份，使用非授权还原可以轻易完成。

（2）如果企业的域控制器出现崩溃且无法修复时，可以将服务器重新安装系统并升级为域控制器（IP 地址和计算机名不变），然后通过目录还原模式并利用之前备份的系统状态进行还原。

5. 授权还原

当企业部署了额外域控制器时，如果主域控制器的内容和额外域控制器的内容不相同时，它们怎样进行数据同步呢？

1）域控制器数据同步

当域控制器发现 Active Directory 的内容不一致时，它们会通过比较 AD 的优先级来决定使用哪个域控制器的内容。Active Directory 的优先级比较主要考虑以下 3 个方面的因素。

（1）版本号。版本号指的是 Active Directory 对象修改时增加的值，版本号高者优先。例如，域中有两个域控制器 DC1 和 DC2，当 DC1 创建了一个用户，版本号会随之增加，所以 DC2 会和 DC1 进行版本号比较，发现 DC1 的版本号要高些，所以 DC2 就会向 DC1 同步 Active Directory 的内容。

（2）时间。如果 DC1 和 DC2 两个域控制器同时对同一对象进行操作，由于操作间隔很小，系统还来不及同步数据，因此它的版本号就是相同的。这种情况下两个域控制器就要比较时间因素，看哪个域控制器完成修改的时间靠后就优先进行操作。

（3）GUID。如果 DC1 和 DC2 两个域控制器的版本号和时间都完全一致，这时就要比较两个域控制器的 GUID，显然这完全是一个随机的结果。一般情况下，时间完全相同的非常罕见，因此 GUID 这个因素只是一个备选方案。

授权还原就是通过增加时间版本，使 AD1 授权恢复的数据变得更新而实现将误操作的数据推送给其他 AD，而还原点时间之后新增加的操作由于并不在备份文件中，会从其他 DC 重新写入 AD1 中。

2）授权还原实际应用场景

当企业部署了多台域控制器时，如果想通过还原来恢复之前被误删的对象时，可以使用授权还原。

如果企业有多台域控制器，将一台域控制器还原至一个旧的还原点时，之前的误删对象会暂时被还原，但是因为这台域控制器被还原到了一个旧的还原点，当接入域网络时，便会和其他域控制器进行版本比较，发现自己的版本较低便会同步其他域控制器的 AD 内容，将还原回来的对象再次删除,这样便无法还原被误删的对象。如果可以通过授权还原,也就是通过更改需要还原的对象的版本号,将其值增加 10 万,使它的版本号非常的高,当接入网络时,其他的 AD 域将会因为版本低而同步这个对象,从而实现误删对象的还原。

3) 授权还原实例描述

若域内只有一台域控制器,则只需要执行非授权还原即可,但是若域内有多台域控制器,则可能还需执行授权还原。

例如域内有两台域控制器 DC1 与 DC2,而且您曾经备份域控制器 DC2 的系统状态,可是今天不小心利用 Active Directory 管理中心控制台将用户帐户 test_user2 删除了,之后这个变更数据会通过 AD DS 复制机制被复制到域控制器 DC1,因此在域控制器 DC1 内的 test_user2 帐户也会被删除。

 当您将用户帐户删除后,此帐户并不会立刻从 AD DS 数据库内删除,而是被移动到 AD DS 数据库内一个名称为 deleted objects 的容器内,同时这个用户帐户的版本号码会被加 1。

① 若要救回被不小心删除的 test_user2 帐户,您可能会在域控制器 DC2 上利用标准的非授权还原来将之前已经备份的旧 test_user2 帐户恢复,可是虽然在域控制器 DC2 内的 test_user2 帐户已被恢复,但是在域控制器 DC1 内的 test_user2 却是被标记为已删除的帐户,请问下一次 DC1 与 DC2 之间执行 Active Directory 复制程序时,将会有什么样的结果呢?

② 答案是在 DC2 内刚被恢复的 TEST_USER2 帐户会被删除,因为对系统来说,DC1 内被标记为已删除的 test_user2 的版本号码较高,而 DC2 内刚复原的 test_user2 是旧的数据,其版本号码较低。两个对象有冲突时,系统会以戳记(stamp)来作为解决冲突的依据,因此版本号码较高的对象会覆盖掉版本号码较低的对象。

③ 若要避免上述现象发生,您需要另外再执行授权还原。当您在 DC2 上针对 test_user2 帐户另外执行授权还原后,这个被恢复的旧 test_user2 帐户的版本号码将被增加,而且是从备份当天开始到执行授权还原为止,每天增加 100000,因此当 DC1 与 DC2 开始执行复制工作时,由于位于 DC2 的旧 test_user2 帐户的版本号码会比较高,所以这个旧 test_user2 会被复制到 DC1,将 DC1 内被标记为已删除的 test_user2 覆盖掉,也就是说旧 test_user2 被恢复了。

18.2 项目设计及准备

1. 项目设计

未名公司基于 Windows Server 2016 活动目录管理公司的员工和计算机。活动目录的域控制器负责维护域服务,如果活动目录的域控制器由于硬件或软件方面原因不能正常工作时,用户将不能访问所需的资源或者登录到网络上,更为重要的是这将导致公司网络中所有与 AD 相关的业务系统、生产系统等都会停滞。通过定期对 AD DS 数据库进行备份,当 AD 出现故障或问题时,就可以通过备份文件进行还原,修复故障或解决问题。因此,公司希望管理员定期备份 AD 活动目录服务,公司网络拓扑图如图 18-2 所示。

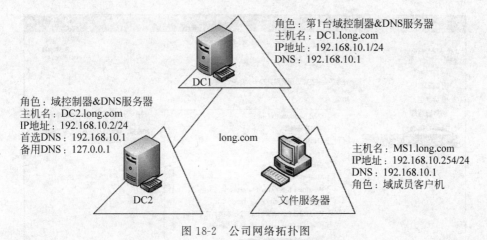

角色:第1台域控制器&DNS服务器
主机名:DC1.long.com
IP地址:192.168.10.1/24
DNS:192.168.10.1

DC1

角色:域控制器&DNS服务器
主机名:DC2.long.com
IP地址:192.168.10.2/24
首选DNS:192.168.10.1
备用DNS:127.0.0.1

long.com

主机名:MS1.long.com
IP地址:192.168.10.254/24
DNS:192.168.10.1
角色:域成员客户机

DC2

文件服务器

图 18-2　公司网络拓扑图

　　DC1 和 DC2 位于同一站点。

注意

　　本实例中的虚拟机的网络连接方式必须相同,比如 VMnet1,以保证各虚拟机间的通信
畅通。

2. 项目分析

　　根据企业项目需求,下面我们通过以下操作模拟企业 AD 的备份与还原过程。

　　(1) 在"技术部"OU 中创建两个用户 test_user1 和 test_user2,并对域控制器进行备份。

　　(2) 在部署单台域控制器环境中使用非授权还原被误删的"技术部"OU 中的 test_user1
用户。

　　(3) 在部署多台域控制器环境中使用授权还原被误删的"技术部"OU 中的 test_user2
用户。

　　(4) 移动与重组 AD DS 数据库。

　　(5) 重设"目录服务还原模式"的系统管理员密码。

　　(6) 配置 Active Directory 回收站。

18.3　项目实施

任务 18-1　备份 AD DS(DC1.long.com)

　　应该定期备份域控制器的系统状态,以便当域控制器的 AD DS 损坏时,可以通过备份
数据来恢复域控制器。

STEP 1　首先添加 Windows Server Backup 功能:打开"服务器管理器"窗口,单击仪表板
　　　　　处的"添加角色和功能"按钮,持续单击"下一步"按钮,直到打开如图 18-3 所示的
　　　　　对话框时选中 Windows Server Backup 复选框,单击"下一步"按钮,再单击"安

18-1 备份
AD DS

装"按钮。

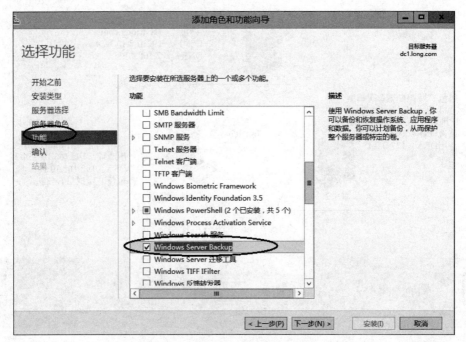

图 18-3　添加 Windows Server Backup 功能

STEP 2　在文件服务器(192.168.10.254)中创建一个名为 backup 的共享文件夹。

STEP 3　在 DC1 上的"技术部"OU 下新建两个用户,分别为 test_user1 和 test_user2,如图 18-4 所示。

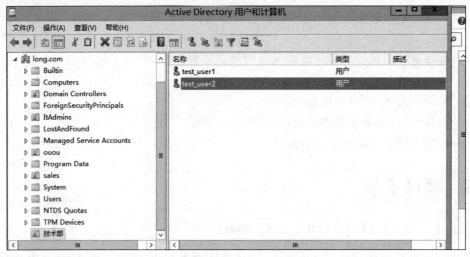

图 18-4　在"技术部"OU 下新建两个用户

STEP 4　在 DC1 的"服务器管理器"主窗口下,选择"工具"→Windows Server Backup 命令,在打开的窗口中右击"本地备份"项,在弹出的快捷菜单中选择"一次性备份"命令,如图 18-5 所示。

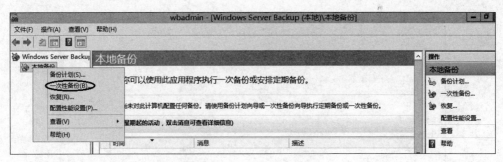

图 18-5　"一次性备份"命令

STEP 5 在弹出的"一次性备份向导"对话框中的"备份选项"中选择"其他选项"并进入下一步,在"选择备份配置"中选择"自定义"并进入下一步。再单击"添加项目"按钮,在弹出的"选择项"对话框中选中"系统状态"复选框,如图 18-6 所示。

图 18-6　备份系统状态

STEP 6 在接下来打开的对话框中的"指定目标类型"中选择"远程共享文件夹"并进入下一步;在接下来打开的对话框中的"指定远程文件夹"文本框中输入\\192.168.10.254\Backup,单击"下一步"按钮;确认无误后单击"备份"按钮进行备份,会显示"备份进度"界面,如图 18-7 所示。

任务 18-2　非授权还原(恢复 DC1 系统状态)的实施

STEP 1 在 DC1.long.com 上将"技术部"OU 下 test_user1 用户删除。

STEP 2 重启域控制器 DC1,按 F8 键进入高级启动选项,选择"目录服务修复模式",如图 18-8 所示。

18-2 非授
权还原

图 18-7 开始备份

图 18-8 选择"目录服务修复模式"

①若是使用虚拟机,按 F8 键前先确认焦点是在虚拟机上。②也可以执行
bcdedit /set safeboot dsrepair 命令,不过以后每次启动计算机时,都会进入目录
服务修复模式的登录界面,因此在完成 AD DS 恢复程序后,请执行 bcdedit /
deletevalue safeboot 命令,以便之后启动计算机时,会重新以常规模式来启动
系统。

STEP 3 在登录界面中不能使用域管理员帐户登录,必须用本地的管理员帐户登录。单击"其他用户"按钮,然后如图 18-9 所示输入目录服务还原模式的系统管理员的用户名称与密码来登录,其中用户名称可输入 DC1\administrator。

图 18-9　使用本地管理员登录

STEP 4 打开 Windows Server Backup 工具,在打开的窗口中右击"本地备份"项,在弹出的快捷菜单中选择"恢复"命令,如图 18-10 所示。

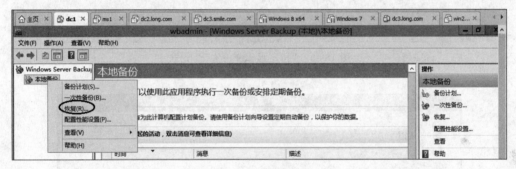

图 18-10　恢复备份

STEP 5 在弹出的"恢复向导"的"要用于恢复的备份存储在哪个位置?"的对话框中选择"在其他位置存储备份"选项并进入下一步;在打开的"指定位置类型"的对话框中选择"远程共享文件夹"并进入下一步;在"指定远程文件夹"的对话框中输入\\192.168.10.254\backup 并进入下一步;在弹出的"Windows 安全"对话框中输入有权限访问共享的凭据,本例中输入的是文件服务器 MS1 的管理员帐户和密码,如图 18-11 所示。

STEP 6 在"选择备份日期"的对话框中选择要还原的备份日期并单击"下一步"按钮;在"选择恢复类型"的对话框中选择"系统状态"选项并进入下一步;在"选择系统状态恢复的位置"的对话框中选择"原始位置"并进入下一步;在弹出的"确认"对话框中单击"确认"按钮,如图 18-12 所示。

STEP 7 确认恢复设置正确之后,单击"恢复"按钮,开始进行还原操作,过程将持续 15～30 分钟。还原完成之后,会提示重新启动系统,如图 18-13 所示。

STEP 8 重启计算机完成后,使用域管理员帐户登录,登录后出现如图 18-14 所示的界面,表示恢复已经成功。

图 18-11 "指定远程文件夹"及凭据

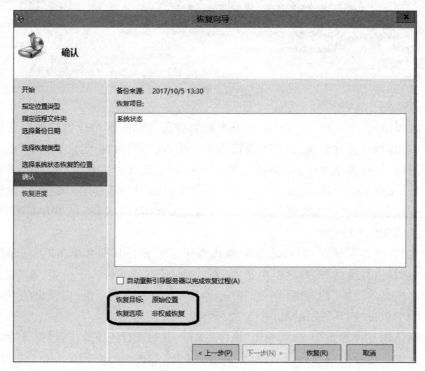

图 18-12 确认恢复向导

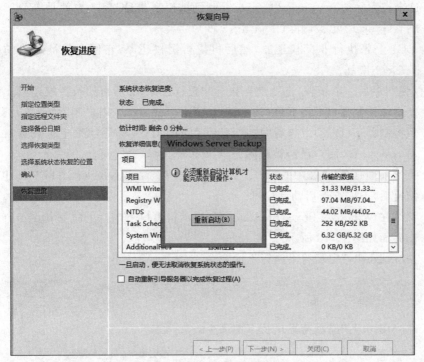

图 18-13　正在还原

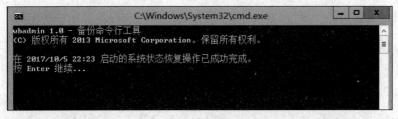

图 18-14　非授权还原成功

思考：如果是单域结构，非授权还原成功后，被删除的 test_user1 用户能成功恢复。如果是多域结构，非还原成功后，test_user1 能否成功恢复？

任务 18-3　授权还原的实施

下面的练习假设上述用户帐户 test_user2 建立在域 long.com 的组织单位"技术部"内，我们需要先执行非授权还原，然后再利用 ntdsutil 命令来针对用户帐户 test_user2 执行授权还原。可以按照下面的顺序来练习。

18-3　授权还原

- 在域控制器 DC1 上建立组织单位"技术部"，在"技术部"内建立用户帐户 test_user2。
- 等组织单位"技术部"、用户帐户 test_user2 被复制到域控制器 DC2 中。
- 在域控制器 DC1 上备份系统的状态。
- 在域控制器 DC1 上将用户帐户 test_user2 删除（此帐户会被移动到 Deleted Objects 容器内）。

- 等这个被删除的 test_user2 帐户被复制到域控制器 DC2 中,也就是等 DC2 内的用户帐户 test_user2 也被删除(默认等 15 秒)。
- 在 DC1 上先执行非授权还原,然后再执行授权还原,它便会将被删除的用户帐户 test_user2 恢复。

下面仅说明最后一个步骤,也就是先执行非授权还原,然后再执行授权还原。

STEP 1 在主域控制器(DC1)下将"技术部"OU 下 test_user2 用户删除,稍等片刻,到额外域控制器下(DC2)上查看"技术部"OU 下的用户,发现 DC2 上也只有 test_user1,而 test_user2 用户已经被删除。

STEP 2 重复前面任务 18-2 中的 STEP 2 到 STEP 7。注意不要执行 STEP 8,也就是完成恢复后,不要重新启动计算机。

STEP 3 继续在 Windows PowerShell 或命令提示符窗口下执行下命令 ntdsutil(完整的操作界面如图 18-16 所示)。

STEP 4 在"ntdsutil:"提示符下执行下面命令。

```
activate   instance  ntds      //表示要将域控制器的 AD DS 数据库设置为使用中。
```

STEP 5 在"ntdsutil:"提示符下执行下面命令。

```
authoritative restore
```

STEP 6 在"authoritative restore:"提示符下,针对域 long.com 的组织单位"技术部"内的用户 test_user2 执行"授权还原"操作,其命令如下所示。

```
restore  subtree   CN=test_user2,ou=技术部,DC=long,DC=com
```

 注 意 若要针对整个 AD DS 数据库执行"授权还原"操作,应执行 restore database 命令;若要针对组织单位"技术部"执行"授权还原"操作,应执行命令(可输入"?" 命令来查询命令的语法)restore subtree OU=技术部,DC=long,DC=com。

STEP 7 如图 18-15 所示单击"是(Y)"按钮。

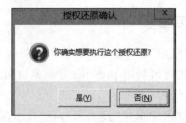

图 18-15 授权还原确认

STEP 8 如图 18-16 所示为前面几个步骤的完整操作过程。

STEP 9 在"authoritative restore:"提示符下执行 quit 命令。

STEP 10 在"ntdsutil:"提示符下执行 quit 命令。

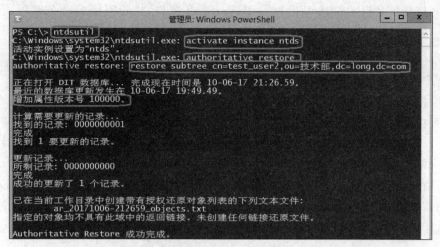

图 18-16　授权还原的部分操作过程

STEP 11　利用常规模式重新启动系统。

STEP 12　等域控制器之间的 AD DS 数据库自动完成同步；或利用 Active Directory 站点和服务控制台手动同步；或执行下面的命令来进行手动同步。

```
repadmin /syncall DC1.long.com /e /d /A /P
```

其中，/e 表示包含所有站点内的域控制器；/d 表示信息中以 distinguished name(DN) 来识别服务器；/A 表示同步此域控制器内的所有目录分区；/P 表示同步方向是将此域控制器(DC1.long.com)的变动数据传送给其他域控制器。

完成同步工作后，可利用"Active Directory 管理中心"或者"Active Directory 用户和计算机"控制台来验证组织单位"技术部"内的用户帐户 test_user2 是否已经被恢复。

任务 18-4　移动 AD DS 数据库

AD DS 数据库与事务日志的存储位置默认在％systemroot％\NTDS 文件夹内。然而一段时间以后，若硬盘存储空间不够或为了提高运行效率，有可能需要将 AD DS 数据库移动到其他位置。

18-4 移动 AD DS 数据库

在此不采用进入目录服务还原模式的方式，而是利用将 AD DS 数据库服务停止的方式来进行 AD DS 数据库文件的移动工作，此时必须是隶属 Administrators 组的成员才有权限进行下面的操作。

应利用 ntdsutil.exe 命令来移动 AD DS 数据库与事务日志。下面的练习假设要将它们都移动到"C:\NewNTDS"文件夹中。

①不需手动建立此文件夹，因为 ntdsutil.exe 会自动建立。若要事先建立此文件夹，请确认 SYSTEM 与 Administrators 成员对此文件夹拥有完全控制的权限。②若要修改 SYSVOL 文件夹的存储位置，建议删除 AD DS，重新安装 AD DS，在安装过程中指定新的存储位置。

STEP 1 打开命令提示符或 Windows PowerShell 窗口，执行下面的命令来停止 AD DS 服务。

```
net    stop  ntds
```

STEP 2 接着输入 Y 后按 Enter 键，会将其他相关服务一起停止。

STEP 3 在命令提示符下执行（见图 18-12）ntdsutil 命令。在"ntdsutil:"提示符下执行 activate instance ntds 命令。该操作表示要将域控制器的 AD DS 数据库设置为使用中。

STEP 4 在"ntdsutil:"提示符下执行 files 命令。在"file maintenance:"提示符下执行 info 命令。

它可以检查 AD DS 数据库与事务日志当前的存储位置，如图 18-17 所示可知它们目前都位于"C:\Windows\NTDS"文件夹内。

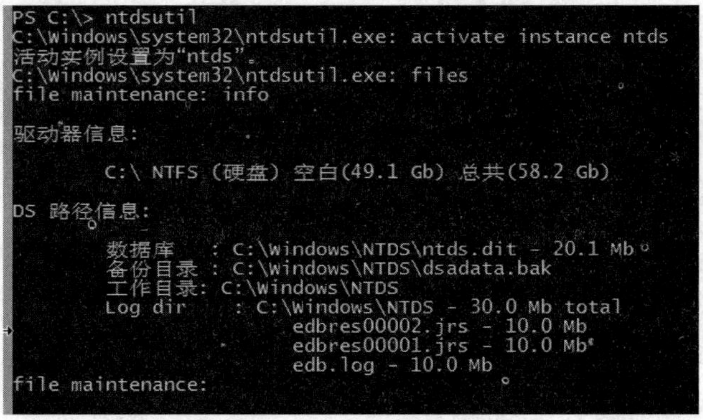

```
PS C:\> ntdsutil
C:\Windows\system32\ntdsutil.exe: activate instance ntds
活动实例设置为"ntds"。
C:\Windows\system32\ntdsutil.exe: files
file maintenance: info

驱动器信息:

        C:\ NTFS (硬盘) 空白(49.1 Gb) 总共(58.2 Gb)

DS 路径信息:

        数据库    : C:\windows\NTDS\ntds.dit - 20.1 Mb
        备份目录  : C:\windows\NTDS\dsadata.bak
        工作目录: C:\windows\NTDS
        Log dir   : C:\windows\NTDS - 30.0 Mb total
                    edbres00002.jrs - 10.0 Mb
                    edbres00001.jrs - 10.0 Mb
                    edb.log - 10.0 Mb
file maintenance:
```

图 18-17   AD DS 数据库所在文件夹："C:\Windows\NTDS"

STEP 5 在"file maintenance:"提示符下，执行下面命令，以便将数据库文件移动到"C:\NewNTDS"文件夹。

```
move    db     to  C:\NewNTDS
```

在"file maintenance:"提示符下，执行下面命令，以便将事务日志文件也移动到"C:\NewNTDS"文件夹。

```
MOVE LOGS TO C:\NewNTDS
```

STEP 6 在"file maintenance:"提示符下，执行下面命令，以便执行数据库的完整性检查：

```
integrity
```

在"file maintenance:"提示符下执行下面命令：

```
quit
```

若完整性检查成功，可跳到 STEP 13，否则请继续下面的步骤。

STEP 7　在"ntdsutil:"提示符下执行下面命令进行数据库语法分析(见图 18-18):

```
semantic database analysis
```

STEP 8　在"semantic checker:"提示符下执行下面命令,以便启用详细信息模式。

```
verbose on
```

在"semantic checker:"提示符下执行下面命令,以便执行语义数据库分析工作。

```
go fixup
```

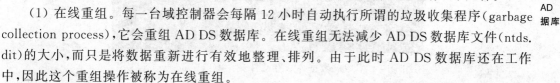

图 18-18　AD DS 数据库所在文件夹:"C:\Windows\NTDS"

STEP 9　在"semantic checker:"提示符下执行 quit 命令。

若语义数据库分析没有错误,可跳到 STEP 13,否则继续下面的步骤。

STEP 10　在"ntdsutil:"提示符下执行 files 命令。

STEP 11　在"file maintenance:"提示符下执行 recover 命令,以便修复数据库。

STEP 12　在"file maintenance:"提示符下执行 quit 命令。

STEP 13　在"ntdsutil:"提示符下执行 quit 命令。

STEP 14　回到命令提示符下执行下面命令,以便重新启动 AD DS 服务:

```
net start ntds
```

任务 18-5　重组 AD DS 数据库

18-5 重组 AD DS 数据库

AD DS 数据库的重组操作(defragmentation)会将数据库内的数据排列得更整齐,让数据的读取速度更快,可以提高 AD DS 数据库的工作效率。AD DS 数据库的重组有以下几种。

(1) 在线重组。每一台域控制器会每隔 12 小时自动执行所谓的垃圾收集程序(garbage collection process),它会重组 AD DS 数据库。在线重组无法减少 AD DS 数据库文件(ntds.dit)的大小,而只是将数据重新进行有效地整理、排列。由于此时 AD DS 数据库还在工作中,因此这个重组操作被称为在线重组。

另外,我们曾经说过一个被删除的对象并不会立刻从 AD DS 数据库内删除,而是被移动到一个名为 Deleted Objects 的容器内,这个对象在 180 天以后才会被自动清除,而这个清除操作也是由垃圾收集程序所负责的。虽然对象已被清除,不过腾出的空间并不会还给操作系统,也就是数据库文件的大小并不会减少。建立新对象时,该对象就会使用腾出的可用空间。

（2）脱机重组。脱机重组必须在 AD DS 服务停止或目录服务还原模式下手动进行，脱机重组会建立一个全新的、整齐的数据库文件，并会将已删除的对象所占用空间还给操作系统，因此可以腾出可用的硬盘空间给操作系统或其他应用程序来使用。

下面将介绍如何来执行脱机重组的步骤。请确认当前存储 AD DS 数据库的磁盘内有足够可用空间来存储脱机重组所需的缓存，应至少保留数据库文件大小的 15％可用空间。还有重组后的新文件的存储位置，也需保留至少与原数据库文件大小的可用空间。下面假设原数据库文件位于"C:\Windows\NTDS"文件夹，重组后的新文件将存储到"C:\NTDSTemp"文件夹。

①不需手动建立"C:\NTDSTemp"文件夹，Ntdsutil.exe 会自动建立。②若要将重组后的新文件存储到网络共享文件夹中，应让 Administrators 组成员有权限来访问此共享文件夹，并先利用网络驱动器来连接到此共享文件夹。

STEP 1 打开 Windows PowerShell 窗口。执行 net stop ntds 命令，输入 Y 后按 Enter 键来停止 AD DS 服务（它也会将其他相关服务停止）。

STEP 2 在命令提示符下执行 ntdsutil 命令，在"ntdsutil:"提示符下执行 activate instance ntds 命令，表示要将域控制器的 AD DS 数据库设置为使用中；在"ntdsutil:"提示符下执行 files 命令；在"file maintenance:"提示符下执行 info 命令，它可以检查 AD DS 数据库与事务日志当前的存储位置，默认都位于"C:\Windows\NTDS"文件夹内。

STEP 3 在"file maintenance:"提示符下执行下面的命令，如图 18-19 所示，以便重组数据库文件，并将所产生的新数据库文件放到"C:\NTDSTTemp"文件夹内（新文件的名称还是 ntds.dit）。

```
compact  to  C:\ntdstemp
```

```
file maintenance: compact to c:\ntdstemp
正在启动碎片整理模式...
    源数据库: C:\Windows\NTDS\ntds.dit
    目标数据库: c:\ntdstemp\ntds.dit

              Defragmentation  Status  (% complete)

     0    10   20   30   40   50   60   70   80   90   100
     |----|----|----|----|----|----|----|----|----|----|

建议你立即执行该数据库的完整
备份。如果你先恢复备份，然后
才进行碎片整理，则会将数据库
回滚到备份时其所处的状态。

压缩成功，你需要执行下列操作:
    复制 "c:\ntdstemp\ntds.dit" "C:\Windows\NTDS\ntds.dit"
    并删除旧的日志文件:
    del C:\Windows\NTDS\*.log


file maintenance:
```

图 18-19 AD DS 数据库所在文件夹："C:\Windows\NTDS"

①若路径中有空格，应在路径前后加上双引号，例如"C:\New Folder"。②若要将新文件存储到网络驱动器中，例如"K:",应利用"compact to K:\"命令。

STEP 4　暂时不要离开 ntdsutil 程序,打开文件资源管理器后执行下面几个步骤。

① 将原数据库文件"C:\windows\ntds\ntds.dit"备份起来,以备不时之需。

② 将重组后的新数据库文件"C:\ntdstemp\ntds.dit"复制到"C:\Windows\NTDS"文件夹,并覆盖原数据库文件。

③ 将原事务日志"C:\windows\NTDS\ * .log"删除。

这 3 项内容可以在命令提示符下完成(见图 18-20),Windows PowerShell 窗口仍保持。

```
Mkdir  C:\NTDSbackup                              //创建备份用的文件夹
Copy  C:\windows\ntds\ntds.dit  C:\ntdsbackup\ntds.dit   //备份 NTDS 数据库文件
Copy  C:\ntdstemp\ntds.dit  C:\Windows\NTDS\ntds.dit     //重组数据库
Del  C:\windows\NTDS\ * .log                      //删除日志文件
```

图 18-20　在命令提示符下运行 DOS 命令

STEP 5　回到 Windows PowerShell 窗口,继续在 ntdsutil 程序的"file maintenance:"提示符下执行 integrity 命令,以便执行数据库的完整性检查。由 Integrity check successful 信息可知完整性检查成功。

STEP 6　在"file maintenance:"提示符下执行 quit 命令;在"ntdsutil:"提示符下执行 quit 命令。

STEP 7　回到命令提示符下执行 net start ntds 命令,以便重新启动 AD DS 服务。

若无法启动 AD DS 服务,请试着采用下面方法来解决问题:

- 利用事件查看器来查看目录的记录文件,若有事件标识符为 1046 或 1168 的事件记录,应利用备份功能来复原 AD DS。

- 再执行数据库完整性检查 integrity,若检查失败,应将之前备份的数据库文件 ntds.dit 复制回原数据库存储位置,然后重复数据库重组操作。若这个操作中的数据库完整性检查还是失败,应执行语义数据库分析工作;若仍失败,应执行修复数据库的操作。

任务 18-6　重置"目录服务还原模式"的系统管理员密码

若忘记了目录服务还原模式的系统管理员密码,以致无法进入目录服务还原模式,该怎么办呢? 此时可以在常规模式下利用 ntdsutil 程序来重置目录服务还原模式的系统管理员密码,操作步骤如下。

STEP 1 请到域内的任何一台成员计算机上利用域系统管理员帐户登录。

STEP 2 打开命令提示符或 Windows PowerShell 窗口,执行 ntdsutil 命令。

STEP 3 在"ntdsutil:"提示符下执行 set DSRM password 命令;在"重置 DSRM 管理员密码"提示符下执行下面的命令。

18-6 重置 "目录服务还原模式" 的 系 统 管 理员密码

```
reset  password  on  server  DC2.long.com
```

注意　以上命令假设要重设域控制器 DC2.long.com 的目录服务还原模式的系统管理员密码。要被重置密码的域控制器,其 AD DS 服务必须处于启动中。

STEP 4 输入并确认新密码。连续输入 quit 命令以便离开 ntdsutil 程序。

18.4 习题

1. 填空题

(1) AD DS 内的组件主要有＿＿＿＿＿与＿＿＿＿＿,其中 AD DS 数据库文件默认位于＿＿＿＿＿文件夹内。

(2) AD DS 数据库文件是＿＿＿＿＿,存储着此台域控制器的 AD DS 内的对象;AD DS 事务日志文件是＿＿＿＿＿;检查点(checkpoint)文件是＿＿＿＿＿。

(3) SYSVOL 文件夹位于％systemroot％内,此文件夹内存储着下面数据:脚本文件(scripts)、＿＿＿＿＿、＿＿＿＿＿与＿＿＿＿＿。

(4) 活动目录有两种恢复模式:＿＿＿＿＿和＿＿＿＿＿。授权还原用到命令＿＿＿＿＿。

(5) AD 的优先级比较主要考虑以下 3 因素:＿＿＿＿＿、＿＿＿＿＿与＿＿＿＿＿。

2. 简答题

(1) 简述非授权还原和授权还原的应用场景。

(2) 为什么要重组 AD DS 数据库?

(3) 如何实施授权还原?

(4) 如何重置"目录服务还原模式"的系统管理员的密码?

18.5 实训项目　维护 AD DS 实训

1. 实训目的

- 掌握备份与还原 AD DS
- 掌握移动与重组 AD DS 数据库
- 掌握重设"目录服务还原模式"的系统管理员密码

2. 项目环境

请参照图 18-2。

3. 项目要求

- 备份 AD DS。
- 非授权还原 AD DS。
- 授权还原 AD DS。
- 移动与重组 AD DS。
- 重置"目录服务还原模式"系统管理员密码。

4. 实训指导

请参照"18.3　项目实施"完成项目的实训,检查学习效果。

项目背景

　　将资源发布(publish)到 Active Directory 域服务(AD DS)后,域用户便能够很方便地找到这些资源。可以被发布的资源包含用户帐户、计算机帐户、共享文件夹、共享打印机与网络服务等,其中有的是在建立对象时就会自动被发布,例如用户与计算机帐户,而有的需要手动发布,例如共享文件夹。

项目目标

- 将共享文件夹发布到 AD DS
- 查找 AD DS 内的资源
- 将共享打印机发布到 AD DS

19.1　相关知识

　　活动目录中有很多对象,如用户、组、打印机、共享文件夹等。如果活动目录中的用户要访问这些活动目录中的资源,就必须让用户在活动目录中看到这些对象。有些活动目录对象如用户、组和计算机帐户默认就在活动目录中,用户可以直接利用活动目录工具来访问这些对象。而有些活动目录对象,如打印机和共享文件夹,默认是不在活动目录中的,如果想让用户能够在活动目录中访问这些默认没有在活动目录中的资源,就必须把它们加入活动目录中。我们把默认没有在活动目录中的对象加入活动目录中的过程称为"发布"。

　　一旦资源被发布到活动目录中,活动目录用户就可以利用活动目录搜索工具来查找并访问该资源,而无须知道该资源具体的物理位置。

　　活动目录允许让计算机作为容器,并在计算机上添加打印机、共享目录等对象,通过将打印机、共享目录发布到活动目录上,用户可以方便地通过 AD 工具快速查找到打印机、共享目录。

19.2　项目设计及准备

1. 项目设计

未名公司的市场部在成员服务器 MS1 上新安装了一台打印机,为方便部门员工打印文件,公司决定将该打印机共享,并让部门员工可以通过 AD 搜索工具搜索到该打印机。

另外,在成员服务器 MS1 上还共享了一个目录"技术部文档"供市场部员工上传和下载部门的常用文档,公司也希望让员工在 AD 中能直接搜索到该共享目录。

2. 解决方案

将打印机、文件共享添加到对应计算机上(发布到 AD 中),员工通过 AD 查找工具就可以快速查找到这些资源。

19.3　项目实施

任务 19-1　将共享文件夹发布到 AD DS

将共享文件夹发布到 Active Directory 域服务(AD DS)后,域用户便能够很容易地通过 AD DS 找到并访问此共享文件夹。只有 Domain Admins 或 Enterprise Admins 组内的用户或被委派权限者,才可以执行发布共享文件夹的工作。

下面假设要将服务器 MS1 内的共享文件夹"C:\技术部文档",通过组织单位"技术部"来发布。请先利用文件资源管理器将此文件夹设置为共享文件夹,同时假设其共享名为"技术部文档"。

1. 利用 Active Directory 用户和计算机控制台

STEP 1　单击域控制器 DC1 左下角的"开始"图标,在打开的菜单中选择"管理工具"→"Active Directory 用户和计算机"命令,在打开的如图 19-1 所示的窗口中选中并在组织单位"技术部"上右击,在弹出的快捷菜单中选择"新建"→"共享文件夹"命令。

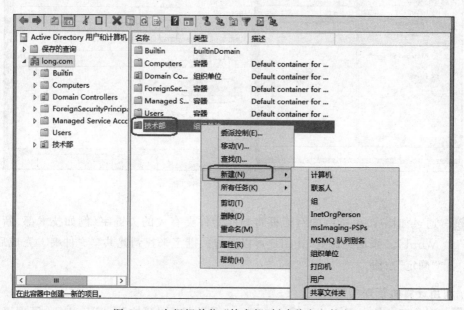

图 19-1　在组织单位"技术部"创建共享文件夹

STEP 2 在如图 19-2 所示对话框中的"名称"文本框中为此共享文件夹设置名称,在"网络路径"文本框中输入此共享文件夹所在的路径"\\ms1\技术部文档",单击"确定"按钮。

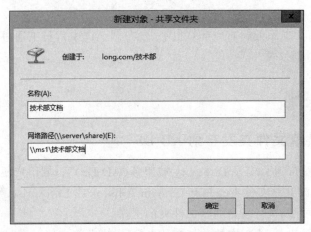

图 19-2　新建对象-共享文件夹

STEP 3 双击刚才所建立的对象"技术部文档"共享文件夹,在弹出的对话框中单击"关键字"按钮,如图 19-3 所示。

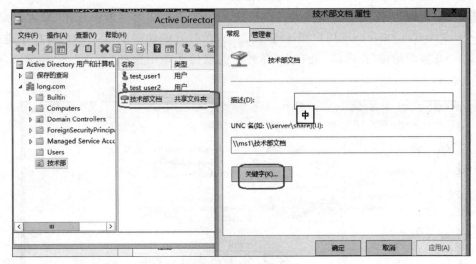

图 19-3　技术部文档属性

STEP 4 通过如图 19-4 所示的对话框将与此文件夹有关的关键字(例如技术部、新技术、Word 等)添加到此处,让用户可以通过关键字来找到此共享文件夹。完成后单击"确定"按钮。

2. 利用计算机管理控制台

STEP 1 到共享文件夹所在的计算机(MS1)上依次选择"开始"→"Windows 管理工具"→"计算机管理"命令,打开"计算机管理"窗口。

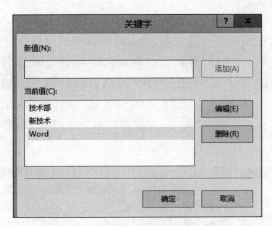

图 19-4　设置技术部文档搜索关键字

STEP 2　展开"系统工具"→"共享文件夹"→"共享"折叠项,双击中间窗格的共享文件夹"技术部文档"。

STEP 3　单击选中"发布"选项卡,选中"将这个共享在 Active Directory 中发布"选项,单击"确定"按钮。也可以通过单击对话框中右下方的"编辑"按钮来添加关键字,如图 19-5 所示。

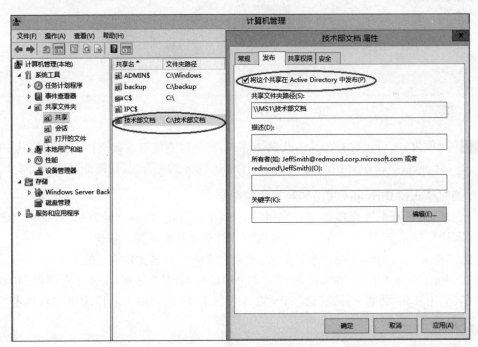

图 19-5　利用计算机管理控制台发布共享文件夹

任务 19-2　查找 AD DS 内的资源

系统管理员或用户可以通过多种方法来查找发布在 AD DS 内的资源,例如他们可以使用网络或 Active Directory 用户和计算机控制台。

1. 通过网络

下面分别说明如何在域成员计算机内,通过网络来查找 AD DS 内的共享文件夹。

STEP 1 在 MS1 计算机上,选择"开始"→"Windows 系统"→"文件资源管理器"命令,如图 19-6 所示,先单击选中左下角的"网络"选项,再单击选中最上方的"网络"选项,单击上方的"搜索 Active Directory"按钮,在打开的对话框中的"查找"下拉列表框中选择"共享文件夹"选项,设置查找的条件(例如图中利用关键字),单击"开始查找"按钮。

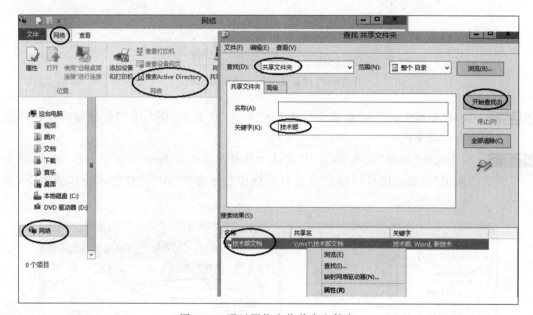

图 19-6　通过网络查找共享文件夹

STEP 2 如图 19-6 所示为查找到的共享文件夹,您可以直接双击此文件夹来访问其中的文件,或通过选中并在此共享文件夹上右击的方式来管理、访问此共享文件夹。

2. 通过 Active Directory 用户和计算机控制台

一般来说,只有系统管理员才会使用"Active Directory 用户和计算机"控制台,而这个控制台默认只存在于"管理工具"内,其他成员计算机需另外安装或新建。

通过"Active Directory 用户和计算机"控制台来查找共享文件夹:如图 19-7 所示,选中并在域名 long.com 上右击,在弹出的快捷菜单中选择"查找"命令,在打开对话框的"查找"下拉列表框中选择"共享文件夹"选项,设置查找的条件(例如图中利用关键字),单击"开始查找"按钮。

任务 19-3　将共享打印机发布到 AD DS

当将共享打印机发布到 Active Directory 域服务(AD DS)后,便可以让域用户很容易地通过 AD DS 找到并使用这台打印机。域内的 Windows 成员计算机,有的默认会自动将共享打印机发布到 AD DS,有的默认需要手动发布。

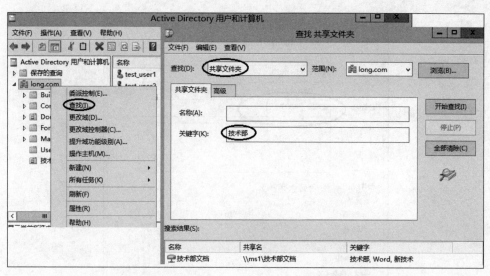

图 19-7　通过 Active Directory 用户和计算机控制台查找共享文件夹

STEP 1 在 DC1 上选择"开始"→"Windows 系统"→"控制面板"命令,打开"控制面板"窗口,再依次选择"硬件"→"设备和打印机"命令,然后选中并在"共享打印机"上右击,在弹出的快捷菜单中选择"打印机属性"命令。

STEP 2 接下来在如图 19-8 所示的对话框中(此为 Windows Server 2016 的界面)单击选中"共享"选项卡,选中"列入目录"选项。在"常规"选项卡中输入打印机的位置信息,单击"确定"按钮,如图 19-9 所示。

图 19-8　共享选项卡

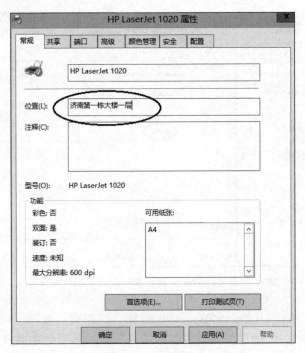

图 19-9　常规选项卡

任务 19-4　查看发布到 AD DS 的共享打印机

1. 通过 Active Directory 用户和计算机控制台

STEP 1　可以通过"Active Directory 用户和计算机"控制台来查看已被发布到 AD DS 上的共享打印机,不过需先单击选中"查看"→"用户、联系人、组和计算机作为容器"选项,如图 19-10 所示。

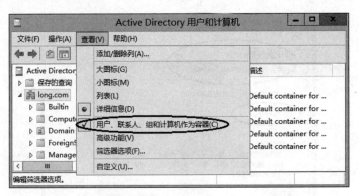

图 19-10　选中用户、联系人、组和计算机作为容器

STEP 2　接着在"Active Directory 用户和计算机"控制台中单击选中拥有打印机的计算机后就可以看到被发布的打印机,如图 19-11 所示。图中的打印机对象名称由计算机名称与打印机名称所组成,可以修改此名称。

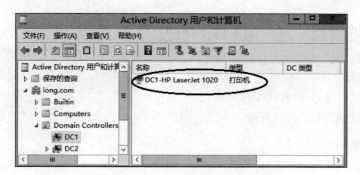

图 19-11　查看被发布的打印机

2. 通过 AD DS 查找共享打印机

系统管理员或用户利用 AD DS 来查找打印机的方法，与查找共享文件夹的方法类似，
请参考任务 19-2 中的说明。添加上位置信息的查找过程如图 19-12 所示。

图 19-12　通过 AD DS 查找共享打印机

19.4　习题

简答题

（1）简述在 AD DS 中发布资源的主要作用。

（2）在 AD DS 中除了能发布打印机和共享文件夹外，还能发布什么？

（3）能否将非域环境里的资料发布到 AD 中？

（）4 AD DS 中发布的资源在非域环境下能否访问？

19.5 实训项目 在 AD DS 中发布资源实训

1. 实训目的

- 掌握将共享文件夹和打印机发布到 AD DS
- 掌握查找 AD DS 内的资源

2. 项目环境

网络拓扑图如图 19-13 所示。

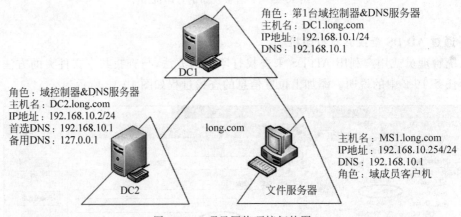

角色：第1台域控制器&DNS服务器
主机名：DC1.long.com
IP地址：192.168.10.1/24
DNS：192.168.10.1

角色：域控制器&DNS服务器
主机名：DC2.long.com
IP地址：192.168.10.2/24
首选DNS：192.168.10.1
备用DNS：127.0.0.1

long.com

主机名：MS1.long.com
IP地址：192.168.10.254/24
DNS：192.168.10.1
角色：域成员客户机

DC1

DC2

文件服务器

图 19-13 项目网络环境拓扑图

3. 项目要求

在 AD 中发布打印机和共享目录，在客户机访问成员服务器的共享打印机。在域控制器上查看共享目录，并截取实验结果。

第六部分

配置与管理应用服务器

- 第 20 章　配置与管理打印服务器
- 第 21 章　配置与管理 DNS 服务器
- 第 22 章　配置与管理 DHCP 服务器
- 第 23 章　配置与管理 Web 服务器
- 第 24 章　配置与管理 FTP 服务器

第 20 章
配置与管理打印服务器

项目背景

　　某公司组建了单位内部的办公网络,但办公设备(尤其是打印设备)不能每人配备一台,需要配置网络打印供公司员工使用。打印机的型号及所在楼层各异,人员使用打印机的优先级也不尽相同。为了提高效率,网络管理员有责任建立起该公司打印系统的良好组织与管理机制。

项目目标

- 了解打印机的相关概念
- 掌握安装打印服务器
- 掌握打印服务器的管理
- 掌握共享网络打印机

20.1　相关知识

　　Windows Server 2016 家族中的产品支持多种高级打印功能。例如,无论运行 Windows Server 2016 家族操作系统的打印服务器计算机位于网络中的哪个位置,用户都可以对它进行管理。另一项高级功能是,不必在 Windows 10 客户端计算机上安装打印机驱动程序就可以使用网络打印机。当客户端连接运行 Windows Server 2016 家族操作系统的打印服务器计算机时,驱动程序将自动下载。

1. 基本概念

为了建立网络打印服务环境,首先需要理解几个概念。

- 打印设备:实际执行打印的物理设备,可以分为本地打印设备和带有网络接口的打印设备。根据使用的打印技术,可以分为针式打印设备、喷墨打印设备和激光打印设备。

- 打印机:即逻辑打印机,打印服务器上的软件接口。当发出打印作业时,作业在发送到实际的打印设备之前先在逻辑打印机上进行后台打印。

- 打印服务器:连接本地打印机并将打印机共享出来的计算机系统。网络中的打印客户端会将作业发送到打印服务器处理,因此打印服务器需要有较高的内存以处理作业。对于较频繁的或大尺寸文件的打印环境,还需要打印服务器有足够的磁盘空间以保存打印假脱机文件。

2. 共享打印机的连接

在网络中共享打印机时,主要有两种不同的连接模式,即"打印服务器＋打印机"模式和"打印服务器＋网络打印机"模式。

- "打印服务器＋打印机"模式就是将一台普通打印机安装在打印服务器上,然后通过网络共享该打印机,供局域网中的授权用户使用。打印服务器既可以由通用计算机担任,也可以由专门的打印服务器担任。

如果网络规模较小,则可采用普通计算机担任服务器,操作系统可以采用 Windows 10。如果网络规模较大,则应当采用专门的服务器,操作系统也应当采用 Windows Server 2016,从而便于对打印权限和打印队列的管理,适应繁重的打印任务。

- "打印服务器＋网络打印机"模式是将一台带有网卡的网络打印设备通过网线接入局域网,设置好网络打印设备的 IP 地址,使网络打印设备成为网络上的一个不依赖于其他 PC 的独立节点,然后在打印服务器上对该网络打印设备进行管理,用户就可以使用网络打印机进行打印。网络打印设备通过 EIO 插槽直接连接网络适配卡,能够以网络的速度实现高速打印输出。打印设备不再只是 PC 的外设,而成为一个独立的网络节点。

- 由于计算机的端口有限,因此,采用普通打印设备时,打印服务器所能管理的打印机数量也就较少。由于网络打印设备采用以太网端口接入网络,因此一台打印服务器可以管理数量非常多的网络打印机,更适用于大型网络的打印服务。

20.2 项目设计及准备

本项目的所有实例都部署在如图 20-1 所示的网络拓扑图的环境中。

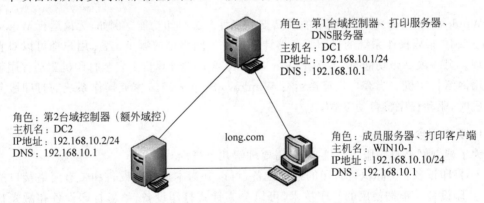

图 20-1　配置与管理打印服务器网络拓扑图

(1) DC1 是域 long.com 的域控制器、DNS 服务器和打印服务器。

(2) DC2 是域 long.com 的额外域控制器,是真实环境的模拟。

(3) WIN10-1 是成员服务器,也是打印客户端。

(4) DC1 上安装打印服务器,WIN10-1 上安装客户端打印机。

20.3　项目实施

任务 20-1　安装打印服务器

若要提供网络打印服务,必须先将计算机设置为打印服务器,安装并设置共享打印机,再为不同操作系统安装驱动程序,使得网络客户端在安装共享打印机时不再需要单独安装驱动程序。

1. 安装 Windows Server 2016 打印服务器角色

20-1 安装打印服务器

在 Windows Server 2016 中,若要对打印机和打印服务器进行管理,必须安装"打印服务器角色"。而"LPD 服务"和"Internet 打印"这两个角色则是可选项。

- 选择"LPD 服务"角色服务之后,客户端需安装"LPR 端口监视器"功能才可以打印到已启动 LPD 服务共享的打印机。UNIX 打印服务器一般都会使用 LPD 服务。
- 选择"Internet 打印"角色服务之后,客户端需安装"Internet 打印客户端"功能后才可以通过 Internet 打印协议(IPP)经由 Web 来连接并打印到网络或 Internet 上的打印机。

现在将 DC1 配置成打印服务器,步骤如下。

STEP 1　选择"开始"→"Windows 管理工具"→"服务器管理器"命令,打开"服务器管理器"窗口,单击"仪表板"选项的"添加角色和功能"按钮,打开"添加角色和功能向导"对话框,持续单击"下一步"按钮,直到打开如图 20-2 所示的"选择服务器角色"的对话框时选中"打印和文件服务"复选框,单击"添加功能"按钮。

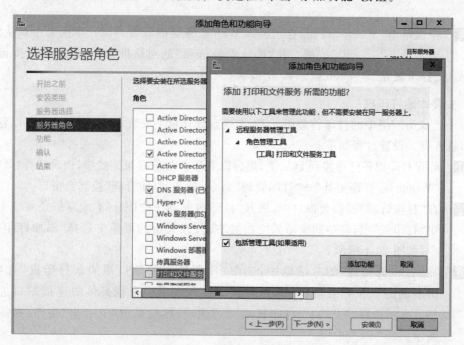

图 20-2　选择服务器角色

STEP 2　持续单击三次"下一步"按钮。

STEP 3　在"选择角色服务"的对话框中，选择"打印服务器""LPD 服务"以及"Internet 打印"选项。在选择"Internet 打印"选项时，会弹出安装 Web 服务器等功能的提示框，单击"添加功能"按钮，如图 20-3 所示。

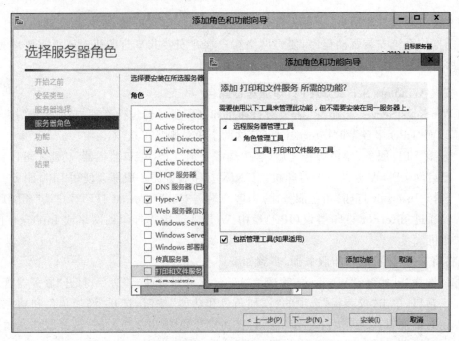

图 20-3　选择角色服务

STEP 4　依次单击"下一步"按钮，直到进入 Web 服务器的安装界面。本例采用默认设置，直接单击"下一步"按钮。在"确认安装选项"的对话框中，单击"安装"按钮进行"打印服务"和"Web 服务器"的安装。

2. 安装本地打印机

DC1 已成为网络中的打印管理服务器，在这台计算机上安装本地打印机，也可以管理其他打印服务器。设置过程如下。

STEP 1　确保打印设备已连接到 DC1 上，然后以管理员身份登录系统中，依次选择"开始"→"Windows 管理工具"→"打印管理"命令，打开"打印管理"控制台窗口。

STEP 2　在"打印管理"控制台窗口中，展开"打印服务器"→"DC1（本地）"折叠项。单击选中"打印机"项，在中间窗格的空白处右击，在弹出的菜单中选择"添加打印机"命令，如图 20-4 所示。

STEP 3　在"打印机安装"的对话框中，选中"使用现有的端口添加新打印机"选项，单击右侧的下拉列表按钮▼，然后在下拉列表框中根据具体的连接端口进行选择。本例选择"LPT1：（打印机端口）"选项，然后单击"下一步"按钮，如图 20-5 所示。

STEP 4　在"打印机驱动程序"的对话框中，选择"安装新驱动程序"选项，然后单击"下一步"按钮。

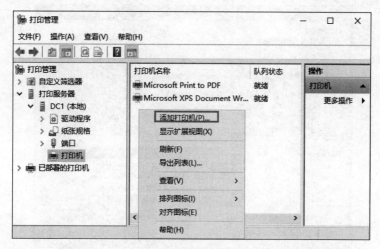

图 20-4　添加打印机

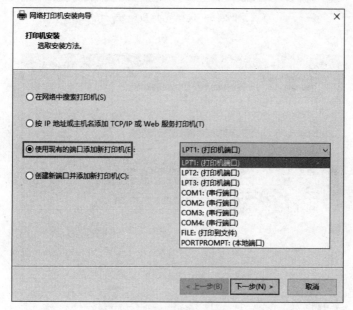

图 20-5　选择连接端口

STEP 5　在打开的"网络打印机安装向导"对话框中,需要根据计算机具体连接的打印设备情况选择打印设备生产厂商和打印机型号。选择完毕后,单击"下一步"按钮,如图 20-6 所示。

STEP 6　在"打印机名称和共享设置"的对话框中,选中"共享此打印机"选项,并设置打印机名称和共享名称都为 hp1,然后单击"下一步"按钮,如图 20-7 所示。

提示　　也可以在打印机建立后,在其属性中设置共享,设置共享名为"hp1"。在共享打印机后,Windows 将在防火墙中启用"文件和打印共享",以接受客户端的共享连接。

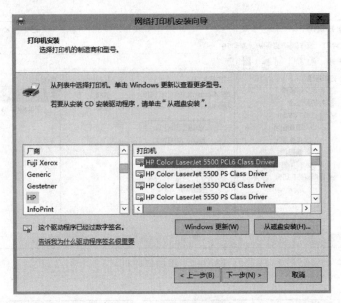

图 20-6　选择厂商和型号

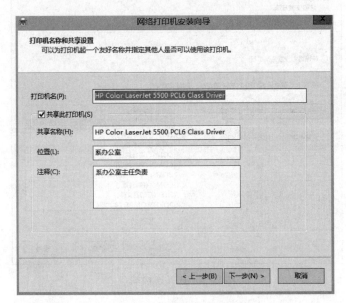

图 20-7　共享打印机设置

STEP 7 在打开的"网络打印机安装向导"对话框中,确认前面步骤的设置无误后,单击"下一步"按钮进行驱动程序和打印机的安装。安装完毕后,单击"完成"按钮,完成打印机的安装过程。

提示　读者还可以在"打印管理"窗口展开"打印管理"→"打印服务器"折叠项,在中间窗格的空白处右击,在弹出的菜单中选择"添加/删除服务器"命令,根据向导完成管理其他服务器的任务。

任务 20-2　连接共享打印机

20-2 连接共享打印机

打印服务器设置成功后,即可在客户端安装共享打印机。共享打印机的安装与本地打印机的安装过程非常相似,都需要借助"添加打印机向导"来完成。安装网络打印机时,在客户端不需要为要安装的打印机提供驱动程序。

1. 添加网络打印机

客户端打印机的安装过程与服务器的设置有很多相似之处,但也不尽相同。其安装在"添加打印机向导"的引导下即可完成。

网络打印机的添加安装有如下两种方式。

- 在"服务器管理器"窗口中单击"打印服务器"中的"添加打印机"按钮,运行"添加打印机向导"工具。(前提是在客户端添加了"打印服务器"角色)
- 选择"控制面板"→"硬件"命令,打开"硬件"窗口,在"硬件和打印机"选项下单击"添加打印机"按钮,运行"添加打印机向导"工具。

案例:打印服务器 DC1 已安装好,用户 print 需要通过网络服务器打印一份文档。

STEP 1　在 DC1 上利用"Active Directory 用户和计算机"控制台新建用户 print。

STEP 2　选择"服务器管理器"→"工具"→"打印管理"命令,打开"打印管理"窗口,在刚完成安装的打印机项上右击,在弹出的快捷菜单中选择"属性"命令,然后在打开的对话框中单击选中"安全"选项卡,如图 20-8 所示。

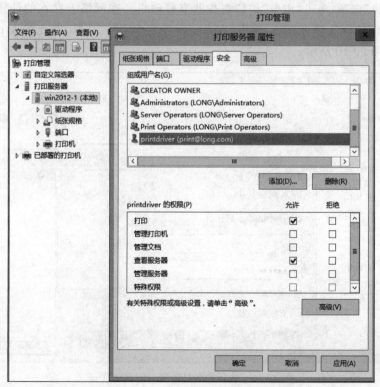

图 20-8　设置 print 用户允许打印

STEP 3 删除 Everyone 用户,添加 print 用户,允许有"打印"权限。

STEP 4 以管理员身份登录 WIN10-1,选择"开始"→"Windows 系统"→"控制面板"命令,打开"控制面板"窗口,选择"硬件和声音"→"高级打印机设置"命令。

STEP 5 打开如图 20-9 所示的对话框。

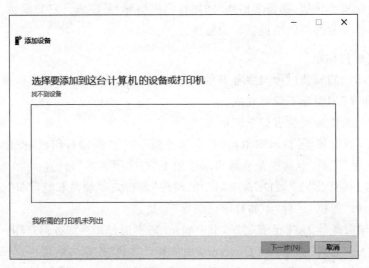

图 20-9 自动搜索要添加的打印机

STEP 6 单击"我需要的打印机未列出"按钮,在弹出的对话框中,选中"按名称选择共享打印机"选项,单击"浏览"按钮查找共享打印机。在网络上存在的计算机列表窗口中双击 DC1 图标按钮,弹出"Windows 安全中心"对话框,在此输入 print 及密码,如图 20-10 所示。

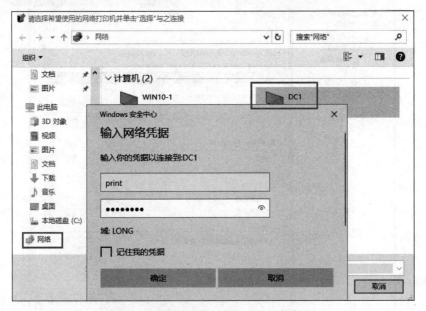

图 20-10 选择共享打印机时的网络凭证

STEP 7　单击"确定"按钮,显示 DC1 计算机上共享的打印机,单击选中该共享打印机,单击"选择"按钮返回"添加打印机向导"对话框。

STEP 8　单击"下一步"按钮,开始安装共享打印机。安装完成后,单击"完成"按钮。如果单击"打印测试页"按钮,可以进一步测试所安装的打印机是否正常工作。

提示　　①一定保证开启两个计算机的网络发现功能,参照第 2 章的相关内容。②本例在域方式下完成。如果在工作组环境下,也需要为共享打印机的用户创建用户,比如 print1,并赋予该用户允许打印的权限。在连接共享打印机时,以用户 print1 身份登录,然后添加网络打印机。添加网络打印机的过程与域环境下基本一样,按向导完成即可,这里不再赘述。

STEP 9　用户在客户端成功添加网络打印机后,就可以打印文档了。打印时,在出现的"打印"对话框中,选择添加的网络打印机即可。

2. 使用"网络"或"查找"安装打印机

除了可以采用"打印机安装向导"工具安装网络打印机外,还可以使用"网络"或"查找"的方式安装打印机。

① 在 WIN10-1 计算机上,选择"开始"→"Windows 系统"→"文件资源管理器"命令,打开"文件资源管理器"窗口,单击窗口左下角的"网络"链接,打开 WIN10-1 的"网络"对话框,找到打印服务器 DC1,或者使用"查找"方式,以 IP 地址或计算机名称作为关键字找到打印服务器,如在运行中输入\\192.168.10.1。双击计算机 DC1 图标按钮,根据系统提示输入有访问权限的用户名和密码,比如 print,然后显示其中所有的共享文档和"共享打印机"。

② 双击要安装的网络打印机,该打印机的驱动程序将自动被安装到本地,并显示该打印机中当前的打印任务。或者右击共享打印机,在弹出的快捷菜单中选择"连接"命令,完成网络打印机的安装。

任务 20-3　管理打印服务器

在打印服务器上安装共享打印机后,可通过设置打印机的属性来进一步管理打印机。

20-3 管理打印服务器

1. 设置打印优先级

高优先级的用户发送来的文档可以越过等候打印的低优先级的文档队列。如果两个逻辑打印机都与同一打印设备相关联,则 Windows Server 2016 操作系统首先将优先级最高的文档发送到该打印设备。

要利用打印优先级系统,需为同一打印设备创建多个逻辑打印机。为每个逻辑打印机指派不同的优先等级,然后创建与每个逻辑打印机相关的用户组 group1 和 group2。例如,group1 中的用户拥有访问优先级为 1 的打印机的权利,group2 中的用户拥有访问优先级为 2 的打印机的权利,以此类推。1 代表最低优先级,99 代表最高优先级。设置打印机优先级的方法如下。

① 在 DC1 中为 LPT1 的同一台设备安装两台打印机。由于 hp1 已经安装,再安装一台 hp2(请读者自行安装第二台打印机 hp2。hp1 的型号是 5500,hp2 的型号是 5550)。

② 在"打印管理"窗口中,展开"打印服务器"→"DC1(本地)"→"打印机"折叠项。右击打印机列表中的打印机 hp1,在弹出的快捷菜单中选择"属性"命令,打开打印机属性对话框,单击选中"高级"选项卡,如图 20-11 所示。设置优先级为"1"。

③ 然后在打印属性对话框中单击选中"安全"选项卡,添加用户组"group1"并赋予其打印权限。

④ 同理,设置 hp2 的优先级为"2",添加用户组"group2"并赋予其在 hp2 上的打印权限。

2. 设置打印机池

打印机池就是将多个相同的或者特性相同的打印设备集合起来,然后创建一个(逻辑)打印机映射到这些打印设备,也就是利用一个打印机同时管理多台相同的打印设备。当用户将文档送到此打印机时,打印机会根据打印设备是否正在使用,决定将该文档送到"打印机池"中的哪一台打印设备打印。例如,当"A 打印机"和"B 打印机"忙碌时,有一个用户想打印文档,逻辑打印机就会直接转到"C 打印机"打印。

设置打印机池的步骤如下。需要再在 LPT2 端口安装一台同型号的打印机 hp3,这个由读者自行完成,在此不再演示安装方法。

STEP 1 在如图 20-11 所示的"hp1 属性"对话框中,单击选中"端口"选项卡。

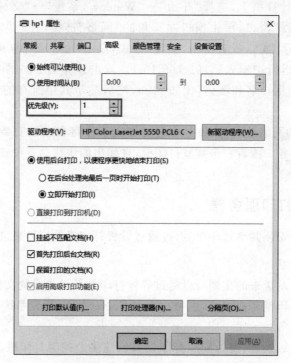

图 20-11　打印机属性"高级"选项卡

STEP 2 选中"启用打印机池"复选框,再选中打印设备所连接的多个端口,如图 20-12 所示。必须选择一个以上的端口,否则会弹出"打印机属性提示"对话框。然后单击"确定"按钮。

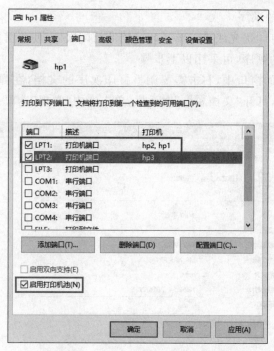

图 20-12　选择"启用打印机池"复选框

 注 意 　　打印机池中的所有打印机必须是同一型号,使用相同的驱动程序。由于用户不知道指定的文档由池中的哪一台打印设备打印,因此应确保池中的所有打印设备位于同一位置。

3. 管理打印队列

打印队列是存放等待打印文件的地方。当应用程序选择"打印"命令后,Windows 就创建一个打印工作且开始处理它。若打印机这时正在处理另一项打印作业,则在打印机文件夹中将形成一个打印队列,保存着所有等待打印的文件。

1) 查看打印队列中的文档

查看打印机打印队列中的文档不仅有利于用户和管理员确认打印文档的输出和打印状态,同时也有利于进行打印机的选择。

在 DC1 上,依次选择"开始"→"控制面板"→"硬件"→"查看设备和打印机"命令,在打开的窗口中双击要查看的打印机图标按钮,单击"查看正在打印的内容"按钮,打开打印机管理的窗口,如图 20-13 所示。其中列出了当前所有要打印的文件。

图 20-13　打印管理的窗口

2）调整打印文档的顺序

用户可通过更改打印优先级来调整打印文档的打印次序,使急需的文档优先打印出来。要调整打印文档的顺序,可采用以下步骤。

STEP 1 在打印管理的窗口中,右击需要调整打印次序的文档,在弹出的快捷菜单中选择"属性"命令,打开"文档属性"对话框,单击选中"常规"选项卡,如图 20-14 所示。

图 20-14 "文档属性"对话框

STEP 2 在"优先级"选项区域中,拖动滑块即可改变被选文档的优先级。对于需要提前打印的文档,应提高其优先级;对于不需要提前打印的文档,应降低其优先级。

3）暂停和继续打印一个文档

STEP 1 在如图 20-13 所示的打印管理的窗口中,右击要暂停的打印文档,在弹出的快捷菜单中选择"暂停"命令,可以将该文档的打印工作暂停,状态栏中显示"已暂停"字样。

STEP 2 文档暂停之后,若想继续打印暂停的文档,只需在对打印文档右击所弹出的快捷菜单中选择"继续"命令即可。不过如果用户暂停了打印队列中优先级别最高的打印作业,打印机将停止工作,直到继续打印。

4）暂停和重新启动打印机的打印作业

STEP 1 在如图 20-13 所示的打印管理的窗口中,选择"打印机"→"暂停打印"命令,即可暂停打印机的作业,此时标题栏中显示"已暂停"字样。

STEP 2 当需要重新启动打印机打印作业时,再次选择"打印机"→"暂停打印"命令即可使打印机继续打印,标题栏中的"已暂停"字样消失。

5）删除打印文件

STEP 1　在如图 20-13 所示的打印管理的窗口中，在打印队列中选择要取消打印的文档，然后选择"文档"→"取消"命令，即可取消文档打印。

STEP 2　如果管理员要清除所有的打印文件，可选择"打印机"→"取消所有文档"命令。打印机没有还原功能，打印作业被取消之后不能再恢复，若要再次打印，则必须重新对打印队列的所有文档进行打印。

4. 为不同用户设置不同的打印权限

打印机被安装在网络上后，系统会为它指派默认的打印机权限。该权限允许所有用户打印，并允许选择组对打印机和发送给它的文档加以管理。因为打印机可用于网络上的所有用户，所以可能就需要通过指派特定的打印机权限，以限制某些用户的访问权。

例如，可以给部门中所有无管理权的用户设置"打印"权限，而给所有管理人员设置"打印和管理文档"权限。这样，所有用户和管理人员都能打印文档，但管理人员还能更改发送给打印机的任何文档的打印状态。

STEP 1　在 DC1 计算机的打印管理窗口中，展开"打印服务器"→"DC1（本地）"→"打印机"折叠项。右击打印机列表中的打印机，在弹出的快捷菜单中选择"属性"命令，打开打印机属性对话框。单击选中"安全"选项卡，如图 20-15 所示。Windows 提供了 3 种等级的打印安全权限：打印、管理打印机和管理文档。

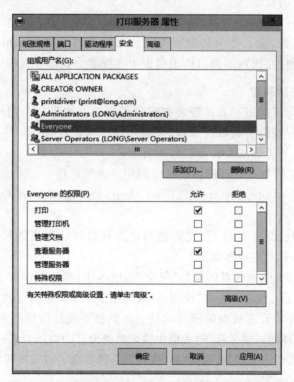

图 20-15　"安全"选项卡

STEP 2　当给一组用户指派了多个权限时，将应用限制性最少的权限。但是，应用"拒绝"权限时，它将优先于其他任何权限。

STEP 3 默认情况下，"打印"权限将指派给 Everyone 组中的所有成员。用户可以连接到打印机，并将文档发送到打印机。

1）管理打印机权限

用户可以执行与"打印"权限相关联的任务，并且具有对打印机的完全管理控制权。用户可以暂停和重新启动打印机、更改打印后台处理程序设置、共享打印机、调整打印机权限，还可以更改打印机属性。默认情况下，"管理打印机"权限将被指派给服务器的 Administrators 组、域控制器上的 Print Operators 以及 Server Operators 组。

2）管理文档权限

用户可以暂停、继续、重新开始和取消由其他所有用户提交的文档，还可以重新安排这些文档的顺序。但用户无法将文档发送到打印机，或控制打印机状态。

默认情况下，"管理文档"权限指派给 Creator Owner 组的成员。当用户被指派给"管理文档"权限时，用户将无法访问当前等待打印的现有文档。此权限只应用于在该权限被指派给用户之后发送到打印机的文档。

3）拒绝权限

在前面为打印机指派的所有权限都会被拒绝。如果访问被拒绝，用户将无法使用或管理打印机，或者更改任何权限。

如图 20-15 所示，在"组或用户名"列表框中选择设置权限的用户，在"权限"列表框中可以选择要为用户设置的权限。

如果要设置新用户或组的权限，在如图 20-15 所示的对话框中单击"添加"按钮，打开"选择用户或组"对话框，输入要为其设置权限的用户或组的名称即可。或者单击依次"高级"→"立即查找"按钮，在出现的用户或组列表中选择要为其设置权限的用户或用户组。

5. 设置打印机的所有者

默认情况下，打印机的所有者是安装打印机的用户。如果这个用户不能再管理这台打印机，就应由其他用户获得所有权以管理这台打印机。

以下用户或组成员能够成为打印机的所有者。

- 由管理员定义的具有管理打印机权限的用户或组成员。
- 系统提供的 Administrators 组、Print Operators 组、Server Operators 组和 Power Users 组的成员。

如果要成为打印机的所有者，首先要使用户具有管理打印机的权限，或者加入上述的组。设置打印机的所有者的步骤如下。

STEP 1 在如图 20-15 所示的对话框的"安全"选项卡中，单击"高级"按钮，打开"高级安全设置"对话框。选择"更改"按钮，打开如图 20-16 所示的更改所有者对话框。

STEP 2 当前所有者是管理员组的所有成员。如果想更改打印机所有者的组或用户，可在"输入要选择的对象名称"列表框中输入要成为打印机所有者的组或用户（也可以依次单击"高级"→"立即查找"按钮，查找并选择要成为打印机所有者的组或用户）。

 打印机的所有权不能从一个用户指定到另一个用户，只有当原先具有所有权的用户无效时才能指定其他用户。不过，Administrator 可以把所有权指定给 Administrators 组。

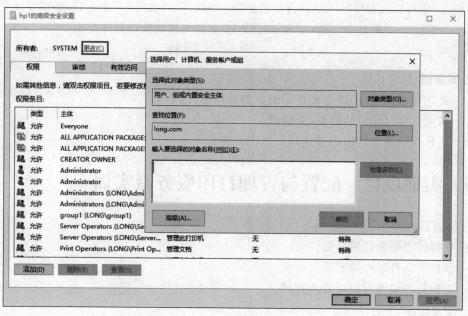

图 20-16　"所有者"选项卡

20.4　习题

1. 填空题

（1）在网络中共享打印机时，主要有两种不同的连接模式，即_____和_____。

（2）Windows Server 2016 系统支持两种类型的打印机：_____和_____。

（3）要利用打印优先级系统，需为同一打印设备创建_____个逻辑打印机。为每个逻辑打印机指派不同的优先等级，然后创建与每个逻辑打印机相关的用户组，_____代表最低优先级，_____代表最高优先级。

（4）_____就是用一台打印服务器管理多个物理特性相同的打印设备，以便同时打印大量文档。

（5）默认情况下，"管理打印机"权限将被指派给_____、_____以及_____。

（6）根据使用的打印技术，打印设备可以分为_____、_____和激光打印设备。

（7）默认情况下，添加打印机向导会_____并在 Active Directory 中发布，除非在向导的"打印机名称和共享设置"对话框中取消选中"共享打印机"复选框。

2. 选择题

（1）下列权限（　　）不是打印安全权限。

    A. 打印　　　　　　　B. 浏览　　　　　　　C. 管理打印机　　　　D. 管理文档

（2）Internet 打印服务系统是基于（　　）方式工作的文件系统。

    A. B/S　　　　　　　B. C/S　　　　　　　C. B2B　　　　　　　D. C2C

（3）不能通过计算机的（　　）端口与打印设备相连。

A. 串行口(COM)　　B. 并行口(LPT)　　　C. 网络端口　　　　D. RS232

(4) 下列(　　　)不是 Windows Server 2012 支持的其他驱动程序类型。

A. x86　　　　　　B. x64　　　　　　C. 486　　　　　　D. Itanium

3. 简答题

(1) 简述打印机、打印设备和打印服务器的区别。

(2) 简述共享打印机的好处,并举例。

(3) 为什么用多个打印机连接同一打印设备?

20.5　实训项目　配置与管理打印服务器实训

1. 实训目的

- 掌握打印服务器的安装。
- 掌握网络打印机的安装与配置。
- 掌握打印服务器的配置与管理。

2. 项目背景

本项目根据如图 20-1 所示的环境来部署打印服务器。

3. 项目要求

完成以下 3 项任务。

① 安装打印服务器。

② 连接共享打印机。

③ 管理打印服务器。

4. 做一做

根据实训项目录像进行项目的实训,检查学习效果。

第 21 章
配置与管理 DNS 服务器

项目背景

　　某高校组建了学校的校园网,为了能使校园网中的计算机用户简单快捷地访问本地网络及 Internet 上的资源,需要在校园网中架设 DNS 服务器,用来提供域名转换成 IP 地址的功能。

　　在完成该项目之前,首先应当确定网络中 DNS 服务器的部署环境,明确 DNS 服务器的各种角色及其作用。

项目目标

- 了解 DNS 服务器的作用及其在网络中的重要性
- 理解 DNS 的域名空间结构及其工作过程
- 理解并掌握主 DNS 服务器的部署
- 理解并掌握辅助 DNS 服务器的部署
- 理解并掌握 DNS 客户机的部署
- 掌握 DNS 服务的测试以及动态更新

21.1 相关知识

　　在 TCP/IP 网络上,每个设备必须被分配一个唯一的地址。计算机之间在网络上通信时只能识别如 202.97.135.160 之类的数字地址,而人们在使用网络资源的时候,为了便于记忆和理解,更倾向于使用有代表意义的名称,如域名 www.ryjiaoyu.com(人邮教育社区网站)。

　　DNS 服务器就承担了将域名转换成 IP 地址的功能。这就是在浏览器地址栏中输入如 www.ryjiaoyu.com 的域名后,就能看到相应的页面的原因。输入域名后,有一台称为 DNS 服务器的计算机自动把域名"翻译"成相应的 IP 地址。

21-1 DNS
服务

　　DNS 实际上是域名系统的缩写,它的目的是当用户使用域名进行查询(如 www.ryjiaoyu.com)时为其提供该域名的 IP 地址,以便用户用易记的名字搜索和访问必须通过 IP 地址才能定位的本地网络或 Internet 上的资源。

　　DNS 服务使网络服务的访问更加简单,对于一个网站的推广发布起到极其重要的作用。而且许多重要网络服务(如 E-mail 服务、Web 服务)的实现,也需要借助于 DNS 服务。

因此,DNS 服务可视为网络服务的基础。另外,在稍具规模的局域网中,DNS 服务也被大量采用,因为 DNS 服务不仅可以使网络服务的访问更加简单,而且可以完美地实现与 Internet 的融合。

21.1.1 域名空间结构

域名系统 DNS 的核心思想是分级的,是一种分布式的、分层次型的、客户机/服务器式的数据库管理系统。它主要用于将主机名或电子邮件地址映射成 IP 地址。一般来说,每个组织有自己的 DNS 服务器,并维护域名称与数据库记录或资源记录之间的映射。每个登记的域都将自己的数据库列表提供给整个网络复制。

目前负责管理全世界 IP 地址的单位是 InterNIC(Internet network information center),在 InterNIC 之下的 DNS 结构共分为若干个域(domain)。如图 21-1 所示的阶层式树状结构,称为域名空间(domain name space)。

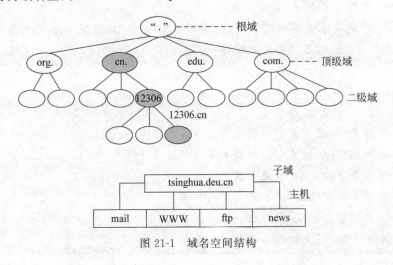

图 21-1 域名空间结构

 注 意 域名和主机名只能用字母 a~z(在 Windows 服务器中大小写等效,而在 UNIX 中则不同)、数字 0~9 和连线"-"组成。其他公共字符,如连接符"&"、斜杠"/"、句点和下画线"_"都不能用于表示域名和主机名。

1. 根域

如图 21-1 所示,位于层次结构最高端的是域名树的根,提供根域名服务,用"."表示。在 Internet 中,根域是默认的,一般都不需要表示出来。全世界共有 13 台根域服务器,它们分布于世界各大洲,并由 InterNIC 管理。根域名服务器中并没有保存任何网址,只具有初始指针指向第一层域,也就是顶级域,如 com、edu、net 等。

2. 顶级域

顶级域位于根域之下,数目有限,且不能轻易变动。顶级域也是由 InterNIC 统一管理的。在互联网中,顶级域大致分为两类:各种组织的顶级域(机构域)和各个国家或地区的顶级域(地理域)。顶级域所包含的部分域名称见表 21-1。

表 21-1　顶级域所包含的部分域名称

域　名　称	说　　　明
com	商业机构
edu	教育、学术研究单位
gov	官方政府单位
net	网络服务机构
org	财团法人等非营利机构
mil	军事部门
其他国家或地区代码	代表其他国家/地区的代码,如 cn 表示中国,jp 为日本

3. 子域

在 DNS 域名空间中,除了根域和顶级域外,其他域都称为子域。子域是有上级域的域,一个域可以有许多个子域。子域是相对而言的,如 www.tsinghua.edu.cn 中,tsinghua.edu 是 cn 的子域,tsinghua 是 edu.cn 的子域。见表 21-2 给出了域名层次结构中的若干层。

表 21-2　域名层次结构中的若干层

域　　名	域名层次结构中的位置
.	根是唯一没有名称的域
.cn	顶级域名称,中国子域
.edu.cn	二级域名称,中国的教育部门
.tsinghua.edu.cn	子域名称,教育网中的清华大学

和根域相比,顶级域实际是处于第二层的域,但它们还是被称为顶级域。根域从技术的含义上是一个域,但常常不被当作一个域。根域只有很少几个根级成员,它们的存在只是为了支持域名树的存在。

第二层域(顶级域)是属于单位团体或地区的,用域名的最后一部分即域后缀来分类。例如,域名 edu.cn 代表中国的教育系统。多数域后缀可以反映使用这个域名所代表的组织的性质,但并不总是很容易通过域后缀来确定所代表的组织、单位的性质。

4. 主机

在域名层次结构中,主机可以存在于根以下的各层上。因为域名树是层次型的而不是平面型的,因此只要求主机名在每一连续的域名空间中是唯一的,而在相同层中可以有相同的名字。如 www.163.com、www.12306.cn 和 www.sohu.com 都是有效的主机名。也就是说,即使这些主机有相同的名字 www,但都可以被正确地解析到唯一的主机。即只要是在不同的子域,就可以重名。

21.1.2　DNS 名称的解析方法

DNS 名称的解析方法主要有两种,一种是通过 hosts 文件进行解析,另一种是通过 DNS

服务器进行解析。

1. hosts 文件

hosts 文件解析只是 Internet 中最初使用的一种查询方式。采用 hosts 文件进行解析时，必须由人工输入、删除、修改所有 DNS 名称与 IP 地址的对应数据，即把全世界所有的 DNS 名称写在一个文件中，并将该文件存储到解析服务器上。客户端如果需要解析名称，就到解析服务器上查询 hosts 文件。全世界所有的解析服务器上的 hosts 文件都需保持一致。当网络规模较小时，hosts 文件解析还是可以采用的。然而，当网络越来越大时，为保持网络里所有服务器中 hosts 文件的一致性，就需要大量管理和维护工作。在大型网络中，这将是一项沉重的负担，此种方法显然是不适用的。

在 Windows Server 2016 中，hosts 文件位于％systemroot％\system32\drivers\etc 目录中，本例为"C:\windows\system32\drivers\etc"。该文件是一个纯文本文件，如图 21-2 所示。

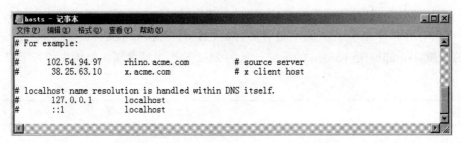

图 21-2　Windows Server 2016 中的 hosts 文件

2. DNS 服务器

DNS 服务器是目前 Internet 上最常用也是最便捷的名称解析方法。全世界有众多 DNS 服务器各司其职，互相呼应，协同工作，构成了一个分布式的 DNS 名称解析网络。例如，163.com 的 DNS 服务器只负责本域内数据的更新，而其他 DNS 服务器并不知道也无须知道 163.com 域中有哪些主机，但它们知道 163.com 的 DNS 服务器的位置；当需要解析 www.163.com 时，它们就会向 163.com 的 DNS 服务器请求帮助。采用这种分布式解析结构时，一台 DNS 服务器出现问题并不会影响整个体系，而数据的更新操作也只在其中的一台或几台 DNS 服务器上进行，使整体的解析效率大幅提高。

21.1.3　DNS 服务器的类型

DNS 服务器用于实现 DNS 名称和 IP 地址的双向解析。在网络中，主要有 4 种类型的 DNS 服务器：主 DNS 服务器、辅助 DNS 服务器、转发 DNS 服务器和唯缓存 DNS 服务器。

1. 主 DNS 服务器

主 DNS 服务器（primary name server）是特定 DNS 域所有信息的权威性信息源。它从域管理员构造的本地数据库文件即区域文件（zone file）中加载域信息，该文件包含该服务器具有管理权的 DNS 域的最精确信息。

主 DNS 服务器保存着自主生成的区域文件，该文件是可读可写的。当 DNS 域中的信息发生变化时（如添加或删除记录），这些变化都会保存到主 DNS 服务器的区域文件中。

2. 辅助 DNS 服务器

辅助 DNS 服务器(secondary name server)可以从主 DNS 服务器中复制一整套域信息。该服务器的区域文件是从主 DNS 服务器中复制生成的,并作为本地文件存储。这种复制称为"区域传输"。在辅助 DNS 服务器中存有一个域所有信息的完整只读副本,可以对该域的解析请求提供权威的回答。由于辅助 DNS 服务器的区域文件仅是只读副本,因此无法进行更改,所有针对区域文件的更改必须在主 DNS 服务器上进行。在实际应用中,辅助 DNS 服务器主要用于均衡负载和容错。如果主 DNS 服务器出现故障,可以根据需要将辅助 DNS 服务器转换为主 DNS 服务器。

3. 转发 DNS 服务器

转发 DNS 服务器(forwarder name server)可以向其他 DNS 转发解析请求。当 DNS 服务器收到客户端的解析请求后,它首先会尝试从其本地数据库中查找;若未能找到,则需要向其他指定的 DNS 服务器转发解析请求;其他 DNS 服务器完成解析后会返回解析结果,转发 DNS 服务器将该解析结果缓存在自己的 DNS 缓存中,并向客户端返回解析结果。在缓存期内,如果客户端请求解析相同的名称,则转发 DNS 服务器会立即回应客户端;否则,将会再次发生转发解析的过程。

目前网络中所有的 DNS 服务器均被配置为转发 DNS 服务器,向指定的其他 DNS 服务器或根域服务器转发自己无法完成的解析请求。

4. 唯缓存 DNS 服务器

唯缓存 DNS 服务器(caching-only name server)可以提供名称解析服务器,但其没有任何本地数据库文件。唯缓存 DNS 服务器必须同时是转发 DNS 服务器。它将客户端的解析请求转发给指定的远程 DNS 服务器,并从远程 DNS 服务器取得每次解析的结果,并将该结果存储在 DNS 缓存中,以后收到相同的解析请求时就用 DNS 缓存中的结果。所有的 DNS 服务器都按这种方式使用缓存中的信息,但唯缓存服务器则依赖于这一技术实现所有的名称解析。

当刚安装好 DNS 服务器时,它本身就是一台缓存 DNS 服务器。唯缓存服务器并不是权威性的服务器,因为它提供的所有信息都是间接信息。

(1) 所有的 DNS 服务器均可使用 DNS 缓存机制相应解析请求,以提高解析效率。

(2) 可以根据实际需要将上述几种 DNS 服务器结合,进行合理配置。

(3) 一些域的主 DNS 服务器可以是另一些域的辅助 DNS 服务器。

(4) 一个域只能部署一个主 DNS 服务器,它是该域的权威性信息源;另外至少应该部署一个辅助 DNS 服务器,将作为主 DNS 服务器的备份。

(5) 配置唯缓存 DNS 服务器可以减轻主 DNS 服务器和辅助 DNS 服务器的负载,从而减少网络传输。

21.1.4　DNS 名称解析的查询模式

当 DNS 客户端向 DNS 服务器发送解析请求或 DNS 服务器向其他 DNS 服务器转发解

析请求时,均需要使用请求其所需的解析结果。目前使用的查询模式主要有递归查询和迭代查询两种。

1. 递归查询

递归查询是最常见的查询方式,域名服务器将代替提出请求的客户机(下级 DNS 服务器)进行域名查询。若域名服务器不能直接回答,则域名服务器会在域各树中的各分支上下进行递归查询,最终返回查询结果给客户机。在域名服务器查询期间,客户机完全处于等待状态。

2. 迭代查询(又称转寄查询)

当服务器收到 DNS 工作站的查询请求后,如果在 DNS 服务器中没有查到所需数据,该 DNS 服务器便会告诉 DNS 工作站另外一台 DNS 服务器的 IP 地址,然后由 DNS 工作站自行向此 DNS 服务器查询,以此类推,直到查到所需数据为止。如果到最后一台 DNS 服务器都没有查到所需数据,则通知 DNS 工作站查询失败。"转寄"的意思就是若在某地查不到,该地就会告诉用户其他地方的地址,让用户转到其他地方去查。一般,在 DNS 服务器之间的查询请求属于转寄查询(DNS 服务器也可以充当 DNS 工作站的角色),在 DNS 客户端与本地 DNS 服务器之间的查询属于递归查询。

下面以查询 www.163.com 为例介绍转寄查询的过程,如图 21-3 所示。

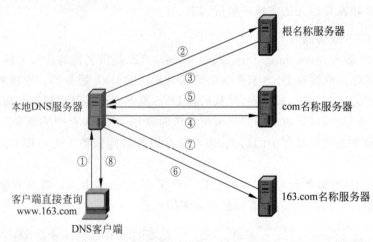

图 21-3 转寄查询

① 客户端向本地 DNS 服务器直接查询 www.163.com 的域名。

② 本地 DNS 无法解析此域名,先向根域服务器发出请求,查询.com 的 DNS 地址。

③ 根域 DNS 管理着.com、.net、.org 等顶级域名的地址解析。它收到请求后,把解析结果(管理.com 域的服务器地址)返回给本地的 DNS 服务器。

④ 本地 DNS 服务器得到查询结果后,接着向管理.com 域的 DNS 服务器发出进一步的查询请求,要求得到 163.com 的 DNS 地址。

⑤ .com 域把解析结果(管理 163.com 域的服务器地址)返回给本地 DNS 服务器。

⑥ 本地 DNS 服务器得到查询结果后,接着向管理 163.com 域的 DNS 服务器发出查询具体主机 IP 地址的请求(www),要求得到满足要求的主机 IP 地址。

⑦ 163.com 把解析结果返回给本地 DNS 服务器。

⑧ 本地 DNS 服务器得到了最终的查询结果。它把这个结果返回给客户端,从而使客户端能够和远程主机通信。

> ① 正确安装完 DNS 后,打开 DNS 属性对话框,在"根目录提示"选项卡中,系统显示了包含在解析名称中为要使用和参考的服务器所建议的根服务器的根提示列表,默认共有 13 个。
>
> ② 目前全球共有 13 个域名根服务器。1 个为主根服务器,放置在美国。其余 12 个均为辅助根服务器,其中美国 9 个、欧洲 2 个(英国和瑞典各 1 个)、亚洲 1 个(日本)。所有的根服务器均由 ICANN(互联网名称与数字地址分配机构)统一管理。

21.1.5　DNS 区域

为了便于根据实际情况来分散 DNS 名称管理工作的负荷,将 DNS 名称空间划分为区域(Zone)来进行管理。区域是 DNS 服务器的管辖范围,是由 DNS 名称空间中的单个域或由具有上下隶属关系的紧密相邻的多个子域组成的一个管理单位。因此,DNS 服务器是通过区域来管理名称空间的,而并非以域为单位管理名称空间,但区域的名称与其管理的 DNS 名称空间的域的名称是一一对应的。

一台 DNS 服务器可以管理一个或多个区域,而一个区域也可以有多台 DNS 服务器来管理(例如由一个主 DNS 服务器和多个辅助 DNS 服务器来管理)。在 DNS 服务器中必须先建立区域,然后再根据需要在区域中建立子域以及在区域或子域中添加资源记录,才能完成其解析工作。

1. 正向解析和反向解析

将 DNS 名称解析成 IP 地址的过程称为正向解析,递归查询和转寄查询两种查询模式都是正向解析。将 IP 地址解析成 DNS 名称的过程称为反向解析,它依据 DNS 客户端提供的 IP 地址,来查询它的主机名。由于 DNS 名字空间中域名与 IP 地址之间无法建立直接对应关系,所以必须在 DNS 服务器内创建一个反向查询的区域,该区域名称的最后部分为 in-addr.arpa。

DNS 服务器分别通过正向查找区域和反向查找区域来管理正向解析和反向解析。在 Internet 中,正向解析的应用非常普遍。而反向解析由于会占用大量的系统资源,会给网络带来不安全的问题,通常不提供反向解析。

2. 主要区域、辅助区域和存根区域

无论是正向解析还是反向解析,均可以针对一个区域建立 3 种类型的区域,即主要区域、辅助区域和存根区域。

(1) 主要区域。一个区域的主要区域建立在该区域的主 DNS 服务器上。主要区域的数据库文件是可读可写的,所有针对该区域的添加、修改和删除等写入操作都必须在主要区域中进行。

(2) 辅助区域。一个区域的辅助区域建立在该区域的辅助 DNS 服务器上。辅助区域

的数据库文件是主要区域数据库文件的副本,需要定期地通过区域传输从主要区域中复制以获得更新。辅助区域的主要作用是均衡 DNS 解析的负载以提高解析效率,同时提供容错能力。必要时,可以将辅助区域转换为主要区域。辅助区域内的记录是只读的、不可以修改,如图 21-4 所示 DNS 服务器 B 与 DNS 服务器 C 内都各有一个辅助区域,其中的记录是从 DNS 服务器 A 复制过来的,换句话说,DNS 服务器 A 是它们的主服务器。

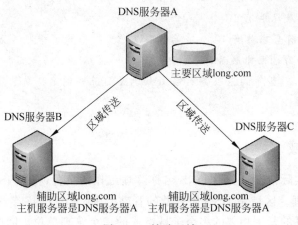

图 21-4　辅助区域

(3) 存根区域。一个区域的存根区域类似于辅助区域,也是主要区域的只读副本,但存根区域只从主要区域中复制 SOA 记录、NS 记录以及黏附 A 记录(即解析 NS 记录所需的 A 记录),而不是所有的区域数据库信息。存根区域所属的主要区域通常是一个受委派区域,如果该受委派区域部署了辅助 DNS 服务器,则通过存根区域可以让委派服务器获得该受委派区域的权威 DNS 服务器列表(包括主 DNS 服务器和所有辅助 DNS 服务器)。

　　　　在 Windows Server 2016 服务器中,DNS 服务支持增量区域传输(incremental zone transfer),也就是在更新区域中的记录时,DNS 服务器之间只传输发生改变的记录,因此提高了传输的效率。
　　　　在以下情况可以启动区域传输:管理区域的辅助 DNS 服务器启动、区域的刷新时间间隔过期、在主 DNS 服务器记录发生改变并设置了 DNS 通告列表。在这里,所谓 DNS 通告是利用"推"的机制,当 DNS 服务器中的区域记录发生改变时,它将通知选定的 DNS 服务器进行更新,被通知的服务器启动区域复制操作。

3. 资源记录

DNS 数据库文件由区域文件、缓存文件和反向搜索文件等组成,其中区域文件是最主要的,它保存着 DNS 服务器所管辖区域的主机的域名记录。默认的文件名是"区域名.dns",在 Windows NT/2000/2003 系统中,置于％systemroot％\system32\dns 目录中。而缓存文件用于保存根域中的 DNS 服务器名称与 IP 地址的对应表,文件名为 Cache.dns。DNS 服务就是依赖于 DNS 数据库文件来实现的。

每个区域数据库文件都是由资源记录构成的。资源记录是 DNS 服务器提供名称解析的依据,当收到解析请求后,DNS 服务器会查找资源记录并予以响应。

常见的资源记录主要包括 SOA 记录、NS 记录、A 记录、CNAME 记录、MX 记录及 PTR 记录等类型（详细说明见表 21-3）。

标准的资源记录具有其基本格式：

```
[name]        [ttl]        IN        type      rdata
```

name：名称字段名，此字段是资源记录引用的域对象名，可以是一台单独的主机也可以是整个域。name 字段可以有四种取值，即"·"表示根域；"@"表示默认域，即当前域；"标准域名"或是以"."结束的域名，或是一个相对域名；"空（空值）"表示该记录适用于最后一个带有名字的域对象。

ttl（time to live）：生存时间字段，它以秒为单位定义该资源记录中的信息存放在 DNS 缓存中的时间长度。通常此字段值为空，表示采用 SOA 记录中的最小 ttl 值。

IN：此字段用于将当前资源记录标识为一个 Internet 的 DNS 资源记录。

type：类型字段，用于标识当前资源记录的类型。常用的资源记录的类型见表 21-3。

rdata：数据字段，用于指定与当前资源记录有关的数据，数据字段的内容取决于类型字段。

表 21-3　常用资源记录类型及说明

资源记录类型	类型字段说明
SOA（start of authority）	初始授权记录，用于表示一个区域的开始。SOA 记录后的所有信息均是用于控制这个区域的。每个区域数据库文件都必须包含一个 SOA 记录，并且必须是其中的第一个资源记录，用于标识 DNS 服务器所管理的起始位置
NS（Name Server）	名称服务器记录，用于标识一个区域的 DNS 服务器
A（Address）	主机记录，也称为 Host 记录，实现正向解析，建立 DNS 名称到 IP 地址的映射，用于正向解析
CNAME（Canonical NAME）	CNAME（规范名称）记录，也称为别名（Alias）记录，定义 A 记录的别名，用于将 DNS 域名映射到另一个主要的或规范的名称，该名字可能为 Internet 中规范的名称例如 www
PTR（domain name PoinTeR）	指针记录，实现反向解析，建立 IP 地址到 DNS 名称的映射
MX（Mail exchanger）	MX（邮件交换器）记录。用于指定交换或者转发邮件信息的服务器（该服务器知道如何将邮件传送到最终目的地）

21.2　项目设计与准备

1. 部署需求

在部署 DNS 服务器前需满足以下要求。

- 设置 DNS 服务器的 TCP/IP 属性，手工指定 IP 地址、子网掩码、默认网关和 DNS 服务器地址等；
- 部署域环境，域名为 long.com。

2. 部署环境

任务的所有实例部署在同一个网络环境下，DNS1、DNS2、DNS3、DNS4 是 4 台不同角色的 DNS 服务器，操作系统是 Windows Server 2016。Client 是 DNS 客户端，操作系统是 Windows Server 2016 或 Windows 10。5 台计算机的详细信息如图 21-5 所示。

在实训中需要说明以下三点。

① 这是全部 DNS 实训的拓扑图，在单个实训中，如果有些计算机不需要，可以挂起或关闭，以免影响实训响应效率，请读者灵活处理。

② 唯缓存 DNS 服务器和辅助 DNS 服务器，通常没法同时承担。本实例仅是为了提高实训效率，才这样做安排。

③ 所有虚拟机的网络连接方式都设置为 VMnet1（仅主机模式）。

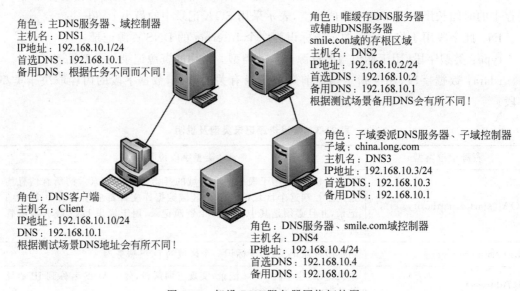

角色：主DNS服务器、域控制器
主机名：DNS1
IP地址：192.168.10.1/24
首选DNS：192.168.10.1
备用DNS：根据任务不同而不同！

角色：唯缓存DNS服务器
或辅助DNS服务器
smile.con域的存根区域
主机名：DNS2
IP地址：192.168.10.2/24
首选DNS：192.168.10.2
备用DNS：192.168.10.1
根据测试场景备用DNS会有所不同！

角色：子域委派DNS服务器、子域控制器
子域：china.long.com
主机名：DNS3
IP地址：192.168.10.3/24
首选DNS：192.168.10.3
备用DNS：192.168.10.1

角色：DNS客户端
主机名：Client
IP地址：192.168.10.10/24
DNS：192.168.10.1
根据测试场景DNS地址会有所不同！

角色：DNS服务器、smile.com域控制器
主机名：DNS4
IP地址：192.168.10.4/24
首选DNS：192.168.10.4
备用DNS：192.168.10.2

图 21-5 架设 DNS 服务器网络拓扑图

21.3 项目实施

21-2 添加 DNS 服务器

任务 21-1 添加 DNS 服务器

设置 DNS 服务器的首要任务就是建立 DNS 区域和域的树状结构。DNS 服务器以区域为单位来管理服务。区域是一个数据库，用来链接 DNS 名称和相关数据，如 IP 地址和网络服务，在 Internet 环境中一般用二级域名来命名，如 computer.com。而 DNS 区域分为两类：一类是正向搜索区域，即域名到 IP 地址的数据库，用于提供将域名转换为 IP 地址的服务；另一类是反向搜索区域，即 IP 地址到域名的数据库，用于提供将 IP 地址转换为域名的服务。

1. 添加 DNS 服务器角色

在添加 Active Directory 域服务角色时，可以选择一起添加 DNS 服务器角色，如果没有添加,那么可以在计算机 DNS1 上通过"服务器管理器"控制台安装 DNS 服务器角色。具体步骤如下。

STEP 1　选择"服务器管理器"→"仪表板"→"添加角色和功能"命令,持续单击"下一步"按钮,直到打开如图 21-6 所示的"选择服务器角色"的对话框时选中"DNS 服务器"复选框,单击"添加功能"按钮。

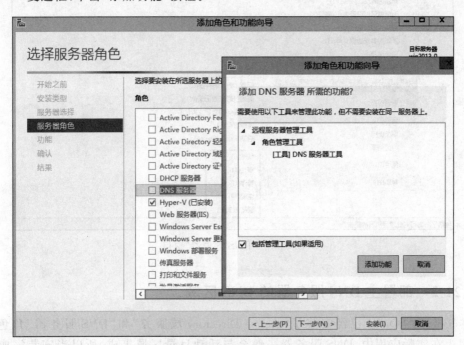

图 21-6　"选择服务器角色"对话框

STEP 2　持续单击"下一步"按钮,最后单击"安装"按钮,开始安装 DNS 服务器。安装完毕,单击"关闭"按钮,完成 DNS 服务器角色的添加。

2. DNS 服务的停止和启动

要启动或停止 DNS 服务,可以使用 net 命令、"DNS 管理器"控制台或"服务"控制台,具体步骤如下。

1)使用 net 命令

以域管理员帐户登录 DNS1 计算机,在命令提示符下输入命令 net stop dns 停止 DNS 服务,输入命令 net start dns 启动 DNS 服务。

2)使用"DNS 管理器"控制台

选择"服务器管理器"窗口的"工具"→"DNS"命令,打开"DNS 管理器"窗口,在左窗格中在服务器 DNS1 项上右击,在弹出的快捷菜单中选择"所有任务"→"停止"或"启动"或"重新启动"命令,即可停止或启动 DNS 服务,如图 21-7 所示。

3)使用"服务"控制台

选择"服务器管理器"窗口的"工具"→"服务"→"DNS"命令,打开"服务"控制台,找到 DNS Server 服务,选择"启动"或"停止"命令即可启动或停止 DNS 服务。

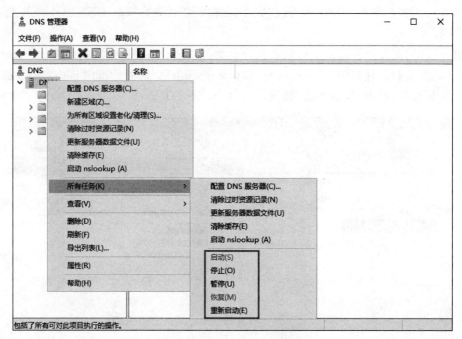

图 21-7 "DNS 管理器"窗口

21-3 部署主
DNS 服务器
的 DNS 区域

任务 21-2 部署主 DNS 服务器的 DNS 区域

本任务中的 DNS1 已经安装了"Active Directory 域服务"和"DNS 服务器"角色和功能。因为在实际应用中,DNS 服务器一般会与活动目录区域集成,所以当安装完成 DNS 服务器并新建区域后,直接提升该服务器为域控制器,将新建区域更新为活动目录集成区域。

1. 创建正向查找主要区域

在 DNS 服务器上创建正向查找主要区域 long.com,具体步骤如下。

STEP 1 在 DNS1 上,在"服务器管理器"窗口选择"工具"→DNS 命令,打开 DNS 管理器控制台,展开 DNS 服务器目录树,如图 21-8 所示,右击"正向查找区域"选项,在弹出的快捷菜单中选择"新建区域"命令,弹出"新建区域向导"对话框。

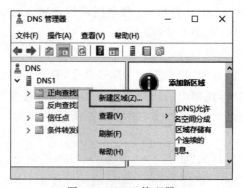

图 21-8 DNS 管理器

STEP 2　单击"下一步"按钮,打开如图 21-9 所示的"区域类型"对话框,用来选择要创建的
区域的类型,有"主要区域""辅助区域"和"存根区域"三种。若要创建新的区域,
应当选中"主要区域"单选按钮。

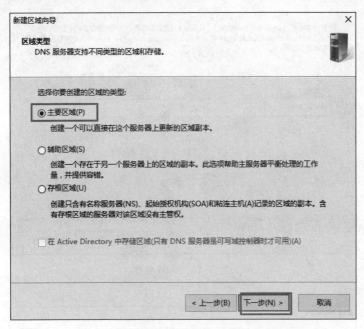

图 21-9　新建正向查找区域时选择区域类型

　　　　如果当前 DNS 服务器上安装了 Active Directory 服务,则"在 Active Directory
中存储区域"复选框将自动选中。

STEP 3　单击"下一步"按钮,在打开的对话框中的"区域名称"文本框中设置要创建的区域
名称,如 long.com,如图 21-10 所示。区域名称用于指定 DNS 名称空间的部分,
由此实现 DNS 服务器管理。

STEP 4　单击"下一步"按钮,在打开的对话框中创建区域文件:long.com.dns,如图 21-11
所示。

STEP 5　单击"下一步"按钮,在打开的对话框中选中"允许非安全和安全动态更新"选项,
如图 21-12 所示。

　　　　由于会将 long.com 区域更新为活动目录集成区域,所以这里一定不能选择
"不允许动态更新"! 否则无法更新为活动目录集成区域。

STEP 6　单击"下一步"按钮,在打开的对话框中提示新建区域摘要。单击"完成"按钮,完
成区域创建。

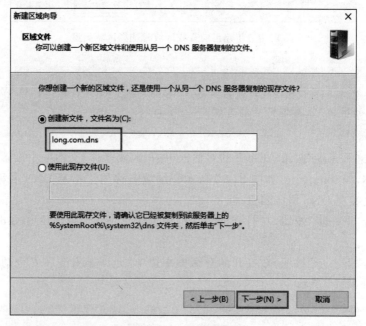

图 21-10　区域名称

图 21-11　区域文件

　　　　如果是活动目录集成的区域,不指定区域文件。否则指定区域文件 long. com.dns。

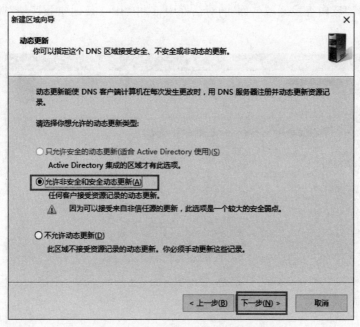

图 21-12　允许非安全和安全动态更新

2. 创建反向查找区域

反向查找区域用于通过 IP 地址来查询 DNS 名称。创建的具体过程如下。

STEP 1 在 DNS 控制台中,选择并在"反向查找区域"项上右击,在弹出的快捷菜单中选择"新建区域"命令,打开"新建区域向导"对话框,并在区域类型中选中"主要区域"选项(见图 21-13)。

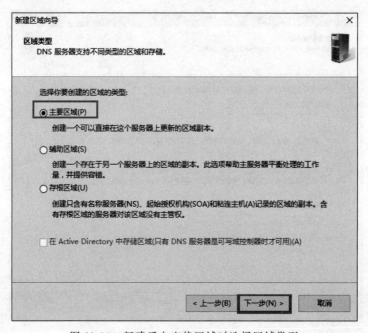

图 21-13　新建反向查找区域时选择区域类型

STEP 2 在选择"反向查找区域名称"的对话框中,选中"IPv4 反向查找区域"选项,如图 21-14 所示。

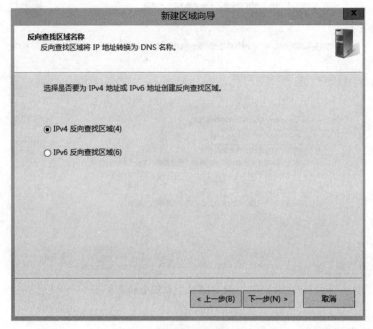

图 21-14　反向查找区域名称-IPv4

STEP 3 在如图 21-15 所示的对话框中输入网络 ID 或者反向查找区域名称,本例中输入的是网络 ID,区域名称根据网络 ID 自动生成。例如,当输入网络 ID 为 192.168.10. 时,反向查找区域的名称自动为 10.168.192.in-addr.arpa。

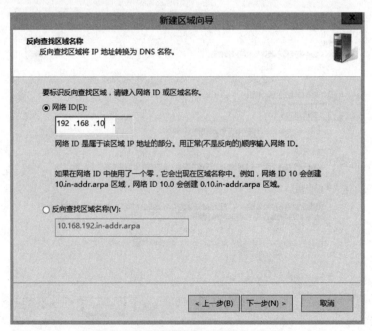

图 21-15　反向查找区域名称-网络 ID

STEP 4　单击"下一步"按钮,在打开的对话框中选中"允许非安全和安全的动态更新"选项。

STEP 5　单击"下一步"按钮,打开提示新建区域摘要的对话框。单击"完成"按钮,完成区域创建。如图 21-16 所示为创建后的效果。

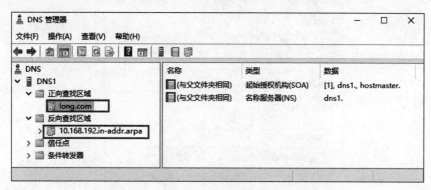

图 21-16　创建正、反向区域后的 DNS 管理器

3. 创建资源记录

DNS 服务器需要根据区域中的资源记录提供该区域的名称解析。因此,在区域创建完成之后,需要在区域中创建所需的资源记录。

1) 创建主机记录

创建 DNS2 对应的主机记录。

STEP 1　以域管理员帐户登录 DNS1 计算机,打开 DNS 管理控制台,在左窗格中选中要创建资源记录的正向主要区域 long.com,然后在右窗格空白处右击,或右击要创建资源记录的正向查找主要区域,在弹出的快捷菜单中选择相应命令即可创建资源记录,如图 21-17 所示。

图 21-17　创建资源记录

STEP 2 选择"新建主机"命令,打开"新建主机"对话框,通过此对话框可以创建 A 记录,如图 21-18 所示。

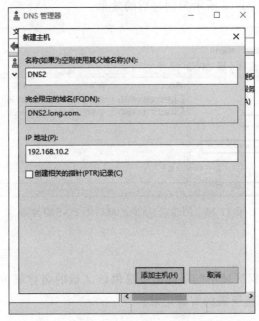

图 21-18　创建 A 记录

① 在"名称"文本框中输入 A 记录的名称,该名称即为主机名,本例为 DNS2。

② 在"IP 地址"文本框中输入该主机的 IP 地址,本例为 192.168.10.2。

③ 若选中"创建相关的指针(PTR)记录"复选框,则在创建 A 记录的同时,可在已经存在的相对应的反向查找主要区域中创建 PTR 记录。若之前没有创建对应的反向查找主要区域,则不能成功创建 PTR 记录。本例不选中该复选框,后面单独建立 PTR 记录。

STEP 3 用同样的方法新建 DNS1 主机(A)记录,IP 地址是 192.168.10.1。

2)创建别名记录

DNS1 同时还是 Web 服务器,为其设置别名 www。步骤如下。

STEP 1 在如图 21-17 所示的窗口中,选择"新建别名(CNAME)"命令,打开并选中"新建资源记录"对话框的"别名(CNAME)"选项卡,通过此选项卡可以创建 CNAME记录,如图 21-19 所示。

STEP 2 在"别名"文本框中输入一个规范的名称(本例为 www),单击"浏览"按钮,选中起别名的目的服务器域名(本例为 DNS1.long.com)。或者直接输入目的服务器的名字。在"目标主机的完全合格的域名(FQDN)"文本框中,输入需要定义别名的完整 DNS 域名。

3)创建邮件交换器记录

当将邮件发送到邮件服务器(SMTP 服务器)后,此邮件服务器必须将邮件转发到目的地的邮件服务器,但是邮件服务器如何得知目的地的邮件服务器的 IP 地址呢?

答案是向 DNS 服务器查询 MX 这条资源记录,因为 MX 记录着负责某个域邮件接收的邮件服务器(见图 21-20)。

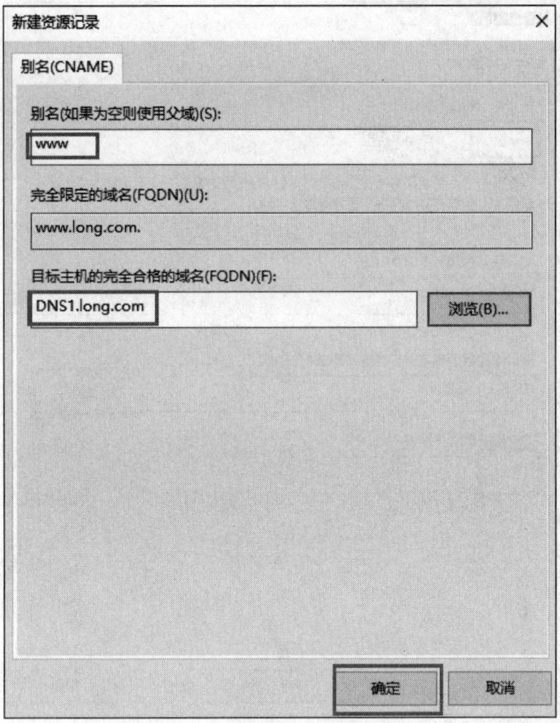

新建资源记录　　　　　　　　　　　　　　　　　　✕

别名(CNAME)

别名(如果为空则使用父域)(S):

www

完全限定的域名(FQDN)(U):

www.long.com.

目标主机的完全合格的域名(FQDN)(F):

DNS1.long.com　　　　　　　　　　　　　　　　浏览(B)...

确定　　　　取消

图 21-19　创建 CNAME 记录

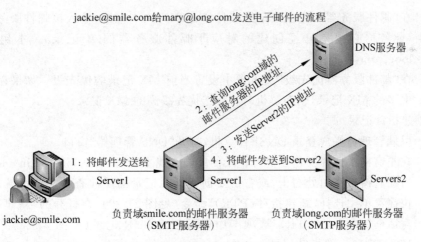

jackie@smile.com给mary@long.com发送电子邮件的流程

DNS服务器

2：查询long.com域的邮件服务器的IP地址

3：发送Server2的IP地址

1：将邮件发送给　　　　4：将邮件发送到Server2

Server1　　　　　　　Server1　　　　　　　　Servers2

jackie@smile.com　　负责域smile.com的邮件服务器　　　负责域long.com的邮件服务器
　　　　　　　　　　　（SMTP服务器）　　　　　　　　（SMTP服务器）

图 21-20　发送电子邮件流程

　　DNS2 同时还是 mail 服务器。如图 21-17 所示,选择“新建邮件交换器(MX)”命令,将打开并选中“新建资源记录”对话框的“邮件交换器(MX)”选项卡,通过此选项卡可以创建 MX 记录,如图 21-21 所示。

STEP 1　在“主机或子域”文本框中输入 MX 记录的名称,该名称将与所在区域的名称一起构成邮件地址中“@”右面的后缀。例如,邮件地址为 yy@long.com,则应将 MX 记录的名称设置为空(使用其中所属域的名称 long.com);如果邮件地址为 yy@ mail.long.com,则应输入 mail 为 MX 记录的名称记录。本例输入 mail。

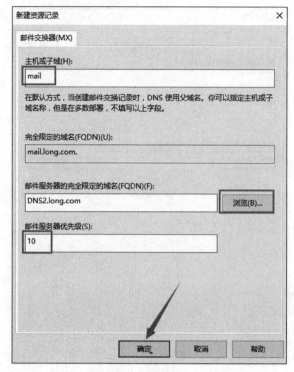

图 21-21　创建 MX 记录

STEP 2 在"邮件服务器的完全限定的域名（FQDN）"文本框中，输入该邮件服务器的名称（此名称必须是已经创建的对应于邮件服务器的 A 记录）。本例为 DNS2.long.com。

STEP 3 在"邮件服务器优先级"文本框中设置当前 MX 记录的优先级。如果存在两个或更多的 MX 记录，则在解析时将首选优先级高的 MX 记录。

4）创建指针记录

STEP 1 以域管理员帐户登录 DNS1 计算机，打开"DNS 管理器"窗口。

STEP 2 在左窗格中选择要创建资源记录的反向查找主要区域 10.168.192.in-addr.arpa，然后在右窗格空白处右击，或右击要创建资源记录的反向查找主要区域，在弹出的快捷菜单中选择"新建指针（PTR）"命令（见图 21-22），在打开的"新建资源记录"对话框的"指针（PTR）"选项卡中即可创建 PTR 记录（见图 21-23）。同理创建 192.168.10.1 的指针记录。

STEP 3 资源记录创建完成之后，在 DNS 管理控制台和区域数据库文件中都可以看到这些资源记录，如图 21-24 所示。

注意　如果区域是和 Active Directory 域服务集成，那么资源记录将保存到活动目录中；如果不是和 Active Directory 域服务集成，那么资源记录将保存到区域文件。默认 DNS 服务器的区域文件存储在"C:\windows\system32\dns"下。若不集成活动目录，则本例正向区域文件为 long.com.dns，反向区域文件为 10.168.192.in-addr.arpa.dns。这两个文件可以用记事本打开。

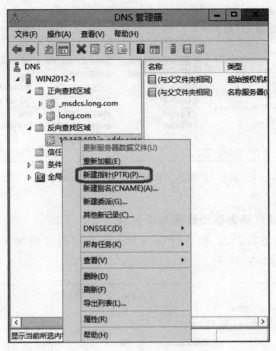

图 21-22　创建 PTR 记录(1)

图 21-23　创建 PTR 记录(2)

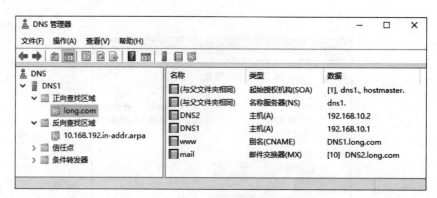

图 21-24　通过 DNS 管理控制台查看反向区域中的资源记录

4. 将 long.com 区域更新为活动目录集成区域

将该服务器提升为域控制器,提升过程可参考前面项目 3 的相关内容。全部安装完成后的 DNS 服务器如图 21-25 所示。

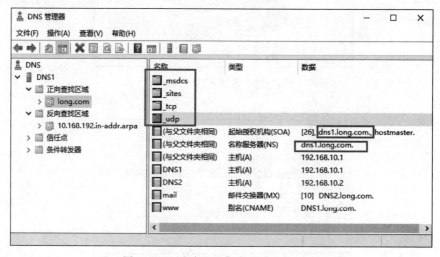

图 21-25　活动目录集成区域 long.com

　　　请对照图 21-25 与图 21-24,看一下图中方框所圈部分有什么区别。总结一下独立区域与活动目录集成区域有什么不一样。

任务 21-3　配置 DNS 客户端并测试主 DNS 服务器

可以通过手工方式配置 DNS 客户端,也可以通过 DHCP 自动配置 DNS 客户端(要求 DNS 客户端是 DHCP 客户端)。

21-4 配置
DNS 客户端
并测试主
DNS 服务器

1. 配置 DNS 客户端

STEP 1　以管理员帐户登录 DNS 客户端计算机 Client,打开"Internet 协议版本 4(TCP/IPv4)属性"对话框,在"首选 DNS 服务器"编辑框中设置所部署的主 DNS 服务器

　　　　DNS1 的 IP 地址为 192.168.10.1，单击"确定"按钮。

STEP 2　通过 DHCP 自动配置 DNS 客户端，参考第 22 章"配置与管理 DHCP 服务器"相
　　　　关内容。

2. 测试 DNS 服务器

　　部署完主 DNS 服务器并启动 DNS 服务后，应该对 DNS 服务器进行测试，最常用的测
试工具是 nslookup 和 ping 命令。

　　nslookup 命令是用来进行手动 DNS 查询的最常用工具，可以判断 DNS 服务器是否工
作正常。如果有故障，可以判断可能的故障原因。它的一般命令用法为：

```
nslookup  [- option...]  [host to find]  [server]
```

　　这个工具可以用于两种模式：非交互模式和交互模式。

　　1）非交互模式

　　非交互模式需从命令行输入完整的命令如 nslookup www.long.com，如图 21-26 所示。

图 21-26　非交互模式测试 DNS 服务器配置

　　2）交互模式

　　输入 nslookup 并按 Enter 键，不需要参数，就可以进入交互模式。在交互模式下，直接
输入 FQDN 进行查询。

　　任何一种模式都可以将参数传递给 nslookup，但在域名服务器出现故障时更多地使用
交互模式。在交互模式下，可以在提示符＞下输入 help 或"?"命令来获得帮助信息。

　　下面在客户端 Client 的交互模式下，测试上面部署的 DNS 服务器。

STEP 1　打开 PowerShell 或者在"运行"对话框中输入 CMD 命令，在命令提示符下输入
　　　　nslookup，如图 21-27 所示。

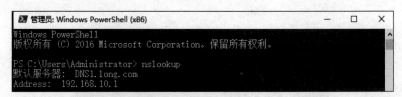

图 21-27　进入 nslookup 交互模式测试 DNS 服务器配置

STEP 2　测试主机记录，如图 21-28 所示。

STEP 3 测试正向解析的邮件交换记录,如图 21-29 所示。

```
> DNS2.1ong.com
服务器: DNS1.1ong.com'
Address: 192.168.10.1

名称:    DNS2.1ong.com
Address: 192.168.10.2

>
```

图 21-28 测试主机记录

```
> www.1ong.com
服务器: DNS1.1ong.com
Address: 192.168.10.1

名称:    dns1.1ong.com
Address: 192.168.10.1
A1iases: www.1ong.com
```

图 21-29 测试正向解析的邮件交换记录

STEP 4 测试 MX 记录,如图 21-30 所示。

```
> set type=MX
> 1ong.com
服务器: DNS1.1ong.com
Address: 192.168.10.1。

1ong.com
        primary name server = dns1.1ong.com
        responsible mail addr = hostmaster.1ong.com
        serial  = 26
        refresh = 900 (15 mins)
        retry   = 600 (10 mins)
        expire  = 86400 (1 day)
        default TTL = 3600 (1 hour)
```

图 21-30 测试 MX 记录

set type 表示设置查找的类型。set type＝MX,表示查找邮件服务器记录;set type＝cname,表示查找别名记录;set type＝A,表示查找主机记录;set type＝PTR,表示查找指针记录;set type＝NS,表示查找区域。

STEP 5 测试指针记录,如图 21-31 所示。

STEP 6 查找区域信息,结束退出 nslookup 环境,如图 21-32 所示。

```
> set type=PTR
> 192.168.10.1
服务器: DNS1.1ong.com
Address: 192.168.10.1

1.10.168.192.in-addr.arpa       name = DNS1.1ong.com
> 192.168.10.2
服务器: DNS1.1ong.com
Address: 192.168.10.1

2.10.168.192.in-addr.arpa       name = DNS2.1ong.com
```

图 21-31 测试指针记录

```
> set type=NS
> 1ong.com
服务器: DNS1.1ong.com
Address: 192.168.10.1

1ong.com        nameserver = dns1.1ong.com
dns1.1ong.com   internet address = 192.168.10.1
> exit
PS C:\Users\Administrator>
```

图 21-32 查找区域信息

可以利用"ping 域名或 IP 地址"简单测试 DNS 服务器与客户端的配置，读者不妨试一试。

3. 管理 DNS 客户端缓存

① 打开 PowerShell 或者在"运行"对话框中输入 CMD 命令，打开命令提示符窗口。

② 查看 DNS 客户端缓存：

```
C:\> ipconfig /displaydns
```

③ 清空 DNS 客户端缓存：

```
C:\> ipconfig /flushdns
```

任务 21-4　部署唯缓存 DNS 服务器

21-5 部署唯缓存 DNS 服务器

　　尽管所有的 DNS 服务器都会缓存其已解析的结果，但唯缓存 DNS 服务器是仅执行查询、缓存解析结果的 DNS 服务器，不存储任何区域数据库。唯缓存 DNS 服务器对于任何域来说都不是权威的，并且它所包含的信息仅限于解析查询时已缓存的内容。

　　当唯缓存 DNS 服务器初次启动时，并没有缓存任何信息，只有在响应客户端请求时才开始缓存信息。如果 DNS 客户端位于远程网络，且该远程网络与主 DNS 服务器（或辅助 DNS 服务器）所在的网络通过慢速广域网链路进行通信，则在远程网络中部署唯缓存 DNS 服务器是一种合理的解决方案。因此，一旦在唯缓存 DNS 服务器（或辅助 DNS 服务器）上建立了缓存，其与主 DNS 服务器的通信量便会减少。此外，唯缓存 DNS 服务器不需要执行区域传输，因此不会出现因区域传输而导致网络通信量的增大等问题。

1. 部署唯缓存 DNS 服务器的需求和环境

　　任务 21-5 的所有实例如图 21-33 所示部署网络环境。DNS2 为 DNS 转发器，仅安装 DNS 服务角色和功能，不创建任何区域。DNS2 的 IP 地址为 192.168.10.2，首选 DNS 服务器是 192.168.10.1，该计算机是 Windows Server 2016 的独立服务器。

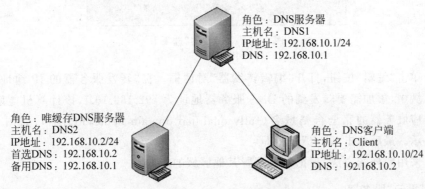

图 21-33　配置 DNS 转发器网络拓扑图

2. 配置 DNS 转发器

1）更改客户端 DNS 服务器 IP 地址指向

STEP 1 登录 DNS 客户端计算机 Client，将其首选 DNS 服务器指向 192.168.10.2，备用 DNS 服务器设置为空。

STEP 2 打开命令提示符，输入 ipconfig/flushdns 命令清空客户端计算机 Client 上的缓存。输入 ping www.long.com 命令发现不能解析，因为该记录存在于服务器 DNS1 上，不存在于服务器 192.168.10.2 上。

2）在唯缓存 DNS 服务器上安装 DNS 服务并配置 DNS 转发器

STEP 1 以具有管理员权限的用户帐户登录将要部署唯缓存 DNS 服务器的计算机 DNS2。

STEP 2 参考任务 21-1 添加"DNS 服务器"角色和功能。

STEP 3 打开"DNS 管理"窗口，在左窗格中右击 DNS 服务器 DNS2 选项，在弹出的快捷菜单中选择"属性"命令。

STEP 4 在打开的"DNS2 属性"对话框中单击选中"转发器"选项卡，如图 21-34 所示。

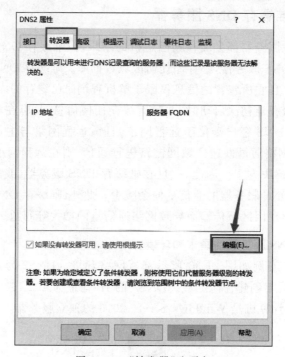

图 21-34 "转发器"选项卡

STEP 5 单击"编辑"按钮，打开"编辑转发器"对话框。在"转发服务器的 IP 地址"选项区域中，添加需要转发到的 DNS 服务器地址为 192.168.10.1，该计算机能解析到相应服务器的完全合格域名（fully qualified domain name，FQDN），如图 21-35 所示。最后单击"确定"按钮即可。

STEP 6 采用同样的方法，根据需要配置其他区域的转发。

3. "根提示"服务器

注意如图 21-34 所示的"如果没有转发器可用，请使用根提示"复选框。那么什么是根

图 21-35　添加解析转达请求的 DNS 服务器的 IP 地址

提示呢？

　　根提示内的 DNS 服务器就是如图 21-1 所示根（root）内的 DNS 服务器，这些服务器的名称与 IP 地址等数据存储在 ％Systemroot％\System32\DNS\cache.dns 文件中，也可以在 DNS 控制台中右击服务器，在弹出的快捷菜单中选择"属性"命令，单击选中如图 21-36 所示

图 21-36　根提示

的"根提示"选项卡来查看这些信息。

可以在根提示选项卡下添加、编辑与删除 DNS 服务器,这些数据变化会被存储到 cache.dns 文件内,也可以单击如图 21-36 所示的"从服务器复制"按钮,从其他 DNS 服务器复制根提示。

当 DNS 服务器收到 DNS 客户端的查询请求后,如果要查询的记录不在其所管辖的区域内(或不在缓存区内),那么此 DNS 服务器默认会转向根提示内的 DNS 服务器查询。如果企业内部拥有多台 DNS 服务器,可能会出于安全考虑而只允许其中一台 DNS 服务器可以直接与外界 DNS 服务器通信,并让其他 DNS 服务器将查询请求委托给这一台 DNS 服务器来负责,也就是说这一台 DNS 服务器是其他 DNS 服务器的转发器(forwarder)。

4. 测试唯缓存 DNS 服务器

在客户端 Client 上打开命令提示符窗口,使用 nslookup 命令测试唯缓存 DNS 服务器,如图 21-37 所示。

图 21-37　在客户端 Client 上测试唯缓存 DNS 服务器

任务 21-5　部署辅助 DNS 服务器

21-6 部署辅助 DNS 服务器

辅助区域用来存储此区域内的副本记录,这些记录是只读的,不能修改。下面如图 21-38 所示来练习建立辅助区域。

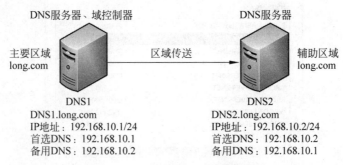

图 21-38　辅助 DNS 服务器配置

我们将在 DNS2 建立一个辅助区域 long.com,此区域内的记录是从其主服务器 DNS1 通过区域传送复制过来的。

(1) DNS1 仍沿用前一节的 DNS 服务器,确保已经建立了 A 资源记录(FQDN 为 DNS2. long.com,IP 地址为 192.168.10.2)。首选 DNS 是其本身,备用 DNS 是 192.168.

10.2。

（2）DNS2 仍沿用前一节的 DNS 服务器，但是将转发器删除。首选 DNS 是 192.168.10. 2，备用 DNS 是 192.168.10.1。

1. 新建辅助区域（DNS2）

我们将在 DNS2 上新建辅助区域，并设置让此区域从 DNS1 复制区域记录。

STEP 1　在 DNS2 上选择"服务器管理器"→"添加角色和功能"命令，在选择添加角色和功能时选中"DNS 服务器"选项，按向导在 DNS2 上完成安装 DNS 服务器。

STEP 2　在 DNS2 上打开"服务器管理器"窗口，选择"工具"→DNS 命令，右击"正向查找区域"选项，在弹出的快捷菜单中选择"新建区域"命令，在弹出的对话框中单击"下一步"按钮。

STEP 3　如图 21-39 所示选中"辅助区域"选项，单击"下一步"按钮。

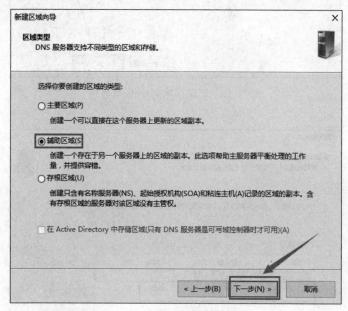

图 21-39　新建区域向导

STEP 4　如图 21-40 所示输入区域名称 long.com，单击"下一步"按钮。

STEP 5　如图 21-41 所示输入主服务器（DNS1）的 IP 地址后按 Enter 键，单击"下一步"按钮，在弹出的对话框中单击"完成"按钮。

STEP 6　重复 STEP 2～STEP 5，新建"反向查找区域"的辅助区域。操作类似，不再赘述。

2. 确认 DNS1 是否允许区域传送（DNS1）

如果 DNS1 不允许将区域记录传送给 DNS2，那么 DNS2 向 DNS1 提出区域传送请求时会被拒绝。下面先设置让 DNS1 允许区域传送给 DNS。

STEP 1　在 DNS1 上单击"开始"菜单按钮，在弹出的快捷菜单中选择"Windows 管理工具"→DNS→long.com→"属性"命令，打开"long.com 属性"对话框，如图 21-42 所示。

STEP 2　选中"区域传送"选项卡下的"允许区域传送"选项，选中"只允许到下列服务器"选项，单击"编辑"按钮以便选择 DNS2 的 IP 地址，如图 21-43 所示。

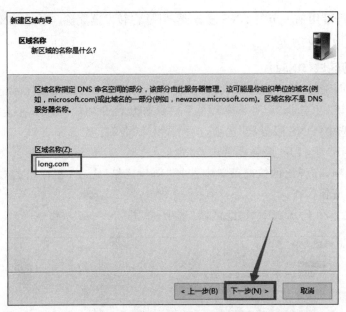

图 21-40　新建区域向导-区域名称

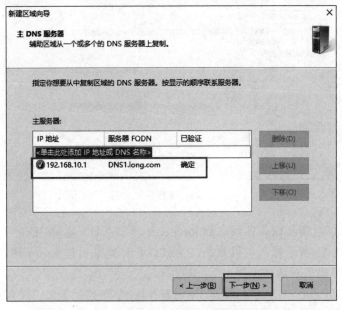

图 21-41　新建区域向导-主 DNS 服务器

提示　　也可以选中所有服务器,此时它将接受其他任何一台 DNS 服务器所提出的区域传送请求,建议不要选择此选项,否则此区域记录将被轻易地传送到其他外部 DNS 服务器。

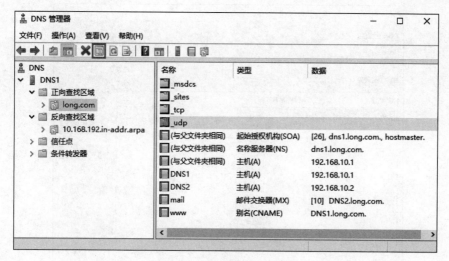

图 21-42　选中 long.com 属性

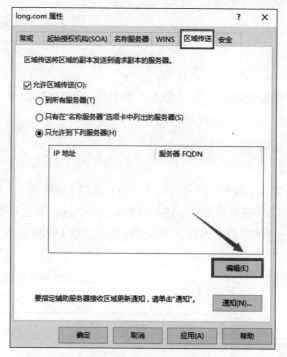

图 21-43　long.com 属性的"区域传送"

STEP 3　输入 DNS2 的 IP 地址后,按 Enter 键,单击"确定"按钮,如图 21-44 所示。

　　DNS1 会通过反向查询来尝试解析拥有此 IP 地址的 DNS 主机名——完全限定域名。如果没有反向查找区域可供查询,则会显示无法解析的警告信息,此时可以不必理会此信息,它并不会影响到区域传送。本例中我们已事先建好了 PTR 指针。

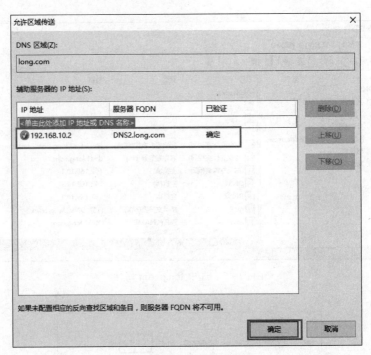

图 21-44　允许区域传送

STEP 4　单击"确定"按钮完成区域传送设置。类似地，重复 STEP 1～STEP 4，允许"反向查找区域"向 DNS2 进行区域传送。

3. 测试辅助 DNS 设置是否成功（DNS2）

回到 DNS2 服务器。

STEP 1　在 DNS2 上打开 DNS 控制台，如图 21-45 和图 21-46 所示，界面中正向查找区域 long.com 和反向查找区域 10.168.192.in.addr.arpa 的记录是自动从其主服务器 DNS1 复制过来的（如果不能正常复制，可以重启 DNS2）。

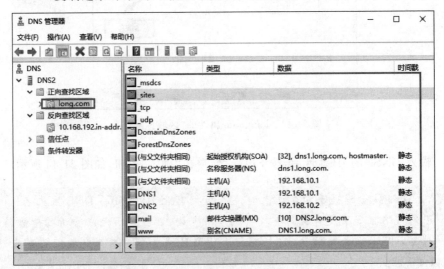

图 21-45　自动从其主服务器 DNS1 复制正向查找区域数据

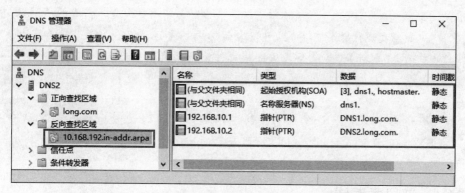

图 21-46 自动从其主服务器 DNS1 复制反向查找区域数据

如果设置都正确，但一直都看不到这些记录，请单击选中区域 long.com 后按 F5 键刷新，如果仍看不到，请将"DNS 管理器"窗口关闭再重新打开，或者重新启动 DNS2 计算机。

STEP 2 存储辅助区域的 DNS 服务器默认会每隔 15 分钟自动向主服务器请求执行区域传送的操作。也可以选中并在辅助区域项上右击，在弹出的快捷菜单中选择"从主服务器传输"或"从主服务器传送区域的新副本"命令来手动要求执行区域传送，如图 21-47 所示。

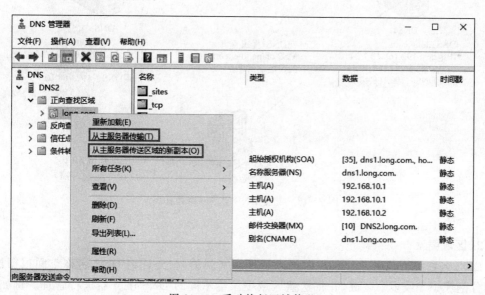

图 21-47 手动执行区域传送

（1）从主服务器传输：它会执行常规的区域传送操作，也就是依据 SOA 记录内的序号如判断在主服务器内有新版本记录，就会执行区域传送。

（2）从主服务器传送区域的新副本：不理会 SOA 记录的序号，重新从主服务器复制完整的区域记录。

如果发现记录存在异常,可以尝试选中并在区域项上右击,在弹出的快捷菜单中选择"重新加载"命令来从区域文件重载记录。

请在 DNS1 上新建 DNS2 的 PTR 指针,同时设置允许反向区域传送给 DSN2。设置完成后,检查 DNS2 服务器的反向区域是否复制成功。

任务 21-6 部署委派域

21-7 部署
委派域

1. 部署子域和委派的需求和环境

本节的所有实例部署在如图 21-48 所示的网络环境。在原有网络环境下增加主机名为 DNS3 的委派 DNS 服务器,其 IP 地址为 192.168.10.3,首选 DNS 服务器是 192.168.10.1,该计算机是子域控制器,同时也是 DNS 服务器。

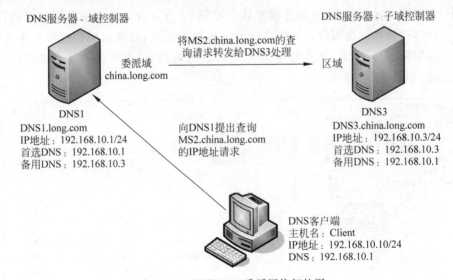

图 21-48 配置 DNS 委派网络拓扑图

2. 区域委派

DNS 名称解析是通过分布式结构来管理和实现的,它允许将 DNS 名称空间根据层次结构分割成一个或多个区域,并将这些区域委派给不同的 DNS 服务器进行管理。例如,某区域的 DNS 服务器(以下称"委派服务器")可以将其子域委派给另一台 DNS 服务器(以下称"受委派服务器")全权管理,由受委派服务器维护该子域的数据库,并负责响应针对该子域的名称解析请求。而委派服务器则无须进行任何针对该子域的管理工作,也无须保存该子域的数据库,只需保留到达受委派服务器的指向,即当 DNS 客户端请求解析该子域的名称时,委派服务器将无法直接响应该请求,但其明确知道应由哪个 DNS 服务器(即受委派服务器)来响应该请求。

　　采用区域委派可有效地实现负载均衡。将子域的管理和解析任务分配到各个受委派服务器,可以大幅度降低父级或顶级域名服务器的负载,提高解析效率。同时,通过这种分布式结构,使得真正提供解析的受委派服务器更接近于客户端,从而减少了带宽资源的浪费。

　　部署区域委派需要在委派服务器和受委派服务器中都进行必要的配置。

　　如图 21-48 所示,在受委派的 DNS 服务器 DNS3 上创建主区域 china.long.com,并且在该区域中创建资源记录,然后在委派的 DNS 服务器 DNS1 上创建委派区域 china。具体步骤如下。

　　1) 配置受委派服务器

STEP 1 使用具有管理员权限的用户帐户登录受委派服务器 DNS3。

STEP 2 在受委派服务器上安装 DNS 服务器。

STEP 3 在受委派服务器 DNS3 上创建正向查找主要区域 china.long.com(正向查找主要区域的名称必须与受委派区域的名称相同),如图 21-49 和图 21-50 所示。

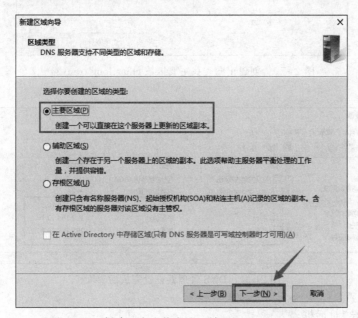

图 21-49　创建正向查找主要区域 china.long.com(1)

STEP 4 在受委派服务器 DNS3 上创建反向查找主要区域 10.168.192.addr.arpa。

STEP 5 创建区域完成后,新建资源记录,如建立主机 Client.china.long.com,对应 IP 地址是 192.168.10.10,DNS3.china.long.com 对应 IP 地址 192.168.10.3(必须新建)。MS2 是新建的测试记录。完成后如图 21-51 所示。

　　2) 配置委派服务器

　　委派服务器 DNS1 将在 long.com 中新建 china 委派域,将其委派给 DNS3(IP: 192.168.10.3)进行管理。

STEP 1 使用具有管理员权限的用户帐户登录委派服务器 DNS1。

STEP 2 打开 DNS 管理控制台,在区域 long.com 下创建 DNS3 的主机记录,该主机记录是被委派 DNS 服务器的主机记录(DNS3.long.com 对应 192.168.10.3)。

STEP 3 右击域 long.com 选项,在弹出的快捷菜单中选择"新建委派"命令,打开"新建委

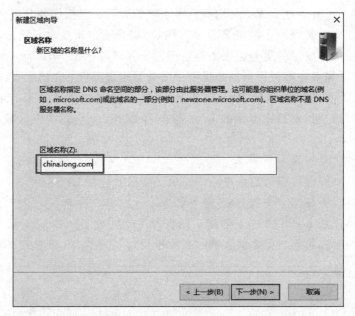

图 21-50 创建正向查找主要区域 china.long.com（2）

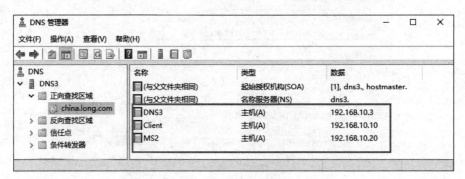

图 21-51 DNS 管理器设置完成后界面

派向导"对话框。

STEP 4 单击"下一步"按钮，将打开要指定受委派域名"新建委派向导"对话框，在此对话框中指定要委派给受委派服务器进行管理的域名 china，如图 21-52 所示。

STEP 5 单击"下一步"按钮，将打开指定名称服务器"新建委派向导"对话框，在此对话框中指定受委派服务器，单击"添加"按钮，将打开"新建名称服务器记录"对话框，在"服务器完全合格的域名（FQDN）"文本框中输入被委派计算机的主机记录的完全合格域名 DNS3.china.long.com，在"IP 地址"文本框中输入被委派 DNS 服务器的 IP 地址 192.168.10.3 后按 Enter 键，如图 21-53 所示。然后单击"确定"按钮。注意，由于目前无法解析到 DNS3.china.long.com 的 IP 地址，因此输入主机名后不要单击"解析"按钮。

STEP 6 单击"确定"按钮，将返回指定名称服务器"新建委派向导"对话框，从中可以看到受委派服务器，如图 21-54 所示。

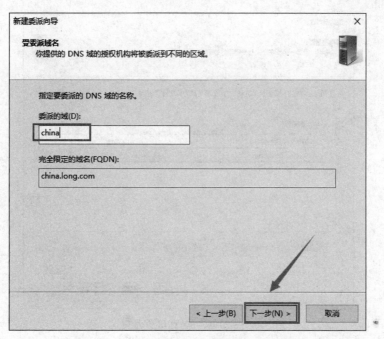

图 21-52　指定受委派域名

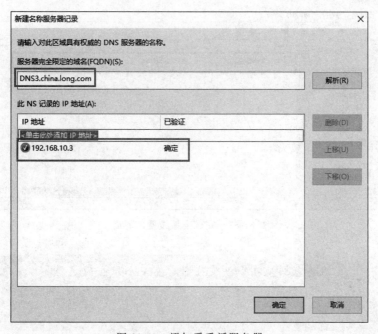

图 21-53　添加受委派服务器

STEP 7　单击"下一步"按钮,将打开提示完成的"新建委派向导"对话框,单击"完成"按钮,将返回 DNS 管理控制台。在 DNS 管理控制台可以看到已经添加的委派子域 china。委派服务器配置完成,如图 21-55 所示(注意一定不要在该域上建立 china 子域)。

图 21-54　名称服务器

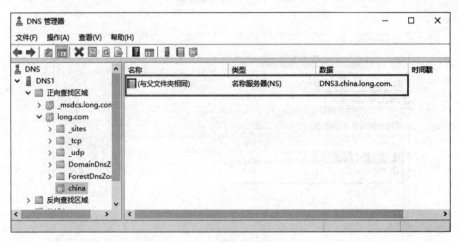

图 21-55　完成委派设置的界面

 　　　　受委派服务器必须在委派服务器中有一个对应的 A 记录,以便委派服务器指向受委派服务器。该 A 记录可以在新建委派之前创建,否则在新建委派时会注　意自动创建。

3）将 DNS3 提升为子域控制器

需要说明的是,将 DNS3 提升为子域控制器在部署委派域时并不是必需的步骤。

STEP 1　参考第 5 章的相关内容,在 DNS3 上安装 Active Directory 域服务。

STEP 2　然后升级为域控制器。当出现如图 21-56 所示的对话框时,选中"将新域添加到现有林"选项,选择域类型为"子域",父域为 long.com,子域为 china,单击更改,输入域 long.com 的域管理员帐户和密码,单击"确定"按钮。

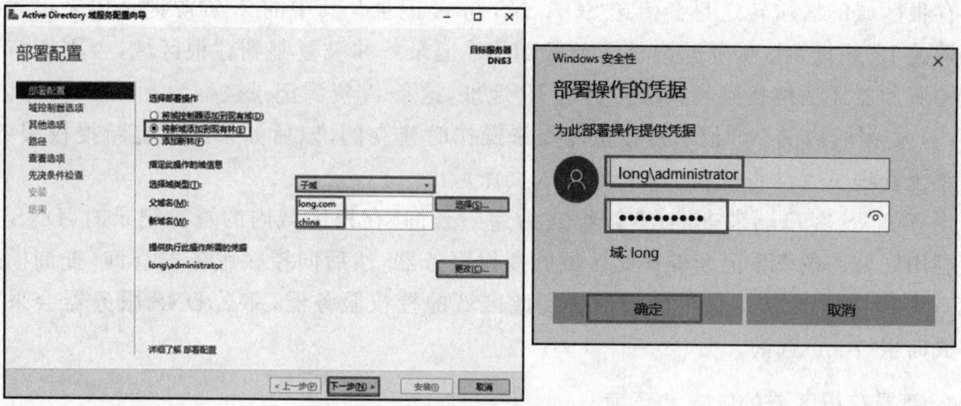

图 21-56　子域的部署配置

STEP 3　单击"下一步"按钮,直到完成安装,计算机自动重启。DNS3 成功升级为子域 china.long.com 的域控制器。

3. 测试委派

STEP 1　使用具有管理员权限的用户帐户登录客户端 Client。首选 DNS 服务器设为 192. 168.10.1。

STEP 2　使用 nslookup 命令测试 Client.china.long.com。如果成功,说明 192.168.10.1 服务器到 192.168.10.3 服务器的委派成功,如图 21-57 所示。

```
管理员: 命令提示符 - nslookup                               ─   □   ×

C:\Users\Administrator>nslookup
默认服务器:  DNS1.long.com
Address:  192.168.10.1

> Client.china.long.com
服务器:  DNS1.long.com
Address:  192.168.10.1

非权威应答:
名称:    Client.china.long.com
Address:  192.168.10.10

> MS2.china.long.com
服务器:  DNS1.long.com
Address:  192.168.10.1

非权威应答:
名称:    MS2.china.long.com
Address:  192.168.10.20
```

图 21-57　委派成功

任务 21-7　部署存根区域

存根区域(stub zone)与委派域有点类似,但是此区域内只包含 SOA、NS 与粘连 A(记载授权服务器的 IP 地址)资源记录,利用这些记录可得知此区域的授权服务器。存根区域与委派域的主要差别如下。

(1) 存根区域内的 SOA、NS 与 A 资源记录是从其主机服务器(此区域的授权服务器)

复制过来的,当主机服务器内的这些记录发生变化时,它们会通过区域转送的方式复制过来。存根区域的区域转送只会传送 SOA、NS 与 A 记录。其中的 A 资源记录用来记载授权服务器的 IP 地址,此 A 资源记录需要跟随 NS 记录一并被复制到存根区域,否则拥有存根区域的服务器无法解析到授权服务器的 IP 地址,这条 A 资源记录被称为 glue A 资源记录。

(2) 委派域内的 NS 记录是在执行委派操作时建立的,以后如果此域有新授权服务器,需由系统管理员手动将此新 NS 记录输入委派域内。

当有 DNS 客户端来查询(查询模式为递归查询)存根区域内的资源记录时,DNS 服务器会利用区域内的 NS 记录得知此区域的授权服务器,然后向授权服务器查询(查询模式为迭代查询)。如果无法从存根区域内找到此区域的授权服务器,那么 DNS 服务器会采用标准方式向根(root)查询。

1. 部署存根区域的需求和环境

21-8 部署存根区域

如图 21-58 所示,将在 DNS2 建立一个正反向查找的存根区域 smile.com,并将此区域的查询请求转发给此区域的授权服务器 DNS4 来处理。

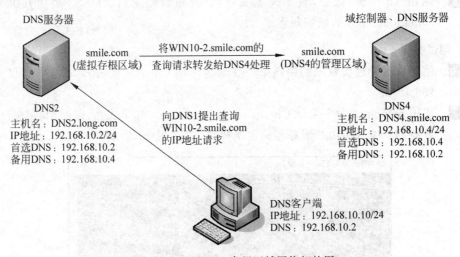

图 21-58 配置 DNS 存根区域网络拓扑图

(1) DNS2 可沿用前一节的 DNS 服务器,也可重新建立。DNS2 是独立服务器和 DNS 服务器,首选 DNS 设置为 192.168.10.2,备用 DNS 设置为 192.168.10.4

(2) 建立另外一台 DNS 服务器,设定 IP 地址为 192.168.10.4/24 并将首选 DNS 设置为 192.168.10.4,备用 DNS 设置为 192.168.10.2,将计算机名称设置为 DNS4 并将完整计算机名称(FQDN)设定为 DNS4 后,重新启动计算机。

2. 确认是否允许区域传送

DNS2 的存根区域内的记录是从授权服务器 DNS4 利用区域传送复制过来的,如果 DNS4 不允许将区域记录传送给 DNS2,那么 DNS1 向 DNS4 提出区域传送请求时会被拒绝。我们先设置让 DNS4 可以将记录通过区域传送复制给 DNS2。下面在 DNS4 上操作。

STEP 1 以管理员身份登录 DNS4,同时安装 Active Directory 域服务并添加 DNS 服务器角色和功能。

STEP 2 升级 DNS4 为域控制器,域为 smile.com。

STEP 3　打开 DNS 控制台，在 DNS4 内建立 smile.com 域的反向查找主要区域。

STEP 4　在 smile.com 中新建多条用来测试的主机记录和 PTR 指针，如图 21-59 所示的
　　　　WIN10-1、WIN10-2、WIN10-3 等，并应包含 DNS4 自己的主机记录（系统自建）和
　　　　PTR 记录，接着单击选中区域 smile.com，单击属性图标▤按钮，在弹出的菜单中
　　　　选择相应的新建主机记录命令。新建主机记录后，再新建相应的 PTR 记录。

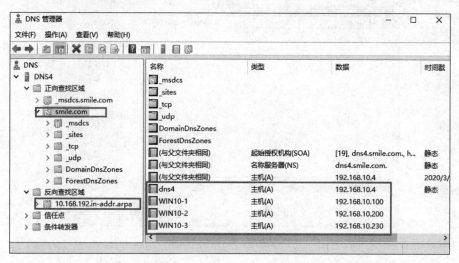

图 21-59　选择 smile.com 域属性

STEP 5　右击 smile.com 选项，在弹出的快捷菜单中选择"属性"命令，打开"smile.com 属
　　　　性"对话框，单击选中"区域传送"选项卡，选中"区域传送"选项卡下的"允许区域
　　　　传送"选项，选中"只允许到下列服务器"选项，单击"编辑"按钮以便选择 DNS2 的
　　　　IP 地址。

注意　　您也可以选中"到所有服务器"选项，此时它将接受其他任何一台 DNS 服务
器所提出的区域传送要求，建议不要选择此选项，否则此区域记录将轻易地被传
送到其他外部 DNS 服务器。

STEP 6　输入 DNS2 的 IP 地址后直接按 Enter 键，单击"确定"按钮，注意它会通过反向查
　　　　询来尝试解析拥有此 IP 地址的主机名（FQDN），如果服务器 DNS4 没有反向查找
　　　　区域可供查询，会显示无法解析的警告消息，但它并不会影响到区域传送。本例
　　　　中第一步就要求已经建立了反向查找的主要区域，而新建主机记录的同时要新建
　　　　PTR 指针。请读者注意。不用理会警告信息，如图 21-60 所示。

STEP 7　依次单击"确定"→"应用"→"确定"按钮。

STEP 8　类似地，右击如图 21-59 所示的反向查找区域的 10.168.192.addr.arpa，在弹出的
　　　　对话框中选择"属性"命令，打开其属性对话框，重复 STEP 3～STEP 5，设置让
　　　　DNS4 可以将反向查找区域的记录通过区域传送复制给 DNS2。

3. 建立存根区域

到 DNS2 上创建存根区域 smile.com，并让它从 DNS4 复制区域记录。

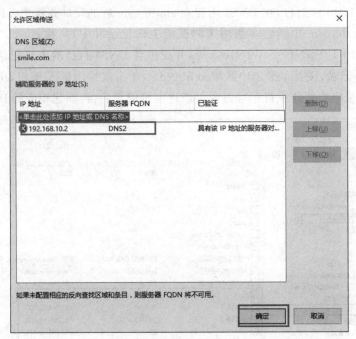

图 21-60　允许区域传送

STEP 1 在 DNS2 上选择"开始"→"Windows 管理工具"→"DNS"命令，打开"DNS 管理器"窗口，选中并在正向查找区域上右击，在弹出的快捷菜单中选择"新建区域"命令。

STEP 2 出现欢迎使用新建区域向导界面时，单击"下一步"按钮。

STEP 3 如图 21-61 所示选中存根区域后，单击"下一步"按钮。

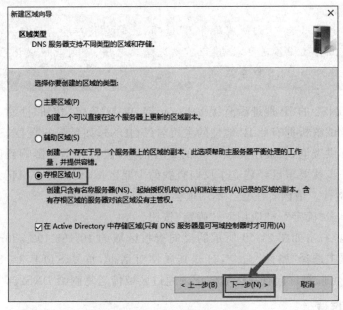

图 21-61　区域类型-存根区域

STEP 4　如图 21-62 所示输入区域名称 smile.com 后单击"下一步"按钮。

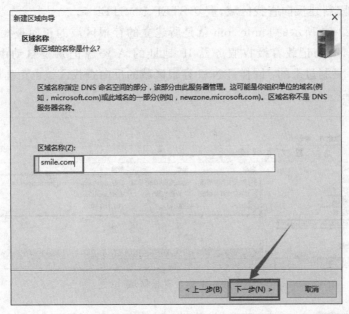

图 21-62　区域名称 smile.com

STEP 5　出现输入区域文件的对话框时,直接单击"下一步"按钮以采用默认的区域文件名。

STEP 6　如图 21-63 所示输入主服务器 DNS4 的 IP 地址后按 Enter 键,单击"下一步"按钮。

它会通过反向查询来尝试解析拥有此 IP 地址的主机名(FQDN),若无反向查找区域可供查询或反向查询区域内并没有此记录,则会显示无法解析的警告消息,此时可以不必理会此信息,它并不会影响到区域传送。

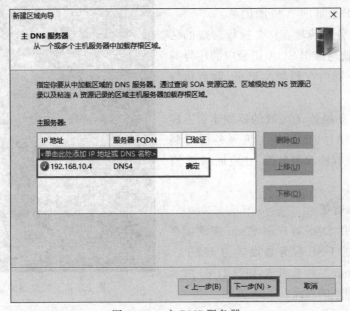

图 21-63　主 DNS 服务器

STEP 7　出现提示"正在完成新建区域向导"的对话框时单击"完成"按钮。

STEP 8　类似地,新建反向查找区域,重复 STEP 1～STEP 7。

STEP 9　如图 21-64 所示的 smile.com 就是所建立的存根区域的正向查找区域,其下面的 SOA、NS 与记载着授权服务器 IP 地址的 A 资源记录是自动由其主机服务器 DNS4 复制过来的。同样,DNS2 存根区域的反向查找区域也正确地从 DNS4 复制了过来。

图 21-64　存根区域

　　　如果确定所有配置都正确,但一直看不到这些记录,请单击选中区域 smile.com 后按 F5 键来刷新,如果仍然看不到,可以将 DNS 管理控制台关闭再重新打开。

存储存根区域的 DNS 服务器默认会每隔 15 分钟自动请求其主机服务器执行区域传送。也可以选中并在存根区域上右击,在弹出的快捷菜单中选择"从主服务器传输"或"从主服务器传送区域的新副本"命令来手动要求执行区域传送,不过它只会传送 SOA、NS 与记载着授权服务器 IP 地址的 A 资源记录。

（1）从主服务器传输:它会执行常规的区域传送操作,也就是依据 SOA 记录内的序号判断出在主机服务器内有新版本记录,就会执行区域传送。

（2）从主服务器传送区域的新副本:不理会 SOA 记录的序号,重新从主机服务器复制 SOA、NS 与记载着授权服务器 IP 地址的 A 资源记录。

4. 到客户端验证

现在可以利用 DNS 客户端 Client 来测试存根区域。Client 的 DNS 服务器设置为 192.168.10.2,利用 nslookup 工具来测试,如图 21-65 所示为成功得到 IP 地址的界面。

图 21-65　客户端验证结果

21.4　习题

1. 填空题

（1）_____是一个用于存储单个 DNS 域名的数据库，是域名称空间树状结构的一部分，它将域名空间分区为较小的区段。

（2）DNS 顶级域名中表示官方政府单位的是_____。

（3）_____表示邮件交换的资源记录。

（4）可以用来检测 DNS 资源创建是否正确的两个工具是_____、_____。

（5）DNS 服务器的查询方式有_____、_____。

2. 选择题

（1）某企业的网络工程师安装了一台基本的 DNS 服务器，用来提供域名解析。网络中的其他计算机都作为这台 DNS 服务器的客户机。他在服务器上创建了一个标准主要区域，在一台客户机上使用 nslookup 工具查询一个主机名称，DNS 服务器能够正确地将其 IP 地址解析出来。可是当使用 nslookup 工具查询该 IP 地址时，DNS 服务器却无法将其主机名称解析出来。请问：应如何解决这个问题？（　　）

A. 在 DNS 服务器反向解析区域中，为这条主机记录创建相应的 PTR 指针记录

B. 在 DNS 服务器区域属性上设置允许动态更新

C. 在要查询的这台客户机上运行命令 ipconfig /registerdns

D. 重新启动 DNS 服务器

（2）在 Windows Server 2016 的 DNS 服务器上不可以新建的区域类型有（　　）。

A. 转发区域　　　B. 辅助区域　　　C. 存根区域　　　D. 主要区域

（3）DNS 提供了一个（　　）命名方案。

A. 分级　　　　　B. 分层　　　　　C. 多级　　　　　D. 多层

（4）DNS 顶级域名中表示商业组织的是（　　）。

A. COM　　　　　B. GOV　　　　　C. MIL　　　　　D. ORG

（5）（　　）表示别名的资源记录。

A. MX　　　　　B. SOA　　　　　C. CNAME　　　　D. PTR

3. 简答题

（1）DNS 的查询模式有哪几种？

（2）DNS 的常见资源记录有哪些？

（3）DNS 的管理与配置流程是什么？

（4）DNS 服务器属性中的"转发器"的作用是什么？

（5）什么是 DNS 服务器的动态更新？

4. 案例分析

某企业安装了自己的 DNS 服务器，为企业内部客户端计算机提供主机名称解析。然而企业内部的客户除了访问内部的网络资源外，还想访问 Internet 资源。作为企业的网络管理员，应该怎样配置 DNS 服务器？

21.5 实训项目　配置与管理 DNS 服务器实训

1. 实训目的

- 掌握 DNS 的安装与配置。
- 掌握两个以上的 DNS 服务器的建立与管理。
- 掌握 DNS 正向查询和反向查询的功能及配置方法。
- 掌握各种 DNS 服务器的配置方法。
- 掌握 DNS 资源记录的规划和创建方法。

2. 项目背景

本次实训项目所依据的网络拓扑图分别如图 21-4 和图 21-25 所示。

3. 项目要求

(1) 依据图 21-5 完成任务：添加 DNS 服务器，部署主 DNS 服务器，配置 DNS 客户端并测试主 DNS 服务器的配置。

(2) 依据图 21-33 完成任务：部署唯缓存 DNS 服务器，配置转发器，测试唯缓存 DNS 服务器。

(3) 依据图 21-48 完成任务：部署 DNS 的委派服务。

4. 做一做

根据实训项目录像进行项目的实训，检查学习效果。

第 22 章
配置与管理 DHCP 服务器

项目背景

　　某高校已经组建了学校的校园网,然而随着笔记本电脑的普及,教师移动办公以及学生移动学习的需求越来越多。当计算机从一个网络移动到另一个网络时,需要重新获知新网络的 IP 地址、网关等信息,并对计算机进行设置。这样,客户端就需要知道整个网络的部署情况,需要知道自己处于哪个网段、哪些 IP 地址是空闲的,以及默认网关是多少等信息,不仅用户觉得烦琐,同时也为网络管理员规划网络分配 IP 地址带来了困难。网络中的用户需要无论处于网络中什么位置,都不需要配置 IP 地址、默认网关等信息就能够上网。这就需要在网络中部署 DHCP 服务器。

　　在完成该项目之前,首先应当对整个网络进行规划,确定网段的划分以及每个网段可能的主机数量等信息。

项目目标

- 了解 DHCP 服务器在网络中的作用
- 理解 DHCP 的工作过程
- 掌握 DHCP 服务器的基本配置
- 掌握 DHCP 客户端的配置和测试
- 掌握常用 DHCP 选项的配置
- 理解在网络中部署 DHCP 服务器的解决方案
- 掌握常见 DHCP 服务器的维护

22.1　相关知识

　　手动设置每一台计算机的 IP 地址是管理员最不愿意做的一件事,于是出现了自动配置 IP 地址的方法,这就是动态主机配置协议(dynamic host configuration protocol,DHCP)。DHCP 可以自动为局域网中的每一台计算机进行 TCP/IP 配置,包括 IP 地址、子网掩码、网关及 DNS 服务器等。DHCP 服务器能够从预先设置的 IP 地址池中自动给主机分配 IP 地址,它不仅能够解决 IP 地址冲突的问题,还能及时回收 IP 地址以提高 IP 地址的利用率。

22-1 DHCP
服务

1. 何时使用 DHCP 服务

网络中每一台主机的 IP 地址与相关配置,可以采用两种方式获得,即手工配置和自动获得(自动向 DHCP 服务器获取)。

在网络主机数目少的情况下,可以手动为网络中的主机分配静态的 IP 地址,但有时工作量很大,这就需要动态 IP 地址方案。在该方案中,每台计算机并不设定固定的 IP 地址,而是在计算机开机时才被分配一个 IP 地址,这台计算机被称为 DHCP 客户端(DHCP client)。在网络中提供 DHCP 服务的计算机称为 DHCP 服务器。DHCP 服务器利用 DHCP(动态主机配置协议)为网络中的主机分配动态 IP 地址,并提供子网掩码、默认网关、路由器的 IP 地址以及一个 DNS 服务器的 IP 地址等。

动态 IP 地址方案可以减少管理员的工作量。只要 DHCP 服务器正常工作,IP 地址就不会发生冲突。要大批量更改计算机的所在子网或其他 IP 参数,只要在 DHCP 服务器上进行即可,管理员不必设置每一台计算机。

需要动态分配 IP 地址的情况包括以下 3 种。

(1) 网络的规模较大,网络中需要分配 IP 地址的主机很多,特别是要在网络中增加和删除网络主机或者要重新配置网络时,使用手工分配工作量很大,而且常常会因为用户不遵守规则而出现错误,如导致 IP 地址的冲突等。

(2) 网络中的主机多,而 IP 地址不够用,这时也可以使用 DHCP 服务器来解决这一问题。例如,某个网络上有 200 台计算机,采用静态 IP 地址时,每台计算机都需要预留一个 IP 地址,即共需要 200 个 IP 地址。然而,这 200 台计算机并不同时开机,甚至可能只有 20 台同时开机,这样就浪费了 180 个 IP 地址。这种情况对互联网服务供应商(Internet service provider,ISP)来说是一个十分严重的问题。如果 ISP 有 100000 个用户,是否需要 100000 个 IP 地址?解决这个问题的方法就是使用 DHCP 服务。

(3) DHCP 服务使得移动客户可以在不同的子网中移动,并在他们连接到网络时自动获得网络中的 IP 地址。随着笔记本电脑的普及,移动办公现象已习以为常。当计算机从一个网络移动到另一个网络时,每次移动也需要改变 IP 地址,并且移动的计算机在每个网络都需要占用一个 IP 地址。利用拨号上网实际上就是从 ISP 那里动态获得了一个共有的 IP 地址。

2. DHCP 地址分配类型

DHCP 允许 3 种类型的地址分配。

(1) 自动分配方式:当 DHCP 客户端第一次成功地从 DHCP 服务器端租用到 IP 地址之后,就永远使用这个地址。

(2) 动态分配方式:当 DHCP 客户端第一次从 DHCP 服务器端租用到 IP 地址之后,并非永久地使用该地址,只要租约到期,客户端就得释放这个 IP 地址,以给其他工作站使用。当然,客户端可以比其他主机更优先地更新租约,或是租用其他 IP 地址。

(3) 手工分配方式:DHCP 客户端的 IP 地址是由网络管理员指定的,DHCP 服务器只是把指定的 IP 地址告诉客户端。

3. DHCP 服务的工作过程

1) 在 DHCP 工作站上第一次登录网络

当在 DHCP 客户端登录网络时,通过以下步骤从 DHCP 服务器获得租约。

① DHCP 客户机在本地子网中先发送 DHCP discover 报文。此报文以广播的形式发送,因为客户机现在不知道 DHCP 服务器的 IP 地址。

② 在 DHCP 服务器收到 DHCP 客户机广播的 DHCP discover 报文后,它向 DHCP 客户机发送 DHCP offer 报文,其中包括一个可租用的 IP 地址。

如果没有 DHCP 服务器对客户机的请求做出反应,可能发生以下 2 种情况。

- 如果客户使用的是 Windows 2000 及后续版本 Windows 操作系统,且自动设置 IP 地址的功能处于激活状态,那么客户端将自动从 Microsoft 保留 IP 地址段中选择一个自动私有地址(automatic private IP address,APIPA)作为自己的 IP 地址。自动私有 IP 地址的范围是 169.254.0.1~169.254.255.254。使用自动私有 IP 地址可以确保在 DHCP 服务器不可用时,DHCP 客户端之间仍然可以利用私有 IP 地址进行通信。所以,即使在网络中没有 DHCP 服务器,计算机之间仍能通过网上邻居发现彼此。
- 如果使用其他操作系统或自动设置 IP 地址的功能被禁止,则客户机无法获得 IP 地址,初始化失败。但客户机会在后台每隔 5 分钟发送 4 次 DHCP discover 报文,直到它收到 DHCP offer 报文。

③ 一旦客户机收到 DHCP offer 报文,它发送 DHCP request 报文到服务器,表示它将使用服务器所提供的 IP 地址。

④ DHCP 服务器在收到 DHCP request 报文后,立即发送 DHCP ACK 确认报文,以确定此租约成立,且此报文还包含其他 DHCP 选项信息。

客户机收到确认信息后,利用其中的信息,配置它的 TCP/IP 并加入网络中。上述过程如图 22-1 所示。

2) 在 DHCP 工作站上第二次登录网络

DHCP 客户机获得 IP 地址后再次登录网络时,就不需要再发送 DHCP discover 报文了,而是直接发送包含前一次所分配的 IP 地址的 DHCP request 报文。DHCP 服务器收到 DHCP request 报文,会尝试让客户机继续使用原来的 IP 地址,并回答一个 DHCP ACK(确认信息)报文。

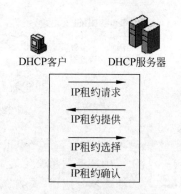

图 22-1　DHCP 租约过程解析图

如果 DHCP 服务器无法分配给客户机原来的 IP 地址,则回答一个 DHCP NAK(不确认信息)报文。当客户机接收到 DHCP NAK 报文后,就必须重新发送 DHCP discover 报文来请求新的 IP 地址。

3) DHCP 租约的更新

DHCP 服务器将 IP 地址分配给 DHCP 客户机后,有租用时间的限制,DHCP 客户机必须在该次租用过期前对它进行更新。客户机在 50% 租借时间过去以后,每隔一段时间就开始请求 DHCP 服务器更新当前租约。如果 DHCP 服务器应答,则租用延期。如果 DHCP 服务器始终没有应答,在有效租借期的 87.5% 时,客户机应该与任何一个其他 DHCP 服务器通信,并请求更新它的配置信息。如果客户机不能和所有的 DHCP 服务器取得联系,租借时间到期后,它必须放弃当前的 IP 地址,并重新发送一个 DHCP discover 报文开始上述 IP 地址获得过程。

客户端可以主动向服务器发出 DHCP release 报文,将当前的 IP 地址释放。

22.2　项目设计与准备

部署 DHCP 之前应该先进行规划,明确哪些 IP 地址用于自动分配给客户端(作用域中应包含的 IP 地址),哪些 IP 地址用于手工指定给特定的服务器。例如,在项目中,将 IP 地址 192.168.10.10～200/24 用于自动分配,将 IP 地址 192.168.10.100/24～192.168.10.120/24、192.168.10.10/24、192.168.10.20/24 排除,预留给需要手工指定 TCP/IP 参数的服务器,将 192.168.10.200/24 用作保留地址等。

根据如图 22-2 所示的环境来部署 DHCP 服务。虚拟机的网络连接模式全部采用"仅主机模式"。

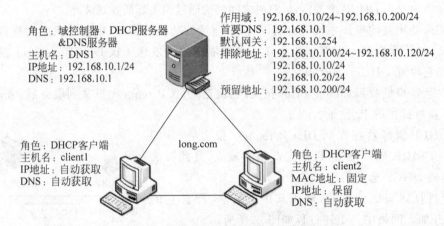

角色:域控制器、DHCP服务器
&DNS服务器
主机名:DNS1
IP地址:192.168.10.1/24
DNS:192.168.10.1

作用域:192.168.10.10/24~192.168.10.200/24
首要DNS:192.168.10.1
默认网关:192.168.10.254
排除地址:192.168.10.100/24~192.168.10.120/24
　　　　　192.168.10.10/24
　　　　　192.168.10.20/24
预留地址:192.168.10.200/24

角色:DHCP客户端
主机名:client1
IP地址:自动获取
DNS:自动获取

long.com

角色:DHCP客户端
主机名:client2
MAC地址:固定
IP地址:保留
DNS:自动获取

图 22-2　架设 DHCP 服务器的网络拓扑图

注意　用于手动配置的 IP 地址,一定是地址池外的地址,或者是地址池内但已经被排除掉的地址,否则会造成 IP 地址冲突。请读者思考原因。

22.3　项目实施

若利用虚拟环境来练习,请注意以下两点。

① 请将这些计算机所连接的虚拟网络的 DHCP 服务器功能禁用;如果利用物理计算机练习,请将网络中其他 DHCP 服务器关闭或停用,例如停用 IP 共享设备或宽带路由器内的 DHCP 服务器功能。这些 DHCP 服务器都会干扰实验。

② 若 DC 与 DHCP1 的硬盘是从同一个虚拟硬盘复制来的,则需要执行"C:\windows\System32\Sysprep"内的 sysprep.exe 程序,选中"通用"选项。

22-2 安装
DHCP 服务
器角色

任务 22-1　安装 DHCP 服务器角色

DNS1 已经安装了活动目录集成的 DNS 服务器。下面在其上安装 DHCP 服务器。

STEP 1　选择"开始"→"Windows 管理工具"→"服务器管理器"→"仪表板"→"添加角色和

功能"命令,在弹出的对话框中持续单击"下一步"按钮,直到打开如图 22-3 所示的"选择服务器角色"的对话框时选中"DHCP 服务器"复选框,在弹出的"添加角色和功能向导"对话框中单击"添加功能"按钮。

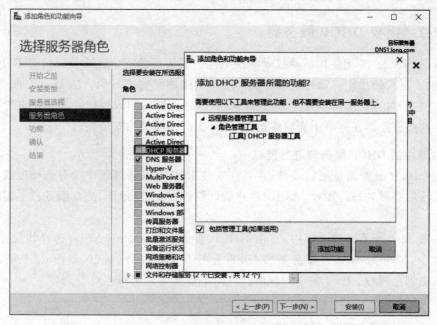

图 22-3　"选择服务器角色"的对话框

STEP 2　持续单击"下一步"按钮,最后单击"安装"按钮,开始安装 DHCP 服务器。安装完毕,单击"关闭"按钮,完成 DHCP 服务器角色的安装。

STEP 3　单击"关闭"按钮关闭向导,DHCP 服务器安装完成。选择"开始"→"Windows 管理工具"→"DHCP"命令,打开 DHCP 控制台,如图 22-4 所示,可以在此配置和管理 DHCP 服务器。

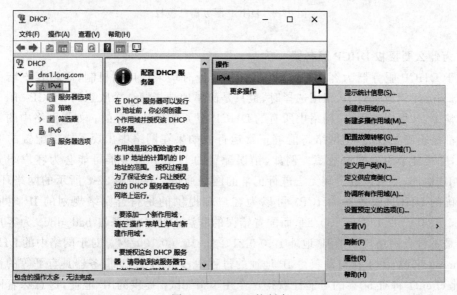

图 22-4　DHCP 控制台

> 由于 DHCP 是安装在域控制器上的，还没有被"授权"，且 IP 作用域尚没有新建和"激活"，所以在 IPv4 折叠项图标上显示向下的红色箭头。

22-3 授权 DHCP 服务器

任务 22-2　授权 DHCP 服务器

Windows Server 2016 为使用活动目录的网络提供了集成的安全性支持。针对 DHCP 服务器，它提供了授权的功能。通过这一功能可以对网络中配置正确的合法 DHCP 服务器进行授权，允许它们对客户端自动分配 IP 地址。同时，还能够检测未授权的非法 DHCP 服务器，以及防止这些服务器在网络中启动或运行，从而提高了网络的安全性。

1. 对域中的 DHCP 服务器进行授权

如果 DHCP 服务器是域的成员，并且在安装 DHCP 服务过程中没有选择授权，那么在安装完成后就必须先进行授权，才能为客户端计算机提供 IP 地址，独立服务器不需要授权。步骤如下。

在如图 22-4 所示的对话框中，右击 DHCP 服务器 dns1.long.com，选择快捷菜单中的"授权"命令，即可为 DHCP 服务器授权，重新打开 DHCP 控制台，如图 22-5 所示，显示 DHCP 服务器已授权：IPv4 前面图标由红色向下箭头变为了绿色对勾。

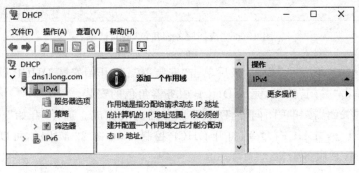

图 22-5　DHCP 服务器已授权

2. 为什么要授权 DHCP 服务器

由于 DHCP 服务器为客户端自动分配 IP 地址时均采用广播机制，而且客户端在发送 DHCP request 消息进行 IP 租用选择时，也只是简单地选择第一个收到的 DHCP offer，这意味着在整个 IP 租用过程中，网络中所有的 DHCP 服务器都是平等的。如果网络中的 DHCP 服务器都是正确配置的，则网络将能够正常运行。如果在网络中出现了错误配置的 DHCP 服务器，则可能会引发网络故障。例如，错误配置的 DHCP 服务器可能会为客户端分配不正确的 IP 地址，导致该客户端无法进行正常的网络通信。在如图 22-6 所示的网络环境中，配置正确的 DHCP 服务器 DHCP1 可以为客户端提供的是符合网络规划的 IP 地址 192.168.10.51/24～192.168.10.150/24，而配置错误的非法 DHCP 服务器 bad_dhcp 为客户端提供的却是不符合网络规划的 IP 地址 10.0.0.21/24～10.0.0.100/24。对于网络中的 DHCP 客户端 client1 来说，由于在自动获得 IP 地址的过程中，两台 DHCP 服务器具有平等的被选择权，因此 client1 将有 50% 的可能性获得一个由 bad_dhcp 提供的 IP 地址，这意味着网络出现故障的可能性将高达 50％。

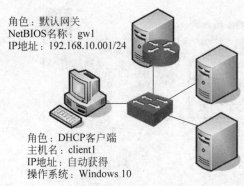

角色：默认网关
NetBIOS 名称：gw1
IP 地址：192.168.10.001/24

角色：配置正确的合法 DHCP 服务器
主机名：DHCP1
IP 地址：192.168.10.1/24
操作系统：Windows Server 2016
IP 地址范围：192.168.10.51-150/24

角色：DHCP 客户端
主机名：client1
IP 地址：自动获得
操作系统：Windows 10

角色：配置错误的非法 DHCP 服务器
主机名：bad_dhcp
IP 地址：10.0.0.1/24
操作系统：Windows Server 2016
IP 地址范围：10.0.0.21-100/24

图 22-6　网络中出现非法的 DHCP 服务器

为了解决这一问题，Windows Server 2016 引入了 DHCP 服务器的授权机制。通过授权机制，DHCP 服务器在服务于客户端之前，需要验证是否已在 AD 中被授权。如果未经授权，将不能为客户端分配 IP 地址。这样就避免了由于网络中出现错误配置的 DHCP 服务器而导致的意外网络故障。

①工作组环境中，DHCP 服务器肯定是独立的服务器，无须授权（也不能授权）即能向客户端提供 IP 地址。②域环境中，域控制器或域成员身份的 DHCP 服务器能够被授权，为客户端提供 IP 地址。③域环境中，独立服务器身份的 DHCP 服务器不能被授权，若域中有被授权的 DHCP 服务器，则该服务器不能为客户端提供 IP 地址；若域中没有被授权的 DHCP 服务器则该服务器可以为客户端提供 IP 地址。

任务 22-3　创建 DHCP 作用域

在 Windows Server 2016 中，作用域可以在安装 DHCP 服务的过程中创建，也可以在安装完成后在 DHCP 控制台中创建。

22-4 管理 DHCP 作用域

1. 创建 DHCP 作用域

一台 DHCP 服务器可以创建多个不同的作用域。如果在安装时没有建立作用域，也可以单独建立 DHCP 作用域。具体步骤如下。

STEP 1　在 DNS1 上打开 DHCP 控制台，展开服务器名，右击 IPv4 选项，在弹出的快捷菜单中选择"新建作用域"命令，运行新建作用域向导。

STEP 2　单击"下一步"按钮，打开输入"作用域名"的对话框，在"名称"文本框中输入新作用域的名称，用来与其他作用域相区分。本例为"作用域 1"。

STEP 3　单击"下一步"按钮，打开如图 22-7 所示的输入"IP 地址范围"的对话框。在"起始 IP 地址"和"结束 IP 地址"框中输入想分配的 IP 地址范围。

STEP 4　单击"下一步"按钮，打开如图 22-8 所示的"添加排除和延迟"的对话框，设置客户端的排除地址。在"起始 IP 地址"和"结束 IP 地址"文本框中输入想排除的 IP 地址或 IP 地址段，单击"添加"按钮，添加到"排除的地址范围"列表框中。

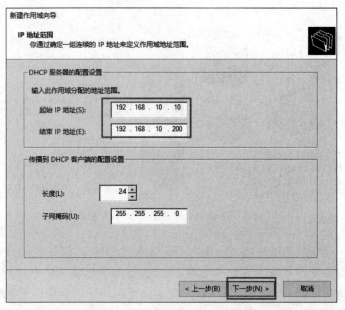

图 22-7　输入"IP 地址范围"的对话框

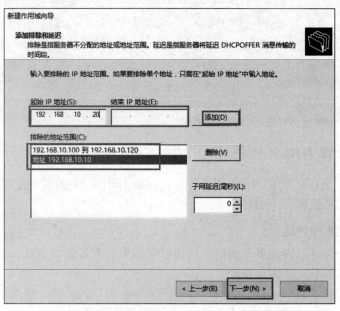

图 22-8　"添加排除和延迟"的对话框

STEP 5　单击"下一步"按钮,打开设置"租用期限"的对话框,设置客户端租用 IP 地址的时间。

STEP 6　单击"下一步"按钮,打开"配置 DHCP 选项"的对话框,提示是否配置 DHCP 选项,选中默认的"是,我想现在配置这些选项"单选按钮。

STEP 7　单击"下一步"按钮,打开如图 22-9 所示的指定"路由器(默认网关)"的对话框,在"IP 地址"文本框中输入要分配的网关,单击"添加"按钮添加到列表框中。本例为192.168.10.254。

STEP 8　单击"下一步"按钮,打开输入"域名称和 DNS 服务器"的对话框。在"父域"文本框中输入进行 DNS 解析时使用的父域,在"IP 地址"文本框中输入 DNS 服务器的 IP 地址,单击"添加"按钮添加到列表框中,如图 22-10 所示。本例为 192.168.10.1。

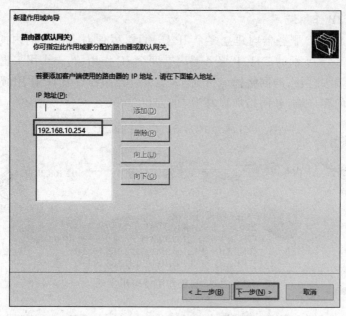

图 22-9　指定"路由器(默认网关)"的对话框

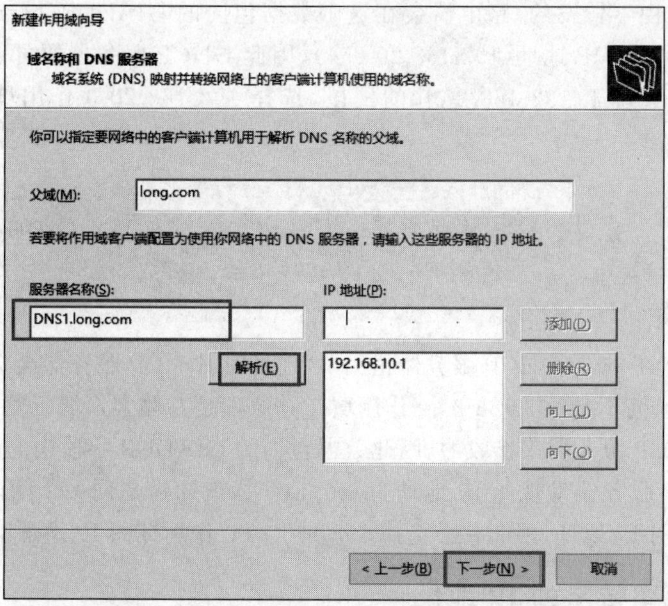

图 22-10　指定"域名称和 DNS 服务器"的对话框

STEP 9　单击"下一步"按钮,打开设置"WINS 服务器"的对话框,设置 WINS 服务器。如果网络中没有配置 WINS 服务器,则不必设置。

STEP 10　单击"下一步"按钮,打开是否"激活作用域"的对话框,询问是否要激活作用域。

建议选中默认的"是,我想现在激活此作用域"选项。

STEP 11 单击"下一步"按钮,打开提示"正在完成新建作用域向导"的对话框。

STEP 12 单击"完成"按钮,作用域创建完成并自动激活。

2. 建立多个 IP 作用域

可以在一台 DHCP 服务器内建立多个 IP 作用域,以便对多个子网内的 DHCP 客户端提供服务,如图 22-11 所示的 DHCP 服务器内有两个 IP 作用域,一个用来提供 IP 地址给左边网络内的客户端,此网络的网络标识符为 192.168.10.0;另一个 IP 作用域用来提供 IP 地址给右边网络内的客户端,其网络标识符为 192.168.20.0。

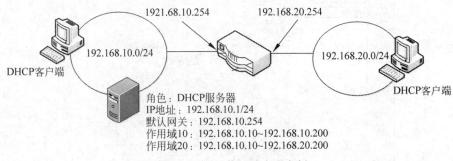

图 22-11 超级作用域应用实例

右侧网络的客户端在向 DHCP 服务器租用 IP 地址时,DHCP 服务器会选择 192.168.20.0 作用域的 IP 地址,而不是 192.168.10.0 作用域。其原理是右侧客户端所发出的租用 IP 数据包,是通过路由器转发的,路由器会在这个数据包内的 GIADDR(gateway IP address)字段中,填入路由器的 IP 地址(192.168.20.254),因此 DHCP 服务器便可以通过此 IP 地址得知 DHCP 客户端位于 192.168.20.0 的网段,选择 192.168.20.0 作用域的 IP 地址给客户端。

 除了 GIADDR 外,有些网络环境,其路由器还需要使用 DHCP option 82 内的更多信息来判断应该出租什么 IP 地址给客户端。

注意

左侧网络的客户端向 DHCP 服务器租用 IP 地址时,DHCP 服务器会选择 192.168.10.0 作用域的 IP 地址,而不是 192.168.20.0 作用域。其原理是左侧客户端所发出的租用 IP 数据包,是直接由 DHCP 服务器来接收的,因此数据包内的 GIADDR 字段中的路由器 IP 地址为 0.0.0.0,当 DHCP 服务器发现此 IP 地址为 0.0.0.0 时,就知道是同一个网段(192.168.10.0)内的客户端要租用 IP 地址,因此它会选择 192.168.10.0 作用域的 IP 地址给客户端。

任务 22-4 保留特定的 IP 地址

22-5 保留特定的 IP 地址

如果用户想保留特定的 IP 地址给指定的客户机,以便 DHCP 客户机在每次启动时都获得相同的 IP 地址,就需要将该 IP 地址与客户机的 MAC 地址绑定。设置步骤如下。

STEP 1 打开 DHCP 控制台,在左窗格中单击选中作用域中的"保留"选项。

STEP 2 选择"操作"→"新建保留"命令,打开"新建保留"对话框,如图 22-12 所示。

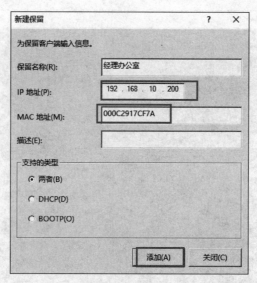

图 22-12　"新建保留"对话框

STEP 3　在"IP 地址"文本框中输入要保留的 IP 地址。本例为 192.168.10.200。

STEP 4　在"MAC 地址"文本框中输入 IP 地址要保留给哪一个网卡。本例为 000C2917CF7A,可以在目标客户机的命令提示符下执行 ipconfig /all 命令查询 MAC(物理)地址。

STEP 5　在"保留名称"文本框中输入客户名称。注意此名称只是一般的说明文字,并不是用户帐户的名称,但此处不能为空白。

STEP 6　如果有需要,可以在"描述"文本框内输入一些描述此客户的说明性文字。

添加完成后,用户可利用作用域中的"地址租约"选项进行查看。大部分情况下,客户机使用的仍然是以前的 IP 地址。也可用以下方法进行更新。

- 使用 ipconfig /release 命令:释放现有 IP。
- 使用 ipconfig /renew 命令:更新 IP。

STEP 7　在 MAC 地址为 000C2917CF7A 的计算机 Client2 上进行测试,该计算机的 IP 地址获取方式为自动获取。测试结果如图 22-13 所示。

　　如果在设置保留地址时,网络上有多台 DHCP 服务器存在,用户需要在其他服务器中将此保留地址排除,以便客户机可以获得正确的保留地址。

任务 22-5　配置 DHCP 选项

DHCP 服务器除了可以为 DHCP 客户机提供 IP 地址外,还可以设置 DHCP 客户机启动时的工作环境,如可以设置客户机登录的域名称、DNS 服务器、WINS 服务器、路由器、默认网关等。

22-6 配置 DHCP 选项

1. DHCP 选项

在客户机启动或更新租约时,DHCP 服务器可以自动设置客户机启动后的 TCP/IP 环

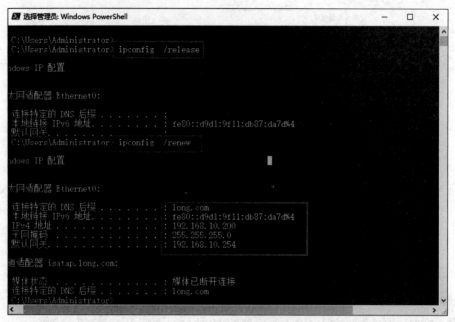

图 22-13　保留地址测试结果

境。通过设置 DHCP 选项可以在客户机启动或更新租约时，DHCP 服务器可以自动设置客户机启动后的 TCP/IP 环境。由于目前大多数 DHCP 客户端均不能支持全部的 DHCP 选项，因此在实际应用中，通常只需对一些常用的 DHCP 选项进行配置，常用的 DHCP 选项见表 22-1。

表 22-1　常用的 DHCP 选项

选 项 代 码	选 项 名 称	说　明
003	路由器	DHCP 客户端所在 IP 子网的默认网关的 IP 地址
006	DNS 服务器	DHCP 客户端解析 FQDN 时需要使用的首选和备用 DNS 服务器的 IP 地址
015	DNS 域名	指定 DHCP 客户端在解析只包含主机但不包含域名的不完整 FQDN 时应使用的默认域名
044	WINS 服务器	DHCP 客户端解析 NetBIOS 名称时需要使用的首选和备用 WINS 服务器的 IP 地址
046	WINS/NBT 节点类型	DHCP 客户端使用的 NetBIOS 名称解析方法

DHCP 服务器提供了许多选项，如默认网关、域名、DNS、WINS、路由器等。选项包括以下 4 种类型。

- 默认服务器选项：这些选项的设置影响 DHCP 控制台窗口中该服务器下所有作用域中的客户和类选项。
- 作用域选项：这些选项的设置只影响该作用域下的地址租约。
- 类选项：这些选项的设置只影响被指定使用该 DHCP 类 ID 的客户机。
- 保留客户选项：这些选项的设置只影响指定的保留客户。

如果在服务器选项与作用域选项中设置了不同的选项,则作用域的选项起作用,即在应用时,作用域选项将覆盖服务器选项。同理,类选项会覆盖作用域选项、保留客户选项会覆盖以上 3 种选项,它们的优先级表示如下。

保留客户选项 > 类选项 > 作用域选项 > 默认服务器选项。

2. 配置 DHCP 服务器选项和作用域选项

为了进一步了解选项设置,以在作用域中添加 DNS 选项为例,说明 DHCP 的选项设置。

STEP 1　打开 DHCP 控制台窗口,在左窗格中展开服务器,单击选中"作用域选项"选项,选择"操作"→"配置选项"命令。

STEP 2　打开"作用域选项"对话框,如图 22-14 所示。在"常规"选项卡的"可用选项"列表中,选中"006 DNS 服务器"复选框,输入 IP 地址,单击"确定"按钮结束。

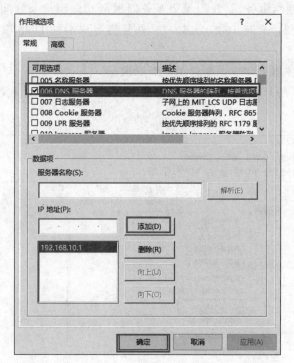

图 22-14　设置作用域选项

3. 配置 DHCP 类别选项

1)类别选项概述

通过策略为特定的客户端计算机分配不同的 IP 地址与选项时,可以通过 DHCP 客户端所发送的供应商类别、用户类来区分客户端计算机。

(1)用户类:可以为某些 DHCP 客户端计算机设置用户类标识符,例如标识符为 IT,当这些客户端向 DHCP 服务器租用 IP 地址时,会将这个类标识符一并发送给服务器,而服务器会依据此类别标识符来为这些客户端分配专用的选项设置。

(2)供应商类别:可以根据操作系统厂商所提供的供应商类别标识符来设置选项。Windows Server 的 DHCP 服务器已具备识别 Windows 客户端的能力,并通过以下 4 个内置的供应商类别选项来设置客户端的 DHCP 选项。

① DHCP Standard Options：适用于所有的客户端。

② Microsoft Windows 2000 选项：适用于 Windows 2000（含）后的客户端。

③ Microsoft Windows 98 选项：适用于 Windows 98/ME 客户端。

④ Microsoft 选项：适用于其他的 Windows 客户端。

如果要支持其他操作系统的客户端，就先查询其供应商类别标识符，然后在 DHCP 服务器内新建此供应商类别标识符，并针对这些客户端来设置选项。Android 系统的供应商类别标识符的前 6 位为 dhcpcd，因此可以利用 dhcpcd * 来代表所有的 Android 设备。

2）用户类实例的问题需求

以下练习将通过用户类标识符来识别客户端计算机，且仍然采用如图 22-2 所示的环境。假设客户端 client1 的用户类标识符为 IT。当 client1 向 DHCP 服务器租用 IP 地址时，会将此标识符 IT 传递给服务器，我们希望服务器根据此标识符来分配客户端的 IP 地址范围为 192.168.10.150/24～192.168.10.180/24，并且将客户端的 DNS 服务器的 IP 地址设置为 192.168.10.1。

3）在 DHCP 服务器 DNS1 上新建用户类标识符

STEP 1 如图 22-15 所示，选中并在 IPv4 选项上右击，在弹出的快捷菜单中选择"定义用户类"命令。

图 22-15　定义用户类

STEP 2 如图 22-16 所示，在打开的对话框中单击"添加"按钮，假设在显示名称处将其设置为"技术部"，直接在 ASCII 处输入用户类标识符 IT 后，单击"确定"按钮，注意此处区分大小写，例如 IT 与 it 是不同的。

提示　　若要新建供应商类别标识符，则选中并在 IPv4 项上右击，在弹出的快捷菜单中选择"定义供应商类"命令。

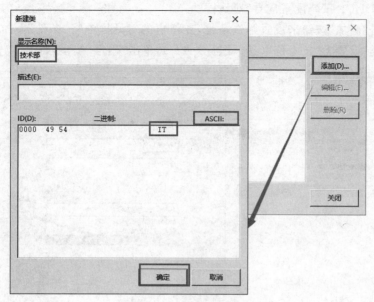

图 22-16　添加用户类 IT

4）在 DHCP 服务器内针对标识符 IT 设置类别选项

假设客户端计算机是通过前面所建立的作用域"作用域 1"来租用 IP 地址的，因此我们要通过此作用域的策略来将 DNS 服务器的 IP 地址 192.168.10.1 分配给用户类标识符为 IT 的客户端。

STEP 1　选中并在"作用域 1"折叠项内的"策略"选项上右击，在弹出的快捷菜单中选择"新建策略"命令，如图 22-17 所示，打开"DHCP 策略配置向导"对话框。

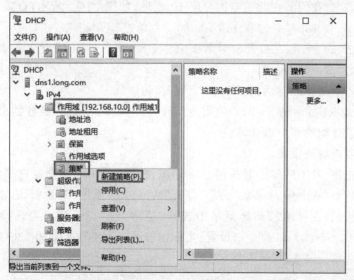

图 22-17　新建策略

STEP 2　设置此策略的名称（假设是 TestIT）后单击"下一步"按钮，打开"为策略配置条件"

的"DHCP 策略配置向导"对话框。

STEP 3 单击"添加"按钮来设置筛选条件,在弹出的对话框中将"条件"下拉列表框的"用户类"设置为"技术部"(其标识符为 IT),单击"确定"按钮,如图 22-18 所示。

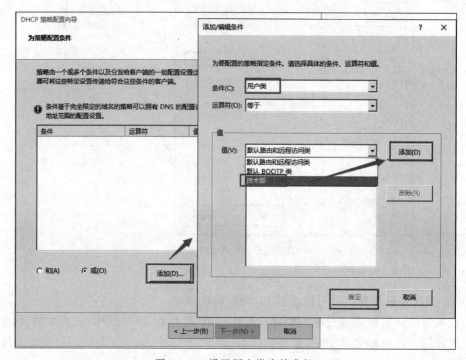

图 22-18 设置用户类为技术部

STEP 4 返回到前一个对话框后单击"下一步"按钮。

STEP 5 根据需求,我们要在此策略内分配 IP 地址,如图 22-19 所示,设置 IP 地址范围为 192.168.10.150/24~192.168.10.180/24,单击"下一步"按钮。

STEP 6 如图 22-20 所示,在打开的对话框中将 DNS 服务器的 IP 地址设置为 192.168.10.1,单击"下一步"按钮。

STEP 7 打开提示摘要的对话框时单击"完成"按钮。

STEP 8 如图 22-21 所示的 TestIT 为刚才所建立的策略,DHCP 服务器会将这个策略内的设置分配给客户端计算机。

5) DHCP 客户端的设置

STEP 1 需要先将 DHCP 客户端的用户类标识符设置为 IT,假设客户端为 client1,选择 "开始"→"Windows 系统"命令,打开"Windows 系统"对话框,右击"命令提示符"图标按钮,在弹出的快捷菜单中选择"更多"→"以管理员身份运行"命令,利用 ipconfig/setclassid 命令来设置(类标识符区分大小写),如图 22-22 所示。

提示

图 22-22 中 Ethernet0 是网络连接的名称,在 Windows 10 客户端可以右击 "开始"菜单按钮,在弹出的快捷菜单中选择"命令提示符"命令,输入 control 后, 按 Enter 键,选择"网络和 Internet"→"网络和共享中心命令"来查看,每一个网络连接都可以设置一个用户类标识符,如图 22-23 所示。

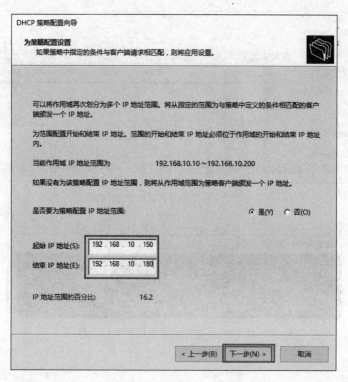

图 22-19　设置 IP 地址范围

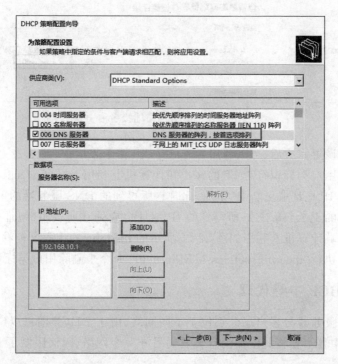

图 22-20　为 DNS 服务器设置 IP 地址

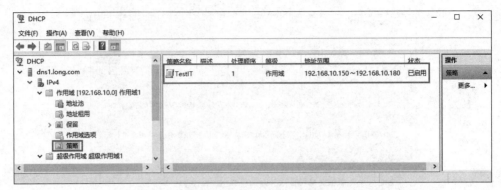

图 22-21　TestIT 策略已启用

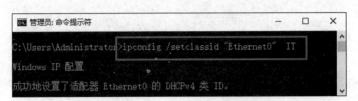

图 22-22　在客户端设置用户类标识符

图 22-23　查看网络连接名称

STEP 2 客户端设置完成后，可以利用 ipconfig /all 命令来检查，如图 22-24 所示。

STEP 3 到这台用户类标识符为 IT 的客户端计算机上利用 ipconfig/renew 命令来向服务器租用 IP 地址或更新 IP 租约，此时它所得到的 DNS 服务器的 IP 地址会是我们所设置的 192.168.10.1，所得到的 IP 地址也应处在所设 IP 地址范围内。读者可在客户端计算机上利用如图 22-25 所示的 ipconfig /ail 命令查看。可在客户端计算机上执行"ipconfig/setclassid'Ethernet0'"命令来删除用户类标识符。

任务 22-6　DHCP 中继代理

22-7 DHCP
中继代理

　　如果 DHCP 服务器与客户端分别位于不同网络，由于 DHCP 消息以广播为主，而连接这两个网络的路由器不会将此广播消息转发到另外一个网络，因而限制了 DHCP 的有效使用范围。

图 22-24　客户端设置成功

图 22-25　客户端测试成功

1. 跨网络 DHCP 服务器的使用

此时可采用以下方法来解决这个问题。

在每一个网络内都安装一台 DHCP 服务器，它们各自对所属网络内的客户端提供服务。

1）选用符合 RFC1542 规范的路由器

此路由器可以将 DHCP 消息转发到不同的网络。如图 22-26 所示为左侧 DHCP 客户端 A 通过路由器转发 DHCP 消息的步骤，图中数字就是其工作顺序。

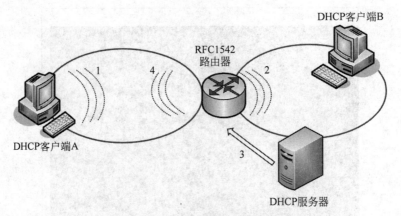

图 22-26 通过路由器转发 DHCP 消息

- DHCP 客户端 A 利用广播消息(DHCPDISCOVER)查找 DHCP 服务器。
- 路由器收到此消息后,将此广播消息转发到另一个网络。
- 另一个网络内的 DHCP 服务器收到此消息后,直接发送响应消息(DHCPOFFER)给路由器。
- 路由器将此消息广播(DHCPOFFER)给 DHCP 客户端 A。
- 之后由客户端所发出的 DHCPREQUEST 消息以及由服务器发出的 DHCPACK 消息也都是通过路由器来转发的。

2)如果路由器不符合 RFC 1542 规范

可在没有 DHCP 服务器的网络内将一台 Windows 服务器设置为 DHCP 中继代理(DHCP Relay Agent)来解决问题,因为它具备将 DHCP 消息直接转发给 DHCP 服务器的功能。

下面说明如图 22-27 上方所示的 DHCP 客户端 A 通过 DHCP 中继代理的工作步骤。

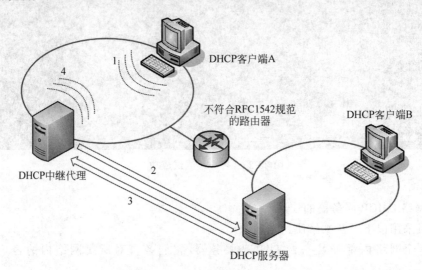

图 22-27 DHCP 中继代理的工作步骤

- DHCP 客户端 A 利用广播消息(DHCPDISCOVER)查找 DHCP 服务器。
- DHCP 中继代理收到此消息后,通过路由器将其直接发送给另一个网络内的 DHCP

服务器。
- DHCP 服务器通过路由器直接发送响应消息(DHCPOFFER)给 DHCP 中继代理。
- DHCP 中继代理将此消息广播(DHCPOFFER)给 DHCP 客户端 A。

之后由客户端所发出的 DHCPREQUEST 消息以及由服务器发出的 DHCPACK 消息也都是通过 DHCP 中继代理来转发的。

2. 中继代理网络拓扑图

下面如图 22-28 所示来说明如何设置 DHCP 中继代理。当 DHCP 中继代理 GW1 收到 DHCP 客户端的 DHCP 消息时会将其转发到"网络 B"的 DHCP 服务器。

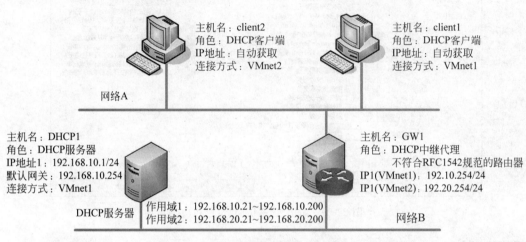

图 22-28　DHCP 中继代理实训网络拓扑图

完整的中继代理网络拓扑如图 22-28 所示。GW1 担任 DHCP 中继代理,同时代替路由器实现网络间的路由功能。DHCP1 和 GW1 的网卡 1(对应 IP:192.168.10.254/24)的虚拟机网络连接模式使用自定义网络的 VMnet1,client1、client2 和 GW1 的网卡 2(对应 IP:192.168.20.254/24)的虚拟机网络连接模式使用自定义网络的 VMnet2。

自定义网络的子网可以通过选择虚拟机"编辑"→"虚拟网络编辑器"命令进行添加。

3. 在 DHCP1 上新建两个作用域

以管理员身份登录计算机 DHCP1,打开 DHCP 控制台,新建两个作用域 DHCP10 和 DHCP20。DHCP10 作用域要求:IP 地址范围是 192.168.10.21~192.168.10.200,默认网关是 192.168.10.254;DHCP20 作用域要求:IP 地址范围是 192.168.20.21~192.168.20.200,默认网关是 192.168.20.254。设置完成后,可以自行测试,保证 DHCP 服务成功配置。

4. 在 GW1 上安装路由和远程访问

我们需要在 GW1 上添加远程访问角色,然后通过其所提供的路由和远程访问服务来设置 DHCP 中继代理。GW1 是双网卡。

STEP 1　打开"服务器管理器"窗口,单击"仪表板"处的"添加角色和功能"按钮,持续单击

"下一步"按钮,直到打开如图 22-29 所示的选择服务器角色的对话框时,选中"远程访问"选项。

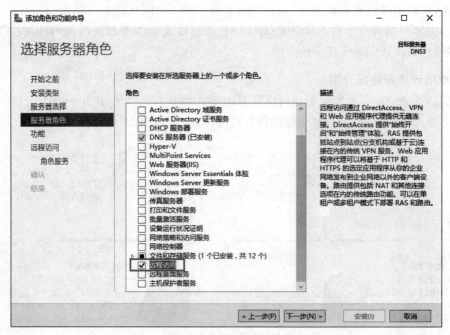

图 22-29 添加"远程访问"角色和功能

STEP 2 持续单击"下一步"按钮,直到打开如图 22-30 所示的"选取角色服务"的对话框,选中"DirectAccess 和 VPN(RAS)"选项,单击"下一步"按钮,在新弹出的"添加角色和功能向导"对话框中依次单击"添加功能"→"确定"按钮。

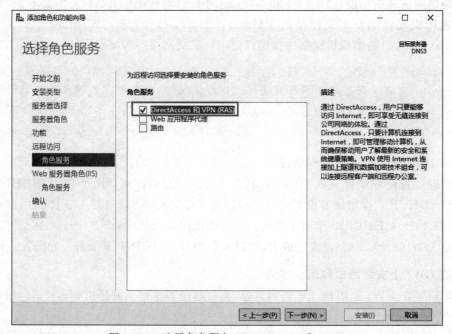

图 22-30 选择角色服务 Direct Access 和 VPN

STEP 3 持续单击"下一步"按钮，直到打开"确认安装所选内容"的对话框，单击"安装"按钮，完成安装后单击"关闭"按钮，重新启动并登录计算机。

STEP 4 在"服务器管理器"窗口选择右上方"工具"→"路由和远程访问"命令，弹出"路由和远程访问"窗口，如图 22-31 所示，选中并在本地计算机上右击，在弹出的快捷菜单中选择"配置并启用路由和远程访问"命令，单击"下一步"按钮，打开"路由和远程访问服务器安装向导"对话框。

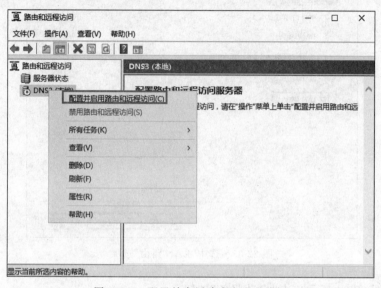

图 22-31　配置并启用路由和远程访问

STEP 5 如图 22-32 所示选中"自定义配置"选项，单击"下一步"按钮。

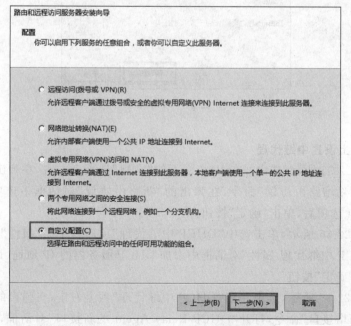

图 22-32　自定义配置

STEP 6 如图 22-33 所示选中"LAN 路由"选项后单击"下一步"后再单击"完成"按钮（此时若出现"无法启动路由和远程访问"警告信息时，不必理会，直接单击"确定"按钮）。

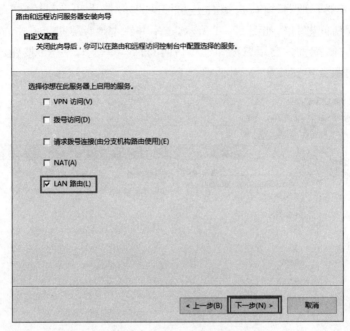

图 22-33　选中"LAN 路由"选项

STEP 7 如图 22-34 所示单击"启动服务"按钮。

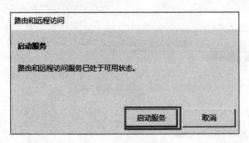

图 22-34　启动服务

5. 在 GW1 上设置中继代理

STEP 1 如图 22-35 所示，选中并在 IPv4 之下的"常规"选项上右击，在弹出的快捷菜单中选择"新增路由协议"命令，在弹出的"新路由协议"对话框中选中 DHCP Relay Agent 选项后，单击"确定"按钮。

STEP 2 如图 22-36 所示，单击选中"DHCP 中继代理"项后再单击"属性"按钮，在打开的"DHCP 中继代理 属性"对话框中添加 DHCP 服务器的 IP 地址（192.168.10.1）后单击"确定"按钮。

STEP 3 如图 22-37 所示，选中并在"DHCP 中继代理"项上右击，在弹出的快捷菜单中选择"新增接口"命令，打开"DHCP Relay Agent 的新接口"对话框，选中 Ethernet1 选项，单击"确定"按钮。当 DHCP 中继代理收到通过 Ethernet1 传输的 DHCP 数

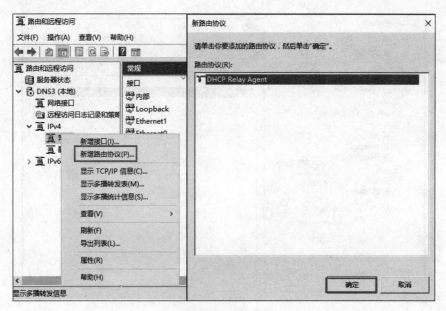

图 22-35　新增路由协议

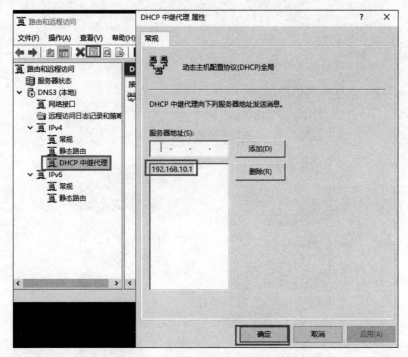

图 22-36　添加 DHCP 服务器地址

据包时就会将它转发给 DHCP 服务器。这里所选择的以太网就是如图 22-28 所示 IP 地址为 192.168.20.254 的网络接口(通过未被选择的网络接口所发送过来的 DHCP 数据包,并不会被转发给 DHCP 服务器)。

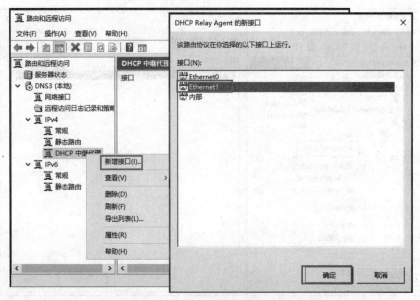

图 22-37　新增接口

注　意　　　Ethernet0 连接在 VMnet1 上,其 IP 地址是 192.168.10.254;Ethernet1 连接在 VMnet2 上,其 IP 地址是 192.168.20.254。

STEP 4 如图 22-38 所示直接单击"确定"按钮即可。

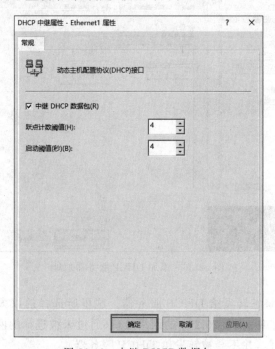

图 22-38　中继 DHCP 数据包

- 跃点计数阈值：表示 DHCP 数据包在转发过程中最多能够经过多少个 RFC 1542 路由器。
- 启动阈值：在 DHCP 中继代理收到 DHCP 数据包后会等此处设定的时间过后再将数据包转发给远程 DHCP 服务器。如果本地与远程网络内都有 DHCP 服务器，而如果希望由本地网络的 DHCP 服务器优先提供服务，则此时可以通过此处的设置来延迟将消息发送到远程 DHCP 服务器，因为在这段时间内可以让同一网络内的 DHCP 服务器有机会先响应客户端的请求。

STEP 5　测试是否能成功路由。为了测试方便，请将 GW1 和 DHCP1 防火墙关闭。使用 ping 命令进行测试，2 台计算机之间应该通信顺畅。

6. 在 client1 上测试 DHCP 中继

将客户端 client1 的 IP 地址设置为自动获取，在命令提示符下进行测试，如图 22-39 所示。

图 22-39　在 client1 上测试 DHCP 中继成功

任务 22-7　配置超级作用域

超级作用域是运行 Windows Server 2016 的 DHCP 服务器的一种管理功能。当 DHCP 服务器上有多个作用域时，就可组成超级作用域，作为单个实体来管理。超级作用域常用于多网配置。多网是指在同一物理网段上使用两个或多个 DHCP 服务器以管理分离的逻辑 IP 网络。在多网配置中，可以使用 DHCP 超级作用域来组合多个作用域，为网络中的客户机提供来自多个作用域的租约。

22-8 配置超级作用域

1. 超级作用域网络环境

其网络拓扑图如图 22-40 所示。

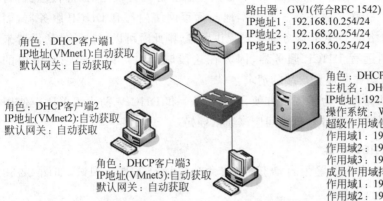

图 22-40　超级作用域网络拓扑图

在图 22-40 中，GW1 是网关服务器，可以由带 3 块网卡的安装了 Windows Server 2016 的计算机充当，3 块网卡分别连接虚拟机的 VMnet1、VMnet2 和 VMnet3。DHCP1 是 DHCP 服务器，作用域 1 的"003 路由器"选项为 192.168.10.254，作用域 2 的"003 路由器"选项为 192.168.20.254，作用域 3 的"003 路由器"选项为 192.168.30.254。

3 台客户端分别连接到虚拟机的 VMnet1、VMnet2 和 VMnet3，DHCP 客户端的 IP 地址获取方式是自动获取。

- DHCP 客户端 1 应该获取到 192.168.10.0/24 网络中的 IP 地址，网关是 192.168.10.254。
- DHCP 客户端 2 应该获取到 192.168.20.0/24 网络中的 IP 地址，网关是 192.168.20.254。
- DHCP 客户端 3 应该获取到 192.168.30.0/24 网络中的 IP 地址，网关是 192.168.30.254。

注意　如果在实训中 GW1 由 Windows Server 2016 来替代，需满足两个条件：①安装 3 块网卡，启用路由。可参考任务 22-6 的"4. 在 GW1 上安装路由和远程访问"相关内容。②GW1 必须和 DHCP1 集成到一台 Windows Server 2016 上。因为 Windows Server 2016 替代路由器无法转发 DHCP 广播报文，除非在 GW1 上部署 DHCP 中继代理。

2. 超级作用域设置方法

1）在 GW1 上安装路由和远程访问

请读者参照任务 22-6 中的"在 GW1 上安装路由和远程访问"，安装完成并进行路由测试。

2）在 DHCP1 上新建"超级作用域"

STEP 1　在 DHCP 控制台中,按要求分别新建作用域 1、作用域 2 和作用域 3。

STEP 2　右击 DHCP 服务器下的 IPv4 选项,在弹出的快捷菜单中选择"新建超级作用域"命令,运行新建超级作用域向导。在"选择作用域"的对话框中,可选择要加入超级作用域管理的作用域。本例中作用域 1、作用域 2 和作用域 3 全部选中,如图 22-41 所示。

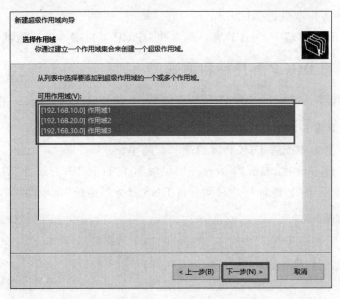

图 22-41　选择作用域

STEP 3　超级作用域创建以后会显示在 DHCP 控制台中,如图 22-42 所示。还可以将其他作用域也添加到该超级作用域中。

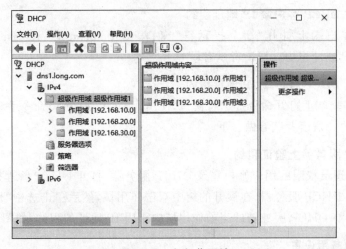

图 22-42　超级作用域

DHCP 客户端向 DHCP 服务器租用 IP 地址时,服务器会从超级作用域中的任何一个普通作用域中选择一个 IP 地址。超级作用域可以解决多网结构中的某些 DHCP 部署问题。

比较典型的情况就是，当前活动作用域的可用地址池几乎已耗尽，而又要向网络添加更多的计算机，可使用另一个 IP 网络地址范围以扩展同一物理网段的地址空间。

> 超级作用域只是一个简单的容器，删除超级作用域时并不会删除其中的子作用域。

3）在 DHCP 客户端进行测试

分别在 DHCP 客户端 1、DHCP 客户端 2 和 DHCP 客户端 3 进行测试。

22-9 配置 DHCP 客户端和测试

任务 22-8　配置 DHCP 客户端和测试

目前常用的操作系统均可作为 DHCP 客户端，本任务仅以 Windows 平台为客户端。

1. 配置 DHCP 客户端

在 Windows 平台中配置 DHCP 客户端非常简单。

① 在客户端 client1 上，打开"Internet 协议版本 4（TCP/IPv4）属性"对话框。

② 选中"自动获得 IP 地址"和"自动获得 DNS 服务器地址"选项即可。

> 由于 DHCP 客户机是在开机的时候自动获得 IP 地址的，因此并不能保证每次获得的 IP 地址都是相同的。

2. 测试 DHCP 客户端

在 DHCP 客户端上打开"命令提示符"窗口，可以通过 ipconfig /all 和 ping 命令对 DHCP 客户端进行测试。

3. 手动释放 DHCP 客户端 IP 地址租约

在 DHCP 客户端上打开"命令提示符"窗口，使用 ipconfig /release 命令手动释放 DHCP 客户端 IP 地址租约。请读者试着做一下。

4. 手动更新 DHCP 客户端 IP 地址租约

在 DHCP 客户端上打开命令提示符窗口，使用 ipconfig /renew 命令手动更新 DHCP 客户端 IP 地址租约。请读者试着做一下。

5. 在 DHCP 服务器上验证租约

使用具有管理员权限的用户帐户登录 DHCP 服务器，打开 DHCP 管理控制台。在左侧控制台树中双击 DHCP 服务器，在展开的树中双击作用域，然后单击选中"地址租用"选项，将能够看到从当前 DHCP 服务器的当前作用域中租用 IP 地址的租约，如图 22-43 所示。

6. 客户端的备用设置

客户端如果因故无法向 DHCP 服务器租到 IP 地址，客户端会每隔 5 分钟自动去找 DHCP 服务器租用 IP 地址，在未租到 IP 地址之前，客户端可以暂时使用其他 IP 地址，此 IP 地址可以通过如图 22-44 所示的"备用配置"选项卡进行设置。

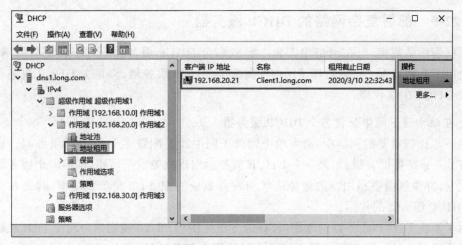

图 22-43　IP 地址租用

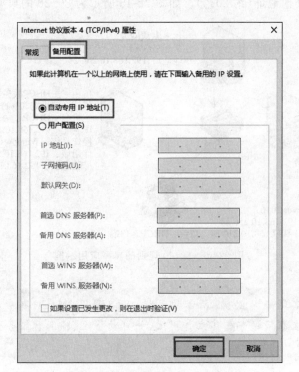

图 22-44　客户端的备用设置

- 自动专用 IP 寻址（automatic private IP addressing，APIPA）：这是默认值，当客户端无法从 DHCP 服务器租用到 IP 地址时，它们会自动使用 169.254.0.0/16 格式的专用 IP 地址。
- 用户配置：客户端会自动使用此处的 IP 地址与设置值。它特别适合客户端计算机需要在不同网络中使用的场合，例如客户端为笔记本电脑，这台计算机在公司是向 DHCP 服务器租用 IP 地址，但拿回家使用时，如果家里没有 DHCP 服务器，无法租用到 IP 地址，就自动使用此处所设置的 IP 地址。

任务 22-9　部署复杂网络的 DHCP 服务器

根据网络的规模,可在网络中安装一台或多台 DHCP 服务器。对于较复杂的网络,主要涉及以下几种情况:在单物理子网中配置多个 DHCP 服务器、多宿主 DHCP 服务器和跨网段的 DHCP 中继代理。

1. 在单物理子网中配置多个 DHCP 服务器

在一些比较重要的网络中,通常单个物理子网中需要配置多个 DHCP 服务器。这样有两大好处:一是提供容错,如果一个 DHCP 服务器出现故障或不可用,则另一个服务器就可以取代它,并继续提供租用新的地址或续租现有地址的服务;二是负载均衡,起到在网络中平衡 DHCP 服务器的作用。

为了平衡 DHCP 服务器的使用,较好的方法是使用 80/20 规则划分两个 DHCP 服务器之间的作用域地址。如将服务器 1 配置成可使用大多数地址(约 80%),则服务器 2 可以配置成让客户机使用其他地址(约 20%)。如图 22-45 所示为 80/20 的典型应用示例。

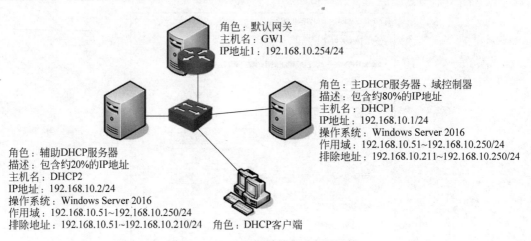

图 22-45　80/20 规则的典型应用示例

 注意 要想实现如图 22-45 所示的目标,可以利用 DHCP 拆分作用域配置向导来帮助自动在备用服务器建立作用域,并自动将主、辅两台服务器的 IP 地址分配率设置好。

2. 多宿主 DHCP 服务器

多宿主 DHCP 服务器是指一台 DHCP 服务器为多个独立的网段提供服务,其中每个网络连接都必须连入独立的物理网络。这种情况要求在计算机上使用额外的硬件,典型的情况是安装多个网卡。

例如,某个 DHCP 服务器连接了两个网络,网卡 1 的 IP 地址为 192.168.10.100,网卡 2 的 IP 地址为 192.168.10.200,在服务器上创建两个作用域,一个面向的网络为 192.168.10.0,另一个面向的网络为 192.168.20.0。这样当与网卡 1 位于同一网段的 DHCP 客户机访问 DHCP 服务器时,将从与网卡 1 对应的作用域中获取 IP 地址。同样,与网卡 2 位于同一网段的 DHCP 客户机也将获得相应的 IP 地址。

任务 22-10 维护 DHCP 数据库

22-10 维护
DHCP 数据
库

　　DHCP 服务器的数据库文件内存储着 DHCP 的配置数据,例如 IP 作用域、出租地址、
保留地址与选项设置等,系统默认将数据库文件存储在 %Systemroot%\System32\dhcp 文
件夹内,如图 22-46 所示。其中最主要的是数据库文件 dhcp.mdb,其他是辅助文件,请勿随
意更改或删除这些文件,否则 DHCP 服务器可能无法正常运行。

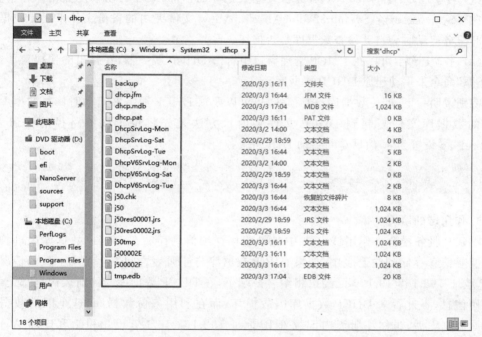

图 22-46 DHCP 数据库

注意

　　可以在 DHCP 管理窗口中右击 DHCP 服务器后,在弹出的快捷菜单中选择
"内容"→"数据库路径"命令来变更存储数据库的文件夹。

1. 数据库的备份

　　可以对 DHCP 数据库进行备份,以便数据库有问题时利用它来修复。

　　(1)自动备份:DHCP 服务默认会每隔 60 分钟就自动将 DHCP 数据库文件备份到如
图 22-46 所示的 dhcp\backup\new 文件夹内。如果要更改此间隔时间,可修改
Backupinterval 注册表(registry)设置值,它位于下列路径内:

```
HKEY_LOCAL_MACHINE\SYSTEM\CurrentControlSet\Services\DHCPServer\Parameters
```

　　(2)手动备份:可以在 DHCP 管理窗口中右击 DHCP 服务器后,在弹出的快捷菜单中
选择"备份"命令手动将 DHCP 数据库文件备份到指定文件夹内,系统默认是将其备份到 %
Systemroot%\System32\dhcp\backup 文件夹之下的 new 文件夹内。

可以在 DHCP 管理窗口中通过右击 DHCP 服务器,在弹出的快捷菜单中选择"属性"→"备份路径"命令的方法来更改备份的默认路径。

2. 数据库的还原

数据库的还原也有以下两种方式。

(1)自动还原:如果 DHCP 服务检查到数据库已损坏,就会自动修复数据库。它利用存储在％Systemroot％\System32\dhcp\backup\new 文件夹内的备份文件来还原数据库。DHCP 服务启动时会自动检查数据库是否损坏。

(2)手动还原:可以在 DHCP 管理窗口中右击 DHCP 服务器,在弹出的快捷菜单中选择"还原"命令来手动还原 DHCP 数据库。

特别说明一下,即使数据库没有损坏,也可以要求 DHCP 服务在启动时修复数据库(将备份的数据库文件复制到 DHCP 文件夹内),方法是先将位于以下路径的注册表值 RestoreFlag 设置为 1,然后重新启动 DHCP 服务。

```
HKEY_LOCAL_MACHINE\SYSTEM\CurrentControlSet\Services\DHCPServer\Parameters
```

3. 作用域的协调

DHCP 服务器会将作用域内的 IP 地址租用详细信息存储在 DHCP 数据库内,同时也会将摘要信息存储到注册表中,如果 DHCP 数据库与注册表之间发生了不一致的情况,例如 IP 地址 192.168.10.120 已经出租给客户端 A,在 DHCP 数据库与注册表内也都记载了此租用信息,不过后来 DHCP 数据库因故损坏,而在利用备份数据库(这是旧的数据库)来还原数据库后,虽然注册表内记载着 IP 地址 192.168.10.120 已出租给客户端 A,但是还原的 DHCP 数据库内并没有此记录,此时可以执行协调(reconcile)操作,让系统根据注册表的内容更新 DHCP 数据库,之后就可以在 DHCP 控制台中看到这条租用数据记录了。

要协调某个作用域时,请进行如下操作:在 DHCP 管理窗口中右击该作用域,在弹出的快捷菜单中选择"协调"命令并在打开的对话框中单击"验证"按钮来协调此作用域,或右击 IPv4,在弹出的快捷菜单中选择"协调所有的作用域"命令并在打开的对话框中单击"验证"按钮来协调此服务器内的所有 IPv4 作用域,如图 22-47 所示。

4. 将 DHCP 数据库移动到其他的服务器

当需要将现有的一台 Windows Server 的 DHCP 服务器删除,改由另外一台 Windows Server 来提供 DHCP 服务时,可以通过以下几个步骤来将原先存储在旧 DHCP 服务器内的数据库移动到新 DHCP 服务器。

STEP 1 到旧 DHCP 服务器上,打开 DHCP 控制台,右击 DHCP 服务器选项,在弹出的快捷菜单中选择"备份"命令来备份 DHCP 数据库,假设是备份到 C:\DHCPBackup 文件夹,其中包含着 new 子文件夹。

STEP 2 通过在 DHCP 管理窗口中右击 DHCP 服务器,在弹出的快捷菜单中选择"所有任务"→"停止"命令或执行 net stop dhcpserver 命令,将 DHCP 服务停止。此步骤

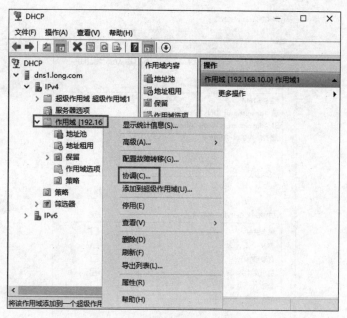

图 22-47　协调 DHCP 数据库

可防止 DHCP 服务器继续出租 IP 地址给 DHCP 客户端。

STEP 3 单击左下角"开始"菜单按钮,在弹出的快捷菜单中选择"Windows 系统工具"→"服务"命令,在打开的窗口中双击 DHCP Server 图标按钮,在启动类型处选中"禁用"选项。此步骤可避免 DHCP 服务器重新被启动。

STEP 4 将 STEP 1 所备份的数据库文件复制到新的 DHCP 服务器内,假设是复制到"C:\DHCPBackup"文件夹,其中包含 new 子文件夹。

STEP 5 如果新 DHCP 服务器尚未添加 DHCP 服务器角色,则打开服务器管理器,单击"添加角色和功能"按钮来进行添加。

STEP 6 对新 DHCP 服务器中的 DHCPBackup 文件夹需要赋予 NETWORK SERVICE 用户组"修改"的 NTFS 权限。右击新 DHCP 服务器中的 DHCPBackup 文件夹,在弹出的快捷菜单中选择"属性"命令,在打开的"DHCPBackup 属性"对话框中单击选中"安全"选项卡,单击"编辑"按钮。在弹出的"DHCPBackup 的权限"对话框中,添加 NETWORK SERVICE 用户组,并选中允许"修改"选项,依次单击"应用"→"确定"按钮,如图 22-48 所示。

STEP 7 在新 DHCP 服务器上打开 DHCP 控制台,右击 DHCP 服务器,在弹出的快捷菜单中选择"还原"命令将 DHCP 数据库还原,并选择从旧 DHCP 服务器复制来的文件。

注意　请选择"C:\DHCPBackup"文件夹,而不是"C:\DHCPBackup\new"文件夹。

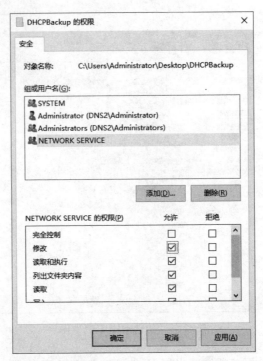

图 22-48   设置 DHCPServer 文件夹的 NTFS 权限

任务 22-11   监视 DHCP 服务器的运行

22-11 监视
DHCP 服务
器的运行

通过收集、查看与分析 DHCP 服务器的相关信息,可以帮助我们了解 DHCP 服务器的工作情况,找出效能瓶颈、问题所在,以便作为改善的参考。

1. 服务器的统计信息

可以查看整台服务器或某个作用域的统计信息。首先,启用 DHCP 统计信息的自动更新功能,单击选中 IPv4 选项,单击上方"属性"图标按钮,在打开的"IPv4 属性"对话框中选中"自动更新统计信息的时间间隔"选项,设定自动更新间隔时间,单击"确定"按钮,如图 22-49 所示。

接下来如果要查看整台 DHCP 服务器的统计信息,则可以在如图 22-50 所示的 DHCP 管理窗口中右击 IPv4 选项,在弹出的快捷菜单中选择"显示统计信息"命令。

- 开始时间:DHCP 服务的启动时间。
- 正常运行时间:DHCP 服务已经持续运行的时间。
- 发现数:已收到的 DHCPDISCOVER 数据包数量。
- 提供数:已发出的 DHCPOFFER 数据包数量。
- 延迟提供:被延迟发出的 DHCPOFFER 数据包数量。
- 请求数:已收到的 DHCPREQUEST 数据包数量。
- 回答数:已发出的 DHCPACK 数据包数量。
- 未回答数:已发出的 DHCPNAK 数据包数量。
- 拒绝数:已收到的 DHCPDECLINE 数据包数量。
- 释放数:已收到的 DHCPRELEASE 数据包数量。

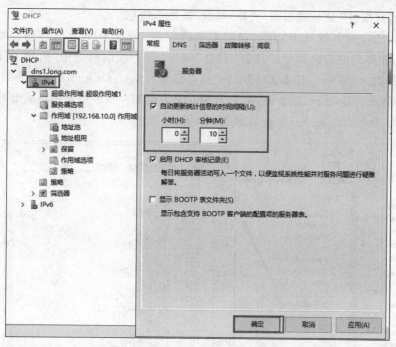

图 22-49　自动更新统计信息的时间间隔

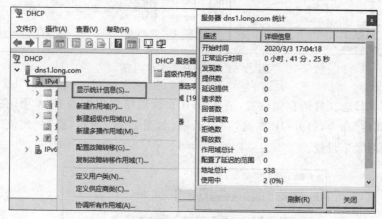

图 22-50　查看整台 DHCP 服务器的统计信息

- 作用域总计：DHCP 服务器内现有的作用域数量。
- 配置了延迟的范围：DHCP 服务器内设置了延迟响应客户端请求的作用域数量。
- 地址总计：DHCP 服务器可提供给客户端的 IP 地址总数。
- 使用中：DHCP 服务器内已出租的 IP 地址总数。
- 可用：DHCP 服务器内尚未出租的 IP 地址总数。

如果要查看某个作用域的统计信息，请在窗口中右击该作用域并在弹出的快捷菜单中选择"显示统计信息"命令即可。

2. DHCP 审核日志

DHCP 审核日志中记录着与 DHCP 服务有关的事件，例如服务的启动与停止时间、服务器是否已被授权、IP 地址的出租/更新/释放/拒绝等信息。

系统默认已启用审核日志功能，如果要更改设置，请在 DHCP 管理窗口中选中并在 IPv4 上右击，在弹出的快捷菜单中选择"属性"命令，选中或取消选中"启用 DHCP 审核记录"选项，如图 22-48 所示。日志文件默认是被存储到％Systemroot％\System32\dhcp 文件夹内，其文件格式为 dhcpSrvLog-day.log，其中 day 为星期一到星期日的英文缩写，例如星期六的文件名为 dhcpSrvLog-Sat.log，如图 22-51 所示。

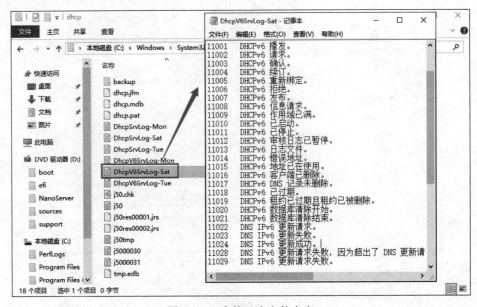

图 22-51　审核日志文件内容

如果要更改日志文件的存储位置，请在 DHCP 管理窗口中右击 IPv4 项，在弹出的快捷菜单中选择"属性"命令，打开"IPv4 属性"对话框，如图 22-52 所示，通过"高级"选项卡处的审核日志文件路径来设置。

图 22-52　审核日志文件路径

22.4　习题

1. 填空题

（1）DHCP 工作过程包括_____、_____、_____、_____ 4 种报文。

（2）如果 Windows 的 DHCP 客户端无法获得 IP 地址，将自动从 Microsoft 保留地址段_____中选择一个作为自己的地址。

（3）在 Windows Server 2016 的 DHCP 服务器中，根据不同的应用范围划分的不同级别的 DHCP 选项包括_____、_____、_____、_____。

（4）在 Windows Server 2016 环境下，使用_____命令可以查看 IP 地址配置，释放 IP 地址使用_____命令，续订 IP 地址使用_____命令。

（5）域环境中，_____服务器能够被授权，_____服务器不能被授权。

（6）通过策略为特定的客户端计算机分配不同的 IP 地址与选项时，可以通过 DHCP 客户端所发送的_____、_____来区分客户端计算机。

（7）当 DHCP 服务器上有多个作用域时，就可组成_____，作为单个实体来管理。

（8）为了平衡 DHCP 服务器的使用，较好的方法是使用_____规则划分两个 DHCP 服务器之间的作用域地址。

（9）DHCP 服务器系统默认将数据库文件存储在_____文件夹内，其中最主要的是数据库文件_____。

（10）DHCP 服务默认每隔_____分钟自动将数据库文件备份到_____文件夹内。

2. 选择题

（1）在一个局域网中利用 DHCP 服务器为网络中的所有主机提供动态 IP 地址分配，DHCP 服务器的 IP 地址为 192.168.2.1/24，在服务器上创建一个作用域 192.168.2.11～200/24 并激活。在 DHCP 服务器选项中设置 003 为 192.168.2.254，在作用域选项中设置 003 为 192.168.2.253，则网络中租用到 IP 地址 192.168.2.20 的 DHCP 客户端所获得的默认网关地址应为（　　）。

    A. 192.168.2.1　　　B. 192.168.2.254　　　C. 192.168.2.253　　　D. 192.168.2.20

（2）DHCP 选项的设置中，不可以设置的是（　　）。

    A. DNS 服务器　　　B. DNS 域名　　　　C. WINS 服务器　　　D. 计算机名

（3）使用 Windows Server 2016 的 DHCP 服务时，当客户机租约使用时间超过租约的 50％时，客户机会向服务器发送（　　）数据包，以更新现有的地址租约。

    A. DHCPDISCOVER　　　　　　　　B. DHCPOFFER

    C. DHCPREQUEST　　　　　　　　　D. DHCPIACK

（4）下列命令是用来显示网络适配器的 DHCP 类别信息的是（　　）。

    A. ipconfig /all　　　　　　　　　　B. ipconfig /release

    C. ipconfig /renew　　　　　　　　　D. ipconfig/showclassid

3. 简答题

（1）动态 IP 地址方案有什么优点和缺点？简述 DHCP 服务器的工作过程。

（2）如何配置 DHCP 作用域选项？如何备份与还原 DHCP 数据库？

4. 案例分析

（1）某企业用户反映，他的一台计算机从人事部搬到财务部后就不能连接到 Internet 了。这是什么原因？应该怎么处理？

（2）学校因为计算机数量的增加，需要在 DHCP 服务器上添加一个新的作用域。可用户反映客户端计算机并不能从服务器获得新的作用域中的 IP 地址。可能是什么原因？如何进行处理？

22.5 实训项目 配置与管理 DHCP 服务器实训

1. 实训目的
- 掌握 DHCP 服务器的配置方法。
- 掌握 DHCP 的用户类别的配置。
- 掌握测试 DHCP 服务器的方法。

2. 项目背景
本项目根据如图 22-2 所示的环境来部署 DHCP 服务。

3. 项目要求
① 将 DHCP 服务器的 IP 地址池设为 192.168.20.10/24～192.168.20.200/24；
② 将 IP 地址 192.168.20.104/24 预留给需要手工指定 TCP/IP 参数的服务器；
③ 将 192.168.20.100 用作保留地址；
④ 增加一台客户端 client2，要使 client1 客户端与 client2 客户端自动获取的路由器和 DNS 服务器地址不同；
⑤ 完成"任务 22-7 配置超级作用域"的实例。注意 GW1 和 DHCP1 可以用一台安装了 Windows Server 2016 的计算机来替代。

4. 做一做
根据实训项目录像进行项目的实训，检查学习效果。

第 23 章
配置与管理 Web 服务器

项目背景

目前,大部分公司都有自己的网站,用来实现信息发布、资料查询、数据处理、网络办公、远程教育和视频点播等功能,还可以用来实现电子邮件服务。搭建网站要靠 Web 服务来实现,而在中小型网络中使用最多的系统是 Windows Server 系统,因此微软公司的 IIS 系统提供的 Web 服务也成为使用最为广泛的服务。

项目目标

- 学会 IIS 的安装与配置
- 学会 Web 网站的配置与管理
- 学会创建 Web 网站和虚拟主机
- 学会 Web 网站的目录管理
- 学会实现安全的 Web 网站

23.1 相关知识

IIS 提供了基本 Web 服务,包括发布信息、传输文件、支持用户通信和更新这些服务所依赖的数据存储等。

1. 万维网发布服务

通过将客户端 HTTP 请求连接到在 IIS 中运行的网站上,万维网发布服务向 IIS 最终用户提供 Web 发布。WWW 服务管理 IIS 的核心组件,这些组件处理 HTTP 请求并配置和管理 Web 应用程序。

23-1 WWW 与 FTP 服务器

2. 文件传输协议服务

通过文件传输协议(file transfer protocol,FTP),IIS 提供对管理和处理文件的完全支持。该服务使用传输控制协议(transmission control protocol,TCP),从而确保了文件传输的完成和数据传输的准确。该版本的 FTP 支持在站点级别上隔离用户,以帮助管理员保护其 Internet 站点的安全并使之商业化。

3. 简单邮件传输协议服务

使用简单邮件传输协议(simple mail transfer protocol,SMTP)服务,IIS 能够发送和接

收电子邮件。例如,为确认用户提交表格成功,可以对服务器编程以自动发送邮件来响应事件,也可以使用 SMTP 服务接收来自网站客户反馈的消息。SMTP 不支持完整的电子邮件服务,要提供完整的电子邮件服务,可使用 Microsoft Exchange Server。

4. 网络新闻传输协议服务

可以使用网络新闻传输协议(network news transfer protocol,NNTP)服务主控单个计算机上的 NNTP 本地讨论组。因为该功能完全符合 NNTP,所以用户可以使用任何新闻阅读客户端程序加入新闻组进行讨论。

5. 管理服务

该项功能管理 IIS 配置数据库,并为 WWW 服务、FTP 服务、SMTP 服务和 NNTP 服务更新 Microsoft Windows 操作系统注册表。配置数据库用来保存 IIS 的各种配置参数。IIS 管理服务对其他应用程序公开配置数据库,这些应用程序包括 IIS 核心组件、在 IIS 上建立的应用程序以及独立于 IIS 的第三方应用程序(如管理或监视工具)。

23.2   项目设计与准备

在架设 Web 服务器之前,读者需要了解本任务实例部署的需求和实验环境。

1. 部署需求

在部署 Web 服务前需满足以下要求。

(1)设置 Web 服务器的 TCP/IP 属性,手工指定 IP 地址、子网掩码、默认网关和 DNS 服务器 IP 地址等。

(2)部署域环境,域名为 long.com。

2. 部署环境

本节任务所有实例都部署在一个域环境下,域名为 long.com。其中 Web 服务器主机名为 DNS1,其本身也是域控制器和 DNS 服务器,IP 地址为 192.168.10.1。Web 客户机主机名为 WIN10-1,是一台安装了 Windows 10 的客户机,IP 地址为 192.168.10.30。网络拓扑图如图 23-1 所示。

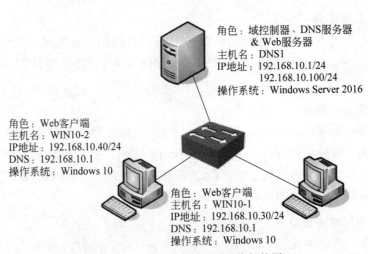

角色:域控制器、DNS服务器
& Web服务器
主机名:DNS1
IP地址:192.168.10.1/24
          192.168.10.100/24
操作系统:Windows Server 2016

角色:Web客户端
主机名:WIN10-2
IP地址:192.168.10.40/24
DNS:192.168.10.1
操作系统:Windows 10

角色:Web客户端
主机名:WIN10-1
IP地址:192.168.10.30/24
DNS:192.168.10.1
操作系统:Windows 10

图 23-1   架设 Web 服务器网络拓扑图

23.3　项目实施

23-2　安装
Web 服务器
(IIS)角色

任务 23-1　安装 Web 服务器(IIS)角色

在计算机 WIN2012-1 上通过"服务器管理器"安装 Web 服务器(IIS)角色,具体步骤如下。

STEP 1　选择"开始"→"服务器管理器"命令,打开"服务器管理器"窗口,依次单击"仪表板"→"添加角色和功能"按钮,在弹出的对话框中持续单击"下一步"按钮,直到打开如图 23-2 所示"选择服务器角色"的对话框,选中"Web 服务器(IIS)"复选框,全部选中"安全性"选项,全部选中"常见 HTTP 功能"选项,同时选中"FTP 服务器"选项。

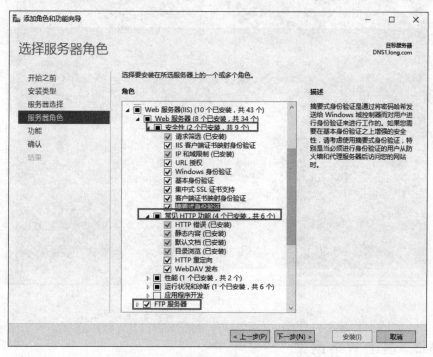

图 23-2　"选择服务器角色"对话框

　　如果在前面安装某些角色时,安装了功能和部分 Web 角色,界面将稍有不同,这时请注意选中"FTP 服务器""安全性"和"常见 HTTP 功能"等选项。

STEP 2　持续单击"下一步"按钮,直到打开有"安装"按钮的对话框,单击"安装"按钮开始安装 Web 服务器。在安装完成后,会弹出提示"安装结果"的对话框,单击"关闭"按钮完成安装。

　　在此将"FTP 服务器"复选框选中,在安装 Web 服务器的同时,也安装了FTP 服务器。建议安装"角色服务"全部选项,特别是身份验证方式。如果"角色服务"安装不完全,后面做有关"网站安全"的实训时,会有部分功能不能使用。

安装完 IIS 以后，还应对该 Web 服务器进行测试，以检测网站是否正确安装并运行。在局域网中的一台计算机（本例为 win10-1）上，通过浏览器打开以下 3 种地址格式进行测试。

- DNS 域名地址（延续前面的 DNS 设置）："http:/DNS1.long.com/"。
- IP 地址："http://192.168.10.1/"。
- 计算机名："http://DNS1/"。

如果 IIS 安装成功，则会在 IE 浏览器中打开如图 23-3 所示的网页。如果没有显示出该网页，则检查 IIS 是否出现问题或重新启动 IIS 服务，也可以删除 IIS 重新安装。

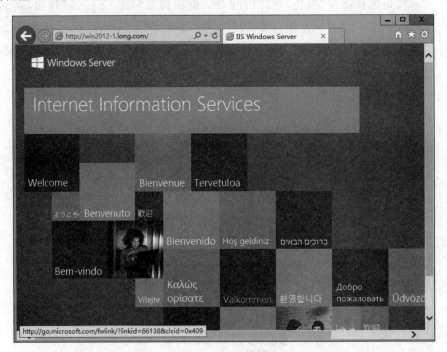

图 23-3　IIS 安装成功

23-3 创建
Web 网站

任务 23-2　创建 Web 网站

在 Web 服务器上创建一个新网站，使用户在客户端计算机上能通过 IP 地址和域名进行访问。

1. 创建使用 IP 地址访问的 Web 网站

创建使用 IP 地址访问的 Web 网站的具体步骤如下。

1）停止默认网站（Default Web Site）

以域管理员帐户登录 Web 服务器上，选择"开始"→"Windows 管理工具"→"Internet Information Services(IIS)管理器"命令打开 IIS 管理控制台。在控制台树中依次展开服务器和"网站"节点。右击 Default Web Site 选项，在弹出的快捷菜单中选择"管理网站"→"停止"命令，即可停止正在运行的默认网站，如图 23-4 所示。停止后，默认网站的状态显示为"已停止"。

2）准备 Web 网站内容

在 C 盘上创建文件夹"C:\web"作为网站的主目录，并在该文件夹中存放网页 index.htm 作为网站的首页，网站首页可以用记事本或 Dreamweaver 软件编写。

图 23-4　停止默认网站（Default Web Site）

3) 创建 Web 网站

STEP 1　在"Internet Information Services（IIS）管理器"窗口树中，展开服务器节点，右击"网站"选项，在弹出的菜单中选择"添加网站"命令，打开"添加网站"对话框。在该对话框中可以指定网站名称、应用程序池、网站内容目录、传递身份验证、网站类型、IP 地址、端口号、主机名以及是否启动网站。在此设置网站名称为 Test Web，物理路径为"C：\web"，类型为 http，IP 地址为 192.168.10.1，默认端口号为80，如图 23-5 所示。单击"确定"按钮，完成 Web 网站的创建。

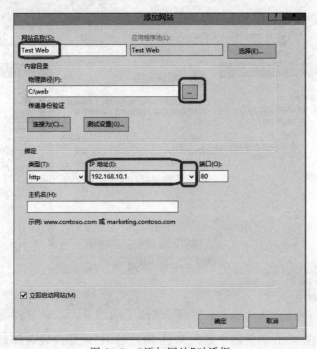

图 23-5　"添加网站"对话框

STEP 2 返回"Internet Information Services(IIS)管理器"控制台,可以看到刚才创建的网站已经启动,如图 23-6 所示。

图 23-6 "Internet Information Services(IIS)管理器"窗口

STEP 3 用户在客户端计算机 win10-1 上打开浏览器,输入 http://192.168.10.1 就可以访问刚才建立的网站了。

注意 如图 23-6 所示,双击右窗格中的"默认文档"图标按钮,打开如图 23-7 所示的"默认文档"的窗口。可以对默认文档进行添加、删除及更改顺序的操作。

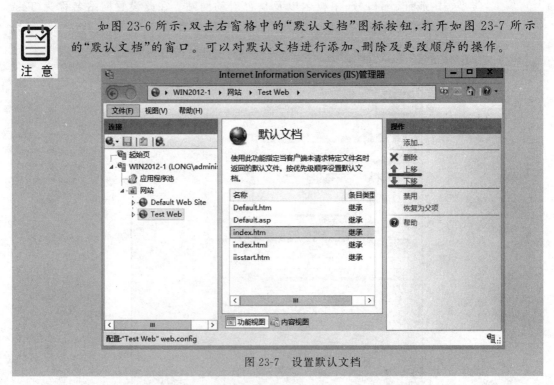

图 23-7 设置默认文档

默认文档是指在 Web 浏览器中输入 Web 网站的 IP 地址或域名即显示出来的 Web 页

面,也就是通常所说的主页(homepage)。IIS 8.0 默认文档的文件名有 5 种,分别为 default.htm、default.asp、index.htm、index.html 和 iisstar.htm。这也是一般网站中最常用的主页名。如果 Web 网站无法找到这 5 个文件中的任何一个,那么,将在 Web 浏览器上显示"该页无法显示"的提示。默认文档既可以是一个,也可以是多个。当设置多个默认文档时,IIS 将按照排列的前后顺序依次调用这些文档。当第一个文档存在时,将直接把它显示在用户的浏览器上,而不再调用后面的文档;第一个文档不存在时,将第二个文件显示给用户,以此类推。

思考与实践：由于本例首页文件名为 index.htm,所以在客户端直接输入 IP 地址即可浏览网站。如果网站首页的文件名不在列出的 5 个默认文档中,该如何处理？请读者试着做一下。

2. 创建使用域名访问的 Web 网站

创建用域名 www.long.com 访问的 Web 网站,具体步骤如下。

STEP 1 在 DNS1 上打开"DNS 管理器"窗口,依次展开服务器和"正向查找区域"节点,单击选中区域 long.com。

STEP 2 创建别名记录。右击区域 long.com,在弹出的快捷菜单中选择"新建别名"命令,出现"新建资源记录"对话框。在"别名"文本框中输入 www,在"目标主机的完全合格的域名(FQDN)"文本框中输入 DNS1.long.com,或者单击"浏览"按钮,查找 DNS1 的 FQDN 并选中。

STEP 3 单击"确定"按钮,别名创建完成。

STEP 4 用户在客户端计算机 WIN10-1 上,打开浏览器,输入 http://www.long.com 就可以访问刚才建立的网站。

保证客户端计算机 WIN10-1 的 DNS 服务器的地址是 192.168.10.1。

任务 23-3　管理 Web 网站的目录

23-4 管理 Web 网站的目录

在 Web 网站中,Web 内容文件都会保存在一个或多个目录树下,包括 HTML 内容文件、Web 应用程序和数据库等,甚至有的会保存在多个计算机上的多个目录中。因此,为了使其他目录中的内容和信息也能够通过 Web 网站发布,可通过创建虚拟目录来实现。当然,也可以在物理目录下直接创建目录来管理内容。

1. 虚拟目录与物理目录

在 Internet 上浏览网页时,经常会看到一个网站下面有许多子目录,这就是虚拟目录。虚拟目录只是一个文件夹,并不一定位于主目录内,但对于浏览 Web 站点的用户看来,就像位于主目录中一样。

对于任何一个网站,都需要使用目录来保存文件,即可以将所有的网页及相关文件都存放到网站的主目录之下,也就是在主目录之下建立文件夹,然后将文件放到这些子文件夹内,这些文件夹也称物理目录。也可以将文件保存到其他物理文件夹内,如本地计算机或其他计算机内,然后通过虚拟目录映射到这个文件夹,每个虚拟目录都有一个别名。虚拟目录的好处是在不需要改变别名的情况下,可以随时改变其对应的文件夹。

在 Web 网站中,默认发布主目录中的内容。但如果要发布其他物理目录中的内容,就需要创建虚拟目录。虚拟目录也就是网站的子目录,每个网站都可能会有多个子目录,不同的子目录内容不同,在磁盘中会用不同的文件夹来存放不同的文件。例如,使用 BBS 文件夹存放论坛程序,用 image 文件夹存放网站图片等。

2. 创建虚拟目录

在 www.long.com 对应的网站上创建一个名为 BBS 的虚拟目录,其路径为本地磁盘中的 C:\MY_BBS 文件夹,该文件夹下有个文档 index.htm。具体创建过程如下。

STEP 1 以域管理员身份登录 DNS1。在 IIS 管理器中,展开左侧的"网站"目录树,选中并在要创建虚拟目录的网站 Test Web 上右击,在弹出的快捷菜单中选择"添加虚拟目录"命令,运行虚拟目录创建向导。利用该向导便可为该虚拟网站创建不同的虚拟目录。

STEP 2 在"别名"文本框中设置该虚拟目录的别名,本例为 bbs,用户用该别名来连接虚拟目录。该别名必须唯一,不能与其他网站或虚拟目录重名。在"物理路径"文本框中输入该虚拟目录的文件夹路径,或单击"浏览"按钮选择,本例为 C:\MY_BBS。这里既可使用本地计算机上的路径,也可以使用网络中的文件夹路径。设置完成如图 23-8 所示。

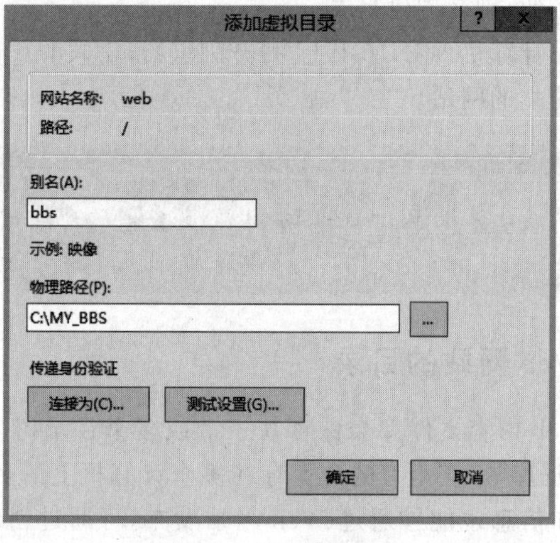

图 23-8 添加虚拟目录

STEP 3 用户在客户端计算机 WIN10-1 上打开浏览器,输入 http://www.long.com/bbs 就可以访问 C:\MY_BBS 中的默认网站。

任务 23-4 架设多个 Web 网站

使用 IIS 8.0 的虚拟主机技术,通过分配 TCP 端口、IP 地址和主机头名,可以在一台服务器上建立多个虚拟 Web 网站。每个网站都具有唯一的由端口号、IP 地址和主机头名 3 部分组成的网站标识,用来接收来自客户端的请求。不同的 Web 网站可以提供不同的 Web

服务,而且每一个虚拟主机和一台独立的主机完全一样。这种方式适用于企业或组织需要创建多个网站的情况,可以节省成本。

不过,这种虚拟技术将一个物理主机分割成多个逻辑上的虚拟主机使用,虽然能够节省经费,对于访问量较小的网站来说比较经济实惠,但由于这些虚拟主机共享这台服务器的硬件资源和带宽,所以在访问量较大时容易出现资源不够用的情况。

架设多个 Web 网站可以通过以下 3 种方式来实现。

- 使用不同 IP 地址架设多个 Web 网站。
- 使用不同端口号架设多个 Web 网站。
- 使用不同主机头架设多个 Web 网站。

23-5 架设多个 Web 网站

在创建一个 Web 网站时,要根据企业本身现有的条件,如投资的多少、IP 地址的多少、网站性能的要求等,选择不同的虚拟主机技术。

1. 使用不同端口号架设多个 Web 网站

如今 IP 地址资源越来越紧张,有时需要在 Web 服务器上架设多个网站,但计算机只有一个 IP 地址,这该怎么办呢?利用这一个 IP 地址,使用不同的端口号也可以达到架设多个网站的目的。

其实,用户访问所有的网站都需要使用相应的 TCP 端口。不过,Web 服务器默认的 TCP 端口为 80,在用户访问时不需要输入。但如果网站的 TCP 端口不为 80,在输入网址时就必须添加上端口号,而且用户在上网时也会经常遇到必须使用端口号才能访问网站的情况。利用 Web 服务的这个特点,可以架设多个网站,每个网站均使用不同的端口号。使用这种方式创建的网站,其域名或 IP 地址部分完全相同,仅端口号不同。只是用户在使用网址访问时,必须添加相应的端口号。

在同一台 Web 服务器上使用同一个 IP 地址、两个不同的端口号(80、8080)创建两个网站,具体步骤如下。

1) 新建第 2 个 Web 网站

STEP 1 以域管理员帐户登录 Web 服务器 DNS1 上。

STEP 2 在"Internet 信息服务(IIS)管理器"窗口中,创建第 2 个 Web 网站,网站名称为 web8080,内容目录物理路径为"C:\web2",IP 地址为 192.168.10.1,端口号为 8080,如图 23-9 所示。

2) 在客户端上访问两个网站

在 win10-1 计算机上打开 IE 浏览器,分别输入 http://192.168.10.1 和 http://192.168.10.1:8080,这时会发现打开了两个不同的网站 Test Web 和 web8080。

提示　　如果在访问 Web2 时出现不能访问的情况,请检查防火墙,最好将全部防火墙(包括域的防火墙)关闭! 后面类似问题不再说明。

2. 使用不同的主机头名架设多个 Web 网站

使用 www.long.com 访问第 1 个 Web 网站 Test Web,使用 www1.long.com 访问第 2 个 Web 网站 web8080。具体步骤如下。

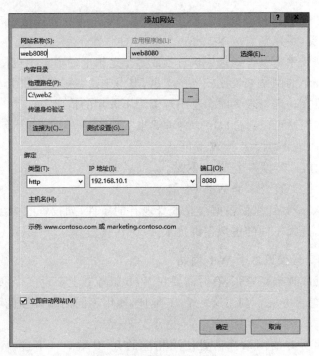

图 23-9 "添加网站"对话框

1) 在区域 long.com 上创建别名记录

STEP 1 以域管理员帐户登录到 Web 服务器 DNS1 上。

STEP 2 打开"DNS 管理器"窗口,依次展开服务器和"正向查找区域"节点,单击选中区域 long.com。

STEP 3 创建别名记录。右击区域 long.com,在弹出的快捷菜单中选择"新建别名"命令, 出现"新建资源记录"对话框。在"别名"文本框中输入 www1,在"目标主机的完 全合格的域名(FQDN)"文本框中输入 dns1.long.com。

STEP 4 单击"确定"按钮,别名创建完成,如图 23-10 所示。

图 23-10 DNS 配置结果

2）设置 Web 网站的主机名

STEP 1 以域管理员帐户登录 Web 服务器，右击第 1 个 Web 网站 Test Web，在弹出的快捷菜单中选择"编辑绑定"命令，在对话框中选中 192.168.10.1 地址行，单击"编辑"按钮，打开"编辑网站绑定"对话框，在"主机名"文本框中输入 www.long.com，端口为 80，IP 地址为 192.168.10.1，如图 23-11 所示，单击"确定"按钮即可。

图 23-11　设置第 1 个 Web 网站的主机名

STEP 2 右击第 2 个 Web 网站 web8080，在弹出的快捷菜单中选择"编辑绑定"命令，在对话框中选中 192.168.10.1 地址行，单击"编辑"按钮，打开"编辑网站绑定"对话框，在"主机名"文本框中输入 www2.long.com，端口改为 80，IP 地址为 192.168.10.1，如图 23-12 所示，单击"确定"按钮即可。

图 23-12　设置第 2 个 Web 网站的主机名

3）在客户端上访问两个网站

在 WIN10-1 计算机上，保证 DNS 首要地址是 192.168.10.1。打开 IE 浏览器，分别输入"http://www. long.com"和"http://www1.long.com"，这时会发现打开了两个不同的网站 Test Web 和 web8080。

3. 使用不同的 IP 地址架设多个 Web 网站

如果要在一台 Web 服务器上创建多个网站，为了使每个网站域名都能对应于独立的 IP

地址,一般使用多个 IP 地址来实现。这种方案称为 IP 虚拟主机技术,也是比较传统的解决方案。当然,为了使用户在浏览器中可使用不同的域名来访问不同的 Web 网站,必须将主机名及其对应的 IP 地址添加到域名解析系统(DNS)。如果使用此方法在 Internet 上维护多个网站,也需要通过 InterNIC 注册域名。

要使用多个 IP 地址架设多个网站,首先需要在一台服务器上绑定多个 IP 地址。而 Windows Server 2008 及 Windows Server 2012 R2 系统均支持在一台服务器上安装多块网卡,一张网卡可以绑定多个 IP 地址。再将这些 IP 地址分配给不同的虚拟网站,就可以达到一台服务器利用多个 IP 地址来架设多个 Web 网站的目的。例如,要在一台服务器上创建两个网站 Linux.long.com 和 Windows.long.com,对应的 IP 地址分别为 192.168.10.1 和 192.168.10.5,需要在服务器网卡中添加这两个地址。具体步骤如下。

1) 在 DNS1 上再添加第 2 个 IP 地址

STEP 1 以域管理员帐户登录 Web 服务器,右击桌面右下角任务托盘区域的网络连接图标按钮,选择快捷菜单中的"打开网络和共享中心"命令,打开"网络和共享中心"窗口。

STEP 2 单击"本地连接"图标按钮,打开"本地连接状态"对话框。

STEP 3 单击"属性"按钮,打开"本地连接属性"对话框。Windows Server 2016 中包含 IPv6 和 IPv4 两个版本的 Internet 协议,并且默认都已启用。

STEP 4 在"此连接使用下列项目"选项框中选择"Internet 协议版本 4(TCP/IP)",单击"属性"按钮,打开"Internet 协议版本 4(TCP/IPv4)属性"对话框。单击"高级"按钮,打开"高级 TCP/IP 设置"对话框。

STEP 5 单击"添加"按钮,在 TCP/IP 对话框中输入 IP 地址 192.168.10.5,子网掩码为 255.255.255.0。单击"确定"按钮,完成设置,如图 23-13 所示。

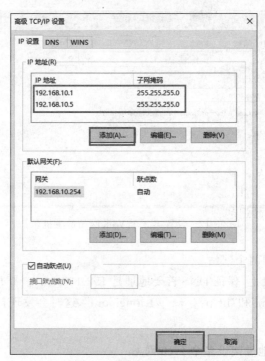

图 23-13　高级 TCP/IP 设置

2）更改第 2 个网站的 IP 地址和端口号

以域管理员帐户登录 Web 服务器。右击第 2 个 Web 网站 web8080，在弹出的快捷菜单中选择"编辑绑定"命令，在对话框中选中 192.168.10.1 地址行，单击"编辑"按钮，打开"编辑网站绑定"对话框，在"主机名"文本框中不输入内容（清空原有内容），端口为 80，IP 地址为 192.168.10.5，如图 23-14 所示，最后单击"确定"按钮即可。

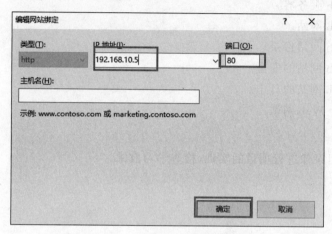

图 23-14　"编辑网站绑定"对话框

3）在客户端上进行测试

在 WIN10-1 计算机上，打开 IE 浏览器，分别输入 http://192.168.10.1 和 http://192.168.10.5，这时会发现打开了两个不同的网站 Test Web 和 web8080。

23.4　习题

1. 填空题

（1）微软 Windows Server 2016 家族的 IIS 在_____、_____或_____上提供了集成、可靠、可伸缩、安全和可管理的 Web 服务器功能，为动态网络应用程序创建强大的通信平台的工具。

（2）Web 中的目录分为两种类型：_____和_____。

2. 简答题

（1）简述架设多个 Web 网站的方法。

（2）IIS 8.0 提供的服务有哪些？

（3）什么是虚拟主机？

23.5　实训项目　配置与管理 Web 服务器实训

1. 实训目的

掌握 Web 服务器的配置方法。

2. 项目背景

本项目根据如图 23-1 所示的环境来部署 Web 服务器。

3. 项目要求

根据网络拓扑图(见图 23-1),完成如下任务。

(1) 安装 Web 服务器。

(2) 创建 Web 网站。

(3) 管理 Web 网站目录。

(4) 管理 Web 网站的安全。

(5) 管理 Web 网站的日志。

(6) 架设多个 Web 网站。

4. 做一做

根据实训项目录像进行项目的实训,检查学习效果。

第 24 章
配置与管理 FTP 服务器

项目背景

FTP(file transfer protocol)是一个用来在两台计算机之间传输文件的通信协议,这两台计算机中,一台是 FTP 服务器,另一台是 FTP 客户端。FTP 客户端可以从 FTP 服务器下载文件,也可以将文件上传到 FTP 服务器。

项目目标

- FTP 概述
- 安装 FTP 服务器
- 创建虚拟目录
- 创建虚拟机
- 配置与使用客户端
- 配置域环境下隔离 FTP 服务器

24.1 相关知识

以 HTTP 为基础的 WWW 服务功能虽然强大,但对于文件传输来说却略显不足。一种专门用于文件传输的服务 FTP 服务应运而生。

FTP 服务就是文件传输服务,它具备更强的文件传输可靠性和更高的效率。

1. FTP 工作原理

FTP 大幅简化了文件传输的复杂性,它能够使文件通过网络从一台主机传送到另外一台计算机上却不受计算机和操作系统类型的限制。无论是 PC、服务器、大型机,还是 iOS、Linux、Windows 操作系统,只要双方都支持 FTP,就可以方便、可靠地传送文件。

FTP 服务的具体工作过程如图 24-1 所示。

(1) 客户端向服务器发出连接请求,同时客户端系统动态地打开一个大于 1024 的端口(如 1031 端口)等候服务器连接。

(2) 若 FTP 服务器在端口 21 侦听到该请求,则会在客户端的 1031 端口和服务器的 21 端口之间建立起一个 FTP 会话连接。

(3) 当需要传输数据时,FTP 客户端再动态地打开一个大于 1024 的端口(如 1032 端口)连接到服务器的 20 端口,并在这两个端口之间传输数据。当数据传输完毕,这两个端口

（1032 和 20 端口）会自动关闭。

（4）客户端的 1031 端口和服务器的 21 端口之间的会话连接继续保持，等待接受其他客户进程发起的请求。

（5）当 FTP 客户端断开与 FTP 服务器的连接时，客户端上动态分配的端口将自动释放。

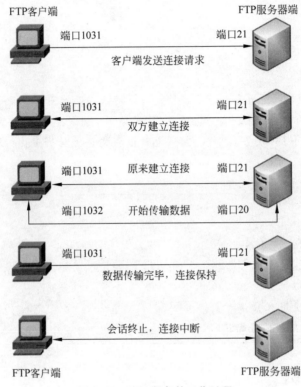

图 24-1　FTP 服务的工作过程

2. 匿名用户

FTP 服务不同于 WWW，它首先要求登录到服务器上，然后再传输文件，这对于很多公开提供软件下载的服务器来说十分不便，于是匿名用户访问就诞生了。通过使用一个共同的用户名 anonymous，密码不限的管理策略（一般使用用户的邮箱作为密码即可），让任何用户都可以很方便地从这些服务器上下载软件。

24.2　项目设计与准备

在架设 FTP 服务器之前，需要了解本任务实例的部署需求和实验环境。

1. 部署需求

在部署 FTP 服务前需满足以下要求。

（1）设置 FTP 服务器的 TCP/IP 属性，手工指定 IP 地址、子网掩码、默认网关和 DNS 服务器 IP 地址等。

（2）部署域环境，域名为 long.com。

2. 部署环境

本节任务所有实例都部署在一个域环境下，域名为 long.com。其中 FTP 服务器主机名为 DNS1，其本身也是域控制器和 DNS 服务器，IP 地址为 192.168.10.1。FTP 客户机主机名为 WIN10-1，是一台安装了 Windows 10 的客户机，IP 地址为 192.168.10.30。网络拓扑图如图 24-2 所示。

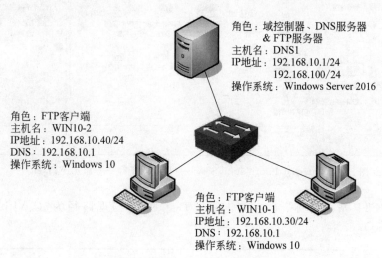

图 24-2　架设 FTP 服务器网络拓扑图

24.3　项目实施

任务 24-1　创建和访问 FTP 站点

在本任务中，在计算机 DNS1 上通过服务器管理器窗口安装 Web 服务器（IIS）角色，同时也安装了 FTP 服务器。

在 FTP 服务器上创建一个新网站 Test FTP，使用户在客户端计算机上能通过 IP 地址和域名进行访问。

1. 创建使用 IP 地址访问的 FTP 站点

创建使用 IP 地址访问的 FTP 站点的具体步骤如下。

1）准备 FTP 主目录

在 C 盘上创建文件夹"C:\ftp"作为 FTP 主目录，并在该文件夹存放一个文件 test.txt，供用户在客户端计算机上下载和上传测试。

2）创建 FTP 站点

24-1 创建和访问 FTP 站点

STEP 1　在"Internet Information Services（IIS）管理器"窗口中，右击服务器 DNS1，在弹出的快捷菜单中选择"添加 FTP 站点"命令，如图 24-3 所示，打开"添加 FTP 站点"对话框。

图 24-3　Internet Information Services(IIS)管理器——添加 FTP 站点

STEP 2　在"FTP 站点名称"文本框中输入 Test FTP,物理路径为"C:\ftp",如图 24-4
所示。

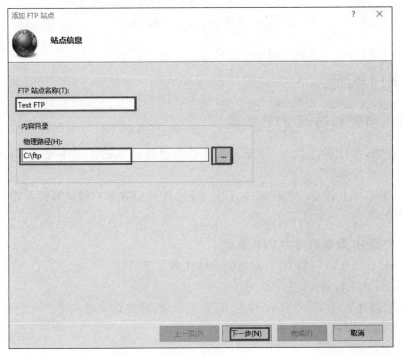

图 24-4　"添加 FTP 站点"对话框

STEP 3　单击"下一步"按钮,打开如图 24-5 所示的"绑定和 SSL 设置"对话框,在"IP 地址"
文本框中输入 192.168.10.1,端口为 21,在 SSL 选项区下面选中"无 SSL"单选
按钮。

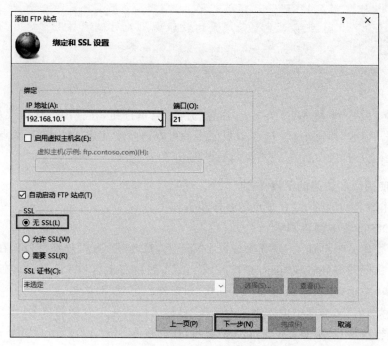

图 24-5　"绑定和 SSL 设置"对话框

STEP 4 单击"下一步"按钮,打开如图 24-6 所示的"身份验证和授权信息"对话框,输入相应信息。本例允许匿名访问,也允许特定用户访问。

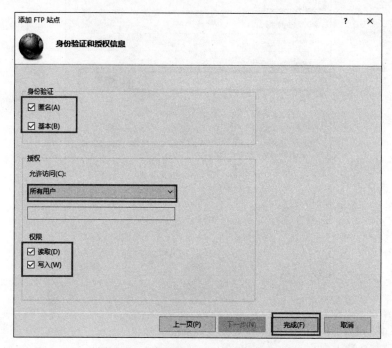

图 24-6　"身份验证和授权信息"对话框

访问 FTP 服务器主目录的最终权限由此处的权限与用户对 FTP 主目录的 NTFS 权限共同作用,哪一个严格就采用哪一个。

3)测试 FTP 站点

用户在客户端计算机 WIN10-1 上,右击"开始"菜单按钮,在弹出的快捷菜单中选择"文件资源管理器"命令,输入 ftp://192.168.10.1 就可以访问刚才建立的 FTP 站点。或者在浏览器中输入 ftp://192.168.10.1 也可以访问 Test FTP 网站。

2. 创建使用域名访问的 FTP 站点

创建使用域名访问的 FTP 站点的具体步骤如下。

1)在 DNS 区域中创建别名

STEP 1 以管理员帐户登录 DNS 服务器 DNS1 上,打开"DNS 管理器"窗口,在控制台树中依次展开服务器和"正向查找区域"节点,然后右击区域 long.com,在弹出的快捷菜单中选择"新建别名"命令,打开"新建资源记录"对话框。

STEP 2 在"别名"文本框中输入别名 ftp,在"目标主机的完全合格的域名(FQDN)"文本框中输入 FTP 服务器的完全合格域名,在此输入 dns1.long.com,如图 24-7 所示。

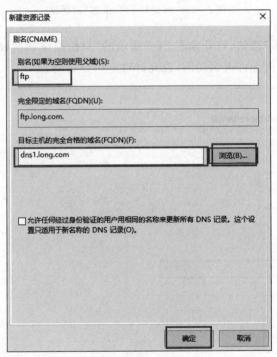

图 24-7　新建别名记录

STEP 3 单击"确定"按钮,完成别名记录的创建。

2)测试 FTP 站点

用户在客户端计算机 WIN10-1 上,打开文件资源管理器或浏览器,输入"ftp://ftp.long.com"就可以访问刚才建立的 FTP 站点,如图 24-8 所示。

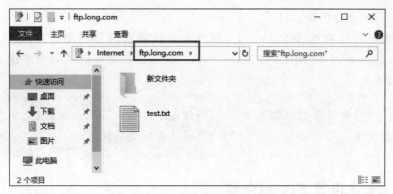

图 24-8　使用完全合格的域名(FQDN)访问 FTP 站点

任务 24-2　创建虚拟目录

24-2　创建
虚拟目录

使用虚拟目录可以在服务器硬盘上创建多个物理目录,或者引用其他计算机上的主目录,从而为不同上传或下载服务的用户提供不同的目录,并且可以为不同的目录分别设置不同的权限,如读取、写入等。使用 FTP 虚拟目录时,由于用户不知道文件的具体储存位置,所以文件存储更加安全。

在 FTP 站点上创建虚拟目录 xunimulu 的具体步骤如下。

1) 准备虚拟目录内容

以管理员帐户登录到 DNS 服务器 DNS1 上,创建文件夹"C:\xuni",作为 FTP 虚拟目录的主目录,在该文件夹下存入一个文件 test1.txt 供用户在客户端计算机上下载。

2) 创建虚拟目录

STEP 1　在"Internet Information Services(IIS)管理器"窗口中,依次展开服务器 DNS1 和
"网站"折叠项,右击刚才创建的站点 Test FTP,在弹出的快捷菜单中选择"添加
虚拟目录"命令,打开"添加虚拟目录"对话框。

STEP 2　在"别名"文本框中输入 xunimulu,在"物理路径"文本框中输入"C:\xuni",如
图 24-9 所示。

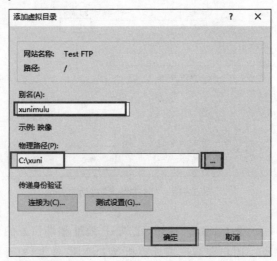

图 24-9　"添加虚拟目录"对话框

3）测试 FTP 站点的虚拟目录

用户在客户端计算机 WIN10-1 上，打开文件资源管理器和浏览器，输入"ftp://ftp.long.com/xunimulu"或者"ftp://192.168.10.1/xunimulu"就可以访问刚才建立的 FTP 站点的虚拟目录。

 提示 在各种服务器的配置中，要时刻注意帐户的 NTFS 权限，避免由于 NTFS 权限设置不当而无法完成相关配置，同时注意防火墙的影响。

24-3 安全设置 FTP 服务器

任务 24-3 安全设置 FTP 服务器

FTP 服务的配置和 Web 服务相比要简单得多，主要是站点的安全性设置，包括指定不同的授权用户，如允许不同权限的用户访问，允许来自不同 IP 地址的用户访问，或限制不同 IP 地址的不同用户的访问等。再就是和 Web 站点一样，FTP 服务器也要设置 FTP 站点的主目录和性能等。

1. 设置 IP 地址和端口

STEP 1 在"Internet Information Services(IIS)管理器"窗口中，依次展开服务器 DNS1 和"网站"折叠项，选中 FTP 站点 Test FTP，然后单击操作列的"绑定"按钮，弹出"网站绑定"对话框，如图 24-10 所示。

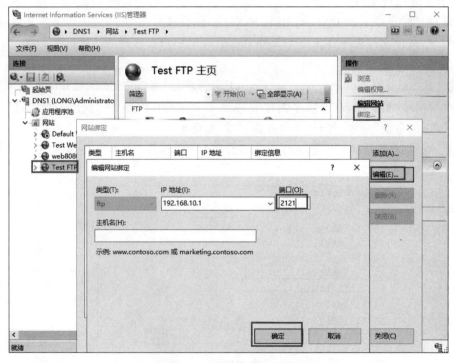

图 24-10 "网站绑定"对话框

STEP 2 选择 ftp 条目后，单击"编辑"按钮，完成 IP 地址和端口号的更改，比如改为 2121。

STEP 3 测试 FTP 站点。用户在客户端计算机 WIN2012-2 上，打开浏览器或资源管理器，输入"ftp://192.168.10.1：2121"就可以访问刚才建立的 FTP 站点。

STEP 4　为了继续完成后面的实训,测试完毕,请再将端口号改为默认端口号,即 21。

2. 其他配置

在"Internet Information Services(IIS)管理器"窗口中,展开 FTP 服务器折叠项,单击选中 FTP 站点 Test FTP。可以分别进行"FTP SSL 设置""FTP 当前会话""FTP 防火墙支持""FTP 目录浏览""FTP 请求筛选""FTP 日志""FTP 身份验证""FTP 授权规则""FTP消息""FTP 用户隔离"等内容的设置或浏览,如图 24-11 所示。

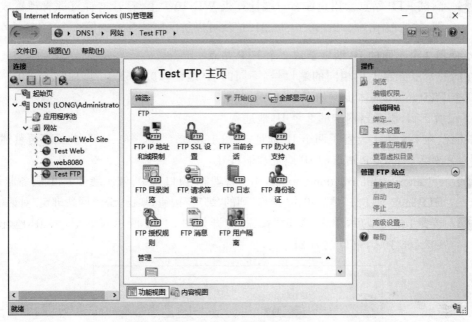

图 24-11　"Test FTP 主页"窗口

在"操作"列,可以选择进行"浏览""编辑权限""绑定""基本设置""查看应用程序""查看虚拟目录""重新启动 FTP 站点""启动或停止 FTP 站点"和"高级设置"等操作。

任务 24-4　创建虚拟主机

24-4　创建
虚拟主机

1. 虚拟主机简介

一个 FTP 站点是由一个 IP 地址和一个端口号唯一标识,改变其中任意一项均标识不同的 FTP 站点。但是在 FTP 服务器上,通过 Internet Information Services(IIS)管理器控制台只能创建一个 FTP 站点。在实际应用环境中,有时需要在一台服务器上创建两个不同的 FTP 站点,这就涉及虚拟主机的问题。

在一台服务器上创建的两个 FTP 站点,默认只能启动其中一个站点,用户可以通过更改 IP 地址或端口号两种方法来解决这个问题。

可以使用多个 IP 地址和多个端口来创建多个 FTP 站点。尽管使用多个 IP 地址来创建多个站点是常见并且推荐的操作,但在默认情况下,使用 FTP 时,客户端会调用端口 21,这样情况会变得非常复杂。因此,如果要使用多个端口来创建多个 FTP 站点,就需要将新端口号通知用户,以便其 FTP 客户能够找到并连接到该端口。

2. 使用相同 IP 地址、不同端口号创建 2 个 FTP 站点

在同一台服务器上使用相同的 IP 地址、不同的端口号(21、2121)同时创建第 2 个 FTP 站点 FTP2,具体步骤如下。

STEP 1 以域管理员帐户登录 FTP 服务器 DNS1,创建"C:\ftp2"文件夹作为第 2 个 FTP 站点的主目录,并在该文件夹内放入一些文件。

STEP 2 接着创建第 2 个 FTP 站点,站点的创建可参见"任务 24-1 创建和访问 FTP 站点"的相关内容,只是端口要设为 2121。

STEP 3 测试 FTP 站点。用户在客户端计算机 WIN10-1 上,打开文件资源管理器或浏览器,输入"ftp://192.168.10.1:2121"就可以访问刚才建立的第 2 个 FTP 站点。

3. 使用 2 个不同的 IP 地址创建 2 个 FTP 站点

在同一台服务器上用相同的端口号、不同的 IP 地址(192.168.10.1、192.168.10.5)同时创建两个 FTP 站点,具体步骤如下。

1) 设置 FTP 服务器网卡的 2 个 IP 地址

前面已在 DNS1 上设置了两个 IP 地址:192.168.10.1、192.168.10.5,此处不再赘述。

2) 更改第 2 个 FTP 站点的 IP 地址和端口号

STEP 1 在"Internet Information Services(IIS)管理器"窗口树中,依次展开 FTP 服务器,选中 FTP 站点 FTP2。然后单击"操作"列的"绑定"按钮,弹出"编辑网站绑定"对话框。

STEP 2 选择 ftp 类型后,单击"编辑"按钮,打开如图 24-12 所示对话框,将 IP 地址改为 192.168.10.5,端口改为 21。

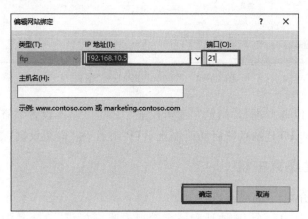

图 24-12 "编辑网站绑定"对话框

STEP 3 单击"确定"按钮完成更改。

3) 测试 FTP 的第 2 个站点

在客户端计算机 WIN10-1 上打开浏览器,输入"ftp://192.168.10.5"就可以访问刚才建立的第 2 个 FTP 站点。

请读者参照任务 9-4 中的"使用不同的主机头名架设多个 Web 网站"的内容,自行完成"使用不同的主机头名架设多个 FTP 站点"的实践。

试一试

任务 24-5　实现 AD 环境下多用户隔离 FTP

24-5　实现 AD 环境下多用户隔离 FTP

1. 任务需求

未名公司已经搭建好域环境,业务组因业务需求,需要在服务器上存储相关业务数据,但是业务组希望各用户目录相互隔离(仅允许访问自己的目录而无法访问他人的目录),每一个业务员允许使用的 FTP 空间大小为 100MB。为此,公司决定通过 AD 中的 FTP 隔离来实现此应用。

通过建立基于域的隔离用户 FTP 站点和磁盘配额技术可以实现本任务。在实现该任务前,请将前面所做的 FTP 站点删除或停止,以避免影响本实训。

2. 创建业务部 OU 及用户

STEP 1　在 DNS1 中新建一个名为 sales 的 OU,在 sales 中新建用户,用户名分别为 salesuser1、salesuser2、sales_master,用户密码为 P@ssw0rd,如图 24-13 所示。

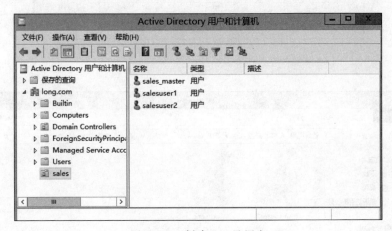

图 24-13　创建 OU 及用户

STEP 2　右击 sales,在弹出的快捷菜单中选择"委派控制"命令,接着依次单击"下一步"→"添加"按钮,添加 sales_master 用户,选中"读取所有用户信息"复选项,如图 24-14 所示。

STEP 3　依次单击"下一步"→"完成"按钮。这样就委派了 sales_master 用户对 sales OU 有读取所有用户信息的权限(sales_master 为 FTP 的服务帐户)。

3. FTP 服务器配置

STEP 1　仍使用 long\administrator 登录 FTP 服务器 DNS1(该服务器集域控制器、DNS 服务器和 FTP 服务器于一身,在真实环境中可能需要单独的 FTP 服务器)。FTP 服务器角色和功能已经添加。

STEP 2　在 C 盘(或其他任意盘)建立主目录 FTP_sales,在 FTP_sales 中分别建立用户名对应的文件夹 salesuser1、salesuser2,如图 24-15 所示。为了测试方便,请事先在两个文件夹中新建一些文件或文件夹。

STEP 3　选择"服务器管理器"窗口中的"工具"→"Internet Information Server(IIS)管理器"命令,在弹出的对话框中右击"网站"选项,在弹出的快捷菜单中选择"添加

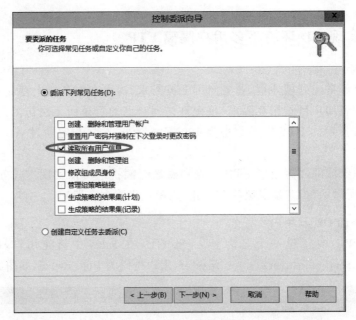

图 24-14　委派权限

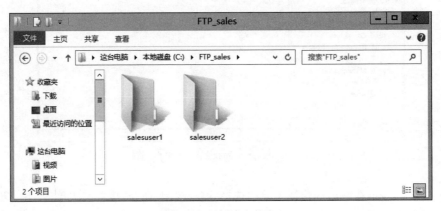

图 24-15　新建文件夹

FTP 站点…"命令，在弹出的"添加 FTP 站点"对话框中输入"FTP 站点名称"并选择"物理路径"，如图 24-16 所示。

STEP 4　在"绑定和 SSL 设置"对话框中选择"绑定"的"IP 地址"选项，在 SSL 选项区中选中"无 SSL"选项，如图 24-17 所示。

STEP 5　在"身份验证和授权信息"对话框的"身份验证"选项区中选中"匿名"和"基本"复选框，在"允许访问"下拉列表中选择"所有用户"，选中"权限"选项区中的"读取"和"写入"复选框，如图 24-18 所示。

STEP 6　在"Internet Information Services(IIS)管理器"窗口中的 FTP_sales 中选择"FTP 用户隔离"，如图 24-19 所示。

STEP 7　在"FTP 用户隔离"中选中"在 Active Directory 中配置的 FTP 主目录"选项，单击"设置"按钮添加刚刚委派的用户，再单击"应用"按钮，如图 24-20 所示。

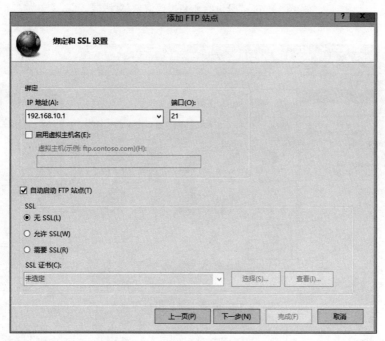

图 24-16　"添加 FTP 站点"对话框

图 24-17　"绑定和 SSL 设置"对话框

STEP 8　选择 DNS1 的"服务器管理器"窗口中的"工具"→"ADSI 编辑器"命令,打开 "ADSI 编辑器"窗口,选择"操作"→"连接到"命令,打开"连接设置"对话框,单击 "确定"按钮,如图 24-21 所示。

STEP 9　展开左子树,右击 sales OU 中的 salesuser1 用户,在弹出的快捷菜单中选择"属 性"命令,在弹出的对话框中找到 msIIS-FTPDir,该选项设置用户对应的目录,将

图 24-18 "身份验证和授权信息"对话框

图 24-19 选择"FTP 用户隔离"

其修改为 salesuser1；msIIS-FTPRoot 用于设置用户对应的路径，将其设为"C:\
FTP_sales"，如图 24-22 所示。

注意

　　msIIS-FTPRoot 对应于用户的 FTP 根目录，msIIS-FTPDir 对应于用户的
FTP 主目录，用户的 FTP 主目录必须是 FTP 根目录的子目录。

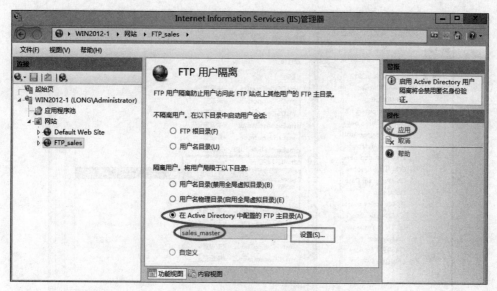

图 24-20　配置"FTP 用户隔离"

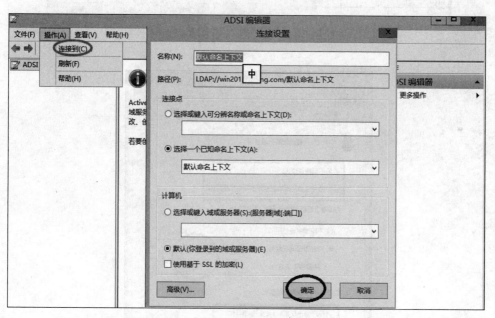

图 24-21　"连接设置"对话框

STEP 10　使用同样的方式配置 salesuser2 用户。

4. 配置磁盘配额

在 DNS1 上打开"此电脑"窗口,在 C 盘图标按钮上右击,在弹出的快捷菜单中选择"属性"命令,在弹出的"属性"对话框中单击选中"配额"选项卡,选中"启用配额管理"和"拒绝将磁盘空间给超过配额限制的用户"复选框,将"将磁盘空间限制为"设置成 100MB,将"警告等级设为"设置成 90MB,选中"用户超出配额时记录事件"和"用户超过警告等级时记录事件"复选框,然后单击"应用"按钮,如图 24-23 所示。

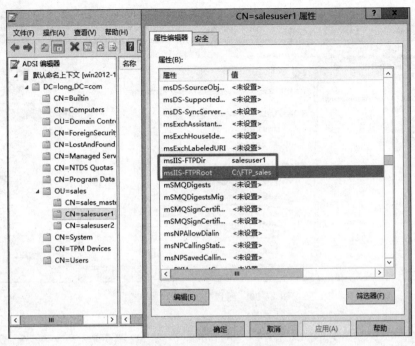

图 24-22 修改隔离用户属性

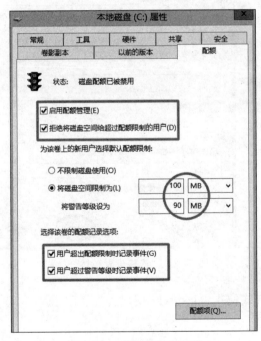

图 24-23 启用磁盘"配额"

5. 测试验证

STEP 1 在 WIN10-1 计算机的文件资源管理器中使用 salesuser1 用户登录 FTP 服务器，如图 24-24 所示。

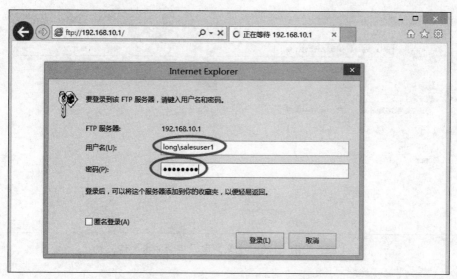

图 24-24　在客户端访问 FTP 服务器

 注意　　必须使用 long\salesuser1 或 salesuser1@long.com 登录。为了不受防火墙的影响，建议暂时关闭所有防火墙。

STEP 2 在 WIN10-1 计算机上使用 salesuser1 用户访问 FTP，并成功上传文件，如图 24-25 所示。

图 24-25　使用 salesuser1 帐户登录成功并可上传文件

STEP 3 使用 salesuser2 帐户访问 FTP 并成功上传文件，如图 24-26 所示。

STEP 4 当 salesuser1 用户上传文件超过 100MB 时，会提示上传失败，如图 24-27 所示，将大于 100MB 的 Administrator 文件夹上传到 FTP 服务器时上传失败。

STEP 5 在 DNS1 上打开"此电脑"窗口，在 C 盘图标按钮右击，在弹出的快捷菜单中单击选中"属性"命令，在弹出的"属性"对话框中单击选中"配额"选项卡，选择"配额项"可以查看用户使用的空间，如图 24-28 所示。

192.168.10.1
文件
主页
共享
查看
Internet ▸ 192.168.10.1 ▸
搜索"192.168.10.1"
收藏夹
下载
桌面
最近访问的位置
这台电脑
网络
salesuser2
salesuser2.bmp
salesuser2.rtf
3 个项目

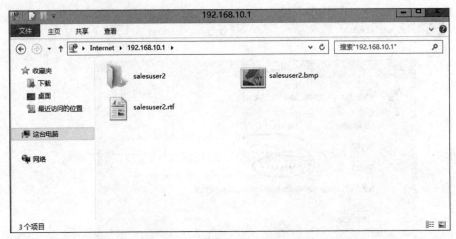

图 24-26　使用 salesuser2 帐户登录成功并可上传文件

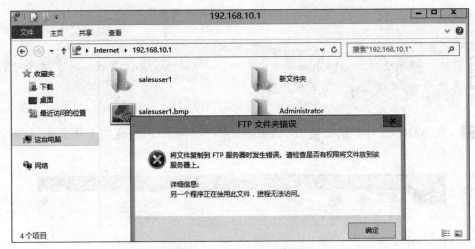

192.168.10.1
文件
主页
共享
查看
Internet ▸ 192.168.10.1
搜索"192.168.10.1"
收藏夹
下载
桌面
最近访问的位置
这台电脑
网络
salesuser1
新文件夹
salesuser1.bmp
Administrator
FTP 文件夹错误
将文件复制到 FTP 服务器时发生错误。请检查是否有权限将文件放到该服务器上。
详细信息:
另一个程序正在使用此文件，进程无法访问。
确定
4 个项目

图 24-27　提示上传出错

(C:) 的配额项
配额(Q) 编辑(E) 查看(V) 帮助(H)
状态 名称 登录名 使用量 配额限制 警告等级 使用的百分比
超出限制 NT SERVICE\TrustedInstaller 4.49 GB 100 MB 100 MB 4603
超出限制 NT AUTHORITY\SYSTEM 2.41 GB 100 MB 100 MB 2474
正常 BUILTIN\Administrators 2.14 GB 无限制 无限制 暂缺
正常 NT AUTHORITY\LOCAL SERVICE 64.69 MB 100 MB 100 MB 64
正常 NT AUTHORITY\NETWORK SERVICE 85.15 MB 100 MB 100 MB 85
正常 salesuser1 salesuser1@long.com 3.07 MB 100 MB 100 MB 3
项目总数 6 个，已选 1 个。

图 24-28　查看"配额项"

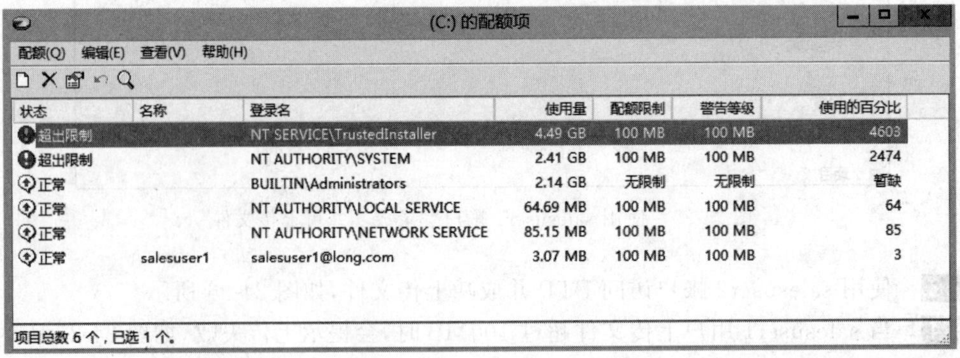

24.4　习题

1. 填空题

（1）FTP 服务就是_____服务，FTP 的英文全称是_____。

（2）FTP 服务通过使用一个共同的用户名_____，密码不限的管理策略，让任何用户都可以很方便地从这些服务器上下载软件。

（3）FTP 服务有两种工作模式：_____和_____。

（4）FTP 命令的格式为_____。

（5）打开 FTP 服务器_____的命令是_____，浏览其下目录列表的命令是_____。如果匿名登录，在 User（ftp.long.com：（none））处输入匿名帐户_____，在 Password 处输入_____或直接按 Enter 键，即可登录 FTP 站点。

（6）比较著名的 FTP 客户端软件有_____、_____、_____等。

（7）FTP 身份验证方法有两种：_____和_____。

2. 选择题

（1）虚拟主机技术不能通过（　　）架设网站。

　　A. 计算机名　　　　B. TCP 端口　　　　C. IP 地址　　　　D. 主机头名

（2）虚拟目录不具备的特点是（　　）。

　　A. 便于扩展　　　　B. 增删灵活　　　　C. 易于配置　　　　D. 动态分配空间

（3）FTP 服务使用的端口是（　　）。

　　A. 21　　　　B. 23　　　　C. 25　　　　D. 53

（4）从 Internet 上获得软件最常采用（　　）。

　　A. www　　　　B. Telnet　　　　C. FTP　　　　D. DNS

3. 判断题

（1）若 Web 网站中的信息非常敏感，为防中途被人截获，就可采用 SSL 加密方式。（　　）

（2）IIS 提供了基本服务，包括发布信息、传输文件、支持用户通信和更新这些服务所依赖的数据存储。（　　）

（3）虚拟目录是一个文件夹，一定位于主目录内。（　　）

（4）FTP 的全称是 File Transfer Protocol（文件传输协议），是用于传输文件的协议。（　　）

（5）当使用"用户隔离"模式时，所有用户的主目录都在单一 FTP 主目录下，每个用户均被限制在自己的主目录中，且用户名必须与相应的主目录相匹配，不允许用户浏览除自己主目录之外的其他内容。（　　）

4. 简答题

（1）非域的用户隔离和域用户隔离的主要区别是什么？

（2）能否使用不存在的域用户进行多用户配置？

（3）磁盘配额的作用是什么？

24.5　实训项目　配置与管理FTP服务器实训

1. 实训目的

- 掌握 FTP 服务器的安装方法。
- 掌握 FTP 服务器的配置方法。
- 掌握 AD 隔离用户 FTP 服务器的配置方法。

2. 项目背景

本项目根据如图 24-2 所示的环境来部署 FTP 服务器。

3. 项目要求

根据网络拓扑图(见图 24-2),完成如下任务。

(1) 安装 FTP 发布服务角色服务。

(2) 创建和访问 FTP 站点。

(3) 创建虚拟目录。

(4) 安全设置 FTP 服务器。

(5) 创建虚拟主机。

(6) 配置与使用客户端。

(7) 设置 AD 隔离用户 FTP 服务器,测试用户为 Jane 和 Mike。参见任务 24-6。

4. 做一做

根据实训项目录像进行项目的实训,检查学习效果。

第七部分

证书服务与安全管理

第 25 章
配置与管理 VPN 服务器

项目背景

　　作为网络管理员,必须熟悉网络安全保护的各种策略环节以及可以采取的安全措施。这样才能合理地进行安全管理,使得网络和计算机处于安全保护的状态。

　　虚拟专用网(virtual private network,VPN)可以让远程用户通过因特网来安全地访问公司内部网络的资源。

项目目标

- 理解 VPN 的基本概念和基本原理
- 理解远程访问 VPN 的构成和连接过程
- 掌握配置并测试远程访问 VPN 的方法
- 掌握 VPN 服务器的网络策略的配置

25.1　相关知识

　　远程访问(remote access)也被称为远程接入,通过这种技术,可以将远程或移动用户连接到组织内部网络上,使远程用户可以像他们的计算机物理地连接到内部网络上一样工作。实现远程访问最常用的连接方式就是 VPN 技术。目前,互联网中的多个企业网络常常选择 VPN 技术(通过加密技术、验证技术、数据确认技术的共同应用)连接起来,就可以轻易地在 Internet 上建立一个专用网络,让远程用户通过 Internet 来安全地访问网络内部的网络资源。

　　虚拟专用网(virtual private network,VPN)是指在公共网络(通常为 Internet 中)建立一个虚拟的、专用的网络,是 Internet 与 Intranet 之间的专用通道,为企业提供一个高安全、高性能、简便易用的环境。当远程的 VPN 客户端通过 Internet 连接到 VPN 服务器时,它们之间所传送的信息会被加密,所以即使信息在 Internet 传送的过程中被拦截,也会因为信息已被加密而无法识别,因此可以确保信息的安全性。

25-1 VPN 服务器

25.1.1　VPN 的构成

　　(1) 远程访问 VPN 服务器。用于接收并响应 VPN 客户端的连接请求,并建立 VPN 连接。它可以是专用的 VPN 服务器设备,也可以是运行 VPN 服务的主机。

(2) VPN 客户端。用于发起连接 VPN 连接请求,通常为 VPN 连接组件的主机。

(3) 隧道协议。VPN 的实现依赖于隧道协议,通过隧道协议,可以将一种协议用另一种协议或相同协议封装,同时还可以提供加密、认证等安全服务。VPN 服务器和客户端必须支持相同的隧道协议,以便建立 VPN 连接。目前最常用的隧道协议有 PPTP 和 L2TP两种。

- 点对点隧道协议(point to point tunneling protocol,PPTP)是点对点协议(point to point protocol,PPP)的扩展,并协调使用 PPP 的身份验证、压缩和加密机制。PPTP 客户端支持内置于 Windows XP 远程访问客户端。只有 IP 网络(如 Internet)才可以建立 PPTP 的 VPN。两个局域网之间若通过 PPTP 来连接,则两端直接连接到 Internet 的 VPN 服务器必须要支持 TCP/IP 协议,但网络内的其他计算机不一定需要支持 TCP/IP 协议,它们可采用 TCP/IP、IPX 或 NetBEUI 通信协议,因为当它们通过 VPN 服务器与远程计算机通信时,这些不同通信协议的数据包会被封装到 PPP 的数据包内,然后经过 Internet 传送信息到达目的地后,再由远程的 VPN 服务器将其还原为 TCP/IP、IPX 或 NetBEUI 的数据包。PPTP 是利用微软点对点加密(Microsoft point to point encryption,MPPE)技术来将信息加密。PPTP 的 VPN 服务器支持内置于 Windows Server 2003 家族的成员。PPTP 与 TCP/IP 一同安装,根据运行路由和远程访问服务器安装向导时所做的选择,PPTP 可以配置为 5 个或 128 个 PPTP 端口。
- 第二层隧道协议(layer two tunneling protocol,L2TP)是基于 RFC 的隧道协议,该协议是一种业内标准。L2TP 同时具有身份验证、加密与数据压缩的功能。L2TP 的验证与加密方法都是采用 IPSec。与 PPTP 类似,L2TP 也可以将 IP、IPX 或 NetBEUI 的数据包封装到 PPP 的数据包内。与 PPTP 不同,运行在 Windows Server 2016 服务器上的 L2TP 不利用 Microsoft 点对点加密(MPPE)来加密点对点协议(PPP)数据报。L2TP 依赖于加密服务的 Internet 协议安全性(IPSec)。L2TP 和 IPSec 的组合被称为 L2TP/IPSec。L2TP/IPSec 提供专用数据的封装和加密的主要虚拟专用网(VPN)服务。VPN 客户端和 VPN 服务器必须支持 L2TP 和 IPSec。L2TP 的客户端支持内置于 Windows 10 远程访问客户端,而 L2TP 的 VPN 服务器支持内置于 Windows Server 2016 家族的成员。L2TP 与 TCP/IP 一同安装,根据运行路由和远程访问服务器安装向导时所做的选择,L2TP 可以配置为 5 个或 128 个 L2TP 端口。

(4) Internet 连接。VPN 服务器和客户端必须都接入 Internet,并且能够通过 Internet进行正常的通信。

25.1.2　VPN 应用场合

VPN 的实现可以分为软件和硬件两种方式。Windows 服务器版的操作系统以完全基于软件的方式实现了虚拟专用网,成本非常低廉。无论身处何地,只要能连接到 Internet,就可以与企业网在 Internet 上的虚拟专用网相关联,登录到内部网络浏览或交换信息。

一般来说,VPN 在以下两种场合使用。

1）远程客户端通过 VPN 连接到局域网

总公司（局域网）的网络已经连接到 Internet，而用户在远程拨号连接 ISP 连上 Internet 后，就可以通过 Internet 来与总公司（局域网）的 VPN 服务器建立 PPTP 或 L2TP 的 VPN，并通过 VPN 来安全地传送信息。

2）两个局域网通过 VPN 互联

两个局域网的 VPN 服务器都连接到 Internet，并且通过 Internet 建立 PPTP 或 L2TP 的 VPN，它可以让两个网络之间安全地传送信息，不用担心在 Internet 上传送时泄密。

除了使用软件方式实现外，VPN 的实现需要建立在交换机、路由器等硬件设备上。目前，在 VPN 技术和产品方面，最具有代表性的是 Cisco 和华为 3Com 技术和产品。

25.1.3 VPN 的连接过程

VPN 的连接过程如下。

（1）客户端向服务器连接 Internet 的接口发送建立 VPN 连接的请求。

（2）服务器接收到客户端建立连接的请求之后，将对客户端的身份进行验证。

（3）如果身份验证未通过，则拒绝客户端的连接请求。

（4）如果身份验证通过，则允许客户端建立 VPN 连接，并为客户端分配一个内部网络的 IP 地址。

（5）客户端将获得的 IP 地址与 VPN 连接组件绑定，并使用该地址与内部网络进行通信。

25.1.4 认识网络策略

1. 什么是网络策略

部署网络访问保护（network access protection，NAP）时，将向网络策略配置中添加健康策略，以便在授权的过程中使用网络策略服务器（network policy server，NPS）执行客户端健康检查。

当处理作为 RADIUS 服务器的连接请求时，网络策略服务器对此连接请求既执行身份验证，也执行授权。在身份验证过程中，NPS 验证连接到网络的用户或计算机的身份。在授权过程中，NPS 确定是否允许用户或计算机访问网络。

若要进行此决定，NPS 使用在 NPS Microsoft 管理控制台（Microsoft management console，MMC）管理单元中配置的网络策略。NPS 还检查 Active Directory 域服务（AD DS）中帐户的拨入属性以执行授权。

可以将网络策略视为规则。每个规则都具有一组条件和设置。NPS 将规则的条件与连接请求的属性进行对比。如果规则和连接请求之间出现匹配，则规则中定义的设置会应用于连接。

当在 NPS 中配置了多个网络策略时，它们是一组有序规则。NPS 根据列表中的第一个规则检查每个连接请求，然后根据第二个规则进行检查，依次类推，直到找到匹配项为止。

每个网络策略都有"策略状态"设置，使用该设置可以启用或禁用策略。如果禁用网络策略，则授权连接请求时，NPS 不评估策略。

2. 网络策略属性

每个网络策略中都有以下 4 种类别的属性。

1）概述

使用这些属性可以指定是否启用策略、是允许还是拒绝访问策略，以及连接请求是需要特定网络连接方法还是需要网络访问服务器类型。使用概述属性还可以指定是否忽略 AD DS 中的用户帐户的拨入属性。如果选择该选项，则 NPS 只使用网络策略中的设置来确定是否授权连接。

2）条件

使用这些属性，可以指定为了匹配网络策略，连接请求所必须具有的条件。如果策略中配置的条件与连接请求匹配，则 NPS 将把网络策略中指定的设置应用于连接。例如，如果将网络访问服务器 IPv4 地址（NAS IPv4 地址）指定为网络策略的条件，并且 NPS 从具有指定 IP 地址的 NAS 接收连接请求，则策略中的条件与连接请求相匹配。

3）约束

约束是匹配连接请求所需的网络策略的附加参数。如果连接请求与约束不匹配，则 NPS 自动拒绝该请求。与 NPS 对网络策略中不匹配条件的响应不同，如果约束不匹配，则 NPS 不评估附加网络策略，只拒绝连接请求。

4）设置

使用这些属性，可以指定在策略的所有网络策略条件都匹配时，NPS 应用于连接请求的设置。

25.2 项目设计与准备

1. 任务设计

所有任务将根据如图 25-1 所示的环境部署远程访问 VPN 服务器。

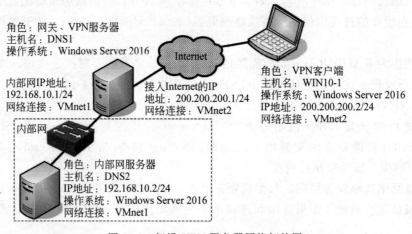

图 25-1 架设 VPN 服务器网络拓扑图

DNS1、DNS2、WIN10-1 可以是 VMWare 的虚拟机。内部网络的连接方式是 VMnet1、外部网络的连接方式是 VMnet2。VPN 客户端与内部网络间实际应用中应该有路由通达，图 25-1 仅是实训时所用网络拓扑图，请读者注意。

2. 任务准备

部署远程访问 VPN 服务之前，应做如下准备。

（1）使用提供远程访问 VPN 服务的 Windows Server 2016 操作系统。

（2）VPN 服务器 DNS1 至少要有两个网络连接。IP 地址设置如图 25-1 所示。

（3）VPN 服务器 DNS1 必须与内部网络相连，因此需要配置与内部网络连接所需要的 TCP/IP 参数（私有 IP 地址），该参数可以手工指定，也可以通过内部网络中的 DHCP 服务器自动分配。本例 DNS1 的 IP 地址为 192.168.10.1/24，内网 DNS2 的 IP 地址为 192.168.10.2/24。

（4）VPN 服务器必须同时与 Internet 相连，因此需要建立和配置与 Internet 的连接。VPN 服务器与 Internet 的连接通常采用较快的连接方式，如专线连接。本例 IP 地址为 200.200.200.1/24。

（5）合理规划分配给 VPN 客户端的 IP 地址。VPN 客户端在请求建立 VPN 连接时，VPN 服务器需要为其分配内部网络的 IP 地址。配置的 IP 地址也必须是内部网络中不使用的 IP 地址，地址的数量根据同时建立 VPN 连接的客户端数量来确定。在本任务中部署远程访问 VPN 时，使用静态 IP 地址池为远程访问客户端分配 IP 地址，地址范围采用 192.168.100.100/24～192.168.100.200/24。

（6）客户端在请求 VPN 连接时，服务器要对其进行身份验证，因此应合理规划需要建立 VPN 连接的用户帐户。客户端 IP 地址为 200.200.200.2/24。

25.3　项目实施

25-2　架设
VPN 服务器

任务 25-1　架设 VPN 服务器

在架设 VPN 服务器之前，读者需要了解本节实例部署的需求和实验环境。本书使用 VMware Workstation 或 Hyper-V 服务器构建虚拟环境。

1. 为 VPN 服务器 DNS1 添加第二块网卡

选中 DNS1，依次选择"虚拟机"→"设置"→"添加硬件"→"网络适配器"选项，如图 25-2 所示，单击"完成"按钮，将网卡的连接方式改为自定义中的 VMnet2，如图 25-3 所示。

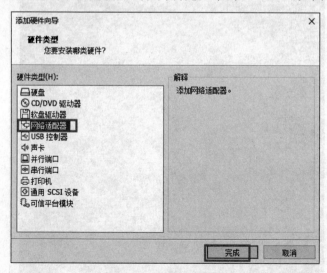

图 25-2　选择硬件类型

图 25-3　选择网络连接方式

2. 未连接到 VPN 服务器时的测试（WIN10-1）

STEP 1　以管理员身份登录 WIN10-1 计算机，打开 Windows PowerShell 或者在"运行"对话框中输入 cmd 命令。

STEP 2　在 WIN10-1 上使用 ping 命令测试与 DNS1 和 DNS2 的连通性，如图 25-4 所示。

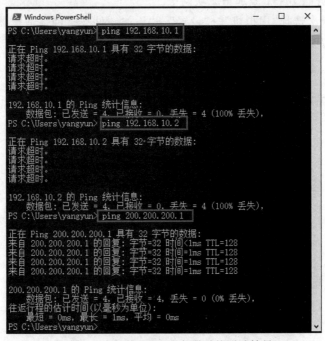

图 25-4　未连接 VPN 服务器时的测试结果

3. 安装"路由和远程访问服务"角色

要配置 VPN 服务器,必须安装"路由和远程访问"服务。Windows Server 2016 中的路由和远程访问是包括在"网络策略和访问服务"角色中的,并且默认没有安装。用户可以根据自己的需要选择同时安装网络策略和访问服务中的所有服务组件或者只安装路由和远程访问服务。

路由和远程访问服务的安装步骤如下。

STEP 1 以管理员身份登录服务器 DNS1,打开"服务器管理器"窗口的"仪表板",单击"添加角色功能"按钮,打开如图 25-5 所示的"选择服务器角色"对话框,选中"网络策略和访问服务"和"远程访问"复选框。

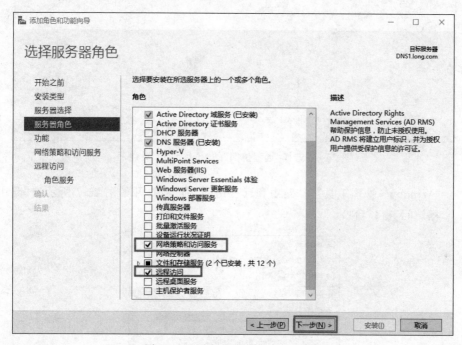

图 25-5　"选择服务器角色"对话框

STEP 2 持续单击"下一步"按钮,打开"网络策略和访问服务"的"角色服务"对话框,网络策略和访问服务中包括网络策略服务器、健康注册机构和主机凭据授权协议角色服务,选中"网络策略服务器"复选框。

STEP 3 单击"下一步"按钮,打开"远程访问"的"角色服务"对话框。全部选中,如图 25-6 所示。

STEP 4 最后单击"安装"按钮即可开始安装,完成后打开"安装结果"对话框。

4. 配置并启用 VPN 服务

在已经安装"路由和远程访问"角色服务的计算机 DNS1 上通过"路由和远程访问"控制台配置并启用路由和远程访问,具体步骤如下。

1) 运行路由和远程访问服务器安装向导

STEP 1 以域管理员帐户登录到需要配置 VPN 服务的计算机 DNS1 上,选择"开始"→

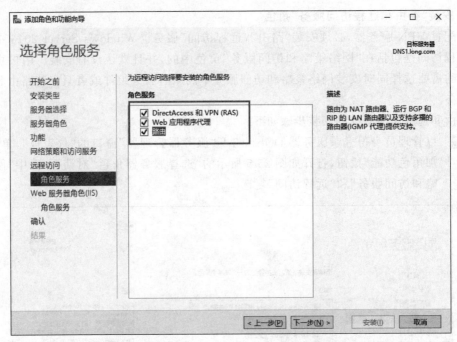

图 25-6　选择"远程访问"的"角色服务"对话框

"Windows 管理工具"→"路由和远程访问"命令，打开如图 25-7 所示的"路由和远程访问"窗口台。

图 25-7　"路由和远程访问"窗口

STEP 2　在左窗格中右击服务器"DNS1（本地）"选项，在弹出的快捷菜单中选择"配置并启用路由和远程访问"命令，打开"路由和远程访问服务器安装向导"对话框。

2）选择 VPN 连接

STEP 1　单击"下一步"按钮，打开"配置"对话框，在该对话框中可以配置 NAT、VPN 以及路由服务，在此选中"远程访问（拨号或 VPN）"单选按钮，如图 25-8 所示。

STEP 2　单击"下一步"按钮，打开"远程访问"对话框，在该对话框中可以选择创建拨号或 VPN 远程访问连接，在此选中 VPN 复选框，如图 25-9 所示。

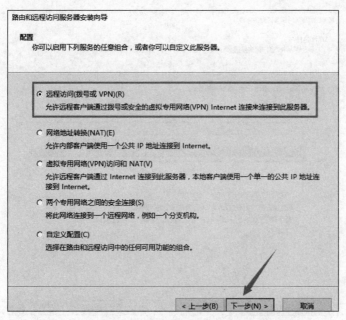

图 25-8　选择"远程访问(拨号或 VPN)"单选按钮

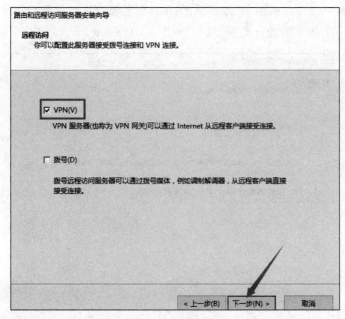

图 25-9　选择 VPN

3）选择连接到 Internet 的网络接口

单击"下一步"按钮,打开"VPN 连接"对话框,在该对话框中选择连接到 Internet 的网络接口,在此选择 Ethernet1 连接接口,如图 25-10 所示。

4）设置 IP 地址分配

STEP 1　单击"下一步"按钮,打开"IP 地址分配"对话框,在该对话框中可以设置分配给

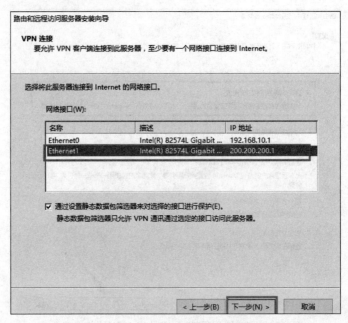

图 25-10　选择连接到 Internet 的网络接口

VPN 客户端计算机的 IP 地址从 DHCP 服务器获取或是指定一个范围，在此选中
"来自一个指定的地址范围"选项，如图 25-11 所示。

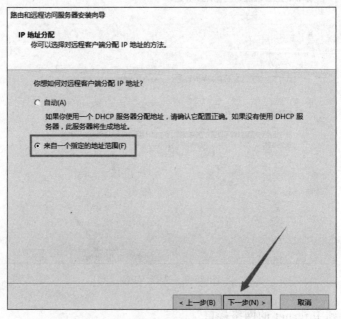

图 25-11　IP 地址分配

STEP 2 单击"下一步"按钮，打开"地址范围分配"对话框，在该对话框中指定 VPN 客户端
计算机的 IP 地址范围。

STEP 3 单击"新建"按钮，打开"新建 IPv4 地址范围"对话框，在"起始 IP 地址"文本框中输入

192.168.100.100,在"结束 IP 地址"文本框中输入 192.168.100.200,如图 25-12 所示,
然后单击"确定"按钮即可。

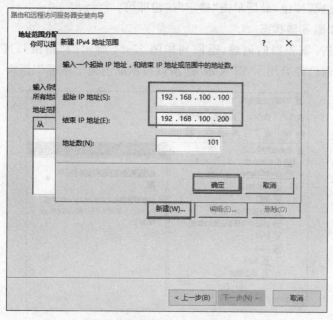

图 25-12　输入 VPN 客户端 IP 地址范围

STEP 4　返回到"地址范围分配"对话框,可以看到已经指定了一段 IP 地址范围。

5)结束 VPN 配置

STEP 1　单击"下一步"按钮,打开"管理多个远程访问服务器"对话框。在该对话框中可以指
定身份验证的方法是路由和远程访问服务器还是 RADIUS 服务器,在此选中"否,使
用路由和远程访问来对连接请求进行身份验证"单选按钮,如图 25-13 所示。

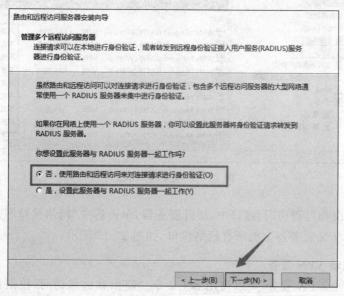

图 25-13　管理多个远程访问服务器

STEP 2 单击"下一步"按钮,打开"摘要"对话框.在该对话框中显示了之前步骤所设置的信息。

STEP 3 单击"完成"按钮,最后单击"确定"按钮即可。

6) 查看 VPN 服务器状态

STEP 1 完成 VPN 服务器的创建,返回到如图 25-14 所示的"路由和远程访问"对话框。由于目前已经启用了 VPN 服务,所以显示绿色向上的标识箭头。

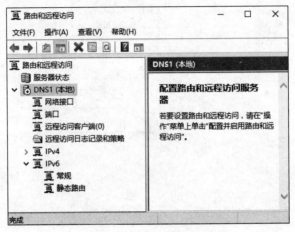

图 25-14　VPN 配置完成后的效果

STEP 2 在"路由和远程访问"窗口中,展开服务器,单击选中"端口"选项,在右窗格中显示所有端口的状态为"不活动",如图 25-15 所示。

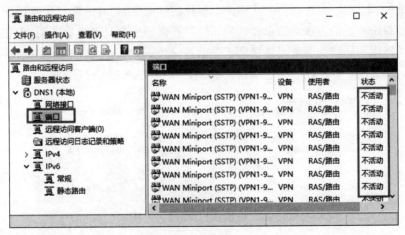

图 25-15　查看端口状态

STEP 3 在"路由和远程访问"窗口中,展开服务器,单击选中"网络接口"选项,在右窗格中显示 VPN 服务器上的所有网络接口,如图 25-16 所示。

5. 停止和启动 VPN 服务

要启动或停止 VPN 服务,可以使用 net 命令、"路由和远程访问"控制台或"服务"控制台,具体步骤如下。

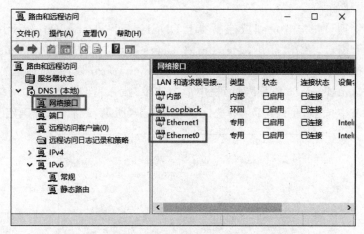

图 25-16　查看网络接口

1）使用 net 命令

以域管理员帐户登录 VPN 服务器 DNS1 上，在"命令行提示符"窗口中，输入命令 net stop remoteaccess 停止 VPN 服务，输入命令 net start remoteaccess 启动 VPN 服务，

2）使用"路由和远程访问"控制台

在"路由和远程访问"窗口中，右击服务器 DNS1，在弹出的快捷菜单中选择"所有任务"→"停止"（"启动"）命令，即可停止（启动）VPN 服务。

VPN 服务停止以后，在"路由和远程访问"控制台窗口如图 25-7 所示，显示红色向下标识箭头。

3）使用"服务"控制台

选择"服务器管理器"窗口的"工具"→"服务"命令，打开"服务"控制台窗口，单击服务 Routing and Remote Access 项，单击"停止此服务"或"重启动此服务"按钮即可停止或启动 VPN 服务，如图 25-17 所示。

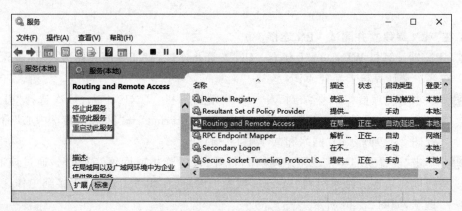

图 25-17　使用"服务"控制台启动或停止 VPN 服务

6. 配置域用户帐户允许 VPN 连接

在域控制器 DNS1 上设置允许用户 Administrator@long.com 使用 VPN 连接到 VPN

服务器的具体步骤如下。

STEP 1 以域管理员帐户登录到域控制器上 DNS1，打开"Active Directoy 用户和计算机"控制台窗口。依次打开 long.com 和 Users 节点，右击用户 Administrator，在弹出的快捷菜单中选择"属性"命令，打开"Administrator 属性"对话框。

STEP 2 在"Administrator 属性"对话框中单击选中"拨入"选项卡。在"网络访问权限"选项区域中选中"允许访问"单选框，如图 25-18 所示，最后单击"确定"按钮即可。

图 25-18　"Administrator 属性-拨入"对话框

7. 在 VPN 端建立并测试 VPN 连接

在 VPN 端计算机 WIN10-1 上建立 VPN 连接并连接到 VPN 服务器上，具体步骤如下。

1）在客户端计算机上新建 VPN 连接

STEP 1 以本地管理员帐户登录到 VPN 客户端计算机 WIN10-1 上，依次选择"开始"→"Windows 系统"→"控制面板"→"网络和 Internet"→"网络和共享中心"命令，打开图 25-19 所示的"网络和共享中心"窗口。

STEP 2 单击"设置新的连接或网络"按钮，打开"设置连接或网络"对话框，通过该对话框可以建立连接以连接到 Internet 或专用网络，在此单击选中"连接到工作区"连接选项，如图 25-20 所示。

STEP 3 单击"下一步"按钮，打开"连接到工作区"对话框，在该对话框中指定使用 Internet 还是拨号方式连接到 VPN 服务器，在此单击选中"使用我的 Internet 连接（VPN）"选项，如图 25-21 所示。

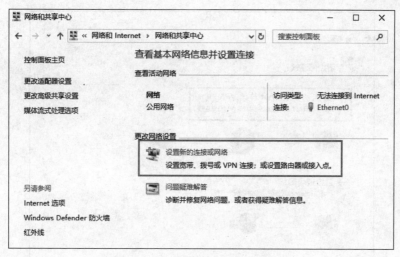

图 25-19　"网络和共享中心"窗口

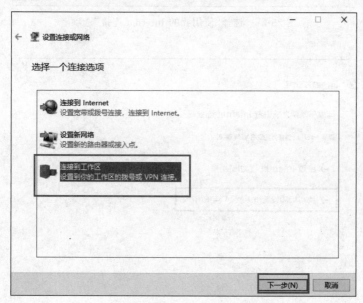

图 25-20　选择"连接到工作区"选项

STEP 4　接着打开提示"你想在继续之前设置 Internet 连接吗?""连接到工作区"对话框，在该对话框中设置 Internet 连接，由于本实例 VPN 服务器和 VPN 客户机是物理直接连接在一起的，所以单击"我将稍后设置 Internet 连接"按钮，如图 25-22 所示。

STEP 5　接着打开如图 25-23 所示提示"键入要连接的 Internet 地址"的"连接到工作区"对话框，在"Internet 地址"文本框中输入 VPN 服务器的外网网卡 IP 地址为 200. 200.200.1，并设置目标名称为"VPN 连接"。

STEP 6　单击"创建"按钮创建 VPN 连接。

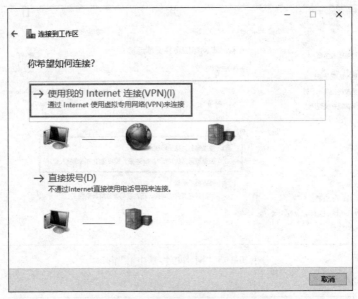

图 25-21　选择"使用我的 Internet 连接"选项

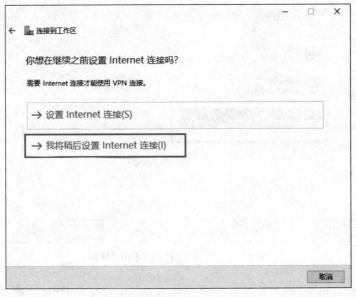

图 25-22　设置 Internet 连接

2）连接到 VPN 服务器

STEP 1 右击"开始"菜单按钮，在弹出的快捷菜单中选择"网络连接"→VPN 命令，打开"设置"窗口，单击"VPN 连接"下的"连接"按钮，如图 25-24 所示，打开如图 25-25 所示对话框。在该对话框中输入允许 VPN 连接的帐户和密码，在此使用帐户 administrator@long.com 建立连接。

STEP 2 单击"确定"按钮，经过身份验证后即可连接到 VPN 服务器，在如图 25-26 所示的"设置"窗口中可以看到"VPN 连接"的状态是"已连接"。

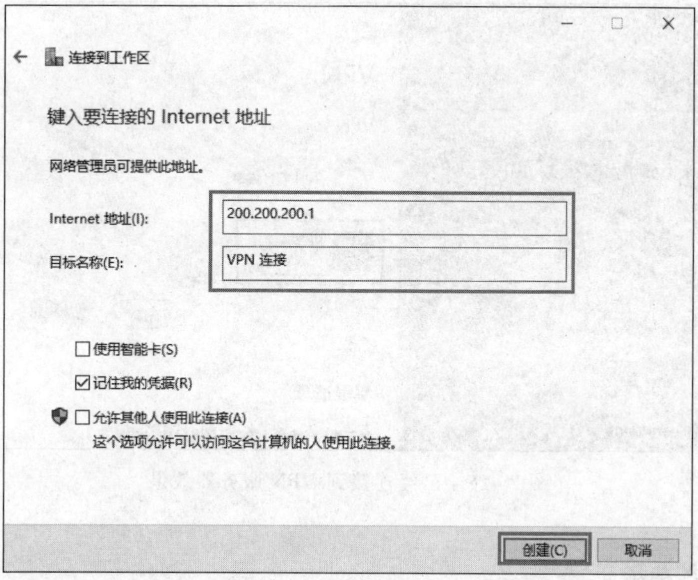

图 25-23　输入要连接的 Internet 地址

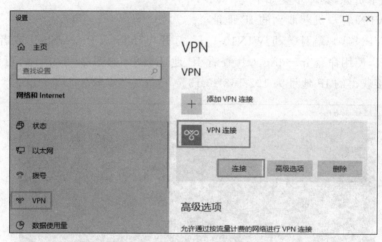

图 25-24　网络连接-VPN 连接

图 25-25　连接 VPN

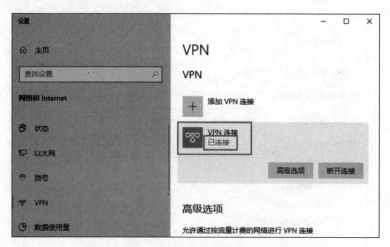

图 25-26　已经连接到 VPN 服务器效果

8. 验证 VPN 连接

当 VPN 客户端计算机 WIN10-1 连接到 VPN 服务器 DNS1 之后，可以访问公司内部局域网络中的共享资源，具体步骤如下。

1）查看 VPN 客户机获取到的 IP 地址

STEP 1　在 VPN 客户端计算机 WIN10-1 上，打开 Windows PowerShell 或者命令提示符窗口，使用命令 ipconfig /all 查看 IP 地址信息，如图 25-27 所示，可以看到 VPN 连接获得的 IP 地址为 192.168.10.13。

图 25-27　查看 VPN 客户机获取到的 IP 地址

STEP 2　先后输入命令 ping 192.168.10.1 和 ping 192.168.10.2 测试 VPN 客户端计算机和
VPN 服务器以及内网计算机的连通性,但这时使用 ping 200.200.200.1 命令是不
成功的,如图 25-28 所示。

图 25-28　测试 vpn 连接

2) 在 VPN 服务器上的验证

STEP 1　以域管理员帐户登录到 VPN 服务器上,在"路由和远程访问"控制台窗口中,展开
服务器节点,单击选中"远程访问客户端"选项,在右窗格中显示连接时间以及连
接的帐户,这表明已经有一个客户端建立了 VPN 连接,如图 25-29 所示。

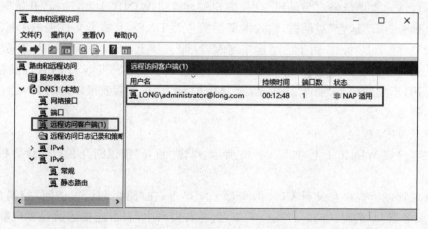

图 25-29　查看远程访问客户端

STEP 2 单击选中"端口"选项,在右窗格中可以看到其中一个端口的状态是"活动",表明有客户端连接到 VPN 服务器。

STEP 3 双击该活动端口,打开"端口状态"对话框,在该对话框中显示连接时间、用户以及分配给 VPN 客户端计算机的 IP 地址,如图 25-30 所示。

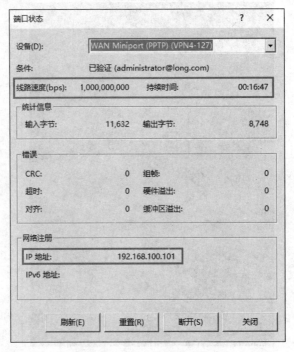

图 25-30 VPN 活动端口状态

3)访问内部局域网的共享文件

STEP 1 以管理员帐户登录到内部网服务器 DNS2 上,在"计算机"管理器中创建文件夹"C:\share"作为测试目录,在该文件夹内存入一些文件,并将该文件夹共享给"特定用户",比如 administrator。

STEP 2 以本地管理员帐户登录到 VPN 客户端计算机 WIN10-1 上,选择"开始"→"运行"命令打开"运行"对话框,输入内部网服务器 DNS2 上共享文件夹的 UNC 路径为 \\192.168.10.2。由于已经连接到 VPN 服务器上,所以可以访问内部局域网络中的共享资源。但需要输入网络凭据,在这里一定输入 DNS2 的管理员帐户和密码,不要输错了,如图 25-31 所示。单击"确定"按钮后就可以访问 DNS2 上的共享资源了。

4)断开 VPN 连接

① 在客户端 WIN10-1 上,如图 25-30 所示,单击"断开"按钮断开客户端计算机的 VPN 连接。

② 以域管理员帐户登录到 VPN 服务器 DNS1 上,在"路由和远程访问"控制台窗口中依次展开服务器和"远程访问客户端(1)"节点,在右窗格中,右击连接的远程客户端,在弹出的快捷菜单中选择"断开"命令,即可断开客户端计算机的 VPN 连接。

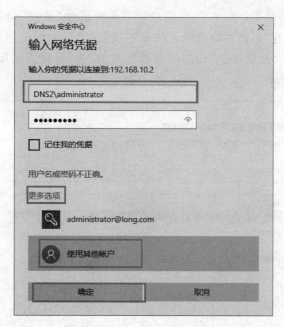

图 25-31　输入网络凭据

任务 25-2　配置 VPN 服务器的网络策略

任务要求如下：如前图 25-1 所示，在 VPN 服务器 DNS1 上创建网络策略"VPN 网络策略"，使得用户在进行 VPN 连接时使用该网络策略。具体步骤如下。

25-3 配置
VPN 服务
器的网络
策略

1. 新建网络策略

STEP 1　以域管理员帐户登录到 VPN 服务器 DNS1 上，选择"开始"→"Windows 管理工具"→"网络策略服务器"命令，打开如图 25-32 所示的"网络策略服务器"控制台窗口。

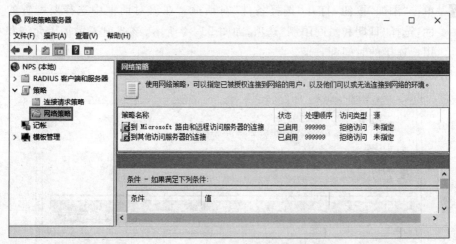

图 25-32　"网络策略服务器"控制台

STEP 2　右击"网络策略"选项,在弹出的快捷菜单中选择"新建"命令,打开"新建网络策略"对话框,在"指定网络策略名称和连接类型"对话框中指定网络策略的名称为"VPN策略",指定"网络访问服务器的类型"为"远程访问服务器(VPN拨号)",如图25-33所示。

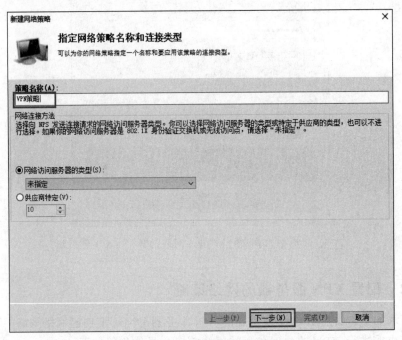

图 25-33　设置网络策略名称和连接类型

2. 指定网络策略条件-日期和时间限制

STEP 1　单击"下一步"按钮,打开"指定条件"对话框,在该对话框中设置网络策略的条件,如日期和时间、用户组等。

STEP 2　单击"添加"按钮,打开"选择条件"对话框。在该对话框中选择要配置的条件属性,选择"日期和时间限制"选项,如图25-34所示,该选项表示每周允许和不允许用户连接的时间和日期。

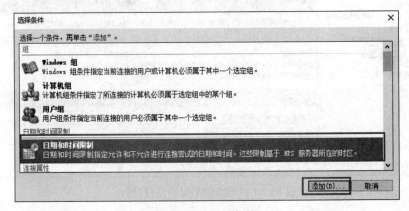

图 25-34　选择条件

STEP 3　单击"添加"按钮,打开"日期和时间限制"对话框,在该对话框中设置允许建立
VPN 连接的时间和日期,如图 25-35 所示,设置允许访问的时间,单击"确定"
按钮。

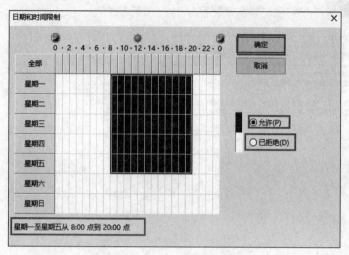

图 25-35　设置日期和时间限制

STEP 4　返回如图 25-36 所示的"指定条件"的对话框,从中可以看到已经添加了一条网络
条件。

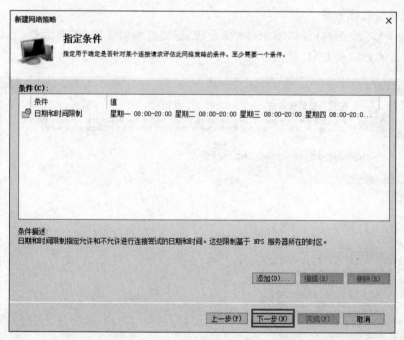

图 25-36　设置日期和时间限制后的效果

3. 授予远程访问权限

单击"下一步"按钮,打开"指定访问权限"对话框,在该对话框中指定连接访问权限是允

许还是拒绝，在此选中"已授予访问权限"单选按钮，如图 25-37 所示。

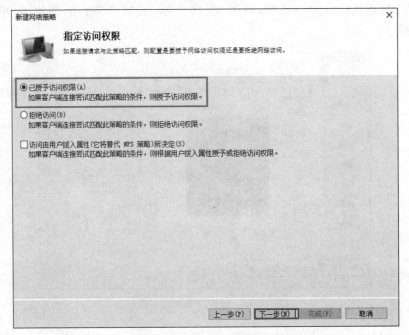

图 25-37　已授予访问权限

4. 配置身份验证方法

单击"下一步"按钮，打开如图 25-38 所示的"配置身份验证方法"对话框，在该对话框中指定身份验证的方法和 EAP 类型。

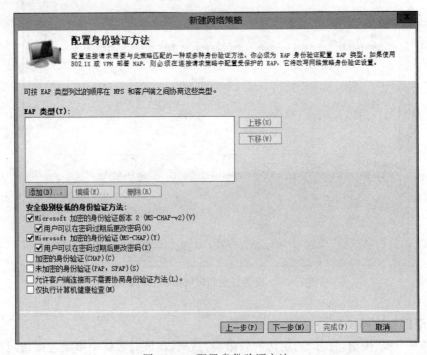

图 25-38　配置身份验证方法

5. 配置约束

单击"下一步"按钮,打开如图 25-39 所示的"配置约束"的对话框,在该对话框中配置网络策略的约束,如身份验证方法、空闲超时、会话超时、被叫站 ID、日期和时间限制、NAS 端口类型等。

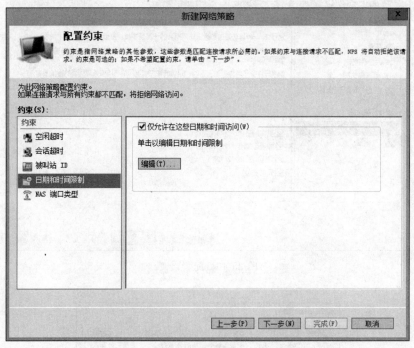

图 25-39　配置约束

6. 配置设置

单击"下一步"按钮,打开如图 25-40 所示的"配置设置"的对话框,在该对话框中配置此网络策略的设置,如 RADIUS 属性、多链路和带宽分配协议(BAP)、IP 筛选器、加密、IP 设置等。

7. 正在完成新建网络策略

单击"下一步"按钮,打开提示"正在完成新建网络策略"的对话框,最后单击"完成"按钮即可完成网络策略的创建。

8. 设置用户远程访问权限

以域管理员帐户登录到域控制器上 DNS1 上,打开"Active Directory 用户和计算机"控制台窗口,依次展开 long.com 和 Users 节点,右击用户 Administrator,在弹出的快捷菜单中选择"属性"命令,打开"Administrator 属性"对话框。单击选中"拨入"选项卡,在"网络访问权限"选项区域中选中"通过 NPS 网络策略控制访问"单选框,如图 25-41 所示,设置完毕单击"确定"按钮即可。

9. 客户端测试能否连接到 VPN 服务器

以本地管理员帐户登录到 VPN 客户端计算机 WIN10-1 上,打开 VPN 连接,以用户 administrator@long.com 帐户连接到 VPN 服务器,此时是按网络策略进行身份验证的,验

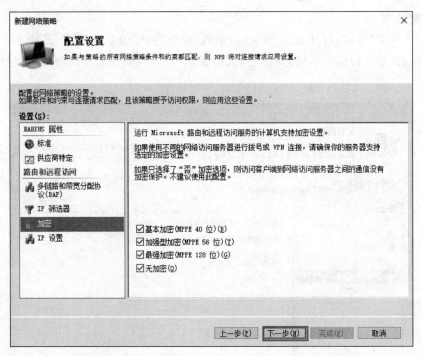

图 25-40　配置设置

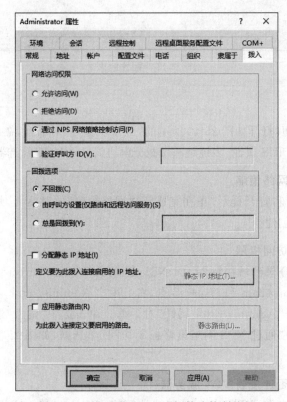

图 25-41　设置通过远程访问策略控制访问

证成功,连接到 VPN 服务器。如果不成功,而是出现了如图 25-42 所示的提示错误连接界面,请单击"更改适配器选项"命令按钮,在弹出的快捷菜单中选择"VPN 连接"命令,打开"VPN 连接属性"对话框,单击选中"安全"选项,打开 VPN 属性对话框,选中"允许使用这些协议"单选框,如图 25-43 所示。完成后,重新启动计算机即可。

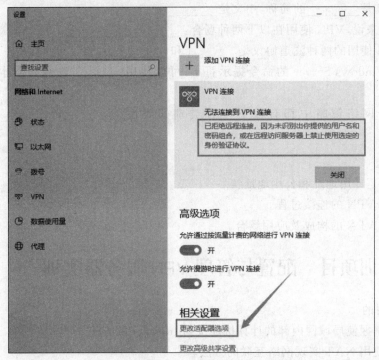

图 25-42　"警告"对话框

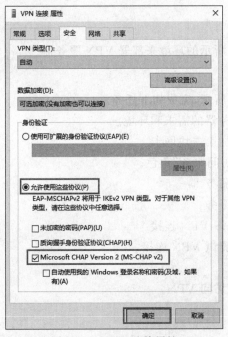

图 25-43　VPN 连接属性

25.4　习题

1. 填空题

（1）VPN 是_____的简称，中文是_____。

（2）一般来说，VPN 使用在以下两种场合：_____、_____。

（3）VPN 使用的两种隧道协议是_____和_____。

（4）在 Windows Server 的命令提示符下，可以使用_____命令查看本机的路由表信息。

（5）每个网络策略中都有以下 4 种类别的属性：_____、_____、_____、_____。

2. 简答题

（1）什么是专用地址和公用地址？

（2）简述 VPN 的连接过程。

（3）简述 VPN 的构成及应用场合。

25.5　实训项目　配置与管理 VPN 服务器实训

1. 实训目的

- 了解掌握使局域网内部的计算机连接到 Internet 的方法。
- 掌握使用 NAT 实现网络互联的方法。
- 掌握远程访问服务的实现方法。
- 掌握 VPN 的实现。

2. 项目环境

本项目根据如图 25-1 所示的环境来部署 VPN 服务器。

3. 项目要求

网络拓扑图如图 25-1 所示，完成如下任务。

① 部署架设 VPN 服务器的需求和环境。

② 为 VPN 服务器添加第二块网卡。

③ 添加"路由和远程访问服务"角色。

④ 配置并启用 VPN 服务。

⑤ 停止和启动 VPN 服务。

⑥ 配置域用户帐户允许 VPN 连接。

⑦ 在 VPN 端建立并测试 VPN 连接。

⑧ 验证 VPN 连接。

⑨ 通过网络策略控制访问 VPN。

第 26 章
配置与管理 NAT 服务器

项目背景

通过使用 Windows Server 2016 的网络地址转换（network address translation，NAT）可以让位于内部网络的多台计算机只需要共享一个 Public IP 地址，就可以同时连接因特网、浏览网页与收发电子邮件。

项目目标

- NAT 的基本概念和基本原理
- NAT 网络地址转换的工作过程
- 配置并测试 NAT 服务器
- 外部网络主机访问内部 Web 服务器
- DHCP 分配器与 DHCP 中继代理

26.1 相关知识

26-1 NAT 服务器

26.1.1 NAT 概述

NAT 位于使用专用地址的 Intranet 和使用公用地址的 Internet 之间。从 Intranet 传出的数据包由 NAT 将它们的专用地址转换为公用地址。从 Internet 传入的数据包由 NAT 将它们的公用地址转换为专用地址。这样在内网中计算机使用未注册的专用 IP 地址，而在与外部网络通信时使用注册的公用 IP 地址，大大降低了连接成本。同时 NAT 也起到将内部网络隐藏起来，保护内部网络的作用，因为对外部用户来说只有使用公用 IP 地址的 NAT 是可见的。

26.1.2 认识 NAT 的工作过程

NAT 地址转换协议的工作过程主要有以下 4 个步骤。

① 客户机将数据包发给运行 NAT 的计算机。

② NAT 将数据包中的端口号和专用的 IP 地址换成它自己的端口号和公用的 IP 地址，然后将数据包发给外部网络的目的主机，同时记录一个跟踪信息在镜像表中，以便向客户机发送回答信息。

③ 外部网络发送回答信息给 NAT。

④ NAT 将所收到的数据包的端口号和公用 IP 地址转换为客户机的端口号和内部网络使用的专用 IP 地址并转发给客户机。

以上步骤对于网络内部的主机和网络外部的主机都是透明的,对它们来讲就如同直接通信一样,如图 26-1 所示。担当 NAT 的计算机有两块网卡,两个 IP 地址。IP1 为 192.168.0.1,IP2 为 202.162.4.1。

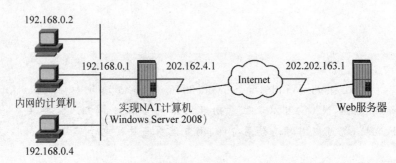

图 26-1　NAT 的工作过程

下面举例来说明。

① IP 地址为 192.168.0.2 用户使用 Web 浏览器连接到 IP 地址为 202.202.163.1 的 Web 服务器,则用户计算机将创建带有下列信息的 IP 数据包。

- 目标 IP 地址:202.202.163.1。
- 源 IP 地址:192.168.0.2。
- 目标端口:TCP 端口 80。
- 源端口:TCP 端口 1350。

② IP 数据包转发到运行 NAT 的计算机上,它将传出的数据包地址转换成下面的形式,用自己的 IP 地址新打包后转发。

- 目标 IP 地址:202.202.163.1。
- 源 IP 地址:202.162.4.1。
- 目标端口:TCP 端口 80。
- 源端口:TCP 端口 2500。

③ NAT 协议在表中保留了{192.168.0.2,TCP 1350}到{202.162.4.1,TCP 2500}的映射,以便回传。

④ 转发的 IP 数据包是通过 Internet 发送的。Web 服务器响应通过 NAT 协议发回和接收。当接收时,数据包包含下面的公用地址信息。

- 目标 IP 地址:202.162.4.1。
- 源 IP 地址:202.202.163.1。
- 目标端口:TCP 端口 2500。
- 源端口:TCP 端口 80。

⑤ NAT 协议检查转换表,将公用地址映射到专用地址,并将数据包转发给 IP 地址为 192.168.0.2 的计算机。转发的数据包包含以下地址信息。

- 目标 IP 地址:192.168.0.2。

- 源 IP 地址：202.202.163.1。
- 目标端口：TCP 端口 1350。
- 源端口：TCP 端口 80。

> **提示**　对于来自 NAT 协议的传出数据包，源 IP 地址（专用地址）被映射到 ISP 分配的地址（公用地址），并且 TCP/IP 端口号也会被映射到不同的 TCP/IP 端口号。对于到 NAT 协议的传入数据包，目标 IP 地址（公用地址）被映射到源 Internet 地址（专用地址），并且 TCP/UDP 端口号被重新映射回源 TCP/UDP 端口号。

26.2　项目设计与准备

在架设 NAT 服务器之前，读者需要了解 NAT 服务器配置实例部署的需求和实训环境。

1. 部署需求

在部署 NAT 服务前需满足以下要求：

设置 NAT 服务器的 TCP/IP 属性，手工指定 IP 地址、子网掩码、默认网关和 DNS 服务器 IP 地址等；

部署域环境，域名为 long.com。

2. 部署环境

所有实例都被部署在如图 26-2 所示的网络环境下。DNS1、DNS2、DNS3、DNS4 是 VMware 的虚拟机。

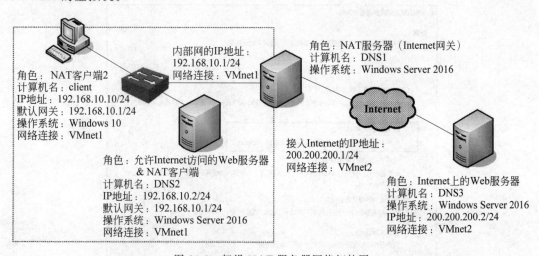

图 26-2　架设 NAT 服务器网络拓扑图

NAT 服务器主机名为 DNS1，该服务器连接内部局域网网卡的 IP 地址为 192.168.10.1/24，连接外部网络网卡（WAN）的 IP 地址为 200.200.200.1/24；NAT 客户端主机名为

DNS2,同时也是内部 Web 服务器,其 IP 地址为 192.168.10.2/24,默认网关为 192.168.10.1; Internet 上的 Web 服务器主机名为 DNS3,IP 地址为 200.200.200.2/24。对于 NAT 客户端 2 即计算机 Client 本次实训可以不进行配置。

26.3 项目实施

26-2 安装 "路由和远程访问" 服务器

任务 26-1 安装 "路由和远程访问" 服务器

1. 安装 "路由和远程访问服务" 角色服务

STEP 1 首先按照如图 26-2 所示的网络拓扑图配置各计算机的 IP 地址等参数。

STEP 2 在计算机 DNS1 上通过 "服务器管理器" 窗口安装 "路由和远程访问服务" 角色服务,具体步骤参见任务 11-1。注意安装的角色名称是 "远程访问"。

2. 配置并启用 NAT 服务

在计算机 DNS1 上通过 "路由和远程访问" 控制台窗口配置并启用 NAT 服务,具体步骤如下。

（1）运行路由和远程访问服务器安装向导

以管理员帐户登录到需要添加 NAT 服务的计算机 DNS1 上,打开 "服务器管理器" 窗口,选择 "工具" → "路由和远程访问" 命令,打开 "路由和远程访问" 控制台窗口。右击服务器 DNS1,在弹出的快捷菜单中选择 "禁用路由和远程访问" 命令（清除 VPN 实验的影响）。

（2）选择网络地址转换（NAT）

右击服务器 DNS1,在弹出的快捷菜单中选择 "配置并启用路由和远程访问" 命令,打开 "路由和远程访问服务器安装向导" 对话框,单击 "下一步" 按钮,打开 "配置" 的对话框,在该对话框中可以配置 NAT、VPN 以及路由服务,在此选中 "网络地址转换（NAT）" 单选按钮,如图 26-3 所示。

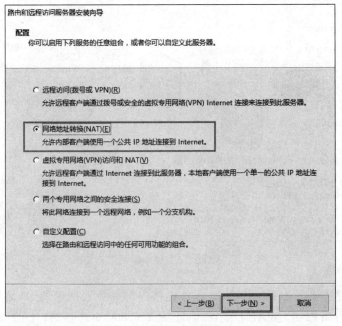

图 26-3　选择网络地址转换（NAT）

（3）选择连接到 Internet 的网络接口

单击"下一步"按钮，打开"NAT Internet 连接"对话框，在该对话框中指定连接到
Internet 的网络接口，即 NAT 服务器连接到外部网络的网卡，选中"使用此公共接口连接到
Internet"单选框，并选择接口为 Ethernet1，如图 26-4 所示。

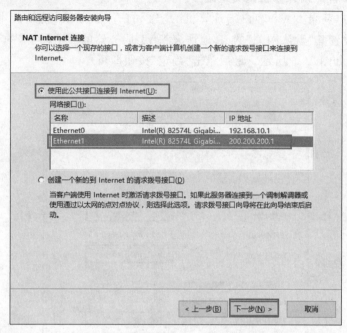

图 26-4　选择连接到 Internet 的网络接口

（4）结束 NAT 配置

单击"下一步"按钮，打开提示"正在完成路由和远程访问服务器安装向导"的对话框，最
后单击"完成"按钮即可完成 NAT 服务的配置和启用。

3. 停止 NAT 服务

可以使用"路由和远程访问"控制台窗口停止 NAT 服务，具体步骤如下。

STEP 1　以管理员帐户登录到 NAT 服务器上，打开"路由和远程访问"控制台窗口，NAT
服务启用后显示绿色向上标识箭头。

STEP 2　右击服务器，在弹出的快捷菜单中选择"所有任务"→"停止"命令，停止 NAT
服务。

STEP 3　NAT 服务停止以后，显示红色向下标识箭头，表示 NAT 服务已停止。

4. 禁用 NAT 服务

要禁用 NAT 服务，可以使用"路由和远程访问"控制台，具体步骤如下。

STEP 1　以管理员登录到 NAT 服务器上，打开"路由和远程访问"控制台窗口，右击服务
器，在弹出的快捷菜单中选择"禁用路由和远程访问"命令。

STEP 2　接着弹出"禁用 NAT 服务警告信息"对话框。该警告信息表示禁用路由和远程访
问服务后，要重新启用路由器，需要重新配置。

STEP 3　禁用路由和远程访问后的控制台界面，显示红色向下标识箭头。

任务 26-2　NAT 客户端计算机配置和测试

配置 NAT 客户端计算机,并测试内部网络和外部网络计算机之间的连通性,步骤如下。

1. 设置 NAT 客户端计算机网关地址

以管理员帐户登录 NAT 客户端计算机 DNS2,打开"Internet 协议版本 4(TCP/IPv4) 属性"对话框。设置其"默认网关"的 IP 地址为 NAT 服务器的 LAN 网卡的 IP 地址,在此输入 192.168.10.1,如图 26-5 所示。最后单击"确定"按钮即可。

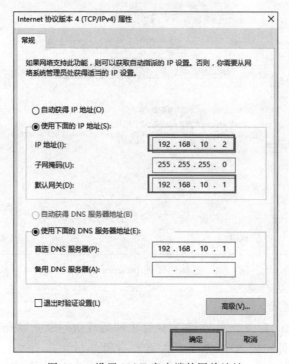

图 26-5　设置 NAT 客户端的网关地址

2. 测试内部 NAT 客户端与外部网络计算机的连通性

在 NAT 客户端计算机 DNS2 上打开"命令提示符"窗口,测试与 Internet 上的 Web 服务器(DNS3)的连通性,输入命令 ping 200.200.200.2,如图 26-6 所示,显示能连通。

3. 测试外部网络计算机与 NAT 服务器、内部 NAT 客户端的连通性

以本地管理员帐户登录到外部网络计算机 DNS3 上,打开"命令提示符"窗口,依次使用命令 ping 200.200.200.1、ping 192.168.10.1、ping 192.168.10.2,测试外部计算机 DNS3 与 NAT 服务器外网卡和内网卡以及内部网络计算机的连通性,如图 26-7 所示,除 NAT 服务器外网卡外均不能连通。

任务 26-3　外部网络主机访问内部 Web 服务器

要让外部网络的计算机 DNS3 能够访问内部 Web 服务器 DNS2,具体步骤如下。

图 26-6　测试 NAT 客户端与外部计算机的连通性

图 26-7　测试外部计算机与 NAT 服务器、内部 NAT 客户端的连通性

1. 在内部网络计算机 DNS2 上安装 Web 服务器

如何在 DNS2 上安装 Web 服务器，请参考"第 23 章　配置与管理 Web 服务器"。

2. 将内部网络计算机 DNS2 配置成 NAT 客户端

以管理员帐户登录 NAT 客户端计算机 DNS2，打开"Internet 协议版本 4（TCP/IPv4）
属性"对话框。设置其"默认网关"的 IP 地址为 NAT 服务器的内网网卡（LAN）的 IP 地址，
在此输入 192.168.10.1。最后单击"确定"按钮即可。

注意　使用端口映射等功能时，内部网络计算机一定要配置成 NAT 客户端。

3. 设置端口地址转换

STEP 1　以管理员帐户登录到 NAT 服务器上，打开"路由和远程访问"控制台窗口，依次展开服务器 DNS1 和 IPv4 节点，单击选中 NAT 选项，在右窗格中，右击 NAT 服务器的外网网卡 Ethernet1，在弹出的快捷菜单中选择"属性"命令，如图 26-8 所示，打开"Ethernet1 属性"对话框。

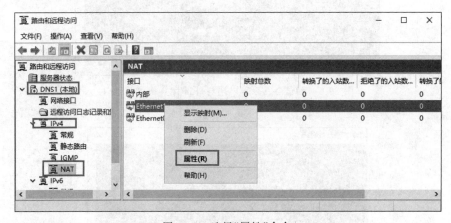

图 26-8　选择"属性"命令

STEP 2　在打开的"Ethernet1 属性"对话框中，单击选中如图 26-9 所示的"服务和端口"选项卡，在此可以设置将 Internet 用户重定向到内部网络上的服务。

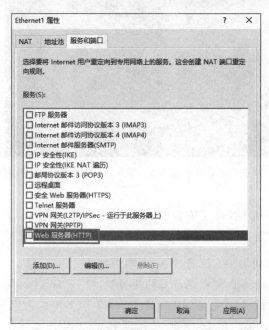

图 26-9　单击选中"服务和端口"选项卡

STEP 3 选中"服务"列表中的"Web 服务器(HTTP)"复选框,会打开"编辑服务"对话框,
在"专用地址"文本框中输入安装 Web 服务器的内部网络计算机 IP 地址,在此输
入 192.168.10.2,如图 26-10 所示。最后单击"确定"按钮即可。

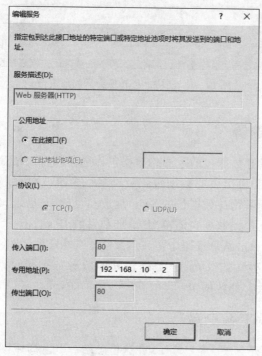

图 26-10　编辑服务

STEP 4 返回"Ethernet1 属性"对话框,可以看到已经选中了"Web 服务器(HTTP)"复选
框,然后单击"应用"→"确定"按钮可完成端口地址转换的设置。

4. 从外部网络访问内部 Web 服务器

STEP 1 以管理员帐户登录到外部网络的计算机 DNS3 上。

STEP 2 打开 IE 浏览器,输入"http://200.200.200.1",会打开内部计算机 DNS2 上的 Web
网站。请读者试一试。

　　　　200.200.200.1 是 NAT 服务器外部网卡的 IP 地址。

5. 在 NAT 服务器上查看地址转换信息

STEP 1 以管理员帐户登录到 NAT 服务器 DNS1 上,打开"路由和远程访问"控制台窗口,
依次展开服务器 DNS1 和 IPv4 节点,单击选中 NAT 选项,在右窗格中显示 NAT
服务器正在使用的连接内部网络的网络接口。

STEP 2 右击 Ethernet1 选项,在弹出的快捷菜单中选择"显示映射"命令,打开如图 26-11
所示的"DNS1-网络地址转换会话映射表格"对话框。该信息表示通过外部网络

计算机(IP 地址为 200.200.200.2)可访问到内部网络计算机(IP 地址为 192.168.10.2)的 Web 服务,NAT 服务器将 NAT 服务器外网卡 IP 地址 200.200.200.1 转换成了内部网络计算机 IP 地址 192.168.10.2。

协议	方向	专用地址	专用端口	公用地址	公用端口	远程地址	远程端口	空闲时间
TCP	入站	192.168.10.2	80	200.200.200.1	80	200.200.200.2	61,311	43

DNS1 - 网络地址转换会话映射表格

图 26-11　网络地址转换会话映射表格

任务 26-4　配置筛选器

数据包筛选器用于 IP 数据包的过滤。数据包筛选器分为入站筛选器和出站筛选器,分别对应接收到的数据包和发出去的数据包。对于某一个接口而言,入站数据包指的是从此接口接收到的数据包,而不论此数据包的源 IP 地址和目的 IP 地址;出站数据包指的是从此接口发出的数据包,而不论此数据包的源 IP 地址和目的 IP 地址。

可以在入站筛选器和出站筛选器中定义 NAT 服务器只是允许筛选器中所定义的 IP 数据包或者允许除了筛选器中定义的 IP 数据包外的所有数据包,对于没有允许的数据包,NAT 服务器默认将会丢弃此数据包。

任务 26-5　设置 NAT 客户端

前面已经实践过设置 NAT 客户端了,在这里总结一下。局域网 NAT 客户端只要修改 TCP/IP 的设置即可。可以选择以下两种设置方式。

1. 自动获得 TCP/IP

此时客户端会自动向 NAT 服务器或 DHCP 服务器来获取 IP 地址、默认网关、DNS 服务器的 IP 地址等设置。

2. 手工设置 TCP/IP

手工设置 IP 地址要求客户端的 IP 地址必须与 NAT 局域网接口的 IP 地址在相同的网段内,也就是 Network ID 必须相同。默认网关必须设置为 NAT 局域网接口的 IP 地址,本例中为 192.168.10.1。首选 DNS 服务器可以设置为 NAT 局域网接口的 IP 地址,或是任何一台合法的 DNS 服务器的 IP 地址。

完成后,客户端的用户只要上网、收发电子邮件、连接 FTP 服务器等,NAT 就会自动通过 PPPoE 请求拨号来连接 Internet。

任务 26-6　配置 DHCP 分配器与 DNS 代理

NAT 服务器另外还具备以下两个功能。
- DHCP 分配器(DHCP allocator):用来分配 IP 地址给内部的局域网客户端计算机。
- DNS 代理(DNS proxy):可以替局域网内的计算机来查询 IP 地址。

1. DHCP 分配器

DHCP 分配器扮演着类似 DHCP 服务器的角色,用来给内部网络的客户端分配 IP 地址。若要修改 DHCP 分配器设置，在"路由和远程访问"窗口展开 IPv4 节点，单击选中 NAT 选项，单击上方的属性图标，在弹出的"NAT 属性"对话框中，单击选中"地址分配"选项卡，如图 26-12 所示。

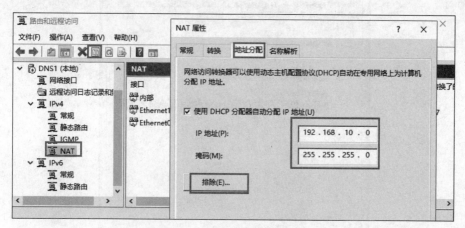

图 26-12　NAT 属性设置—地址分配

　在配置 NAT 服务器时，若系统检测到内部网络上有 DHCP 服务器，它就不会自动启动 DHCP 分配器。

如图 26-12 所示 DHCP 分配器分配给客户端的 IP 地址的网络标识符为 192.168.10.0，这个默认值是根据 NAT 服务器内网卡的 IP 地址（192.168.10.1）产生的。您可以修改此默认值，不过必须与 NAT 服务器内网卡 IP 地址一致，也就是网络 ID 需相同。

若内部网络内某些计算机的 IP 地址是手工输入的，且这些 IP 地址位于上述 IP 地址范围内，则请通过单击对话框中的"排除"按钮来将这些 IP 地址排除，以免这些 IP 地址被发放给其他客户端计算机。

若内部网络包含多个子网或 NAT 服务器拥有多个专用网接口，由于 NAT 服务器的 DHCP 分配器只能够分配一个网段的 IP 地址，因此其他网络内的计算机的 IP 地址需手动设置或另外通过其他 DHCP 服务器来分配。

2. DNS 代理

当内部计算机需要查询主机的 IP 地址时，它们可以将查询请求发送到 NAT 服务器，然后由 NAT 服务器的 DNS 代理来替它们查询 IP 地址。可以通过如图 26-13 所示"名称解析"选项卡来启动或修改 DNS 代理的设置，选中"使用域名系统（DNS）的客户端"复选框，表示要启用 DNS 代理的功能，以后只要客户端要查询主机的 IP 地址时（这些主机可能位于因特网或内部网络），NAT 服务器都可以代替客户端来向 DNS 服务器查询。

NAT 服务器会向哪一台 DNS 服务器查询呢？它会向其 TCP/IP 配置处的首选 DNS 服务器（备用 DNS 服务器）来查询。若此 DNS 服务器位于因特网内，而且 NAT 服务器是通过 PPPoE 请求拨号来连接因特网，则请选中如图 26-13 所示"当名称需要解析时连接到公用

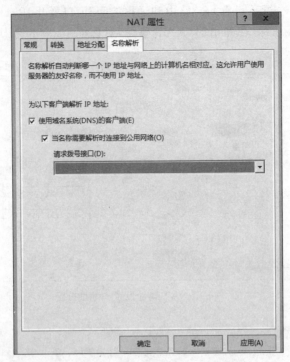

图 26-13　NAT 属性设置—名称解析

网络"复选框,以便让 NAT 服务器可以自动利用 PPPoE 请求拨号(例如 Hinet)来连接因特网。

26.4　习题

1. 填空题

(1) NAT 是_____的简称,中文是_____。

(2) NAT 位于使用专用地址的_____和使用公用地址的_____之间。从 Intranet 传出的数据包由 NAT 将它们的_____地址转换为_____地址。从 Internet 传入的数据包由 NAT 将它们的_____地址转换为_____地址。

(3) NAT 也起到将_____网络隐藏起来,保护_____网络的作用,因为对外部用户来说只有使用_____地址的 NAT 是可见的。

(4) 利用 NAT 可让位于内部网络的多台计算机只需要共享一个 Public IP 地址,就可以同时连接因特网、浏览网页与收发电子邮件。

2. 简答题

(1) 网络地址转换 NAT 的功能是什么?

(2) 简述地址转换的原理,即 NAT 的工作过程。

(3) 下列不同技术有何异同?(可参考课程网站上的补充资料)

① NAT 与路由的比较;② NAT 与代理服务器;③ NAT 与 Internet 共享。

26.5　实训项目　配置与管理 NAT 服务器实训

1. 实训目的

- 了解掌握使局域网内部的计算机连接到 Internet 的方法。
- 掌握使用 NAT 实现网络互联的方法。
- 掌握远程访问服务的实现方法。

2. 项目环境

本项目根据如图 26-2 所示的环境来部署 NAT 服务器。

3. 项目要求

根据网络拓扑图如 26-2 所示,完成如下任务。

① 部署架设 NAT 服务器的需求和环境。

② 安装"路由和远程访问服务"角色服务。

③ 配置并启用 NAT 服务。

④ 停止 NAT 服务。

⑤ 禁用 NAT 服务。

⑥ NAT 客户端计算机配置和测试。

⑦ 外部网络主机访问内部 Web 服务器。

⑧ 配置筛选器。

⑨ 设置 NAT 客户端。

⑩ 配置 DHCP 分配器与 DNS 代理。

第 27 章
配置与管理证书服务器

项目背景

对于大型的计算机网络,数据的安全和管理的自动化历来都是人们追求的目标,特别是随着 Internet 的迅猛发展,在 Internet 上处理事务、交流信息和交易等行为越来越普遍,越来越多的重要数据需要在网上传输,网络安全问题也更加被重视。尤其是在电子商务活动中,必须保证交易双方能够互相确认身份,安全地传输敏感信息,同时还要防止被人截获、篡改,或者假冒交易等。因此,如何保证重要数据不受到恶意的损坏,成为网络管理最关键的问题之一。而通过部署 PKI(public key infrastructure,公开密钥基础架构),利用 PKI 提供的密钥体系来实现数字证书签发、身份认证、数据加密和数字签名等功能,可以确保电子邮件、电子商务交易、文件传送等各类数据传输的安全性。

项目目标

- PKI 概述
- SSL 网站证书
- 证书的管理

27.1 相关知识

27.1.1 PKI 概述

用户通过网络将数据发送给接收者时,可以利用 PKI 提供的以下 3 种功能来确保数据传输的安全性。

- 将传输的数据加密(encryption)。
- 接收者计算机会验证收到的数据是否是由发件人本人发送来的(authentication)。
- 接收者计算机还会确认数据的完整性(integrity),也就是检查数据在传输过程中是否被篡改。

PKI 根据公开密钥加密(public key cryptography)来提供上述功能,而用户需要拥有以下的一组密钥来支持这些功能。

- 公钥:用户的公钥(public key)可以公开给其他用户。
- 私钥:用户的私钥(private key)是该用户私有的,且存储在用户的计算机内,只有他能够访问。

用户需要通过向证书颁发机构(certification authority,CA)申请证书(certificate)的方法来拥有与使用这一组密钥。

1. 公钥加密法

数据被加密后,必须经过解密才能读取数据的内容。PKI 使用公钥加密(public key encryption)机制来对数据进行加密与解密。发件人利用收件人的公钥将数据加密,而收件人利用自己的私钥将数据解密。例如,如图 27-1 所示为用户 Bob 发送一封经过加密的电子邮件给用户 Alice 的流程。

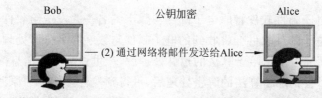

図 27-1 发送一封经过加密的电子邮件

如图 27-1 所示,Bob 必须先取得 Alice 的公钥,才可以利用此密钥来将电子邮件加密,而因为 Alice 的私钥只存储在她的计算机内,故只有她的计算机可以将此邮件解密,因此她可以正常读取此邮件。其他用户即使拦截这封邮件,也无法读取邮件内容,因为他们没有 Alice 的私钥,无法将其解密。

 公钥加密体系使用公钥来加密,私钥来解密,此方法又称为非对称式 (asymmetric)加密。另一种加密法是单密钥加密(secret key encryption),又称为对称式(symmetric)加密,其加密、解密都使用同一个密钥。

2. 公钥验证

发件人可以利用公钥验证(public key authentication)来将待发送的数据进行"数字签名"(digital signature),而收件人计算机在收到数据后,便能够通过此数字签名来验证数据是否确实是由发件人本人发出的,同时还会检查数据在传输的过程中是否被篡改。

发件人是利用自己的私钥对数据进行签名的,而收件人计算机会利用发件人的公钥来验证此份数据。例如,如图 27-2 所示为用户 Bob 发送一封经过数字签名的电子邮件给用户 Alice 的流程。

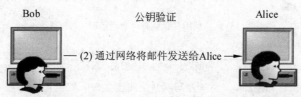

図 27-2 发送一封经过数字签名的电子邮件

由于如图 27-2 所示的邮件是经过 Bob 的私钥签名，而公钥与私钥是一对的，因此收件人 Alice 必须先取得发件人 Bob 的公钥后，才可以利用此密钥来验证这封邮件是否是由 Bob 本人发送过来的，并检查这封邮件是否被篡改。

数字签名是如何产生的？又是如何用来验证用户身份的呢？其流程如下。

STEP 1 发件人的电子邮件经过消息哈希算法（message hash algorithm）的运算处理后，产生一个消息摘要（message digest），它是一个数字指纹（digital fingerprint）。

STEP 2 发件人的电子邮件软件利用发件人的私钥将此 message digest 加密，所使用的加密方法为公钥加密算法（public key encryption algorithm），加密后的结果被称为数字签名。

STEP 3 发件人的电子邮件软件将原电子邮件与数字签名一并发送给收件人。

STEP 4 收件人的电子邮件软件会将收到的电子邮件与数字签名分开处理。

- 电子邮件重新经过消息哈希算法的运算处理后，产生一个新的消息摘要。
- 数字签名经过公钥加密算法的解密处理后，可得到发件人传来的原消息摘要。

STEP 5 新消息摘要与原消息摘要应该相同，否则表示这封电子邮件被篡改或是冒用发件人身份发来的。

3. 网站安全连接

27-1 SSL 网站安全连接

安全套接层（secure sockets layer，SSL）是一个以 PKI 为基础的安全性通信协议，若要让网站拥有 SSL 安全连接功能，就需要为网站向证书颁发机构（CA）申请 SSL 证书（Web 服务器证书），证书内包含公钥、证书有效期限、发放此证书的 CA、CA 的数字签名等数据。

在网站拥有 SSL 证书之后，浏览器与网站之间就可以通过 SSL 安全连接来通信了，也就是将 URL 路径中的 http 改为 https，例如，若网站为 www.long.com，则浏览器是利用 "https：//www.long.com/" 来连接网站的。

以如图 27-3 所示来说明浏览器与网站之间如何建立 SSL 安全连接。建立 SSL 安全连接时，会建立一个双方都同意的会话密钥（session key），并利用此密钥来将双方所传送的数据加密、解密并确认数据是否被篡改。

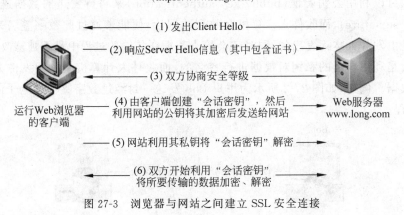

客户端与服务器之间建立SSL安全连接的协商过程
（https://www.long.com）

(1) 发出Client Hello

(2) 响应Server Hello信息（其中包含证书）

(3) 双方协商安全等级

(4) 由客户端创建 "会话密钥"，然后利用网站的公钥将其加密后发送给网站

(5) 网站利用其私钥将 "会话密钥" 解密

(6) 双方开始利用 "会话密钥" 将所要传输的数据加密、解密

运行Web浏览器的客户端

Web服务器 www.long.com

图 27-3　浏览器与网站之间建立 SSL 安全连接

STEP 1 客户端浏览器利用 "https：//www.long.com" 来连接网站时，客户端会先发出

Client Hello 信息给 Web 服务器。

STEP 2 Web 服务器会响应 Server Hello 信息给客户端,此信息内包含网站的证书信息(内含公钥)。

STEP 3 客户端浏览器与网站双方开始协商 SSL 连接的安全等级,例如,选择 40 或 128 位加密密钥。位数越多,越难破解,数据越安全,但网站性能就越差。

STEP 4 浏览器根据双方同意的安全等级来建立会话密钥,利用网站的公钥将会话密钥加密,将加密过后的会话密钥发送给网站。

STEP 5 网站利用它自己的私钥来将会话密钥解密。

STEP 6 浏览器与网站双方相互之间传送的所有数据,都会利用这个会话密钥进行加密与解密。

27.1.2　证书颁发机构概述与根 CA 的安装

无论是电子邮件保护还是 SSL 网站安全连接,都需要申请证书(certification),才可以使用公钥与私钥来执行数据加密与身份验证的操作。证书就好像是汽车驾驶执照一样,必须拥有汽车驾驶执照(证书)才能开车(使用密钥)。而负责发放证书的机构被称为证书颁发机构(certification authority,CA)。

用户或网站的公钥与私钥是如何产生的呢? 在申请证书时,需要输入姓名、地址与电子邮件地址等数据,这些数据会被发送到一个称为 CSP(cryptographic service provider)的程序,此程序已经被安装在申请者的计算机内或此计算机可以访问的设备内。

CSP 会自动建一对密钥:一个公钥与一个私钥。CSP 会将私钥存储到申请者计算机的注册表(registry)中,然后将证书申请数据与公钥一并发送给 CA。CA 检查这些数据无误后,会利用 CA 自己的私钥将要发放的证书进行签名,然后发放此证书。申请者收到证书后,将证书安装到他的计算机。

证书内包含了证书的颁发对象(用户或计算机)、证书有效期限、颁发此证书的 CA 与 CA 的数字签名(类似于汽车驾驶执照上的交通部盖章),还有申请者的姓名、地址、电子邮件地址、公钥等数据。

 用户计算机若安装了读卡设备,就可以利用智能卡来登录,不过也需要通过类似程序来申请证书,CSP 会将私钥存储到智能卡内。

1. CA 的信任

在 PKI 架构下,当用户利用某 CA 发放的证书来发送一封经过签名的电子邮件时,收件人的计算机应该要信任(trust)由此 CA 发放的证书,否则收件人的计算机会将此电子邮件视为有问题的邮件。

又如,客户端利用浏览器连接 SSL 网站时,客户端计算机也必须信任发放 SSL 证书给此网站的 CA,否则客户端浏览器会显示警告信息。

系统默认已经自动信任一些知名商业 CA,而在安装了 Windows 10 系统的计算机上可通过打开桌面版 Internet Explorer,按 Alt 快捷键,选择"工具"→"Internet 选项"命令,打开

"Internet 选项"对话框,在"内容"选项卡中单击"证书"按钮,在"证书"对话框的"受信任的根证书颁发机构"选项卡中查看其已经信任的 CA,如图 27-4 所示。

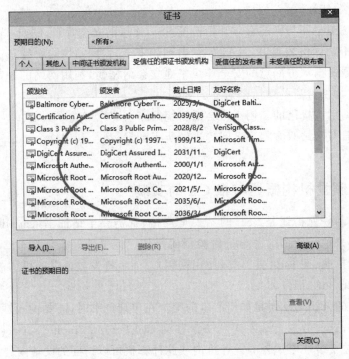

图 27-4　受信任的根证书颁发机构

用户可以向上述商业 CA 申请证书,如 VeriSign,但若公司只是希望在各分公司、事业合作伙伴、供货商与客户之间,能够安全地通过 Internet 传送数据,则可以不需要向上述商业 CA 申请证书,因为可以利用 Windows Server 2016 的 Active Directory 证书服务(Active Directory certificate services)来自行配置 CA,然后利用此 CA 将证书发放给员工、客户与供货商等,并让他们的计算机信任此 CA。

注意　　　Active Directory 证书服务可以不需要域环境。

2. AD CS 的 CA 种类

若通过 Windows Server 2016 的 Active Directory 证书服务(AD CS)来提供 CA 服务,则可以选择将此 CA 设置为以下角色之一。

- 企业根 CA(enterprise root CA)。它需要 Active Directory 域,可以将企业根 CA 安装到域控制器或成员服务器。它发放证书的对象仅限于域用户,当域用户申请证书时,企业根 CA 会从 Active Directory 中得知该用户的帐户信息并据以决定该用户是否有权利来申请所需证书。企业根 CA 主要应该用于发放证书给从属 CA,虽然企业根 CA 还是可以发放保护电子邮件安全、网站 SSL 安全连接等证书,不过应该将发放这些证书的工作交给从属 CA 来负责。

- 企业从属 CA(enterprise subordinate CA)。企业从属 CA 也需要 Active Directory 域,企业从属 CA 适合于用来发放保护电子邮件安全、网站 SSL 安全连接等证书。企业从属 CA 必须向其父 CA(如企业根 CA)取得证书之后,才会正常工作。企业从属 CA 也可以发放证书给下一层的从属 CA。
- 独立根 CA(standalone root CA):独立根 CA 类似于企业根 CA,但不需要 Active Directory 域,扮演独立根 CA 角色的计算机可以是独立服务器、成员服务器或域控制器。无论是否为域用户,都可以向独立根 CA 申请证书。
- 独立从属 CA(standalone subordinate CA)。独立从属 CA 类似于企业从属 CA,但不需要 Active Directory 域,扮演独立从属 CA 角色的计算机可以是独立服务器、成员服务器或域控制器。无论是否为域用户,都可以向独立从属 CA 申请证书。

27.2　项目设计与准备

1. 项目设计

实现网站的 SSL 连接访问,拓扑图如图 27-5 所示。

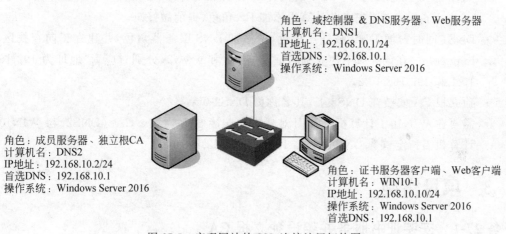

角色：域控制器 & DNS服务器、Web服务器
计算机名：DNS1
IP地址：192.168.10.1/24
首选DNS：192.168.10.1
操作系统：Windows Server 2016

角色：成员服务器、独立根CA
计算机名：DNS2
IP地址：192.168.10.2/24
首选DNS：192.168.10.1
操作系统：Windows Server 2016

角色：证书服务器客户端、Web客户端
计算机名：WIN10-1
IP地址：192.168.10.10/24
操作系统：Windows Server 2016
首选DNS：192.168.10.1

图 27-5　实现网站的 SSL 连接访问拓扑图

在部署 CA 服务前需满足以下要求。

- DNS1:域控制器、DNS 服务器、Web 服务器,也可以部署企业 CA,IP 地址为 192.168.10.1/24,首选 DNS 为 192.168.10.1。
- DNS2:成员服务器(独立服务器也可以),部署独立根 CA,IP 地址为 192.168.10.2/24,首选 DNS 为 192.168.10.1。
- WIN10-1:客户端(使用 Windows 10 操作系统),IP 地址为 192.168.10.10/24,首选 DNS 为 192.168.10.1,安装了 Windows 10 系统的计算机 WIN10-1 信任独立根 CA。

DNS1、DNS2、WIN10-1 可以是 VMware 的虚拟机,网络连接模式皆为 VMnet1。

2. 项目准备

只有为网站申请 SSL 证书,网站才会具备 SSL 安全连接的能力。若网站要向 Internet 用户提供服务,请向商业 CA 申请证书,如 VeriSign;若网站只是向内部员工、企业合作伙伴提供服务,则可自行利用 Active Directory 证书服务(AD CS)来配置 CA,并向此 CA 申请证书即可。我们将利用 AD CS 来配置 CA,并通过以下步骤演示 SSL 网站的配置。

① 在 DNS2 上安装独立根 CA:long-DNS2-CA。可以在 DNS1 上安装企业 CA:long-DNS1-CA。

② 在 Web 客户端计算机上创建证书申请文件。

③ 利用浏览器将证书申请文件发送给 CA,然后下载证书文件。

- 企业 CA:由于企业 CA 会自动发放证书,因此在将证书申请文件发送给 CA 后,就可以直接下载证书文件。
- 独立根 CA:独立根 CA 默认并不会自动发放证书,因此必须等 CA 管理员手动发放证书后,再利用浏览器来连接 CA 并下载证书文件。

④ 将 SSL 证书安装到 IIS 计算机,并将其绑定(binding)到网站,该网站便拥有 SSL 安全连接的能力。

⑤ 测试客户端浏览器与网站之间 SSL 的安全连接功能是否正常。

利用如图 27-5 所示来练习 SSL 安全连接。

- 如图 27-5 所示要启用 SSL 的网站为计算机 DNS1 的 Web Test Site,其网址为 www.long.com,请先在此计算机添加 IIS 角色(提前做好)。
- DNS1 同时扮演 DNS 服务器角色,请添加 DNS 服务器角色,并建立正向查找区域 long.com。在该区域下建立别名记录 www 和 www2,分别对应 IP 地址为 192.168. 10.1 和 192.168.10.2。
- 独立根 CA 安装在 DNS2 上,其名称为 DNS2-CA。
- 需要在 WIN10-1 计算机上利用浏览器来连接 SSL 网站。CA2(DNS2)与 WIN10-1 计算机需指定首选 DNS 服务器 IP 地址为 192.168.10.1。

27.3　项目实施

任务 27-1　安装证书服务并架设独立根 CA

在 DNS2 上安装证书服务并架设独立根 CA。

1. 安装证书服务器

27-2 安装证书服务并架设独立根 CA

STEP 1 请利用 Administrators 组成员的身份登录如图 27-5 所示的 DNS2,安装 CA2(若要安装企业根 CA,请利用域 Enterprise Admins 组成员的身份登录 DNS1,安装 CA)。

STEP 2 打开"服务器管理器"窗口,单击仪表板处的"添加角色和功能"按钮,持续单击"下一步"按钮,直到打开如图 27-6 所示的"选择服务器角色"的对话框时选中"Active Directory 证书服务"复选框,随后在弹出的"功能"对话框中单击"添加功能"按钮(如果没安装 Web 服务器,在此一并安装)。

STEP 3 持续单击"下一步"按钮,直到打开如图 27-7 所示的界面,请确保选中"证书颁发机构"和"证书颁发机构 Web 注册"复选框,单击"安装"按钮,顺便安装 IIS 网站,以便让用户利用浏览器来申请证书。

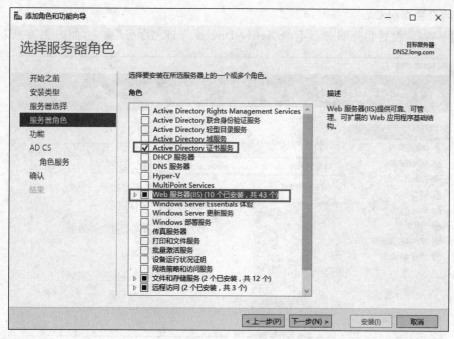

图 27-6　添加 AD CS 和 Web 服务器角色

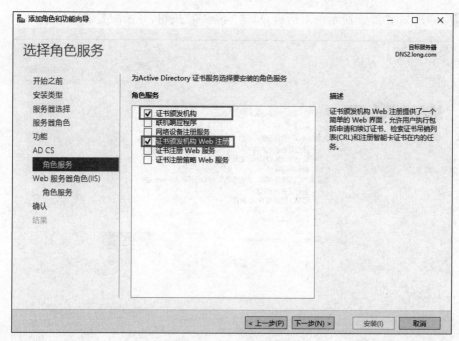

图 27-7　选中"证书颁发机构"和"证书颁发机构 Web 注册"复选框

STEP 4 持续单击"下一步"按钮,直到打开确认安装所选内容的对话框时,单击"安装"按钮。

STEP 5 单击"关闭"按钮,重新启动计算机。

2. 架设独立根 CA

STEP 1 选择"配置目标服务器上的 Active Directory 证书服务"命令，如图 27-8 所示。

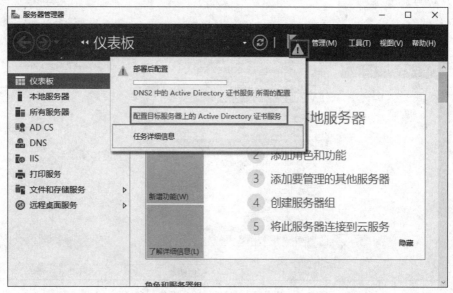

图 27-8 配置目标服务器上的 Active Directory 证书服务

STEP 2 弹出如图 27-9 所示的对话框，单击"下一步"按钮，开始配置 AD CS。

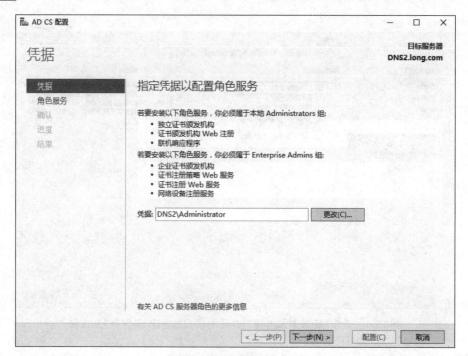

图 27-9 开始配置 AD CS

STEP 3 选中"证书颁发机构"和"证书颁发机构 Web 注册"复选框，如图 27-10 所示，单击

"下一步"按钮。

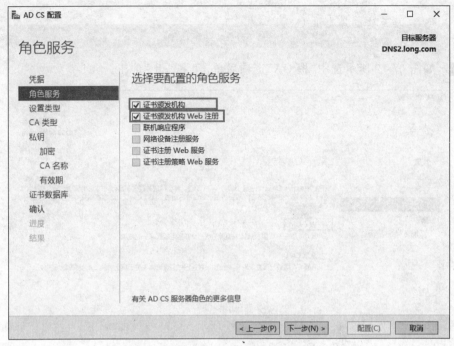

图 27-10　选择要配置的角色服务

STEP 4　如图 27-11 所示选择 CA 的类型后,单击"下一步"按钮。

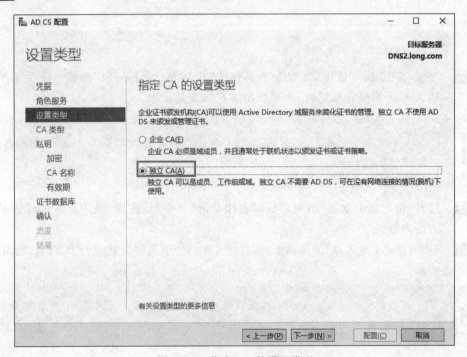

图 27-11　指定 CA 的设置类型

注意 　　　若此计算机是独立服务器或用户不是利用域 Enterprise Admins 成员身份登录,就无法选择企业 CA。

STEP 5 　如图 27-12 所示选中"根 CA"选项后单击"下一步"按钮。

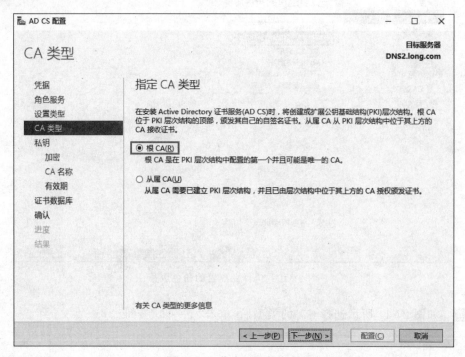

图 27-12　指定 CA 的类型

STEP 6 　如图 27-13 所示选中"创建新的私钥"选项后单击"下一步"按钮。此为 CA 的私钥,CA 必须拥有私钥后,才可以给客户端发放证书。

注意 　　　若是重新安装 CA(之前已经在这台计算机安装过),则可以选择使用前一次安装时创建的私钥。

STEP 7 　打开"指定加密选项"的对话框时直接单击"下一步"按钮,采用默认的建立私钥的方法即可。

STEP 8 　打开"指定 CA 名称"的对话框时,将此 CA 的公用名称设置为 DNS2-CA,如图 27-14 所示。

提示 　　　由于 DNS2 是 long.com 的成员服务器,所以默认的 CA 的公用名称为 long-DNS2-CA,为区别于企业 CA,我们在此将"此 CA 的公用名称"改为 DNS2-CA。

STEP 9 　单击"下一步"按钮。在弹出的"指定有效期"的对话框中单击"下一步"按钮。CA 的有效期默认为 5 年。

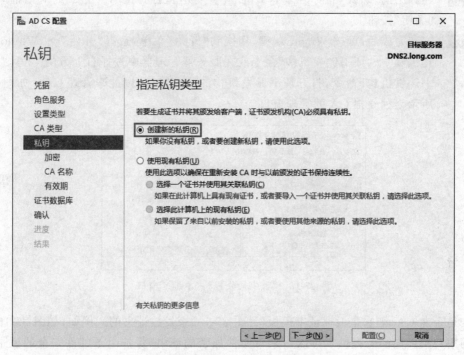

图 27-13　创建新的私钥

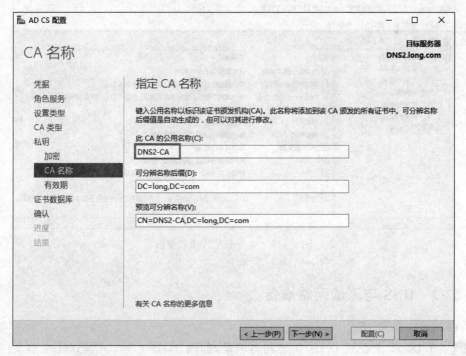

图 27-14　指定 CA 名称

STEP 10　在打开的"指定数据库位置"的对话框中单击"下一步"按钮,采用默认值即可。

STEP 11　在弹出的"确认"的对话框中单击"配置"按钮,打开提示"结果"的对话框时单击"关闭"按钮。

STEP 12　安装完成后,可按 Windows 键,切换到"开始"菜单,选择"开始"→"Windows 管理工具"→"证书颁发机构"命令或在服务器管理器中选择右上方的"工具"→"证书颁发机构"命令,打开证书颁发机构的管理窗口,以此来管理 CA。如图 27-15 所示为独立根 CA 的管理窗口。

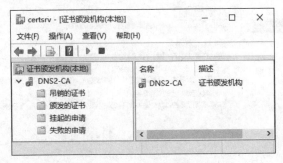

图 27-15　"证书颁发机构(本地)"窗口

若是企业 CA,则它是根据证书模板(见图 27-16)来发放证书的。例如,如图 27-16 所示右方的用户模板内同时提供了可以用来对文件加密的证书、保护电子邮件安全的证书与验证客户端身份的证书(读者可以在 DNS1 上安装企业 CA:long-DNS1-CA)。

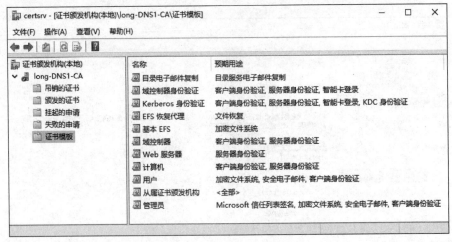

图 27-16　企业 CA 的证书模板

27-3　DNS 与测试网站准备

任务 27-2　DNS 与测试网站准备

将网站建立在 DNS1 上。

STEP 1　在 DNS1 上配置 DNS,新建别名记录,如图 27-17 所示。DNS1(192.168.10.1)为 www.long.com,DNS2(192.168.10.2)为 www2.long.com。

STEP 2　在 DNS1 上配置 Web 服务器,停用网站 Default Web Site,重新建立测试网站,其

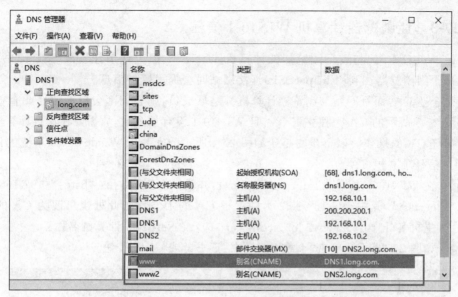

图 27-17　在 DNS1 上配置 DNS

对应的 IP 地址为 192.168.10.1，网站的主目录是"C:\Web"，如图 27-18 所示。

图 27-18　新建 SSL 测试网站

STEP 3　为了测试 SSL 测试网站是否正常，在网站主目录下（假设是"C:\Web"），利用记事本创建文件名为 index.htm 的首页文件，如图 27-19 所示。建议先在文件资源管理器内，单击"查看"菜单按钮，选中"扩展名"选项，如此，在建立文件时才不容易弄错扩展名，同时如图 27-19 所示才能看到文件 index.htm 的扩展名为.htm。

这是一个SSL安全连接访问的测试网站，仅仅是测试网站而已，不够完善。

图 27-19　在主目录创建文件 index.htm

任务 27-3 让浏览器计算机 WIN10-1 信任 CA

网站 Web(DNS1)与运行浏览器的计算机 WIN10-1 都应该信任发放 SSL 证书的 CA (DNS2),否则浏览器在利用 https(SSL)连接网站时会提示警告信息。

若是企业 CA,而且网站与浏览器计算机都是域成员,则它们都会自动信任此企业 CA。然而如图 27-5 所示的 CA 为独立根 CA,且 WIN10-1 没有加入域,故需要在这台计算机上手动执行信任 CA 的操作。以下步骤是让如图 27-5 所示的安装了 Windows 10 系统的计算机 WIN10-1 信任独立根 CA。

27-4 让浏览器计算机信任 CA

STEP 1 在 WIN10-1 上打开 Internet Explorer,并输入 URL 路径:"http://192.168.10.2/certsrv",其中 192.168.10.2 为独立根 CA 的 IP 地址,此处也可改为 CA 的 DNS 主机名(http://www2.long.com/certsrv)或 NetBIOS 计算机名称。

STEP 2 如图 27-20 所示单击"下载 CA 证书、证书链或 CRL"按钮。

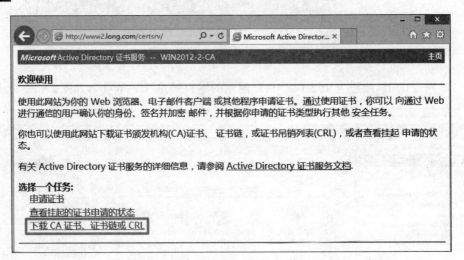

图 27-20 下载 CA 证书

注意　　若客户端为 Windows Server 2016 计算机,则先将其 IE 增强的安全配置关闭,否则系统会阻挡其连接 CA 网站:打开服务器管理器,单击选中"本地服务器"选项,单击"IE 增强的安全配置"右方的"启用"链接按钮,选中"管理员"选项区中的"关闭"选项,如图 27-21 所示。

STEP 3 如图 27-22 所示单击"下载 CA 证书"链接按钮,然后在弹出的对话框中单击"保存"右侧的三角形下拉列表框按钮,选择"另存为"命令,将证书下载到本地"C:\cert\certnew.p7b"文件夹。默认的文件名为 certnew.p7b。

STEP 4 右击"开始"菜单按钮,在弹出的快捷菜单中选择"运行"命令,在打开的"运行"对话框中输入 mmc 命令,然后单击"确定"按钮。选择"文件"→"添加/删除管理单元"命令,然后从可用的管理单元列表中选中"证书"选项后单击"添加"按钮,如图 27-23 所示选中"计算机帐户"选项,之后依序单击"下一步""完成""确定"按钮。

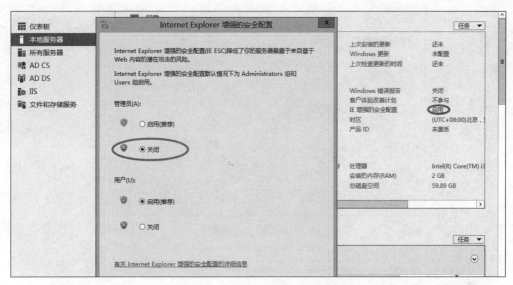

图 27-21　关闭 IE 增强的安全配置

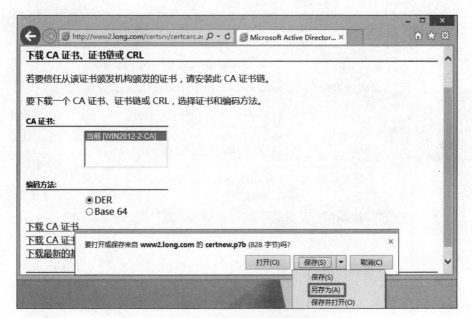

图 27-22　保存证书文件到本地

STEP 5　在控制台窗口中展开"受信任的根证书颁发机构"节点,选中并在"证书"选项上右击,在弹出的快捷菜单中选择"所有任务"→"导入"命令,如图 27-24 所示。

STEP 6　在打开的"证书导入向导"对话框中单击"下一步"按钮。如图 27-25 所示选择之前下载的 CA 证书链文件后,单击"下一步"按钮。

STEP 7　依次单击"下一步"→"完成"→"确定"按钮,如图 27-26 所示为完成后的控制台窗口。

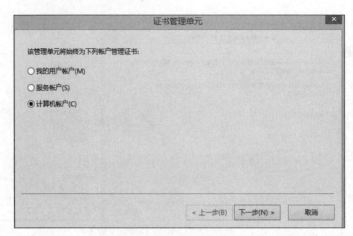

图 27-23   证书管理单元

图 27-24   选择"所有任务"→"导入"命令

图 27-25   选择要导入的文件

图 27-26　完成后的控制台窗口

任务 27-4　在 Web 服务器上配置证书服务

在扮演网站 www.long.com 角色的 Web 计算机 DNS1 上执行以下操作。

27-5 在 Web
服务器上配
置证书服务

1. 在网站上创建证书申请文件

STEP 1 选择"开始"→"Windows 管理工具"→"Internet Information Services (IIS) 管理器"命令。

STEP 2 选中 DNS1 选项，双击"服务器证书"链接按钮，单击"创建证书申请"按钮，如图 27-27 所示。

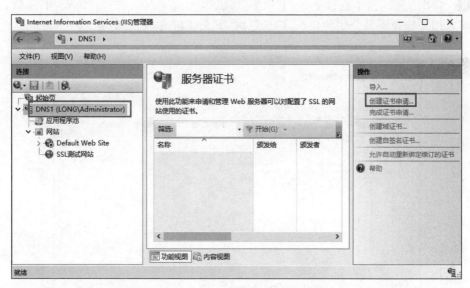

图 27-27　创建证书申请

STEP 3 如图 27-28 所示输入网站的相关数据后，单击"下一步"按钮。

注意

　　因为在通用名称处输入的网址被定义为 www.long.com，故客户端需使用此网址来连接 SSL 网站。

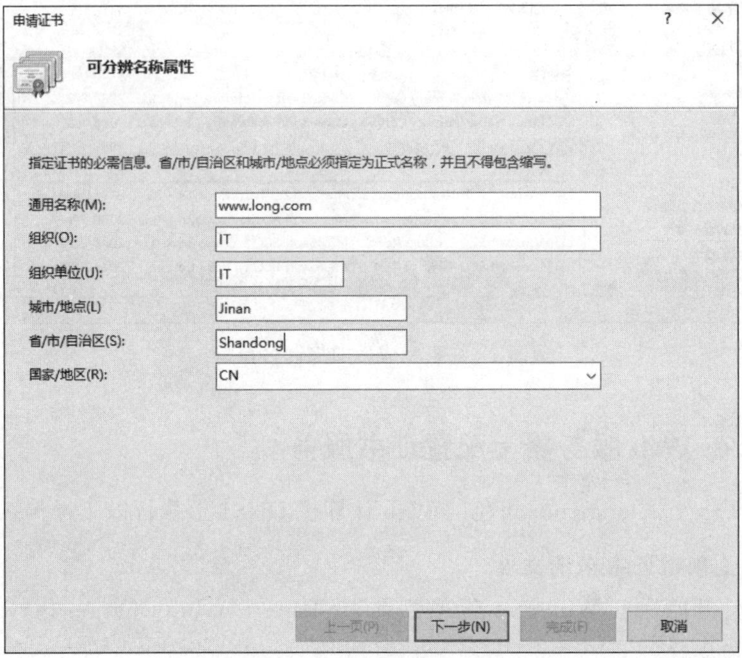

图 27-28　可分辨名称属性

STEP 4 如图 27-29 所示直接单击"下一步"按钮即可。图 27-29 中的"位长"下拉列表框是用来选择网站公钥的位长,位长越大,安全性越高,但效率越低。

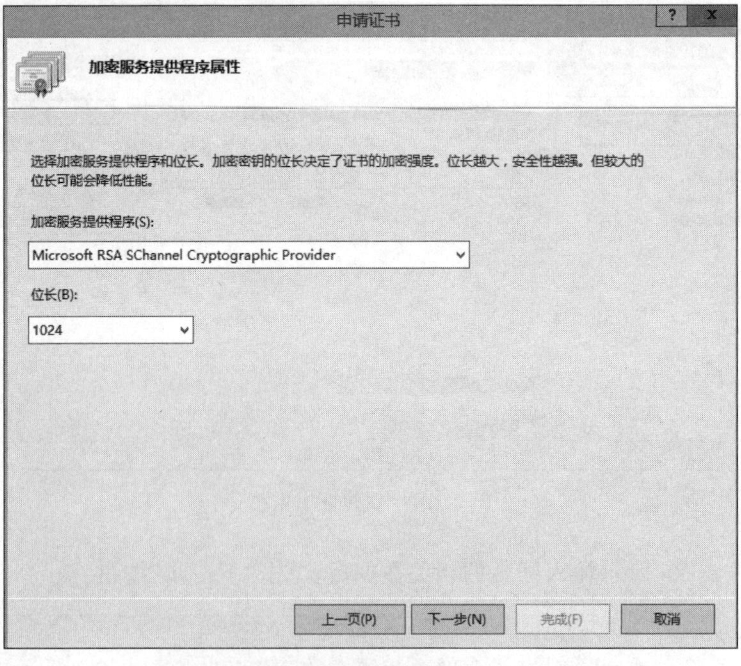

图 27-29　加密服务提供程序属性

STEP 5　如图 27-30 所示指定证书申请文件名与存储位置（本例为"C:\WebCert"）后，单击
"完成"按钮。

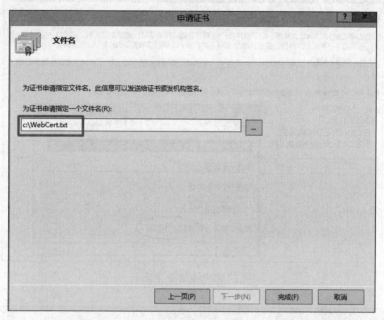

图 27-30　指定证书申请文件名

2. 申请证书与下载证书

请继续在扮演网站角色的计算机 DNS1 上执行以下操作（以下是针对独立根 CA，但会
附带说明企业 CA 的操作）。

STEP 1　将 IE 增强的安全配置关闭，否则系统会阻挡其连接 CA 网站：打开服务器管理
器，单击选中本地服务器，单击"IE 增强的安全配置"右方的"启用"按钮，选中"管
理员"选项区中的"关闭"选项。

STEP 2　打开 Internet Explorer，并输入 URL 路径："http://192.168.10.2/certsrv"。

其中，192.168.10.2 为如图 27-5 所示独立根 CA 的 IP 地址，此处也可改为 CA 的 DNS
主机名 www2.long.com 或 NetBIOS 计算机名称。

STEP 3　如图 27-31 所示依次单击"申请证书"→"高级证书申请"链接按钮。

　若是向企业 CA 申请证书，则系统会先要求输入用户帐户与密码，此时请输
入域系统管理员帐户（如 long\administrator）与密码。

STEP 4　如图 27-32 所示，选择第二个选项。

STEP 5　在开始下一个步骤之前，请先利用记事本打开前面的证书申请文件"C:\webcert.
txt"，然后复制整个文件的内容，如图 27-33 所示。

STEP 6　将复制下来的内容，粘贴到如图 27-34 所示的界面中的"Base-64 编码的证书申
请"文本框中，完成后单击"提交"按钮。

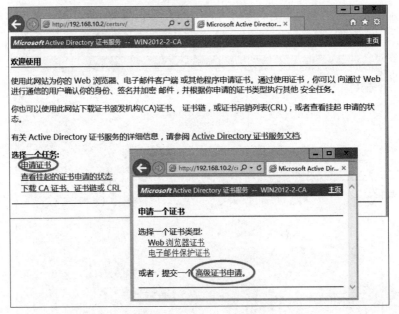

图 27-31　申请一个证书

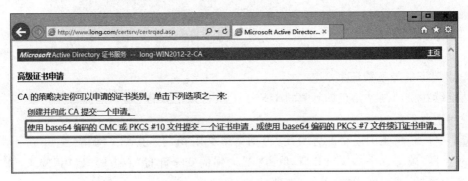

图 27-32　高级证书申请

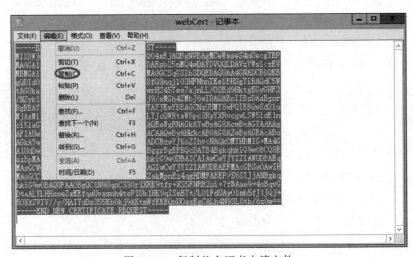

图 27-33　复制整个证书申请文件

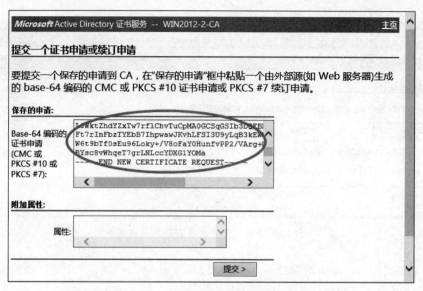

图 27-34　提交一个证书申请或续订申请

 　若是企业 CA,则将复制下来的内容粘贴到如图 27-35 所示的"Base-64 编码的证书申请"文本框中,在"证书模板"下拉列表中选择"Web 服务器"选项后单击"提交"按钮,然后直接跳到 STEP 10。

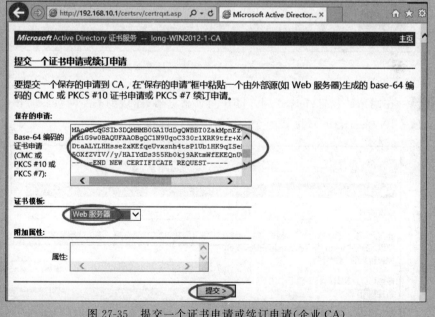

图 27-35　提交一个证书申请或续订申请(企业 CA)

STEP 7　因为独立根 CA 默认并不会自动颁发证书,故按如图 27-36 所示的要求,等 CA 系统管理员发放此证书后,再来连接 CA 与下载证书。该证书 ID 为 2。

STEP 8　到 CA 计算机(DNS2)上按 Windows 键切换到"开始"菜单,选择"Windows 管理工具"→"证书颁发机构"→"挂起的申请"命令,选中并在如图 27-37 所示的证书请

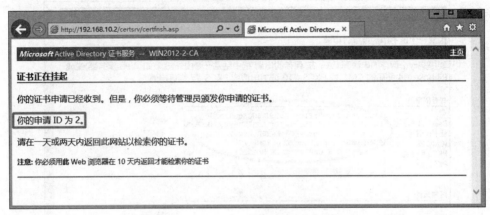

图 27-36　等待 CA 系统管理员发放此证书

求上右击，在弹出的快捷菜单中选择"所有任务"→"颁发"命令。颁发完成后，该
证书由挂起的申请移到颁发的证书。

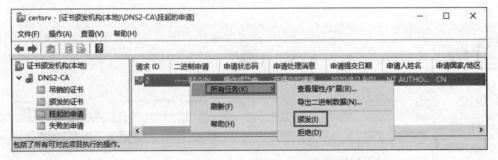

图 27-37　CA 系统管理员发放此证书

STEP 9 在网站计算机（DNS1）上，打开网页浏览器，连接到 CA 网页（如"http://192.168.
10.2/certsrv"），按如图 27-38 所示进行选择。

图 27-38　查看挂起的证书申请的状态

STEP 10　如图 27-39 所示单击"下载证书"链接按钮,单击"保存"按钮,选择将证书保存到本地,默认的文件名为 certnew.cer。

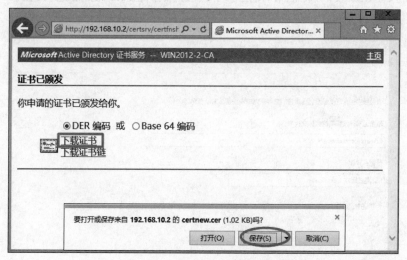

图 27-39　下载证书并保存在本地

　该证书默认保存在用户的 downloads 文件夹下,如"C:\users\administrator\downloads\certnew.cer"。如果选择"另存为"选项则可以更改此默认文件夹。

3. 安装证书(DNS1)

将从 CA 下载的证书安装到 IIS 计算机(DNS1)上。

STEP 1　如图 27-40 所示选中 DNS1 选项,双击"服务器证书"链接按钮,单击"完成证书申请"链接按钮。

图 27-40　完成证书申请

STEP 2 如图 27-41 所示选择前面下载的证书文件,为其设置好记的名称(如 SSL 测试网站 Certificate)。将证书存储到"个人"证书存储区,单击"确定"按钮。

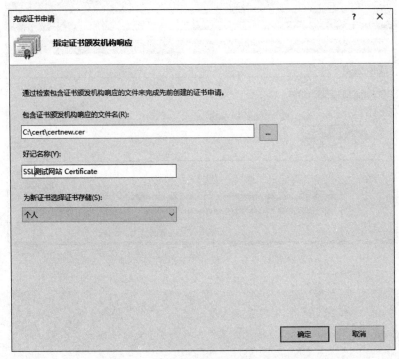

图 27-41　指定证书颁发机构响应的文件名

STEP 3 如图 27-42 所示为完成后的 IIS 管理器窗口。

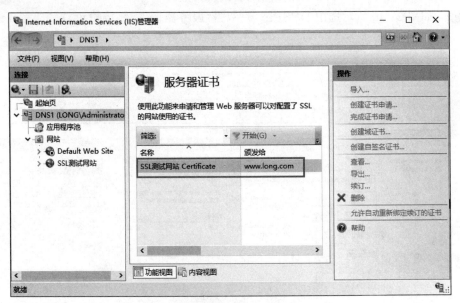

图 27-42　完成后的 IIS 管理器窗口

4. 绑定 https 通信协议

STEP 1　将 https 通信协议绑定到"SSL 测试网站"。在控制台窗口中单击"SSL 测试网站"
选项右窗格中的"绑定"按钮，如图 27-43 所示。

图 27-43　Default Web Site 主页设置

STEP 2　在打开的"网站绑定"对话框单击"添加"按钮，在"类型"下拉列表中选择 https 选
项，在"SSL 证书"下拉列表中选择"SSL 测试网站 Certificate"选项后单击"确定"
按钮，再单击"关闭"按钮，如图 27-44 所示。

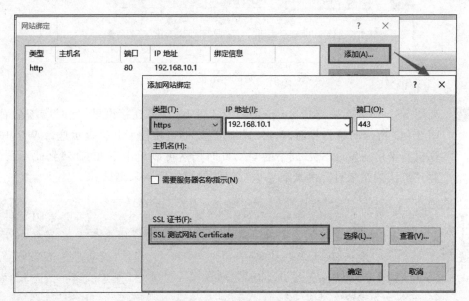

图 27-44　添加网站绑定

STEP 3　如图 27-45 所示为完成后的界面。

图 27-45　网站绑定完成后的 IIS 管理器窗口

27-6　测 试
SSL 安全连
接

任务 27-5　测试 SSL 安全连接（WIN10-1）

STEP 1 利用如图 27-5 所示的 WIN10-1 计算机，来尝试与 SSL 网站建立 SSL 安全连接。打开桌面版 Internet Explorer，然后利用一般连接方式"http://192.168.10.1"来连接网站，此时应该会看到如图 27-46 所示的界面。

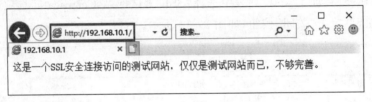

图 27-46　测试网站正常运行

STEP 2 利用 SSL 安全连接方式"https://192.168.10.1"来连接网站，此时应该会看到如图 27-47 所示的警告界面，单击"详细信息"链接按钮展开。提示这台 WIN10-1 计算机并未信任发放 SSL 证书的 CA，此时仍然可以单击下方的"转到此网页（不推荐）"链接按钮来打开网页或先执行信任的操作后再来测试。

注 意　　　如果确定所有的设置都正确，但是在这台 Windows 10 计算机的浏览器界面上却没有出现应该有的结果，则将 Internet 临时文件删除后再试试看，方法为：按 Alt 快捷键，选择"工具"→"Internet 选项"命令，单击"浏览历史记录"处的"删除"按钮，确认"Internet 临时文件"选项已选中后单击"删除"按钮，或是按 Ctrl＋F5 组合键要求它不要读取临时文件，而是直接连接网站。

STEP 3 系统默认并未强制客户端需要利用 https 的 SSL 方式来连接网站，因此也可以通过 http 方式来连接。若要强制，可以针对整个网站、单一文件夹或单一文件来设

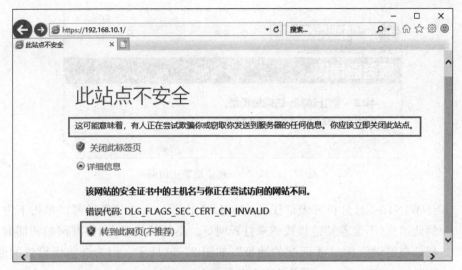

图 27-47　利用 SSL 安全连接方式"https://192.168.10.1"

置,以整个网站为例,其设置方法为:单击选中网站"SSL 测试网站"选项,选中
"要求 SSL"选项后单击"应用"按钮,如图 27-48 所示。

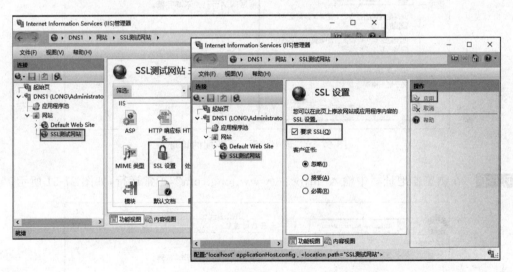

图 27-48　设置整个网站要求 SSL

①如果仅对某个文件夹,那么选中要设置的文件夹而不是整个 Web Site。
②若要针对单一文件设置,则先单击选中文件所在的文件夹,单击中间下方的
"内容视图"按钮,再单击右方的"切换至功能视图"按钮,通过中间的"SSL 设置"
来设置。

STEP 4　在客户端 WIN10-1 上再次进行测试。打开浏览器,输入"http://192.168.10.1"或
者"http://www.long.com",由于需要 SSL 链接,所以出现错误,如图 27-49 所示。
STEP 5　打开浏览器,输入访问地址后此时应该会看到如图 27-47 所示的警告界面,表示这

图 27-49　非 SSL 连接被禁止访问

台 WIN10-1 计算机并未信任发放 SSL 证书的 CA，此时仍然可以单击下方的"转到此网页（不推荐）"链接按钮来打开网页。不过请注意，在打开网站的同时，也出现证书错误信息："不匹配的地址"，如图 27-50 所示。因为在前面设置的通用名称是 www.long.com，不是 192.168.10.1。

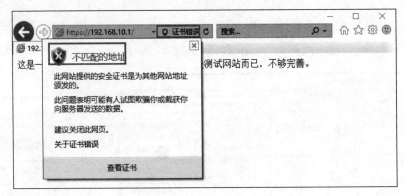

图 27-50　证书错误：不匹配的地址

STEP 6　在浏览器地址栏中输入"https://www.long.com"，正常运行，如图 27-51 所示。

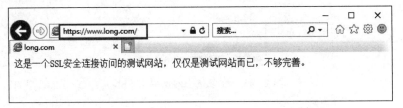

图 27-51　成功访问 SSL 网站

27.4　习题

1. 填空题

（1）数字签名通常利用公钥加密方法实现，其中发送者签名使用的密钥为发送者的_____。

（2）身份验证机构的_____可以确保证书信息的真实性，用户的_____可以保证数字信息传输的完整性，用户的_____可以保证数字信息的不可否认性。

（3）认证中心颁发的数字证书均遵循_____标准。

（4）PKI 的中文名称是_____，英文全称是_____。

（5）_____专门负责数字证书的发放和管理，以保证数字证书的真实可靠，也称_____。

（6）Windows Server 2016 支持两类认证中心：_____和_____，每类 CA 中都包含根 CA 和从属 CA。

（7）申请独立 CA 证书时，只能通过_____方式。

（8）独立 CA 在收到申请信息后，不能自动核准与发放证书，需要_____证书，然后客户端才能安装证书。

2. 简答题

（1）对称密钥和非对称密钥的特点各是什么？

（2）什么是数字证书？

（3）证书的用途是什么？

（4）企业根 CA 和独立根 CA 有什么不同？

（5）安装 Windows Server 2016 认证服务的核心步骤是什么？

（6）证书与 IIS 结合实现 Web 站点的安全性的核心步骤是什么？

（7）简述证书的颁发过程。

27.5　实训项目　实现网站的 SSL 连接访问

1. 实训目的

- 掌握企业 CA 的安装与证书申请。
- 掌握数字证书的管理方法及技巧。

2. 实训环境

本项目需要计算机 2 台，DNS 域为 long.com。一台安装 Windows Server 2016 企业版，用作 CA 服务器、DNS 服务器和 Web 服务器，IP 地址为 192.168.10.2/24，DNS 为 192.168.10.2，计算机名为 DNS2。另一台安装 Windows 10 操作系统作为客户端进行测试，IP 地址为 192.168.10.10，DNS 为 192.168.10.2，计算机名为 WIN10-1。

另外需要 Windows Server 2016 安装光盘或其镜像、Windows 10 安装光盘或其镜像文件。

3. 实训要求

在默认情况下，IIS 使用 HTTP 以明文形式传输数据，没有采取任何加密措施，用户的重要数据很容易被窃取，如何才能保护局域网中的重要数据呢？可以利用 CA 证书使用 SSL 增强 IIS 服务器的通信安全。

SSL 网站不同于一般的 Web 站点，它使用的是 https，而不是普通的 http。因此它的 URL（统一资源定位器）格式为"https://网站域名"。

具体实现方法如下。

(1) 在 DNS2 网络中安装证书服务。

安装独立根 CA,设置证书的有效期限为 5 年,指定证书数据库和证书数据库日志采用默认位置。

(2) 在 DNS2 中利用 IIS 创建 Web 站点。

利用 IIS 创建一个 Web 站点。具体方法详见"第 23 章 配置与管理 Web 服务器"的相关内容,在此不再赘述。注意创建 www1.long.com(192.168.10.2)的主机或别名记录。

(3) 让客户端计算机 WIN10-1 信任 CA。

(4) 服务端(Web 站点)安装证书。

① 在网站上创建证书申请文件。

设置参数如下。

- 此网站使用的方法是"新建证书",并且立即请求证书。
- 新证书的名称是 smile,加密密钥的位长是 512。
- 单位信息:组织名 jn(济南)和部门名称×××(数字工程学院)。
- 站点的公用名称:www1.long.com。
- 证书的地理信息:中国,山东省,济南市。

② 安装证书。

③ 绑定 https 通信协议。强制客户端需要利用 https 的 SSL 方式来连接网站。

(5) 进行安全通信(即验证实验结果)。

① 利用普通的 HTTP 浏览,将会得到错误信息"该网页必须通过安全频道查看"。

② 利用"https://192.168.10.2"浏览,系统将通过 IE 浏览器提示客户 Web 站点的安全证书问题,单击"确定"按钮,可以浏览到站点。

③ 利用"https://www1.long.com"浏览,可以浏览到站点。

提示　　客户端将向 Web 站点提供自己从 CA 申请的证书给 Web 站点,此后客户端(IE 浏览器)和 Web 站点之间的通信就被加密了。

综合实训一

1. 实训场景

假如你是某公司的系统管理员，现在公司要做一台文件服务器。公司购买了一台某品牌的服务器，在这台服务器内插有三块硬盘。

公司有三个部门——销售，财务，技术。每个部门有三个员工，其中一名是其部门经理（另两名是副经理）。

2. 实训要求

（1）在三块硬盘上共创建三个分区（盘符），并要求在创建分区的时候，使磁盘实现容错的功能。

（2）在服务器上创建相应的用户帐户和组。

命名规范，用户名为 sales-1，sales-2，等；组名为 sale，tech，等。

要求用户帐户只能从网络访问服务器，不能在服务器本地登录

（3）在文件服务器上创建三个文件夹分别存放各部门的文件，并要求只有本部门的用户能访问其部门的文件夹（完全控制的权限），每个部门的经理和公司总经理可以访问所有文件夹（读取），另创建一个公共文件夹，使得所有用户都能在里面查看和存放公共的文件。

（4）每个部门的用户可以在服务器上存放最多 500MB 的文件。

（5）做好文件服务器的备份工作以及灾难恢复的备份工作。

3. 实训前的准备

进行实训之前，完成以下任务：

（1）画出拓扑图。

（2）写出具体的实施方案。

4. 实训后的总结

完成实训后，进行以下工作：

（1）完善拓扑图。

（2）修改方案。

（3）写出实训心得和体会。

综合实训二

1. 实训场景

假定你是某公司的系统管理员,公司内有 500 台计算机,现在公司的网络要进行规划和实施,现有条件如下:公司已租借了一个公网的 IP 地址 100.100.100.10,和 ISP 提供的一个公网 DNS 服务器的 IP 地址 100.100.100.200。

2. 实训基本要求

(1) 搭建一台 NAT 服务器,使公司的 Intranet 能够通过租借的公网地址访问 Internet。

(2) 搭建一台 VPN 服务器,使公司的移动员工可以从 Internet 访问内部网络资源(访问时间:09:00—17:00)。

(3) 在公司内部搭建一台 DHCP 服务器,使网络中的计算机可以自动获得 IP 地址访问 Internet。

(4) 在内部网中搭建一台 Web 服务器,并通过 NAT 服务器将 Web 服务发布出去。

(5) 公司内部用户访问此 Web 服务器时,使用 https,在内部搭建一台 DNS 服务器使 DNS 能够解析此主机名称,并使内部用户能够通过此 DNS 服务器解析 Internet 主机名称。

(6) 在 Web 服务器上搭建 FTP 服务器,使用户可以远程更新 Web 站点。

3. 实训前的准备

进行实训之前,完成以下任务:

(1) 画出拓扑图。

(2) 写出具体的实施方案。

注意　在拓扑图和方案中,要求公网和私网部分都要模拟实现。

4. 实训后的总结

完成实训后,进行以下工作:

(1) 完善拓扑图。

(2) 修改方案。

(3) 写出实训心得和体会。

参 考 文 献

[1] 杨云. Windows Server 2012 网络操作系统企业应用案例详解[M]. 北京：清华大学出版社，2019.

[2] 杨云. Windows Server 2016 网络操作系统项目教程[M].5 版. 北京：人民邮电出版社，2020.

[3] 杨云. Windows Server 2012 网络操作系统项目教程[M].4 版. 北京：人民邮电出版社，2016.

[4] 杨云.Windows Server 2008 组网技术与实训[M].3 版.北京：人民邮电出版社，2015.

[5] 杨云. Windows Server 2012 活动目录企业应用：微课版. 北京：人民邮电出版社，2018.

[6] 杨云. 网络服务器搭建、配置与管理——Windows Server[M].2 版. 北京：清华大学出版社，2015.

[7] 戴有炜. Windows Server 2016 网络管理与架站[M]. 北京：清华大学出版社，2018.

[8] 戴有炜. Windows Server 2016 系统配置指南[M]. 北京：清华大学出版社，2018.

[9] 戴有炜. Windows Server 2016 Active Directory 配置指南[M]. 北京：清华大学出版社，2019.

[10] 黄君羡. Windows Server 2012 活动目录项目式教程[M]. 北京：人民邮电出版社，2015.

[11] 微软公司. Windows Server 2008 活动目录服务的实现与管理[M]. 北京：人民邮电出版社，2011.

[12] 韩立刚，韩立辉. 掌握 Windows Server 2008 活动目录[M]. 北京：清华大学出版社，2010.